Finite Element Modeling and Simulation with *ANSYS Workbench, 2nd Ed.*

유한요소법

ANSYS Workbench 활용 시뮬레이션 2판

Xiaolin Chen · Yijun Liu 지음

백태현 · 구본용 · 윤영한 · 이춘열
임문혁 · 조종두 · 전성민 옮김

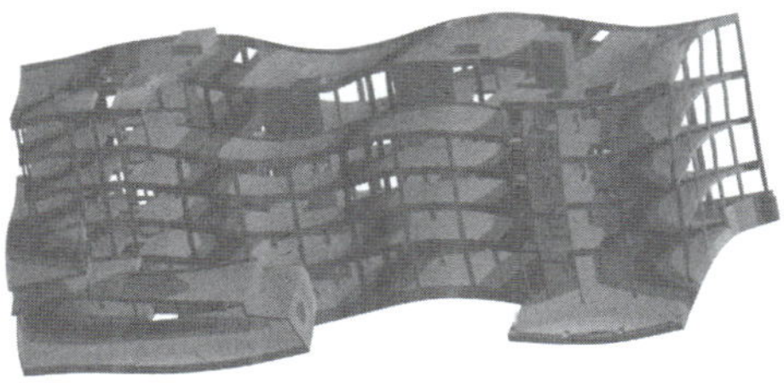

CRC Press
Taylor & Francis Group
an informa business

도서출판 학산미디어

역자 머리말 (2판)

유한요소법은 기계, 토목, 항공 및 건축 공학 등 모든 공학 분야에서 광범위하게 사용되는 해석과 설계 기술이므로 학부의 상급학년이나 대학원생들이 이에 관한 이론과 응용의 기초지식을 갖는 것이 필수적이다.

이 교재는 X. Chen과 Y. Liu 교수가 저술한 Finite Element Modeling and Simulation with ANSYS Workbench, 2nd Ed. (2019, CRC Press)를 번역한 책이다. 2판의 주요 장점은 사용자가 편리하고 신속히 기하학적 형상을 모델링 할 수 있는 ANSYS SpaceClaim Direct Modeler™ 을 시뮬레이션 워크플로우 (workflows) 에 통합하고 FEA 환경에서 스크린샷 (screen shots) 및 다이어그램을 함께 사용한 점을 들 수 있다.

이 교재의 장점은 ANSYS Workbench를 사용하여 내용을 설명하고 있다는 점이다. 예제는 단순하고 명료하게 설명되어 있고, 특히 “ANSYS Workbench를 이용한 사례연구”는 실용적인 응용기법이다. 이 책은 엔지니어링 문제의 모델링 및 시뮬레이션에 관해 FEA의 기본이론과 ANSYS Workbench 사용법을 함께 포함하여, FEM 방법이 엔지니어링 설계 및 해석에서 강력한 수치해석 도구로 사용될 수 있는 점을 강조하였다.

역자들은 공과대학에서 다년간 유한요소법 관련과목을 강의하면서 학생들에게 유한요소법을 쉽게 이해시킬 수 있도록 저술된 이 교재를 택하여 원저의 내용을 정확하고 알맞게 번역하고자 노력하였다. 경우에 따라서는 원문을 직역하기 보다는 학생들의 이해를 돕도록 원문의 내용을 전달하는데 충실한 번역이 되도록 하였다. 특히 사례연구에서 ANSYS 명령어는 스크린샷 화면과 같이 영어 원문 그대로 ***이탤릭 볼드체(italic bold)***로 표시하였다.

그러나 저자가 바라던 바에 뜻하지 않은 오류도 있을 수 있고 미숙한 표현도 많으리라 생각한다. 잘못된 곳을 지적해주시면 기꺼이 수정/보완할 예정이다.

특히, 본서에 관련된 강의용 보조자료(연습문제 풀이집, 영문 및 한글 PPT)가 완벽하게 준비되어 있으므로 강의담당 교수가 출판사에 요청하면 언제라도 제공받을 수 있다. 또한 최신 ANSYS Student 제품을 웹사이트 https://www.ansys.com/ko-kr/academic/free-student-products 에서 무료로 다운로드 받아 사용할 수 있다.

마지막으로 〈유한요소법 - ANSYS Workbench 활용 시뮬레이션, 2판〉의 출판과정을 맡아 주신 학산미디어 출판사와 관계자 여러분께 깊은 감사드린다.

2020년 1월 역자대표

머리말

이 교재는 유한요소해석(FEA: Finite Element Analysis)의 기본이론에 관한 전체적인 개념을 설명하고 엔지니어링 문제의 모델링 및 시뮬레이션하기 위해 ANSYS Workbench를 사용하는 방법에 대해 소개하였다. 이 책은 FEA에 대한 사전 경험이 없으며 기본이론 및 소프트웨어 사용법을 학습하려는 공과대학 학부생을 대상으로 하였다.

먼저 간단한 역학문제를 이용한 FEA의 기본개념을 예제로 다루고, 1차원 봉 및 보 요소, 2차원 평면응력 및 평면변형 요소, 판 및 셸 요소, 구조응력해석에서 3차원 입체요소, 진동 및 동역학, 열응답, 유체유동, 그리고 최적화 및 파손에 대한 내용과 응용에 대해 설명하였다. 이들 각 응용분야에서 실제문제와 유사한 사례연구를 통해 ANSYS Workbench 사용법을 소개하였다. 이 책의 전반에 걸쳐 FEA 원리, 요소의 거동, 해석절차, 올바른 사용법에 대한 명확한 이해를 강조하였다.

이 책의 내용은 ANSYS Workbench 또는 기타 FEA 소프트웨어를 사용하여 구조물의 설계 및 해석에 FEA를 적용할 수 있도록 공과대학의 상급학년 학부생 및 대학원생들에게 FEA 기초과정을 가르치는 데 주안점을 두었다. 이 책에서는 FEA 이론과 공식화 과정은 배우려는 독자가 FEA 솔루션의 다양한 요소의 거동을 이해하기 위한 최소한의 목적으로 간결하게 기술하였다. FEA 모델링 및 시뮬레이션의 기술, 예를 들면 FEA 메시 품질 설정, 결과 검증 및 구조의 대칭성 사용법에 관한 사항을 강조하였다.

이 책은 12 장으로 구성되어 있으며 한 학기(매주 3회 50분 수업으로 15주) 또는 2 학기(매주 3회 50분 수업으로 10주)의 학부 FEA 교육과정에 사용될 수 있다. 각 장에 대한 강의 시간에 ANSYS Workbench 사용에 관한 컴퓨터 실습시간을 갖도록 권장한다. 이 교재의 사례연구는 ANSYS Workbench로 다양한 문제를 해결하기 위한 적합한 내용과 단계별로 자세한 지침을 제시하였으며 실습시간(lab session)에 다룰 수 있도록 구성되어 있다. 학생들이 문제해결 환경에서 습득한 기법을 사용할 수 있는 기회를 제공하기 위해 사례연구에서 모델링 팁(modeling tip)의 활용이 가능하다. 각 장의 마지막에 연습문제 및 ANSYS Workbench 소프트웨어를 이용할 수 있는 프로젝트가 수록되어 있다.

모든 장의 연습문제에 대한 풀이와 정답은 출판사에서 제공하는 솔루션메뉴얼에 포함되어 있다. 이 매뉴얼에는 100 여개가 넘는 문제들에 대해 간략히 풀이과정이 수록되어 있다. 각 장의 마지막 문제는 FEA 툴인 ANSYS Workbench를 사용해야 하는 문제들로 구성되어 있다. Workbench 프로젝트 경우, 형상, 재료, 메시, 경계조건 및 시뮬레이션 결과와 같이 주요특성이 포함된 Workbench 솔루션은 Workbench 프로젝트파일(.wbpj)과 관련파일이 포함된 프로젝트폴더에 저장되어 있다. 이 교재를 사용하는 강의담당 교수는 CRC출판사에 요청하면 각 장의 Microsoft PowerPoint 슬라이드와 80 여개가 넘는 각 장의 시뮬레이션 문제에 대한 Workbench 솔루션 파일과 함께 솔루션매뉴얼을 제공받을 수 있다. 컴퓨터 실습시간에 사례연구에 관한 Workbench 파일을 사용할 수 있다. 추가 자료는 다음의 CRC 웹사이트에서 구할 수 있다. http://www.crcpress.com/Finite-Element-Modeling-and-Simulation-with-ANSYS-Workbench-Second-Edition/Chen-Liu/p/book/9781138486294.

이 책은 저자들이 지난 10여년 동안 밴쿠버 워싱턴주립 대학(Washington State University Vancouver)과 신시내티 대학(University of Cincinnati)에서 FEA 학부과정을 강의하기 위해 개발한 내용을 기초로 하였다. 저자들은 이 강의 자료를 개발하고 이 책에서 사용된 많은 예제에 기여한 졸업한 학생과 현재 재학 중인 학생 모두에게 사의를 표한다. 특히 이 책의 보조자료를 개발하는 데 도움을 준 학생들, Qikai Xie, Fan Yang 및 Bin He에게도 감사의 마음을 전한다. 밴쿠버와 신시내티 대학에서 수강한 학생들에게도 감사드린다. 이 책은 공동의 관심사, 피드백, 그리고 열정 없이는 결코 쓰일 수 없었을 것이다.

이 책을 출판하기 위하여 CRC출판사의 편집담당 Jonathan Plant, 수석편집자, Amber Donley, 그리고 프로젝트 코디네이터가 보여준 인내, 협조, 그리고 전문적 견해에 대해 특별한 감사의 말을 전한다. 또한 귀중한 의견과 제안을 해주신 검토위원들에게도 감사드린다. 물론, 책의 오류나 실수에 대해서는 전적으로 저자들이 책임으로 감수하겠다. 앞으로도 이 책을 개선하기 위해 도움이 될 수 있는 독자의 제안도 환영한다.

Xiaolin Chen
Vancouver, Washington

Yijun Liu
Cincinnati, Ohio

저자소개

Xiaolin Chen 박사는 밴쿠버의 워싱턴 주립대학교(Washington State University Vancouver) 기계공학과 부교수로 재직하고 있다. Chen 교수는 Shanghai Jiao Tong University에서 공학역학분야 학사학위를, Shanghai Jiao Tong University의 기계시스템 및 진동연구소에서 기계설계 및 이론을 전공했으며 University of Cincinnati에서 기계공학 박사학위를 취득하였다. Chen 교수의 관심분야는 전산역학, 유한요소해석, 경계요소법, 다중물리현상, 결합장문제(coupled-field problem), 역함수문제(inverse problem), 그리고 모델차수감소기법(model order reduction technique)등이다.

Yijun Liu 박사는 University of Cincinnati의 기계공학과 교수로 재직하고 있다. Liu 교수는 Northwestern Polytechnical University(중국)에서 항공우주공학 학사 및 석사학위, 그리고 University of Illinois at Urbana-Champaign에서 이론 및 응용역학 박사 학위를 취득하였다. 교수직을 맡기 이전, Liu 박사는 아이오와 주립대학의 비파괴검사센터에서 박사후 연구원으로, 그리고 포드 자동차회사의 CAE 담당부서에 근무하였다. Liu 박사의 관심분야는 전산역학, 유한요소법, 경계요소법, 복합재료 모델링에 관한 고속다극법(fast multipole method), 피로 및 파괴역학, 구조동역학, 그리고 음향학 등이 있다. Liu 교수는 Fast Multipole Boundary Element Method (Cambridge University Press, 2009) 책의 저자이며 전산역학 분야의 기술저널 및 컨퍼런스 프러시딩에 100 여종이 넘는 논문을 발표하였다.

차례

2 봉과 트러스

3 보와 프레임

4 2차원 탄성론

5 모델링과 해석 기법

6 판 및 쉘 해석

7 3차원 탄성

8 구조 진동 및 동역학

9 열해석

10 유체해석 개요

11 설계 최적화

12 파손 해석

서론

Chapter 1

1.1 기초개념

유한요소법(FEM) 또는 유한요소해석(FEA)는 복잡한 형상의 대상체를 단순한 블록으로 재구성하거나, 즉 복잡한 형상을 가진 대상체를 작고 이해하기 쉬운 조각으로 나누는 방법에 착안하고 있다. 이와 같은 단순한 방법은 공학문제 뿐만 아니라 일상생활(그림 1.1)에서 일반적으로 찾아볼 수 있다. 예를 들어 아이들이 좋아하는 레고(LEGO) 완구는 각각 매우 단순한 기하학적 형상의 작은 조각들을 이용하여 조립한다. 이런 조각들로 기차, 배, 건물 등과 같은 여러 가지 물체를 표현할 수 있다. 보다 작은 조각들을 이용하면 조립된 물체는 실제 대상과 매우 흡사해 진다.

수학적 용어로 이것은 간략히 한계개념을 사용하는 것이다. 다시 말하자면 매끄러운 대상체(smooth object)를 유한개의 간단한 조각 집합으로 표현하는 것으로 이렇게 표현된 대상의 정밀도는 표현하는 조각의 개수를 늘림으로써 높일 수 있다.

1.1.1 왜 FEA인가?

컴퓨터는 공학의 활용도를 혁신시키고 있다. 수작업으로 지루하게 수행되었던 제품설계는 컴퓨터 그래픽스를 이용한 컴퓨터응용설계(CAD)로 대체되었다. 수작업 계산과 다수의 실험으로 수행되

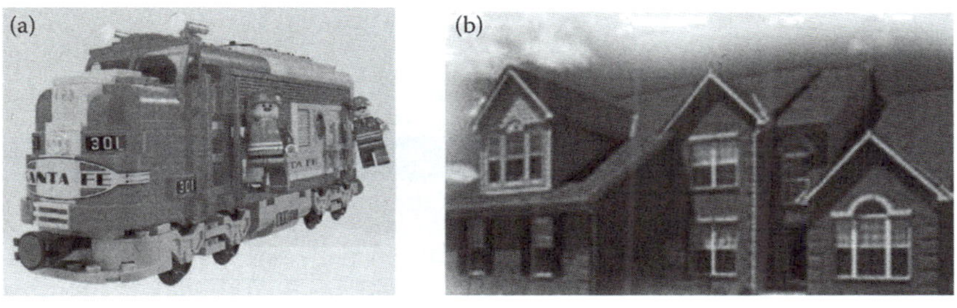

그림 1.1 단순하고 작은 조각으로 구성된 대상체: (a) 레고로 조립된 소방차(http://lego.wikia.com/wiki/10020_Santa_Fe_Super_Chief); 그리고 (b) 벽돌요소, 보, 기둥, 평판 등 여러 가지 요소들로 조립된 가정집

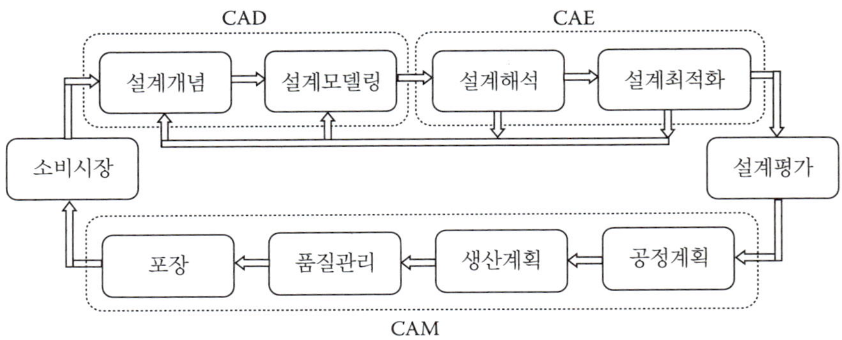

그림 1.2 컴퓨터를 응용한 제품개발과정의 도표

었던 설계해석은 컴퓨터응용공학(CAE) 소프트웨어를 이용한 컴퓨터 시뮬레이션으로 대체되었다. CAD, CAE와 함께 컴퓨터응용제조(CAM)는 공학기술의 응용과정을 획기적으로 변화시켰다(그림 1.2). 예를 들어 설계단계에서 제품까지 5~6년이 소요되었던 차량의 경우, 이제는 개념설계에서 시작하여 생산단계까지 CAD/CAE/CAM 기술 덕택에 일 년이내에 생산할 수 있게 되었다.

CAE에 대한 컴퓨터 활용수단에서 FEM은 가장 널리 응용되는 방법이며 공학을 공부하는 학생과 전문가들에게 활용될 수 있는 가장 강력한 최신 "계산기" 중 하나이다. FEA는 제품설계를 가상으로 시험하는 방법을 제공한다. 이로써 사용자가 설계를 이해하고 제품개발과정 중 조기에 적당한 설계변경을 수행할 수 있도록 도움을 받을 수 있다. 설계단계에서 FEA를 사용하는 것은 시장의 요구에 부합된다. 왜냐하면 이 방법을 통해서 산업체에서는 개발비용을 줄이고 출시기회를 앞당기면서 최선 제품을 제작하는데 많은 잇점을 얻을 수 있기 때문이다.

1.1.2 유한요소의 공학적 응용

FEM은 트러스 및 프레임 구조물 또는 복잡한 기계의 응력해석은 물론 다양한 기계적, 열적, 전자기적 하중의 영향을 받는 자동차, 기차, 비행기의 동적반응에 이르기 까지 여러 가지 공학문제의 수학적 모델을 해결하는데 응용될 수 있다. 표 1.1에 몇가지 예시된 바와 같이 유한요소의 응용에는

표 1.1 FEA를 이용한 공학응용의 예

학문분야	공학응용의 예
구조 및 고체역학	해양 구조 신뢰성 해석, 차량 충돌해석, 핵반응기 부품의 결함해석, 풍력 터빈 날개 설계 최적화
열전달	전자제품 냉각 모델링, 주물 모델링, 연소 엔진 열전달 해석
유체 유동	경주용 차량 설계의 공력 해석, 건물의 공기흐름 패턴 모델링, 다공성 물체의 침투해석
정전기학/전자기학	센서와 액튜에이터의 필드해석, 안테나 설계의 성능예측, 전자기 간섭 억제해석

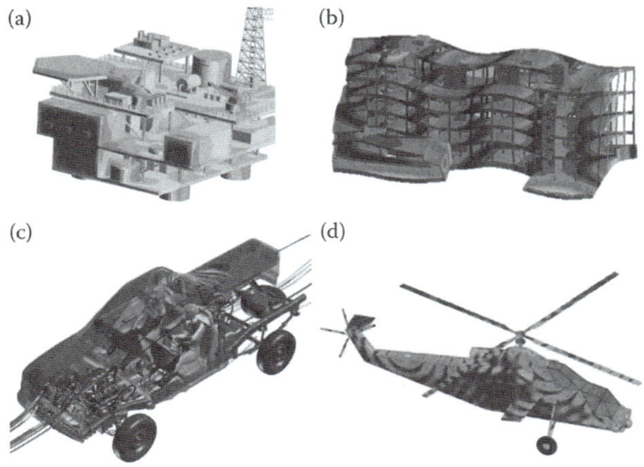

그림 1.3 ANSYS Workbench를 이용한 FEA 예: (a) 해양플랫폼의 풍력 시뮬레이션 (Courtesy of ANSYS, Inc., http://www.ansys.com/Industries/Energy/Oil+&+Gas); (b) 콘크리트 슬래브 바닥 철골 건물의 모달응답 (http://www.isvr.co.uk/modelling/); (c) 차량 하부의 유동 및 열관리(Courtesy of ANSYS, Inc., http://www.ansys.com/ ndustries/Automotive/Application+Highlights/Understood); (d) 헬리콥터에 장착된 안테나의 전기장 패턴 (Courtesy of ANSYS, Inc., http://www.ansys.com/Industries/Electronics+&+Semiconductor/Defense+&+Aerospace+Electronics)

자동차, 항공기, 방위산업, 소비재, 산업장비에서 에너지, 수송 및 건설에 이르는 여러 응용분야가 포함된다. 또한 FEA의 응용은 재료과학, 의공학, 지질학 등 최근 소개되는 신학문 분야로 확장되고 있다.

1.1.3 ANSYS Workbench 활용 FEA

지난 몇 십여 년간 FEA를 수행하는 많은 상용프로그램이 소개되었다. 대표적인 CAE 회사들이 제공하는 포괄적인 유한요소 시뮬레이션 제품 중에서 ANSYS Workbench는 ANSYS 회사의 진보된 공학 시뮬레이션 기술이 잘 연계되도록 통합시켜 사용자가 편리하게 사용할 수 있는 플랫폼이다. 이것은 주요 CAD 제품과 데이터 호환성을 제공한다. Workbench 환경은 공학팀 간의 생산성 향상과 사용의 편의성을 지향한다. 이것은 다양한 공학 분야(그림 1.3)에서 사용해야 하는 수많은 산업체에서 필수적인 제품개발 수단으로 발전하고 있다.

1.1.4 FEA의 간략한 역사

O. C. Zienkiewicz은 최근 FEM과 전산역학의 일반적인 역사적 배경을 정리하여 참고문헌 [1]에 수록하였다. FEM의 기반으로 1940년대 초에 Courant가 처음으로 기여한 것으로 간주한다. FEM의 전신으로 볼 수 있는 강성방법(stiffness method)는 1956년에 Turner, Clough 등에 의해서 개발되었다. “유한요소”라는 용어는 1960년에 Clough에 의해서 사용되었다. FEM 프로그램의 전산

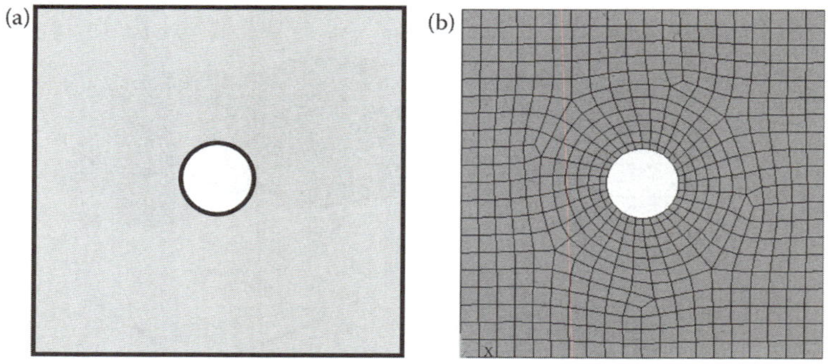

그림 1.4 (a) 구멍이 있는 평판(CAD 모델); (b) FEM 이산화(격자망)

화 작업은 1970년대에 이루어 졌다. 현재 FEM은 가장 널리 사용되고 인정받는 해석기법의 하나가 되었다. 관련된 주요 사항은 다음과 같다.

1943 — Clough(FEM의 기초를 이룬 변분법)
1956 — Turner, Clough, Martin, Topp 등(강성방법)
1960 — Clough("유한요소"라는 용어사용, 평판문제를 해석)
1970년대 — "대형컴퓨터(mainframe)"에서 전산화 응용
1980년대 — 마이크로컴퓨터, 전후 처리기(GUI) 개발
1990년대 — 대형 구조물, 비선형, 동적 문제 해석
2000년대 — 다물리와 다중스케일 문제 해석

1.1.5 FEA의 일반 절차

FEA를 수행하려면 일반적으로 다음 절차가 필요하다.

- CAD/기하학적 모델을 여러 조각으로 나누어 "격자망"을 만든다(절점을 가진 요소의 집합, 그림 1.4)
- 각 요소에 물리량의 거동을 표현한다.
- 요소들을 절점에서 연결하여 전체 모델과 근사한 방정식계를 구성한다.
- 하중과 경계조건을 부여한다(예; 모델의 운동을 제한함).
- 절점에서 미지수를 포함하는 방정식계의 해를 구한다(예; 변위).
- 필요한 물리량(예; 변형률과 응력)을 요소나 절점에서 계산한다.

상용 FEA 소프트웨어에서 이러한 절차는 유사한 방법으로 재구성하여 다음의 단계에 따른다.

- 전처리(FEM 모델을 구성, 요소 성질을 정의, 하중 및 구속을 적용)
- FEA 해석기(FEM 방정식을 결합하고 해를 구함, 요소 결과를 계산)
- 후처리(결과를 정렬하고 출력)

1.2 FEA의 예: 스프링계

이 절에서는 FEA의 단계를 간단한 예를 들어 설명한다. 스프링 요소와 스프링계를 통하여 FEM의 기본 개념을 직관적으로 이해하게 될 것이다.

1.2.1 한 개의 스프링 요소

그림 1.5에 나타낸 단일 요소에 대한 사항은 다음과 같다.

두 개 절점	i, j
절점 변위	u_i, u_j (m, mm)
절점힘	f_i, f_j (Newton)
스프링 계수(강성)	k (N/m, N/mm)

스프링 힘 F 와 변위량 Δ 의 관계는 그림 1.6과 같다. 그림 1.6에 나타낸 곡선의 직선부분의 식은

$$F = k\Delta, \text{ 여기서 } \Delta = u_j - u_i \tag{1.1}$$

또한 $k = F/\Delta$ (>0) 은 스프링의 강성(단위 길이를 늘이는데 필요로 한 힘)이다.

스프링에 대한 힘의 평형을 고려하자. 절점 i 에서,

$$f_i = -F = -k(u_j - u_i) = ku_i - ku_j$$

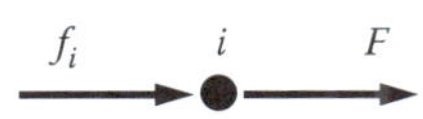

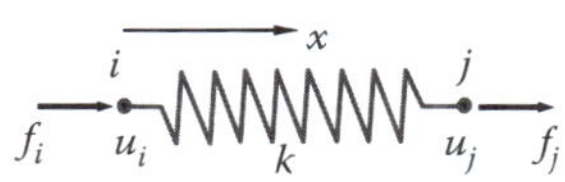

그림 1.5 한 개의 스프링 요소

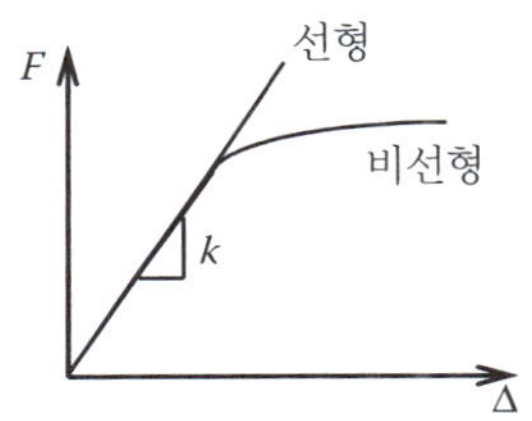

그림 1.6 스프링에서 힘-변위 관계

그리고 절점 j 에서

$$f_j = F = k(u_j - u_i) = -ku_i + ku_j$$

행렬의 형태로

$$\begin{bmatrix} k & -k \\ -k & k \end{bmatrix} \begin{Bmatrix} u_i \\ u_j \end{Bmatrix} = \begin{Bmatrix} f_i \\ f_j \end{Bmatrix} \tag{1.2}$$

또는

$$\mathbf{ku} = \mathbf{f} \tag{1.3}$$

여기서

k = 요소강성행렬

u = 요소 절점 변위벡터

f = 요소 절점 힘벡터

식의 유도과정에서 식 (1.2)의 첫 번째 식은 절점 i에서 힘의 평형을 보여주고 반면 식 (1.2)의 두 번째 식은 절점 j 에서 힘의 평형을 의미한다는 것을 알 수 있다. 여기서 주목할 것은 **k** 가 대칭이라는 것이다. **k** 가 특이행렬일까 아닐까? 그렇다면 식 (1.2)의 해를 구할 수 있을까? 만약 구할 수 없다면 이유는 무엇일까?

1.2.2 스프링계

다수의 스프링 요소로 구성된 계에 대해서는 우선 각 스프링의 강성식을 작성한 다음 각각을 모두 결합함으로써 전체의 계에 대한 강성식을 얻는다. 예를들어 그림 1.7의 두 개로 구성된 스프링계에 대해서 다음과 같이 진행할 수 있다.

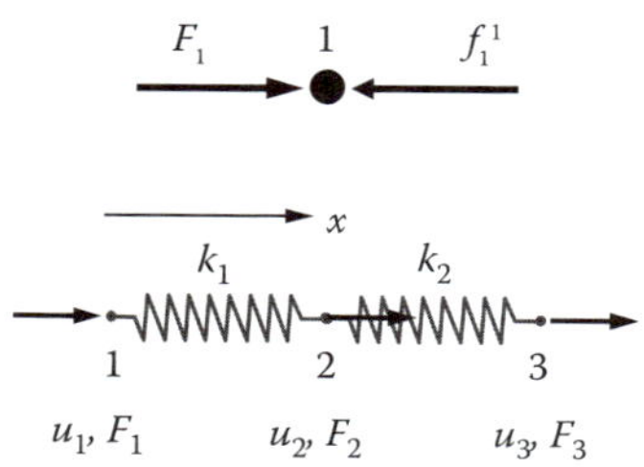

그림 1.7 두 개의 스프링 요소로 구성된 계

요소 1에 대하여

$$\begin{bmatrix} k_1 & -k_1 \\ -k_1 & k_1 \end{bmatrix} \begin{Bmatrix} u_1 \\ u_2 \end{Bmatrix} = \begin{Bmatrix} f_1^1 \\ f_2^1 \end{Bmatrix} \tag{1.4}$$

그리고 요소 2에 대해서

$$\begin{bmatrix} k_2 & -k_2 \\ -k_2 & k_2 \end{bmatrix} \begin{Bmatrix} u_2 \\ u_3 \end{Bmatrix} = \begin{Bmatrix} f_1^2 \\ f_2^2 \end{Bmatrix} \tag{1.5}$$

여기서 f_i^m 은 요소 $m(i = 1, 2)$ 의 국부 절점 i 에 작용하는(내부의) 힘이다.

1.2.2.1 요소 방정식의 결합: 직접 방법

절점 1에서 힘의 평형을 고려하자,

절점 2에서,

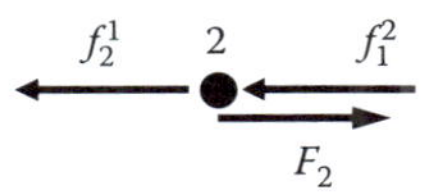

$$F_2 = f_2^1 + f_1^2$$

그리고 절점 3에서,

$$F_3 = f_2^2$$

식 (1.4)와 (1.5)를 이용하면

$$\begin{aligned} F_1 &= k_1u_1 - k_1u_2 \\ F_2 &= -k_1u_1 + (k_1 + k_2)u_2 - k_2u_3 \\ F_3 &= -k_2u_2 + k_2u_3 \end{aligned}$$

행렬 형태로

$$\begin{bmatrix} k_1 & -k_1 & 0 \\ -k_1 & k_1 + k_2 & -k_2 \\ 0 & -k_2 & k_2 \end{bmatrix} \begin{Bmatrix} u_1 \\ u_2 \\ u_3 \end{Bmatrix} = \begin{Bmatrix} F_1 \\ F_2 \\ F_3 \end{Bmatrix} \tag{1.6}$$

또는

$$\mathbf{Ku} = \mathbf{F} \tag{1.7}$$

여기서 K 는 전체 스프링계의 강성행렬(구조행렬)이다.

1.2.2.1.1 전역 강성행렬 결합을 위한 다른 방법

요소 1과 2의 강성행렬을 "확장"하면

$$\begin{bmatrix} k_1 & -k_1 & 0 \\ -k_1 & k_1 & 0 \\ 0 & 0 & 0 \end{bmatrix} \begin{Bmatrix} u_1 \\ u_2 \\ u_3 \end{Bmatrix} = \begin{Bmatrix} f_1^1 \\ f_2^1 \\ 0 \end{Bmatrix}$$

그리고

$$\begin{bmatrix} 0 & 0 & 0 \\ 0 & k_2 & -k_2 \\ 0 & -k_2 & k_2 \end{bmatrix} \begin{Bmatrix} u_1 \\ u_2 \\ u_3 \end{Bmatrix} = \begin{Bmatrix} 0 \\ f_1^2 \\ f_2^2 \end{Bmatrix}$$

두 개의 행렬식을(즉, 중첩시켜서) 더하면

$$\begin{bmatrix} k_1 & -k_1 & 0 \\ -k_1 & k_1 + k_2 & -k_2 \\ 0 & -k_2 & k_2 \end{bmatrix} \begin{Bmatrix} u_1 \\ u_2 \\ u_3 \end{Bmatrix} = \begin{Bmatrix} f_1^1 \\ f_2^1 + f_1^2 \\ f_2^2 \end{Bmatrix}$$

이것은 힘의 평형 개념을 이용하여 유도했던 방정식과 동일한 결과이다.

1.2.2.2 요소 방정식의 결합: 에너지 방법

한편으로, 최소 포텐셜에너지 원리로 알려진 에너지 방법을 이용하여 결과를 얻을 수 있다. 사실 에너지 접근방법이 보다 일반적이며 FEM의 기초로 간주된다. 계속 진행하기 위해 그림 1.5에 나타낸 스프링계에 저장된 변형에너지 U 를 고려한다.

$$U = \frac{1}{2}k_1\Delta_1^2 + \frac{1}{2}k_2\Delta_2^2 = \frac{1}{2}\Delta_1^T k_1 \Delta_1 + \frac{1}{2}\Delta_2^T k_2 \Delta_2$$

그러나

$$\Delta_1 = u_2 - u_1 = [-1 \quad 1]\begin{Bmatrix} u_1 \\ u_2 \end{Bmatrix}, \qquad \Delta_2 = u_3 - u_2 = [-1 \quad 1]\begin{Bmatrix} u_2 \\ u_3 \end{Bmatrix}$$

결과적으로

$$U = \frac{1}{2}[u_1 \quad u_2]\begin{bmatrix} k_1 & -k_1 \\ -k_1 & k_1 \end{bmatrix}\begin{Bmatrix} u_1 \\ u_2 \end{Bmatrix} + \frac{1}{2}[u_2 \quad u_3]\begin{bmatrix} k_2 & -k_2 \\ -k_2 & k_2 \end{bmatrix}\begin{Bmatrix} u_2 \\ u_3 \end{Bmatrix}$$

$$= \frac{1}{2}[u_1 \quad u_2 \quad u_3]\begin{bmatrix} k_1 & -k_1 & 0 \\ -k_1 & k_1 + k_2 & -k_2 \\ 0 & -k_2 & k_2 \end{bmatrix}\begin{Bmatrix} u_1 \\ u_2 \\ u_3 \end{Bmatrix} \tag{1.8}$$

외력에 의한 포텐셜은

$$\Omega = -F_1u_1 - F_2u_2 - F_3u_3 = -[u_1 \quad u_2 \quad u_3]\begin{Bmatrix} F_1 \\ F_2 \\ F_3 \end{Bmatrix} \tag{1.9}$$

그러므로 계의 총 포텐셜 에너지는

$$\Pi = U + \Omega = \frac{1}{2}[u_1 \quad u_2 \quad u_3]\begin{bmatrix} k_1 & -k_1 & 0 \\ -k_1 & k_1 + k_2 & -k_2 \\ 0 & -k_2 & k_2 \end{bmatrix}\begin{Bmatrix} u_1 \\ u_2 \\ u_3 \end{Bmatrix} - [u_1 \quad u_2 \quad u_3]\begin{Bmatrix} F_1 \\ F_2 \\ F_3 \end{Bmatrix} \tag{1.10}$$

위 식은 세 개의 절점 변위 (u_1, u_2, u_3) 의 함수이다. 최소 포텐셜 에너지 원리에 따르면 평형상태에 있는 계에 대해서 총 포텐셜 에너지는 최소가 되어야 한다. 즉 $d\Pi = 0$ 혹은 같은 의미로,

$$\frac{\partial \Pi}{\partial u_1} = 0, \quad \frac{\partial \Pi}{\partial u_2} = 0, \quad \frac{\partial \Pi}{\partial u_3} = 0, \tag{1.11}$$

이 조건은 식 (1.6)의 세 개의 식과 동일한 결과이다.

1.2.3 경계 및 하중 조건

절점 1은 고정되어 있고 동일한 힘 P 가 절점 2와 절점 3에 작용한다고 가정하면,

$$u_1 = 0 \text{ 그리고 } F_2 = F_3 = P$$

식 (1.6)으로부터

$$\begin{bmatrix} k_1 & -k_1 & 0 \\ -k_1 & k_1 + k_2 & -k_2 \\ 0 & -k_2 & k_2 \end{bmatrix}\begin{Bmatrix} 0 \\ u_2 \\ u_3 \end{Bmatrix} = \begin{Bmatrix} F_1 \\ P \\ P \end{Bmatrix}$$

이 식을 정리하면

$$\begin{bmatrix} k_1 + k_2 & -k_2 \\ -k_2 & k_2 \end{bmatrix} \begin{Bmatrix} u_2 \\ u_3 \end{Bmatrix} = \begin{Bmatrix} P \\ P \end{Bmatrix}$$

그리고

$$F_1 = -k_1 u_2$$

미지수는

$$\mathbf{u} = \begin{Bmatrix} u_2 \\ u_3 \end{Bmatrix}$$

그리고 F_1 은 반력이다.
방정식의 해를 구하면 변위량을 얻는다.

$$\begin{Bmatrix} u_2 \\ u_3 \end{Bmatrix} = \begin{Bmatrix} 2P/k_1 \\ 2P/k_1 + P/k_2 \end{Bmatrix}$$

그리고 반력은

$$F_1 = -2P$$

1.2.4 풀이 검증

FEA에서 구한 결과를 손으로 계산해 보거나 문헌의 해석적 해를 통하여 검증을 해보는 것은 매우 중요하다. 다음은 상식이나 직관을 기반으로 확인하거나 또는 해석적 해를 활용해서 확인해 보아야 하는 항목을 나열한 것이다.

- 구조의 변형된 형상
- 외력의 평형(반력은 가해진 하중과 평형을 이루어야 한다.)
- 구한 값의 크기 정도

스프링 요소에 대한 절점:

- 스프링 요소는 단지 강성해석에만 적합하다.
- 이 요소들은 스프링 자체의 응력해석에는 적합하지 않다.
- 스프링에는 횡방향(lateral direction)의 강성을 갖는 스프링 요소, 비틀림(torsion) 스프링 요소 등이 있다.

1.2.5 예제

예제 1.1

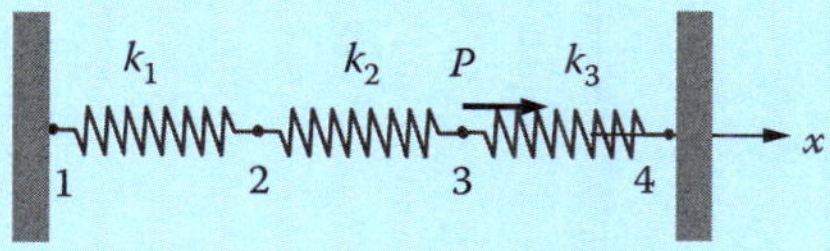

주어진 조건: 이 문제의 스프링계에 대하여

$$k_1 = 100\ \text{N/mm},\ k_2 = 200\ \text{N/mm},\ k_3 = 100\ \text{N/mm}$$
$$P = 500\ \text{N},\ u_1 = u_4 = 0$$

결정할 사항:

a. 전역 강성행렬
b. 절점 2와 3의 변위값
c. 절점 1과 4에서 반력
d. 스프링 2의 힘

풀이

a. 요소 강성행렬은 다음과 같다(각 값에 적합한 단위를 사용할 것).

$$\mathbf{k}_1 = \begin{bmatrix} 100 & -100 \\ -100 & 100 \end{bmatrix} (\text{N/mm})$$

$$\mathbf{k}_2 = \begin{bmatrix} 200 & -200 \\ -200 & 200 \end{bmatrix} (\text{N/mm})$$

$$\mathbf{k}_3 = \begin{bmatrix} 100 & -100 \\ -100 & 100 \end{bmatrix} (\text{N/mm})$$

중첩 개념을 사용하면 스프링계의 전역 강성행렬을 얻는다.

$$\mathbf{K} = \begin{matrix} u_1 & u_2 & u_3 & u_4 \end{matrix}$$
$$\mathbf{K} = \begin{bmatrix} 100 & -100 & 0 & 0 \\ -100 & 100+200 & -200 & 0 \\ 0 & -200 & 200+100 & -100 \\ 0 & 0 & -100 & 100 \end{bmatrix}$$

또는

$$\mathbf{K} = \begin{bmatrix} 100 & -100 & 0 & 0 \\ -100 & 300 & -200 & 0 \\ 0 & -200 & 300 & -100 \\ 0 & 0 & -100 & 100 \end{bmatrix}$$

위 행렬은 대칭이고 밴드행렬(banded matrix) 또는 띠형태를 갖는다.
전역 FE방정식계의 평형 방정식은

$$\begin{bmatrix} 100 & -100 & 0 & 0 \\ -100 & 300 & -200 & 0 \\ 0 & -200 & 300 & -100 \\ 0 & 0 & -100 & 100 \end{bmatrix} \begin{Bmatrix} u_1 \\ u_2 \\ u_3 \\ u_4 \end{Bmatrix} = \begin{Bmatrix} F_1 \\ F_2 \\ F_3 \\ F_4 \end{Bmatrix}$$

b. 경계조건 $u_1 = u_4 = 0$, $F_2 = 0$, $F_3 = P$를 적용하고 첫 번째와 네 번째 행과 열을 "제거"하면 다음을 얻는다.

$$\begin{bmatrix} 300 & -200 \\ -200 & 300 \end{bmatrix} \begin{Bmatrix} u_2 \\ u_3 \end{Bmatrix} = \begin{Bmatrix} 0 \\ P \end{Bmatrix}$$

이 방정식의 해를 구하면

$$\begin{Bmatrix} u_2 \\ u_3 \end{Bmatrix} = \begin{Bmatrix} P/250 \\ 3P/500 \end{Bmatrix} = \begin{Bmatrix} 2 \\ 3 \end{Bmatrix} \text{(mm)}$$

c. FE방정식계에서 첫 번째와 네 번째 방정식으로부터 반력을 얻는다.

$$F_1 = -100u_2 = -200 \text{ (N)}$$

$$F_4 = -100u_3 = -300 \text{ (N)}$$

d. 스프링(요소) 2의 FE방정식은

$$\begin{bmatrix} 200 & -200 \\ -200 & 200 \end{bmatrix} \begin{Bmatrix} u_i \\ u_j \end{Bmatrix} = \begin{Bmatrix} f_i \\ f_j \end{Bmatrix}$$

여기서 요소 2의 $i = 2$, $j = 3$. 따라서 스프링 힘을 다음과 같이 계산할 수 있다.

$$F = f_j = -f_i = [-200 \quad 200]\begin{Bmatrix} u_2 \\ u_3 \end{Bmatrix} = [-200 \quad 200]\begin{Bmatrix} 2 \\ 3 \end{Bmatrix} = 200\,(\text{N})$$

결과의 검증:

계의 자유물체도(FBD)를 작성하고, 힘의 평형관계를 고려한다.

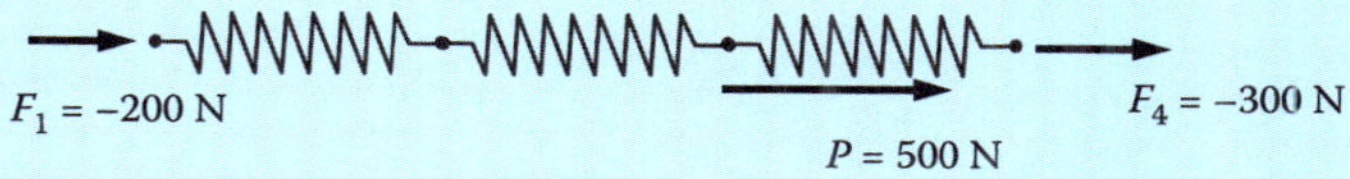

힘의 평형이 만족된다!

예제 1.2

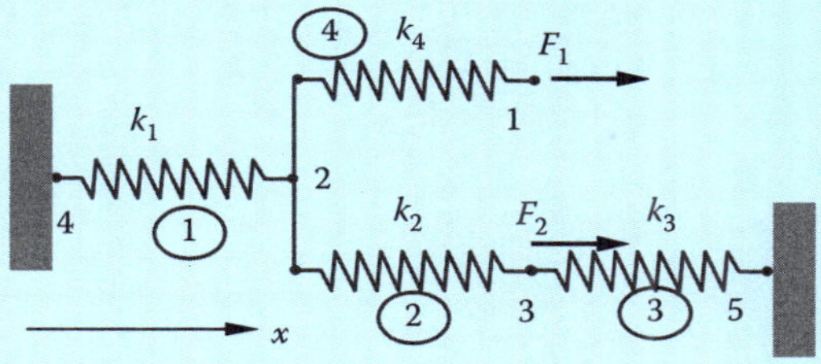

문제

위에 보인바와 같이 절점과 요소로 구성된 스프링계에 대해서 전역 강성행렬을 구하라.

풀이

우선, 다음의 요소연결표(element connectivity table)을 만든다.

요소	절점 $i(1)$	절점 $j(2)$
1	4	2
2	2	3
3	3	5
4	2	1

이 표를 이용하여 전체 절점 번호를 각 요소의 국부 절점 번호와 지정한다. 그리고 각 요소의 요소강성행렬을 작성한다.

$$\mathbf{k}_1 = \begin{matrix} u_4 & u_2 \end{matrix} \atop \begin{bmatrix} k_1 & -k_1 \\ -k_1 & k_1 \end{bmatrix},$$

$$\mathbf{k}_2 = \begin{matrix} u_2 & u_3 \end{matrix} \atop \begin{bmatrix} k_2 & -k_2 \\ -k_2 & k_2 \end{bmatrix},$$

$$\mathbf{k}_3 = \begin{matrix} u_3 & u_5 \end{matrix} \atop \begin{bmatrix} k_3 & -k_3 \\ -k_3 & k_3 \end{bmatrix},$$

$$\mathbf{k}_4 = \begin{matrix} u_2 & u_1 \end{matrix} \atop \begin{bmatrix} k_4 & -k_4 \\ -k_4 & k_4 \end{bmatrix}$$

마지막으로 중첩법을 적용하여 다음과 같은 전역 강성행렬을 얻는다.

$$\mathbf{K} = \begin{matrix} u_1 & u_2 & u_3 & u_4 & u_5 \end{matrix} \atop \begin{bmatrix} k_4 & -k_4 & 0 & 0 & 0 \\ -k_4 & k_1 + k_2 + k_4 & -k_2 & -k_1 & 0 \\ 0 & -k_2 & k_2 + k_3 & 0 & -k_3 \\ 0 & -k_1 & 0 & k_1 & 0 \\ 0 & 0 & -k_3 & 0 & k_3 \end{bmatrix}$$

행렬은 대칭이고 밴드(banded) 또는 띠형태이나 특이행렬임을 주의한다.

기초 개념을 소개한 후, 이후 절에서 범용 유한요소 소프트웨어 툴(tool) 중 하나인 ANSYS Workbench를 소개한다.

1.3 ANSYS Workbench의 개요

ANSYS Workbench는 시뮬레이션 플랫폼이며 이를 통하여 사용자는 FEA를 사용하여 광범위한 공학 문제를 모델링하고 해를 구할 수 있다. 이 플랫폼으로 사용자는 통합된 시뮬레이션 환경에서 설계와 해석 모듈로 구성된 ANSYS 제품군에 접근할 수 있다. 이 절에서는 ANSYS Workbench 시뮬레이션 환경, 즉 그래픽 사용자 인터페이스(GUI)에 포함된 여러 요소들에 대한 개요를 간략히 알아본다. 보다 자세한 정보가 필요한 독자들은 ANSYS Workbench 가이드 [2]를 참고하기 바란다.

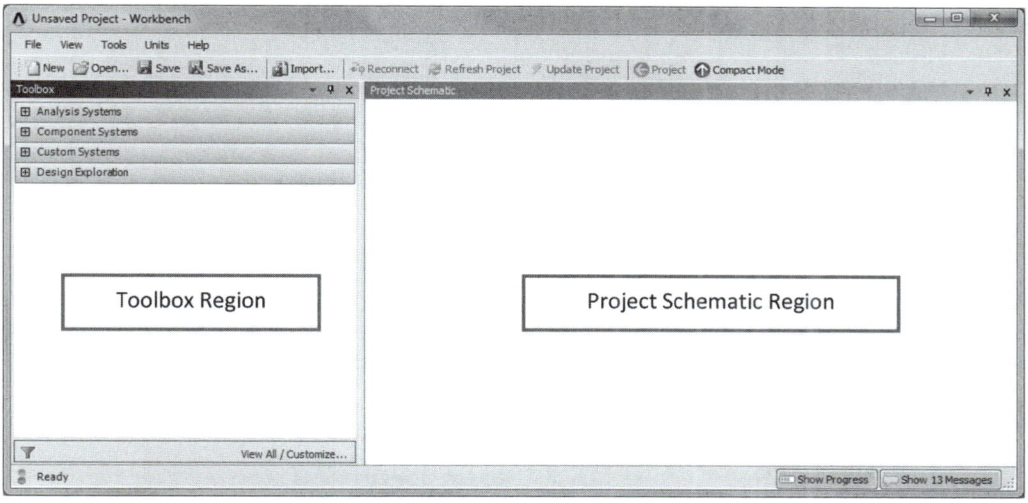

그림 1.8 ANSYS Workbench 사용자 인터페이스

1.3.1 사용자 인터페이스

Workbench 인터페이스는 기본적으로 Toolbox(도구상자) 영역과 Project Schematic(작업도식) 영역으로 구성되어 있다(그림 1.8). 두 영역의 주요 사용법은 다음에 기술된다.

1.3.2 Toolbox(도구상자)

Toolbox(도구상자)는 다음의 네 개 시스템 군을 포함한다.

Analysis Systems(**해석 시스템**): 사전에 정의된 해석틀인데 정적 구조, 정상 열, 비정상 열, 유동, 모달, 형상 최적화, 선형 좌굴 등 사용자의 작업을 지원한다.

Component Systems(**콤포넌트 시스템**): 이 시스템은 해석 시스템을 구성하거나 확장하는데 사용될 수 있는데 기하형상 읽어 들이기, 공학 데이터, 메쉬, 후처리 등을 지원한다.

Custom Systems(**맞춤 시스템**): 연성된 필드의 해석 시스템이며 유체와 고체 상호작용, 프리스트레스(pre-stress) 모달, 열-응력 등을 포함한다.

Design Exploration(**설계 탐구**): 매개변수(parametric) 최적화 연구를 수행하며 반응표면최적화(response surface optimization), 매개변수 상관관계, 6 시그마 해석 등을 포함한다.

1.3.3 Project Schematic(작업도식)

Project Schematic(작업도식), 즉 작업흐름의 도식화는 미리 정의된 해석 템플렛(predefined analysis templates)이나 Toolbox(작업상자)로부터 기타 콤포넌트를 선택해서 끌어다가 Project

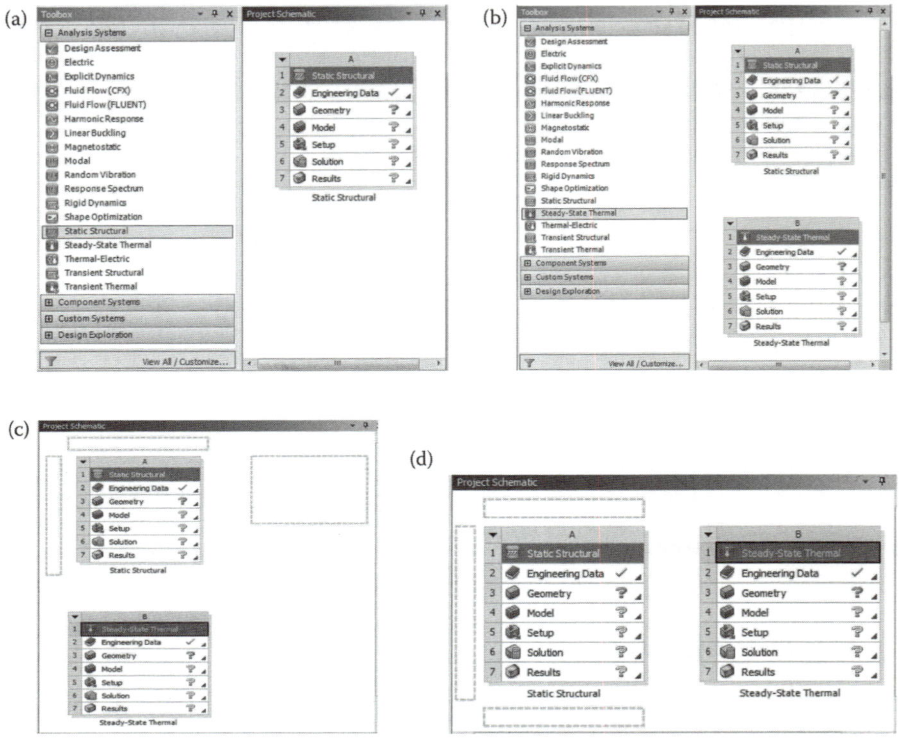

그림 1.9 Project Schematic에서 단일해석 시스템의 정의: (a) 단일 시스템; (b) 두 개 독립적 작업 시스템; (c) 상–하 형태로 이동된 시스템; (d) 좌–우 형태로 이동된 시스템

Schematic(작업도식) 창에 놓는 방식으로 만들어 질 수 있다. 여기서 "Drag(끌기)"란 왼쪽 마우스 버튼을 누른 상태로 마우스를 움직이는 것을 말하며 "drop(놓기)"이란 누르고 있던 마우스 버튼애서 손가락을 떼는 동작을 의미한다.

예를 들어 정적 구조해석의 작업을 하려면 Static Structural(정적 구조) 템플렛을 Toolbox(도구상자)에서 선택하여 끌어다가 Project Schematic(작업도식) 창에 나타나는 직사각형 박스에 놓으면 된다. 정적 구조해석이 필요한 콤포넌트들을 포함하는 단일해석 시스템은 그림 1.9a에 나타낸 작업도식에 추가된다. 시스템은 Cell(셀)이라 불리는 7개의 개별 콤포넌트로 구성된다.

다른 방법으로 단일해석은 두 번 클릭을 통해서 생성될 수 있다. 예를 들어 Toolbox(도구상자)로부터 Steady-State Thermal(정상 열) 해석 템플렛을 두 번 클릭하면 독립적인 Steady-State Thermal System(정상 열 시스템)이 그림 1.9b와 같이 이미 존재하는 정적 구조 시스템 아래에 생성된다.

시스템을 작업도식에서 다른 시스템 주위로 이동시킬 수 있다. 임의의 시스템을 이동시키려면 헤더셀(header cell), 즉 열시스템을 위한 Steady-State Thermal(정상 열)의 이름을 가진 셀을 클릭하여 새 위치로 끌어 놓으면 된다. 일단 사용자가 헤더셀을 선택하여 끌면 시스템을 놓을 수 있는

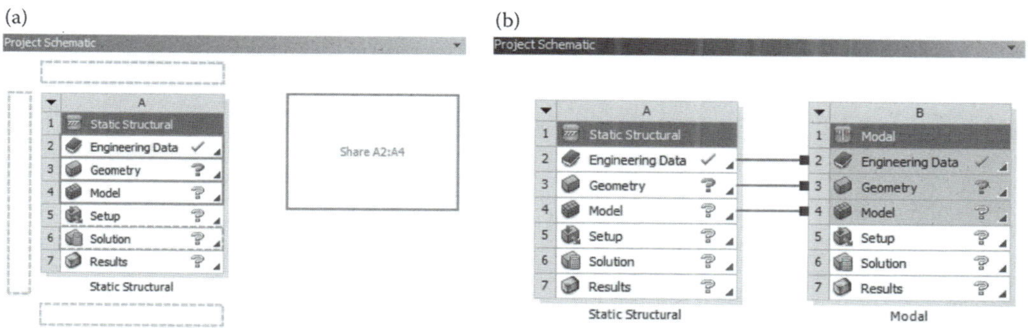

그림 1.10 Project Schematic에서 연결된 해석 시스템의 정의: (a) 두 번째(뒤이어 오는) 시스템을 처음 시스템의 모델(Model) 셀에 드롭함으로써 모델과 상위레벨에서 데이터를 공유함; (b) 연결된 두 시스템

새로운 위치를 알 수 있도록 점선으로 표시된 직사각형이 나타난다. 이것은 처음 상-하, 좌-우 형태로 각각 두 개 시스템에 대하여 그림 1.9c와 d에 도시되어 있다.

시스템을 삭제하려면 Project Schematic(작업도식) 창에서 해당 시스템의 왼쪽 위편 구석에 있는 하향 삼각형 버튼 위를 클릭하고 드롭다운 메뉴의 내용에서 Delete(삭제)를 선택하면 된다.

경우에 따라서 작업은 데이터를 공유할 수 있도록 두 개 이상의 해석 시스템을 포함할 수 있다. 예를 들면 하향식(downstream) 모달해석은 이전에 수행한 구조해석으로부터 동일한 재질, 형상, 모델 데이터를 사용할 수 있다. 이러한 작업을 수행하려면 우선 Static Structural(정적구조)해석의 단일 시스템을 생성하고 나서 Modal(모달) 해석 템플렛을 도구상자에서 선택해서 끌어 Static Structural(정적구조) 시스템의 Model(모델) 셀 위에 놓는다. 후속 시스템을 drop(드롭)하기 이전에 즉시 사각형 틀이 그림 1.10a와 같이 바운딩박스(bounding box)가 처음 시스템의 Engineering Data(공학 데이터), Geometry(형상) 및 Model(모델) 셀에 나타난다. 해당 시스템을 드롭하면 그림 1.10b와 같이 두 개의 연결된 시스템을 포함하는 작업이 생성된다. 여기서 연결된 셀은 Model(모델)과 상위 레벨에서 공유하는 데이터를 의미한다.

1.3.4 Cell(셀)에서 작업하기

셀은 해석 시스템을 구성하는 콤포넌트이다. 한 셀을 두 번 클릭함으로써 응용을 시작할 수 있다. 기본 동작(default action) 이외에 다른 동작을 시작하려면 임의의 셀을 마우스 오른쪽 버튼으로 클릭(right click)하여 해당 내용 메뉴의 옵션을 살펴보아라. 다음에는 ANSYS Workbench에서 찾을 수 있는 셀의 종류와 목적하는 기능을 나열한 것이다:

Engineering Data(공학 데이터): 해석에서 사용되는 재료 모델을 정의하고 편집한다.
Geometry(형상): 해석에서 사용되는 형상 모델을 생성하고 읽어 들이거나 편집한다.
Model/Mesh(모델/메쉬): 재료를 지정하고 좌표계를 정의하며 모델의 격자망을 만든다.

표 1.2 표시 아이콘과 여러 가지 셀 상태의 설명

셀 상태	아이콘	설명
미완성		수행을 위해서 상향 데이터 필요
리프레쉬 필요		상향 데이터에 의한 변경으로 새로고침(refresh) 동작 필요
주의 필요		수행을 위해서 해당 셀과 사용자의 확인 필요
업데이트 요청		상향 데이터에 의한 변경으로 업데이트 동작 요구
업데이트 완료		데이터가 업데이트 되어 추가 주의 요구 없음
입력 변경 유보		상향 셀에 의한 변경에 따라 업데이트 혹은 리프레쉬 동작 필요
중단		해석이 중단됨. 재시작 및 업데이트 동작은 해석동작을 중단된 단계로부터 계속됨.
유보		해석 수행중

출처: ANSYS Workbench 사용자 가이드, Release 14.5, ANSYS Inc., 2012.

Setup(셋업): 하중, 경계조건을 부여하고 해석 기반을 구축한다.
Soultion(해석): 모델 해석을 수행하고 뒤이어 오는 시스템과 해석 데이터를 공유한다.
Results(결과): 결과의 접근성과 상태를 알려준다(또한 후처리와 연계시킴).

데이터가 시스템을 통하여 흐르면 셀의 상태는 빠르게 변화할 수 있다. ANSYS Workbench에서는 해당셀의 오른편에 위치한 상태표시 아이콘이 나타낸다. 표 1.2는 ANSYS Workbench에서 사용하는 표시 아이콘을 나열하고 다양한 셀 상태를 설명한다. 추가 정보는 ANSYS Workbench 사용자 가이드를 참조하라[2].

이후 장에서는 ANSYS Workbench의 사용방법을 다양한 모델링 개념이나 분야를 포함하는 현장 문제해결에 적용할 수 있는 내용에 대해 단계별로 설명할 것이다. 비록 임의의 상용 유한요소 프로그램으로 사용자가 복잡한 형상, 구속조건, 재료거동을 포함한 광범위의 공학문제를 해석할 수 있도록 도울 수 있지만 문제를 제대로 파악하고 물리적 의미를 이해하는 능력에는 사용자의 책임있는 자세가 필요하다. FEA의 해석 결과가 아무리 훌륭해 보일지 라도 이 결과의 효용성은 기껏해야 사용자가 모델의 구성에서 부여하는 가정이나 결정의 수준에서 벗어날 수 없다.

1.4 요약

본 장에서는 FEM의 기본 개념을 소개하였다. 스프링계를 예로써 요소 강성행렬의 구성방법, 요소 강성행렬에서 계의 유한요소 방정식을 결성하는 방법, FE방정식의 해를 구하는 방법 등을 설명하였다. FE 결과를 검증해야 하는 점을 강조하였다. ANSYS Workbench 환경을 간략히 소개하였다. 본 장에서 소개된 개념과 절차는 매우 간단하지만 다른 문제의 유한요소해석을 공부하는데 중요하다.

문제

1.1 다음 질문에 간단히 답하라.

a. (한 개 요소 혹은 전체 구조물에 대해서) FE방정식의 물리적 의미는 무엇인가?

b. FEM을 활용하는 절차는 무엇인가?

1.2 다음 질문에 간단히 답하라:

a. 유한요소 이산화 혹은 유한요소 격자는 무엇인가?

b. 다음 용어를 정의하라: 절점과 요소

1.3 ANSYS Workbench를 사용하여 다음 문제에 대해 답하라.

a. 동일한 차량에서 두 가지 설계 부품의 구조해석을 포함하는 작업도식을 작성하라.

b. 연속 열-응력 연성해석을 위한 작업도식을 만들어라.

1.4 아래의 스프링계를 고려하여. 전체 시스템의 전역(global) 강성행렬을 결정하라.

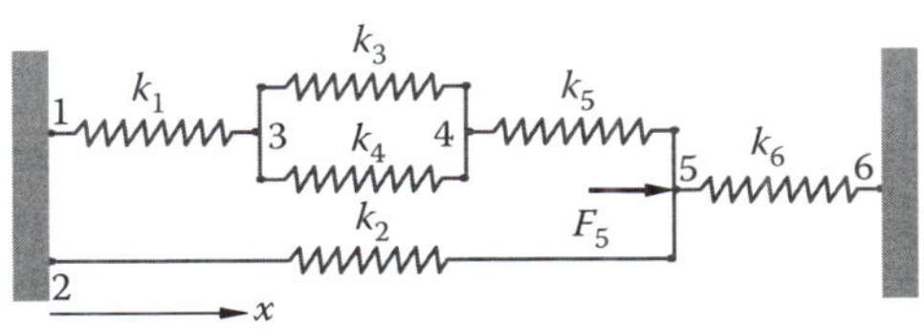

1.5 아래의 스프링계를 고려하여. 전체 시스템의 전역 강성행렬을 결정하라.

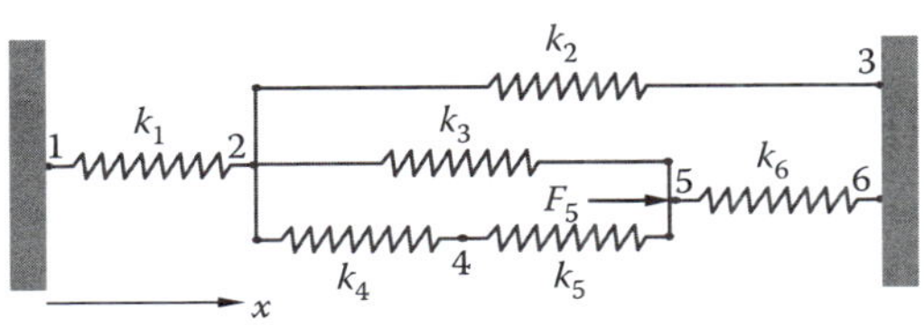

1.6 한 스프링계가 아래와 같다.

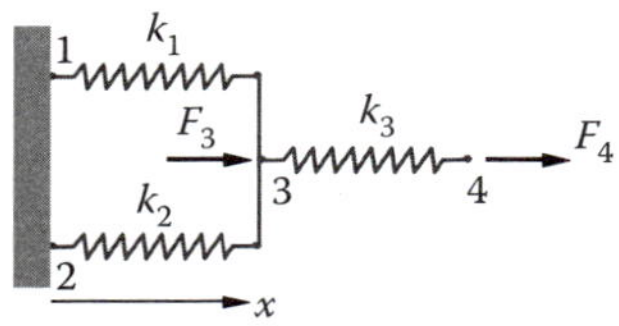

주어진 조건: $k_1 = 80$ N/mm, $k_2 = 100$ N/mm, $k_3 = 160$ N/mm, $F_3 = 200$ N, $F_4 = 100$ N, 그리고 절점 1과 2는 고정됨;

결정할 사항:

a. 전역 강성행렬

b. 절점 3과 4의 변위

c. 절점 1과 2에서 반력

d. 스프링 1과 2의 내력

1.7 한 스프링계가 아래와 같다.

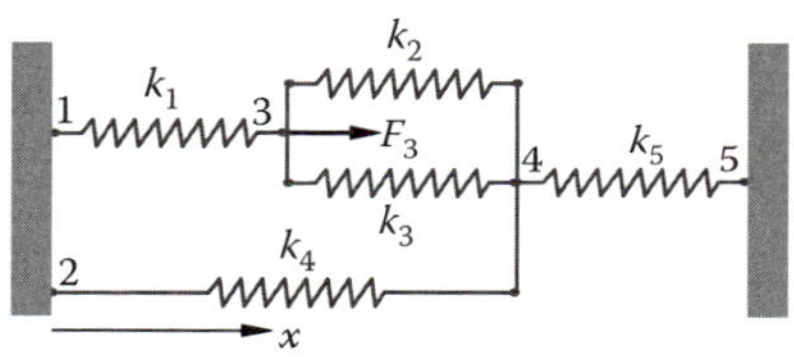

주어진 조건: $k_1 = k_2 = k_3 = k_4 = k_5 = k$, $F_3 = P$, 그리고 절점 1, 2, 5는 고정됨;

결정할 사항:

a. 전역 강성행렬

b. 절점 3과 4의 변위

c. 절점 1, 2, 5에서 반력

d. 스프링 2, 4, 5의 내력

Chapter 2

봉과 트러스

2.1 서론

이 장에서는 봉(bar) 요소로 불리는 가장 간단한 일차원(1-D) 구조요소와 이 요소로 구성된 트러스 구조물의 FEA를 소개한다. 트러스는 보통 건물, 교량, 탑 등의 설계에 사용된다(그림 2.1). 이 구조물은 가늘고 긴 봉을 이용하여 삼각형 모양의 구조형태로 만들어 지며 봉의 양 끝단은 볼트, 핀, 리벳 등으로 연결된다. 트러스 구조물은 거대하고 개방된 공간에 만들 수 있으며 다양한 공학환경에서 경량 및 경제적인 해결방안을 제공한다. 트러스가 가해지는 하중과 동일한 평면에 존재하는 경우 평면트러스라고 불린다. 만일 이 구조물이 부재와 조인트를 삼차원(3-D) 공간으로 확장시키면 공간 트러스가 된다.

응력과 변형률 해석 등 대부분의 구조해석 문제를 아래의 가정에 기초한 선형 정적 문제로 취급한다.

1. 작은 변형량(하중의 형태가 변형된 형상으로 인하여 변하지 않음)
2. 탄성 재료(소성이나 파손이 없음)
3. 정적 하중(하중은 느리고 일정하게 가해짐)

선형해석은 구조물의 거동에 대해서 대부분의 정보를 제공할 수 있으며 많은 해석에 대해서 좋은 근사값으로 볼 수 있다. 또한 선형해석은 대부분의 경우에 대해서 비선형 FEA의 기초가 된다. 이 교재에서는 2장에서 7장까지의 범위에서 구조물의 선형 정적 응답에 관한 사항만 고려한다.

2.2 1차원 탄성학 이론 개요

먼저 1차원(1-D) 선형 탄성학의 관점에서 축방향 하중을 받는 봉의 문제를 가지고 시작하자. 그림 2.2와 같이 축방향으로 단면이 일정한 단순 봉을 고려하자. 매개변수 L, A, E는 각각 봉의 길이,

단면적, 탄성계수 등이다.

u, ε, σ 을 각각 변위, 변형률 그리고 응력(모두 축방향 성분이고 축방향 x 만의 함수임)으로 놓으면 다음과 같은 기본 관계식을 얻는다.

변형률–변위 관계식:

$$\varepsilon(x) = \frac{du(x)}{dx} \tag{2.1}$$

응력–변형률 관계식:

$$\sigma(x) = E\varepsilon(x) \tag{2.2}$$

평형 방정식:

$$\frac{d\sigma(x)}{dx} + f(x) = 0 \tag{2.3}$$

여기서 $f(x)$ 는 봉에 작용하는 체적력 (단위 체적당 힘, 예로 중력과 자기력 등)이다. 봉에 분포하는 변위, 변형률, 그리고 응력을 구하기 위하여 식 (2.1) ~ (2.3)을 이용하여 주어진 경계조건에서

그림 2.1 트러스 예: (a) 몬트리올 생물권 박물관 (http://en.wikipedia.org/wiki/Montreal_Biosph%C3%A8re). (b) 벳시 로스 대교 (http://en.wikipedia.org/wike/Betsy_Ross_Bridge)

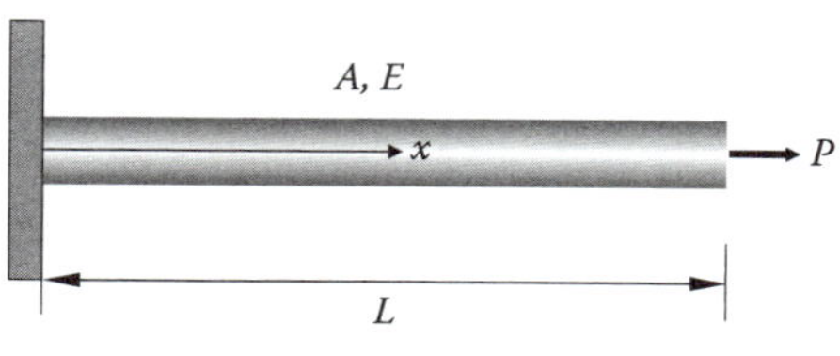

그림 2.2 축방향 하중을 받는 탄성봉

해를 구해야 한다. 이것은 단일 봉에 대해서 쉽게 수행될 수 있지만 많은 봉으로 구성된 트러스 구조물 혹은 다수 봉의 집합인 경우에는 매우 지루한 작업이 될 수 있다.

2.3 트러스 모델링

트러스 해석에는 종종 다음과 같은 가정이 따른다: (1) 봉 부재는 일정한 단면을 가지고 있고 서로 마찰이 없는 핀으로 연결되었다, 그리고 (2) 하중은 조인트에만 가해지고 트러스 부재의 조인트 사이에는 하중이 없다. 이러한 가정을 기초로 트러스 부재는 오직 축방향 하중만 지지할 수 있으며 무시할 만큼 작은 굽힘저항이 존재한다.

트러스가 축방향 봉의 조립 형태로 주어지면 각 트러스 부재를 이산화(discrete) 요소-봉요소로 취급할 수 있다. 봉요소는 일차원 유한요소이며 이것은 종종 일정한 단면을 가지고 축방향으로만 인장 또는 압축하중이 작용하는 길고 가는 형상의 구조요소로 변형량, 변형률, 응력 등을 표현할 수 있다.

예를 들어 평면 지붕 구조를 가지고 트러스 모델링 이상화하는 과정을 살펴보자. 그림 2.3a에 나타낸 실제 구조에서 중도리(purlin)가 지붕을 지탱하면서 하중을 부재를 연결시키는 이음판(gusset)으로 전달한다. 그림 2.3b의 이상화된 모델에서 각 트러스 부재는 단순히 2 절점 봉요소로 대체한다. 조인트 연결 조건은 요소들 사이에서 끝에서 끝으로 겹치는 절점을 공유하는 것으로 모델링하며 하중은 절점에만 부과된다. 이음판과 같은 구성요소는 심각하게 전체 트러스 하중–처짐 거동에 영향을 주지 않는 상세한 구성을 피하기 위해 고려되지 않는다. 트러스 부재의 하중과 같은 다른 사항들은 전달하는 힘의 크기에 비해서 무시할 수 있다. 만일 이런 사항을 포함하는 경우엔 부재의 무게를 항상 부재의 양 끝의 절점에 무게의 절반씩 작용시킬 수 있다. 대략 경험적으로 이러한 이상화 모델의 변형량과 응력 계산은 트러스 구조의 전체 설계와 해석 목적으로 충분하다는 걸 알 수 있다 [3].

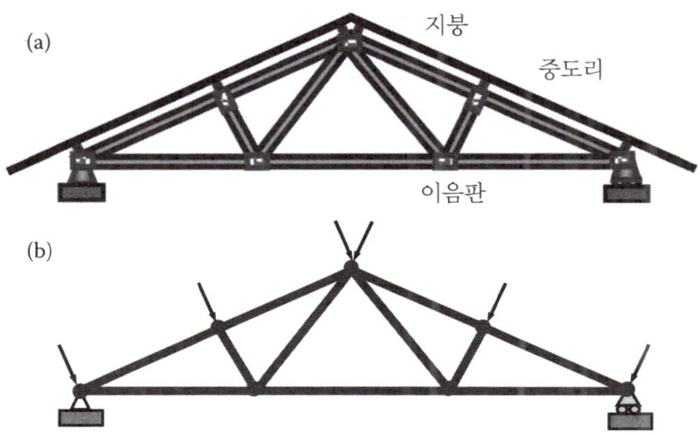

그림 2.3 평면 지붕 트러스의 모델링: (a) 실제 구조, (b) 이산화 모델

2.4 봉요소의 수식화

이 절에서 1차원 탄성학 이론으로부터 봉요소에 대한 방정식을 구성한다. 요소의 구조적 거동, 즉 요소강성행렬은 두 가지 방법으로 결정할 수 있다. 직접방법과 에너지 방법. 두 가지 방법은 다음에 설명한다.

2.4.1 강성행렬: 직접방법

양 끝단에 절점을 가진 봉요소가 그림 2.4에 표시되어 있다.

변위 u가 봉의 축을 따라서 선형적으로 변화한다고 가정하면 두 절점 u_i와 u_j의 관점에서 다음과 같이 쓸 수 있다.

$$u(x) = \left(1 - \frac{x}{L}\right)u_i + \frac{x}{L}u_j \tag{2.4}$$

그리고

$$\varepsilon = \frac{u_j - u_i}{L} = \frac{\Delta}{L} \quad (\Delta = \text{변형량}) \tag{2.5}$$

$$\sigma = E\varepsilon = \frac{E\Delta}{L} \tag{2.6}$$

또한

$$\sigma = \frac{F}{A} \quad (F = \text{봉에 작용하는 힘}) \tag{2.7}$$

따라서, 식 (2.6)과 (2.7)로 부터 다음을 얻는다.

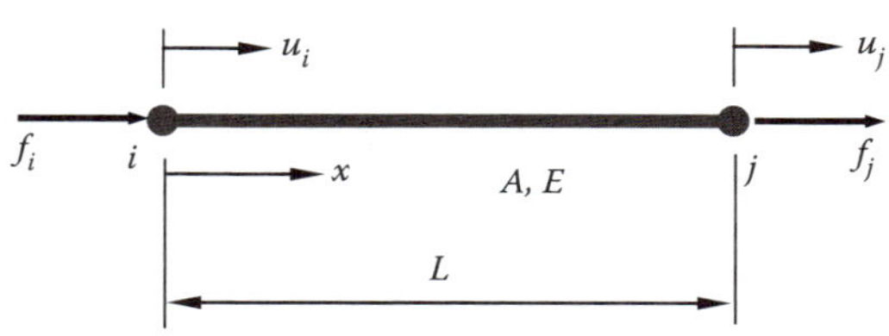

그림 2.4 봉요소의 기호

$$F = \frac{EA}{L}\Delta = k\Delta$$

여기서 $k = EA/L$ 은 봉의 강성이다. 다시 말해서 봉은 이 경우에 스프링의 거동을 보이며 요소의 강성행렬을 다음과 같이 결정할 수 있다.

$$\mathbf{k} = \begin{bmatrix} k & -k \\ -k & k \end{bmatrix} = \begin{bmatrix} \frac{EA}{L} & -\frac{EA}{L} \\ -\frac{EA}{L} & \frac{EA}{L} \end{bmatrix}$$

또는

$$\mathbf{k} = \frac{EA}{L}\begin{bmatrix} 1 & -1 \\ -1 & 1 \end{bmatrix} \tag{2.8}$$

이것은 두 절점에서 힘의 평형을 고려하면 확인할 수 있다. 요소의 평형방정식은

$$\frac{EA}{L}\begin{bmatrix} 1 & -1 \\ -1 & 1 \end{bmatrix}\begin{Bmatrix} u_i \\ u_j \end{Bmatrix} = \begin{Bmatrix} f_i \\ f_j \end{Bmatrix} \tag{2.9}$$

자유도(DOF): 한 절점에서 변위벡터의 성분의 개수. x축의 방향으로 놓인 일차원 봉요소의 경우, 각 절점에서 한 개의 DOF를 갖는다.

행렬 **k**에서 계수의 물리적 의미: **k** 의 j 번째 열 (여기서 $j = 1$ 또는 2)은 봉요소가 절점 j 에서 단위 변위와 다른 절점에서는 변위가 없는 형상을 유지하는데 필요한 힘의 크기를 의미한다.

2.4.2 강성행렬: 에너지 방법

다양하고 복잡한 상황에도 적용할 수 있는 공식적인 접근법을 사용하여 봉의 강성행렬을 동일하게 유도할 수 있다.

우선, 다음(그림 2.5)과 같이 두 가지 선형 형상함수를 정의한다.

$$N_i(\xi) = 1 - \xi, \quad N_j(\xi) = \xi \tag{2.10}$$

여기서

$$\xi = \frac{x}{L}, \quad 0 \le \xi \le 1 \tag{2.11}$$

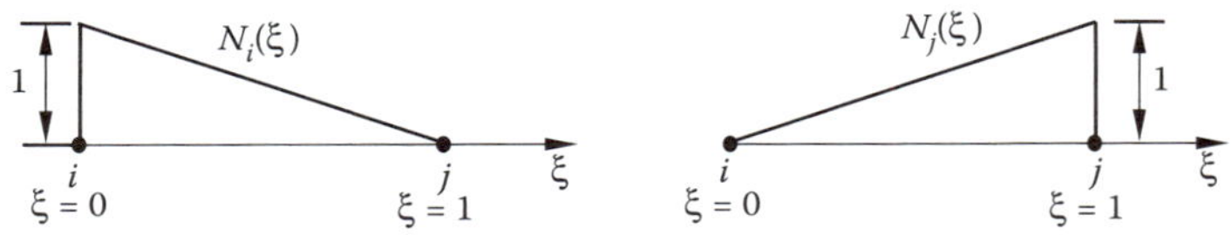

그림 2.5 봉요소의 형상함수

식 (2.4)로부터, 변위는 다음과 같이 쓸 수 있다.

$$u(x) = u(\xi) = N_i(\xi)u_i + N_j(\xi)u_j$$

또는

$$u = \begin{bmatrix} N_i & N_j \end{bmatrix} \begin{Bmatrix} u_i \\ u_j \end{Bmatrix} = \mathbf{Nu} \tag{2.12}$$

변형률은 식 (2.1)과 (2.12)로부터 구할 수 있다.

$$\varepsilon = \frac{du}{dx} = \left[\frac{d}{dx}\mathbf{N}\right]\mathbf{u} = \mathbf{Bu} \tag{2.13}$$

여기서 $\mathbf{B}$는 요소의 변형률–변위에 관한 행렬이다.

$$\mathbf{B} = \frac{d}{dx}\begin{bmatrix} N_i(\xi) & N_j(\xi) \end{bmatrix} = \frac{d}{d\xi}\begin{bmatrix} N_i(\xi) & N_j(\xi) \end{bmatrix} \cdot \frac{d\xi}{dx}$$

즉,

$$\mathbf{B} = \begin{bmatrix} -1/L & 1/L \end{bmatrix} \tag{2.14}$$

응력은 다음과 같이 쓸 수 있다.

$$\sigma = E\varepsilon = E\mathbf{Bu} \tag{2.15}$$

봉에 저장된 변형에너지를 고려하자.

$$\begin{aligned} \mathrm{U} &= \frac{1}{2}\int_V \sigma^{\mathrm{T}} \varepsilon \, dV = \frac{1}{2}\int_V (\mathbf{u}^{\mathrm{T}}\mathbf{B}^{\mathrm{T}}E\mathbf{Bu})\, dV \\ &= \frac{1}{2}\mathbf{u}^{\mathrm{T}}\left[\int_V (\mathbf{B}^{\mathrm{T}}E\mathbf{B})\, dV\right]\mathbf{u} \end{aligned} \tag{2.16}$$

여기서 식 (2.13)과 (2.15)가 사용되었다.

외력의 **포텐셜**은 다음과 같이 쓸 수 있다(여기서 정의에 의해 음의 부호가 붙어있음을 기억하라).

$$\Omega = -f_i u_i - f_j u_j = -\mathbf{u}^{\mathrm{T}}\mathbf{f} \tag{2.17}$$

시스템의 총 포텐셜은

$$\Pi = \mathrm{U} + \Omega$$

식 (2.16)과 (2.17)을 위 식과 함께 고려하면

$$\Pi = \frac{1}{2}\mathbf{u}^{\mathrm{T}}\left[\int_V (\mathbf{B}^{\mathrm{T}} E\mathbf{B})\,dV\right]\mathbf{u} - \mathbf{u}^{\mathrm{T}}\mathbf{f} \tag{2.18}$$

최소 포텐셜에너지 원리로부터 $d\Pi = 0$ 을 이용하면 다음을 얻는다(확인하라).

$$\left[\int_V \left(\mathbf{B}^{\mathrm{T}} E\mathbf{B}\right) dV\right]\mathbf{u} = \mathbf{f}$$

또는

$$\mathbf{ku} = \mathbf{f} \tag{2.19}$$

여기서

$$\mathbf{k} = \int_V (\mathbf{B}^{\mathrm{T}} E\mathbf{B})\,dV \tag{2.20}$$

이 식은 요소강성행렬이다.

식 (2.20)은 다른 형태의 요소를 구성할 때 사용할 수 있는 일반적인 결과이다.

이제 식 (2.14)를 이용하여 봉요소에 대한 식 (2.20)을 계산할 수 있다.

$$\mathbf{k} = \int_0^L \begin{Bmatrix} -1/L \\ 1/L \end{Bmatrix} E\begin{bmatrix} -1/L & 1/L \end{bmatrix} A dx = \frac{EA}{L}\begin{bmatrix} 1 & -1 \\ -1 & 1 \end{bmatrix}$$

이 결과는 직접 방법을 사용하여 앞에서 유도했던 식과 동일하다.

식 (2.16)과 (2.20)으로부터 요소의 변형에너지는 다음과 같이 쓸 수 있음을 기억하라.

$$\mathrm{U} = \frac{1}{2}\mathbf{u}^{\mathrm{T}}\mathbf{ku} \tag{2.21}$$

향후, 일단 식 (2.16)과 같은 식을 얻으면 변위 벡터들 사이의 행렬이 강성행렬이란 것을 즉시 알 수 있다. 스프링의 경우, 변형에너지는 다음과 같이 쓸 수 있다.

$$U = \frac{1}{2}k\Delta^2 = \frac{1}{2}\Delta^T k\Delta$$

따라서, 결과 (2.21)은 간단한 스프링 경우로 다시 돌아간다.

2.4.3 분포하중의 처리

분포된 축하중 q(N/mm, N/m, lb/in) (그림 2.6)은 형상함수를 사용하여 두 개의 동등한 절점힘으로 변환될 수 있다. 분포하중 q가 행한 일을 고려하자.

$$\begin{aligned} W_q &= \frac{1}{2}\int_0^L u(x)q(x)dx = \frac{1}{2}\int_0^L (\mathbf{Nu})^T q(x)dx = \frac{1}{2}\begin{bmatrix} u_i & u_j \end{bmatrix}\int_0^L \begin{bmatrix} N_i(x) \\ N_j(x) \end{bmatrix} q(x)dx \\ &= \frac{1}{2}\mathbf{u}^T \int_0^L \mathbf{N}^T q(x)dx \end{aligned} \quad (2.22)$$

등가 절점힘에 의한 일은

$$W_{f_q} = \frac{1}{2}f_i^q u_i + \frac{1}{2}f_j^q u_j = \frac{1}{2}\mathbf{u}^T \mathbf{f}_q \quad (2.23)$$

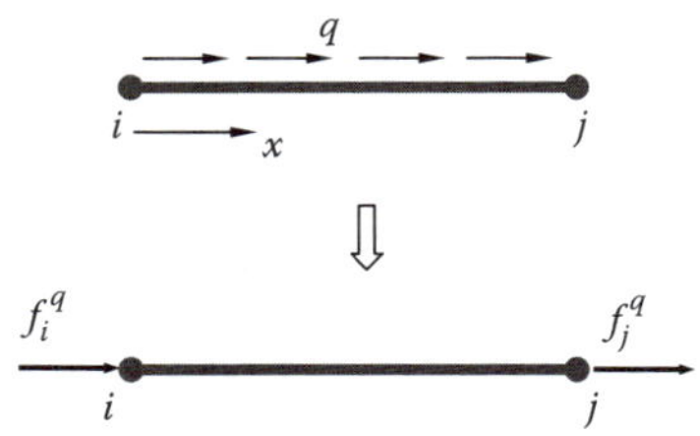

그림 2.6 한 요소 상에 작용하는 분포하중의 변환

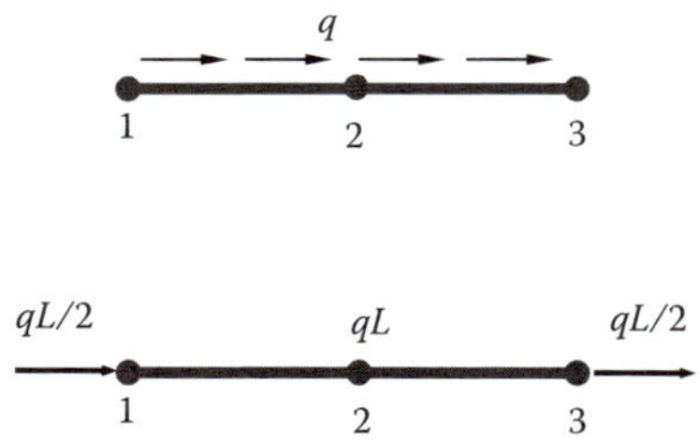

그림 2.7 두 개 요소에 작용하는 일정한 강도의 분포하중 q의 변환

$W_q = W_{f_q}$ 로 놓고 식 (2.22)와 (2.23)을 사용하면 등가 절점힘 벡터를 얻는다.

$$\mathbf{f}_q = \begin{Bmatrix} f_i^q \\ f_j^q \end{Bmatrix} = \int_0^L \mathbf{N}^T q(x)dx = \int_0^L \begin{bmatrix} N_i(x) \\ N_j(x) \end{bmatrix} q(x)dx \tag{2.24}$$

이 식은 임의 분포하중 q 에 대해서 유효하다. 예를 들어 만약 q 가 일정한 상수일 때 다음과 같다.

$$\mathbf{f}_q = q\int_0^L \begin{bmatrix} 1 - x/L \\ x/L \end{bmatrix} dx = \begin{Bmatrix} qL/2 \\ qL/2 \end{Bmatrix} \tag{2.25}$$

즉, 등가 절점힘은 그림 2.7과 같이 분포하중을 대신하여 적용할 수 있다.

2.4.4 2차원과 3차원의 봉요소

2차원(2-D) 혹은 3차원(3-D)에서 트러스 구조를 해석하기 위하여 1차원(1-D) 봉요소 수식을 2-D와 3-D로 확장할 필요가 있다. 다음에 2-D 경우에 대한 수식을 살펴보자.

2.4.4.1 2차원의 경우

국부	전체
x, y	X, Y
u_i', v_i'	u_i, v_i
각 절점에서 1 DOF	각 절점에서 2 DOFs

횡방향 변위 v_i' 는 선형이론 (그림 2.8)에서 봉의 신장에 기여하지 않는다는 것을 기억하라. 국부와 전역 좌표계에서 변위벡터는 다음과 같은 관계가 있다.

$$u_i' = u_i \cos\theta + v_i \sin\theta = \begin{bmatrix} l & m \end{bmatrix} \begin{Bmatrix} u_i \\ v_i \end{Bmatrix}$$

$$v_i^i = -u_i \sin\theta + v_i \cos\theta = \begin{bmatrix} -m & l \end{bmatrix} \begin{Bmatrix} u_i \\ v_i \end{Bmatrix}$$

여기서 $l = \cos\theta$, $m = \sin\theta$.

행렬형태로

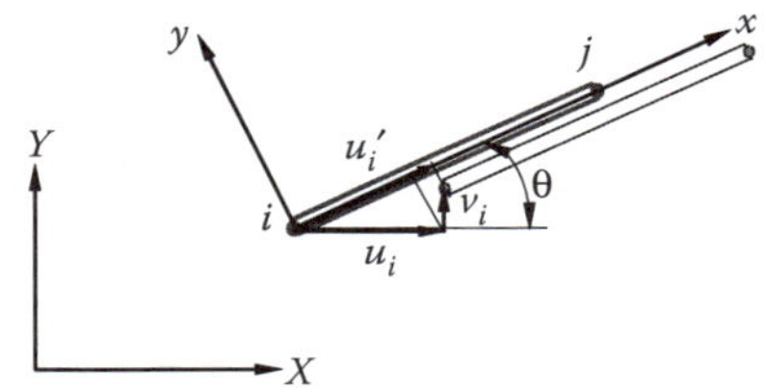

그림 2.8 2-D 공간에서 봉의 국부 및 전역 좌표계.

$$\begin{Bmatrix} u_i' \\ v_i' \end{Bmatrix} = \begin{bmatrix} l & m \\ -m & l \end{bmatrix} \begin{Bmatrix} u_i \\ v_i \end{Bmatrix} \tag{2.26}$$

또는

$$\mathbf{u}_i' = \tilde{\mathbf{T}}\mathbf{u}_i$$

여기서 변환행렬은

$$\tilde{\mathbf{T}} = \begin{bmatrix} l & m \\ -m & l \end{bmatrix} \tag{2.27}$$

이 행렬은 직교하므로 $\tilde{\mathbf{T}}^{-1} = \tilde{\mathbf{T}}^T$.
봉요소의 두 개 절점에 대해서 다음 관계를 갖는다.

$$\begin{Bmatrix} u_i' \\ v_i' \\ u_j' \\ v_j' \end{Bmatrix} = \begin{bmatrix} l & m & 0 & 0 \\ -m & l & 0 & 0 \\ 0 & 0 & l & m \\ 0 & 0 & -m & l \end{bmatrix} \begin{Bmatrix} u_i \\ v_i \\ u_j \\ v_j \end{Bmatrix} \tag{2.28}$$

또는

$$\mathbf{u}' = \mathbf{T}\mathbf{u} \quad \text{여기서} \mathbf{T}\ \mathbf{T} = \begin{bmatrix} \tilde{\mathbf{T}} & \mathbf{0} \\ \mathbf{0} & \tilde{\mathbf{T}} \end{bmatrix} \tag{2.29}$$

절점힘은 동일한 방법으로 변환한다.

$$\mathbf{f}' = \mathbf{T}\mathbf{f} \tag{2.30}$$

국부좌표계에서 다음 관계를 갖는다.

$$\frac{EA}{L}\begin{bmatrix} 1 & -1 \\ -1 & 1 \end{bmatrix}\begin{Bmatrix} u_i' \\ u_j' \end{Bmatrix} = \begin{Bmatrix} f_i' \\ f_j' \end{Bmatrix}$$

이 방정식을 확장된 형태로 쓰면

$$\frac{EA}{L}\begin{bmatrix} 1 & 0 & -1 & 0 \\ 0 & 0 & 0 & 0 \\ -1 & 0 & 1 & 0 \\ 0 & 0 & 0 & 0 \end{bmatrix}\begin{Bmatrix} u_i' \\ v_i' \\ u_j' \\ v_j' \end{Bmatrix} = \begin{Bmatrix} f_i' \\ 0 \\ f_j' \\ 0 \end{Bmatrix}$$

또는

$$\mathbf{k}'\,\mathbf{u}' = \mathbf{f}'$$

식 (2.29)와 (2.30)에 주어진 변환식을 이용하면 다음을 얻는다.

$$\mathbf{k}'\,\mathbf{Tu} = \mathbf{Tf}$$

양변에 $\mathbf{T}^T$ 를 곱하고 $\mathbf{T}^T = \mathbf{TI}$ 인 관계를 이용하면 다음을 얻는다.

$$\mathbf{T}^T\,\mathbf{k}'\,\mathbf{Tu} = \mathbf{f} \tag{2.31}$$

따라서, 전역 좌표계에서 요소강성행렬 $\mathbf{k}$ 는

$$\mathbf{k} = \mathbf{T}^T\,\mathbf{k}'\,\mathbf{T} \tag{2.32}$$

이것은 4×4 대칭행렬이다.
양함수 형태(explicit form)로 쓰면

$$\begin{matrix} & u_i & v_i & u_j & v_j \end{matrix}$$
$$\mathbf{k} = \frac{EA}{L}\begin{bmatrix} l^2 & lm & -l^2 & -lm \\ lm & m^2 & -lm & -m^2 \\ -l^2 & -lm & l^2 & lm \\ -lm & -m^2 & lm & m^2 \end{bmatrix} \tag{2.33}$$

방향여현 코사인(directional cosine) l 과 m 은 다음 식과 같다.

$$l = \cos\theta = \frac{X_j - X_i}{L}, \quad m = \sin\theta = \frac{Y_j - Y_i}{L}$$

구조강성행렬은 1-D 경우와 같은 방법으로 요소강성행렬을 사용하여 결합한다.

2.4.4.2 3차원의 경우

국부	전체
x, y, z	X, Y, Z
u_i', v_i', w_i'	u_i, v_i, w_i
각 절점에서 1 DOF	각 절점에서 3 DOF

2차원(2-D)의 경우와 유사하게 3차원(3-D) 경우의 요소강성행렬은 국부좌표계에서 먼저 계산한 후 전역 좌표계(X, Y, Z)로 변환하고 전역 좌표계에서 결합한다(그림 2.9). 변환관계식은 다음과 같다.

$$\begin{Bmatrix} u_i' \\ v_i' \\ w_i' \end{Bmatrix} = \begin{bmatrix} l_X & l_Y & l_Z \\ m_X & m_Y & m_Z \\ n_X & n_Y & n_Z \end{bmatrix} \begin{Bmatrix} u_i \\ v_i \\ w_i \end{Bmatrix} \tag{2.34}$$

여기서 (l_X, l_Y, l_Z), (m_X, m_Y, m_Z) 그리고 (n_X, n_Y, n_Z)는 각각 전역 좌표계에서 국부 x, y, z 축의 방향여현 코사인이다. FEM 소프트웨어 패키지는 이러한 변환을 자동적으로 수행한다.

그러므로 봉요소의 입력데이타는 다음과 같이 간단하다.

- 각 절점의 좌표 (X, Y, Z)
- 각 요소의 E와 A (길이 L은 두 절점의 좌표로부터 계산될 수 있다)

2.4.5 요소응력

일단 절점변위가 요소에 대해서 얻어지면 해당 요소 내의 응력은 기본 관계식으로부터 계산할 수 있다. 예를 들어, 2-D 경우에 대하여 다음과 같이 진행한다.

$$\sigma = E\varepsilon = E\mathbf{B}\begin{Bmatrix} u_i' \\ u_j' \end{Bmatrix} = E\begin{bmatrix} -\frac{1}{L} & \frac{1}{L} \end{bmatrix}\begin{bmatrix} l & m & 0 & 0 \\ 0 & 0 & l & m \end{bmatrix}\begin{Bmatrix} u_i \\ v_i \\ u_j \\ v_j \end{Bmatrix}$$

즉,

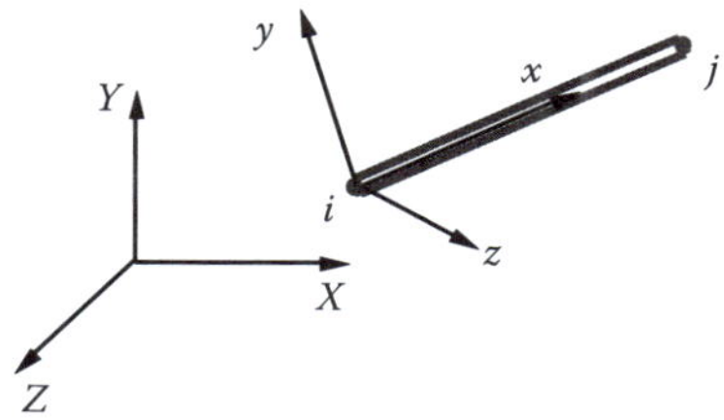

그림 2.9 3-D 공간의 봉에 대한 국부좌표와 전역 좌표

$$\sigma = \frac{E}{L}\begin{bmatrix} -l & -m & l & m \end{bmatrix}\begin{Bmatrix} u_i \\ v_i \\ u_j \\ v_j \end{Bmatrix} \tag{2.35}$$

이 식은 2차원(2-D) 봉요소에 대한 일반식이다.

2.5 봉요소의 예제

여기서 1차원(1-D) 응력 문제와 평면 트러스 문제의 해석에서 봉요소를 사용하는 예제를 살펴보자.

예제 2.1

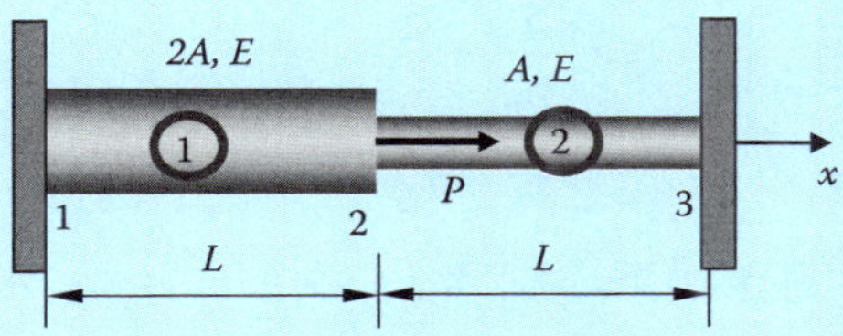

문제

두 개 봉으로 구성된 구조에서 응력을 구하라. 위의 그림과 같이 이 봉 조립체에는 힘 P가 작용하고 양 끝은 구속되어 있다.

풀이

두 개의 1-D 봉요소를 사용하라.

요소 1에 대해서

$$\mathbf{k}_1 = \frac{2EA}{L}\begin{bmatrix} 1 & -1 \\ -1 & 1 \end{bmatrix} \quad (u_1, u_2)$$

요소 2에 대해서

$$\mathbf{k}_2 = \frac{EA}{L}\begin{bmatrix} 1 & -1 \\ -1 & 1 \end{bmatrix} \quad (u_2, u_3)$$

두 요소가 연결되는 절점 2에 있는 핀에는 마찰이 없다고 가정하라. 전역 FE방정식을 아래와 같이 결합할 수 있다.

$$\frac{EA}{L}\begin{bmatrix} 2 & -2 & 0 \\ -2 & 3 & -1 \\ 0 & -1 & 1 \end{bmatrix}\begin{Bmatrix} u_1 \\ u_2 \\ u_3 \end{Bmatrix} = \begin{Bmatrix} F_1 \\ F_2 \\ F_3 \end{Bmatrix}$$

하중조건과 경계조건 (BCs)는

$$u_1 = u_3 = 0, \quad F_2 = P$$

FE방정식은 다음과 같다.

$$\frac{EA}{L}\begin{bmatrix} 2 & -2 & 0 \\ -2 & 3 & -1 \\ 0 & -1 & 1 \end{bmatrix}\begin{Bmatrix} 0 \\ u_2 \\ 0 \end{Bmatrix} = \begin{Bmatrix} F_1 \\ P \\ F_3 \end{Bmatrix}$$

첫 번째 행과 열을 “소거”하고 세 번째 행과 열도 “소거”하면 다음을 얻을 수 있다.

$$\frac{EA}{L}[3]\{u_2\} = \{P\}$$

따라서,

$$u_2 = \frac{PL}{3EA}$$

그리고

$$\begin{Bmatrix} u_1 \\ u_2 \\ u_3 \end{Bmatrix} = \frac{PL}{3EA}\begin{Bmatrix} 0 \\ 1 \\ 0 \end{Bmatrix}$$

요소 1의 응력은

$$\sigma_1 = E\varepsilon_1 = E\mathbf{B}_1\mathbf{u}_1 = E\begin{bmatrix} -1/L & 1/L \end{bmatrix}\begin{Bmatrix} u_1 \\ u_2 \end{Bmatrix}$$
$$= E\frac{u_2 - u_1}{L} = \frac{E}{L}\left(\frac{PL}{3EA} - 0\right) = \frac{P}{3A}$$

비슷한 방법으로 요소 2의 응력은

$$\sigma_2 = E\varepsilon_2 = E\mathbf{B}_2\mathbf{u}_2 = E\begin{bmatrix} -1/L & 1/L \end{bmatrix}\begin{Bmatrix} u_2 \\ u_3 \end{Bmatrix}$$
$$= E\frac{u_3 - u_2}{L} = \frac{E}{L}\left(0 - \frac{PL}{3EA}\right) = -\frac{P}{3A}$$

이 식은 봉 2가 압축상태에 있다는 것을 의미한다.

결과의 검증: 다음과 같이 FBD을 그리고 구조의 평형상태를 확인하라.

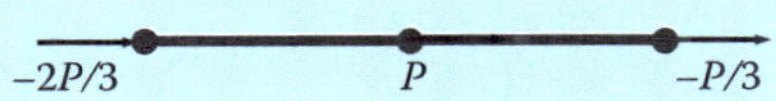

주의:

이 경우에 요소 1과 2에서 계산된 응력은 정확하다. 즉 요소 1 또는 2를 더욱 작은 요소로 나눌 필요가 없다.

테이퍼진 봉에 대해서는 단면적의 평균값이 요소에 적용되어야 한다. 여기서 응력을 구하기 위해서 우선 변위를 결정하였다. 이러한 방법을 변위에 기반(displacement-based)한 FEM라고 부른다.

예제 2.2

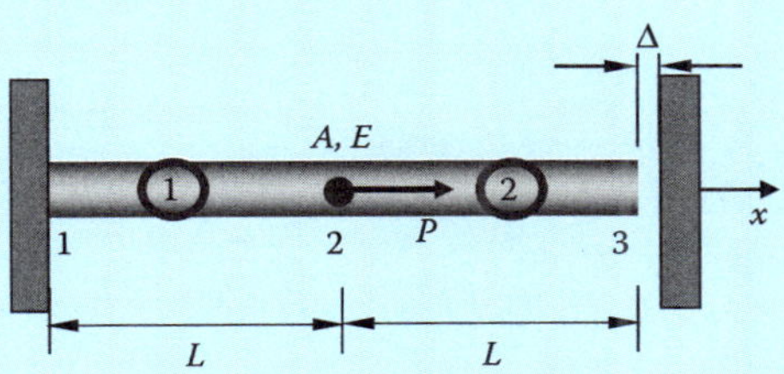

문제

다음에 주어진 데이터에 대해서 그림에 나타낸 봉의 양 끝에 작용하는 반력을 결정하라.

$$P = 6.0 \times 10^4\ \mathrm{N}, \quad E = 2.0 \times 10^4\ \mathrm{N/mm^2},$$
$$A = 250\ \mathrm{mm^2}, \quad L = 150\ \mathrm{mm}, \quad \Delta = 1.2\ \mathrm{mm}$$

풀이

우선 오른편에 있는 벽과 봉 사이에서 접촉 발생 여부를 확인해야 한다. 이를 위해서 우측에 벽이 없다고 생각하고 봉의 우측 끝단 변위를 계산한다.

$$\Delta_0 = \frac{PL}{EA} = \frac{(6.0 \times 10^4)(150)}{(2.0 \times 10^4)(250)} = 1.8\ \mathrm{mm} > \Delta = 1.2\ \mathrm{mm}$$

따라서 접촉이 발생하고 있으므로 우측의 벽은 이 해석에서 고려되어야 한다. 전역 FE방정식은 다음과 같다.

$$\frac{EA}{L}\begin{bmatrix} 1 & -1 & 0 \\ -1 & 2 & -1 \\ 0 & -1 & 1 \end{bmatrix}\begin{Bmatrix} u_1 \\ u_2 \\ u_3 \end{Bmatrix} = \begin{Bmatrix} F_1 \\ F_2 \\ F_3 \end{Bmatrix}$$

하중조건과 경계조건은

$$F_2 = P = 6.0 \times 10^4\ \mathrm{N}$$
$$u_1 = 0, \quad u_3 = \Delta = 1.2\ \mathrm{mm}$$

FE방정식은 다음과 같다.

$$\frac{EA}{L}\begin{bmatrix} 1 & -1 & 0 \\ -1 & 2 & -1 \\ 0 & -1 & 1 \end{bmatrix}\begin{Bmatrix} 0 \\ u_2 \\ \Delta \end{Bmatrix} = \begin{Bmatrix} F_1 \\ P \\ F_3 \end{Bmatrix}$$

두 번째 식으로부터

$$\frac{EA}{L}\begin{bmatrix} 2 & -1 \end{bmatrix}\begin{Bmatrix} u_2 \\ \Delta \end{Bmatrix} = \{P\}$$

즉,

$$\frac{EA}{L}[2]\{u_2\} = \left\{P + \frac{EA}{L}\Delta\right\}$$

이 방정식의 해를 구하면

$$u_2 = \frac{1}{2}\left(\frac{PL}{EA} + \Delta\right) = 1.5\,\text{mm}$$

그리고

$$\begin{Bmatrix} u_1 \\ u_2 \\ u_3 \end{Bmatrix} = \begin{Bmatrix} 0 \\ 1.5 \\ 1.2 \end{Bmatrix} (\text{mm})$$

반력을 구하기 위하여 전역 FE방정식의 첫 번째와 세 번째 방정식을 사용한다.

첫 번째 방정식으로부터

$$F_1 = \frac{EA}{L}\begin{bmatrix} 1 & -1 & 0 \end{bmatrix}\begin{Bmatrix} u_1 \\ u_2 \\ u_3 \end{Bmatrix} = \frac{EA}{L}(-u_2) = -5.0 \times 10^4\ \text{N}$$

그리고 세 번째 방정식으로부터

$$F_3 = \frac{EA}{L}\begin{bmatrix} 0 & -1 & 1 \end{bmatrix}\begin{Bmatrix} u_1 \\ u_2 \\ u_3 \end{Bmatrix} = \frac{EA}{L}(-u_2 + u_3) = -1.0 \times 10^4\ \text{N}$$

결과의 검증: 다시 한번 힘의 평형상태가 만족되는지 확인하기 위하여 자유물체도를 그릴 수 있다.

예제 2.3

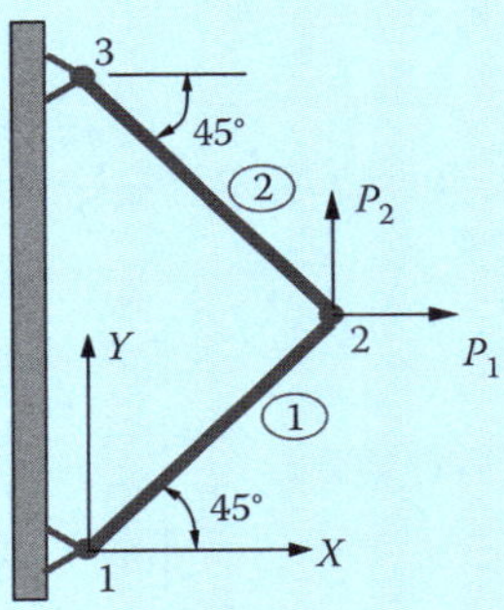

간단한 평면 트러스가 두 개의 동일한 봉(E, A 그리고 L)으로 구성되어 있으며 위의 그림에 나타낸

것과 같이 하중을 받고 있다.

결정할 사항:

a. 절점 2의 변위

b. 각 봉의 응력.

풀이

이 간단한 구조는 2-D 공간에서 봉요소를 사용하는 FEA 과정을 보여주기 위해 여기서 사용되었다. 국부좌표계에서 다음 식과 같다.

$$\mathbf{k}_1' = \frac{EA}{L}\begin{bmatrix} 1 & -1 \\ -1 & 1 \end{bmatrix} = \mathbf{k}_2'$$

이 두 개 행렬은 서로 다른 좌표계에 속하기 때문에 함께 결합될 수 없다. 따라서 이 좌표들을 전역좌표계 OXY 로 변환해야 한다.

요소 1:

$$\theta = 45^\circ, \ l = m = \frac{\sqrt{2}}{2}$$

식 (2.32)와 (2.33)을 사용하여 전체계에 대한 강성행렬을 얻는다.

$$\mathbf{k}_1 = \mathbf{T}_1^T\mathbf{k}_1'\mathbf{T}_1 = \frac{EA}{2L}\begin{bmatrix} 1 & 1 & -1 & -1 \\ 1 & 1 & -1 & -1 \\ -1 & -1 & 1 & 1 \\ -1 & -1 & 1 & 1 \end{bmatrix} \quad (u_1 \ v_1 \ u_2 \ v_2)$$

요소 2:

$$\theta = 135^\circ, \ \ l = -\frac{\sqrt{2}}{2}, \ m = \frac{\sqrt{2}}{2}$$

$$\mathbf{k}_2 = \mathbf{T}_2^T\mathbf{k}_2'\mathbf{T}_2 = \frac{EA}{2L}\begin{bmatrix} 1 & -1 & -1 & 1 \\ -1 & 1 & 1 & -1 \\ -1 & 1 & 1 & -1 \\ 1 & -1 & -1 & 1 \end{bmatrix} \quad (u_2 \ v_2 \ u_3 \ v_3)$$

구조 FE방정식을 결합하면,

$$\frac{EA}{2L}\begin{bmatrix} 1 & 1 & -1 & -1 & 0 & 0 \\ 1 & 1 & -1 & -1 & 0 & 0 \\ -1 & -1 & 2 & 0 & -1 & 1 \\ -1 & -1 & 0 & 2 & 1 & -1 \\ 0 & 0 & -1 & 1 & 1 & -1 \\ 0 & 0 & 1 & -1 & -1 & 1 \end{bmatrix}\begin{Bmatrix} u_1 \\ v_1 \\ u_2 \\ v_2 \\ u_3 \\ v_3 \end{Bmatrix} = \begin{Bmatrix} F_{1X} \\ F_{1Y} \\ F_{2X} \\ F_{2Y} \\ F_{3X} \\ F_{3Y} \end{Bmatrix}$$

(열 순서: $u_1 \quad v_1 \quad u_2 \quad v_2 \quad u_3 \quad v_3$)

하중조건과 경계조건 (BCs):

$$u_1 = v_1 = u_3 = v_3 = 0, \quad F_{2X} = P_1, \quad F_{2Y} = P_2$$

응축(condensed)된 FE방정식은,

$$\frac{EA}{2L}\begin{bmatrix} 2 & 0 \\ 0 & 2 \end{bmatrix}\begin{Bmatrix} u_2 \\ v_2 \end{Bmatrix} = \begin{Bmatrix} P_1 \\ P_2 \end{Bmatrix}$$

이것의 해를 구하면 절점 2의 변위는 다음과 같다.

$$\begin{Bmatrix} u_2 \\ v_2 \end{Bmatrix} = \frac{L}{EA}\begin{Bmatrix} P_1 \\ P_2 \end{Bmatrix}$$

식 (2.34)를 사용하여 두 봉에서 작용하는 응력을 계산한다.

$$\sigma_1 = \frac{E}{L}\frac{\sqrt{2}}{2}\begin{bmatrix} -1 & -1 & 1 & 1 \end{bmatrix}\frac{L}{EA}\begin{Bmatrix} 0 \\ 0 \\ P_1 \\ P_2 \end{Bmatrix} = \frac{\sqrt{2}}{2A}(P_1 + P_2)$$

$$\sigma_2 = \frac{E}{L}\frac{\sqrt{2}}{2}\begin{bmatrix} 1 & -1 & -1 & 1 \end{bmatrix}\frac{L}{EA}\begin{Bmatrix} P_1 \\ P_2 \\ 0 \\ 0 \end{Bmatrix} = \frac{\sqrt{2}}{2A}(P_1 - P_2)$$

결과의 검증: FEA 결과의 평형조건, 대칭, 반대칭 등을 다시 확인할 필요가 있다.

예제 2.4: (다중구속조건)

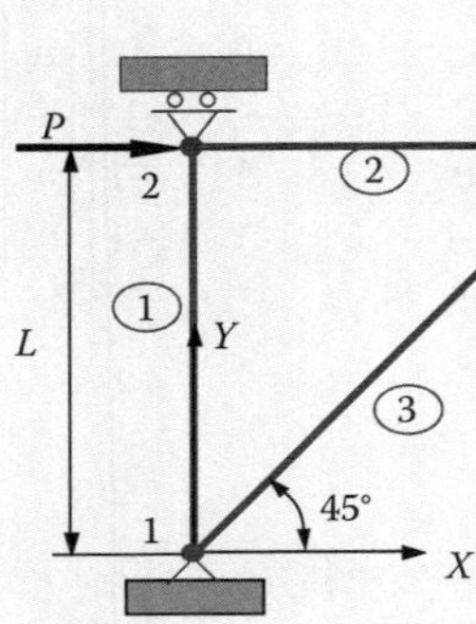

위에 나타낸 평면 트러스에 대해서

$$P = 1000\text{ kN},\quad L = 1m,\quad E = 210\,GPa,$$

$$A = 6.0 \times 10^{-4} m^2 (\text{요소 1과 요소 2})$$

$$A = 6\sqrt{2} \times 10^{-4} m^2 (\text{요소 3})$$

변위와 반력을 결정하라.

풀이

절점 3에서 경사진 롤러를 가지고 있으며 이 조건은 FE 해법에서 특별한 주의가 필요하다. 우선 트러스에 대해서 전역 FE방정식을 결합한다.

요소 1:

$$\theta = 90°,\ l = 0,\ \ m = 1$$

$$\mathbf{k}_1 = \frac{(210\times10^9)(6.0\times10^{-4})}{1} \begin{matrix} u_1 & v_1 & u_2 & v_2 \end{matrix} \begin{bmatrix} 0 & 0 & 0 & 0 \\ 0 & 1 & 0 & -1 \\ 0 & 0 & 0 & 0 \\ 0 & -1 & 0 & 1 \end{bmatrix} (\text{N/m})$$

요소 2:

$$\theta = 0°,\quad l = 1,\ \ m = 0$$

$$\mathbf{k}_2 = \frac{(210\times10^9)(6.0\times10^{-4})}{1}\begin{bmatrix} 1 & 0 & -1 & 0 \\ 0 & 0 & 0 & 0 \\ -1 & 0 & 1 & 0 \\ 0 & 0 & 0 & 0 \end{bmatrix} (\text{N/m})$$

(열: u_2, v_2, u_3, v_3)

요소 3:

$$\theta = 45^\circ,\ l = \frac{1}{\sqrt{2}},\quad m = \frac{1}{\sqrt{2}}$$

$$\mathbf{k}_3 = \frac{(210\times10^9)(6\sqrt{2}\times10^{-4})}{\sqrt{2}}\begin{bmatrix} 0.5 & 0.5 & -0.5 & -0.5 \\ 0.5 & 0.5 & -0.5 & -0.5 \\ -0.5 & -0.5 & 0.5 & 0.5 \\ -0.5 & -0.5 & 0.5 & 0.5 \end{bmatrix} (\text{N/m})$$

(열: u_1, v_1, u_3, v_3)

전역 FE방정식은

$$1260\times10^5\begin{bmatrix} 0.5 & 0.5 & 0 & 0 & -0.5 & -0.5 \\ & 1.5 & 0 & -1 & -0.5 & -0.5 \\ & & 1 & 0 & -1 & 0 \\ & & & 1 & 0 & 0 \\ & & & & 1.5 & 0.5 \\ Sym. & & & & & 0.5 \end{bmatrix}\begin{Bmatrix} u_1 \\ v_1 \\ u_2 \\ v_2 \\ u_3 \\ v_3 \end{Bmatrix} = \begin{Bmatrix} F_{1X} \\ F_{1Y} \\ F_{2X} \\ F_{2Y} \\ F_{3X} \\ F_{3Y} \end{Bmatrix}$$

하중조건과 경계조건(BCs):

$$u_1 = v_1 = v_2 = 0,\ \text{그리고}\ v_3' = 0,$$
$$F_{2X} = P,\ F_{3x'} = 0.$$

변환 관계식과 경계조건으로부터 다음을 얻는다.

$$v_3' = \begin{bmatrix} -\frac{\sqrt{2}}{2} & \frac{\sqrt{2}}{2} \end{bmatrix}\begin{Bmatrix} u_3 \\ v_3 \end{Bmatrix} = \frac{\sqrt{2}}{2}(-u_3 + v_3) = 0,$$

즉,

$$u_3 - v_3 = 0$$

이식은 다중구속조건(MPC: Multipoint Constraint)이다.

비슷한 방법으로 절점 3에 작용하는 힘에 대한 관계식을 얻는다,

$$F_{3x'} = \begin{bmatrix} \frac{\sqrt{2}}{2} & \frac{\sqrt{2}}{2} \end{bmatrix} \begin{Bmatrix} F_{3X} \\ F_{3Y} \end{Bmatrix} = \frac{\sqrt{2}}{2}(F_{3X} + F_{3Y}) = 0,$$

즉,

$$F_{3X} + F_{3Y} = 0$$

첫 번째, 두 번째, 네 번째 행과 열을 "소거"한 후, 구조 FE방정식에 하중조건과 BCs를 적용하면 다음을 얻는다.

$$1260 \times 10^5 \begin{bmatrix} 1 & -1 & 0 \\ -1 & 1.5 & 0.5 \\ 0 & 0.5 & 0.5 \end{bmatrix} \begin{Bmatrix} u_2 \\ u_3 \\ v_3 \end{Bmatrix} = \begin{Bmatrix} P \\ F_{3X} \\ F_{3Y} \end{Bmatrix}$$

더욱이, MPC와 절점 3의 힘관계식으로부터 방정식을 얻는다.

$$1260 \times 10^5 \begin{bmatrix} 1 & -1 & 0 \\ -1 & 1.5 & 0.5 \\ 0 & 0.5 & 0.5 \end{bmatrix} \begin{Bmatrix} u_2 \\ u_3 \\ u_3 \end{Bmatrix} = \begin{Bmatrix} P \\ F_{3X} \\ -F_{3X} \end{Bmatrix}$$

이것은

$$1260 \times 10^5 \begin{bmatrix} 1 & -1 \\ -1 & 2 \\ 0 & 1 \end{bmatrix} \begin{Bmatrix} u_2 \\ u_3 \end{Bmatrix} = \begin{Bmatrix} P \\ F_{3X} \\ -F_{3X} \end{Bmatrix}$$

세 번째 방정식으로부터

$$F_{3X} = -1260 \times 10^5 u_3$$

위 결과를 두 번째 방정식에 대입하고 다시 정리하면 다음을 얻는다.

$$1260 \times 10^5 \begin{bmatrix} 1 & -1 \\ -1 & 3 \end{bmatrix} \begin{Bmatrix} u_2 \\ u_3 \end{Bmatrix} = \begin{Bmatrix} P \\ 0 \end{Bmatrix}$$

이 식의 해를 구하면 다음 변위를 얻을 수 있다.

$$\begin{Bmatrix} u_2 \\ u_3 \end{Bmatrix} = \frac{1}{2520 \times 10^5} \begin{Bmatrix} 3P \\ P \end{Bmatrix} = \begin{Bmatrix} 0.01191 \\ 0.003968 \end{Bmatrix} \text{ (m)}$$

전역 FE방정식으로부터 반력을 계산할 수 있다.

$$\begin{Bmatrix} F_{1X} \\ F_{1Y} \\ F_{2Y} \\ F_{3X} \\ F_{3Y} \end{Bmatrix} = 1260 \times 10^5 \begin{bmatrix} 0 & -0.5 & -0.5 \\ 0 & -0.5 & -0.5 \\ 0 & 0 & 0 \\ -1 & 1.5 & 0.5 \\ 0 & 0.5 & 0.5 \end{bmatrix} \begin{Bmatrix} u_2 \\ u_3 \\ v_3 \end{Bmatrix} = \begin{Bmatrix} -500 \\ -500 \\ 0.0 \\ -500 \\ 500 \end{Bmatrix} \text{(kN)}$$

결과의 검증:

일반적인 다중구속조건(MPC)은 다음과 같이 나타낸다.

$$\sum_j A_j u_j = 0$$

여기서 A_j' 는 모두 상수이며 u_j' 는 절점변위성분이다. FE 소프트웨어에서 사용자는 단지 소프트웨어에 이 관계를 정의하면 된다. 소프트웨어는 해석과정을 수행할 것이다.

2.6 ANSYS Workbench를 이용한 사례연구

문제 설명: 트러스 교량은 긴 거리에 걸쳐 중간 지지 없이도 무거운 하중을 지지하는 할 수 있다. 이러한 교량을 건설하는 것은 경제적이며 다양한 형태가 가능하다. 목재로 건축되어 병렬 교량 형태로 사용될 수 있는 평면 트러스를 고려하라. 아래의 주어진 하중조건에서 각 조인트에서 발생하는 처짐을 결정하라.

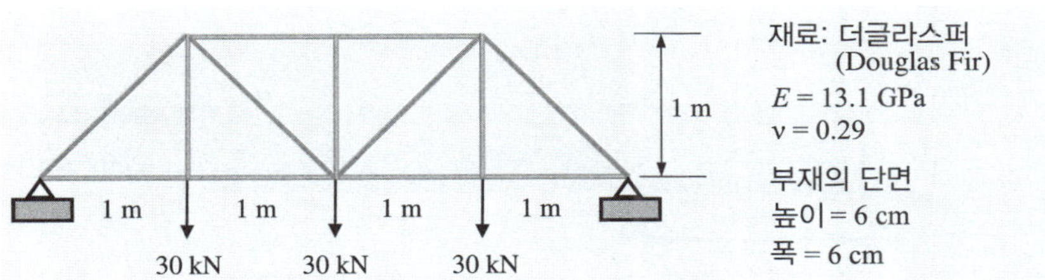

풀이

ANSYS Workbench를 이용하여 문제를 해결하기 위해 아래의 단계들을 수행한다.

단계 1: *ANSYS Workbench* 프로젝트(Project) 시작

*ANSYS Workbench*를 시작하고 빈 프로젝트(blank project)를 '***Woodtruss.wbpj***'로 저장한다.

단계 2: *Static Structural* 해석 시스템을 생성

좌측에 있는 ***Analysis Systems Toolbox***에서 ***Static Structural*** 아이콘(icon)을 끌어와(drag) ***Project Schematic*** 내의 녹색 사각형으로 표시된 위치에 내려놓아(drop) 독립된 정적구조해석 시스템을 생성한다.

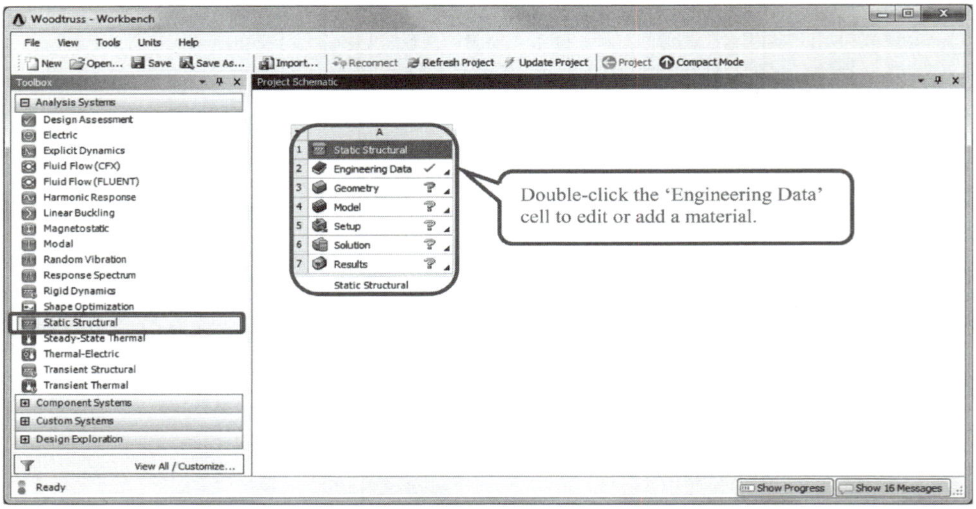

단계 3: 새로운 재료 추가

재료를 수정 또는 추가하기 위하여 ***Project Schematic***의 ***Engineering Data*** 셀을 더블클릭(또는 마우스 우측버튼을 클릭하고 ***Edit***을 선택)한다. 아래와 같이 ***Project Schematic***을 대체하여 ***Engineering Data*** 인터페이스(interface)가 나타나면, 그림에서 강조된 빈 상자를 클릭하여 새로운 재료를 위한 ***Douglas Fir***를 입력한다.

참고: 만약 ***Engineering Data*** 인터페이스가 나타나지 않는다면 상단 메뉴에서 ***View*** 탭을 선택하고, 드롭다운 메뉴의 ***Reset Workspace***를 클릭한다.

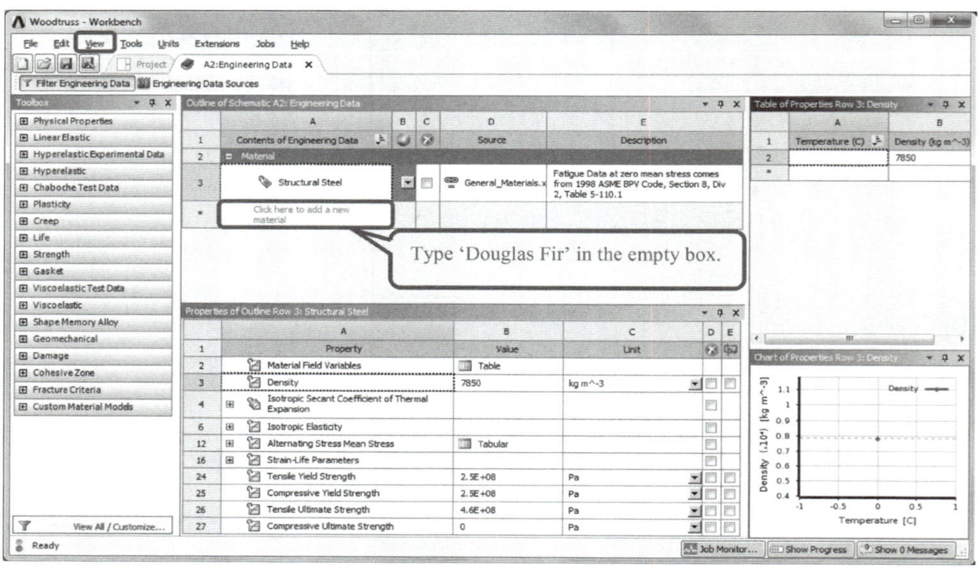

Outline of Schematic 창에서 '*Douglas Fir*'를 선택하고 가장 왼편에 있는 *Toolbox*에서 *Linear Elastic* 아래의 *Isotropic Elasticity*를 더블클릭한다. 아랫부분 중앙의 *Properties of Outline* 창에서 *Young's Modulus*는 '*1.31E10*', *Poisson's Ratio*는 '*0.29*'로 입력한다. *Project Schematic*으로 돌아가기 위하여 *A2: Engineering Data* 탭을 닫는다.

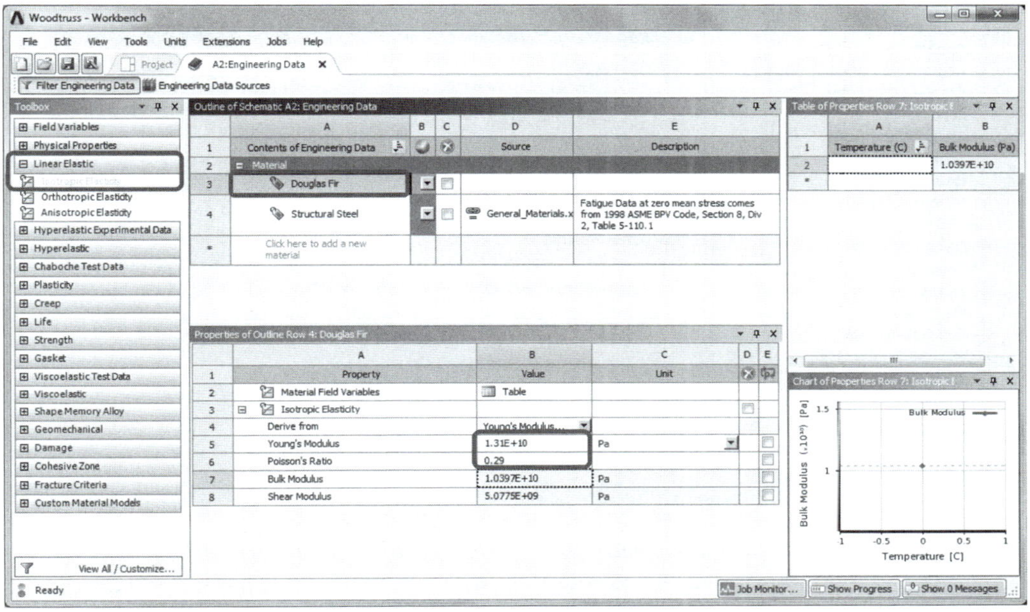

단계 4: *SpaceClaim* 프로그램 시작

아래의 그림과 같이 드롭다운 메뉴의 *Tools*를 클릭하고 *Options*를 선택한다.

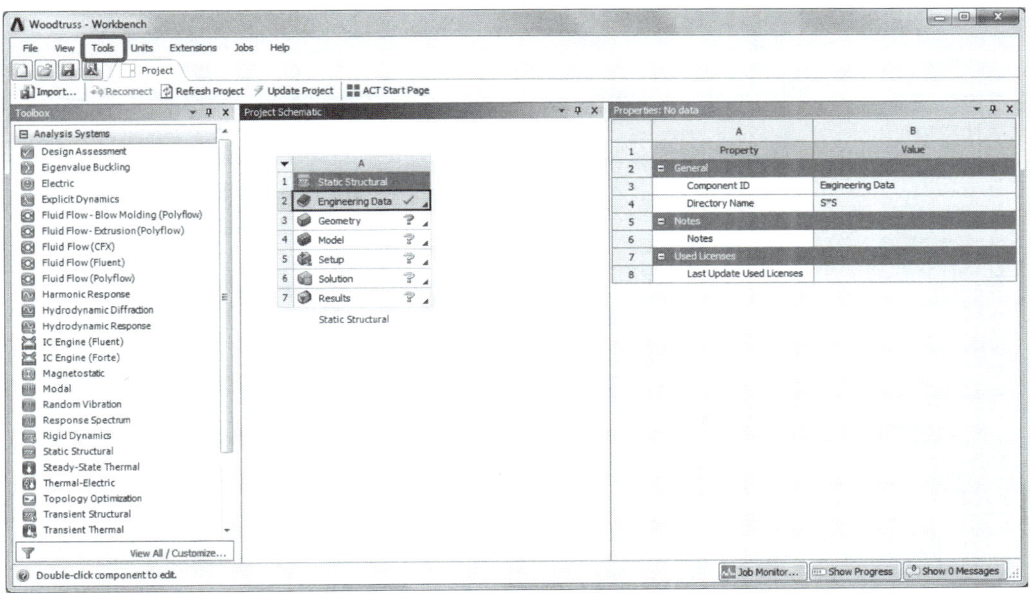

Options 창이 나타나면 왼쪽 패널(panel)에서 *Geometry Import*를 선택하여 아래의 그림과 같이 오른쪽 패널에서 *General Options* 아래의 *Preferred Geometry Editor*로 *SpaceClaim Direct Modeler*가 선택되어 있는지 반드시 확인한다.

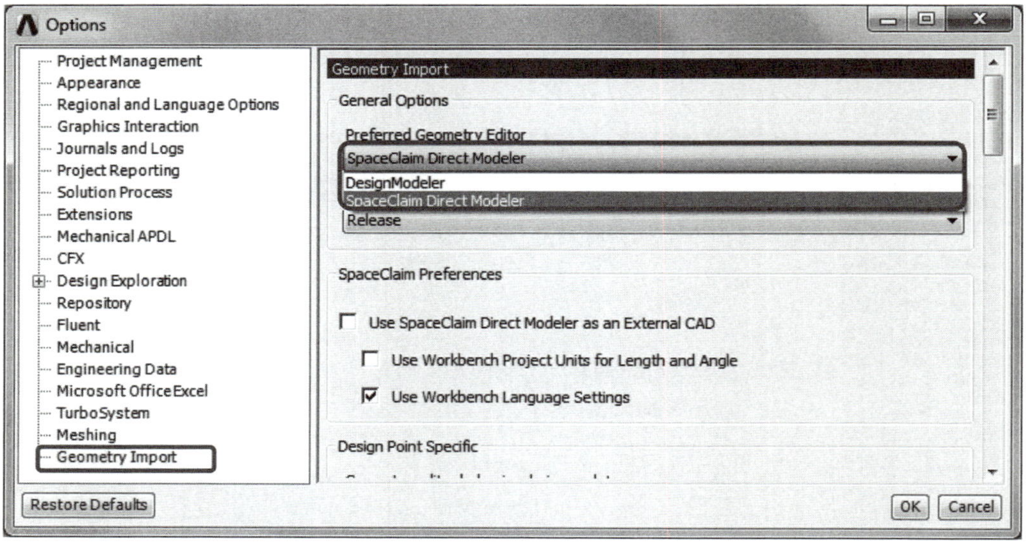

Properties of Schematic A3: Geometry 패널을 표시하기 위하여 *Geometry* 셀 위에서 마우스 우측을 클릭하여 나타나는 드롭다운 메뉴 중 *Properties*를 선택한다. 이 패널에서 *Basic Geometry Options* 아래에 *Line Bodies*를 선택하여 트러스 모델링이 가능하도록 한다. 다음으로 *Geometry* 셀을 더블클릭하여 *SpaceClaim* 프로그램을 시작한다.

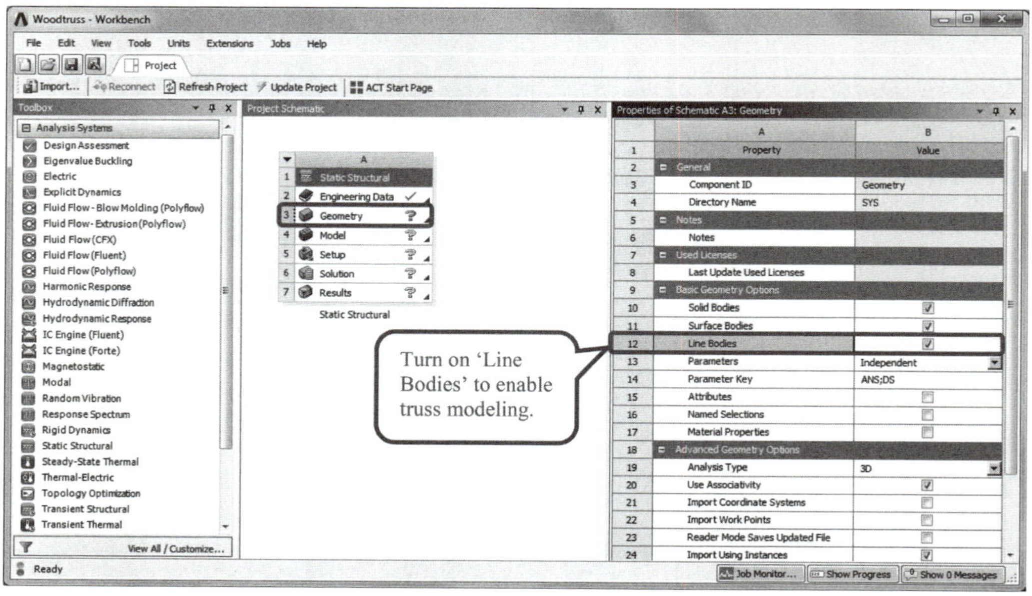

단계 5: 선 스케치(Line Sketch) 생성

단위를 사용자 정의하려면 아래의 그림과 같이 드롭다운 메뉴 파일(*File*)에서 ***SpaceClaim Options*** 를 클릭한다.

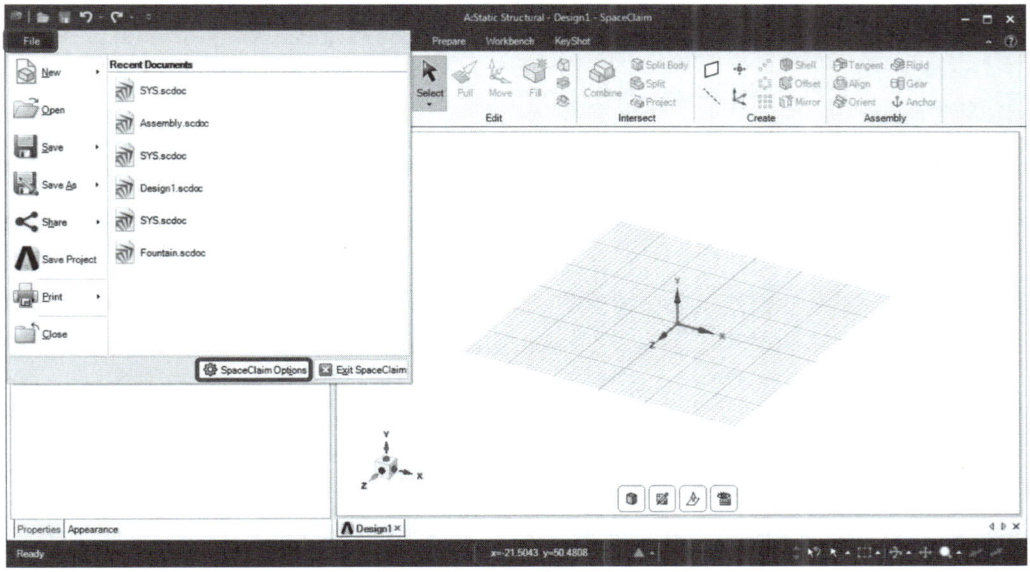

아래와 같이 *SpaceClaim Options* 창이 나타난다. 좌측 패널에서 ***Units***를 선택하고 ***Length***의 드롭 다운 목록에서 ***Meters***를 선택한다. 다음으로 ***Minor Grid Spacing***을 ***1 m*** 로 변경한다. 변경 및 수정사항을 저장하기 위하여 ***OK***를 클릭한다.

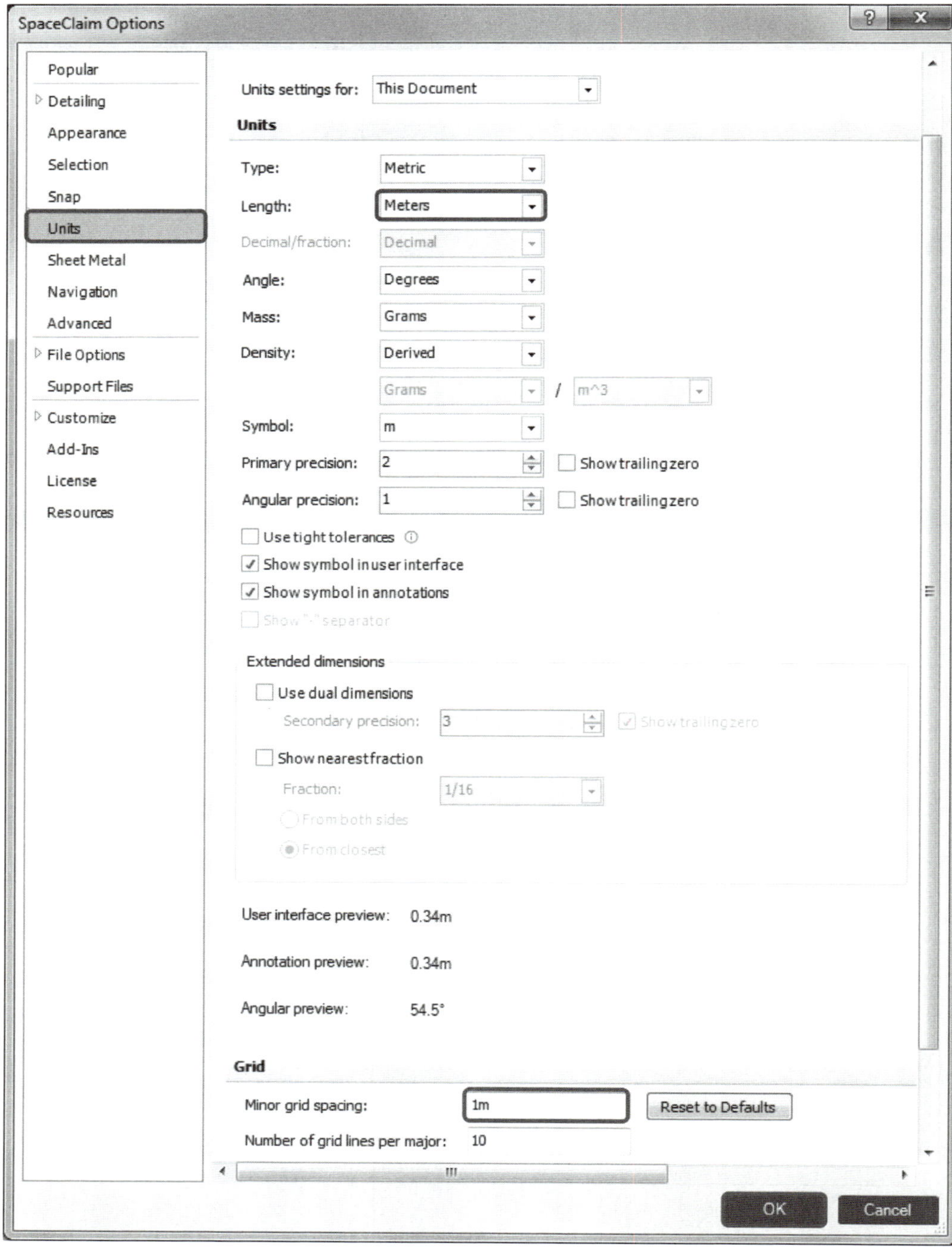

다음으로 스케치 눈금(sketch grid)을 정면이 되도록 화면에 표시하기 위하여 미니 툴바(mini-toolbar)에서 ***Plan View***를 클릭한다. ***Graphics Window***의 좌측 하단 모서리에 위치한 ***Y*** 부호를 클릭하여 스케치 눈금의 bottom view(아래보기)로 화면에 표시한다.

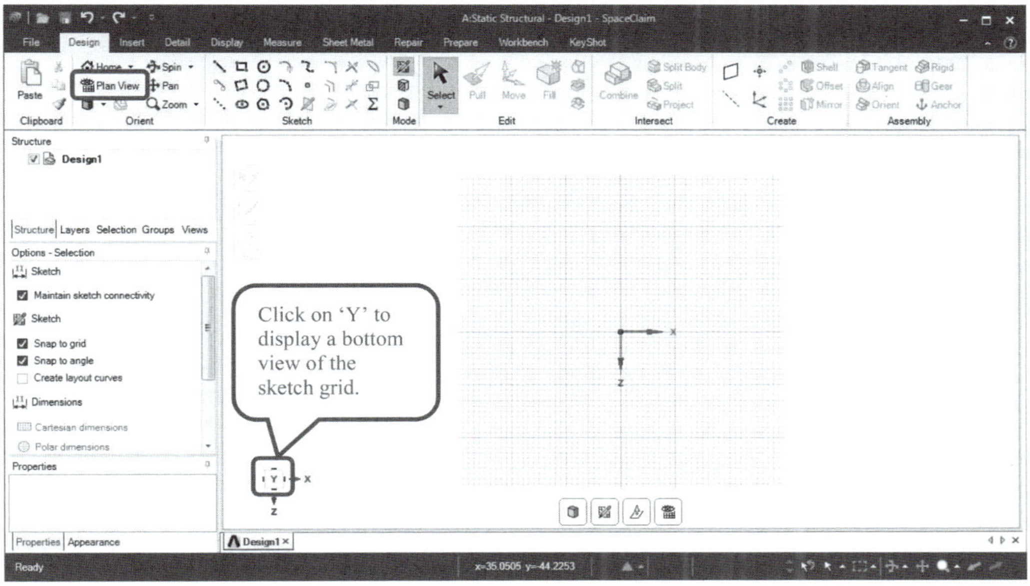

그렇지 않으면 아래의 그림과 같이 ***Views*** 탭에서 ***Bottom***을 클릭하여 동일한 아래보기 화면을 표시한다.

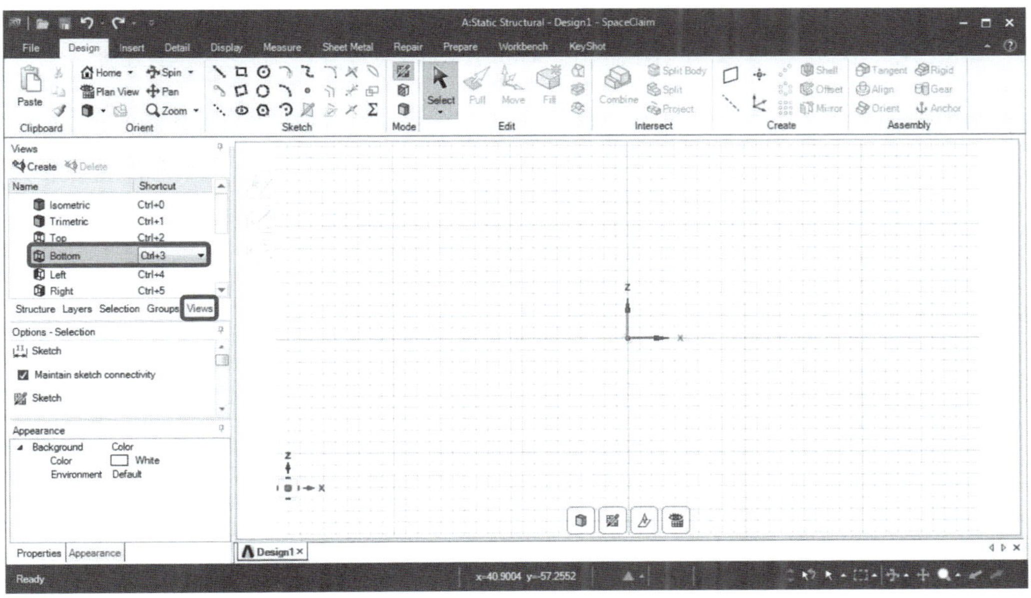

Design 탭에서 *Sketch Mode* 아이콘을 클릭하여 스케치를 시작한다. Line 아이콘을 클릭한다. 선을 그리는 것은 스케치 눈금 위에서 시작점을 클릭한 후 끝점을 클릭한다. 선 생성을 중지할 때는 *Esc*를 누른다. 아래에 그림과 같이 13개의 선을 그린다.

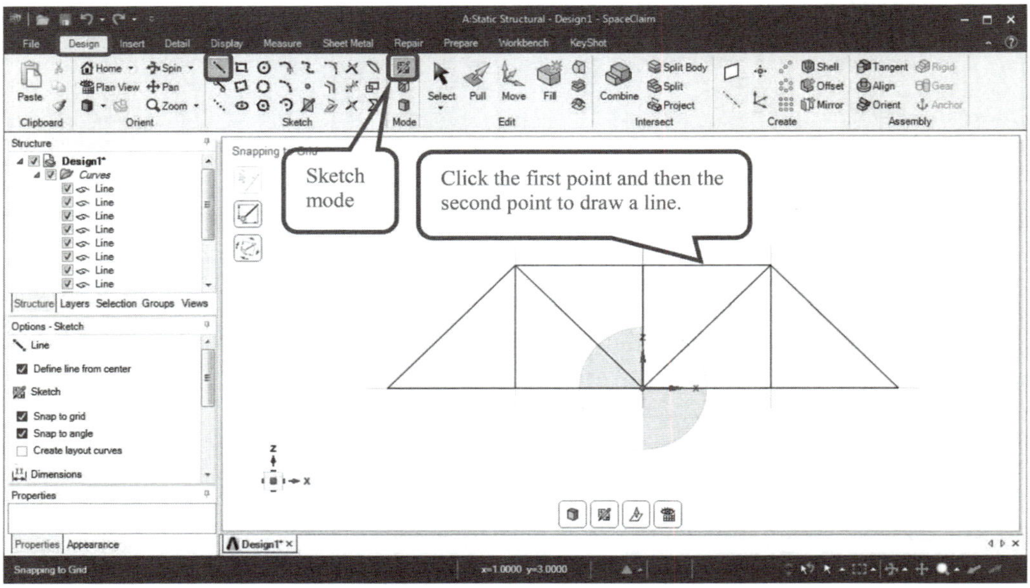

모델링 팁: *Graphic Window* 상의 어디에서나 마우스 오른쪽 버튼을 클릭하고 *View*를 클릭하면 드롭다운 메뉴를 통해 서로 다른 표준 보기(standard view)로 변경할 수 있다.

화면을 다른 각도로 보고 싶다면 회전의 중심으로 사용하고자 하는 부분에서 마우스 *Scroll Wheel*을 누른다. 회전(spin) 아이콘이 나타나면 마우스를 상하 좌우로 움직여서 보기를 회전한다.

화면을 이동하려면 키보드 *Ctrl* 키와 마우스 *Scroll Wheel*을 함께 누른 채로 마우스를 상하 좌우로 움직인다.

보기를 확대하거나 축소하려면 키보드 *Shift* 키와 마우스 *Scroll Wheel*을 함께 누른 채로 마우스를 위아래로 움직인다.

홈 뷰(home view) 돌아가려면 단순히 키보드 *H* 키를 누른다.

단계 6: 단면을 생성

Prepare 탭에서 *Profiles*를 클릭하고 드롭다운 메뉴의 *New Profile Library*에서 *Rectangle*을 클릭한다.

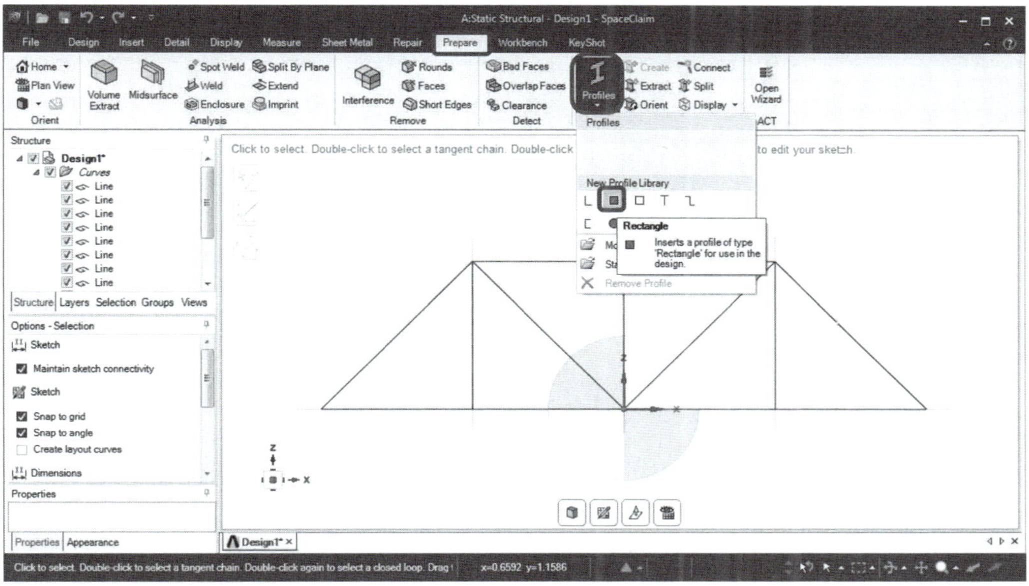

좌측의 *Structure Tree*에 *Beam Profiles* 폴더가 추가된다. *Beam Profiles* 폴더에서 *Rectangle*을 마우스 우측 버튼을 클릭하고 드롭다운 메뉴에서 *Edit Beam Profile*을 선택한다.

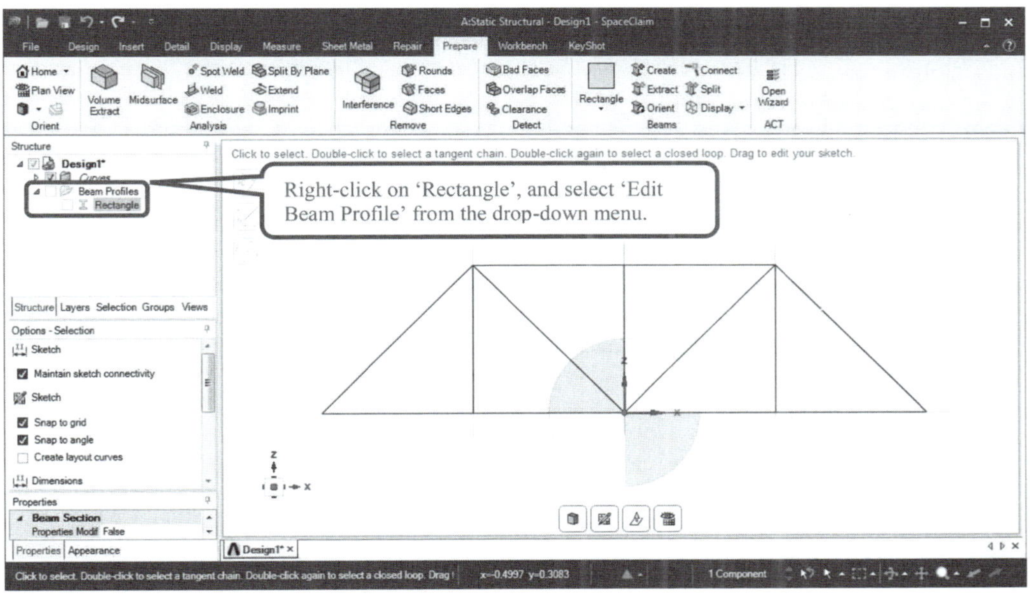

Driving Dimensions 폴더가 생성되면 *Ruler dimension*의 기본 값(default)을 나타내기 위해 *B*를 클릭한다. *Ruler dimension*의 기본 값을 클릭하고 *0.06 m* 로 변경한다. *H* 를 위하여 동일한 과정을 반복하여 아래 그림과 같이 *H*의 유형(*Type*) 열의 *Ruler dimension*을 변경한다. 스케치 모델링의 *Graphics Window*로 돌아가기 위하여 *SYS* 탭을 닫는다.

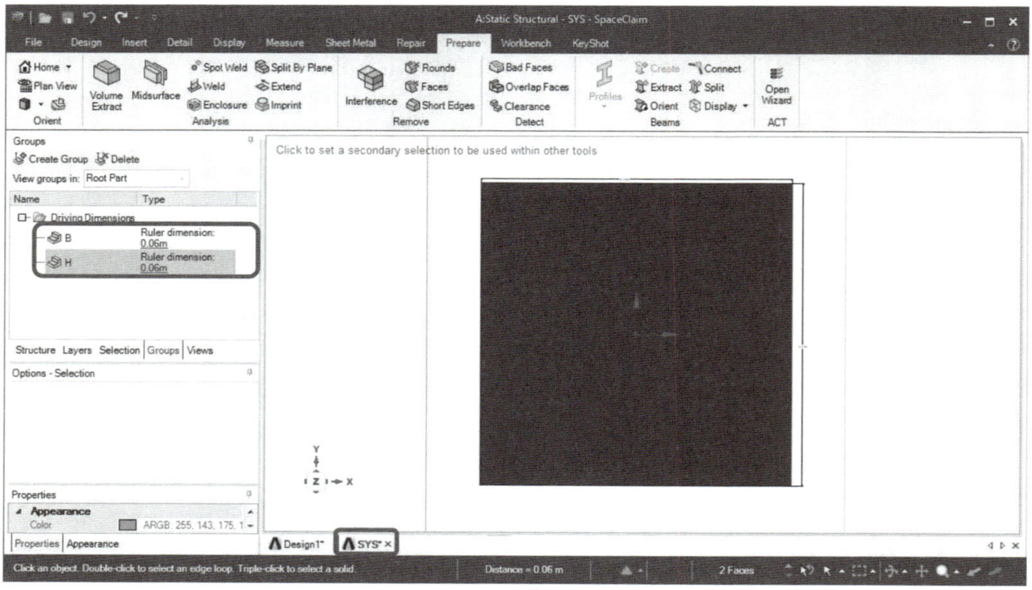

단계 7: 선 스케치(Line Sketch)에 단면(cross section)을 지정

Design 탭에서 *Select*을 클릭하고 *Structure Tree*에서 *Curves* 폴더 아래의 13개 *Line*을 모두 선택한다. 트리에서 모든 *Line*을 선택하기 위해서 구조 트리에서 첫 번째 *Line*을 클릭하고 *Shift* 키를 누른 채로 마지막 *Line*을 클릭한다. 선택된 선들은 아래의 그림과 같이 노란색으로 강조 표시가 될 것이다.

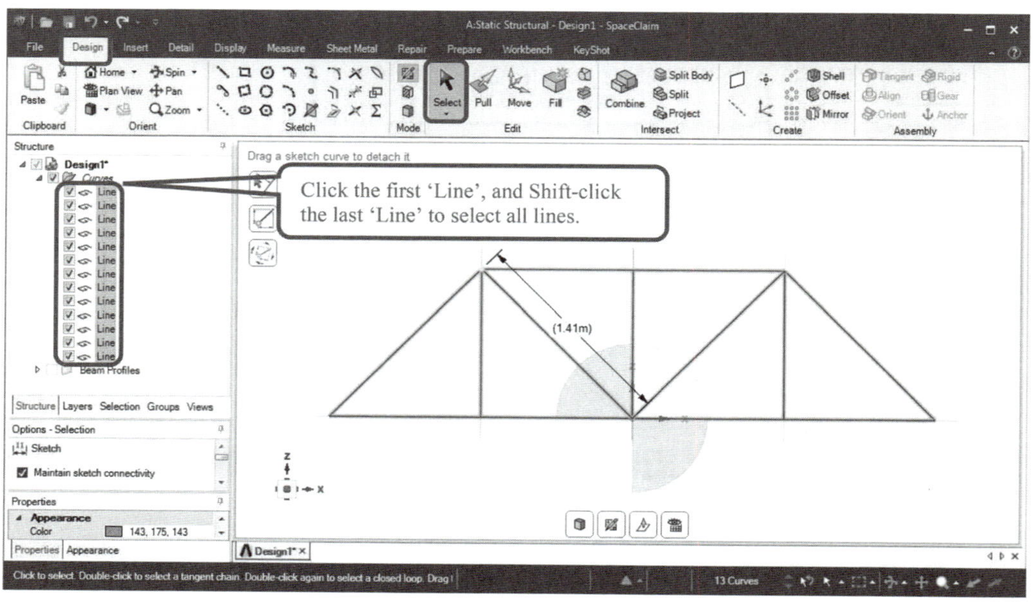

작성된 사각형 단면을 사용하여 선택된 선들을 보로 만들기 위하여 *Prepare* 탭에서 *Create*를 클릭한다.

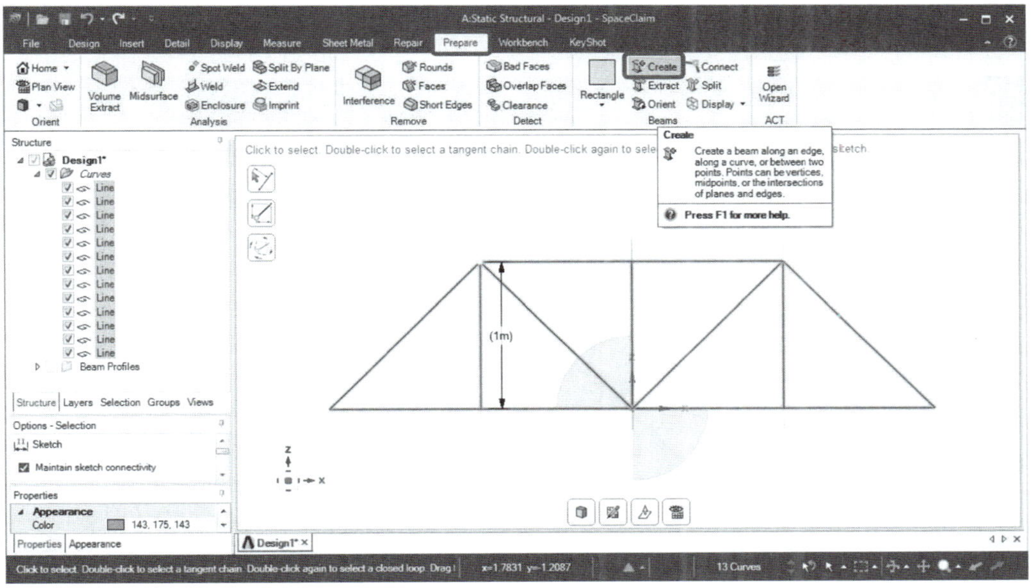

구조 트리(*Structure Tree*)에서 이전의 *Curves*를 대체하여 *Beams* 폴더가 나타난다. *Beams* 폴더는 아래에 그림과 같이 13개의 *Beams (Rectangle)*를 포함한다.

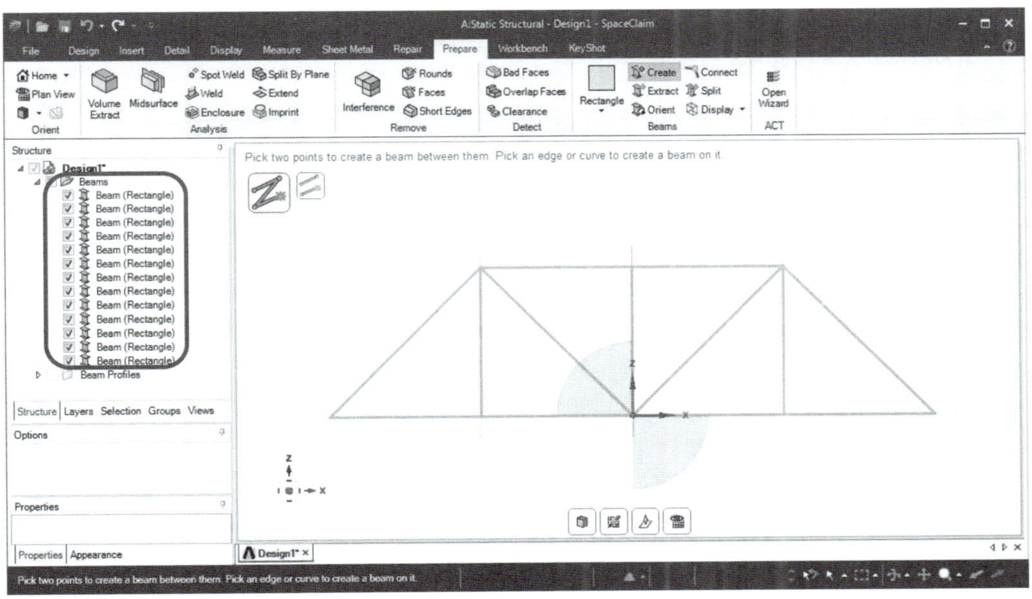

단계 8: 모든 보(Beams)를 New Component로 이동

Design 탭에서 ***Select***을 클릭하고 ***Structure Tree***에서 13개의 ***Beams***를 모두 선택한다. 모든 보를 선택하기 위해 첫 번째 ***Beam***을 클릭한 후 ***Shift*** 키를 누른 상태에서 마지막 ***Beam***을 클릭한다. 선택된 보들은 아래의 그림과 같이 노란색으로 강조될 것이다.

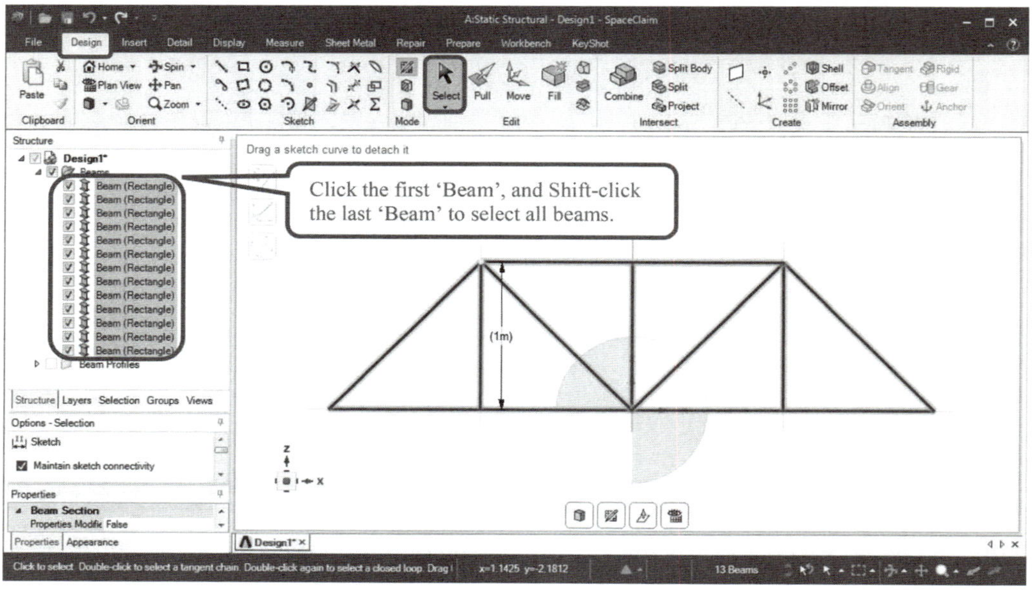

위의 그림과 같이 ***Structure Tree***의 강조된 ***Beams***를 마우스 우측 버튼을 클릭하고 드롭다운 메뉴에서 ***Move to New Component***를 선택한다. ***Structure Tree***에 ***Component1*** 이 생성되고 그 아래로 13개의 보가 모두 옮겨질 것이다.

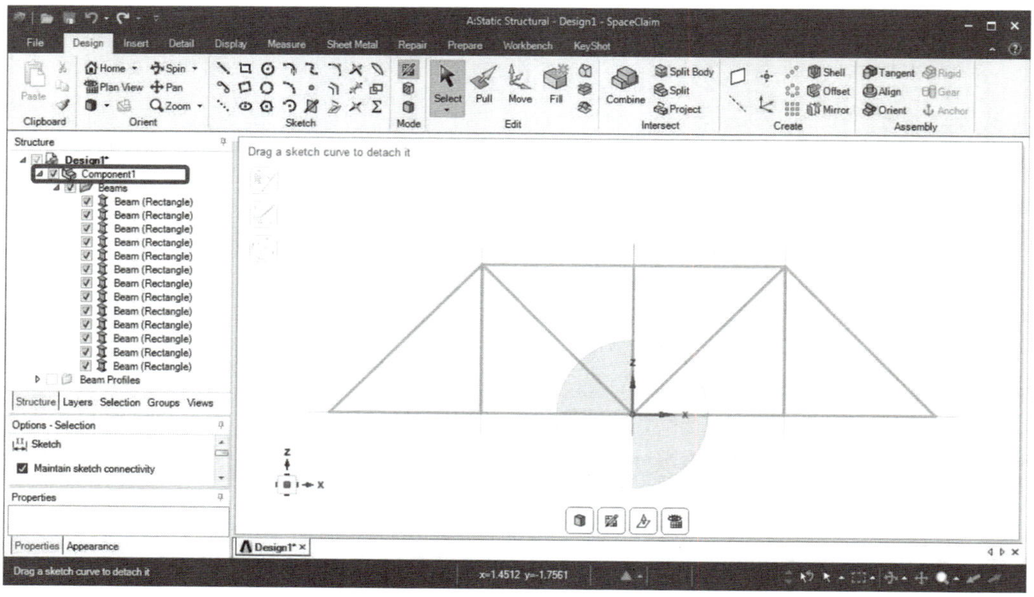

다음으로 *Structure Tree*에서 *Component1*을 클릭하고 모든 보들을 *Merge*(병합)하기 위하여 왼쪽 아래의 *Properties* 메뉴에서 *Share Topology*를 *Merge*로 바꾼다. 그 뒤에 *SpaceClaim*을 저장하고 종료한다.

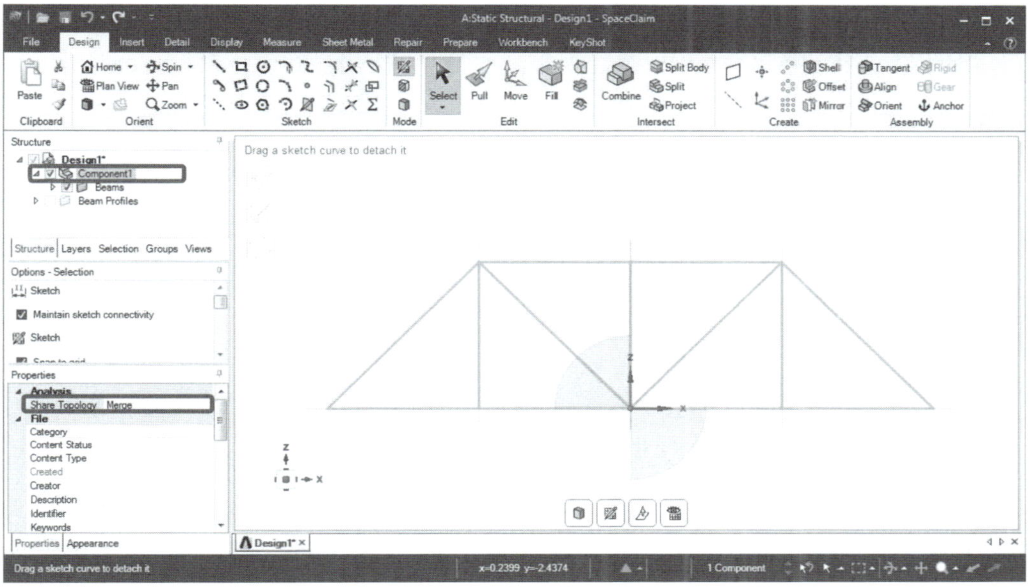

단계 9: *Static Structural* 프로그램을 시작

Model 셀을 더블 클릭하여 *Static Structural* 프로그램을 시작한다. *Static Structural* 프로그램이 실행되면 *Project Outline*에서 *Geometry* 아래의 *Beam (Rectangle)*을 클릭한다. 다음으로 *Details of "Beam (Rectangle)"*에서 *Material* 아래의 *Assignment* 영역을 클릭하여 우측 드롭다운 메뉴에서 *Douglas Fir*를 선택하여 기본 재질로 지정된 *Structural Steel*을 대체한다.

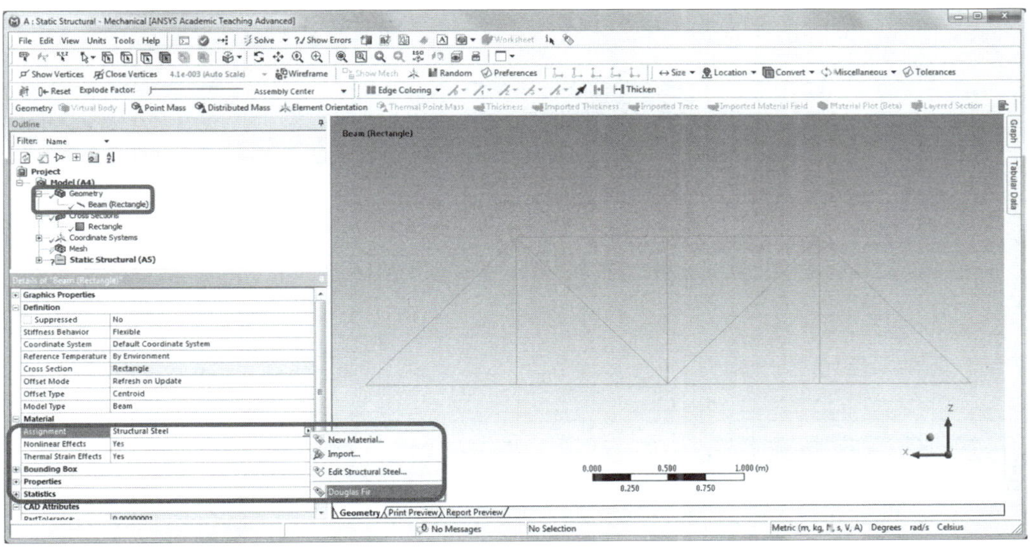

단계 10: 메시(Mesh)를 생성

Project Outline에서 ***Mesh***를 클릭한다. ***Details of "Mesh"***의 ***Element Size***에서 예를 들면 **'10'**처럼 충분히 큰 숫자를 입력한다. 이 값은 요소의 크기를 10 m로 설정한다는 것이다. 이처럼 큰 요소 크기 값을 입력하면 각 트러스 요소를 단 하나의 요소로 분할되는 것이 명확해진다.(트러스를 이루는 각각의 보 길이보다 Element Size가 작아지면 메시는 여러개로 나누어진다.) 다음으로 ***Project Outline***의 ***Mesh***를 마우스 우측 버튼으로 클릭하고 ***Generate Mesh***를 클릭한다.

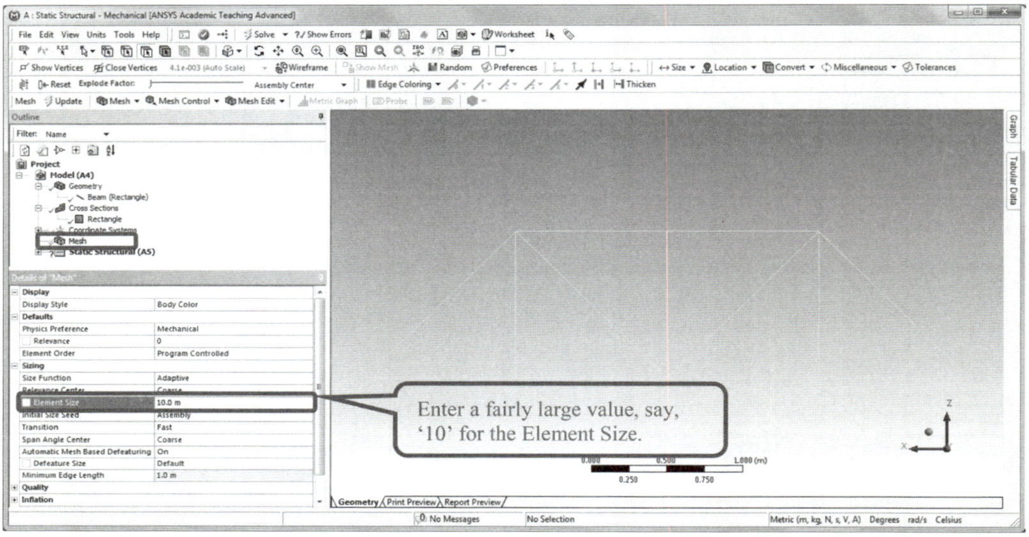

아래와 같은 메시 결과가 나타날 것이다. ***Details of "Mesh"***에서 ***Statistics***를 클릭하면 메시의 총 절점과 요소의 수가 나타난다.(절점의 수는 21개, 요소의 수는 13개 이다. 이보다 많거나 적다면 단계 5에서 8까지를 다시 확인하여 오류를 수정하여야 한다.)

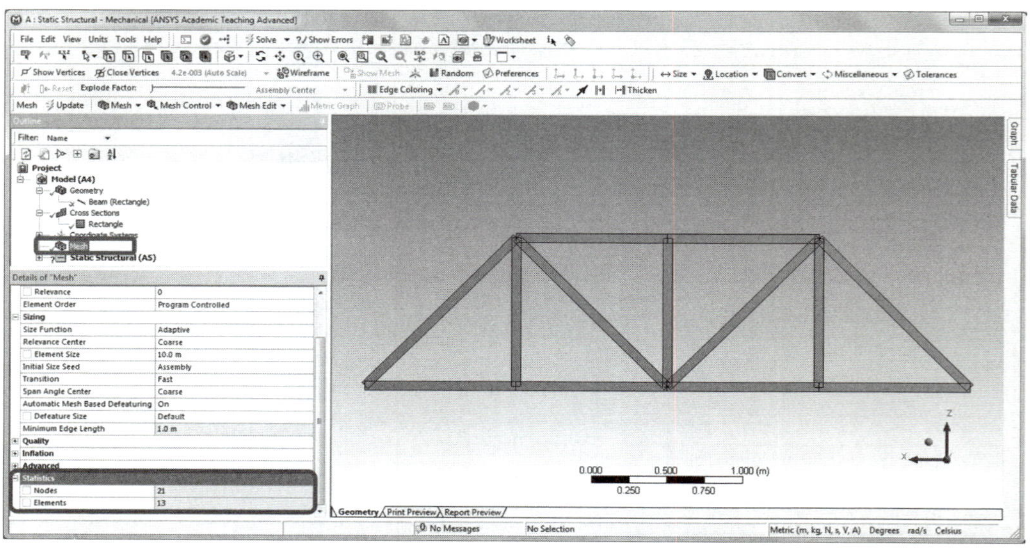

단계 11: 경계조건을 적용

Project Outline에서 ***Static Structural (A5)***을 마우스 우측 버튼으로 클릭하고 ***Insert***에서 ***Fixed Support***를 선택한다. ***Project Outline***의 ***Static Structural (A5)*** 아래에 ***Fixed Support*** 항목이 추가될 것이다.

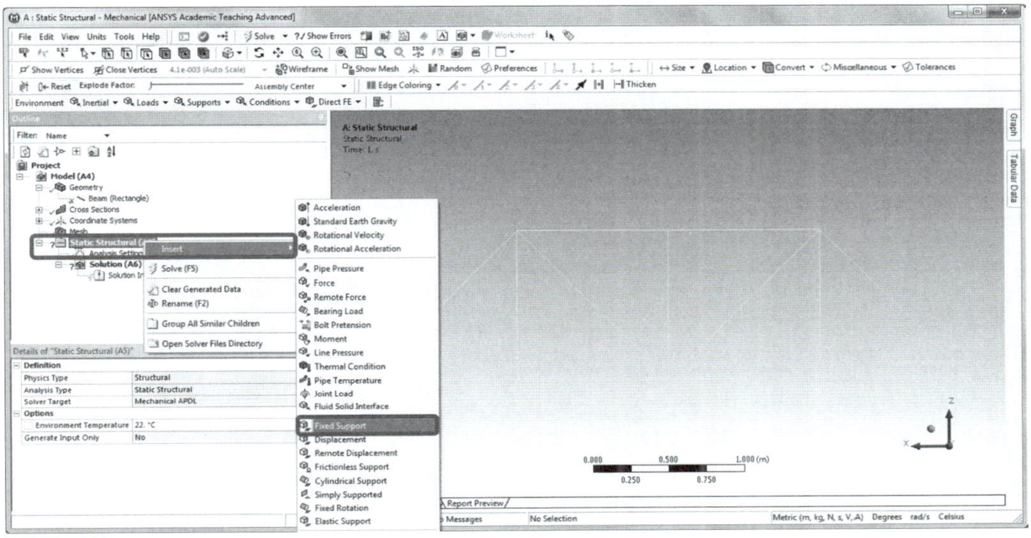

점선택(point selection)이 가능하도록 ***Vertex filter*** 아이콘을 클릭하고, 아래의 그림과 같이 ***Graphics Window***에서 2개의 지점을 선택한다. ***Geometry*** 선택을 확정하기 의해 ***Details of "Fixed Support"***에서 ***Apply***를 클릭한다. 완료되면 선택된 두 지점에 ***Fixed Support*** 경계조건이 추가될 것이다.

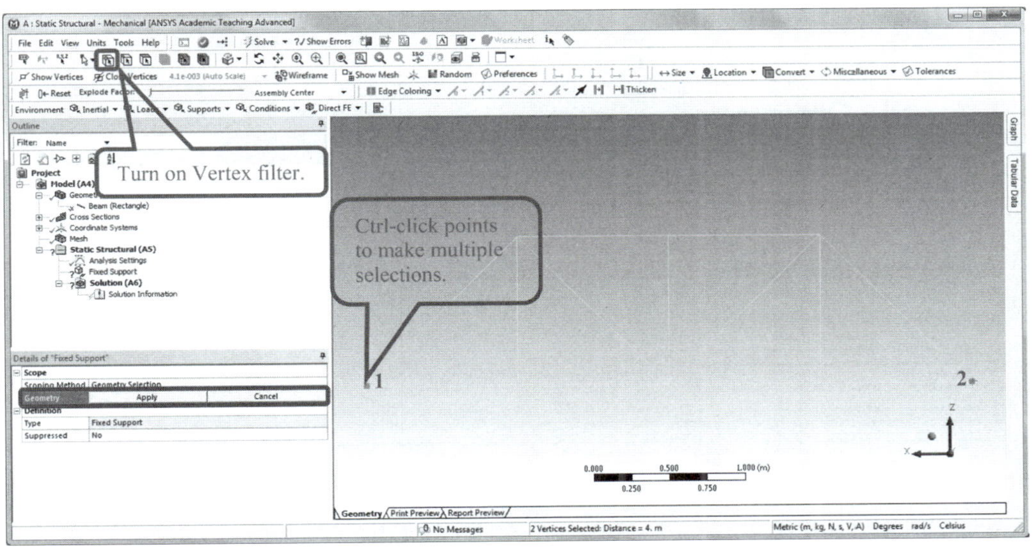

단계 12: 하중을 적용

*Project Outline*의 *Static Structural (A5)*을 마우스 우측 버튼으로 클릭하고 *Insert*의 *Force*를 클릭한다.

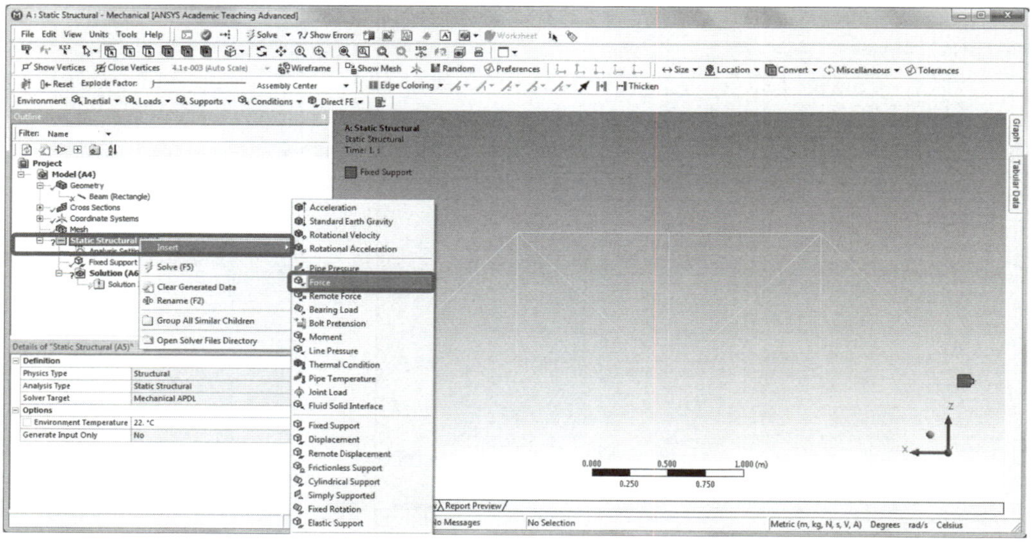

아래의 그림과 같이 *Graphics Window*에서 세 지점을 선택한다. *Geometry* 선택을 확정하기 위하여 *Details of "Force"*에서 *Apply*를 클릭한다. 다음으로 *Details of "Force"*에서 *Define By* 선택을 *Components*로 바꾸고 *Z Component*에 *'-90000'*을 입력한다. *Graphics Window*에서 지점들의 그룹에 적용된 힘에 해당하는 아랫방향의 빨간 화살표가 나타날 것이다.

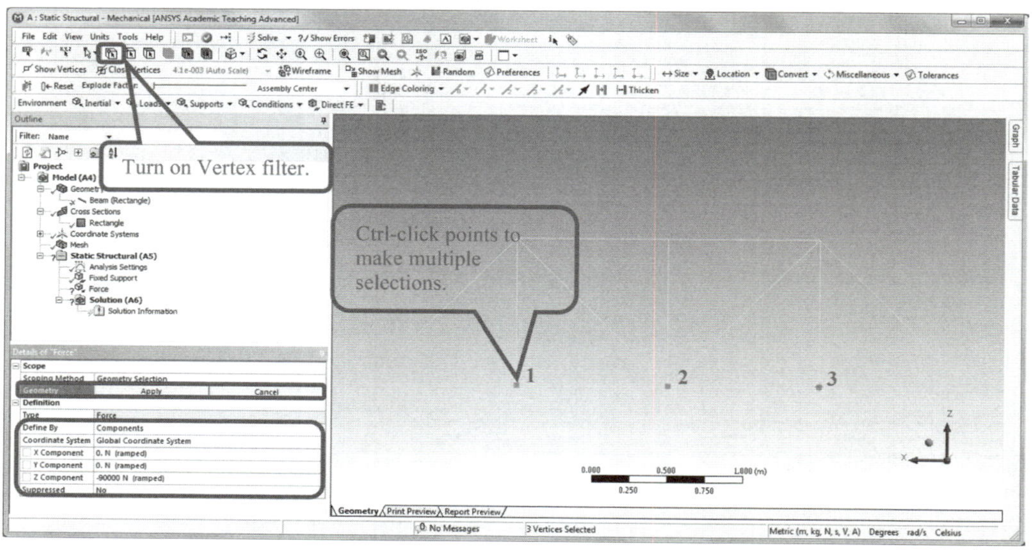

다른 방법으로는 *Project Outline*의 *Static Structural (A5)*에서 *Force*를 세 번 반복하여 삽입하고 세 점에 각기 따로 힘을 적용할 수 있다. 이 경우에는 *Details of "Force"*의 각각의 *Force*에서 *Z Component*로 '−30000'을 입력한다.

단계 13: 해를 탐색

*Project Outline*의 *Solution (A6)*에서 마우스 우측 버튼을 클릭하여 *Total Deformation* 항목을 삽입한다.

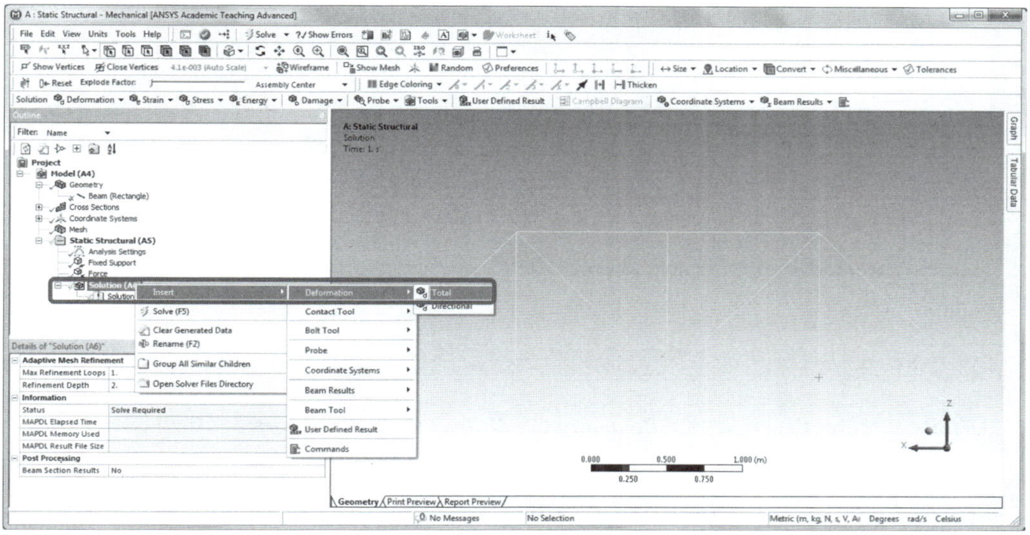

Outline 트리의 *Solution (A6)*에서 마우스 우측 버튼을 클릭하고 *Solve*를 선택한다. 프로그램이 모델을 해석하기 시작할 것이다.

완료된 이후, 총 변형량 결과를 확인하기 위하여 *Outline*의 *Total Deformation*을 클릭한다.

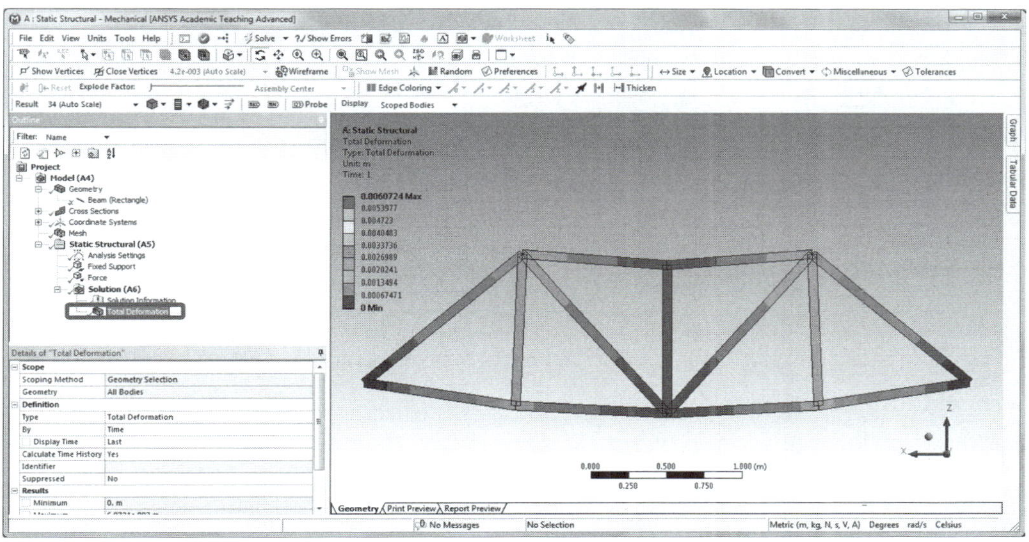

모델링 팁: 지지점 반력을 구하기 위해 아래의 그림과 같이 ***Outline***의 ***Solution (A6)***에서 마우스 우측 버튼을 클릭하여 ***Force Reaction*** 탐색자를 삽입할 수 있다.

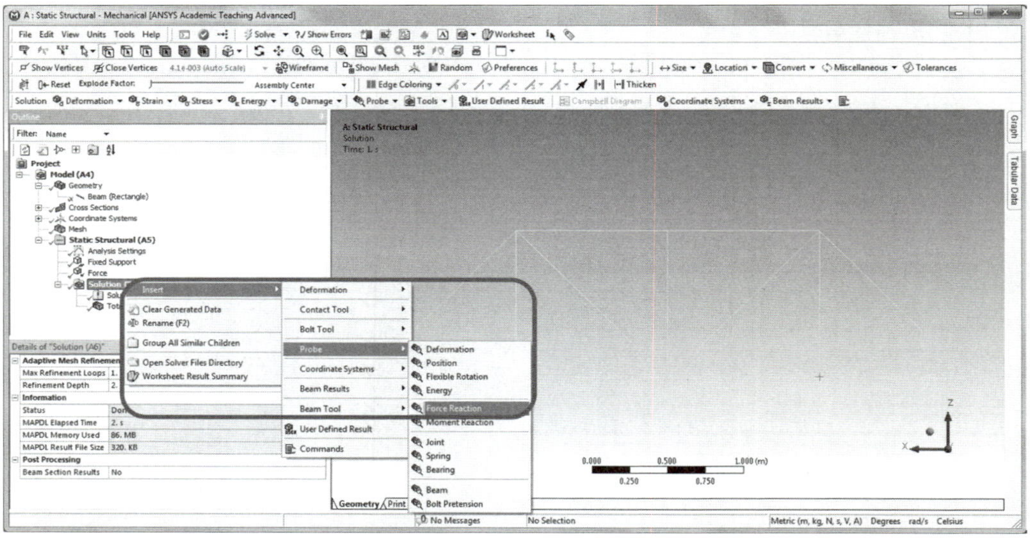

Details of "Force Reaction"에서 ***Boundary Condition***으로 ***Fixed Support***를 선택한다.

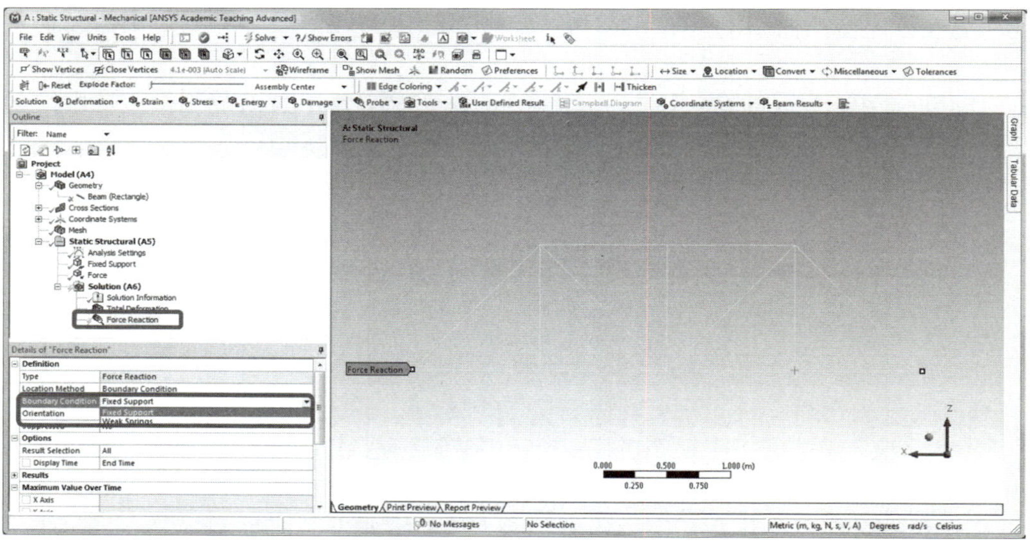

Outline tree의 ***Solution (A6)***에서 마우스 우측 버튼을 클릭하고 ***Evaluate All Results***를 선택한다.

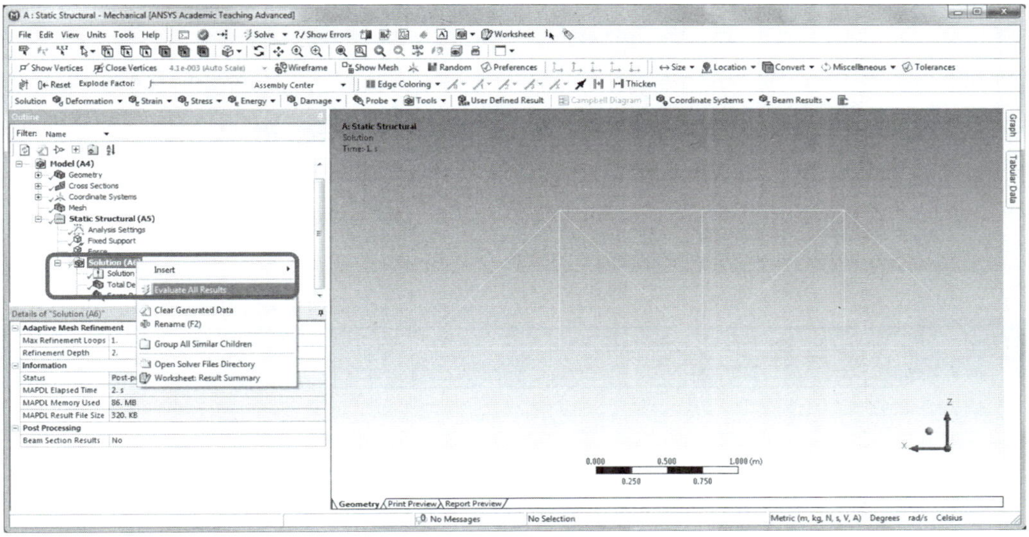

완료되면 ***Outline***의 ***Force Reaction***을 클릭하여 결과들을 검토한다.

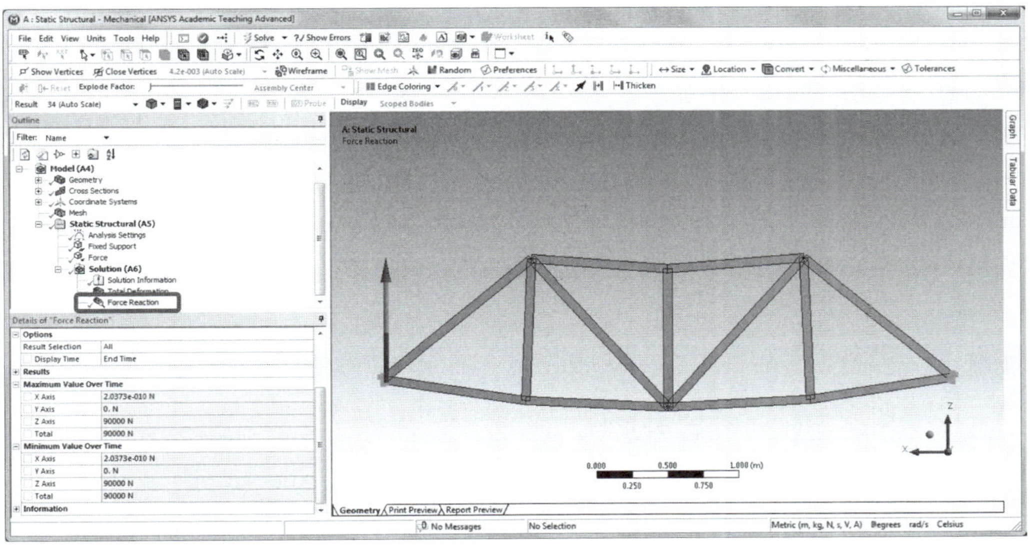

여기서 반력은 +Y 방향으로 90000 N으로 나타난다. 이것은 앞서 경계조건을 두 고정점에 동시에 적용하였기 때문이다.(단계 11을 확인하시오). 반력이 합산되는 것을 피하려면 단계 11에 삽입된 두 고정 조건 대신에 각각의 점에 각각 고정조건을 삽입하면 된다. 각각의 지지점에서의 반력은 ***Details of "Force Reaction"***의 ***Boundary Condition*** 드롭다운 메뉴에서 구하려는 지지점을 선택한 후 확인할 수 있다.

2.7 요약

이 장에서 트러스 해석에 사용될 수 있는 봉요소를 공부했다. 형상함수의 개념을 소개하였고 에너지 방법으로 강성행렬의 식을 유도하였다. 분포하중을 취급하는 방법이 논의되었으며 몇 개의 예제를 다루었다. 평면 트러스 구조는 ANSYS Workbench를 사용하여 해석하였다. 기초 모델링 기술을 제공하고 단계별로 어떻게 Workbench가 사용되어 트러스에서 변형량과 반력을 결정할 수 있는지 보여준다.

2.8 학습목표 검토

이 장에서 학습한 내용은 다음과 같다.

1. 트러스 구조물의 단순화된 유한요소모델 구성
2. 직접방법과 에너지방법을 사용하여 평면 봉요소의 강성행렬 유도
3. 봉요소에 대해 형상함수의 개념과 특성을 설명
4. 봉에 가해진 분포하중의 등가 절점힘을 결정
5. 유한요소해법을 검토하기 위해서 수계산으로 한 트러스의 변위와 응력을 계산
6. 간단한 트러스의 해석에 일반 봉요소 강성행렬을 응용
7. ANSYS Workbench에서 선 스케치와 새로운 재료 정의를 생성
8. ANSYS Workbench를 사용하여 트러스에 대한 정정 구조해석을 수행

문제

2.1 봉요소의 한 끝에는 힘 P가 작용하고 다른 쪽은 아래 그림과 같이 구속되어 있다. 다음을 결정하라.

a. 절점 2와 절점 3의 변위

b. 봉 조립체의 응력

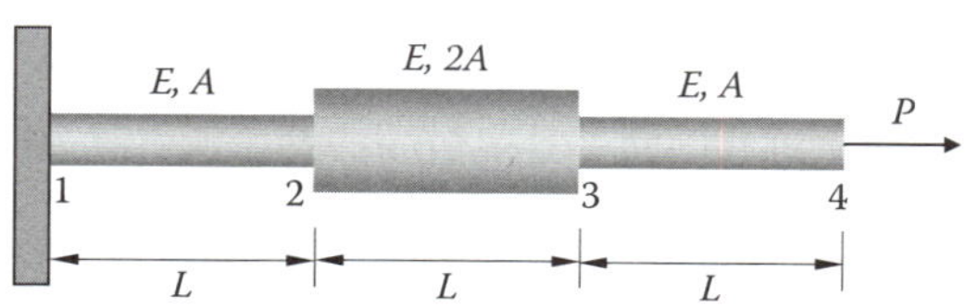

2.2 아래와 같은 형상을 갖는 간단한 구조에 힘 P가 작용하고 다른 한쪽은 구속되었다. 영탄성계수 E는 모든 봉에 대해 동일하다. 단면적은 그림에 표시된 것과 같다. 1-D 봉요소를 사용하여 구조의 변형량과 응력을 결정하라.

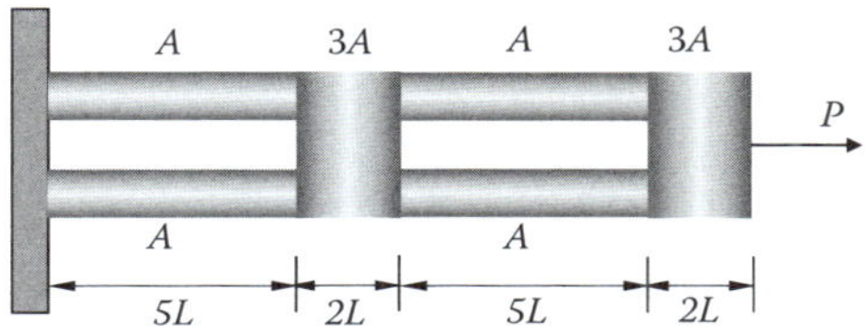

2.3 평면 트러스가 아래 그림과 같이 힘 P를 받고 있다. 각 봉에 대한 상수 E와 A는 그림에 표시된 것과 같다. 다음을 결정하라.

a. 절점 변위
b. 반력
c. 봉요소의 응력

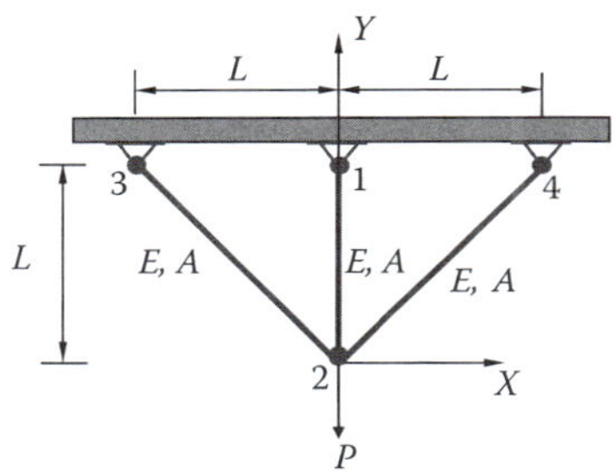

2.4 평면 트러스가 아래 그림과 같이 힘 P를 받고 있다. 각 봉에 대해서 상수 E와 A는 그림에 표시된 것과 같다. 다음을 결정하라.

a. 절점 변위
b. 반력
c. 봉요소의 응력

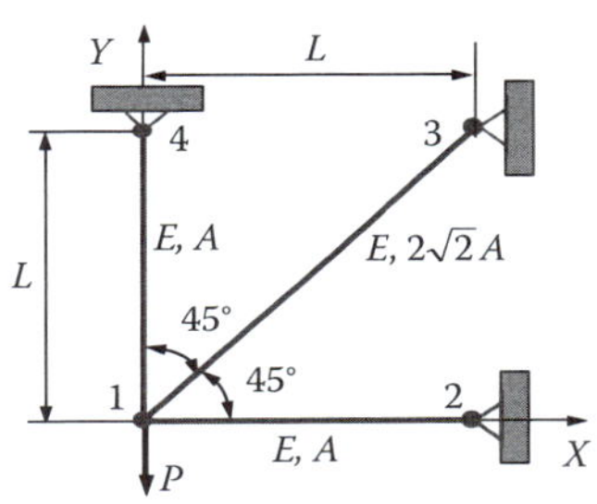

2.5 평면 트러스가 아래 그림과 같이 힘 P를 받고 있다. 각 봉에 대해서 상수 E와 A는 그림에 표시된 것과 같다. 다음을 결정하라.

a. 절점 변위

b. 봉요소의 응력

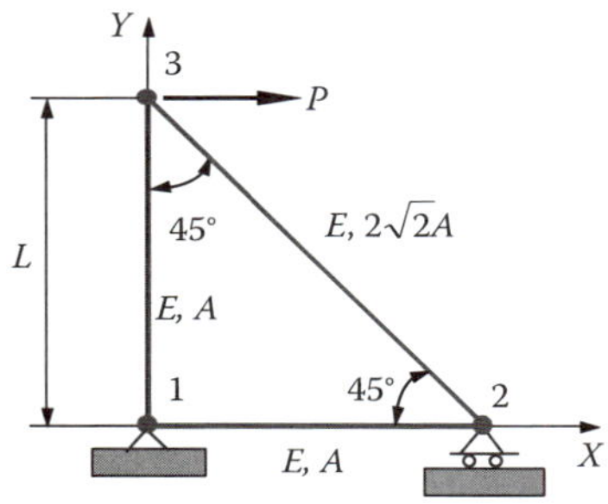

2.6 평면 트러스가 아래 그림과 같이 힘 P를 받고 있다. 영탄성계수 E는 모든 봉에 대해서 동일하다. 단면적은 그림에 나타낸 것과 같다. 절점 2는 그림과 같이 δ만큼 이동된 상태로 가정한다. FEM을 이용하여 각 봉요소의 응력을 결정하라.

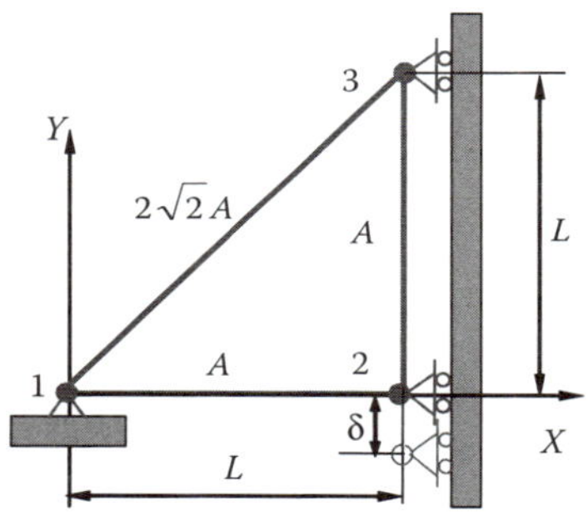

2.7 평면 트러스가 아래 그림과 같이 힘 P를 받고 있다. 영탄성계수 E는 모든 봉에 대해서 동일하다. 단면적은 그림에 나타낸 것과 같다. 다음을 결정하라.

a. 절점 변위

b. 각 봉요소의 응력

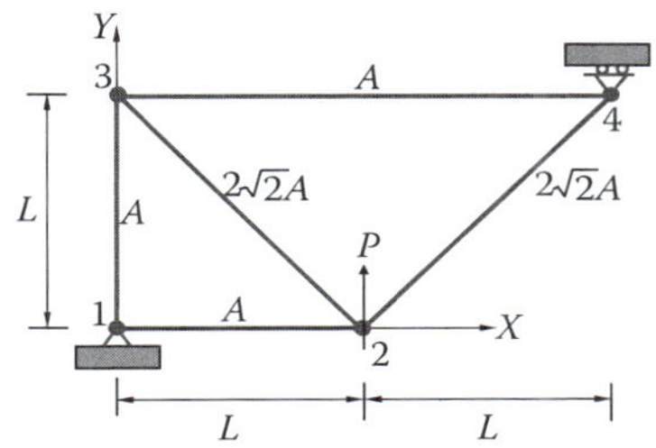

2.8 평면 트러스가 아래 그림과 같이 힘 P를 받고 있다. 영탄성계수 E는 모든 봉에 대해서 동일하다. 단면적은 그림에 표시된 것과 같다. 절점에서 변위와 반력을 계산하라.

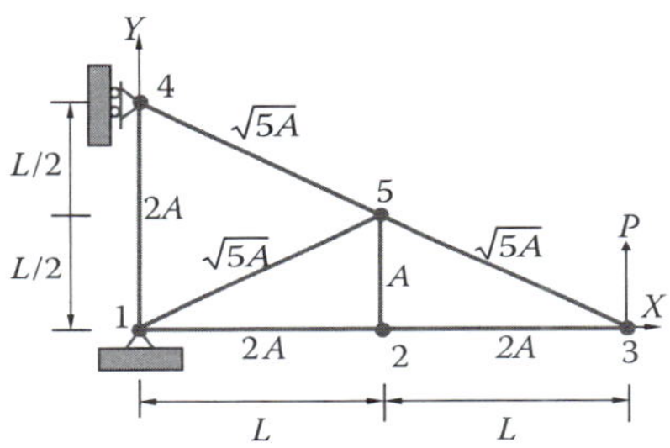

2.9 아래 그림과 같은 지붕 트러스는 5 cm×5 cm 단면의 더글라스퍼 목재로 만들어졌다. ANSYS Workbench를 사용하여 트러스 변형량과 지지점 반력을 결정하라.

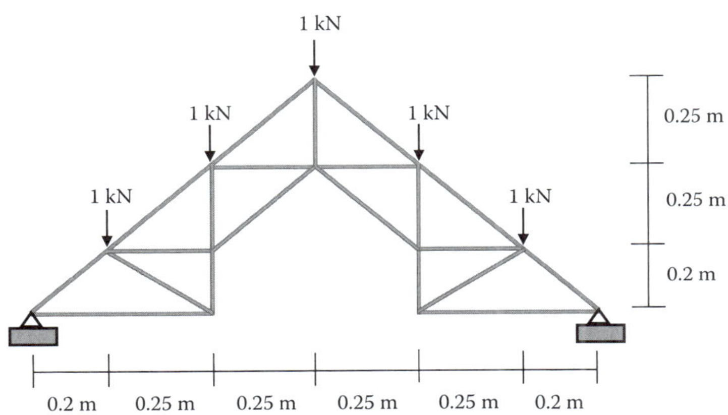

2.10 아래 그림과 같은 트러스 타워크레인은 3 cm×3 cm 단면의 구조용 강으로 만들어졌다. ANSYS Workbench를 사용하여 트러스 변형량과 지지점 반력을 결정하라.

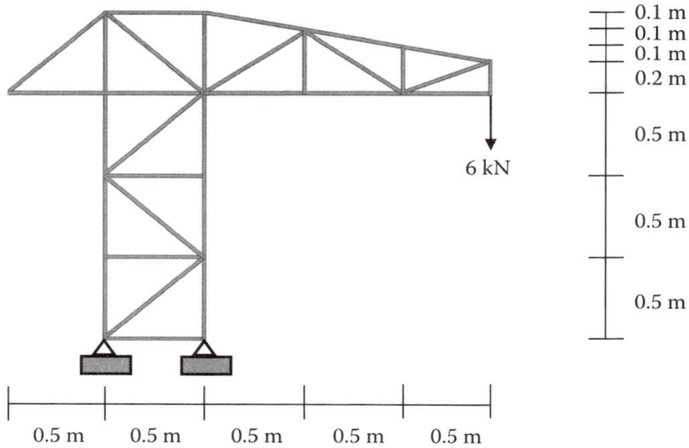

2.11 아래 그림과 같은 트러스 교량은 4 cm×4 cm 단면의 더글라스퍼 목재로 만들어졌다. ANSYS Workbench를 사용하여 트러스 변형량과 지지점 반력을 결정하라.

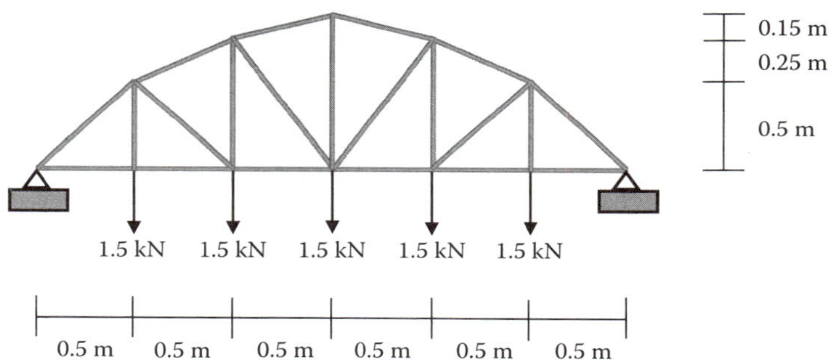

2.12 아래 그림과 같은 트러스 교량은 2.5 cm×2.5 cm 단면의 구조용 강로 만들어졌다. ANSYS Workbench를 사용하여 트러스 변형량과 지지점 반력을 결정하라.

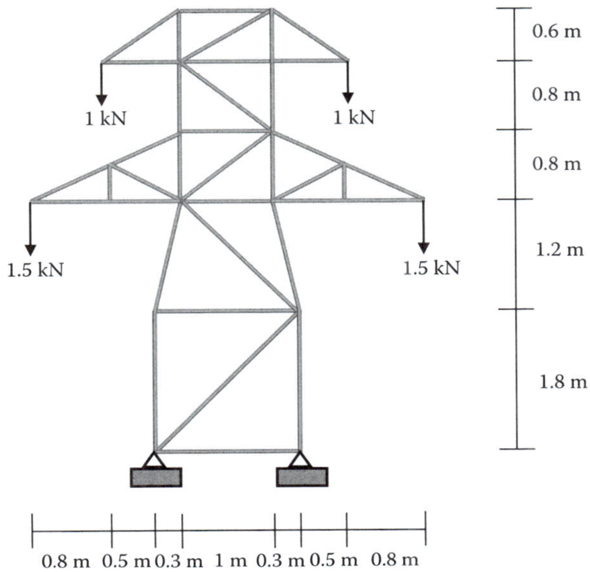
0.6 m
0.8 m
0.8 m
1.2 m
1.8 m
1 kN
1 kN
1.5 kN
1.5 kN
0.8 m
0.5 m
0.3 m
1 m
0.3 m
0.5 m
0.8 m

Chapter 3

보와 프레임

3.1 서론

보와 프레임은 빌딩, 리프팅 장비, 차량, 운동 기구 등의 예에서와 같이 건축, 공학 장비와 일상 생활에서 빈번히 사용된다(그림 3.1).

보는 주로 횡하중을 받는 가느다란 구조용 부재이다. 보는 길이방향 치수가 두 개의 횡 방향 치수에 비하여 훨씬 큰 봉과 기하학적으로 유사하다. 봉과 달리, 보에서의 변형은 주로 횡방향으로의 굽힘에 의해 발생한다. 이와 같은 굽힘이 지배적인 변형은 보가 횡하중을 저항하는데 주요한 기구가 된다. 이 장에서는 굽힘과 축하중 두 가지를 모두 받는 경우 "일반 보", 굽힘하중만을 받는 경우 "단순 보"라는 용어를 사용할 것이다. 2개 또는 그 이상으로 견고하게 연결된 보로 구성된 구조물에 대하여 "프레임"이라는 용어가 사용된다.

3.2 보 이론 개요

이장에서 먼저 단순보 이론을 간단히 검토하기로 하자. 잘 알려진 두 가지 보 모델인 Euler-Bernoulli 보와 Timoshenko 보의 기본적인 특징을 먼저 소개한 다음 단순 보에서 응력, 변형률, 처짐 관계를 살펴볼 것이다.

3.2.1 Euler-Bernoulli 보와 Timoshenko 보

그림 3.2에 나타낸 Euler-Bernoulli 보와 Timoshenko 보는 보와 프레임의 구조해석에 사용되는 두 가지 일반적인 모델이다. 이 두 모델은 그 핵심에 미소변형과 선형 탄성 등방성 재료 거동의 가정을 포함하고 있으며, 균일 단면 보에 모두 적용할 수 있다.

Euler-Bernoulli 보에서 보에 작용하는 하중은 보의 굽힘만을 일으킨다고 가정한다. 보의 굽힘

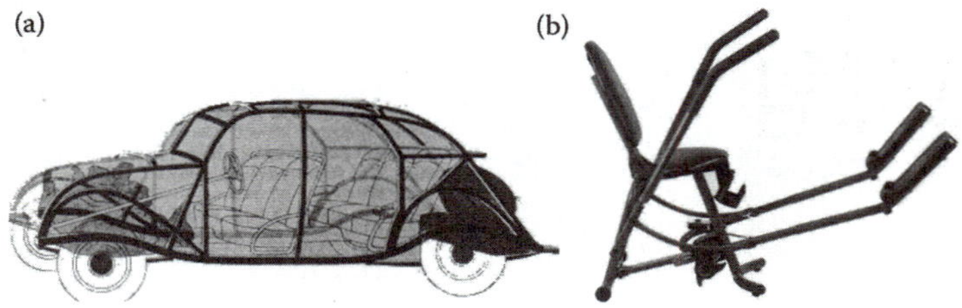

그림 3.1 보와 프레임의 예: (a) 자동차 프레임 (http://www.carbasics-1950.com/); (b) 운동기구 (http://www.nibbledaily.com/body-by-jake-cardio-cruiser/)

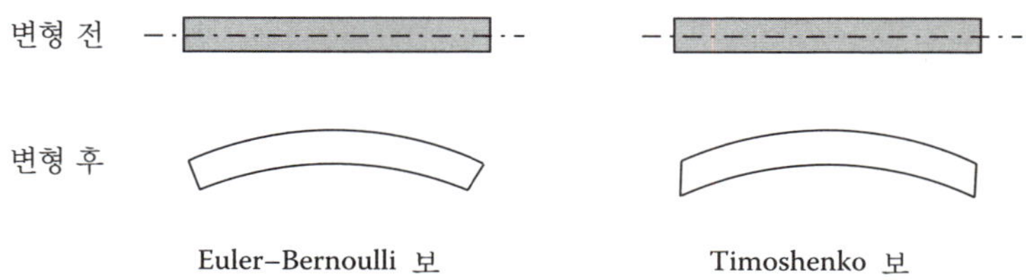

그림 3.2 두 가지 일반적인 보 모델

에서 발생하는 횡방향 전단 변형은 없다. 보의 단면을 통과하는 축인 중립축은 변형 후에 그 길이가 변하지 않는다. 중립축에 수직인 평면의 단면은 변형 후에도 평면이고 중립축에 수직이다. 전단변형률 효과를 무시하기 때문에 Euler-Bernoulli 보 모델은 보의 변형을 약간 과소평가하는 경향이 있다. 이 모델은 얇거나 긴 보의 거동을 설명하는데 적합한 것으로 간주된다.

Timoshenko 보 모델은 횡방향 전단 변형과 굽힘 변형을 모두 고려한다. 이 모델에서 평면의 단면은 변형 후에 평면을 유지하나 중립축에 수직하지 않다. 전단 변형률 효과를 고려하기 때문에 Timoshenko 보 모델은 두껍고 짧은 보의 거동을 설명하는데 실제로 더 현실적이다.

동일한 재료와 균일한 단면의 보에서 횡하중에 의한 처짐을 구하기 위하여 보의 중립축에 대하여

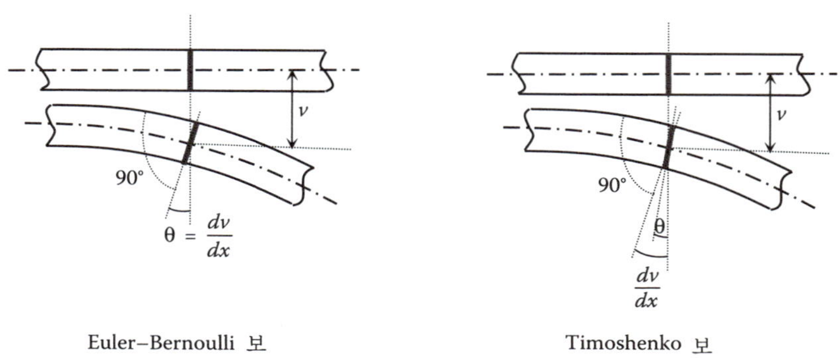

그림 3.3 Euler-Bernoulli 보와 Timoshenko 보의 처짐

횡하중이 작용하는 1차원 모델로 간주한다. 그림 3.3에 설명한 바와 같이, Euler-Bernoulli 보에서 중립축 상의 임의 점에 대한 보의 처짐을 설명하기 위하여 하나의 변수 − 수직변의 (v)가 필요하다. Timoshenko 보에서 보의 변형된 형태를 완전히 나타내기 위하여 수직변위 (v)와 보 단면의 회전각 (θ)이 필요하다.

3.2.2 응력, 변형률, 처짐의 관계

단순 보의 굽힘은 자주 Euler-Bernoulli 보 이론으로 해석된다. 이러한 이유는 그 단순성으로 인하여 공학에서 널리 사용하고 있기 때문이며 공학적 보 이론으로 많이 불린다. 단순 보의 굽힘에서 응력상태를 이해하기 위하여 그림 3.4와 같이 극히 얇은 층을 쌓아 만들어진 보를 가정해 보자.

중립축의 길이가 변하지 않는다는 가정 하에서 중립축을 따라 위치한 재료 층은 응력으로부터 자유롭다. 그러나, 아래쪽으로 작용하는 횡하중에 저항하기 위하여 보는 위쪽으로 오목한 상태로 휘게 된다. 굽힘으로 인하여 중립축 위쪽 층들은 축방향으로 압축되고 아래쪽 층들은 축방향으로 늘어난다. 중립축으로부터 더 멀리 떨어진 층일수록 변형률이 더 크게 작용한다. 굽힘으로 인해 발생한 축방향 변형률을 굽힘 변형률이라 부르며, 미분기하학에 기초하여 처짐을 일으킨 보의 곡률 $\kappa(x)$ 와 다음과 같은 관계가 있다.

$$\varepsilon(x) = -y\kappa(x) = -y\frac{d^2v}{dx^2} \tag{3.1}$$

여기서 y 는 얇은 층의 중립축으로부터의 수직거리이고 v 는 보의 처짐이다.

탄성론으로부터 내부저항 굽힘모멘트 $M(x)$ 는 축방향 굽힘응력의 함수이다. 식 (3.1)을 이용하면 다음의 관계를 얻는다.

$$M(x) = \int -y\sigma(x)dA = \int Ey^2\kappa(x)\,dA = EI\kappa(x) = EI\frac{d^2v}{dx^2} \tag{3.2}$$

여기서 E 는 재료의 탄성계수, I 는 보 단면의 z 축에 대한 면적관성모멘트이고, E 와 I 의 곱은 굽힘강성이라 불린다. 식 (3.1)과 (3.2)를 결합하면 굽힘응력 $\sigma(x)$ 를 구할 수 있는 다음의 굽힘 공식을 얻는다.

$$\sigma(x) = -\frac{M(x)y}{I} \tag{3.3}$$

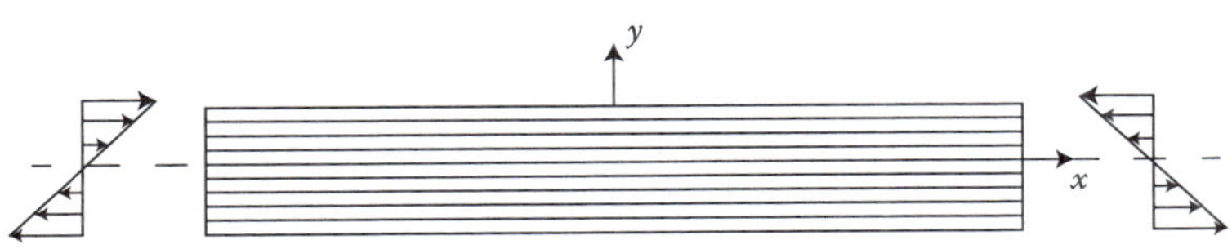

그림 3.4 굽힘은 보에서 얇은 층들을 따라 축방향 응력 $\sigma(x)$가 발생된다.

표 3.1 봉과 보에 대한 구성 방정식 사이의 유사성

	응력 측정	변형률 측정	구성방정식
봉	축방향 응력: $\sigma(x)$	축방향 변형률: $\varepsilon(x)$	$\sigma(x) = E\varepsilon(x)$
보	굽힘 모멘트: $M(x)$	곡률: $\dfrac{d^2v}{dx^2}$	$M(x) = EI\dfrac{d^2v}{dx^2}$

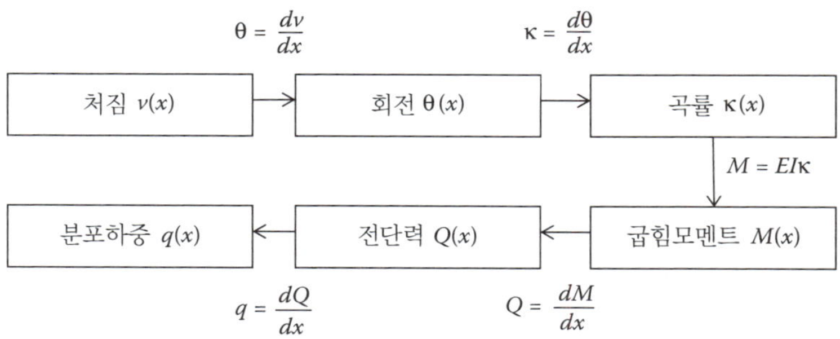

그림 3.5 단순 보의 지배방정식

위에서 다룬 단순 보 이론은 단축 훅의 법칙(Hook's law)과 유사하다. 표 3.1과 같이, 굽힘모멘트는 굽힘강성(EI) 상수를 통하여 처짐 보의 곡률에 선형적으로 비례한다. 이는 훅의 법칙에 의해 설명되는 선형 응력–변형률 관계와 유사하다. 단순 보의 굽힘 문제를 지배하는 기본 식들이 그림 3.5에 요약되어 있다. 여기 포함된 식들은 나중에 보의 유한요소 공식화에 사용될 것이다.

3.3 보와 프레임의 모델링

모델링은 이상화 과정이다. 공학자는 문제를 단순화하고자 하며 효율과 정확도 사이의 균형을 유지하기 위하여 실제 물리적 구조물을 설계와 해석의 세부적인 사항을 적합한 수준으로 모델링 한다. 다음 절에서 보와 프레임의 단면, 지지조건, 모델 단순화에 대하여 설명한다.

3.3.1 횡단면과 강/약 축

다양한 형태의 단면이 보에 사용된다. 몇 가지만 예를 들면 속이 빈 사각형 튜브, I 보, C 보, L 보, T 보, W 보 등이 있다. 그림 3.6에 일반적인 보의 단면을 나타낸다.

식 (3.2)로부터 굽힘강성(EI)은 굽힘에 저항하는 보의 능력의 척도임을 알 수 있다. 굽힘강성이 클

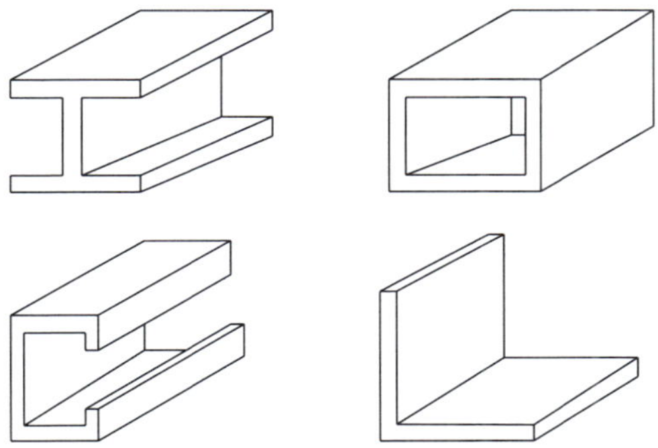

그림 3.6 일반적인 보 단면의 형상

그림 3.7 강한 축과 약한 축 위에서 하중을 받는 보

수록 보는 덜 휜다. 일상의 경험에 비추어 보면, 그림 3.7과 같이 자의 평평한(넓은) 면이 앞쪽으로 향할 때가 위쪽으로 향할 때보다 더 구부리기 어렵다. 이는 관성모멘트(I)가 한 축에 대하여 재료의 분포에 민감한 단면의 성질을 나타내기 때문이다.

허용한도 이내로 처짐을 유지하기 위하여 보는 작용 하중을 견디기에 충분히 큰 굽힘강성을 가질 필요가 있다. 효과적인 보의 단면 형상을 선택하고 보를 굽힘의 강한 축에 하중을 부과하는 일이 중요하다. 특히 높은 탄성계수를 갖는 재료로 바꾸는 일이 비용이 많이 들거나 다른 제약으로 인하여 실행하기 어려운 경우에 그렇다.

3.3.2 지지조건

보를 지지하는 데 여러 가지 다른 방식이 있다. 예를 들어, 보는 양단에서 고정되거나, 일단에서 고정되고 타단에서 핀 지지될 수 있다. 일반적으로 보는 세 가지 형태의 끝 지지조건을 갖는다. 고정 지지, 핀 지지, 로울러 지지. 고정 지지는 앵커 조건(anchor condition)으로서 지지단에서 이동되지도 않고 회전되지도 않는다. 핀 지지는 힌지 조건으로서 병진은 방지하지만 힌지 축에 대한 회전은 방지하지 않는다. 로울러 지지는 로울러가 놓여서 움직이는 면을 따라 회전과 병진을 모두 허용하지만 면에 수직한 방향의 병진은 방지한다. 그림 3.8은 지지조건에 기초하여 이름을 붙인 보의 다양한 형태를 보여 준다. 그림에서와 같이 단순지지 보는 일단에서 힌지로 지지되고 타단에서 로울러로 지지된다. 캔틸레버 보는 일단에서 고정되고 타단에서 자유이다. 고정-핀 지지 보는 일단은

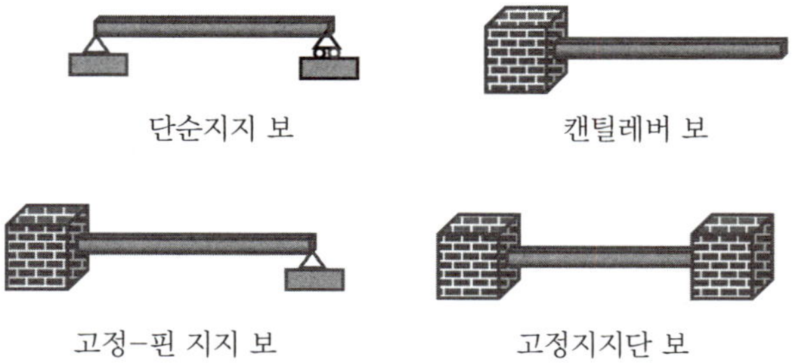

그림 3.8 보의 지지와 보의 종류

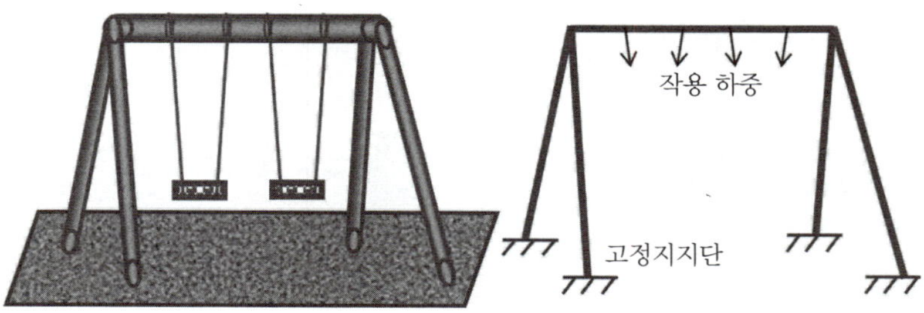

그림 3.9 그네 세트와 단순화한 선 모델

고정되고 타단은 핀 지지된 보이며, 고정지지단 보는 양단이 고정된 보이다.

일반적으로 지지조건은 물리적 문제의 수학적 해를 구하는데 중요한 고려 사항이며, 부적절한 지지는 오류의 일반적인 원인이 된다. 보와 프레임을 모델링할 때 타당한 경계조건으로 기본적인 물리적 구성을 반영하고 강체 운동(병진과 회전)을 방지하기에 충분한지를 주의해야 된다.

3.3.3 물리적 모델을 직선 모델로 변환

지지의 이상화 외에 모델링 효율을 달성하기 위하여 개념 모델이 보와 프레임의 해석에서 폭넓게 채택된다. 모델 개념화의 아이디어는 균일 단면의 가정에 기인한다. 이러한 가정하에 그림 3.9의 그네 세트의 예에서와 같이 보는 실제 3차원 보 구조물의 중심축(중립축)에서만 모델링하면 된다.

보와 프레임에 대한 개념 모델은 선 모델로도 알려져 있으며, 일반적으로 직선과 곡선으로만 이루어진다. 직선 모델(line model)이 생성된 후에 단면의 성질과 재료성질, 경계조건, 하중과 같은 다른 데이터가 해석을 위하여 명시된다. 문제가 충분히 정의되면 선 모델을 보 요소를 사용하여 선 메시(line mesh)로 나눈 다음 해를 손쉽게 구할 수 있다. 트러스의 각 부재가 단일 봉 요소로 나누어지는 트러스 모델링과 대조적으로, 보다 정확한 결과를 얻기 위하여 보 요소로 이루어진 하나의 선 메시 내에 많은 요소 분할이 필요하다.

3.4 보 요소의 공식화

이 절에서는 단순 보 이론(Euler-Bernoulli 보)에 기초한 유한요소 공식화에 대하여 설명한다. 직접법과 에너지법 두 가지를 사용하여 보 요소 강성행렬을 구할 것이다. 2차원 공간에서 단순 보 요소가 그림 3.10에 나와 있으며, 변수들의 정의는 다음과 같다.

L, I, E = 길이, 단면의 관성모멘트, 보의 탄성계수
$v = v(x)$ 보의 중립축의 처짐 (횡방향 변위)
$\theta = dv/dx$ z 축에 대한 보의 회전
$Q = Q(x)$ (내부) 전단력
$M = M(x)$ z 축에 대한 (내부) 굽힘모멘트
F_i, M_i, F_j, M_j = 절점 i, j 에 가해진 (외부) 횡방향 하중과 모멘트

다음 사항에서 설명을 간단하게 하기 위하여 보 요소의 공식화를 2차원 공간으로 국한한다. 3차원 공간에서 보 요소를 구하기 위해서는 요소 강성 방정식을 먼저 국소(2차원) 좌표계에서 수립한 다음 조립될 전체(3차원) 좌표계로 변환시키면 된다.

3.4.1 요소강성방정식: 직접법

기초 보 이론의 결과를 이용하여 먼저 직접법으로 보 강성행렬을 구해 보자. 보에 대한 FE방정식의 형태는 다음과 같다.

$$\begin{bmatrix} k_{11} & k_{12} & k_{13} & k_{14} \\ k_{21} & k_{22} & k_{23} & k_{24} \\ k_{31} & k_{32} & k_{33} & k_{34} \\ k_{41} & k_{42} & k_{43} & k_{44} \end{bmatrix} \begin{Bmatrix} v_i \\ \theta_i \\ v_j \\ \theta_j \end{Bmatrix} = \begin{Bmatrix} F_i \\ M_i \\ F_j \\ M_j \end{Bmatrix} \quad (3.4)$$

강성행렬의 각 행은 요소를 특별히 변형된 형상으로 유지하는데 필요한 힘을 나타냄을 상기할 필

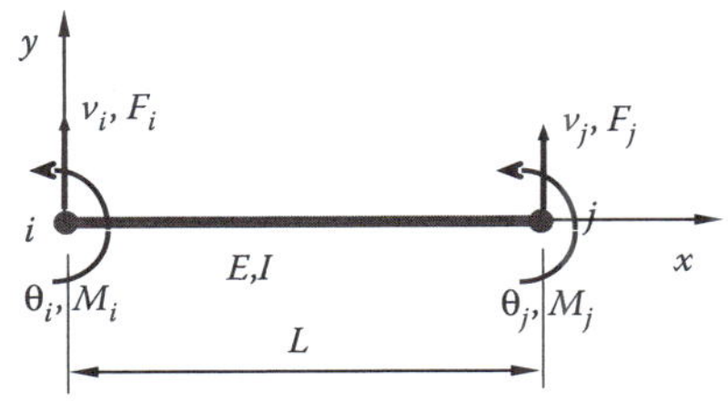

그림 3.10 2차원에서 단순 보 요소의 개념

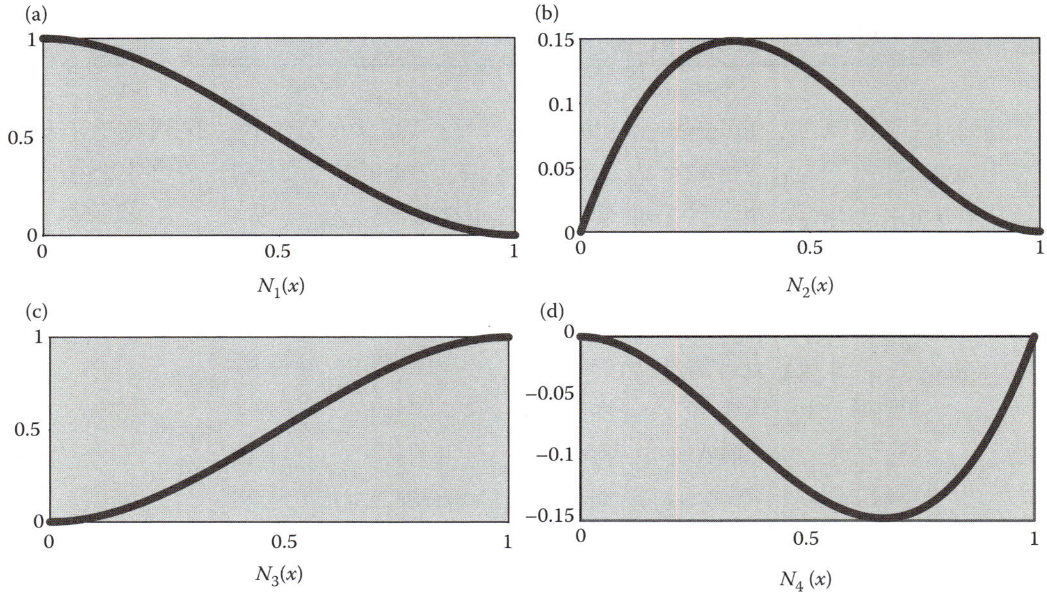

그림 3.11 단순 보 요소의 4가지 형상함수

요가 있다. 예를 들면, 첫 번째 행은 그림 3.11a에서와 같이 $v_i = 1$, $\theta_i = v_j = \theta_j = 0$ 의 형상으로 유지하기 위한 힘/모멘트를 나타낸다. 따라서, 자유단에 힘 k_{11} 과 모멘트 k_{21} 이 가해진 외팔보에 대한 재료의 강도 결과로부터 다음 식을 얻는다.

$$v_i = \frac{k_{11}L^3}{3EI} - \frac{k_{21}L^2}{2EI} = 1, \quad \theta_i = -\frac{k_{11}L^2}{2EI} + \frac{k_{21}L}{EI} = 0$$

이 연립방정식의 해로부터 k_{11} 과 k_{21} 을 얻는다. 보의 평형조건을 이용하여 k_{31} 과 k_{41} 을 얻고, 따라서 강성행렬의 첫 번째 행을 구한다.

식 (3.4)에서 행렬의 2, 3, 4 행(그림 3.11b에서 3.11d 까지의 형상에 상응)을 계산하기 위하여 동일한 절차를 이용하면 다음과 같은 요소 방정식을 얻을 수 있다.

$$\frac{EI}{L^3}\begin{bmatrix} 12 & 6L & -12 & 6L \\ 6L & 4L^2 & -6L & 2L^2 \\ -12 & -6L & 12 & -6L \\ 6L & 2L^2 & -6L & 4L^2 \end{bmatrix}\begin{Bmatrix} v_i \\ \theta_i \\ v_j \\ \theta_j \end{Bmatrix} = \begin{Bmatrix} F_i \\ M_i \\ F_j \\ M_j \end{Bmatrix} \tag{3.5}$$

3.4.2 요소강성방정식: 에너지법

공식적인 또는 에너지 법을 이용하여 식 (3.5)의 강성행렬을 유도하기 위하여 4개의 형상함수(그림 3.11에 도시)를 도입하며, 수학적으로 다음 식으로 나타낸다.

$$\begin{aligned} N_1(x) &= 1 - 3x^2/L^2 + 2x^3/L^3 \\ N_2(x) &= x - 2x^2/L + x^3/L^2 \\ N_3(x) &= 3x^2/L^2 - 2x^3/L^3 \\ N_4(x) &= -x^2/L + x^3/L^2 \end{aligned} \tag{3.6}$$

다음으로 각 요소에 대하여 형상함수와 그에 상응하는 절점 값을 이용하여 다음과 같이 보의 처짐 (v)를 나타낼 수 있으며, 3차 함수이다.

$$v(x) = \mathbf{Nu} = [N_1(x) \quad N_2(x) \quad N_3(x) \quad N_4(x)]\begin{Bmatrix} v_i \\ \theta_i \\ v_j \\ \theta_j \end{Bmatrix} \tag{3.7}$$

다음 관계를 유의하면

$$\begin{aligned} N_1 + N_3 &= 1 \\ N_2 + N_3 L + N_4 &= x \end{aligned}$$

이는 가정한 보의 변형 형상에 의해 강체 운동이 올바르게 반영되었음을 의미한다.

보의 요소 강성행렬을 유도하기 위하여 다음과 같이 보의 곡률을 고려한다.

$$\frac{d^2 v}{dx^2} = \frac{d^2}{dx^2}\mathbf{Nu} = \mathbf{Bu} \tag{3.8}$$

여기서 변형률–변위 행렬 B 는 다음 식으로 주어진다.

$$\begin{aligned} \mathbf{B} &= \frac{d^2}{dx^2}\mathbf{N} = \left[N_1''(x) \quad N_2''(x) \quad N_3''(x) \quad N_4''(x)\right] \\ &= \left[-\frac{6}{L^2} + \frac{12x}{L^3} \quad -\frac{4}{L} + \frac{6x}{L^2} \quad \frac{6}{L^2} - \frac{12x}{L^3} \quad -\frac{2}{L} + \frac{6x}{L^2}\right] \end{aligned} \tag{3.9}$$

보에 저장된 변형 에너지는 다음과 같다.

$$\mathrm{U} = \frac{1}{2}\int_V \sigma^T \varepsilon dV$$

단순 보 이론의 기초 방정식을 적용하면 다음 식을 얻는다.

$$\begin{aligned}
U &= \frac{1}{2}\int_0^L\int_A\left(-\frac{My}{I}\right)^T\frac{1}{E}\left(-\frac{My}{I}\right)dAdx = \frac{1}{2}\int_0^L M^T\frac{1}{EI}Mdx \\
&= \frac{1}{2}\int_0^L\left(\frac{d^2v}{dx^2}\right)^T EI\left(\frac{d^2v}{dx^2}\right)dx = \frac{1}{2}\int_0^L(\mathbf{Bu})^T EI(\mathbf{Bu})dx \\
&= \frac{1}{2}\mathbf{u}^T\left(\int_0^L \mathbf{B}^T EI\mathbf{B}\,dx\right)\mathbf{u}
\end{aligned}$$

단순 보의 강성행렬은 다음 식으로 정의된다.

$$\mathbf{k} = \int_0^L \mathbf{B}^T EI\mathbf{B}\,dx \tag{3.10}$$

식 (3.10)에 해당 결과를 적용하고 적분하면 식 (3.5)와 동일한 강성행렬을 얻는다.

3.4.3 분포하중의 처리

분포하중을 절점 하중과 모멘트로 변환하기 위하여 (그림 3.12) 분포하중 q 에 의한 일을 고려하자.

$$W_q = \frac{1}{2}\int_0^L v(x)q(x)dx = \frac{1}{2}\int_0^L(\mathbf{Nu})^T q(x)dx = \frac{1}{2}\mathbf{u}^T\int_0^L\mathbf{N}^T q(x)dx$$

등가의 절점 하중 (및 모멘트)에 의한 일은 다음과 같다.

$$W_{f_q} = \frac{1}{2}[v_i \quad \theta_i \quad v_j \quad \theta_j]\begin{Bmatrix} F_i^q \\ M_i^q \\ F_j^q \\ M_j^q \end{Bmatrix} = \frac{1}{2}\mathbf{u}^T\mathbf{f}_q$$

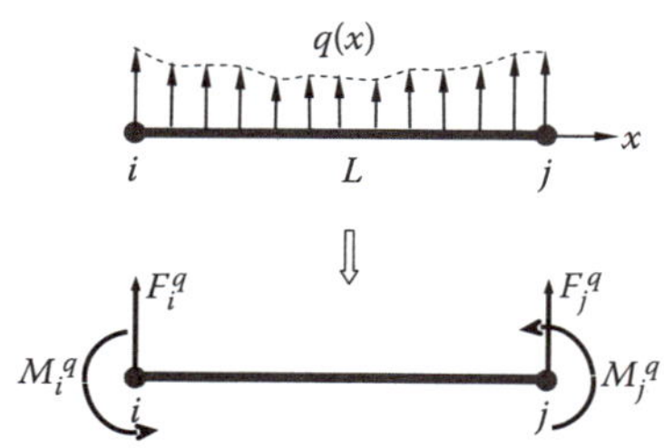

그림 3.12 분포된 횡하중을 절점하중과 모멘트로 변환

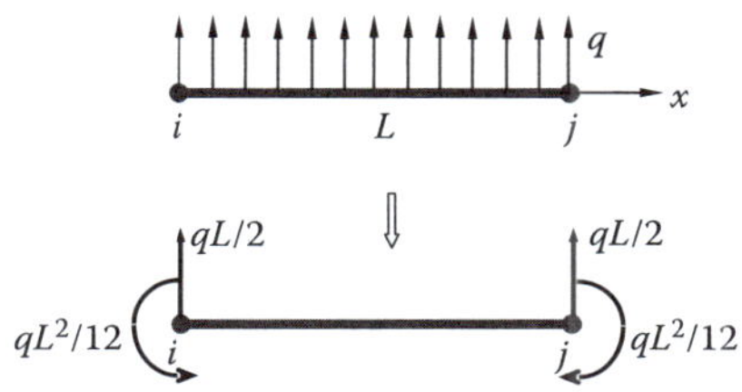

그림 3.13 균일분포 횡하중을 절점하중과 모멘트로 변환

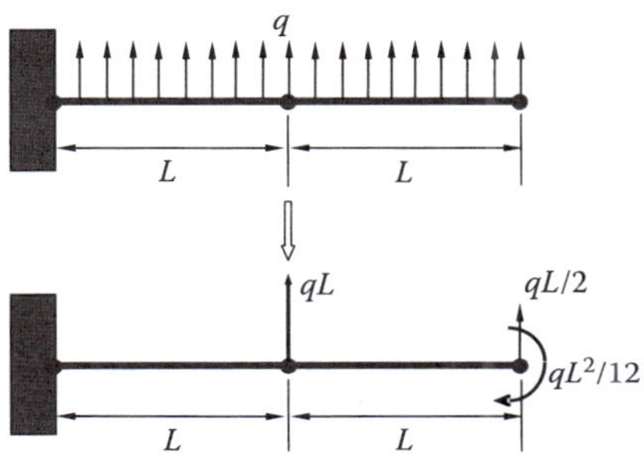

그림 3.14 균일분포 횡하중을 2개의 보 요소에서 변환

$\mathrm{W}q = \mathrm{W}_{fq}$ 인 관계를 고려하면, 임의의 분포하중 $q(x)$ 에 대하여 유효한 등가의 절점 하중벡터를 다음 식으로 구할 수 있다.

$$\mathbf{f}_q = \int_0^L \mathbf{N}^T q(x) dx \tag{3.11}$$

3.4.4 일반적 보 요소의 강성행렬

축방향 강성(봉 요소)을 고려하면 일반적인 2차원 보 요소에 대한 강성행렬을 다음과 같이 구할 수 있다.

$$
\mathbf{k} = \begin{bmatrix}
\frac{EA}{L} & 0 & 0 & -\frac{EA}{L} & 0 & 0 \\
0 & \frac{12EI}{L^3} & \frac{6EI}{L^2} & 0 & -\frac{12EI}{L^3} & \frac{6EI}{L^2} \\
0 & \frac{6EI}{L^2} & \frac{4EI}{L} & 0 & -\frac{6EI}{L^2} & \frac{2EI}{L} \\
-\frac{EA}{L} & 0 & 0 & \frac{EA}{L} & 0 & 0 \\
0 & -\frac{12EI}{L^3} & -\frac{6EI}{L^2} & 0 & \frac{12EI}{L^3} & -\frac{6EI}{L^2} \\
0 & \frac{6EI}{L^2} & \frac{2EI}{L} & 0 & -\frac{6EI}{L^2} & \frac{4EI}{L}
\end{bmatrix}
\quad (\text{columns: } u_i,\ v_i,\ \theta_i,\ u_j,\ v_j,\ \theta_j) \tag{3.12}
$$

3.5 보 요소의 예제

예제 3.1

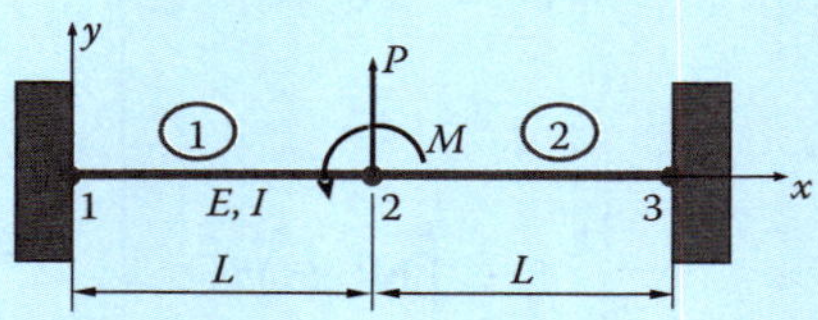

주어진 조건:

위에 보인 보는 양단이 고정되어 있고 중앙점에 하중 P 와 모멘트 M 을 받는다.

결정할 사항:

중앙의 절점에서 처짐과 회전, 그리고 양 지지점에서 지지 반력과 모멘트

풀이

요소 강성행렬:

$$\mathbf{k}_1 = \frac{EI}{L^3}\begin{bmatrix} 12 & 6L & -12 & 6L \\ 6L & 4L^2 & -6L & 2L^2 \\ -12 & -6L & 12 & -6L \\ 6L & 2L^2 & -6L & 4L^2 \end{bmatrix} \quad (v_1,\ \theta_1,\ v_2,\ \theta_2)$$

$$\mathbf{k}_2 = \frac{EI}{L^3}\begin{bmatrix} 12 & 6L & -12 & 6L \\ 6L & 4L^2 & -6L & 2L^2 \\ -12 & -6L & 12 & -6L \\ 6L & 2L^2 & -6L & 4L^2 \end{bmatrix} \quad (v_2,\ \theta_2,\ v_3,\ \theta_3)$$

전역 FE방정식:

$$\frac{EI}{L^3}\begin{bmatrix} 12 & 6L & -12 & 6L & 0 & 0 \\ 6L & 4L^2 & -6L & 2L^2 & 0 & 0 \\ -12 & -6L & 24 & 0 & -12 & 6L \\ 6L & 2L^2 & 0 & 8L^2 & -6L & 2L^2 \\ 0 & 0 & -12 & -6L & 12 & -6L \\ 0 & 0 & 6L & 2L^2 & -6L & 4L^2 \end{bmatrix}\begin{Bmatrix} v_1 \\ \theta_1 \\ v_2 \\ \theta_2 \\ v_3 \\ \theta_3 \end{Bmatrix} = \begin{Bmatrix} F_{1Y} \\ M_1 \\ F_{2Y} \\ M_2 \\ F_{3Y} \\ M_3 \end{Bmatrix} \quad (v_1,\ \theta_1,\ v_2,\ \theta_2,\ v_3,\ \theta_3)$$

하중과 구속(BCs):

$$F_{2Y} = -P, \qquad M_2 = M, \qquad v_1 = v_3 = \theta_1 = \theta_3 = 0$$

간소화된 FE방정식:

$$\frac{EI}{L^3}\begin{bmatrix} 24 & 0 \\ 0 & 8L^2 \end{bmatrix}\begin{Bmatrix} v_2 \\ \theta_2 \end{Bmatrix} = \begin{Bmatrix} -P \\ M \end{Bmatrix}$$

위 식을 풀면 다음을 얻는다.

$$\begin{Bmatrix} v_2 \\ \theta_2 \end{Bmatrix} = \frac{L}{24EI}\begin{Bmatrix} -PL^2 \\ 3M \end{Bmatrix}$$

전역 FE방정식으로부터 지지반력(힘과 모멘트)을 얻는다.

$$\begin{Bmatrix} F_{1Y} \\ M_1 \\ F_{3Y} \\ M_3 \end{Bmatrix} = \frac{EI}{L^3}\begin{bmatrix} -12 & 6L \\ -6L & 2L^2 \\ -12 & -6L \\ 6L & 2L^2 \end{bmatrix}\begin{Bmatrix} v_2 \\ \theta_2 \end{Bmatrix} = \frac{1}{4}\begin{Bmatrix} 2P + 3M/L \\ PL + M \\ 2P - 3M/L \\ -PL + M \end{Bmatrix}$$

양단에서 보의 응력은 다음 공식을 이용하여 계산할 수 있다.

$$\sigma = \sigma_x = -\frac{My}{I}$$

단순 보 이론에 따르면, 절점 사이에 분포하중이 작용하지 않으므로, 이 문제에 대한 FE 해는 정확하다. 다음 식을 상기하자.

$$EI\frac{d^4v}{dx^4} = q(x)$$

$q(x) = 0$ 이면 처짐 v에 대한 엄밀해는 x 에 대해 3차함수가 되는데 이는 식 (3.6)에 주어진 형상함수에 의해 정확히 묘사되는 것이다.

예제 3.2

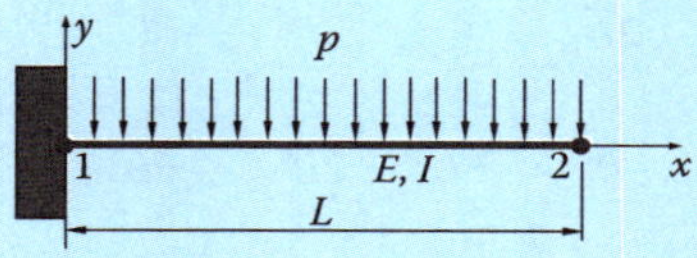

주어진 조건:

그림과 같이 캔틸레버 보에 균일한 횡방향 하중 p 가 작용함.

결정할 사항:

우측 단의 처짐과 회전, 좌측 단의 지지반력(힘과 모멘트)

풀이

일-등가 절점하중은 아래 그림과 같다.

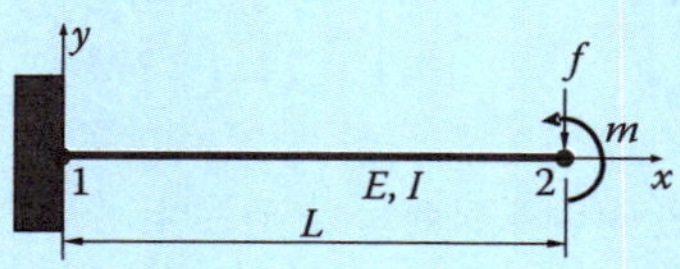

여기서

$$f = pL/2, \qquad m = pL^2/12$$

FE방정식을 적용하여 다음 식을 얻는다.

$$\frac{EI}{L^3}\begin{bmatrix} 12 & 6L & -12 & 6L \\ 6L & 4L^2 & -6L & 2L^2 \\ -12 & -6L & 12 & -6L \\ 6L & 2L^2 & -6L & 4L^2 \end{bmatrix}\begin{Bmatrix} v_1 \\ \theta_1 \\ v_2 \\ \theta_2 \end{Bmatrix} = \begin{Bmatrix} F_{1Y} \\ M_1 \\ F_{2Y} \\ M_2 \end{Bmatrix}$$

하중과 구속(BCs)은

$$F_{2Y} = -f, \qquad M_2 = m$$
$$v_1 = \theta_1 = 0$$

간소화된 방정식은

$$\frac{EI}{L^3}\begin{bmatrix} 12 & -6L \\ -6L & 4L^2 \end{bmatrix}\begin{Bmatrix} v_2 \\ \theta_2 \end{Bmatrix} = \begin{Bmatrix} -f \\ m \end{Bmatrix}$$

위 식을 풀어서 다음 결과를 얻을 수 있다.

$$\begin{Bmatrix} v_2 \\ \theta_2 \end{Bmatrix} = \frac{L}{6EI}\begin{Bmatrix} -2L^2 f + 3Lm \\ -3Lf + 6m \end{Bmatrix} = \begin{Bmatrix} -pL^4/8EI \\ -pL^3/6EI \end{Bmatrix} \tag{A}$$

이 절점 값들은 엄밀해와 동일하다. 그러나, ($0 < x < L$에서) FEM에 의한 보의 처짐 $v(x)$ 는 엄밀해와 다르다. 단순 보 이론에 의한 엄밀해는 x 의 4차 다항식이나 v 의 FE 해는 x 의 3차 다항식이다.

등가 모멘트 m 을 무시하면 다음 식을 얻는다.

$$\begin{Bmatrix} v_2 \\ \theta_2 \end{Bmatrix} = \frac{L}{6EI}\begin{Bmatrix} -2L^2 f \\ -3Lf \end{Bmatrix} = \begin{Bmatrix} -pL^4/6EI \\ -pL^3/4EI \end{Bmatrix} \tag{B}$$

요소를 더 많이 사용하면 식 (B)에서 오차는 더 줄어들 것이다. 등가 모멘트 m 은 FEM 응용에서 가끔 무시된다. 더 많은 요소가 적용될수록 FE 해는 수렴한다.

FE 식으로부터 지지 반력과 모멘트를 다음과 같이 계산할 수 있다.

$$\begin{Bmatrix} F_{1Y} \\ M_1 \end{Bmatrix} = \frac{EI}{L^3}\begin{bmatrix} -12 & 6L \\ -6L & 2L^2 \end{bmatrix}\begin{Bmatrix} v_2 \\ \theta_2 \end{Bmatrix} = \begin{Bmatrix} pL/2 \\ 5pL^2/12 \end{Bmatrix}$$

여기서 식 (A)의 결과가 사용되었다. 이 힘 벡터는 총 유효 절점하중을 나타내며, 분포 횡하중 p 에 대한 다음의 등가 절점하중을 포함한다.

$$\begin{Bmatrix} -pL/2 \\ -pL^2/12 \end{Bmatrix}$$

올바른 지지반력은 다음과 같이 얻을 수 있다.

$$\begin{Bmatrix} F_{1Y} \\ M_1 \end{Bmatrix} = \begin{Bmatrix} pL/2 \\ 5pL^2/12 \end{Bmatrix} - \begin{Bmatrix} -pL/2 \\ -pL^2/12 \end{Bmatrix} = \begin{Bmatrix} pL \\ pL^2/2 \end{Bmatrix}$$

결과의 점검: FE 모델에 대하여 (등가절점 하중벡터와 함께) FBD를 그리고 평형조건을 점검하라.

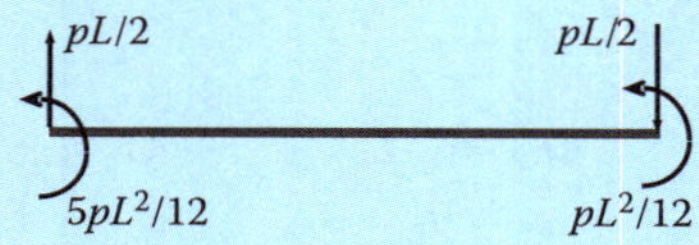

예제 3.3

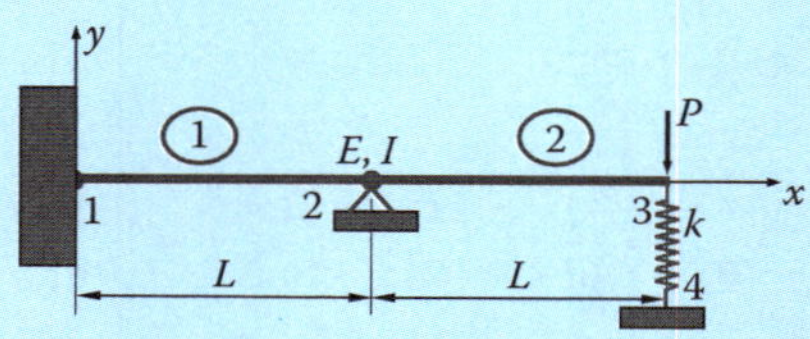

주어진 조건:

$P = 50$ kN, $k = 200$ kN/m, $L = 3$ m, $E = 210$ GPa, $I = 2 \times 10^{-4}$ m^4.

결정할 사항:

처짐, 회전, 지지반력

풀이

보는 절점 2에서 로울러(또는 힌지)로 지지되고, 절점 3에서 스프링으로 지지되어 있다. 2개의 보 요소와 하나의 스프링 요소를 사용하여 이 문제의 해를 구한다.

스프링의 강성행렬은 다음 식과 같다.

$$\mathbf{k}_s = \begin{bmatrix} k & -k \\ -k & k \end{bmatrix} \quad (v_3,\ v_4)$$

강성행렬을 조합하여 다음과 같이 전역 FE방정식을 얻는다.

$$\frac{EI}{L^3}\begin{bmatrix} 12 & 6L & -12 & 6L & 0 & 0 & 0 \\ & 4L^2 & -6L & 2L^2 & 0 & 0 & 0 \\ & & 24 & 0 & -12 & 6L & 0 \\ & & & 8L^2 & -6L & 2L^2 & 0 \\ & & & & 12+k' & -6L & -k' \\ & & & & & 4L^2 & 0 \\ & Symmetry & & & & & k' \end{bmatrix}\begin{Bmatrix} v_1 \\ \theta_1 \\ v_2 \\ \theta_2 \\ v_3 \\ \theta_3 \\ v_4 \end{Bmatrix} = \begin{Bmatrix} F_{1Y} \\ M_1 \\ F_{2Y} \\ M_2 \\ F_{3Y} \\ M_3 \\ F_{4Y} \end{Bmatrix}$$

(열 표시: v_1, θ_1, v_2, θ_2, v_3, θ_3, v_4)

여기서 식을 간단히 표시하기 위해 다음 관계가 사용되었다.

$$k' = \frac{L^3}{EI}k$$

이제 다음과 같은 경계조건을 적용한다.

$$v_1 = \theta_1 = v_2 = v_4 = 0,$$
$$M_2 = M_3 = 0, \qquad F_{3Y} = -P$$

처음 3개와 7번째 식(행과 열)을 제거하여 다음과 같이 간소화된 식을 얻는다.

$$\frac{EI}{L^3}\begin{bmatrix} 8L^2 & -6L & 2L^2 \\ -6L & 12+k' & -6L \\ 2L^2 & -6L & 4L^2 \end{bmatrix}\begin{Bmatrix} \theta_2 \\ v_3 \\ \theta_3 \end{Bmatrix} = \begin{Bmatrix} 0 \\ -P \\ 0 \end{Bmatrix}$$

이 식을 풀면 절점 2와 3에서 처짐과 회전각은 아래 식과 같다.

$$\begin{Bmatrix} \theta_2 \\ v_3 \\ \theta_3 \end{Bmatrix} = -\frac{PL^2}{EI(12+7k')}\begin{Bmatrix} 3 \\ 7L \\ 9 \end{Bmatrix}$$

스프링 k의 영향은 이 결과로부터 쉽게 알 수 있다. 주어진 숫자를 대입하여 다음 결과를 얻는다.

$$\begin{Bmatrix} \theta_2 \\ v_3 \\ \theta_3 \end{Bmatrix} = \begin{Bmatrix} -0.002492 \text{ rad} \\ -0.01744 \text{ m} \\ -0.007475 \text{ rad} \end{Bmatrix}$$

전역 FE방정식으로부터 절점의 지지반력을 얻는다.

$$\begin{Bmatrix} F_{1Y} \\ M_1 \\ F_{2Y} \\ F_{4Y} \end{Bmatrix} = \begin{Bmatrix} -69.78 \text{ kN} \\ -69.78 \text{ kN}\cdot\text{m} \\ 116.2 \text{ kN} \\ 3.488 \text{ kN} \end{Bmatrix}$$

결과의 점검: 보의 자유물체도를 그린다.

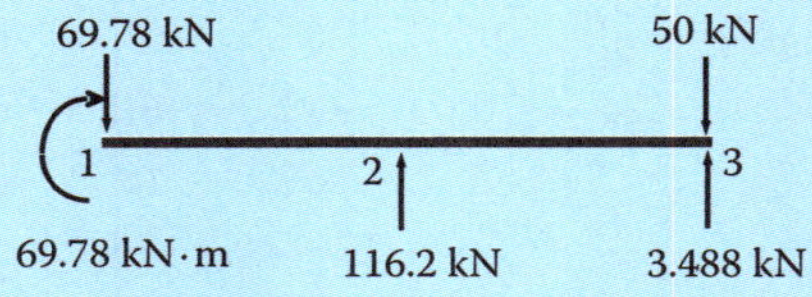

보의 평형상태를 입증하기 위한 힘과 모멘트의 합은 만족된다.

아래 예제를 통하여 일반적인 보 요소를 이용하여 어떻게 프레임을 모델링하는지 알아보자.

예제 3.4

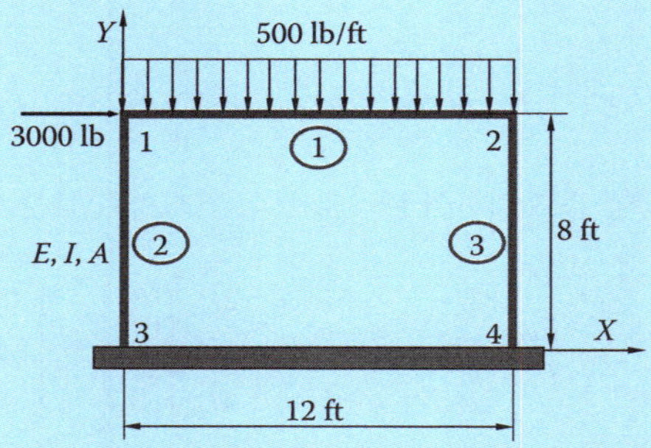

주어진 조건:

$$E = 30 \times 10^6 \text{psi},\ I = 65 \text{ in.}^4, A = 6.8 \text{ in.}^2$$

결정할 사항:

조인트 1과 2의 변위와 회전

풀이

프레임을 해석하는 문제이다. 프레임의 부재들은 견고하게 연결(즉, 용접)되어 있다고 간주한다. 힘과 모멘트는 조인트를 통하여 전달될 수 있다. 일반 보 요소(봉과 단순 보 요소의 결합)를 필요로 한다.

이 예제에서는 먼저 분포하중을 등가의 절점하중으로 바꾼 후에 FE 모드는 다음과 같다.

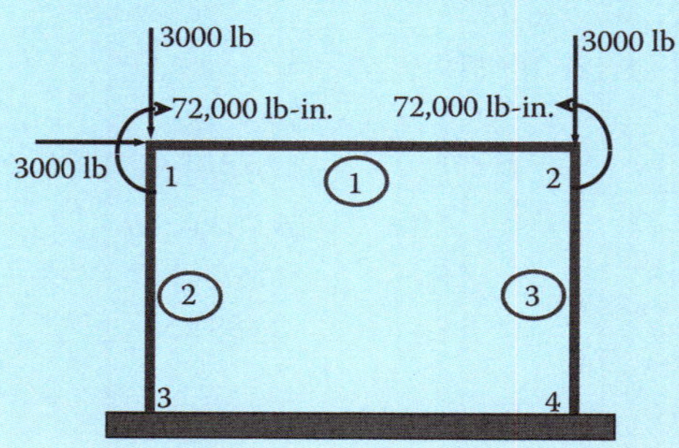

국부좌표계(local coordinate system)에서 일반적인 2차원 일반적인 보 요소에 대한 강성행렬은 다음과 같다.

$$\mathbf{k} = \begin{array}{c} \begin{matrix} u_i & v_i & \theta_i & u_j & v_j & \theta_j \end{matrix} \\ \begin{bmatrix} \frac{EA}{L} & 0 & 0 & -\frac{EA}{L} & 0 & 0 \\ 0 & \frac{12EI}{L^3} & \frac{6EI}{L^2} & 0 & -\frac{12EI}{L^3} & \frac{6EI}{L^2} \\ 0 & \frac{6EI}{L^2} & \frac{4EI}{L} & 0 & -\frac{6EI}{L^2} & \frac{2EI}{L} \\ -\frac{EA}{L} & 0 & 0 & \frac{EA}{L} & 0 & 0 \\ 0 & -\frac{12EI}{L^3} & -\frac{6EI}{L^2} & 0 & \frac{12EI}{L^3} & -\frac{6EI}{L^2} \\ 0 & \frac{6EI}{L^2} & \frac{2EI}{L} & 0 & -\frac{6EI}{L^2} & \frac{4EI}{L} \end{bmatrix} \end{array}$$

요소결합 표:

Element	Node *i* (1)	Node *j* (2)
1	1	2
2	3	1
3	4	2

요소 1의 강성행렬:

$$\mathbf{k}_1 = \mathbf{k}'_1 = 10^4 \times \begin{array}{c} \begin{matrix} u_1 & v_1 & \theta_1 & u_2 & v_2 & \theta_2 \end{matrix} \\ \begin{bmatrix} 141.7 & 0 & 0 & -141.7 & 0 & 0 \\ 0 & 0.784 & 56.4 & 0 & -0.784 & 56.4 \\ 0 & 56.4 & 5417 & 0 & -56.4 & 2708 \\ -141.7 & 0 & 0 & 141.7 & 0 & 0 \\ 0 & -0.784 & -56.4 & 0 & 0.784 & -56.4 \\ 0 & 56.4 & 2708 & 0 & -56.4 & 5417 \end{bmatrix} \end{array}$$

요소 2와 3에 대한 국부좌표계에서의 강성행렬:

$$\mathbf{k}'_2 = \mathbf{k}'_3 = 10^4 \times \begin{array}{c} \begin{matrix} u'_i & v'_i & \theta'_i & u'_j & v'_j & \theta'_j \end{matrix} \\ \begin{bmatrix} 212.5 & 0 & 0 & -212.5 & 0 & 0 \\ 0 & 2.65 & 127 & 0 & -2.65 & 127 \\ 0 & 127 & 8125 & 0 & -127 & 4063 \\ -212.5 & 0 & 0 & 212.5 & 0 & 0 \\ 0 & -2.65 & -127 & 0 & 2.65 & -127 \\ 0 & 127 & 4063 & 0 & -127 & 8125 \end{bmatrix} \end{array}$$

여기서 요소 2에 대해 $i = 3,\ j = 1$ 이고 요소 3에 대해 $i = 4,\ j = 2$ 이다.
변환행렬 T:

$$\mathbf{T} = \begin{bmatrix} l & m & 0 & 0 & 0 & 0 \\ -m & l & 0 & 0 & 0 & 0 \\ 0 & 0 & 1 & 0 & 0 & 0 \\ 0 & 0 & 0 & l & m & 0 \\ 0 & 0 & 0 & -m & l & 0 \\ 0 & 0 & 0 & 0 & 0 & 1 \end{bmatrix}$$

요소 2와 3에 대해 $l = 0,\ m = 1$ 이므로

$$\mathbf{T} = \begin{bmatrix} 0 & 1 & 0 & 0 & 0 & 0 \\ -1 & 0 & 0 & 0 & 0 & 0 \\ 0 & 0 & 1 & 0 & 0 & 0 \\ 0 & 0 & 0 & 0 & 1 & 0 \\ 0 & 0 & 0 & -1 & 0 & 0 \\ 0 & 0 & 0 & 0 & 0 & 1 \end{bmatrix}$$

변환관계를 이용하면

$$\mathbf{k} = \mathbf{T}^T \mathbf{k}' \mathbf{T}$$

이므로, 전역 좌표계에서 요소 2와 3의 강성행렬을 다음과 같다.

$$\begin{matrix} & u_3 & v_3 & \theta_3 & u_1 & v_1 & \theta_1 \end{matrix}$$

$$\mathbf{k}_2 = 10^4 \times \begin{bmatrix} 2.65 & 0 & -127 & -2.65 & 0 & -127 \\ 0 & 212.5 & 0 & 0 & -212.5 & 0 \\ -127 & 0 & 8125 & 127 & 0 & 4063 \\ -2.65 & 0 & 127 & 2.65 & 0 & 127 \\ 0 & -212.5 & 0 & 0 & 212.5 & 0 \\ -127 & 0 & 4063 & 127 & 0 & 8125 \end{bmatrix}$$

$$\begin{matrix} & u_4 & v_4 & \theta_4 & u_2 & v_2 & \theta_2 \end{matrix}$$

$$\mathbf{k}_3 = 10^4 \times \begin{bmatrix} 2.65 & 0 & -127 & -2.65 & 0 & -127 \\ 0 & 212.5 & 0 & 0 & -212.5 & 0 \\ -127 & 0 & 8125 & 127 & 0 & 4063 \\ -2.65 & 0 & 127 & 2.65 & 0 & 127 \\ 0 & -212.5 & 0 & 0 & 212.5 & 0 \\ -127 & 0 & 4063 & 127 & 0 & 8125 \end{bmatrix}$$

전역 FE방정식을 결합하고, 다음의 경계조건을 고려하면

$$u_3 = v_3 = \theta_3 = u_4 = v_4 = \theta_4 = 0$$
$$F_{1X} = 3000\ \text{lb},\quad F_{2X} = 0,\quad F_{1Y} = F_{2Y} = -3000\ \text{lb},$$
$$M_1 = -72{,}000\ \text{lb}\cdot\text{in.},\quad M_2 = 72{,}000\ \text{lb}\cdot\text{in.}$$

간소화된 FE방정식을 다음과 같이 얻는다.

$$10^4 \times \begin{bmatrix} 144.3 & 0 & 127 & -141.7 & 0 & 0 \\ 0 & 213.3 & 56.4 & 0 & -0.784 & 56.4 \\ 127 & 56.4 & 13{,}542 & 0 & -56.4 & 2708 \\ -141.7 & 0 & 0 & 144.3 & 0 & 127 \\ 0 & -0.784 & -56.4 & 0 & 213.3 & -56.4 \\ 0 & 56.4 & 2708 & 127 & -56.4 & 13{,}542 \end{bmatrix} \begin{Bmatrix} u_1 \\ v_1 \\ \theta_1 \\ u_2 \\ v_2 \\ \theta_2 \end{Bmatrix} = \begin{Bmatrix} 3000 \\ -3000 \\ -72{,}000 \\ 0 \\ -3000 \\ 72{,}000 \end{Bmatrix}$$

위 식을 풀면 다음의 결과를 얻는다.

$$\begin{Bmatrix} u_1 \\ v_1 \\ \theta_1 \\ u_2 \\ v_2 \\ \theta_2 \end{Bmatrix} = \begin{Bmatrix} 0.092\ \text{in.} \\ -0.00104\ \text{in.} \\ -0.00139\ \text{rad} \\ 0.0901\ \text{in.} \\ -0.0018\ \text{in.} \\ -3.88 \times 10^{-5}\ \text{rad} \end{Bmatrix}$$

지지 반력과 모멘트를 구하기 위하여 요소 2와 3에 대한 요소 FE방정식을 수립하고 앞에서 구한 절점 변위행렬을 대입하면 된다.

$$\begin{Bmatrix} F_{3X} \\ F_{3Y} \\ M_3 \end{Bmatrix} = \begin{Bmatrix} -672.7\ \text{lb} \\ 2210\ \text{lb} \\ 60{,}364\ \text{lb}\cdot\text{in.} \end{Bmatrix}$$

$$\begin{Bmatrix} F_{4X} \\ F_{4Y} \\ M_4 \end{Bmatrix} = \begin{Bmatrix} -2338\ \text{lb} \\ 3825\ \text{lb} \\ 112{,}641\ \text{lb}\cdot\text{in.} \end{Bmatrix}$$

결과의 점검: 아래 그림과 같이 프레임의 자유물체도를 그린다. 계산된 힘과 모멘트로부터 평형이 유지됨을 확인할 수 있다. 여기서 해석은 분포하중에 대한 것이 아니고 등가하중을 이용한 것이다. 따라서 결과 검증을 위해 FE 모델에 상응하는 자유물체도가 적용되어야 한다.

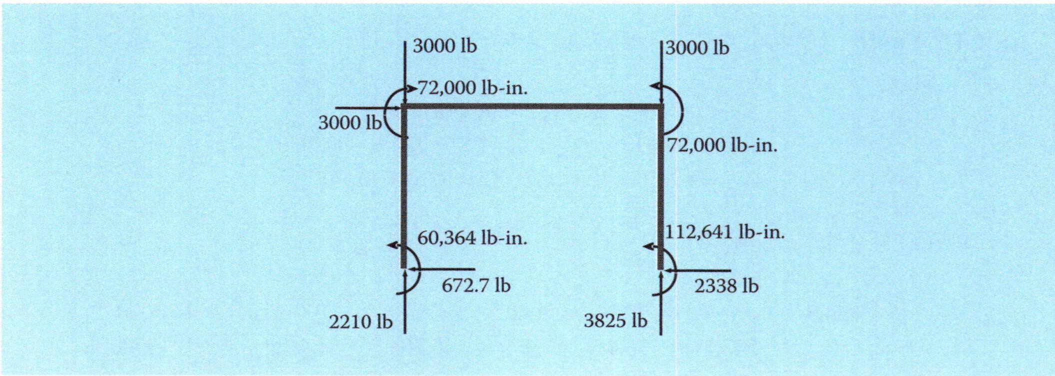

3.6 ANSYS Workbench를 이용한 사례연구

문제 설명: 강구조 시스템은 저층빌딩에 적용 가능한 경제적인 구조이다. 강구조는 강도 대 중량비가 높으며, 사전 제작 및 맞춤 설계가 가능하다. 다음과 같은 구조용 I 형 빔으로 제작된 2층 빌딩을 고려하자. 그림과 같이 2층 구조에 50 kN/m 의 균일한 분포 하중이 가해진 경우 구조물의 변위와 응력분포를 계산해 보자.

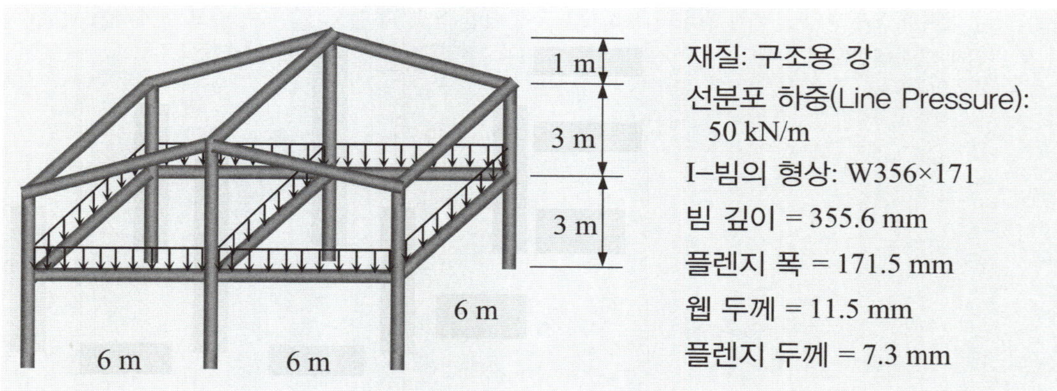

풀이

ANSYS Workbench를 이용하여 문제를 해석하기 위해, 다음의 단계를 수행한다.

단계 1: *ANSYS Workbench* 프로젝트 시작하기

ANSYS Workbench를 실행하고 빈 프로젝트(blank project)를 '***Steelframe.wbpj***'로 저장한다.

단계 2: *Static Structural (ANSYS)* 해석 시스템을 생성

독립적인 정적 구조해석을 수행하기 위해, 좌측 ***Analysis Systems Toolbox*** 창에서 ***Static Structural (ANSYS)*** 아이콘을 끌어(drag)와 ***Project Schematic*** 창에 있는 초록 사각형 내에 위치(drop)시킨다.

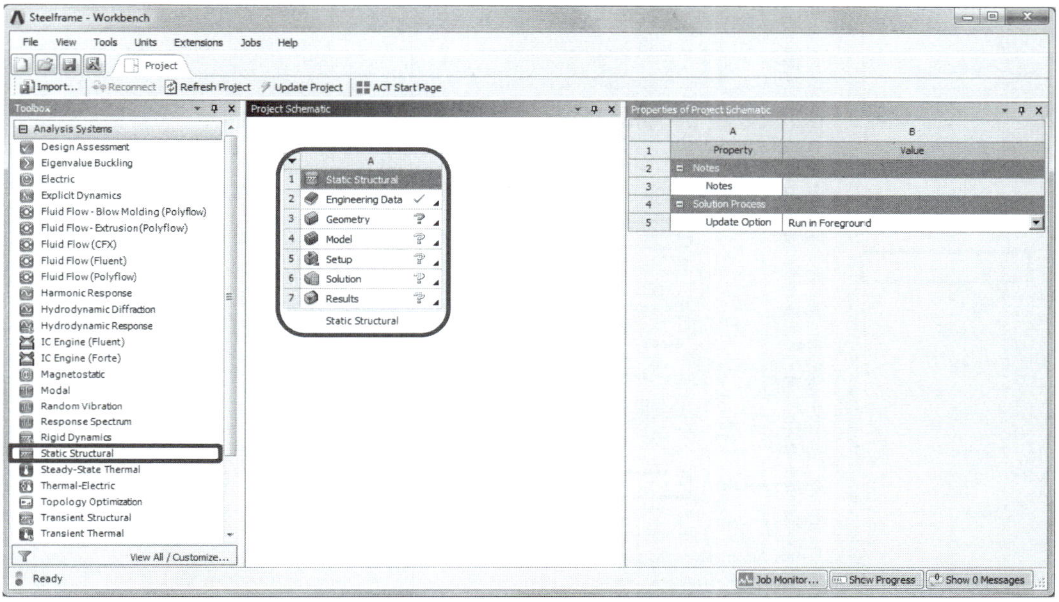

단계 3: *SpaceClaim* 프로그램 시작

Geometry 셀을 마우스 오른쪽 버튼으로 클릭한 다음 ***Properties***를 선택하여 ***Properties of Schematic A3: Geometry*** 패널을 연다. ***Basic Geometric Options***에서 ***Line Bodies***를 체크하여 트러스 모델링을 가능하게 한다. 다음 ***Geometry*** 셀을 더블클릭하여 ***SpaceClaim*** 프로그램을 실행한다.

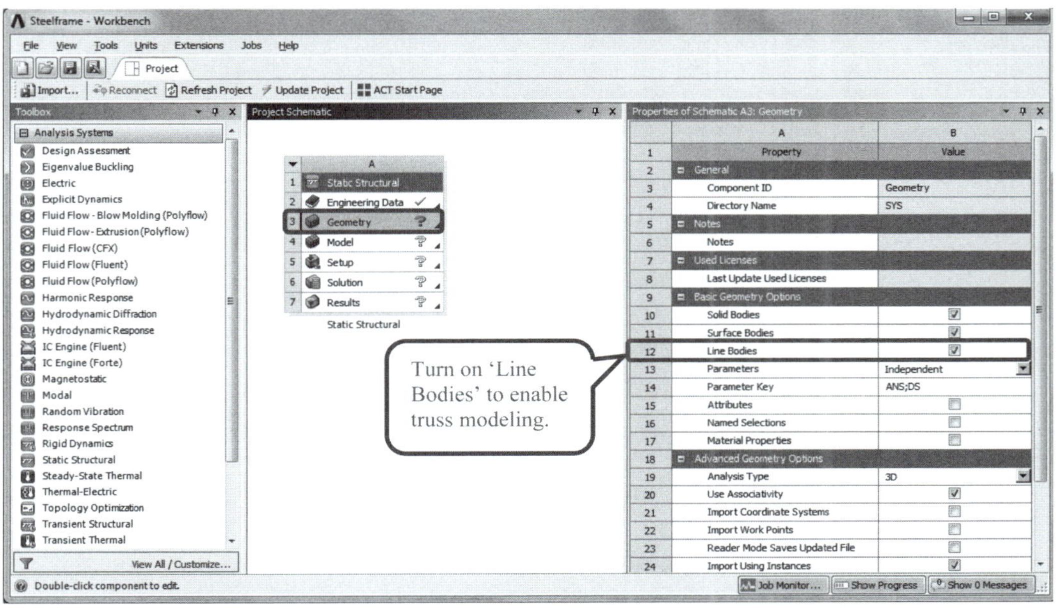

단계 4: 선 스케치(Line Sketch) 생성

단위를 정의하기 위해, ***File*** 메뉴에서 ***SpaceClaim Options***을 선택하여 ***SpaceClaim Options*** 창을 연다. 좌측 패널에서 ***Units*** 을 클릭하고 ***Length*** 목록에서 ***Meters***를 선택한다. 다음으로 ***Primary precision***을 ***4***로 변경한다. ***Minor Grid Spacing***을 ***1 m***로 수정한 다음 ***OK***를 클릭하여 변경 내용을 저장하고 창을 닫는다.

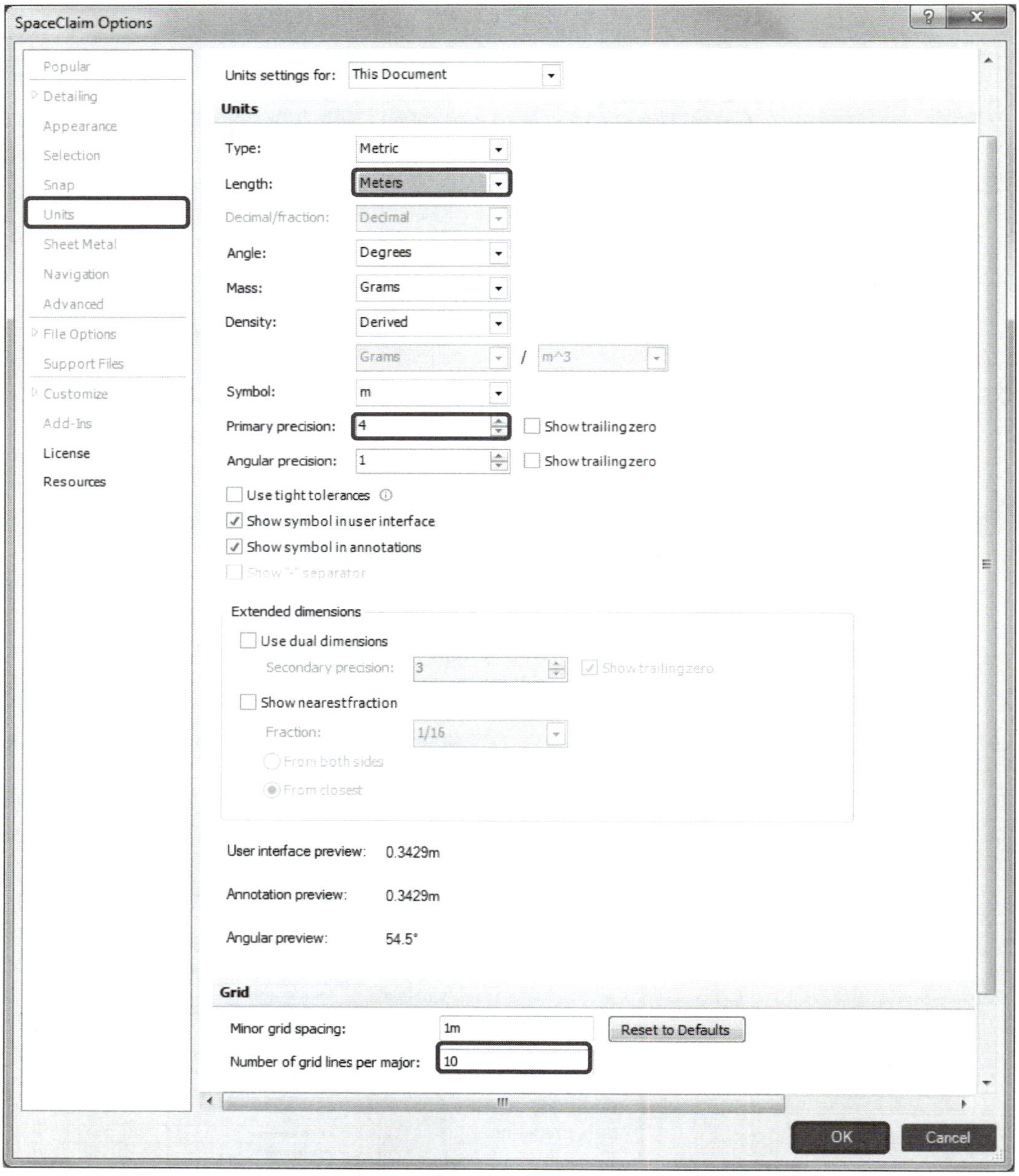

Graphics Window 에서 마우스 오른쪽 버튼을 클릭하여 드롭다운 메뉴를 열고 *Select New Sketch Plane*을 선택한다.

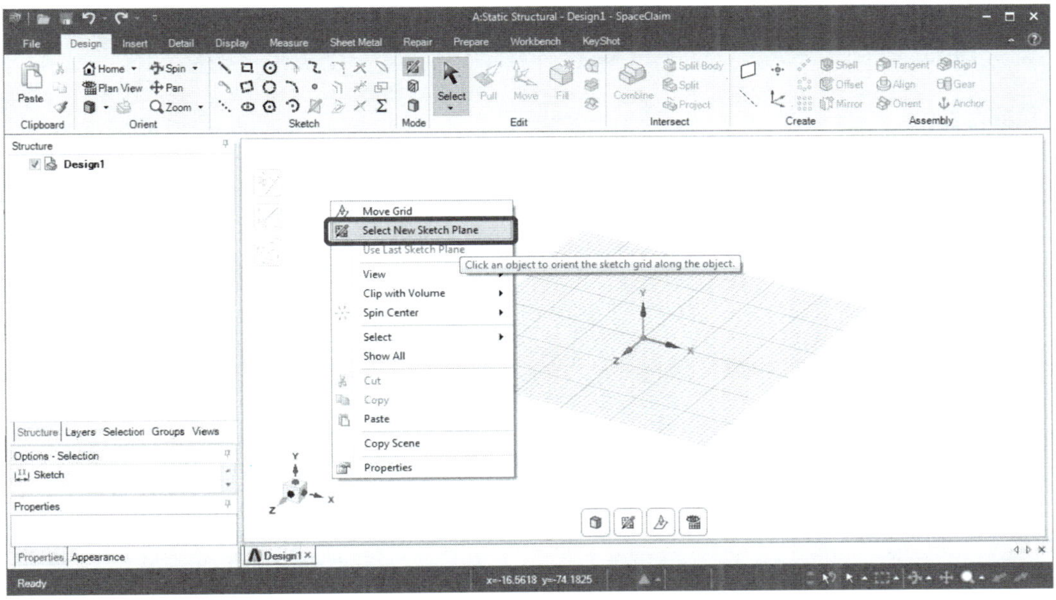

*x-y plane*에 마우스를 위치하고 클릭하여 *x-y plane*을 선택한다. 이 작업은 기본으로 적용된 x−z 평면을 x−y 평면으로 변경한다.

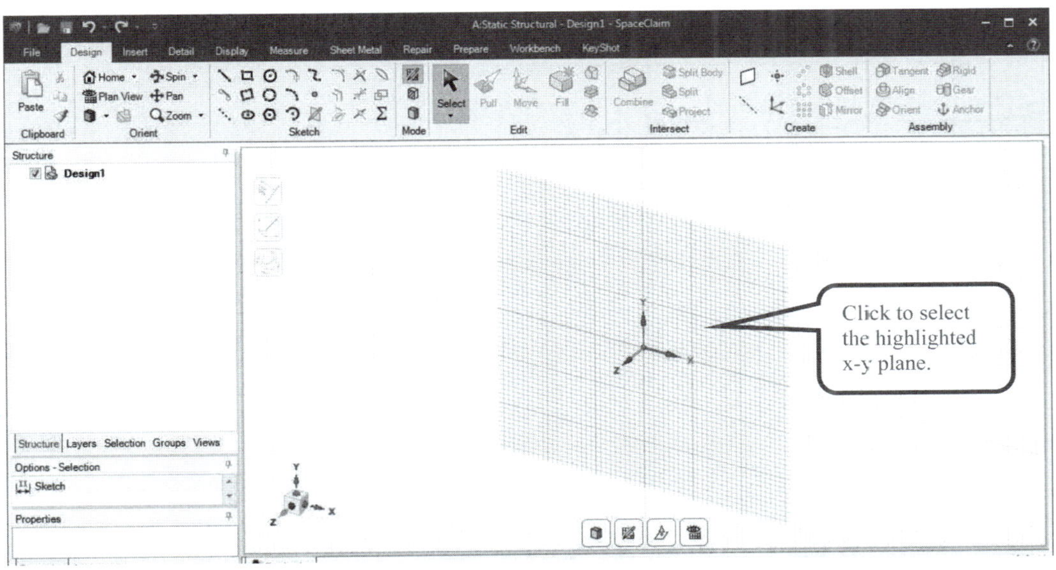

*Plan View*을 클릭하여 정면으로 스케치를 확인한다.

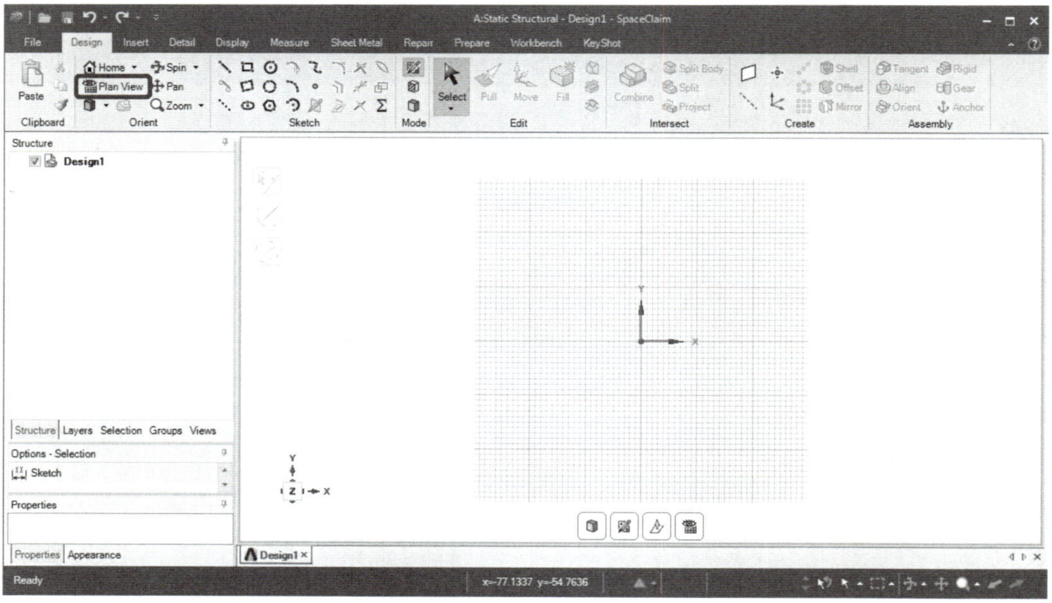

Design 탭에서 *Sketch Mode* 아이콘을 클릭하여 스케치를 시작한다. *Line* 아이콘을 선택하고 선을 그리기 위해 시작점과 끝 점을 클릭한다. 필요하면 *Esc* 키를 눌러 작업을 종료할 수 있다. 아래와 같이 10개의 선을 그린다.

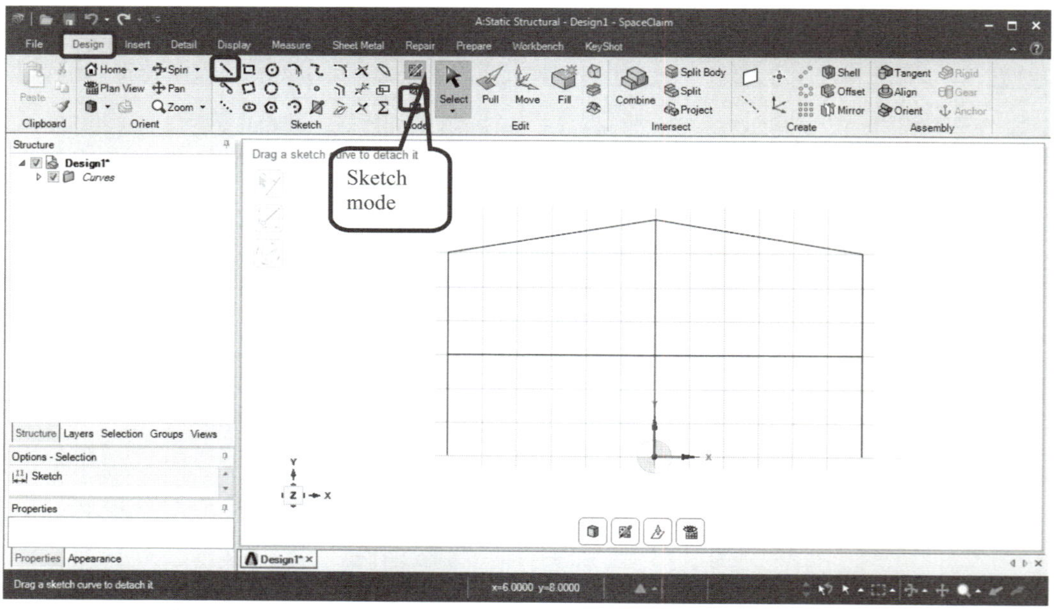

단계 5: Mirror 기능을 이용한 선 그리기

툴바에서 ***Plane*** 아이콘을 클릭하여 면(plane)을 생성한다.

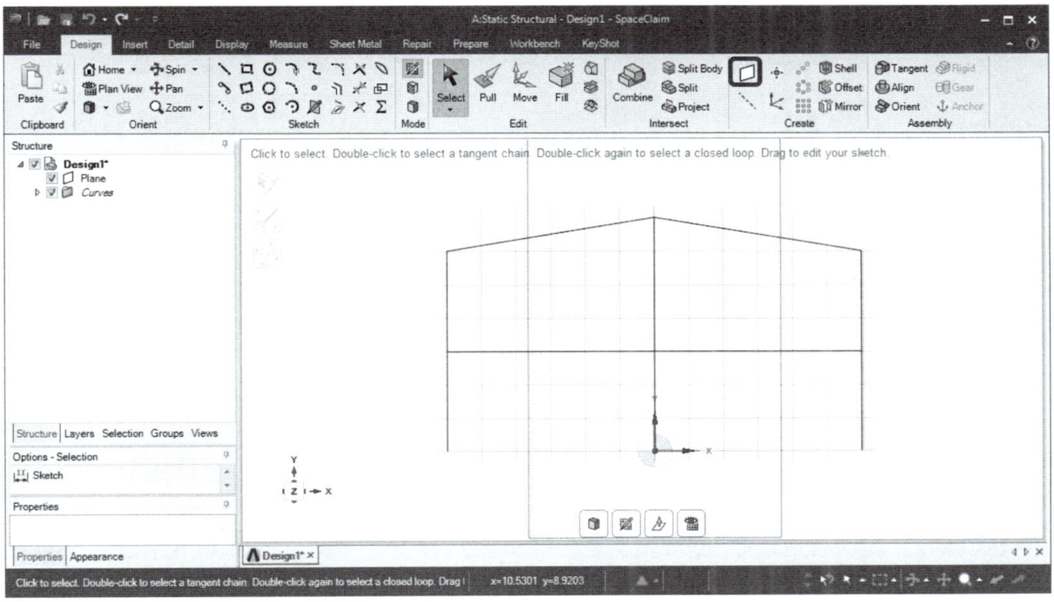

툴바에서 ***Home*** 아이콘을 클릭한다. 3차원 공간에서 작업하기 위해 ***3D*** 모드(mode)를 클릭한 다음, 툴바에서 ***Move***를 클릭한다.

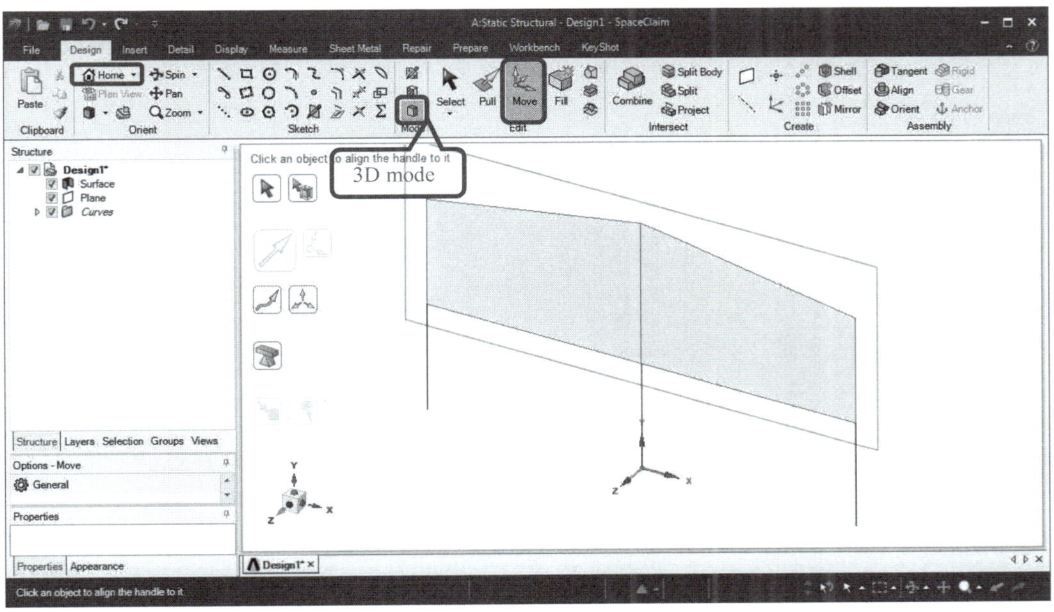

다음으로 좌측 *Structure Tree*에서 *Plane*을 클릭한다.

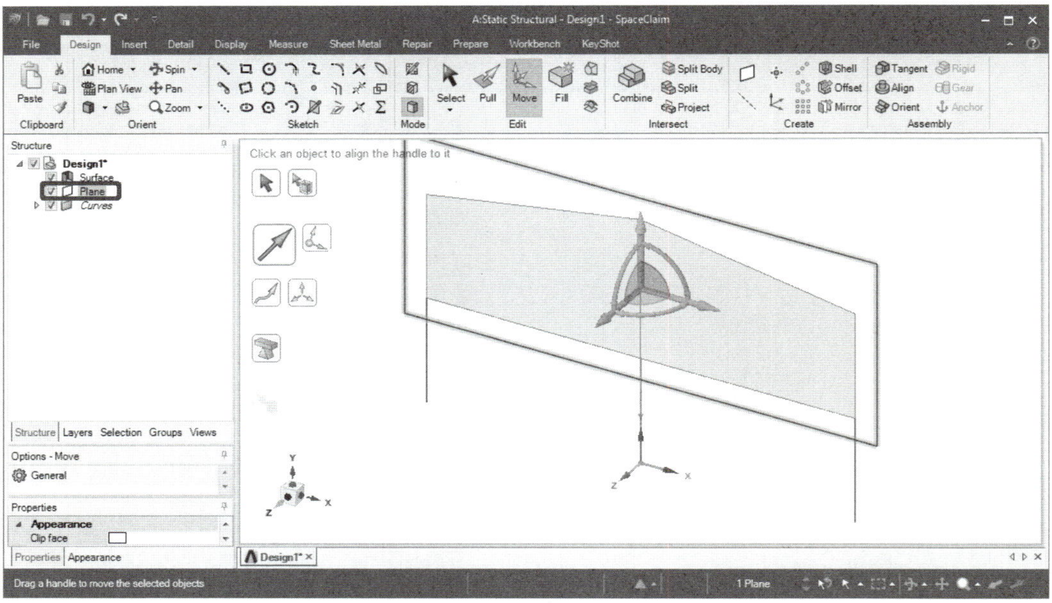

*Graphics Window*에서 선택한 평면과 관련된 *Z-axis*를 클릭하여 강조표시하고 *Z-axis*를 끌어 선택한 평면 뒤로 이동한다. 이동거리에 **3** m 를 입력하고 *Enter*를 누르면 선택한 면이 기존의 위치에서 뒤쪽으로 3 m 이동하게 된다.

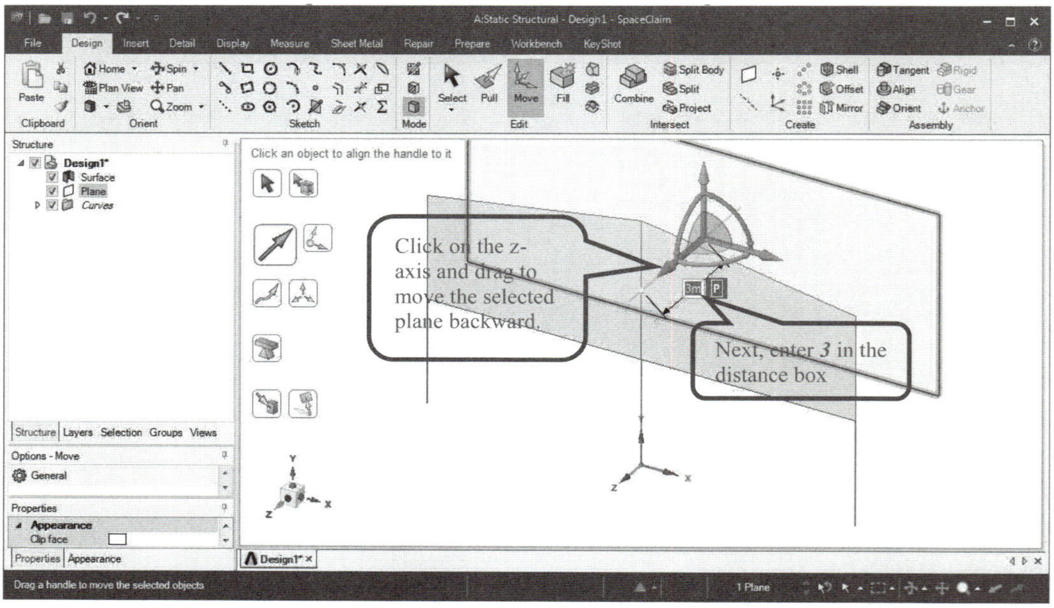

Structure Tree에서 ***Surface***를 마우스 오른쪽 버튼으로 클릭한다. 드롭다운 메뉴에서 ***Edit Sketch***를 선택한다. 참고: ***Edit Sketch***를 선택하면 면 내에서 그려진 선을 유지하면서 불필요하게 생성된 면을 제거하게 된다. 여기서 ***Delete*** 키는 선과 면을 동시에 제거하기 때문에 사용할 수 없다.

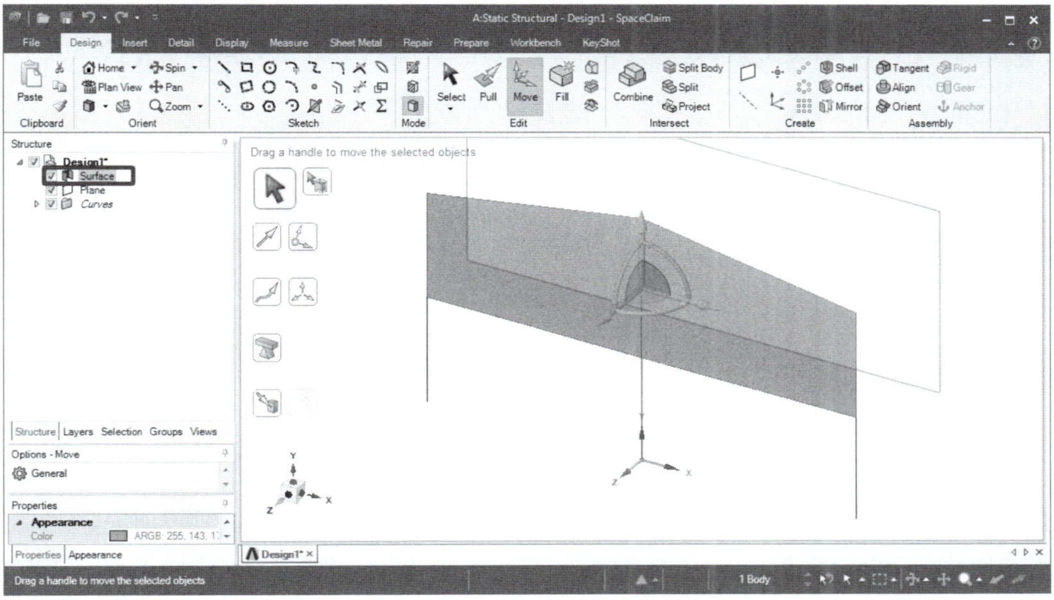

아래 그림과 같이 ***Structure Tree***에서 필요 없는 ***Surface*** 항목이 사라졌다.

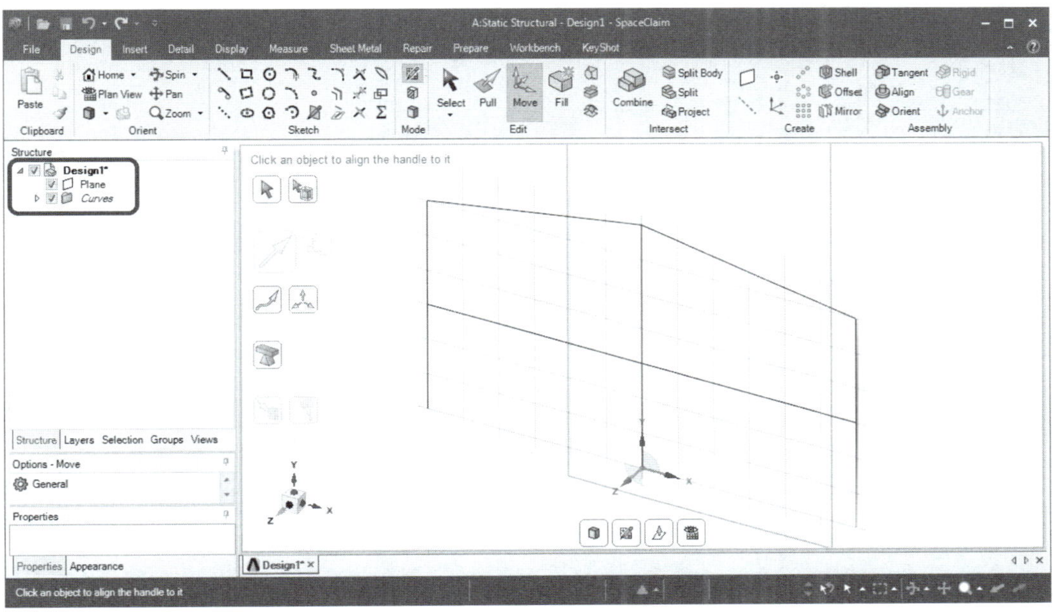

툴바에서 *Mirror*를 클릭하고, *Structure Tree*에서 *Plane*을 클릭하여 선택한다.

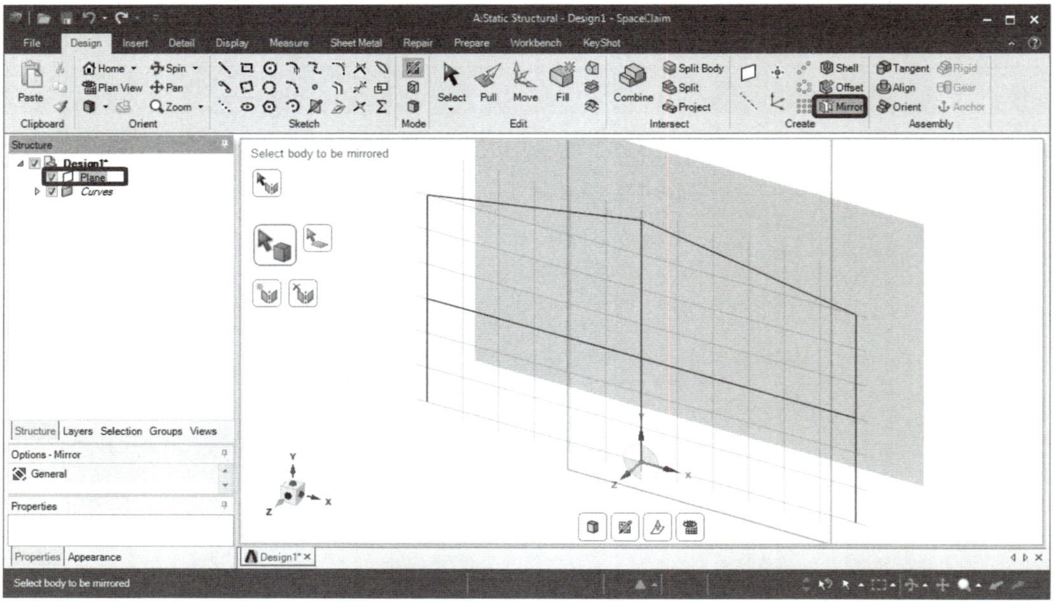

*Graphics Window*에서 아래 초록색으로 강조표시된 10개의 선이 모두 포함되도록 드래그하여 선택한다.

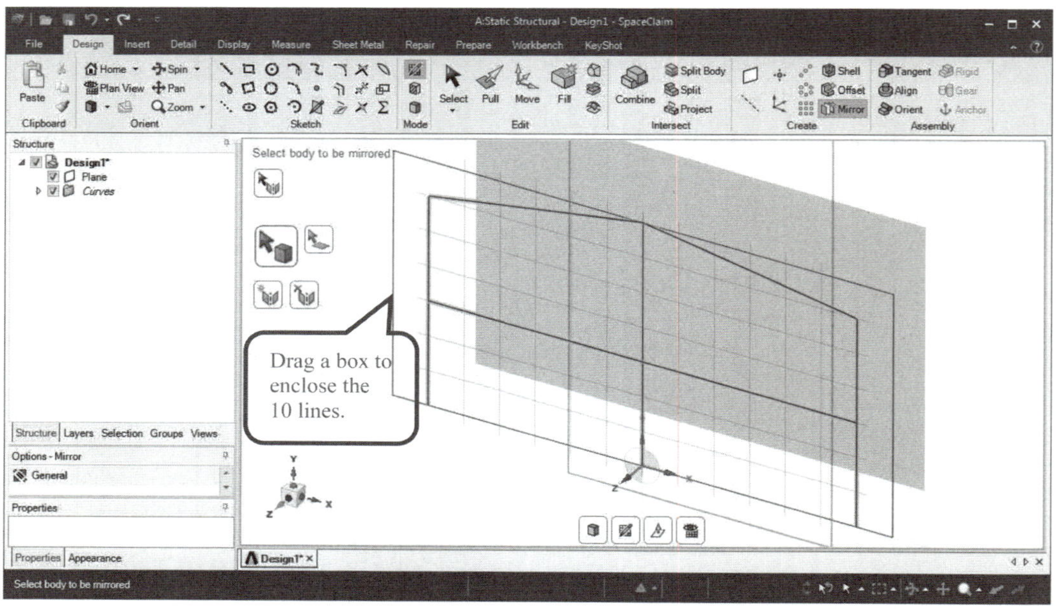

아래의 그림과 같이 10개 선으로 구성된 2D 프레임이 선택된 면에 반대편으로 복사(Mirror) 된 것을 확인할 수 있다.

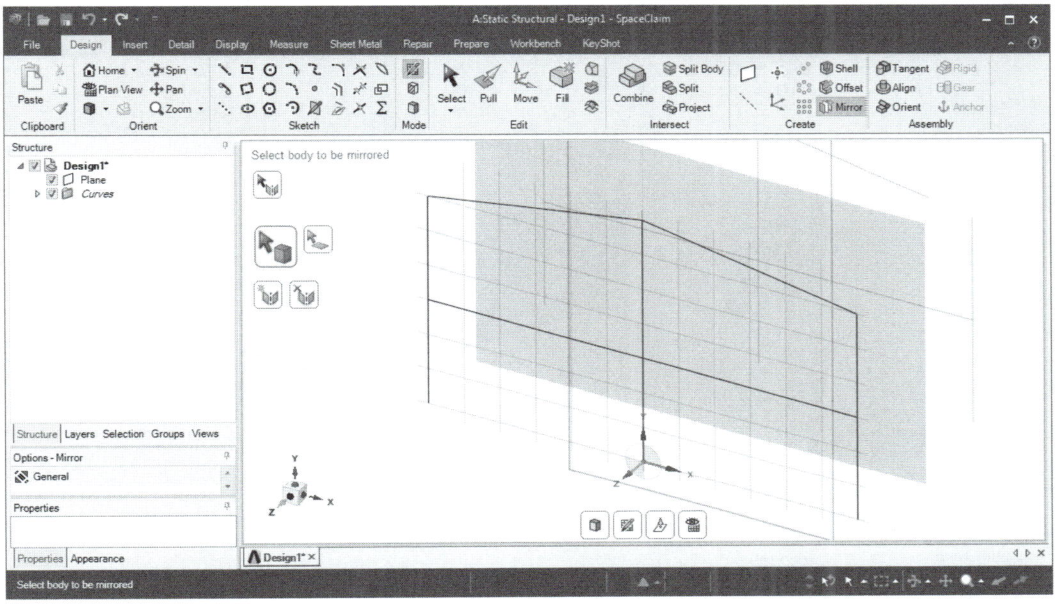

그 다음 *Graphics Window* 에서 *Remove Mirror* 아이콘을 클릭하여 미러 평면(mirror plane)을 제거한다.

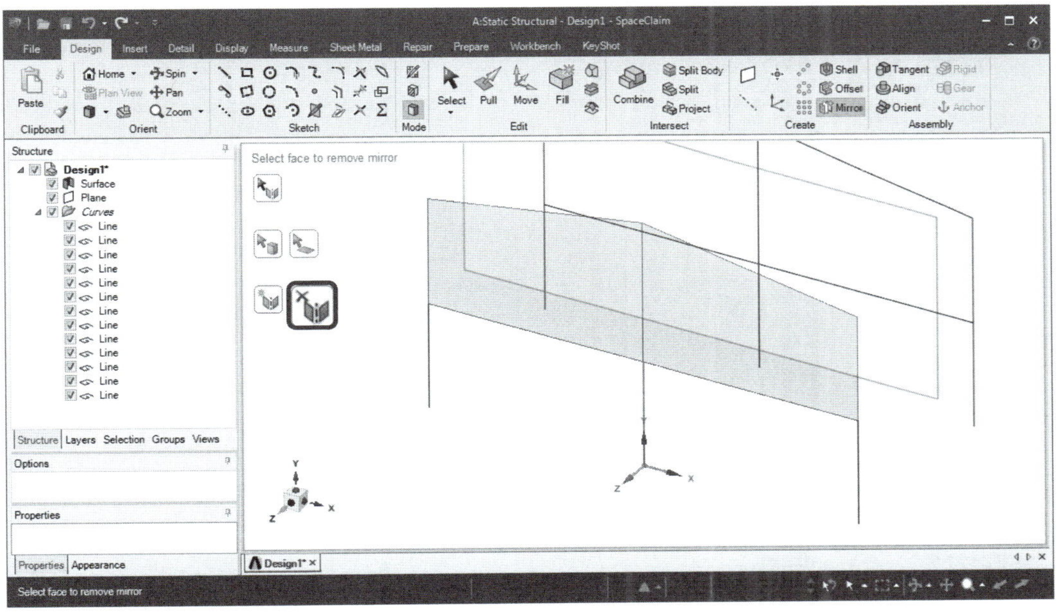

*Structure Tree*에서 *Surface*를 마우스 오른쪽 버튼으로 클릭한다. 드롭다운 메뉴에서 *Edit Sketch*를 선택하여 불필요한 면을 제거한다.

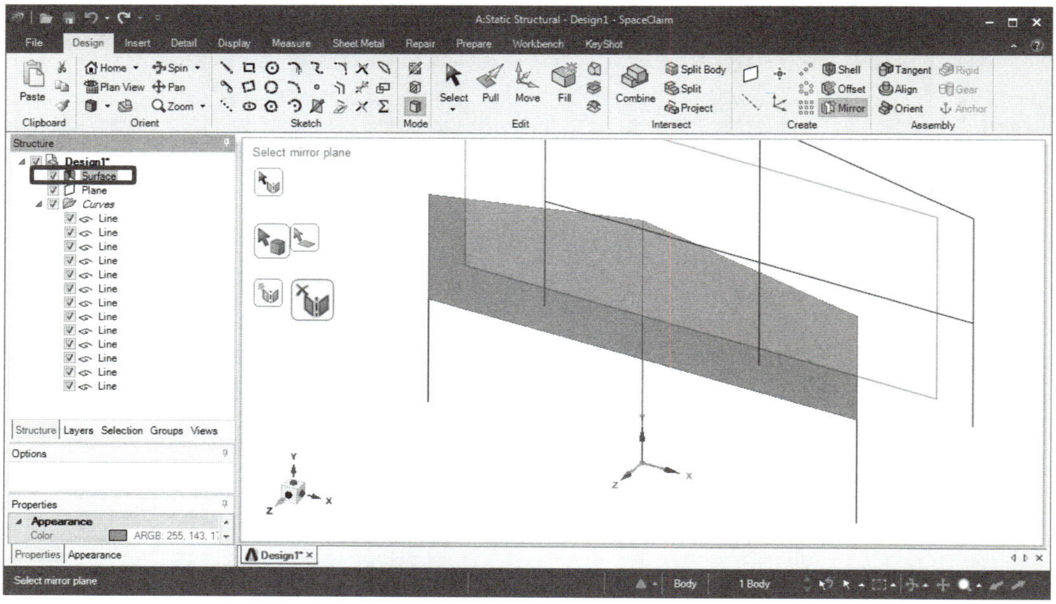

그 다음, *Structure Tree*에서 *Plane*을 체크 해제(uncheck)하여 면을 감춘다. *Home* 아이콘을 클릭하여 생성된 모든 선을 확인한다.

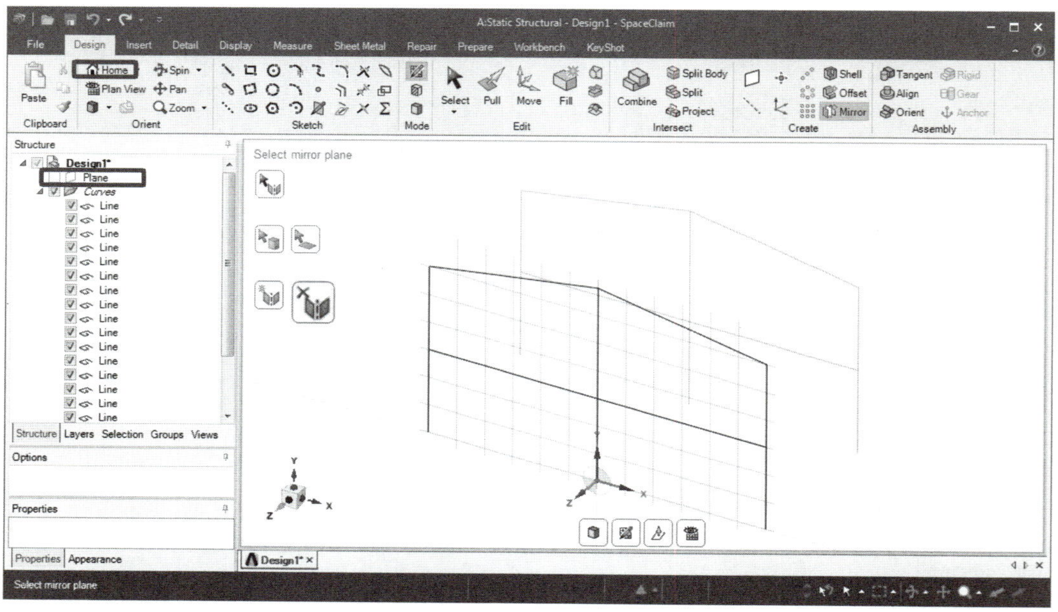

단계 6: 3D 공간에 선 생성

툴바에서 ***Line*** 아이콘을 클릭하고, 3차원 스케치를 위해 ***3D*** mode 아이콘을 클릭한다. 3차원에서 선을 그리기 위해 시작점과 끝점을 연결한다. 선을 다 그린 후 ***Esc***를 눌러 종료한다. 아래 그림과 같이 프레임의 두면을 연결하는 6개의 선을 그린다. ***Structure Tree***에서 ***Surface***를 마우스 오른쪽 버튼을 클릭한 다음 ***Edit Sketch***를 선택하여 불필요한 면을 제거한다.

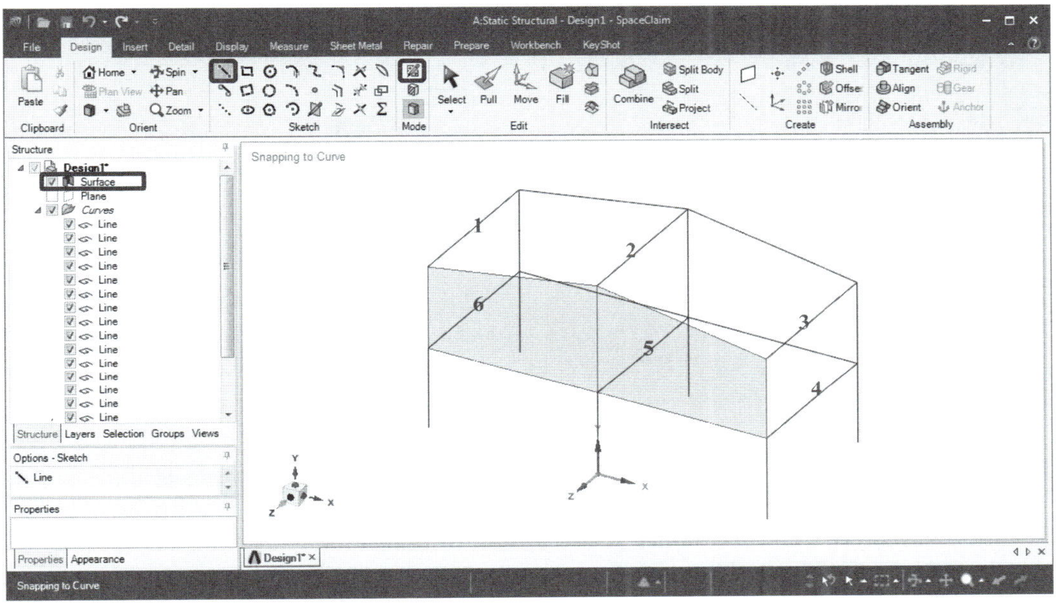

최종적으로 다음과 같이 ***Structure Tree***의 ***Curves*** 항목에 26개의 선이 생성된다.

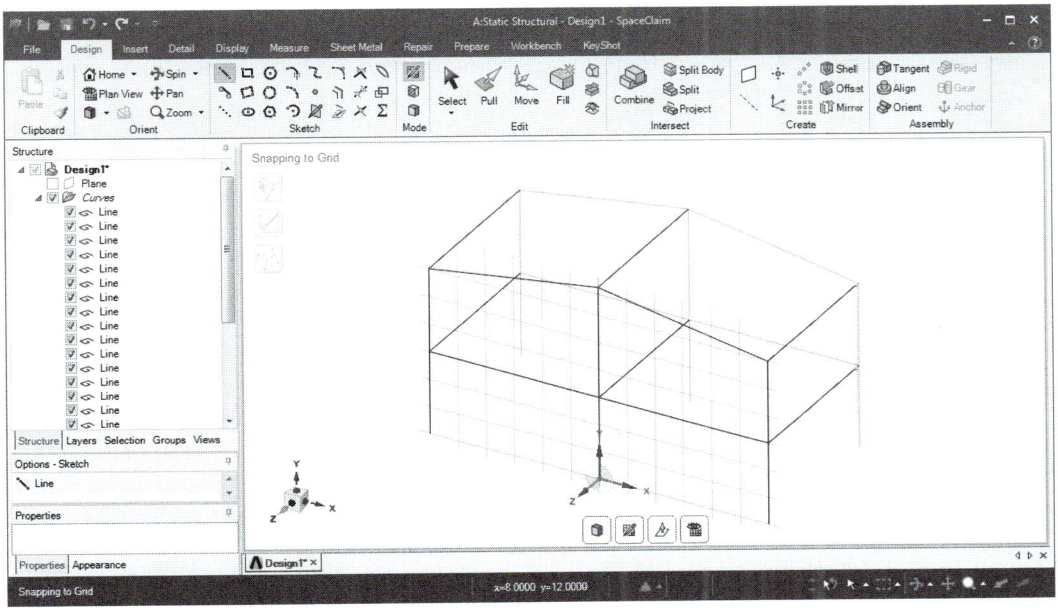

단계 7: 단면 생성하기

Prepare 탭에서 ***Profiles***을 클릭하고 ***New Profile Library***에서 ***I beam*** 아이콘을 클릭한다.

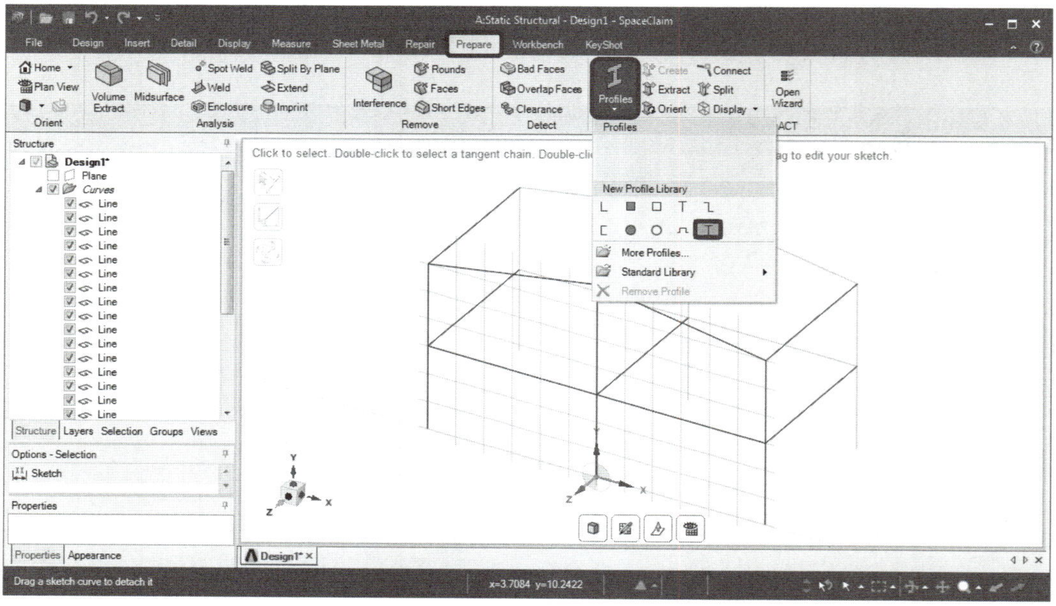

좌측 ***Structure Tree***에 ***Beam Profiles*** 폴더가 추가되었고, ***Beam Profiles*** 폴더 하부의 ***I*** 를 마우스 오른쪽 버튼으로 클릭한 다음 ***Edit Beam Profile***를 선택한다.

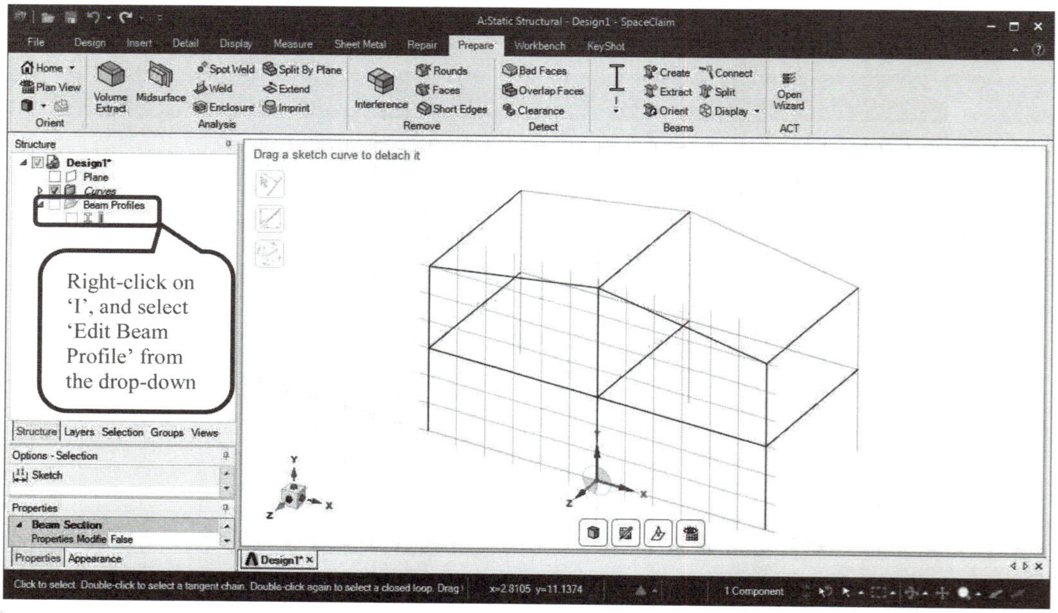

다음에 나타나는 ***Driving Dimensions*** 폴더에서 ***W1*** 을 클릭하여 ***Ruler dimension***을 불러온다. 기본 ***Ruler dimension***을 클릭하여 값을 ***0.1715 m*** 으로 변경한다. 마찬가지로 ***W2***, ***W3***, ***t1***, ***t2*** 와 ***t3*** 에 대해서 ***Ruler dimension*** 값을 각각 ***0.1715 m*** (***W2***), ***0.3556 m*** (***W3***), ***0.0073 m*** (***t1, t2***), ***0.0115 m*** (***t3***) 으로 변경한다. ***SYS*** 탭을 닫고 ***Graphics Window***로 돌아간다.

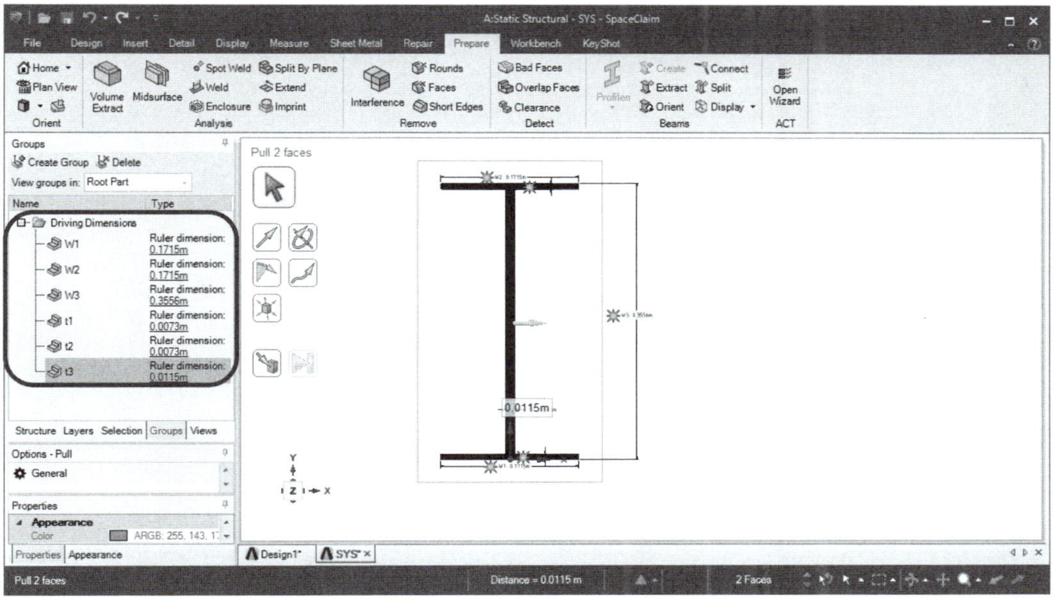

단계 8: 선 형상에 횡단면(cross section) 할당

Design 탭에서 ***Select***를 클릭하고, ***Structure Tree***에서 ***Curves*** 폴더 하부의 26개 선을 선택한다. 모든 선을 선택하기 위해 트리에서 첫번째 선을 선택하고 ***Shift*** 키를 누른 다음 마지막 선(***Line***)을 선택한다. 선택된 선들은 아래 그림과 같이 노란색으로 강조표시되어 나타난다.

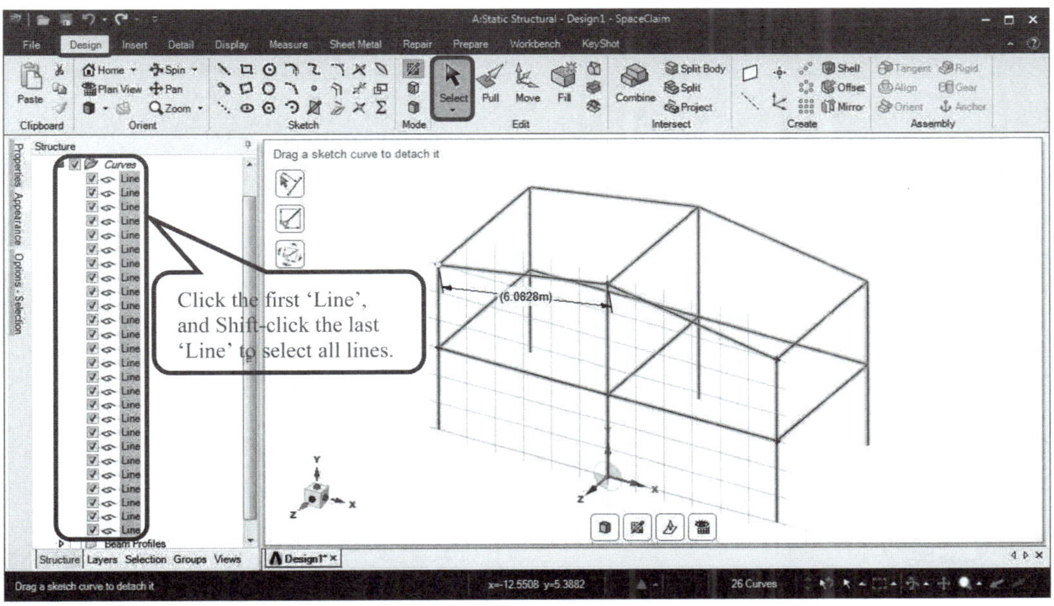

Prepare 탭에서 *Create*를 클릭하여 선택된 선들로부터 정의된 단면 정보를 갖는 빔을 생성한다. *Curves* 폴더가 *Beams* 폴더로 변경되게 되며 *Beams* 폴더는 아래와 같이 26개의 *Beams (I-beam)*이 포함된다.

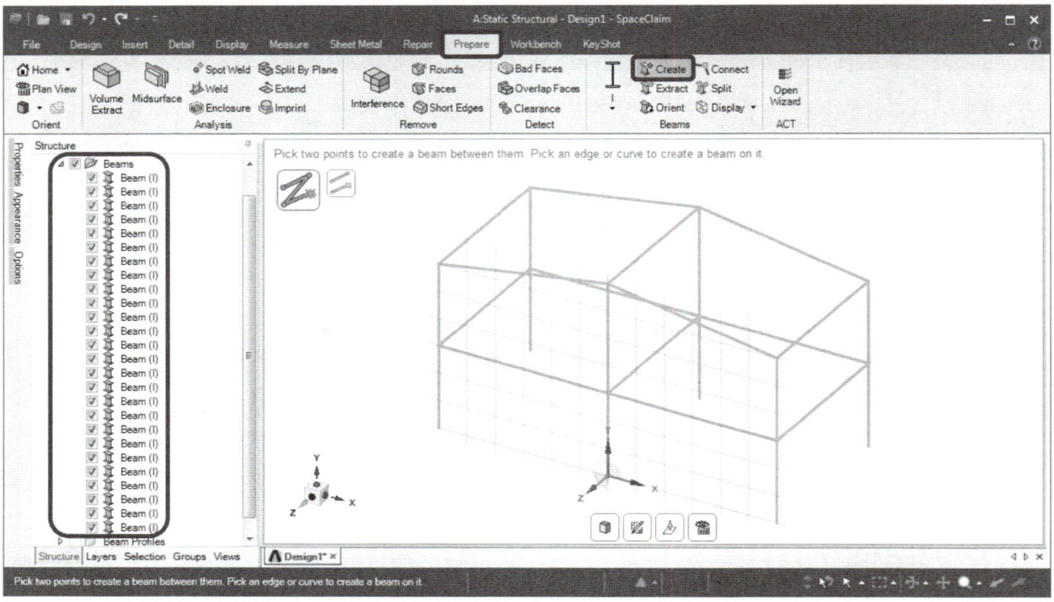

단계 9: 빔을 새 구성요소(New Component)로 변경하기

Design 탭에서 *Select*를 클릭하고, *Structure Tree*에서 26개의 빔(*Beam*)을 선택한다. 모든 빔을 선택하기 위해 처음 빔을 클릭하고, *Shift* 키를 누른 다음 마지막 빔을 클릭한다. 선택된 빔이 아래 그림과 같이 노란색으로 강조 표시된다.

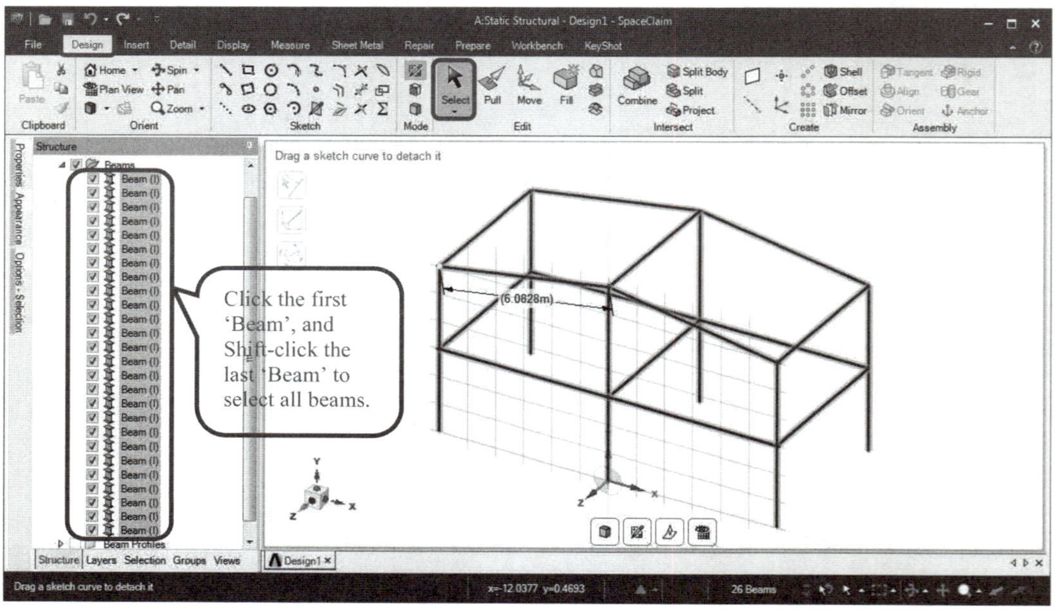

위 그림의 ***Structure Tree***에서 강조표시된 빔들에 대해 마우스 오른쪽 버튼으로 클릭한 다음 메뉴에서 ***Move to New Component***를 실행한다. 26개의 빔을 포함한 ***Component1*** 이 ***Structure Tree***에 생성된다.

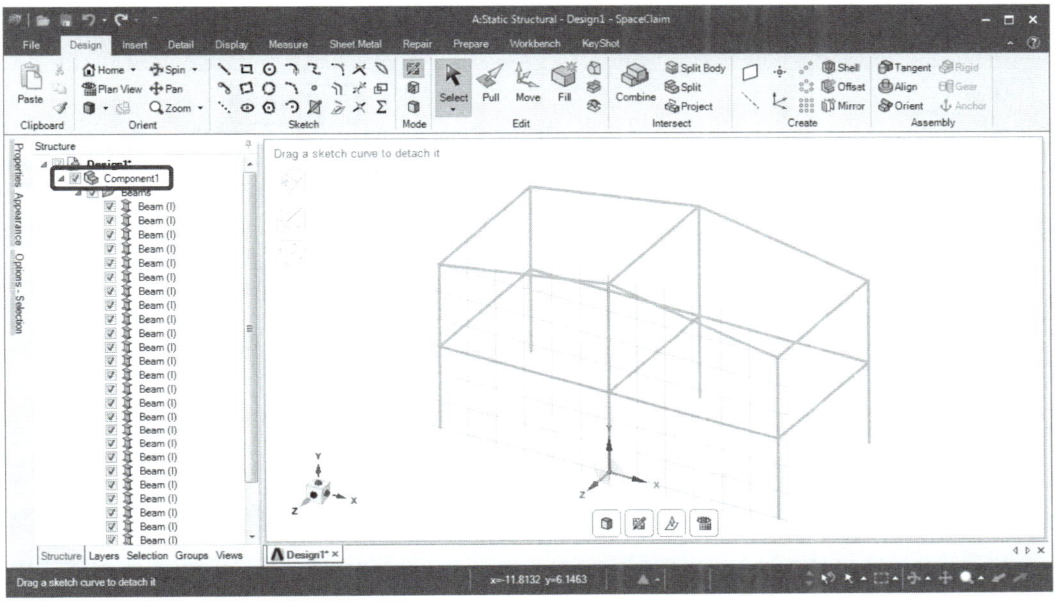

다음, ***Structure Tree***에서 ***Component1***을 클릭하고 왼쪽 하단 ***Properties*** 메뉴에서 ***Share Topology***를 ***Merge***로 변경한다.

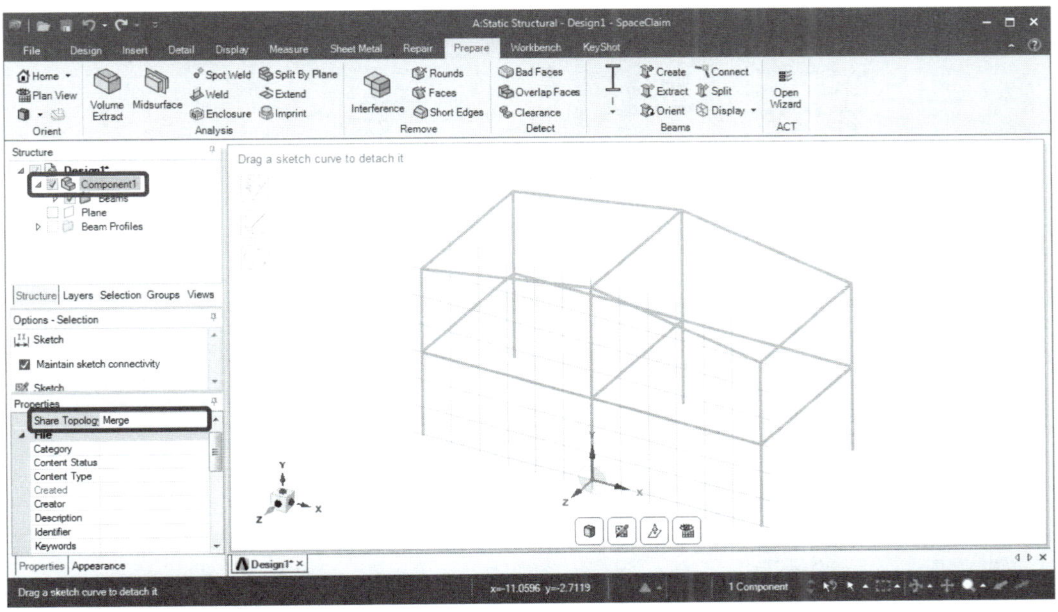

Prepare 탭에서 ***Display***를 클릭하고 ***Solid Beams***을 클릭하면 빔 형상과 방향을 확인할 수 있다.

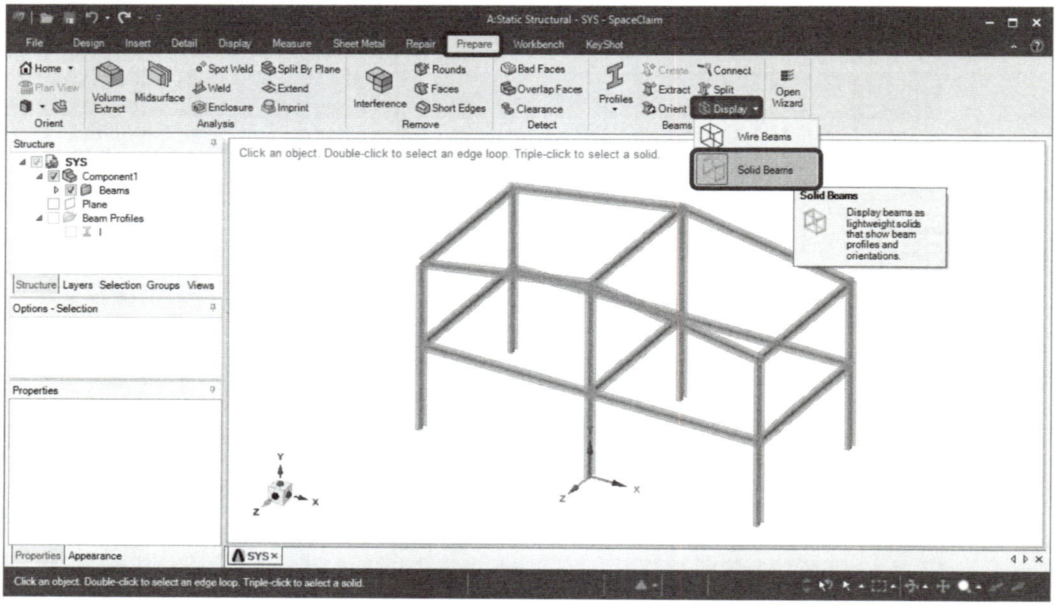

8개의 빔이 H−beam 형태로 배치되었다. 이 것을 수정하기 위해서 ***Prepare*** 탭에서 ***Orient***를 클릭하고 ***Ctrl-click***으로 수정해야 하는 8개의 빔을 선택한다. 다른 방법으로는, ***Structure Tree***의 ***Component1***에서 8개 빔을 ***Ctrl-click***하여 선택할 수 있다. 하단 우측의 ***Properties*** 패널에서, ***Orientation***에 ***90***을 입력하여 빔을 중립축에서 90도 회전시킨다.

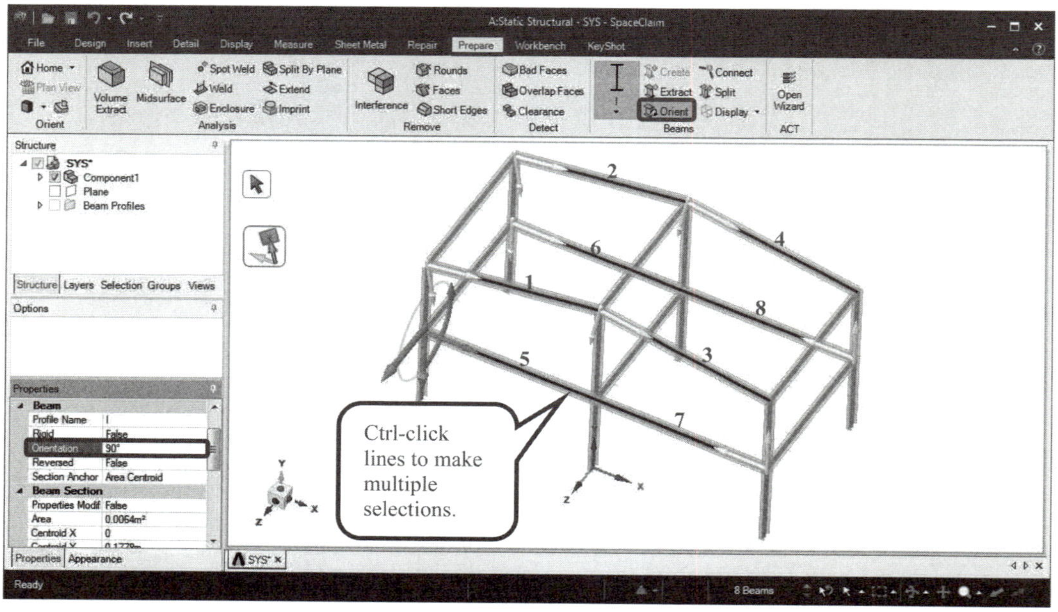

단면 배치가 최종 수정된 프레임을 아래 그림에 나타내었으며, 이제 모든 I-빔이 강축구성(strong-axis configuration)이 되어 있다. 이 작업을 통해 프레임 구조의 형상 생성을 완료하였다. 프로젝트를 저장하고 ***SpaceClaim***을 종료한다.

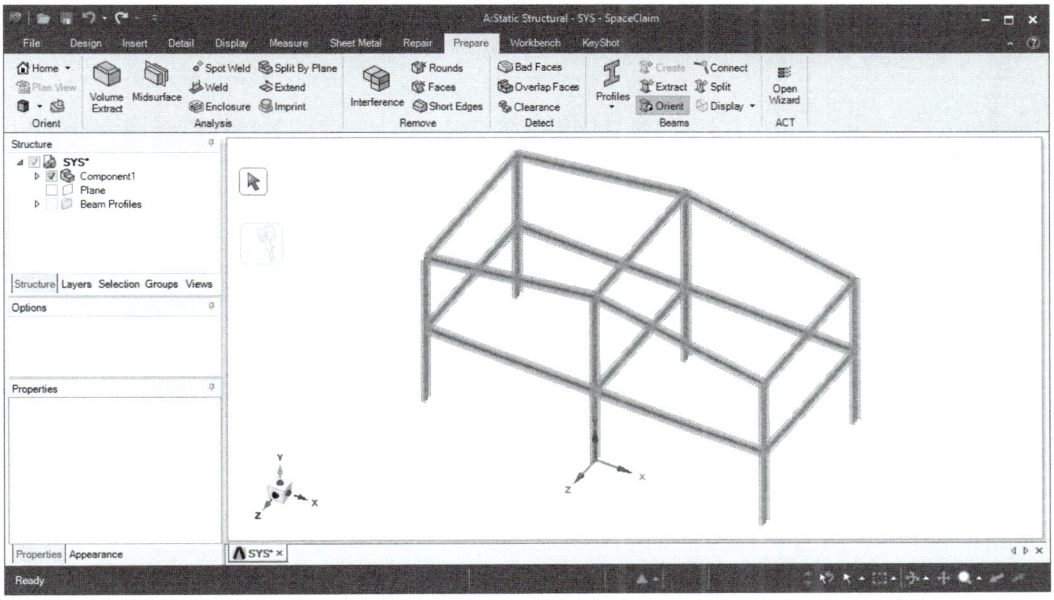

단계 10: *Static Structural (ANSYS)* 프로그램 실행

Model 셀(cell)을 더블클릭하여 정적 해석을 위한 ***Static Structural*** 프로그램을 실행한다. ***Details of "Beam1"*** 메뉴에서 재질이 ***Structural Steel*** 로 정의되어 있는 것을 확인한다.

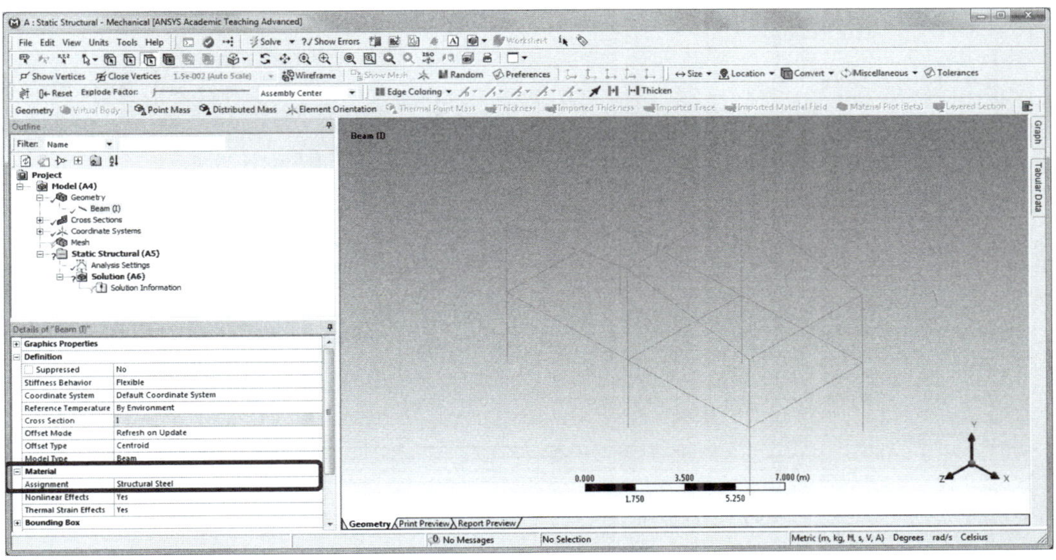

단계 11: 격자 생성

Details of "Mesh" 메뉴에서, ***Element Size***에 격자 크기인 ***'0.2'***를 입력한다. ***Project Outline***에서 ***Mesh*** 메뉴를 마우스 오른쪽 버튼으로 클릭하여 ***Generate Mesh*** 를 선택한다.

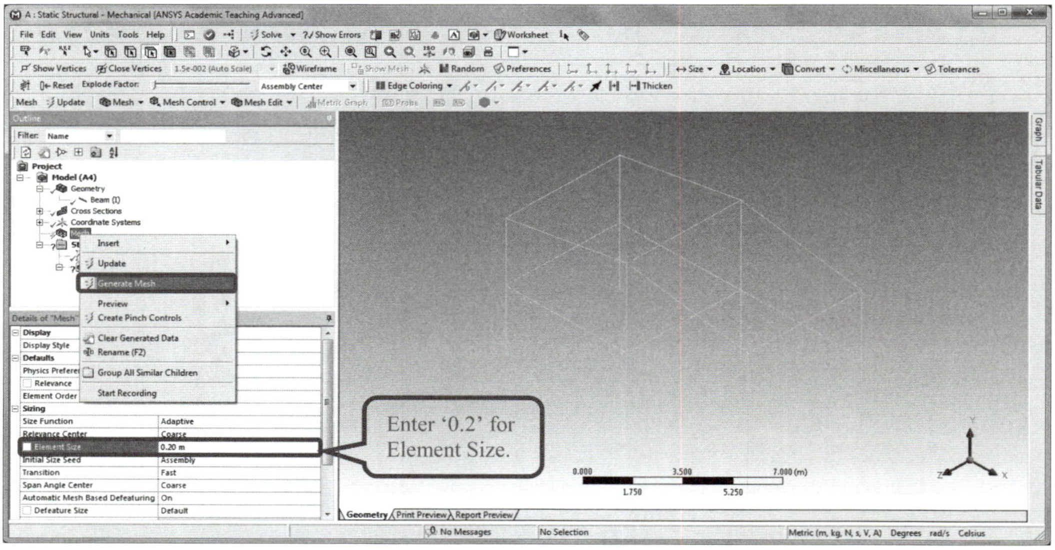

격자 생성이 종료되면, 구조 격자가 나타난다. ***Graphics Window***의 ***View*** 드롭다운 메뉴에서 ***Ruler***를 선택 해제하여 ***Graphics Window***에 표시된 크기 표시를 없앨 수 있다.

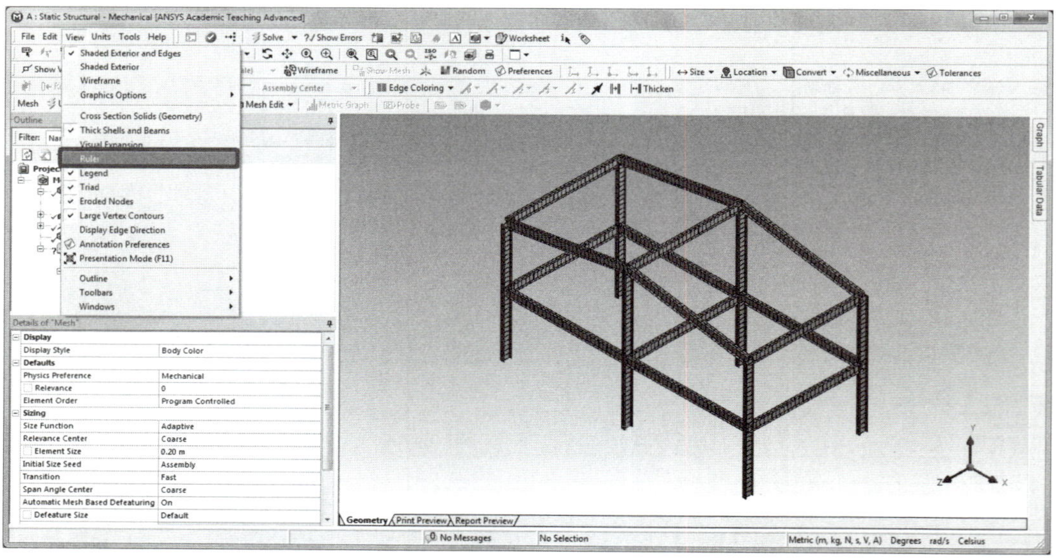

단계 12: 경계 조건의 적용

Project 완료 후 *Outline* 의 *Static Structural (A5)* 메뉴를 마우스 오른쪽 버튼으로 클릭하고 *Insert* 를 선택하고 *Fixed Support* 를 클릭한다. *Static Structural (A5)* 아래에 *Fixed Support* 항목이 추가된다.

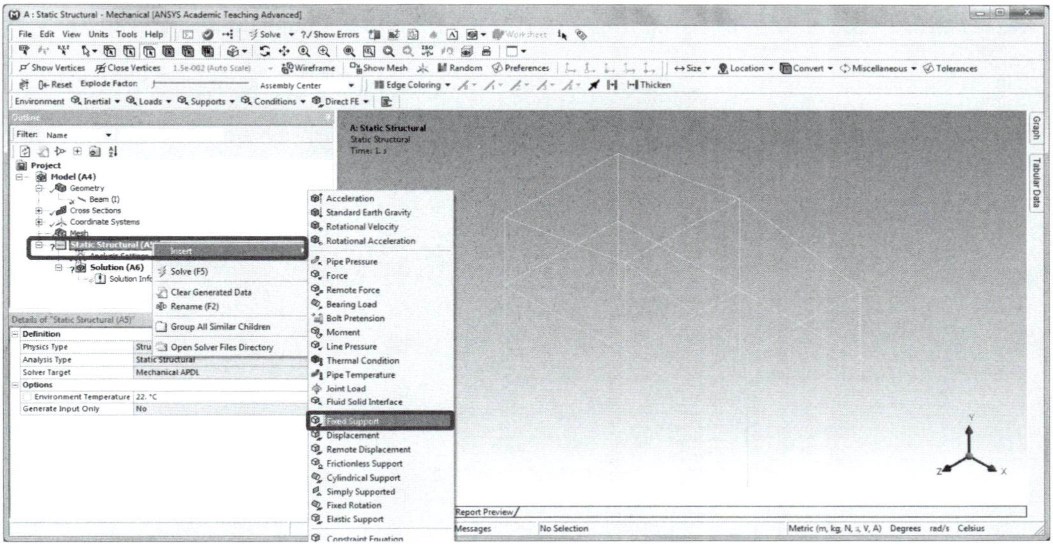

Graphics Window 에서 아래에 보여진 6개의 점을 선택한다. *Details of "Fixed Support"* 의 *Geometry* 선택에서 *Apply* 를 눌러 선택을 완료한다. 이 작업으로 *Fixed Support* 경계조건이 선택한 6개의 점에 부가된다.

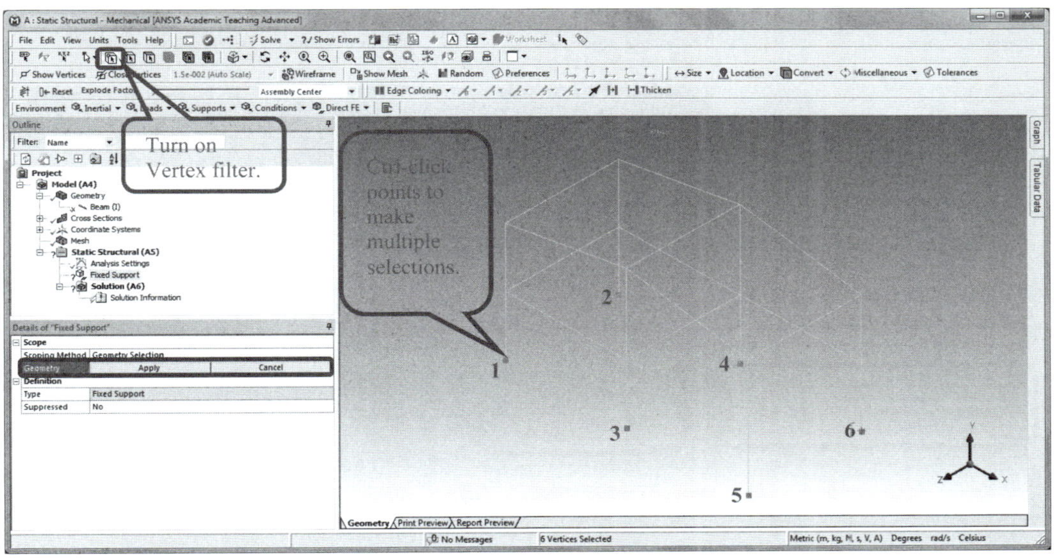

단계 13: 하중의 적용

Project 의 *Outline* 에서, *Static Structural (A5)*을 마우스 오른쪽 버튼으로 클릭하고 *Insert* 선택 및 *Line Pressure*를 클릭하여 하중을 부가한다.

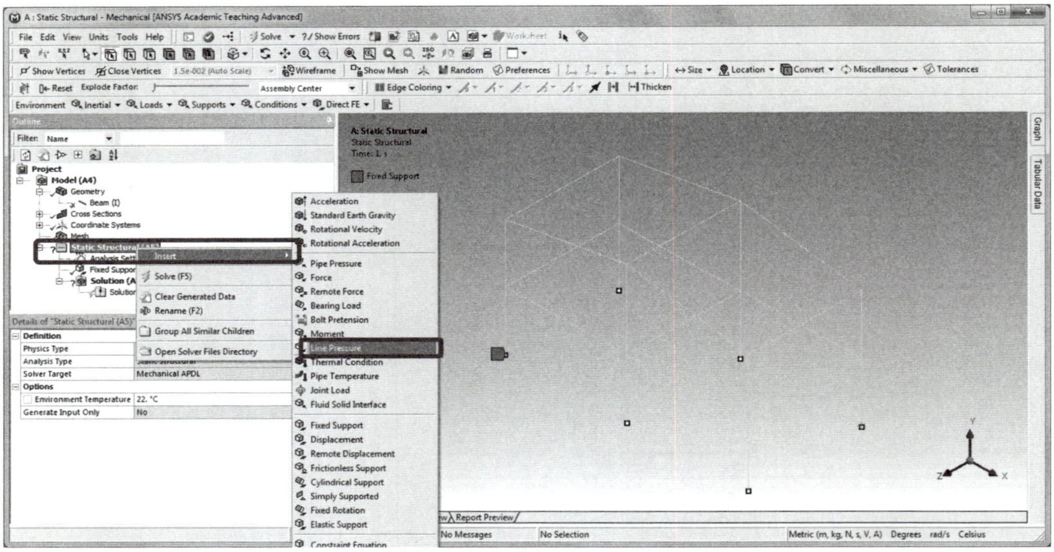

Graphics Window 창에 빨간색으로 나타난 7개의 선을 Ctrl−click하여 선택한다. *Details of "Line Pressure"*의 *Geometry* 항목에서 *Apply*를 클릭하여 적용한다. *Define By* 항목을 *Components*로 변경하고 *Y Component*에 *'-50000'*을 입력한다. *Graphics Window*에 빨간색 화살표가 나타난 것을 확인할 수 있다.

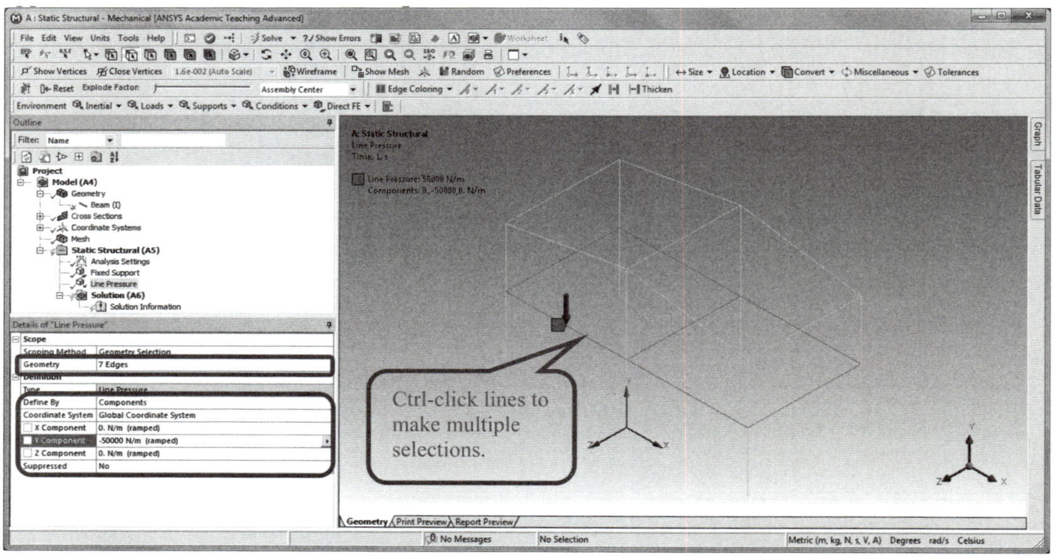

대체 가능한 방법

Outline 트리의 *Line Pressure* 항목을 복사해서 *Static Structural (A5)* 아래에 여러 번 사용할 수 있다. 복사하기 위해서, *Line Pressure*를 마우스 오른쪽 버튼으로 클릭하고 메뉴에서 *Copy*를 선택한다. 붙여넣기 위해서 *Static Structural (A5)*을 마우스 오른쪽 버튼으로 클릭하고 *Paste*를 선택한다. 새롭게 복사된 *Line Pressure* 항목에 *Details of "Line Pressure"* 아래의 *Geometry* 선택에 7개의 모든 모서리에 동일한 하중을 적용해야 하는 것에 유의해야 한다.

단계 14: 해를 구하기

Outline 트리에서 *Solution (A6)*을 마우스 오른쪽 버튼으로 클릭하여 *Total Deformation* 항목을 삽입한다.

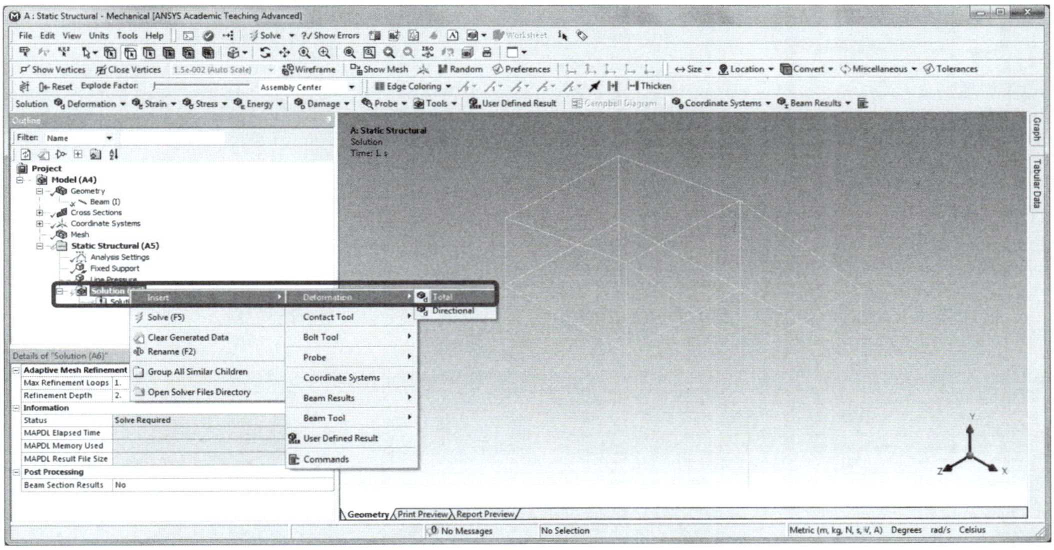

Outline 트리에서 *Solution (A6)*을 마우스 오른쪽 버튼으로 클릭하고 *Beam Tool* 항목을 삽입한다.

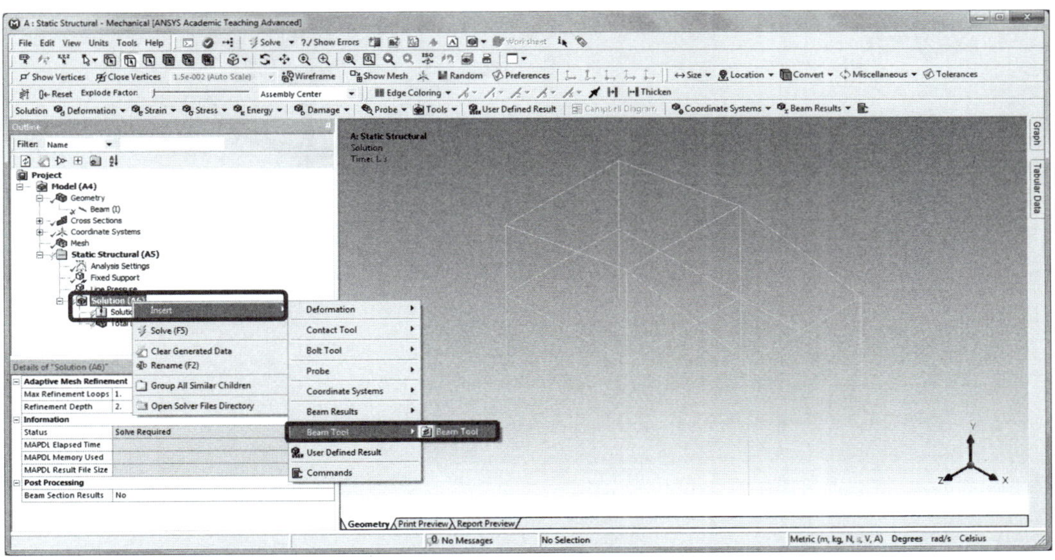

Outline 트리에서 *Solution (A6)*을 마우스 오른쪽 버튼으로 클릭하고 *Solve*를 선택하면 프로그램이 모델을 해석하게 된다.

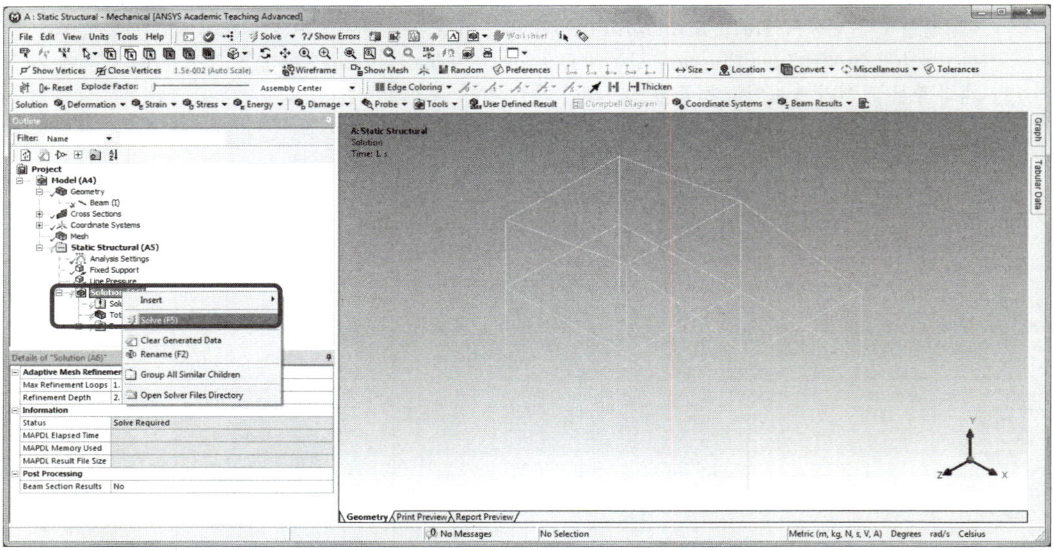

완료 후 *Outline* 트리에서 *Total Deformation*을 클릭하여 변위 결과를 확인한다.

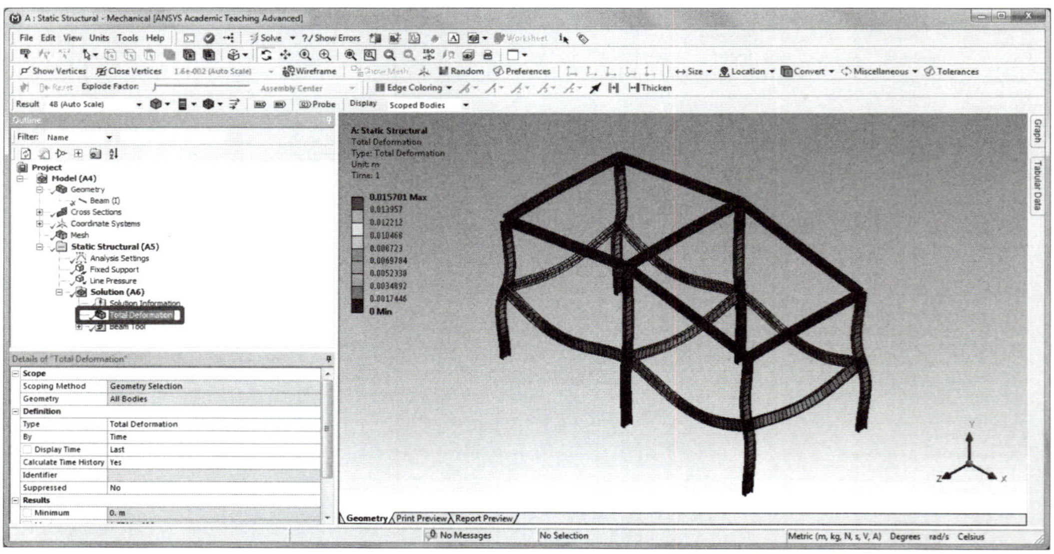

Outline 트리의 *Beam Tool* 아래 *Direct Stress*를 클릭하여 축방향 응력을 확인한다.

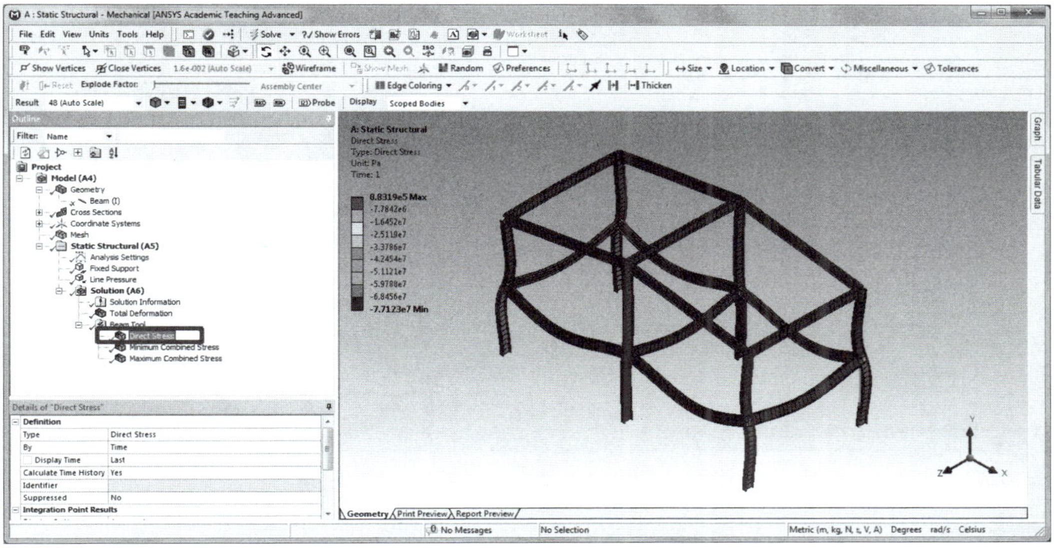

*Beam Tool*의 *Minimum Combined Stress*를 클릭하여 *Direct Stress*와 *Minimum Bending Stress*가 조합된 응력을 확인한다.

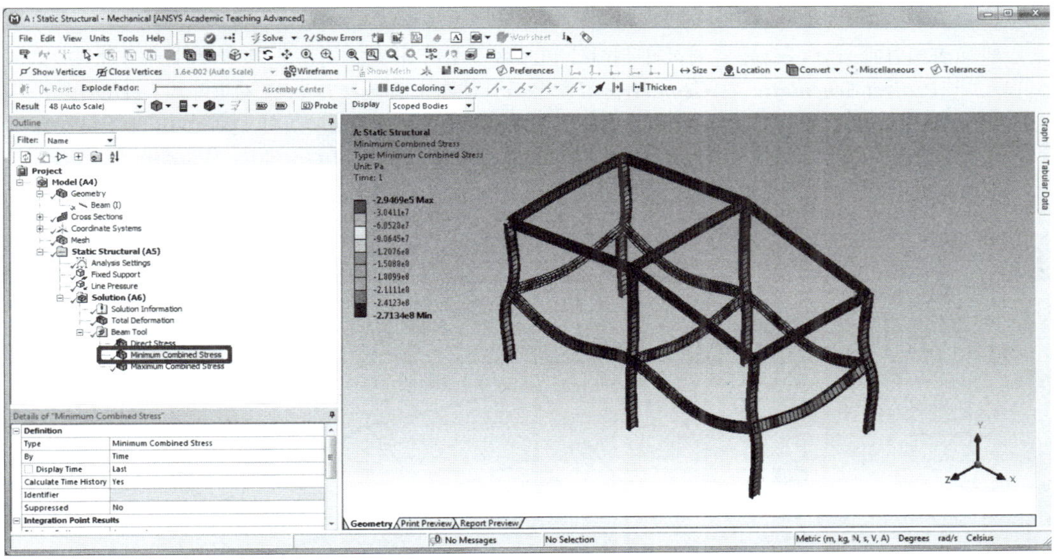

*Beam Tool*의 *Maximum Combined Stress*를 클릭하여 *Direct Stress*과 *Maximum Bending Stress*가 조합된 응력을 확인한다.

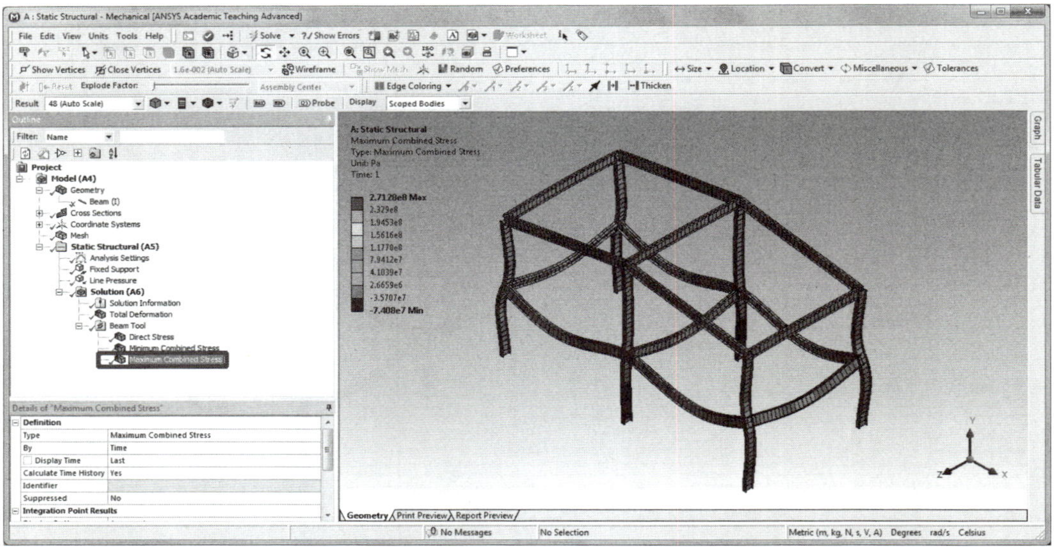

Static Structural 프로그램을 종료한다. 프로젝트를 저장하고 *ANSYS Workbench*를 종료한다.

모델링 팁

빌딩 프레임에 데크 구조를 추가하기 위해서 면으로 구성된 구조를 기존 구조 모델에 추가할 수 있다. *Project Schematic* 의 *Geometry* 셀을 더블클릭하여 *SpaceClaim*을 시작하고 *Design* 탭의 *Select*를 클릭한다. 다음으로 아래 그림과 같이 4개의 빔을 *Ctrl-click* 하여 선택한다. 좌측 하단에 있는 *Properties* 패널에서 *Appearance Layout*을 *True*로 변경하고 *Graphics Window* 에 *Check Mark* 아이콘을 클릭하여 면을 생성한다.

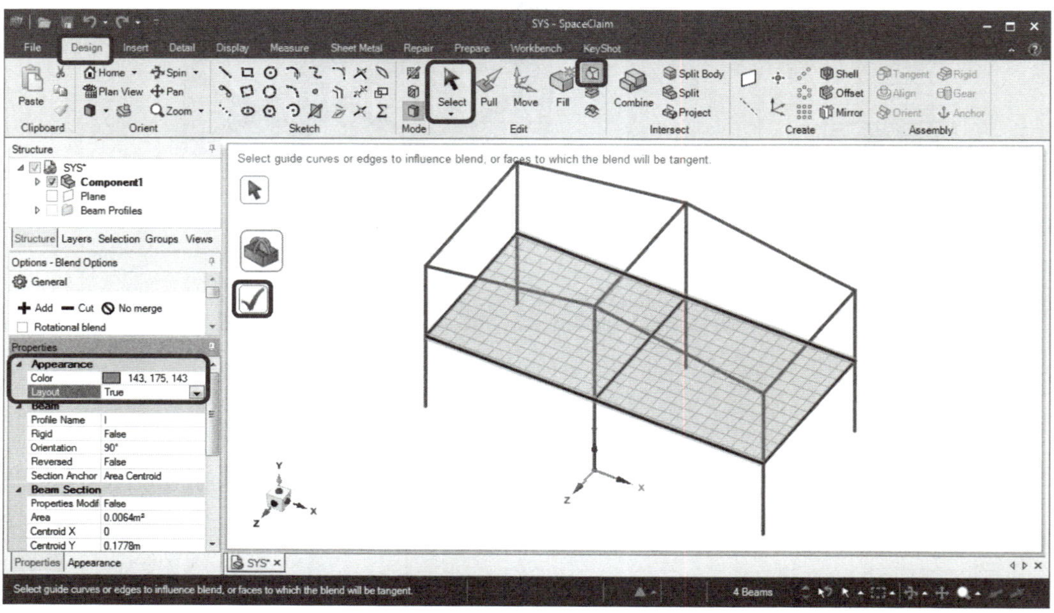

Structure Tree 의 ***Component1*** 아래 ***Surface***를 클릭하고, 좌측 하단 ***Properties*** 패널에서 ***Midsurface Thickness***에 ***0.05***를 입력한다. 이렇게 하면 두께 0.05 m 인 면구조가 생성된다.

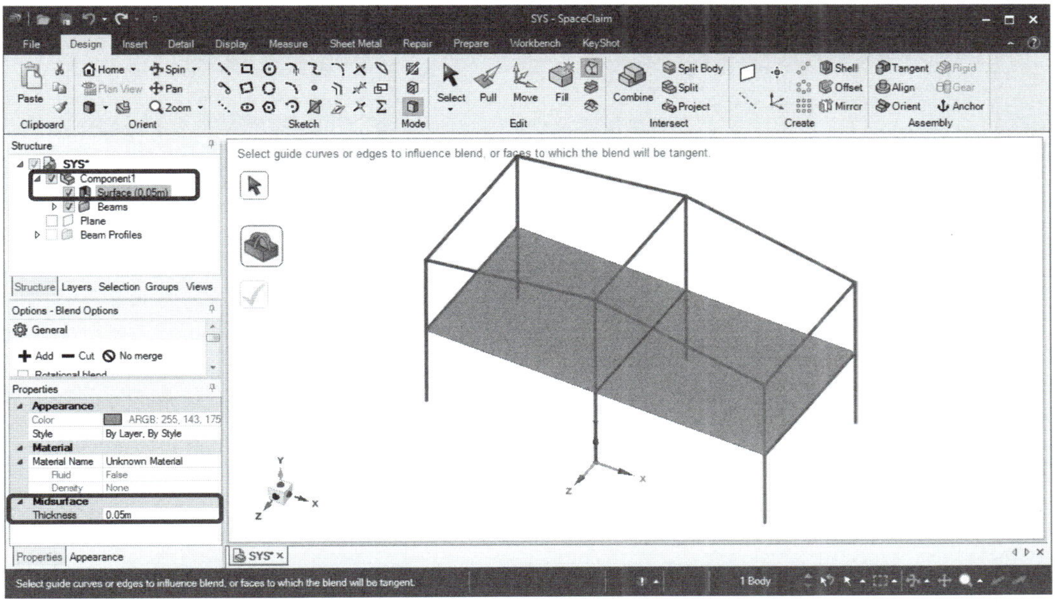

SpaceClaim을 종료하고 ***Static Structural*** 프로그램을 시작한다. ***Project Outline Tree*** 에서 ***Mesh***를 마우스 오른쪽 버튼으로 클릭하고 ***Generate Mesh***를 실행한다. 모델에 다음과 같이 격자가 생성된다.

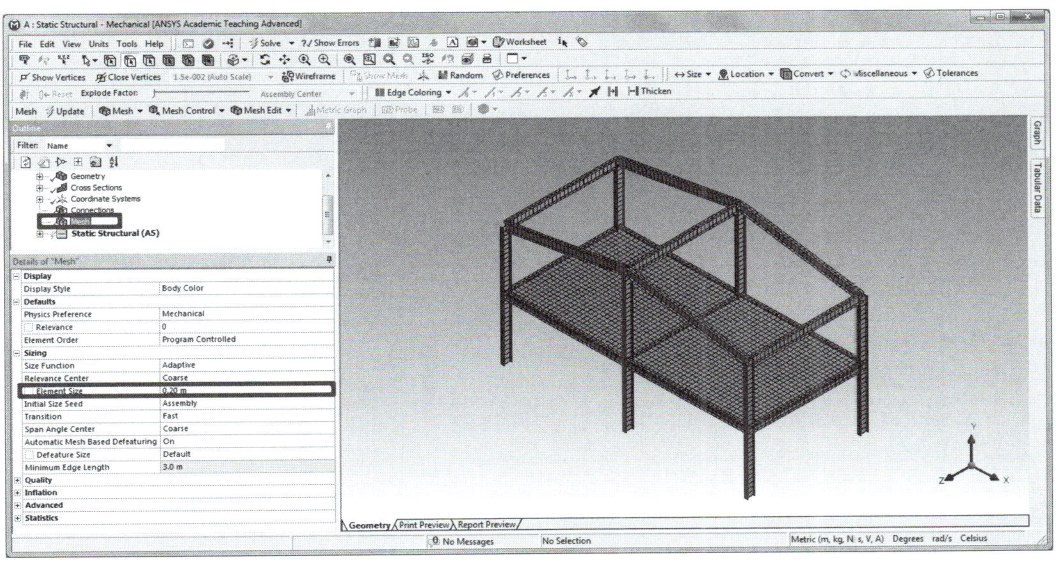

아래 그림과 같이 7개의 모서리 선(edge)에 선압력을 재할당하고 프레임의 바닥에 있는 6개 점에 ***Fixed Support*** 경계조건을 부가한다.

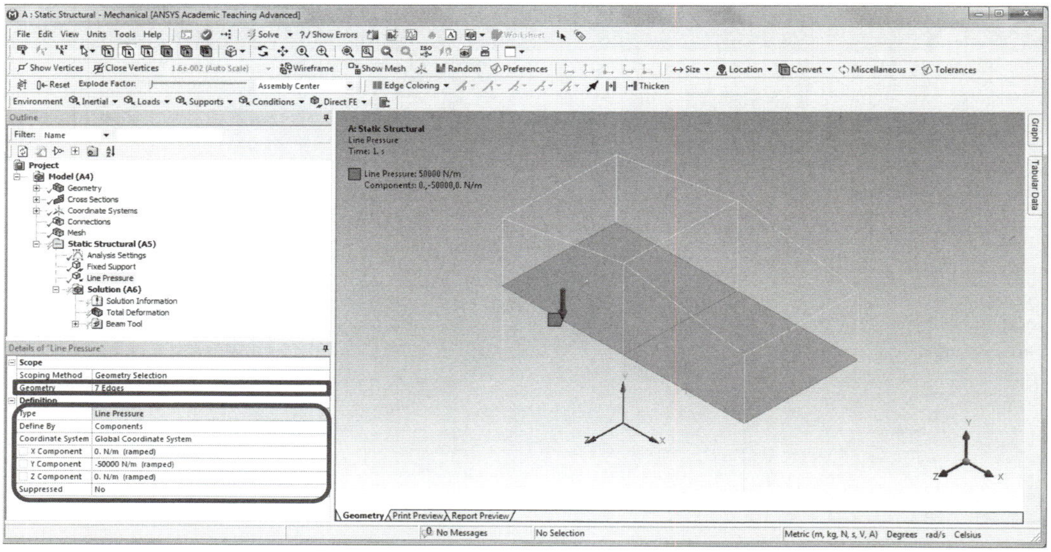

Project Outline Tree 의 ***Solution*** 을 마우스 오른쪽 버튼으로 클릭하고 ***Solve***를 클릭한다. 완료되면 ***Outline***의 ***Total Deformation***을 클릭하여 변위 결과를 검토한다. 데크면을 고려하지 않은 결과와 데크면을 고려한 새 해석결과를 비교하면 0.05 m 두께의 데크면의 생성으로 인해 약 12.5%의 최대 변위 감소가 있는 것을 확인할 수 있다.

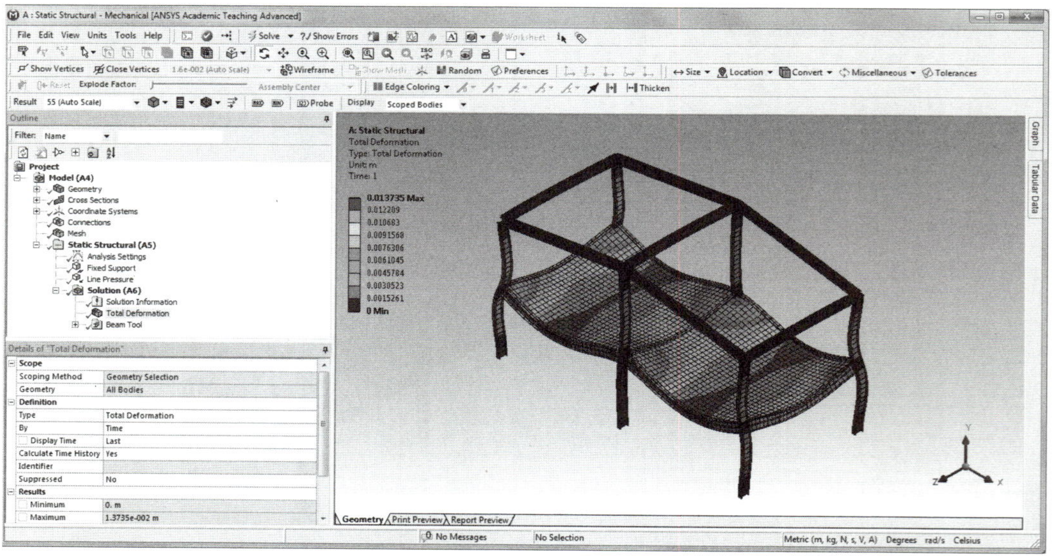

3.7 요약

이 장에서는 보 요소와 프레임 해석을 다루었다. 프레임 해석에 사용할 수 있는 보 요소에 대해 배웠다. 형상함수의 개념을 더 자세히 다루었고, 에너지 법을 이용한 강성행렬의 유도를 강조하였다. 분포하중의 처리에 대해 논의하였고, 몇 가지 예제를 다루었다. *ANSYS Workbench*를 사용하여 I-보로 이루어진 2층 건축물을 해석하였다. 선 모델의 개념을 구축하는데 유익한 모델링 기법과 보와 프레임에서 변형과 응력을 구하기 위한 Workbench의 단계별 풀이과정을 제시하였다.

3.8 학습목표 검토

이 장에서 학습한 내용은 다음과 같다.

1. 보와 프레임을 위한 간소화된 유한요소 모델의 설정
2. 직접/에너지 법을 이용하여 평면 보에 대한 요소 강성행렬의 유도
3. 보 요소에 대한 형상함수의 개념 및 그 특성의 설명
4. 보에서 분포하중을 등가의 절점하중으로 변환
5. 보의 한 점에서의 처짐과 회전을 손으로 계산하고 유한요소 결과와 비교
6. 일반 보 요소 강성행렬을 적용하여 간단한 프레임의 해석
7. *Workbench*에서 concept point, sketch, body translation으로부터 선 모델의 생성
8. *Workbench*를 이용하여 보와 프레임에 대한 정역학적 구조해석

문제

3.1 식 (3.11)을 이용하여 균일하게 분포한 횡하중이 작용하는 보 요소에서 등가의 절점 하중과 모멘트를 구하라.

3.2 그림과 같이 캔틸레버 보가 우측단에 스프링으로 지지되어 있다. 절점 2의 처짐과 회전각을 구하라.

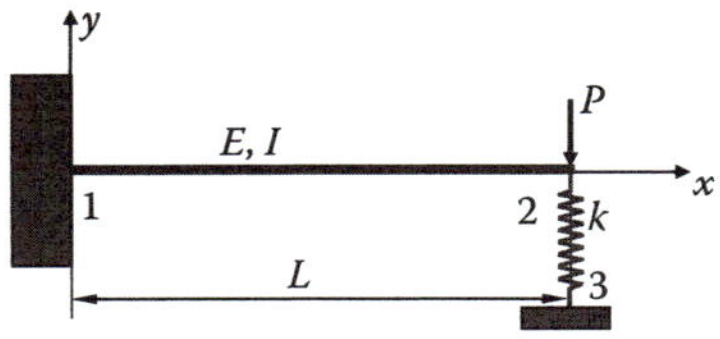

3.3 FEM을 이용하여 그림의 돌출보에서 절점 변위, 회전각 및 지지 반력을 구하라. 보의 EI 는 균일하고 길이는 2 L 이다. 보의 중앙 지점은 로울러 지지이고 우측단은 고정되어 있다.

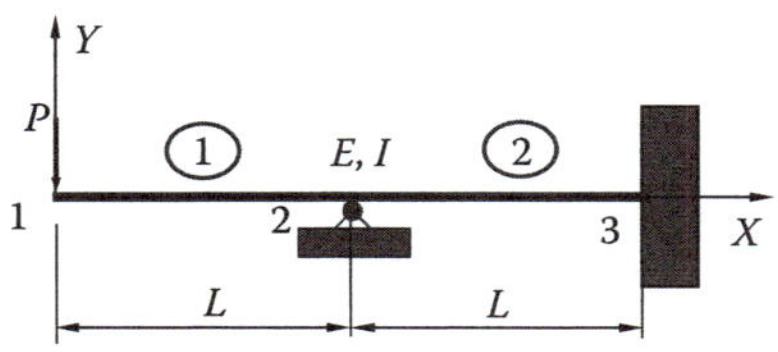

3.4 2차원 프레임이 그림과 같이 지지되어 있다. 보의 E, A, I 는 같고, 길이는 L이다. FEM을 이용하여 절점 2의 변위와 회전각을 구하라.

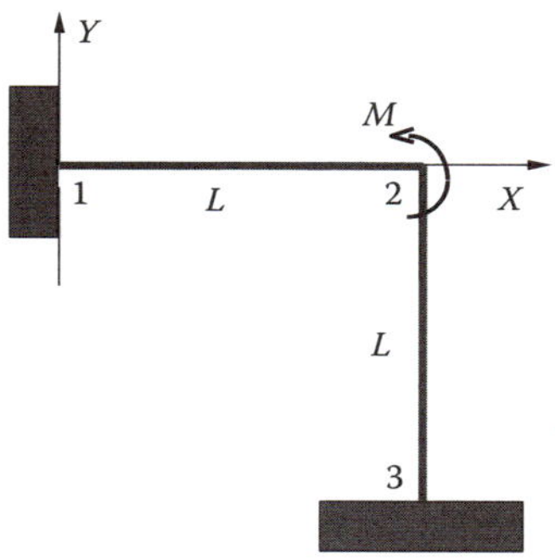

3.5 그림과 같이 평면 프레임이 균일 분포하중을 받고 양단은 고정되어 있다. 프레임의 두 요소 모두 $E = 30 \times 10^6$ psi, $A = 100$ in.^{2}, $I = 1000$ in.^{4} 이다. FEM을 이용하여 절점 2의 변위와 회전각을 구하라.

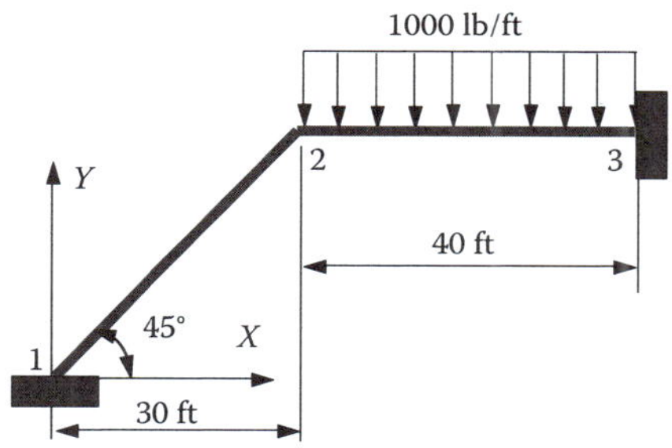

3.6 *ANSYS Workbench*를 사용하여 문제 3.5의 프레임을 해석하고, 고정단의 지지 반력과 모멘트를 구하라.

3.7 두 가지 대표적인 보의 연결에 대한 물리적 구성이 아래 그림에 나와 있다. 그림 (a)에서는 I-보가 가느다란 볼트 구멍을 통해 바닥 슬랩과 연결되어 있고, 그림 (b)에서는 앵글 브래킷을 통하여 기둥과 연결되어 있다. 두 가지 경우에 대한 물리적 구성을 나타내기 위하여 어떤 간소화된 지지 조건을 사용하겠는가? 그리고 그 이유를 설명하라.

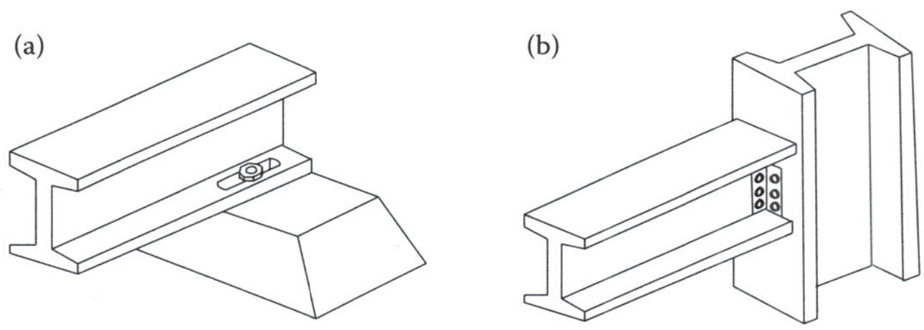

3.8 아래 그림에 보인 자전거 프레임은 속이 빈 원형 튜브 형태이고(외경 24 mm, 두께 2 mm), 알루미늄 합금으로 만들어져 있다. *ANSYS Workbench*를 사용하여 프레임 부재의 변형과 응력을 구하라.

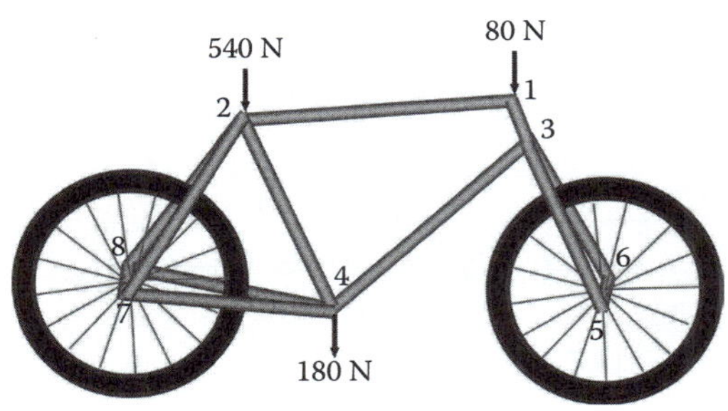

Point coordinate (mm)

	x	y	z
1	400	400	0
2	−150	350	0
3	450	300	0
4	0	0	0
5	600	50	50
6	600	50	−50
7	−450	50	50
8	−450	50	−50

3.9 아래 그림에 보인 호이스트 프레임은 두꺼운 사각형 튜브 형태이고(폭 76 mm, 두께 3 mm), 구조용 강으로 만들어져 있다. *ANSYS Workbench*를 사용하여 프레임의 변형과 응력을 구하라.

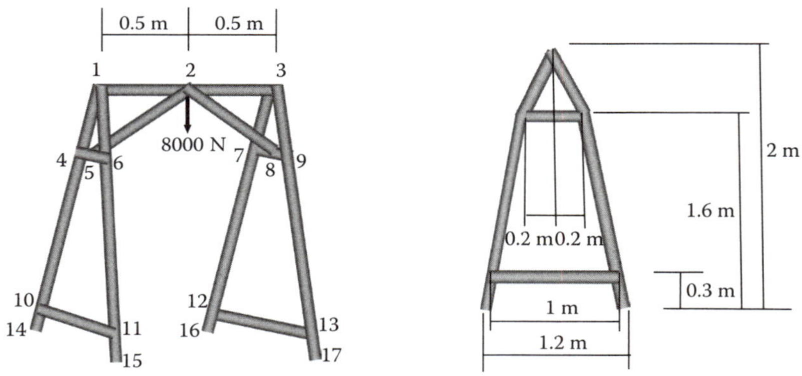

3.10 프레임 구조물이 구조용 강재의 I-보로 만들어져 있고(그림의 단면치수 참조), 그림과 같이 6 kN/m의 균일 하중을 지지한다. *ANSYS Workbench*를 사용하여 프레임 부재의 변형과 응력을 구하라.

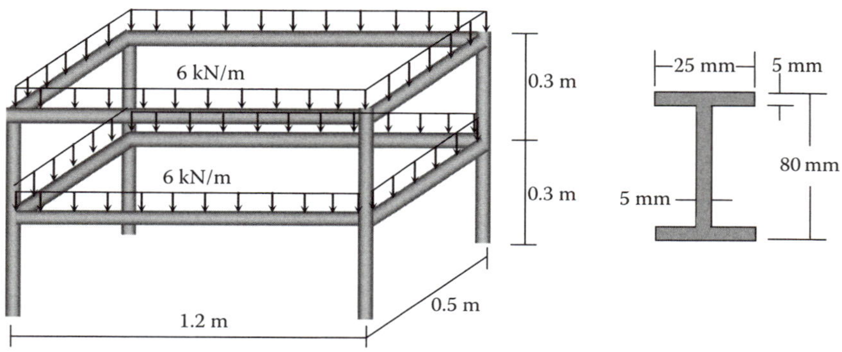

3.11 아래 교량 구조물은 교량 상판에서 50 kN/m의 균일 하중을 지지한다. *ANSYS Workbench*와 그림에 주어진 구조용 강재로 만들어진 I-보의 치수를 사용하여 교량의 변형과 응력을 구하라.

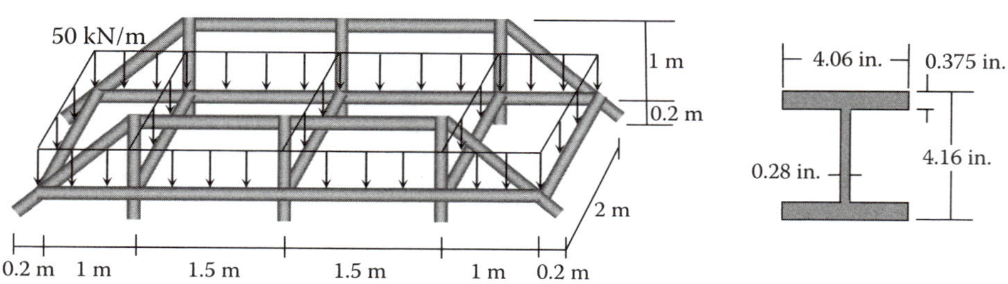

Chapter 4

2차원 탄성론

4.1 서론

많은 3차원 구조물들은 2차원 문제로 만족스럽게 취급될 수 있다(그림 4.1). 이 장에서는 2차원 탄성 문제의 변형과 응력 해석을 위한 유한요소법을 소개한다. 먼저, 평면 탄성 이론의 기본 방정식을 복습한 다음 평면 탄성 해석을 위한 2차원 유한요소의 몇 가지 형태를 제시한다. 이러한 요소들의 응용을 소개하고, 그 정확도와 효율에 대해 설명한다. *ANSYS*® *Workbench*를 사용하여 2차원 탄성 문제의 해석을 설명하는 예제들을 다룬다.

4.2 2차원 탄성 이론 개요

일반적으로 구조물 내부의 한 점에서의 응력과 변형률은 6개의 독립성분으로 구성된다(그림 4.2).

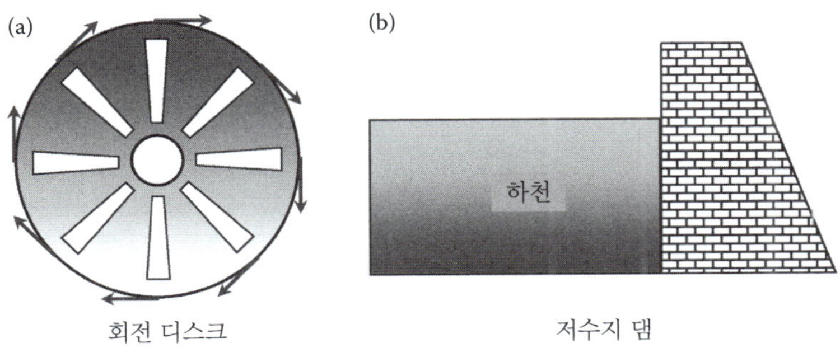

그림 4.1 2차원 탄성 문제의 예

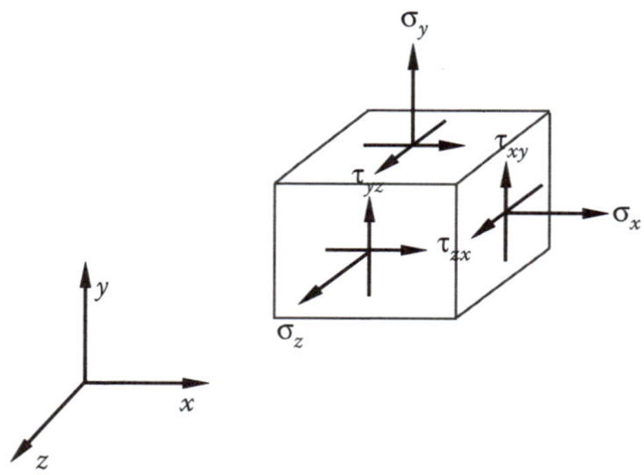

그림 4.2 구조물 내부 한 점에서의 응력 성분

응력의 경우는

$$\sigma_x, \sigma_y, \sigma_z, \tau_{xy}, \tau_{yz}, \tau_{zx}$$

이고, 변형률의 경우는 다음과 같다.

$$\varepsilon_x, \varepsilon_y, \varepsilon_z, \gamma_{xy}, \gamma_{yz}, \gamma_{zx}$$

특정한 조건하에서는 응력 및 변형률의 상태가 단순화될 수 있다. 그러므로 3차원 응력해석은 2차원 해석으로 줄어들 수 있다. 2차원 해석과 관련하여 2가지 일반적인 형태의 모델이 있다. 평면 응력과 평면 변형률이 그것이다.

4.2.1 평면응력

평면응력의 경우 z축과 관련된 응력 성분이 모두 0이다. 즉,

$$\sigma_z = \tau_{yz} = \tau_{zx} = 0 \qquad (\varepsilon_z \neq 0) \tag{4.1}$$

일정한 두께의 얇은 평면형 구조물이 그 평면(xy 평면) 내에서 하중을 받는 경우 평면응력 문제로 간주될 수 있다(그림 4.3).

4.2.2 평면변형률

평면변형율의 경우 z축과 관련된 변형률 성분이 모두 0이다. 즉,

$$\varepsilon_z = \gamma_{yz} = \gamma_{zx} = 0 \qquad (\sigma_z \neq 0) \tag{4.2}$$

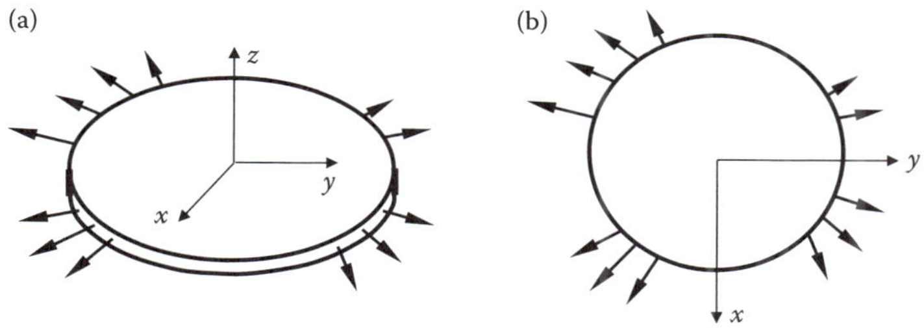

그림 4.3 평면응력 조건: (a) 평면 내에서 하중을 받는 구조물; (b) 2차원 모델

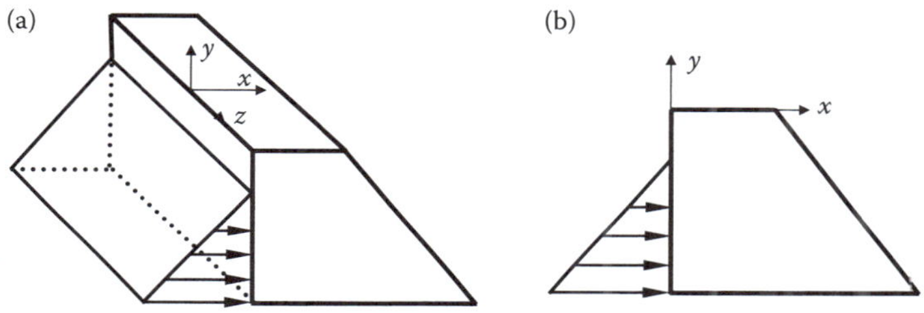

그림 4.4 평면변형률 조건: (a) 균일한 횡방향 하중을 받는 구조물; (b) 2차원 모델

터널이나 댐과 같이 단면이 일정한 긴 구조물이 두께 방향(z축)으로 횡 하중을 받는 경우 평면변형률 문제로 간주될 수 있다(그림 4.4).

위 그림에 설명된 바와 같이 평면 응력 또는 평면 변형률 상태의 구조물은 2차원 경계치 문제로 모델링될 수 있다. 임의점에서 평면내 변위는 두 가지 성분(u, v), 평면내 변형률은 세 가지 성분 ($\varepsilon_x, \varepsilon_y, \gamma_{xy}$), 평면내 응력은 세 가지 성분($\sigma_x, \sigma_y, \tau_{xy}$)으로 정의될 수 있다. 다음은 이들 변수들 사이의 관계를 나타내는 식에 대한 사항이다.

4.2.3 응력-변형률(구성) 방정식

선형 탄성 등방성 재료에 대하여 평면응력의 경우 다음과 같은 응력-변형률 관계가 있다.

$$\begin{Bmatrix} \varepsilon_x \\ \varepsilon_y \\ \gamma_{xy} \end{Bmatrix} = \begin{bmatrix} 1/E & -\nu/E & 0 \\ -\nu/E & 1/E & 0 \\ 0 & 0 & 1/G \end{bmatrix} \begin{Bmatrix} \sigma_x \\ \sigma_y \\ \tau_{xy} \end{Bmatrix} + \begin{Bmatrix} \varepsilon_{x0} \\ \varepsilon_{y0} \\ \gamma_{xy0} \end{Bmatrix} \tag{4.3}$$

또는

$$\boldsymbol{\varepsilon} = \mathbf{E}^{-1}\boldsymbol{\sigma} + \boldsymbol{\varepsilon}_0$$

여기서 ε_0 는 초기 변형률(즉, 온도변화로 인한), E 는 영(Young)탄성계수, ν 는 푸와송(Poisson)비, G 는 전단탄성계수이다. 균질 등방성 재료에서 다음의 관계가 있음을 유의하라.

$$G = \frac{E}{2(1+\nu)} \tag{4.4}$$

위 식을 풀면 응력을 변형률의 함수로 구할 수 있다.

$$\begin{Bmatrix} \sigma_x \\ \sigma_y \\ \tau_{xy} \end{Bmatrix} = \frac{E}{1-\nu^2}\begin{bmatrix} 1 & \nu & 0 \\ \nu & 1 & 0 \\ 0 & 0 & (1-\nu)/2 \end{bmatrix}\left(\begin{Bmatrix} \varepsilon_x \\ \varepsilon_y \\ \gamma_{xy} \end{Bmatrix} - \begin{Bmatrix} \varepsilon_{x0} \\ \varepsilon_{y0} \\ \gamma_{xy0} \end{Bmatrix}\right) \tag{4.5}$$

또는

$$\boldsymbol{\sigma} = \mathbf{E}\boldsymbol{\varepsilon} + \boldsymbol{\sigma}_0$$

여기서 $\boldsymbol{\sigma}_0 = -\mathbf{E}\boldsymbol{\varepsilon}_0$ 이며 초기 응력이다.
평면변형률의 경우 위 식에서 재료상수를 다음과 같이 대체시킬 필요가 있다.

$$E \rightarrow \frac{E}{1-\nu^2}; \qquad \nu \rightarrow \frac{\nu}{1-\nu}; \qquad G \rightarrow G \tag{4.6}$$

예를 들면, 평면 변형률의 경우, 응력−변형률 관계는 다음과 같다.

$$\begin{Bmatrix} \sigma_x \\ \sigma_y \\ \tau_{xy} \end{Bmatrix} = \frac{E}{(1+\nu)(1-2\nu)}\begin{bmatrix} 1-\nu & \nu & 0 \\ \nu & 1-\nu & 0 \\ 0 & 0 & (1-2\nu)/2 \end{bmatrix}\left(\begin{Bmatrix} \varepsilon_x \\ \varepsilon_y \\ \gamma_{xy} \end{Bmatrix} - \begin{Bmatrix} \varepsilon_{x0} \\ \varepsilon_{y0} \\ \gamma_{xy0} \end{Bmatrix}\right)$$

평면응력의 경우 온도변화(열적 하중)로 인한 초기 변형률은 다음 식으로 주어진다.

$$\begin{Bmatrix} \varepsilon_{x0} \\ \varepsilon_{y0} \\ \gamma_{xy0} \end{Bmatrix} = \begin{Bmatrix} \alpha\Delta T \\ \alpha\Delta T \\ 0 \end{Bmatrix} \tag{4.7}$$

여기서 α 는 열팽창 계수, ΔT 는 온도 변화이다. 평면변형률의 경우 식 (4.7)에서 α 를 $(1+\nu)\alpha$ 로 대체하면 된다. 열적 하중 하에서 구조물의 변형이 자유로운 경우 구조물에 작용하는

(탄성적)응력이 없음을 유의하라.

4.2.4 변형률과 변위 관계

미소 변형률과 미소 회전에 대하여 다음의 관계가 있다.

$$\varepsilon_x = \frac{\partial u}{\partial x}, \qquad \varepsilon_y = \frac{\partial v}{\partial y}, \qquad \gamma_{xy} = \frac{\partial u}{\partial y} + \frac{\partial v}{\partial x}$$

행렬형태로 표현하면 다음과 같다.

$$\begin{Bmatrix} \varepsilon_x \\ \varepsilon_y \\ \gamma_{xy} \end{Bmatrix} = \begin{bmatrix} \partial/\partial x & 0 \\ 0 & \partial/\partial y \\ \partial/\partial y & \partial/\partial x \end{bmatrix} \begin{Bmatrix} u \\ v \end{Bmatrix}, \quad \text{또는 } \boldsymbol{\varepsilon} = \mathbf{Du} \tag{4.8}$$

이 관계로부터, 변위를 다항식으로 표현할 경우, 변형률(그리고 또한 응력)은 변위보다 한 차수 낮은 다항식이 됨을 알 수 있다.

4.2.5 평형방정식

평면 탄성론에서 구조물 내의 응력은 다음의 평형방정식을 만족시켜야 한다.

$$\begin{aligned} \frac{\partial \sigma_x}{\partial x} + \frac{\partial \tau_{xy}}{\partial y} + f_x = 0 \\ \frac{\partial \tau_{xy}}{\partial x} + \frac{\partial \sigma_y}{\partial y} + f_y = 0 \end{aligned} \tag{4.9}$$

여기서 f_x 와 f_y 는 체적력(중력과 같은 단위체적당 힘)이다. FEM에서 이 평형조건은 근사적으로 만족된다.

4.2.6 경계조건

2차원 영역의 경계 S는 S_u와 S_t의 두 부분으로 나눌 수 있다(그림 4.5). 경계조건(BCs)은 다음과 같이 나타낼 수 있다.

$$\begin{aligned} u = \bar{u}, \quad v = \bar{v}, \qquad & \text{on } S_u \\ t_x = \bar{t}_x, \quad t_y = \bar{t}_y, \qquad & \text{on } S_t \end{aligned} \tag{4.10}$$

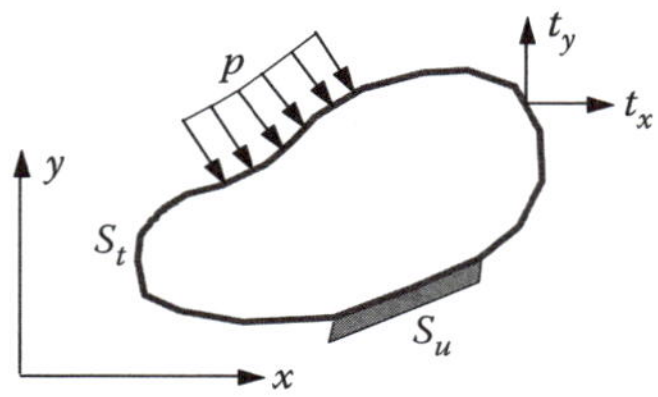

그림 4.5 구조물의 경계조건

여기서 t_x 와 t_y 는 트랙션(경계상의 응력)이고, 기호 위에 바로 표시된 양(barred quantity)은 알고 있는 값을 의미한다.

4.2.7 엄밀 탄성론 해

주어진 문제의 엄밀 해(변위, 변형률, 응력)는 구성방정식, 평형방정식, 적합조건(구조물은 구해진 변위장에서 균열이나 겹침이 없이 연속적인 형태로 변형해야 함)을 만족해야 된다.

예제 4.1

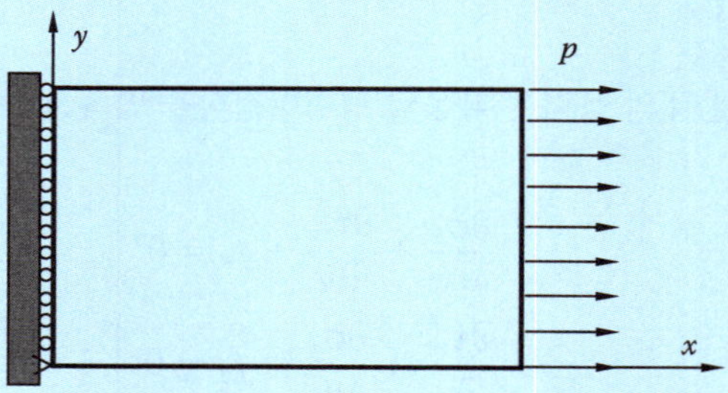

그림과 같이 판이 지지되어 있고 분포하중 p 를 받는다. 재료 상수 E 와 ν 는 알고 있는 값이다. 이 간단한 문제의 엄밀해는 다음과 같다.

변위

$$u = \frac{p}{E}x, \quad v = -\nu\frac{p}{E}y$$

변형률

$$\varepsilon_x = \frac{p}{E}, \quad \varepsilon_y = -\nu\frac{p}{E}, \quad \gamma_{xy} = 0$$

응력

$$\sigma_x = p, \quad \sigma_y = 0, \quad \tau_{xy} = 0$$

간단한 문제의 엄밀(또는 해석적) 해는 한정된 정도로 많지 않다(판에 구멍이 있거나 고정지지가 로울러 지지로 대체되는 경우를 가정해 보라). 이러한 이유로 일반적인 2D 탄성 문제의 해를 구하기 위해 FEM이 필요하다.

4.3 2차원 탄성 문제의 모델링

평면응력이나 평면변형률 해석을 위하여, 원래 3차원 구조물의 평면 표면이나 단면에 해당하는 2차원 영역만을 모델링한다. 그런 다음 이 영역을 삼각형, 사각형, 또는 이들의 혼합으로 이루어진 요소로 나눌 필요가 있다. 평면응력 또는 평면변형률 중 하나로 문제 유형을 구성하기 위하여 요소의 거동을 명시할 필요가 있다. 분할은, 그림 4.6과 같이, 구조적(세 변 또는 네 변을 갖는 표면 영역에서 마주보는 두 변을 같은 요소수로 분할하는 규칙적인 메시)이거나 비구조적(자유 메시)으로 할 수 있다. 구조적 표면 메시는 2차원 배열로 묘사할 수 있는 규칙적인 연결성을 가지며, 자유 메시에 비하여 해의 신뢰도가 우수하다.

메시 밀도와 요소형태의 품질과 같은 메시 성질은 해의 정확도와 효율에 영향을 미치는 중요한 인

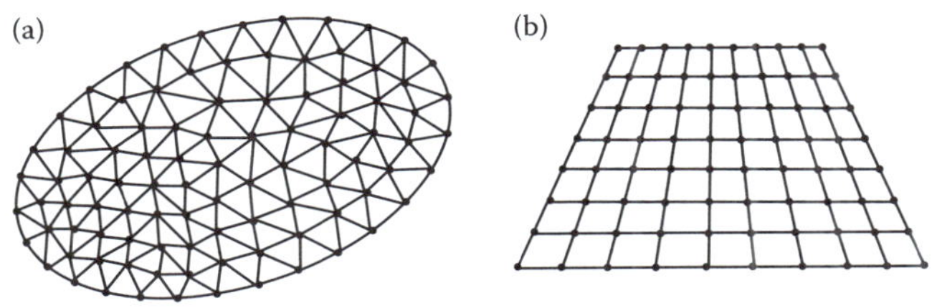

그림 4.6 유한요소 분할: (a) 비구조적 (자유) 메시; (b) 구조적(규칙적) 메시

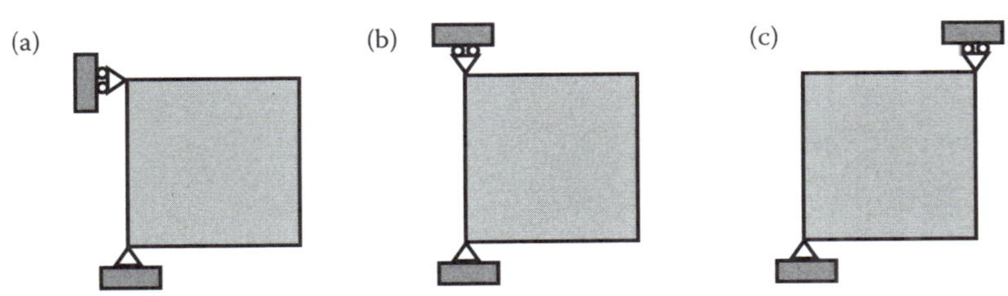

그림 4.7 2차원에서 지지조건: (a) (c) 효과적인 구속 ; (b) 비효과적인 구속

자이다. 높은 응력/변형률이 예상되는 영역에서는 더 세밀한 메시가 보통 요구된다. 다음 절에 설명하겠지만 유한요소의 형태는 해석에서 지극히 중요한 역할을 한다.

메시(요소 분할) 작업이 끝나면, 표면 분할은 절점 좌표뿐만 아니라 절점을 통하여 서로 다른 요소들이 어떻게 연결되는지를 보여주는 요소 연결망으로 표현된다. 모든 하중 (분포하중, 집중하중, 모멘트 등)은 각각의 절점에 작용하는 점 하중으로 변환된다. 경계조건도 예외는 아니며, 절점의 DOF 구속으로 바뀐다. 지지조건은 강체 운동을 억제해야 하고, 2차원에서 최소 조건은 x, y 방향의 변위와 z 축에 대한 회전으로 물체를 구속함을 포함한다. 그림 4.7에 2차원에서 효과적이거나 비효과적인 지지조건의 예를 보여 준다. 어떤 경우가 효과적인지 또는 비효과적인지를 설명하라.

4.4 평면응력/변형률 요소의 공식화

이 절에서는 평면 탄성론에 기초하여 요소방정식을 공식화한다. 강성행렬에 대한 일반적인 공식을 먼저 유도한 다음 2차원 탄성 문제에 대한 몇 가지 일반적인 요소 형태를 설명한다.

4.4.1 강성행렬의 일반적 공식

평면요소에서 변위(u, v)는 다음과 같이 형상함수 N_i 를 이용하여 절점변위(u_i, v_i)로부터 보간할 수 있다.

$$\begin{Bmatrix} u \\ v \end{Bmatrix} = \begin{bmatrix} N_1 & 0 & N_2 & 0 & \cdots \\ 0 & N_1 & 0 & N_2 & \cdots \end{bmatrix} \begin{Bmatrix} u_1 \\ v_1 \\ u_2 \\ v_2 \\ \vdots \end{Bmatrix} \quad \text{또는} \quad \mathbf{u} = \mathbf{N}\mathbf{d} \tag{4.11}$$

여기서 $\mathbf{N}$ 은 형상함수 행렬, $\mathbf{u}$ 는 변위 벡터, $\mathbf{d}$ 는 절점 변위벡터이다. 여기서 u 는 u 의 절점변위에 의해서만, 그리고 v 는 v 의 절점변위에 의해서만 결정된다고 가정한다.

변형률-변위 관계(식 4.8)로부터, 변형률 벡터는 다음 식으로 구한다.

$$\boldsymbol{\varepsilon} = \mathbf{D}\mathbf{u} = \mathbf{D}\mathbf{N}\mathbf{d}, \quad \text{또는} \quad \boldsymbol{\varepsilon} = \mathbf{B}\mathbf{d} \tag{4.12}$$

여기서 $\mathbf{B} = \mathbf{DN}$ 은 변형률-변위 행렬이다.

하나의 요소에 저장된 변형 에너지를 고려해 보자.

$$
\begin{aligned}
U &= \frac{1}{2}\int_V \sigma^T \varepsilon \, dV = \frac{1}{2}\int_V \left(\sigma_x \varepsilon_x + \sigma_y \varepsilon_y + \tau_{xy}\gamma_{xy}\right) dV \\
&= \frac{1}{2}\int_V (\mathbf{E}\varepsilon)^T \varepsilon \, dV = \frac{1}{2}\int_V \varepsilon^T \mathbf{E}\varepsilon \, dV = \frac{1}{2}\mathbf{d}^T \int_V \mathbf{B}^T \mathbf{E}\mathbf{B} \, dV \mathbf{d} \\
&= \frac{1}{2}\mathbf{d}^T \mathbf{k}\mathbf{d}
\end{aligned}
$$

이로부터 요소강성행렬에 대한 일반적인 공식을 얻을 수 있다.

$$
\mathbf{k} = \int_V \mathbf{B}^T \mathbf{E}\mathbf{B} \, dV \tag{4.13}
$$

1차원 경우와는 달리 여기서 **E** 는 응력-변형률 관계(즉, 평면응력에 대한 식 (4.5))에 의해 주어지는 행렬임을 유의하라.

E 가 대칭이므로 식 (4.13)에서 정의된 강성행렬 **k** 는 대칭이다. 재료성질이 주어진 경우 **k** 의 거동은 행렬 **B** 에만 의존하고, 결과적으로 형상함수에 의존함을 유의하라. 따라서 구조물의 거동을 나타내기 위한 유한요소의 품질은 주로 형상함수의 선택에 의해 결정된다. 가장 일반적으로 사용되는 2차원 요소는 선형 또는 2차원 삼각형과 사변형이다.

4.4.2 일정 변형률 삼각형 (CST 또는 T3)

이 요소는 가장 단순한 삼각형 요소이며(그림 4.8), 선형 삼각형 요소라고도 불린다.

이 형태의 요소는 삼각형의 꼭지점에 3개의 절점을 가지며, 반시계 방향으로 절점번호가 붙는다. 각 절점에는 2개의 DOFs(x, y 방향으로 움직일 수 있는)이 존재한다. 변위 u 와 v 는 요소 내에서 선형함수로 가정한다.

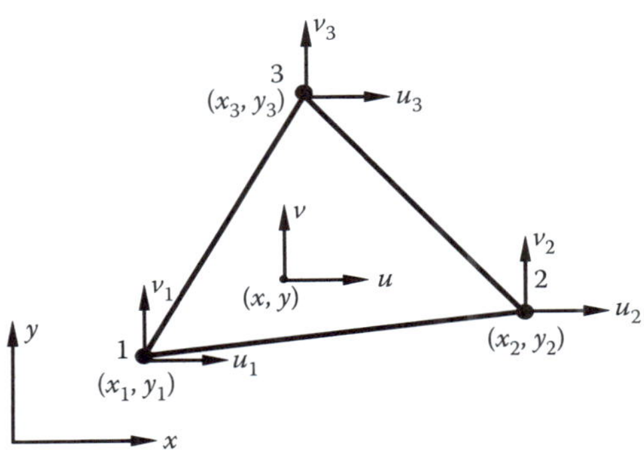

그림 4.8 선형 삼각형 요소 (T3)

$$u = b_1 + b_2 x + b_3 y, \quad v = b_4 + b_5 x + b_6 y \tag{4.14}$$

여기서 $b_i(i = 1, 2, \cdots, 6)$는 상수이다. 이로부터 변형률은 다음과 같이 구하며

$$\varepsilon_x = b_2, \quad \varepsilon_y = b_6, \quad \gamma_{xy} = b_3 + b_5 \tag{4.15}$$

요소 내에서 일정하다. 따라서 "일정 변형률 삼각형" (CST)으로 불린다.
식 (4.14)에 주어진 변위는 다음 6개의 식을 만족해야 된다.

$$\begin{aligned} u_1 &= b_1 + b_2 x_1 + b_3 y_1 \\ u_2 &= b_1 + b_2 x_2 + b_3 y_2 \\ &\vdots \\ v_3 &= b_4 + b_5 x_3 + b_6 y_3 \end{aligned}$$

이 식들을 풀면 계수 $b_1, b_2, \cdots, b_6$ 를 절점변위와 좌표의 항으로 구할 수 있다. 이 계수들을 식 (4.14)에 대입하고 재배열하면 다음 식을 얻는다.

$$\begin{Bmatrix} u \\ v \end{Bmatrix} = \begin{bmatrix} N_1 & 0 & N_2 & 0 & N_3 & 0 \\ 0 & N_1 & 0 & N_2 & 0 & N_3 \end{bmatrix} \begin{Bmatrix} u_1 \\ v_1 \\ u_2 \\ v_2 \\ u_3 \\ v_3 \end{Bmatrix} \tag{4.16}$$

여기서 형상함수(x, y 에 대하여 선형 함수)는 다음과 같다.

$$\begin{aligned} N_1 &= \frac{1}{2A}\{(x_2 y_3 - x_3 y_2) + (y_2 - y_3)x + (x_3 - x_2)y\} \\ N_2 &= \frac{1}{2A}\{(x_3 y_1 - x_1 y_3) + (y_3 - y_1)x + (x_1 - x_3)y\} \\ N_3 &= \frac{1}{2A}\{(x_1 y_2 - x_2 y_1) + (y_1 - y_2)x + (x_2 - x_1)y\} \end{aligned} \tag{4.17}$$

그리고

$$A = \frac{1}{2}\det\begin{bmatrix} 1 & x_1 & y_1 \\ 1 & x_2 & y_2 \\ 1 & x_3 & y_3 \end{bmatrix} \tag{4.18}$$

은 삼각형의 면적이다.

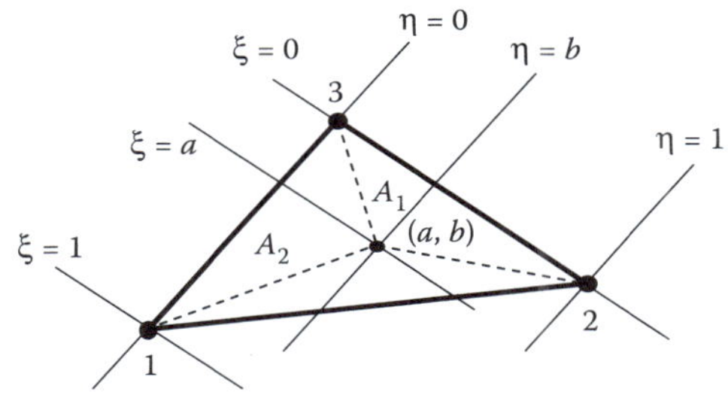

그림 4.9 삼각형에 정의된 자연좌표계

변위–변형률 관계 식 (4.8)과 식 (4.16), 그리고 식 (4.17)의 결과를 이용하면

$$\begin{Bmatrix} \varepsilon_x \\ \varepsilon_y \\ \gamma_{xy} \end{Bmatrix} = \mathbf{Bd} = \frac{1}{2A}\begin{bmatrix} y_{23} & 0 & y_{31} & 0 & y_{12} & 0 \\ 0 & x_{32} & 0 & x_{13} & 0 & x_{21} \\ x_{32} & y_{23} & x_{13} & y_{31} & x_{21} & y_{12} \end{bmatrix}\begin{Bmatrix} u_1 \\ v_1 \\ u_2 \\ v_2 \\ u_3 \\ v_3 \end{Bmatrix} \tag{4.19}$$

여기서 $x_{ij} = x_i - x_j$, $y_{ij} = y_i - y_j (i, j = 1, 2, 3)$ 이다. 여기서, 또 요소 내에서 변형률이 일정함을 알 수 있다. 응력–변형률 관계 식 (4.5)로부터 CST 요소를 이용하여 구한 응력 또한 일정하다.

식 (4.13)의 공식을 적용하면 CST 요소에 대한 요소 강성행렬을 다음과 같이 얻는다.

$$\mathbf{k} = \int_V \mathbf{B}^T\mathbf{E}\mathbf{B}\,dV = tA(\mathbf{B}^T\mathbf{E}\mathbf{B}) \tag{4.20}$$

여기서 t 는 요소의 두께이다. CST의 $\mathbf{k}$ 는 6×6 대칭 행렬임을 주목하라.

식 (4.17)의 형상함수 식과 그 유도과정은 과정이 번거로우며, 요소의 거동에 대한 통찰력을 거의 제공하지 않는다.

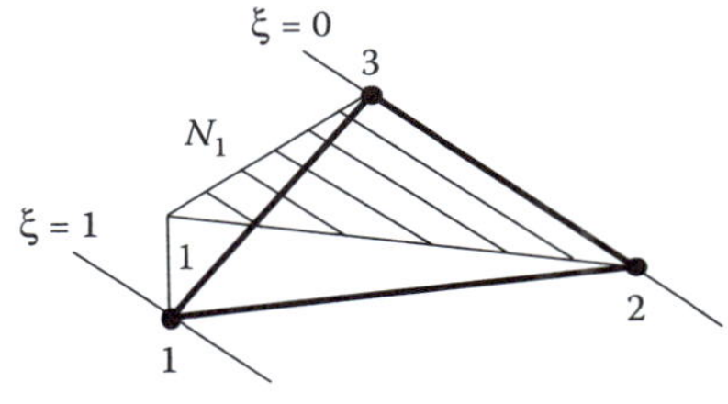

그림 4.10 T3 요소에 대한 형상함수 N_1의 약도

삼각형 위에 자연좌표계 (ξ, η) 를 도입하면, $\xi = A_1/A$, $\eta = A_2/A$ 이고, A_1 과 A_2 는 그림 4.9에 표시된 미소 삼각형의 면적이다. 이렇게 하면 형상함수는 다음과 같이 간단히 나타낼 수 있다.

$$N_1 = \xi, \quad N_2 = \eta, \quad N_3 = 1 - \xi - \eta \tag{4.21}$$

$$N_1 + N_2 + N_3 = 1 \tag{4.22}$$

여기서 강체 병진(rigid body translation)은 선택한 형상함수에 의해 확실하게 표현된다. 또 1차원에서와 같이

$$N_i = \begin{cases} 1, & \text{절점 } i \text{ 에서;} \\ 0, & \text{다른 절점에서} \end{cases} \tag{4.23}$$

이고, 요소 내에서 선형적으로 변한다. 형성함수 N_1 이 그림 4.10에 도시되어 있다. N_2 와 N_3 도 비슷한 특징을 보인다.

이 요소에는 2개의 좌표계, 즉 전역 좌표계 (x, y) 와 자연(국소)좌표계(ξ, η) 가 있다. 이 두 좌표계 사이의 관계는 다음과 같다.

$$\begin{aligned} x &= N_1 x_1 + N_2 x_2 + N_3 x_3 \\ y &= N_1 y_1 + N_2 y_2 + N_3 y_3 \end{aligned} \tag{4.24}$$

또는

$$\begin{aligned} x &= x_{13}\xi + x_{23}\eta + x_3 \\ y &= y_{13}\xi + y_{23}\eta + y_3 \end{aligned} \tag{4.25}$$

여기서 $x_{ij} = x_i - x_j$, $y_{ij} = y_i - y_j (i, j = 1, 2, 3)$ 이고 앞서 정의된 바 있다.

요소 상에서 변위 u 또는 v 는 (x, y) 또는 (ξ, η) 의 함수로 생각할 수 있다. 도함수에 대한 연쇄법칙을 이용하면 다음을 얻는다.

$$\begin{Bmatrix} \dfrac{\partial u}{\partial \xi} \\ \dfrac{\partial u}{\partial \eta} \end{Bmatrix} = \begin{bmatrix} \dfrac{\partial x}{\partial \xi} & \dfrac{\partial y}{\partial \xi} \\ \dfrac{\partial x}{\partial \eta} & \dfrac{\partial y}{\partial \eta} \end{bmatrix} \begin{Bmatrix} \dfrac{\partial u}{\partial x} \\ \dfrac{\partial u}{\partial y} \end{Bmatrix} = \mathbf{J} \begin{Bmatrix} \dfrac{\partial u}{\partial x} \\ \dfrac{\partial u}{\partial y} \end{Bmatrix} \tag{4.26}$$

여기서 $\mathbf{J}$ 는 변환의 야코비 행렬(Jacobian matrix)이다.

식 (4.25)로부터 다음 식을 얻는다.

$$\mathbf{J} = \begin{bmatrix} x_{13} & y_{13} \\ x_{23} & y_{23} \end{bmatrix}, \quad \mathbf{J}^{-1} = \frac{1}{2A}\begin{bmatrix} y_{23} & -y_{13} \\ -x_{23} & x_{13} \end{bmatrix} \tag{4.27}$$

여기서 $\mathbf{J} = x_{13}y_{23} - x_{23}y_{13} = 2A$ 이 사용되었다(A 는 삼각형의 면적이다).

식 (4.26), (4.27), (4.16) 그리고 식 (4.21)로부터 다음을 얻는다.

$$\begin{Bmatrix} \dfrac{\partial u}{\partial x} \\ \dfrac{\partial u}{\partial y} \end{Bmatrix} = \frac{1}{2A}\begin{bmatrix} y_{23} & -y_{13} \\ -x_{23} & x_{13} \end{bmatrix}\begin{Bmatrix} \dfrac{\partial u}{\partial \xi} \\ \dfrac{\partial u}{\partial \eta} \end{Bmatrix} = \frac{1}{2A}\begin{bmatrix} y_{23} & -y_{13} \\ -x_{23} & x_{13} \end{bmatrix}\begin{Bmatrix} u_1 - u_3 \\ u_2 - u_3 \end{Bmatrix} \tag{4.28}$$

이와 비슷한 절차를 거쳐 다음을 얻는다.

$$\begin{Bmatrix} \dfrac{\partial v}{\partial x} \\ \dfrac{\partial v}{\partial y} \end{Bmatrix} = \frac{1}{2A}\begin{bmatrix} y_{23} & -y_{13} \\ -x_{23} & x_{13} \end{bmatrix}\begin{Bmatrix} v_1 - v_3 \\ v_2 - v_3 \end{Bmatrix} \tag{4.29}$$

식 (4.28)과 (4.29)의 결과와 $\varepsilon = \mathbf{Du} = \mathbf{DNd} = \mathbf{Bd}$ 의 관계를 이용하면 다음과 같이 변위–변형률 행렬을 얻게 된다.

$$\mathbf{B} = \frac{1}{2A}\begin{bmatrix} y_{23} & 0 & y_{31} & 0 & y_{12} & 0 \\ 0 & x_{32} & 0 & x_{13} & 0 & x_{21} \\ x_{32} & y_{23} & x_{13} & y_{31} & x_{21} & y_{12} \end{bmatrix} \tag{4.30}$$

이 식은 이전에 유도한 식 (4.19)와 같다.

CST 요소와 관련하여 다음 사항을 유의해야 한다.

- 변형률 구배가 작은 면적에 사용
- 메시 전환영역에서 사용 (미세한 메시에서 거친 메시로)
- 응력집중 부위나 구멍과 모서리의 가장자리와 같이 구조물에서 중요한 부위에 CST의 사용을 피함
- 2차원 문제의 신속하고 예비적인 FE 해석을 위해서만 권장함

4.4.3 2차 삼각형 요소 (LST 또는 T6)

이 형태의 요소(그림 4.11)는 2차원 삼각형 요소로도 불린다. 이 요소에는 6개의 절점이 있으며, 모서리 절점 3개와 변의 중앙에 위치한 절점 3개. 앞에서와 같이 각 절점에는 2개의 DOFs가 존재한다. 변위 (u, v) 는 (x, y) 에 대해 2차함수로 가정한다.

$$u = b_1 + b_2 x + b_3 y + b_4 x^2 + b_5 xy + b_6 y^2$$
$$v = b_7 + b_8 x + b_9 y + b_{10} x^2 + b_{11} xy + b_{12} y^2 \qquad (4.31)$$

여기서 $b_i(i = 1, 2, \cdots, 12)$ 는 상수이다. 변형률은 다음과 같이 구하고

$$\varepsilon_x = b_2 + 2b_4 x + b_5 y$$
$$\varepsilon_y = b_9 + b_{11} x + 2b_{12} y \qquad (4.32)$$
$$\gamma_{xy} = (b_3 + b_8) + (b_5 + 2b_{10})x + (2b_6 + b_{11})y$$

선형함수이다. 따라서 "선형 변형률 삼각형"(LST)으로 명명하며, CST에 비해 더 나은 결과를 제공한다.

자연좌표계에서 LST 요소에 대한 6개의 형상함수는 다음과 같다.

$$N_1 = \xi(2\xi - 1)$$
$$N_2 = \eta(2\eta - 1)$$
$$N_3 = \zeta(2\zeta - 1)$$
$$N_4 = 4\xi\eta \qquad (4.33)$$
$$N_5 = 4\eta\zeta$$
$$N_6 = 4\zeta\xi$$

여기서 $\zeta = 1 - \xi - \eta$ 이다. 이들 6개의 형상함수 각각은 그림 4.12에서와 같이 요소 상에서 2차식 형태를 나타낸다.

변위는 다음 식과 같다.

$$u = \sum_{i=1}^{6} N_i u_i, \qquad v = \sum_{i=1}^{6} N_i v_i \qquad (4.34)$$

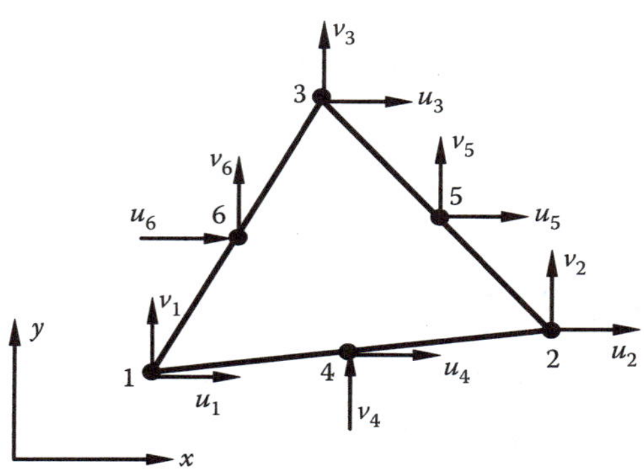

그림 4.11 2차원 삼각형 요소 (T6)

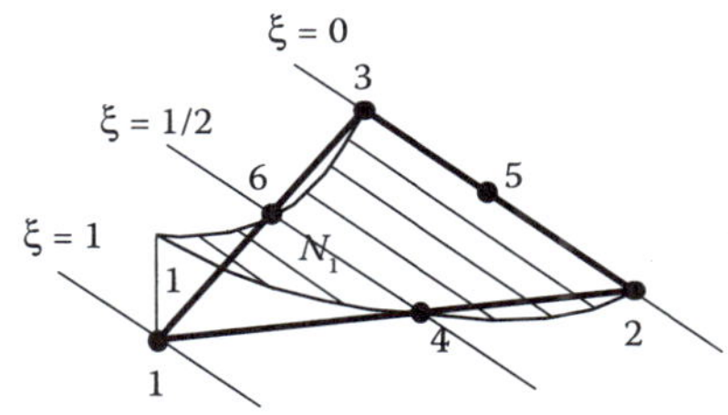

그림 4.12 T6 요소에 대한 형상함수의 개략도

요소 강성행렬은 여전히 $\mathbf{k} = \int_V \mathbf{B}^T\mathbf{E}\mathbf{B}\, dV$ 로 주어지나, 여기서 $\mathbf{B}^T\mathbf{E}\mathbf{B}$ 는 x, y 에 대해 2차이다. 일반적으로 적분은 수치적으로 계산되어야 한다.

4.4.4 선형 4변형 요소 (Q4)

4변형 요소의 모서리에 4개의 절점이 있다(그림 4.13). 자연좌표계 (ξ, η) 에서 형상함수는 다음과 같다.

$$
\begin{aligned}
N_1 &= \frac{1}{4}(1-\xi)(1-\eta) \\
N_2 &= \frac{1}{4}(1+\xi)(1-\eta) \\
N_3 &= \frac{1}{4}(1+\xi)(1+\eta) \\
N_4 &= \frac{1}{4}(1-\xi)(1+\eta)
\end{aligned} \tag{4.35}
$$

예상한대로 요소 내의 모든 점에서 $\sum_{i=1}^{4} N_i = 1$ 임을 주목하라.

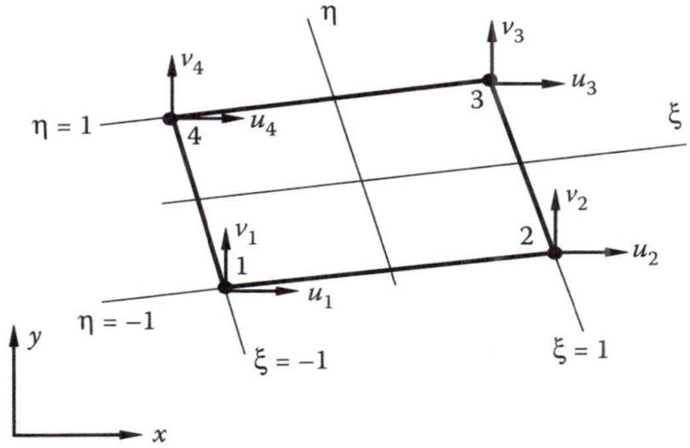

그림 4.13 선형 4변형 요소 (Q4)

변위장에 관한 식은 다음과 같다.

$$u = \sum_{i=1}^{4} N_i u_i, \qquad v = \sum_{i=1}^{4} N_i v_i \tag{4.36}$$

위 식은 요소 상에서 이중선형함수(bilinear function)이다. 이 형태의 요소에서 응력과 변형률은 일정하다.

4.4.5 2차 4변형 요소 (Q8)

이 요소는 해석의 높은 정확도와 모델링의 유연성으로 인하여 2차원 문제에서 가장 널리 사용된다.

이 형태의 요소에서는 모서리에 4개의 절점과 변의 중앙에 4개의 절점이 있으므로, 모두 8개의 절점이 존재한다(그림 4.14). 자연좌표계 (ξ, η) 에서 형상함수는 다음과 같다.

$$\begin{aligned}
N_1 &= \frac{1}{4}(1-\xi)(\eta-1)(\xi+\eta+1) \\
N_2 &= \frac{1}{4}(1+\xi)(\eta-1)(\eta-\xi+1) \\
N_3 &= \frac{1}{4}(1+\xi)(1+\eta)(\xi+\eta-1) \\
N_4 &= \frac{1}{4}(\xi-1)(\eta+1)(\xi-\eta+1) \\
N_5 &= \frac{1}{2}(1-\eta)(1-\xi^2) \\
N_6 &= \frac{1}{2}(1+\xi)(1-\eta^2) \\
N_7 &= \frac{1}{2}(1+\eta)(1-\xi^2) \\
N_8 &= \frac{1}{2}(1-\xi)(1-\eta^2)
\end{aligned} \tag{4.37}$$

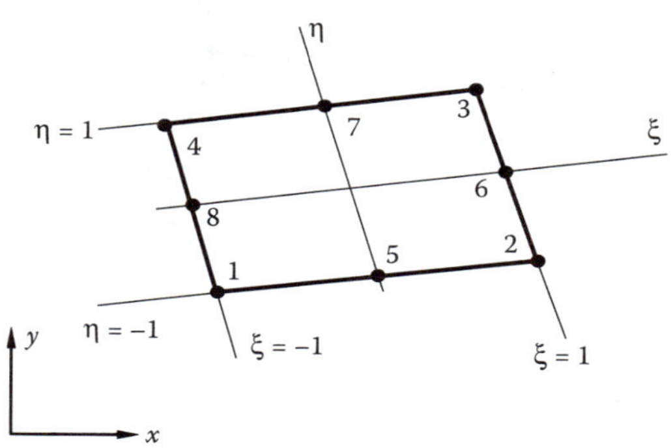

그림 4.14 2차 4변형 요소 (Q8)

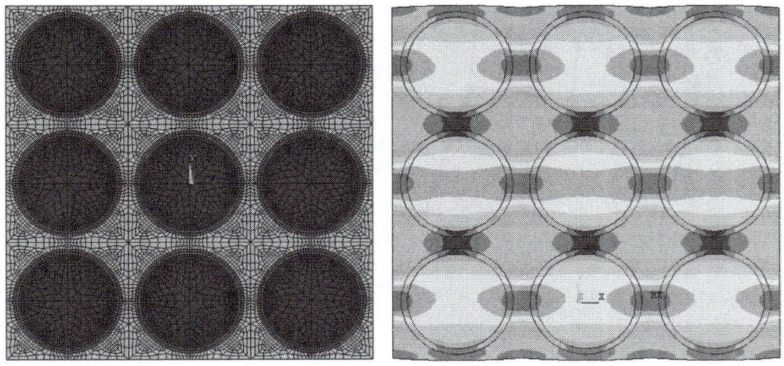

그림 4.15 복합재료의 해석 (메시와 응력 분포 그림)

또 다시 요소 내의 모든 점에서 $\sum_{i=1}^{8} N_i = 1$ 이다. 변위장은 다음 식과 같다.

$$u = \sum_{i=1}^{8} N_i u_i, \qquad v = \sum_{i=1}^{8} N_i v_i \tag{4.38}$$

위 식은 요소 상에서 2차 함수이다. 2차 4변형 요소에서 응력과 변형률은 선형 함수로서, 더 나은 식이다. Q8 요소를 이용한 섬유강화 복합재료의 모델이 그림 4.15에 나와 있다.

2차원 요소의 적용시 다음 사항을 유의할 필요가 있다.

- Q4와 T3는 선형 요소 메시에서 보통 함께 사용된다.
- Q8과 T6는 2차 요소로 구성된 메시에서 보통 적용된다.
- 선형 요소는 변형 해석용으로, 즉 거시적인 반응을 결정할 필요가 있을 경우에 권장한다.
- 2차 요소는 높은 정확도와 곡선 경계와 같이 복잡한 형상을 위한 모델링의 유연성으로 인하여 응력 해석용으로 선호하는 경향이 있다.

4.4.6 하중의 변환

집중하중(점 하중), 표면 트랙션(압력), 체적력(자중)은 구조물에 작용하는 주요 하중 형태이다. 트랙션과 체적력은 FE 모델에 직접적으로 작용할 수 없기 때문에 FE 모델에서 이 힘들은 절점 하중으로 변환될 필요가 있다. 이들 하중의 변환은 봉과 보 요소에서 사용된 것과 같이 동일한 개념(등가 일)에 기초하고 있다.

예를 들어 그림 4.16에서와 같이 Q4 요소의 가장자리에 선형적으로 변하는 트랙션 q 가 작용한다고 가정하자. 트랙션은 경계에 수직이다. 국소(접선)좌표계를 사용하여 트랙션 q 에 의한 일을 다음과 같이 나타낼 수 있다.

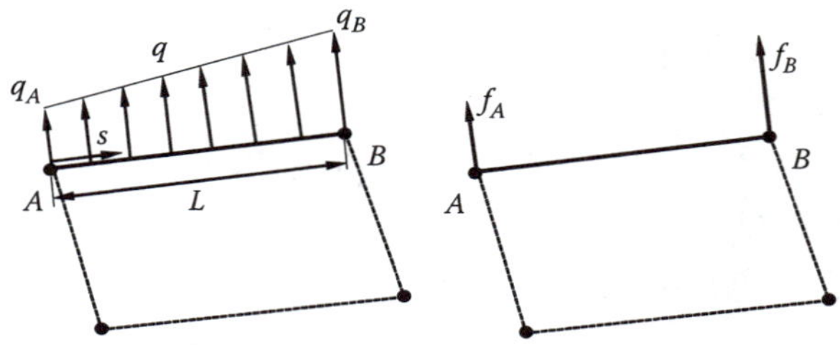

그림 4.16 Q4 요소의 가장자리에 작용하는 트랙션

$$W_q = \frac{1}{2} t \int_0^L u_n(s) q(s) ds$$

여기서 t 는 두께, L 은 변의 길이, u_n 은 가장자리 AB 에 대한 법선 방향 변위 성분이다. Q4 요소(선형 변위장)에 대하여 다음 식을 얻는다.

$$u_n(s) = (1 - s/L)u_{nA} + (s/L)u_{nB}$$

트랙션 $q(s)$ 또한 선형적이며, 유사하게 구한다.

$$q(s) = (1 - s/L)q_A + (s/L)q_B$$

따라서, 다음 식을 얻을 수 있다.

$$\begin{aligned} W_q &= \frac{1}{2} t \int_0^L \left(\begin{bmatrix} u_{nA} & u_{nB} \end{bmatrix} \begin{bmatrix} 1 - s/L \\ s/L \end{bmatrix} \right) \left(\begin{bmatrix} 1 - s/L & s/L \end{bmatrix} \begin{bmatrix} q_A \\ q_B \end{bmatrix} \right) ds \\ &= \frac{1}{2} \begin{bmatrix} u_{nA} & u_{nB} \end{bmatrix} t \int_0^L \begin{bmatrix} (1 - s/L)^2 & (s/L)(1 - s/L) \\ (s/L)(1 - s/L) & (s/L)^2 \end{bmatrix} ds \begin{bmatrix} q_A \\ q_B \end{bmatrix} \\ &= \frac{1}{2} \begin{bmatrix} u_{nA} & u_{nB} \end{bmatrix} \frac{tL}{6} \begin{bmatrix} 2 & 1 \\ 1 & 2 \end{bmatrix} \begin{bmatrix} q_A \\ q_B \end{bmatrix} \\ &= \frac{1}{2} \begin{bmatrix} u_{nA} & u_{nB} \end{bmatrix} \begin{Bmatrix} f_A \\ f_B \end{Bmatrix} \end{aligned}$$

등가의 절점 하중 벡터는 다음과 같다.

$$\begin{Bmatrix} f_A \\ f_B \end{Bmatrix} = \frac{tL}{6} \begin{bmatrix} 2 & 1 \\ 1 & 2 \end{bmatrix} \begin{Bmatrix} q_A \\ q_B \end{Bmatrix}$$

일정한 q 의 경우 다음과 같이 됨을 주목하라.

$$\begin{Bmatrix} f_A \\ f_B \end{Bmatrix} = \frac{qtL}{2}\begin{Bmatrix} 1 \\ 1 \end{Bmatrix}$$

2차요소(삼각형 또는 4변형)의 경우 트랙션은 가장자리를 따라, 2절점 대신에, 3개의 절점 하중으로 변환된다. 경계에 접선방향으로 작용하는 트랙션과 체적력도 이와 유사하게 절점하중으로 변환된다.

4.4.7 응력 계산

요소 내의 응력은 다음 관계식에 의해 결정한다.

$$\begin{Bmatrix} \sigma_x \\ \sigma_y \\ \tau_{xy} \end{Bmatrix} = \mathbf{E}\begin{Bmatrix} \varepsilon_x \\ \varepsilon_y \\ \gamma_{xy} \end{Bmatrix} = \mathbf{EBd} \tag{4.39}$$

여기서 **B** 는 변형률–절점 변위 행렬이며, **d** 는 절점 변위 벡터로서 전역 FE방정식의 해가 구해지면 각 요소에 대해 알 수 있다.

응력은 요소 내의 임의점(중심과 같이)이나 절점에서 계산될 수 있다. 사용자가 시각적으로 응력 결과를 관찰할 수 있도록 FEA 소프트웨어 패키지(후처리 과정 동안)에서 분포도(contour plot)가 보통 사용된다.

4.4.7.1 폰 미제스 응력

폰 미제스(von Mises) 응력은 2차원 및 3차원 응력 해석에서 유효 또는 등가 응력이다. 연성 재료에서 다음 관계가 만족될 때 응력 수준은 안전한 것으로 고려된다.

$$\sigma_e \le \sigma_Y$$

여기서 σ_e 는 폰 미제스 응력이고 σ_Y 는 재료의 항복 응력이다. 이는 1차원(실험적) 결과를 2차원 및 3차원의 경우로 확장시킨 것이다.

폰 미제스 응력은 다음 식으로 정의한다.

$$\sigma_e = \frac{1}{\sqrt{2}}\sqrt{(\sigma_1 - \sigma_2)^2 + (\sigma_2 - \sigma_3)^2 + (\sigma_3 - \sigma_1)^2} \tag{4.40}$$

여기서 σ_1, σ_2, σ_3 는 구조물의 고려대상 지점에서 3개의 주응력이다.

2차원 문제에서 평면내 주응력은 다음 식으로 결정된다.

$$\sigma_1^{\,P} = \frac{\sigma_x + \sigma_y}{2} + \sqrt{\left(\frac{\sigma_x - \sigma_y}{2}\right)^2 + \tau_{xy}^2}$$
$$\sigma_2^{\,P} = \frac{\sigma_x + \sigma_y}{2} - \sqrt{\left(\frac{\sigma_x - \sigma_y}{2}\right)^2 + \tau_{xy}^2} \tag{4.41}$$

따라서, xy 좌표계에서의 응력 성분으로 폰 미제스 응력을 나타낼 수 있다. 평면 응력 조건에서 다음과 같다.

$$\sigma_e = \sqrt{(\sigma_x + \sigma_y)^2 - 3(\sigma_x\sigma_y - \tau_{xy}^2)} \tag{4.42}$$

4.4.7.2 평균 응력

FEA 소프트웨어 패키지에서는 더 정확한 응력 값을 제공하기 위하여 절점에서 평균응력을 계산한다. 응력의 불연속이 존재하는 두 재료 사이의 절점이나 기하학적 불연속 지점에서는 이 기능을 차단해야 된다.

예제 4.2

그림과 같이 정사각형 판이 중앙에 구멍이 있고, x 방향으로 인장력 p 를 받고 있다.

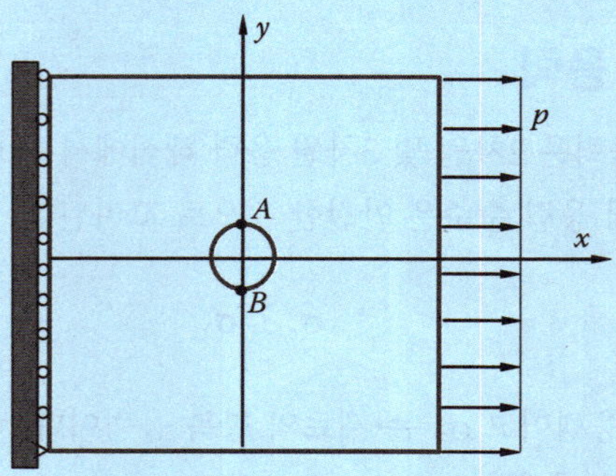

판의 치수는 10 in×10 in, 두께는 0.1 in, 구멍의 지름은 1 in이다. $E = 10\times10^6$ psi, $\nu = 0.3$, $p = 100$ psi 로 가정하라. 판에서 최대 응력을 구하라.

FE 해석

이 예제는 평면응력 문제이다. 응력집중에 대한 지식을 이용하여, 최대 응력은 구멍의 가장자리 A 와 B 에서 발생함을 예상할 수 있어야 된다. 이 응력 값은 약 $3p$(=300 psi) 이며, 이 값은 원공을 가진 무한 평판에 대한 엄밀해이다.

ANSYS를 사용하여 모델링(메시 작업)과 해석을 수행하며 2차 삼각형(T6), 선형 사변형(Q4), 2차 사변형 요소(Q8)를 사용한다. 세 가지 서로 다른 요소에 대한 FEM 결과를 비교하고, 정확도와 효율에 대해 설명한다. 2차 삼각형(T6) 요소에 의한 메시 분할과 응력 분포가 아래 그림에 나와 있다.

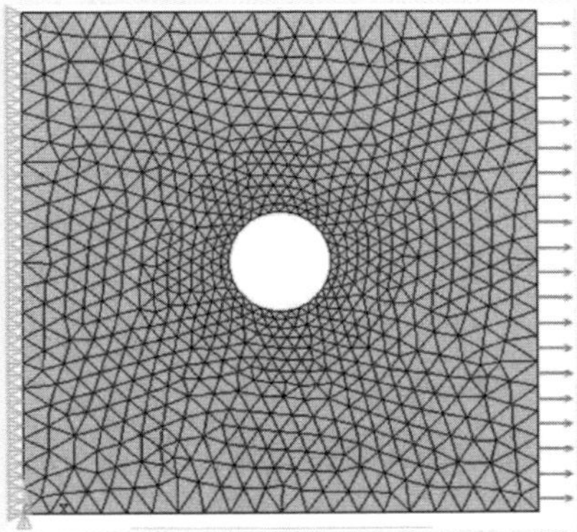

FE 메시 (T6, 1518 요소 수)

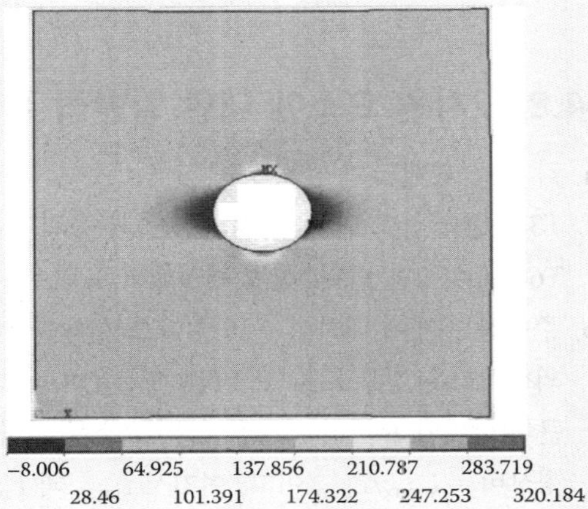

FE 응력 분포도와 변형 모양
(T6, 1518 요소 수)

표 4.1 FEA 응력 결과

요소 형태	요소 수	총 DOFs	최대 σ (psi)
Q4	506	1102	312.42
Q4	3352	7014	322.64
Q4	31,349	64,106	322.38
…	…	…	…
T6	1518	6254	320.18
T6	2562	10,494	321.23
T6	24,516	100,702	322.24
…	…	…	…
Q8	501	3188	320.58
Q8	2167	13,376	321.70
Q8	14,333	88,636	322.24

세 종류의 메시를 사용하여 계산한 응력 결과를 요소 및 DOFs 수와 함께 표 4.1에 수록하였다.

세 가지 요소 형태에 대하여 모두 최대 응력 값이 0.05% 이내의 차이로 수렴하는 결과를 얻었다. 그러나, Q8 과 T6 요소는 Q4 요소보다 더 효율적이고 더 빨리 수렴하는데, 이는 Q4 요소가 선형적이라 곡선 경계를 정확하게 나타낼 수 없기 때문이다. 요구되는 정확도를 1%로 설정한다면, Q8 요소의 501개 메시로도 충분하다. 각 모델에 대하여 경계조건이 올바르게 적용되었는지 확인하기 위하여 판의 변형된 형상을 검토할 필요가 있음에 또한 주목하라. 더 나은 또는 "더 스마트한" 메시(규칙적인 메시)를 사용하는 경우 더 적은 요소로도 동일한 수준의 정확도를 달성할 수 있어야 한다. 주어진 문제의 대칭성을 이용하여 다음 장에서 이 예제를 다시 해석할 것이다.

4.4.8 2차원 요소에 대한 일반적 주의사항

a. 각 요소 형태의 속성을 숙지하라.
   T3와 Q4: 선형 변위, 일정 변형률과 응력
   T6와 Q8: 2차 변위, 선형 변형률과 응력

b. 주어진 문제에 대하여 올바른 요소 형태를 선택하라.
   의심스러운 경우 고차 요소(T6 또는 Q8)나 더 미세한 메시를 사용하라.

c. 큰 형상비와 모서리 각도를 갖는 요소를 피하라(그림 4.17).
   형상비 $= L_{max}/L_{min}$ 이고, 여기서 L_{max} 과 L_{min} 은 각각 가장 긴 길이와 가장 짧은 길이이다.

d. 요소가 적절히 연결되어 있는지 확인하라.
   FE 모델에서 의도하지 않은 공백이나 자유 요소를 남겨 두지 마라(그림 4.18).

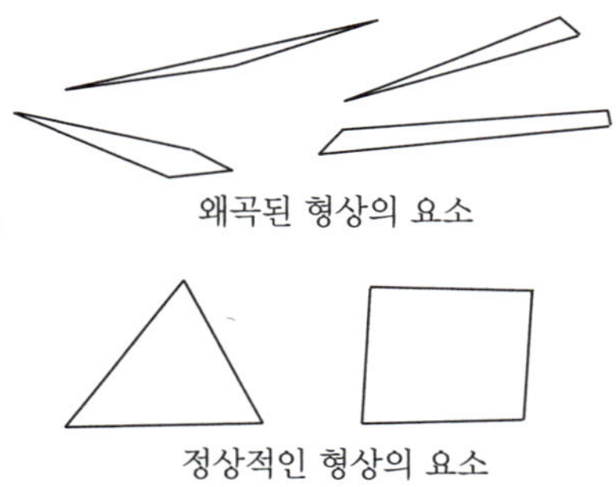

그림 4.17 왜곡된(불규칙한) 형상의 요소와 정상적인(규칙적인) 형상의 요소

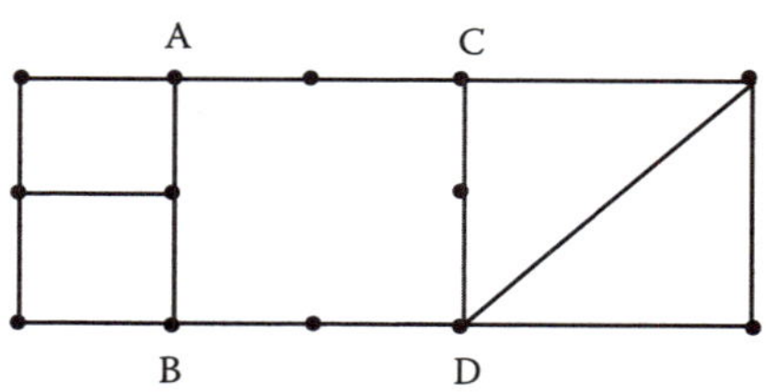

그림 4.18 FE 메시에서 의도하지 않은 공백

4.5 ANSYS Workbench를 이용한 사례연구

문제 설명: 콤비네이션 렌치는 잠금 장치를 풀거나 잠그는데 사용되는 도구이다. 아래에 보인 렌치는 스테인리스 스틸 재질이며 3 mm 의 두께를 갖는다. 주어진 분포 하중과 경계조건에서 최대 변형과 von Mises 응력을 결정하시오.

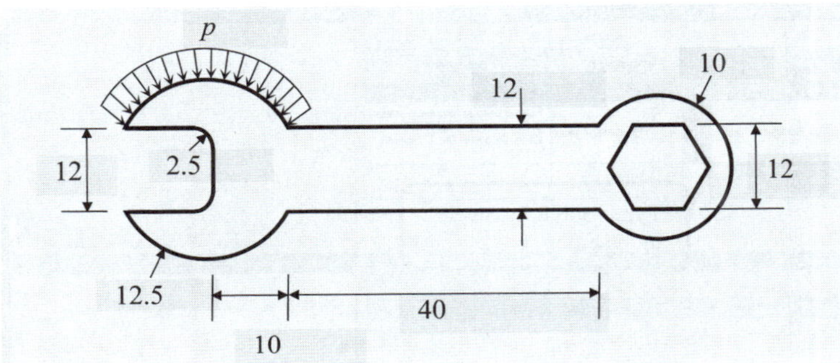

재질: Stainless Steel
$E = 193$ GPa, $\nu = 0.27$

경계조건:
우측 6 각형은 모든 면이 고정

압력 = 2 MPa
(단위: mm)

풀이

*ANSYS Workbench*를 이용하여 문제를 해석하기 위해, 다음의 단계를 수행한다.

단계 1: *ANSYS Workbench* 프로젝트 시작하기

ANSYS Workbench를 실행하고 빈 프로젝트(blank project)를 '***Wrench.wbpj***'로 저장한다.

단계 2: *Static Structural (ANSYS)* 해석 시스템을 생성

정적 구조해석을 수행하기 위해, 좌측 ***Analysis Systems Toolbox*** 창에서 ***Static Structural (ANSYS)*** 아이콘을 드래그(drag)하여 ***Project Schematic*** 창에 있는 초록 사각형 내에 위치(drop)시킨다.

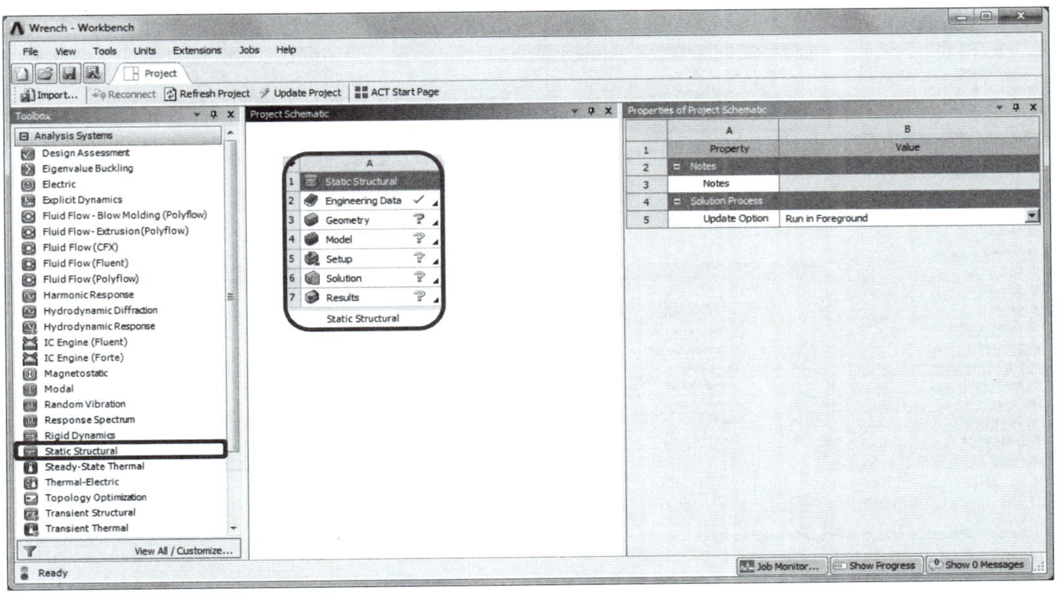

단계 3: 새로운 재료 추가

재료를 편집하거나 추가하기 위해 ***Project Schematic***의 ***Engineering Data*** 셀을 더블클릭 (또는 마우스 오른쪽 버튼을 클릭 후 ***Edit*** 선택) 한다. 다음의 ***Engineering Data*** 화면에서, 아래 강조표시된 빈 상자를 클릭하고 새로운 재질에 대해 ***'Stainless Steel'*** 을 입력한다.

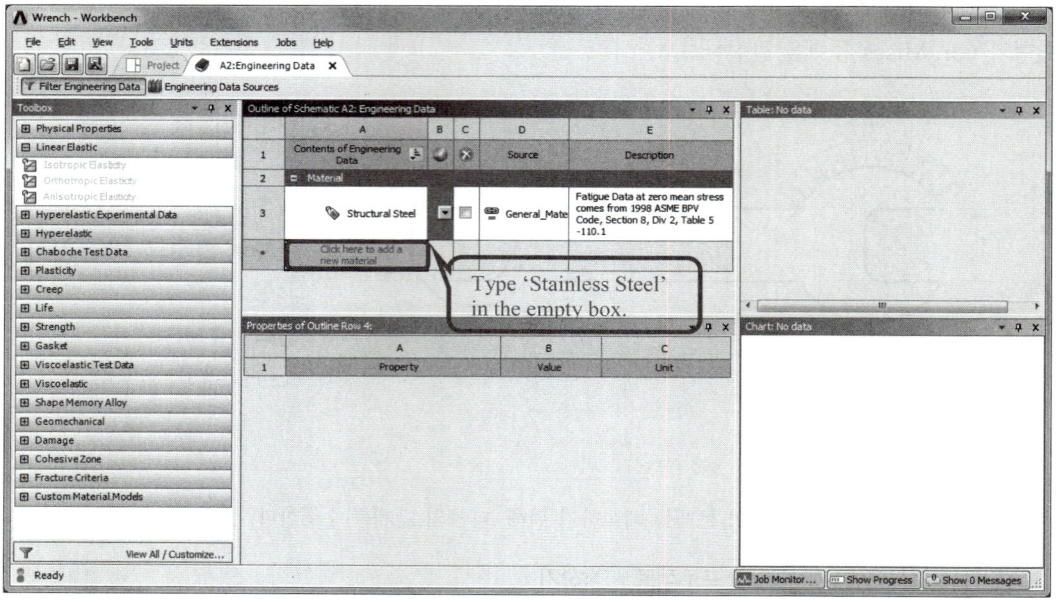

Outline 창에서 ***'Stainless Steel'***을 선택하고 우측 ***Toolbox***의 ***Linear Elastic*** 항목에서 ***Isotropic Elasticity***를 더블클릭한다. ***Properties*** 창에서 ***Young's Modulus***에 ***'193E9'***, ***Poisson's Ratio***에 ***'0.27'***을 입력한다. ***A2: Engineering Data*** 탭을 닫고 ***Project Schematic***으로 돌아간다.

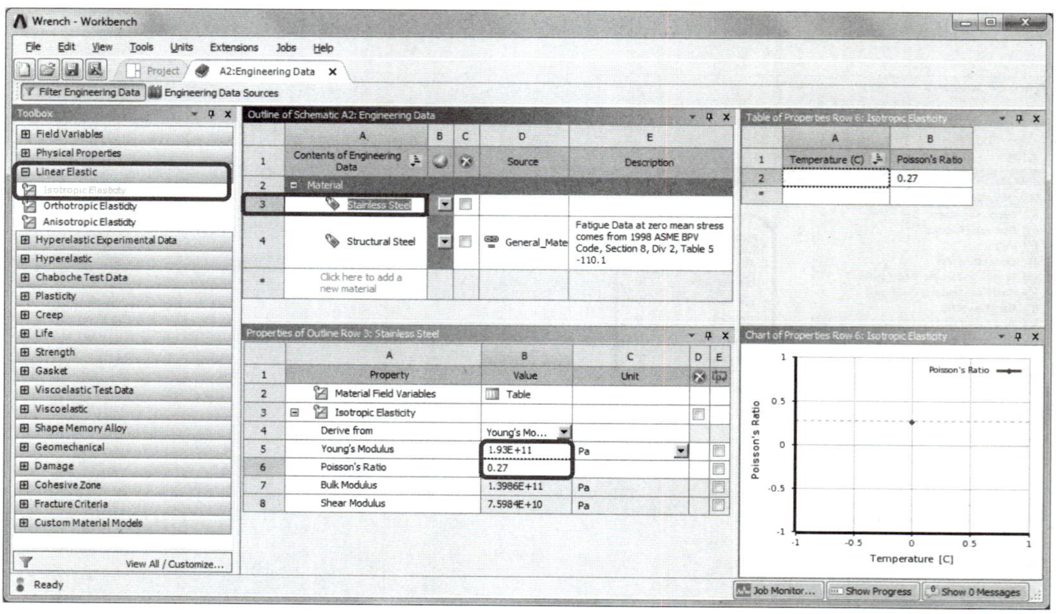

단계 4: *SpaceClaim* 프로그램 실행

Geometry 셀을 마우스 오른쪽 버튼으로 클릭한 다음 ***Properties***를 선택하여 ***Properties of Schematic A3: Geometry*** 패널을 연다. ***Basic Geometric Options***에서 ***Surface Bodies***가 체크되어 있는 것을 확인한다. ***Analysis Type***에 **2D**를 선택한다. 다음 ***Geometry*** 셀을 더블클릭하여 ***SpaceClaim*** 프로그램을 실행한다.

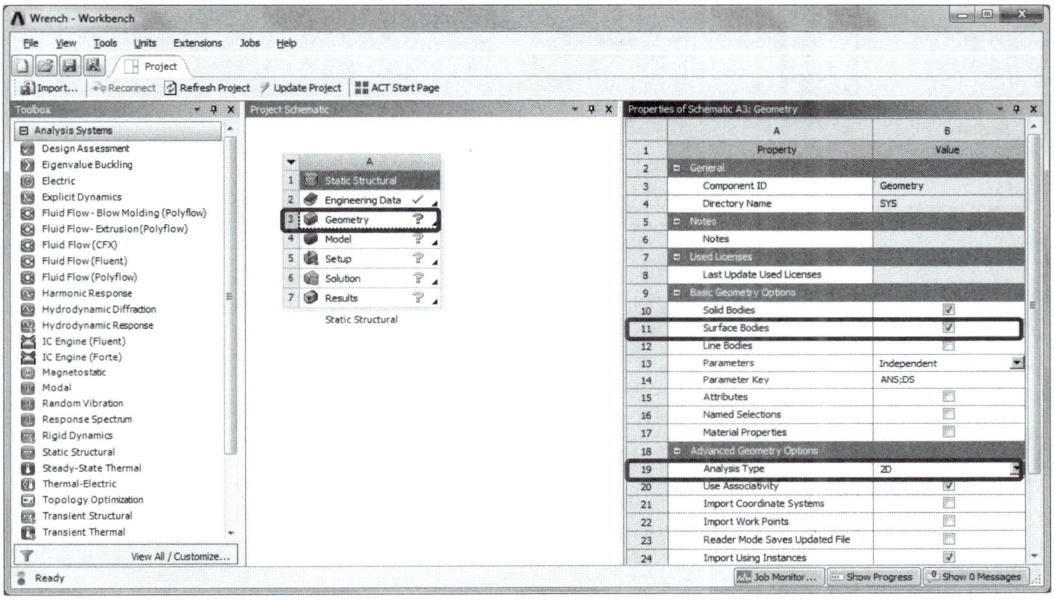

단계 5: 면(Surface) 스케치 생성

단위를 정의하기 위해, ***File*** 메뉴에서 ***SpaceClaim Options***을 선택하여 ***SpaceClaim Options*** 창을 연다. 좌측 패널에서 ***Units***을 클릭하고 ***Length*** 의 목록에서 ***Millimeters*** 를 선택한다. ***Minor Grid Spacing*** 을 ***1 mm*** 로 수정한 다음 ***OK***를 클릭하여 변경 내용을 저장하고 창을 닫는다.

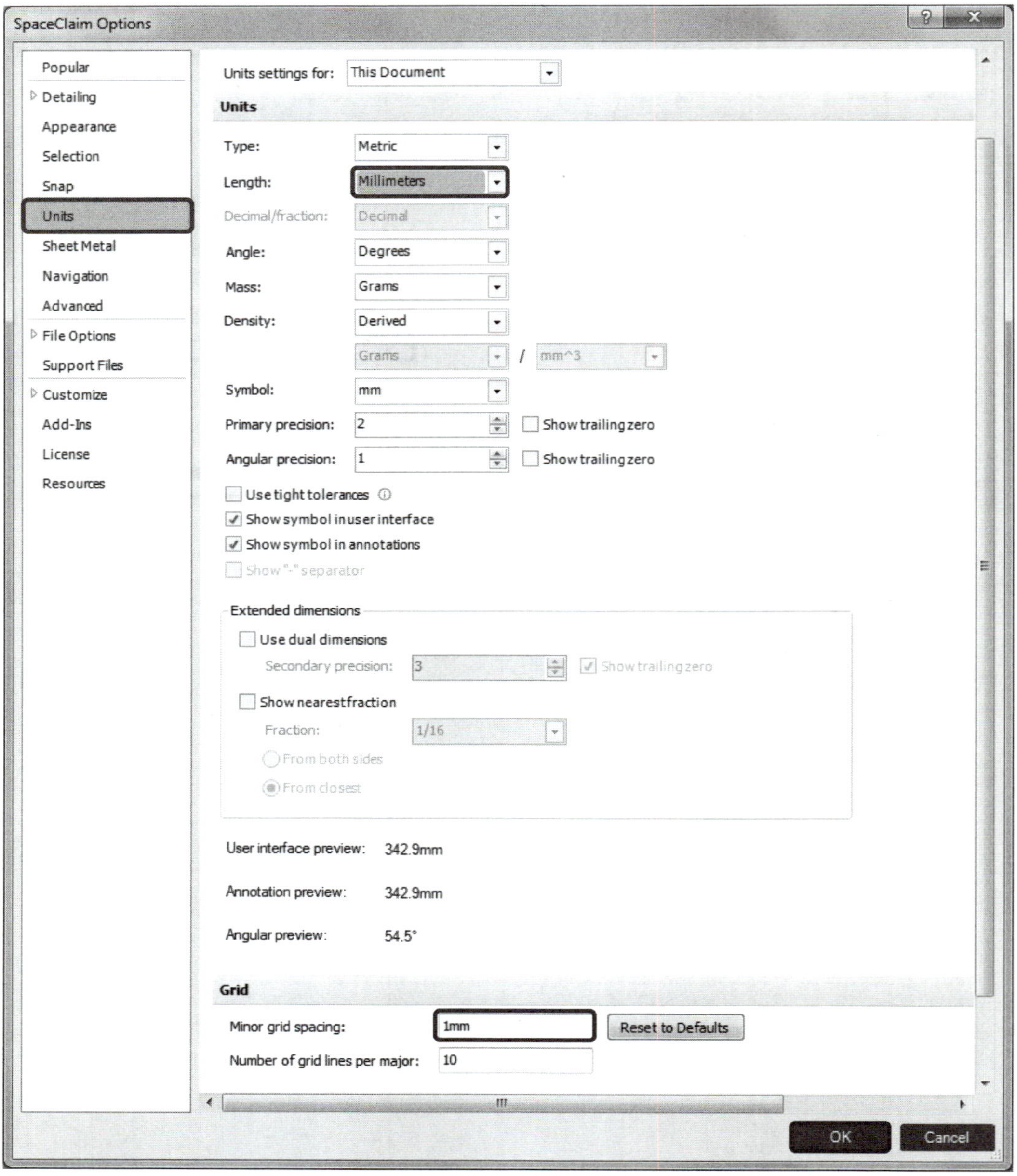

Graphics Window 에서 마우스 오른쪽 버튼을 클릭하여 드롭다운 메뉴를 열고 ***Select New Sketch Plane*** 을 선택한다.

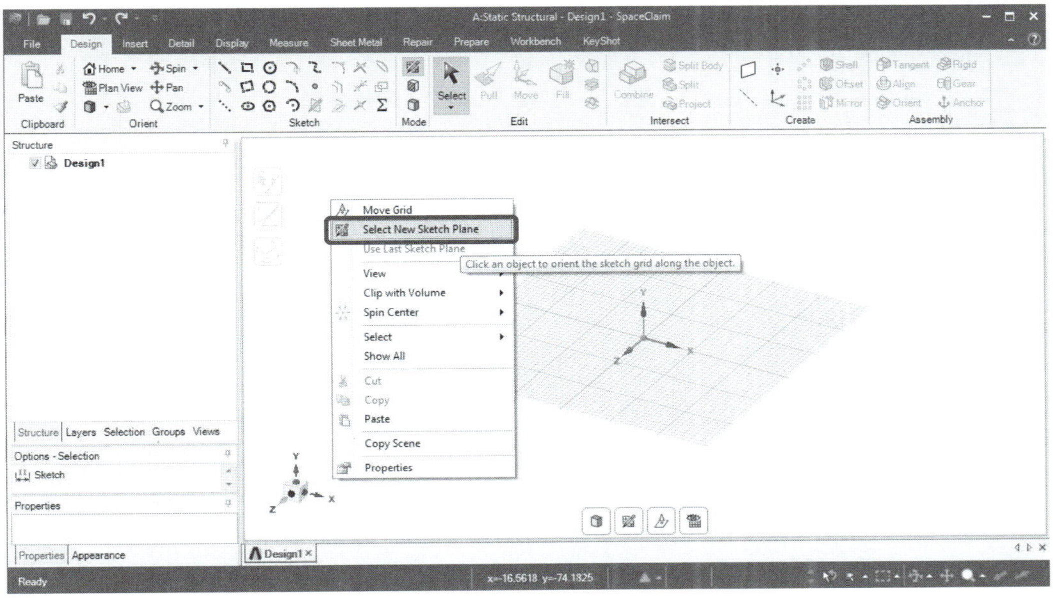

x-y plane 평면에 마우스를 위치하고 클릭하여 강조된 ***x-y plane*** 평면을 선택한다. 이 작업은 기본으로 적용된 x–z 평면을 x–y 평면으로 바꾸게 된다.

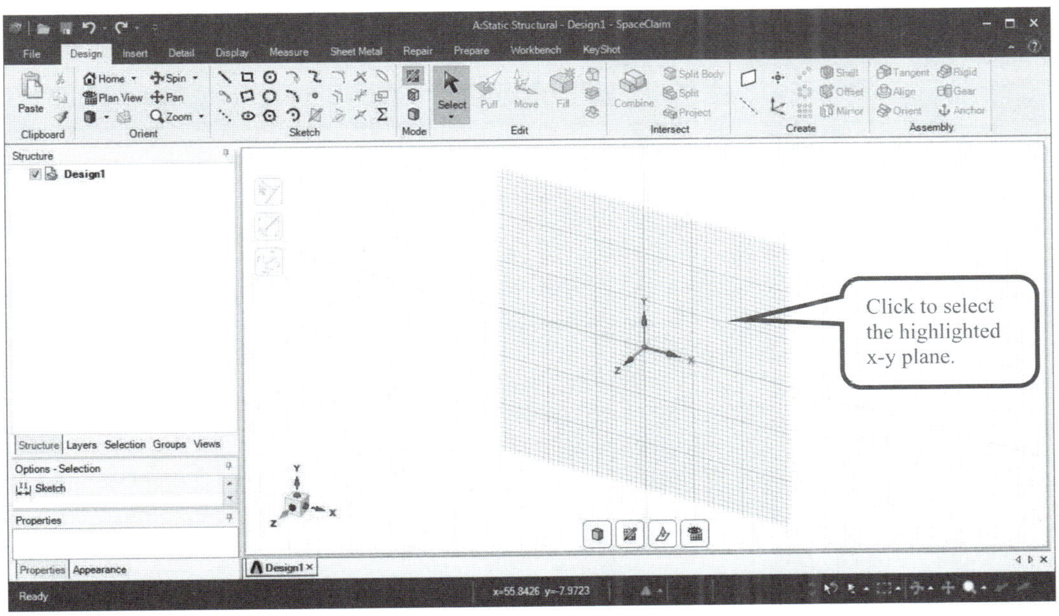

*Plan View*을 클릭하여 정면으로 스케치 격자를 확인한다.

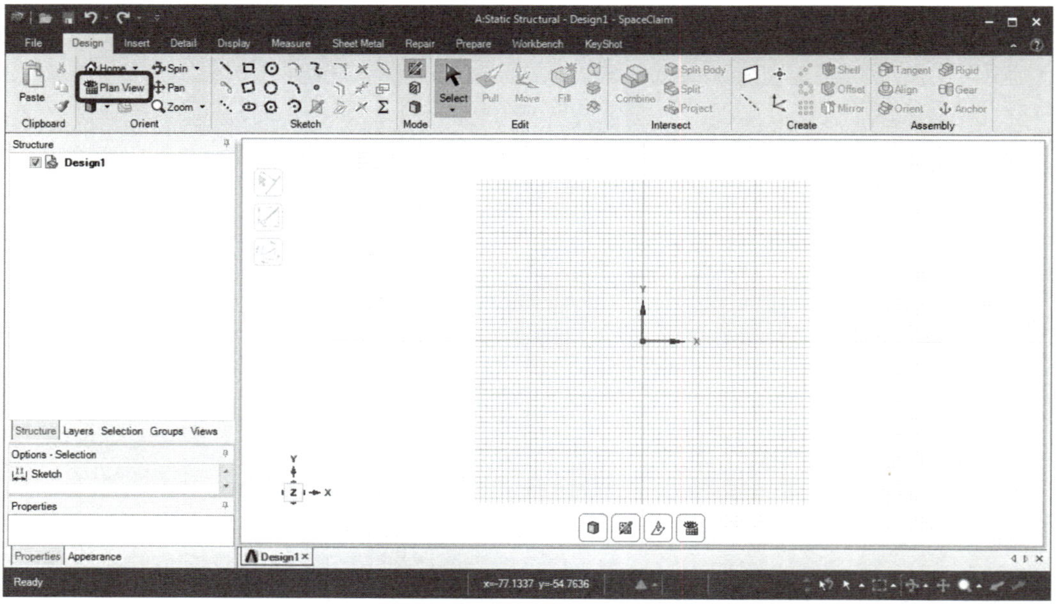

Design 탭에서 *Sketch Mode* 아이콘을 클릭하여 스케치를 시작한다. *Line* 아이콘을 클릭하여 아래와 같이 두 줄을 그린다. 선을 그리기 위해 시작점과 끝 점을 클릭한다. 편의상 한 점을 클릭하고 거리를 입력할 수 있다. 점 *1*을 클릭하고 수평으로 드래그한 다음 *40* 을 입력하여 첫번째 선을 그린다. 점 *3*을 클릭하고 수평으로 드래그한 다음 *40* 을 입력하여 2번째 선을 그린다. 필요하면 *Esc* 키를 눌러 작업을 종료할 수 있다.

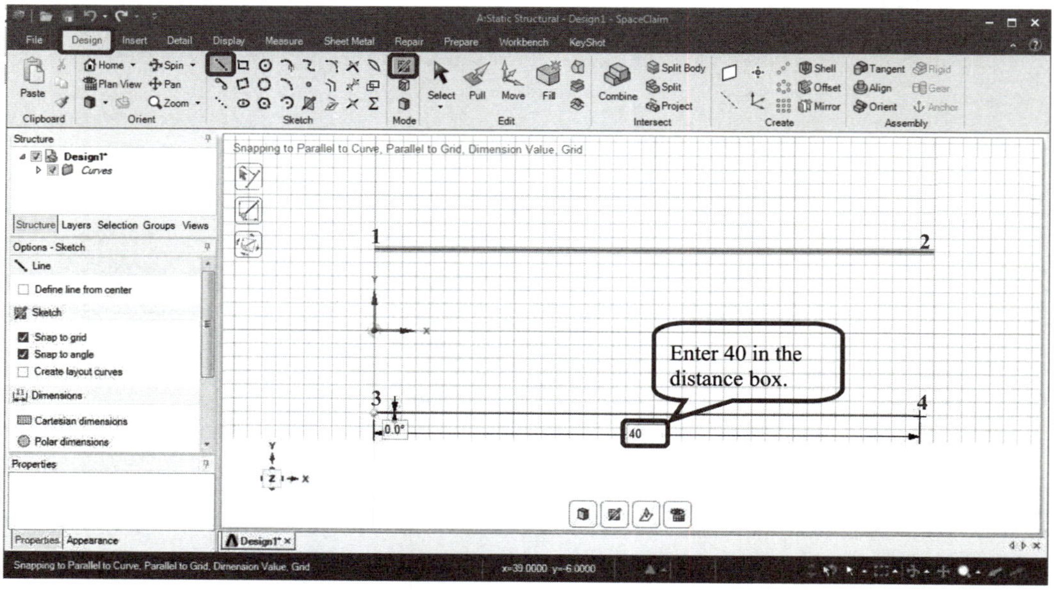

Three-Point Arc 아이콘을 클릭하고 점 **2**와 점 **4**를 선택한 다음 반지름 ***R***에 ***10***을 입력한다.

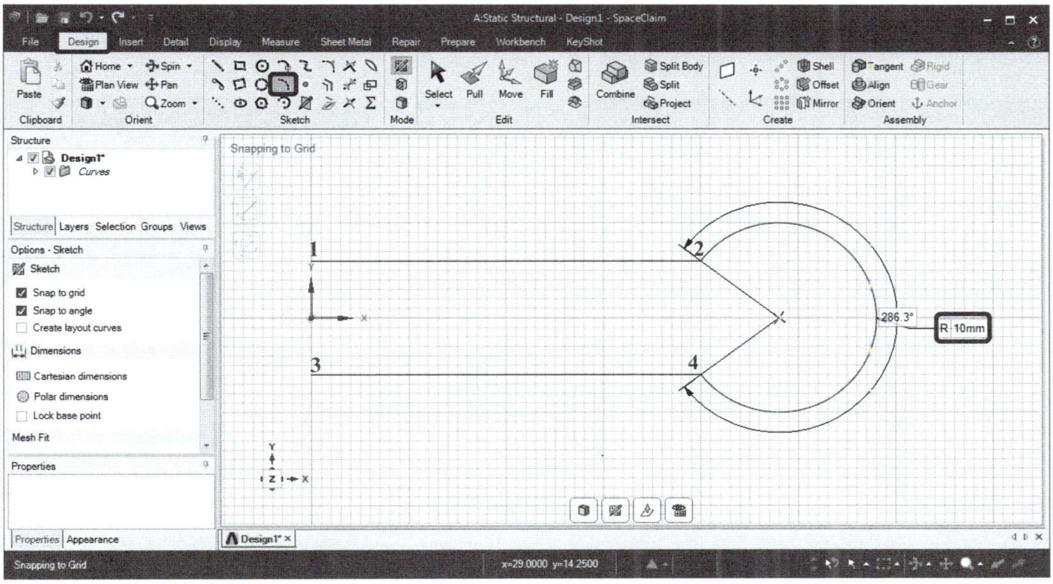

점 **3** 과 점 **1**을 선택하고 다음 반지름 ***R*** 에 ***12.5***를 입력한다. ***Save*** 아이콘을 클릭하고 파일이름을 ***Wrench*** 로 하여 ***SpaceClaim*** 문서를 저장한다.

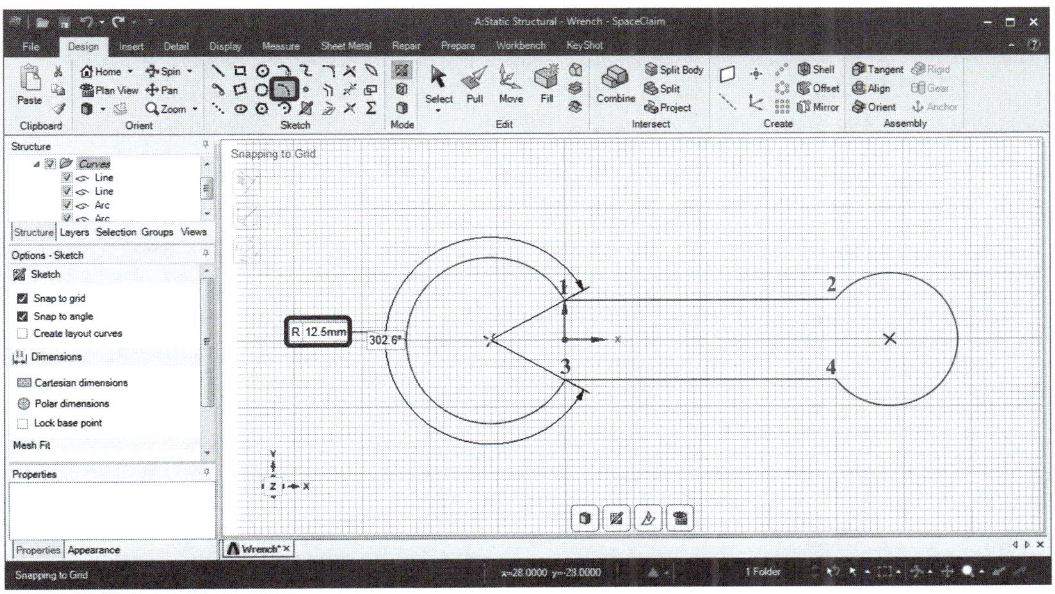

저장 후에 ***SpaceClaim*** 파일 이름이 바뀐 것을 확인할 수 있다. 툴박스에서 ***Polygon*** 아이콘을 클릭하고, ***Wrench*** 화면에서 6각형의 중심 점 ***5*** 를 클릭한 다음 *Φ* 에 ***12mm*** 를 입력한다. 다각형의 *Φ* 및 ***Sides***(면) 값을 입력할 때 ***Tab*** 키를 누르면 *Φ* 와 ***Sides*** 상자 사이를 변환할 수 있다. 여기서 *Φ* 는 다각형의 새겨진 원의 지름을 나타낸다.

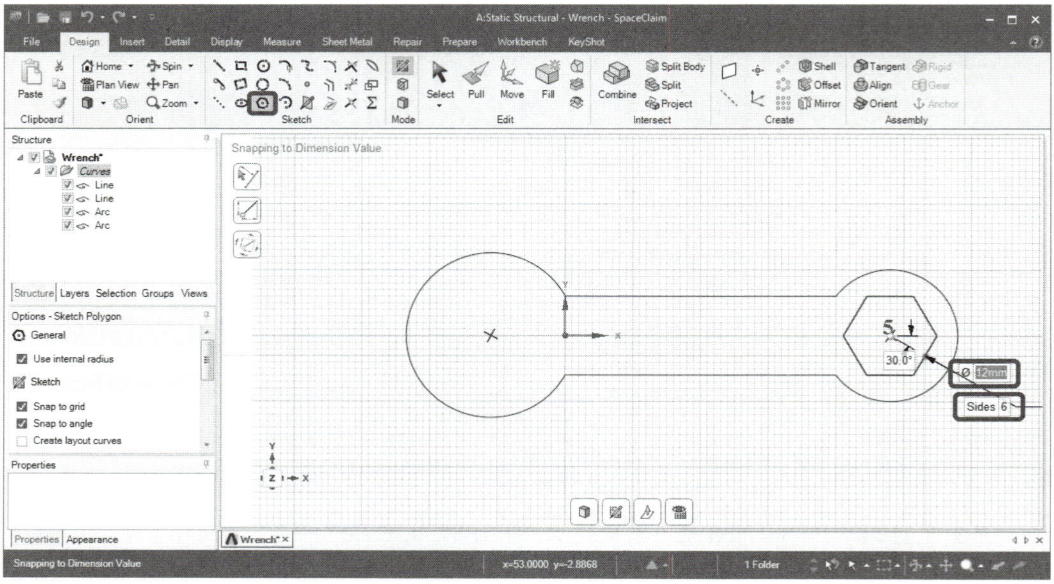

Line 아이콘을 클릭하고, 점 ***6*** , ***7*** 사이와 점 ***8*** , ***9*** 사이에 수평선, 점 ***6*** , ***8*** 사이에 수직선을 그린다. 점 ***6*** 과 ***1*** 사이와 점 ***8*** 과 3의 거리는 ***10 mm*** 이다. 점 ***7***과 ***9***는 두 선과 호가 교차하는 지점이다. 다음 ***Trim Away*** 아이콘을 클릭한다. 점 ***7*** 와 ***9*** 사이의 호를 클릭하여 이 부분을 제거한다.

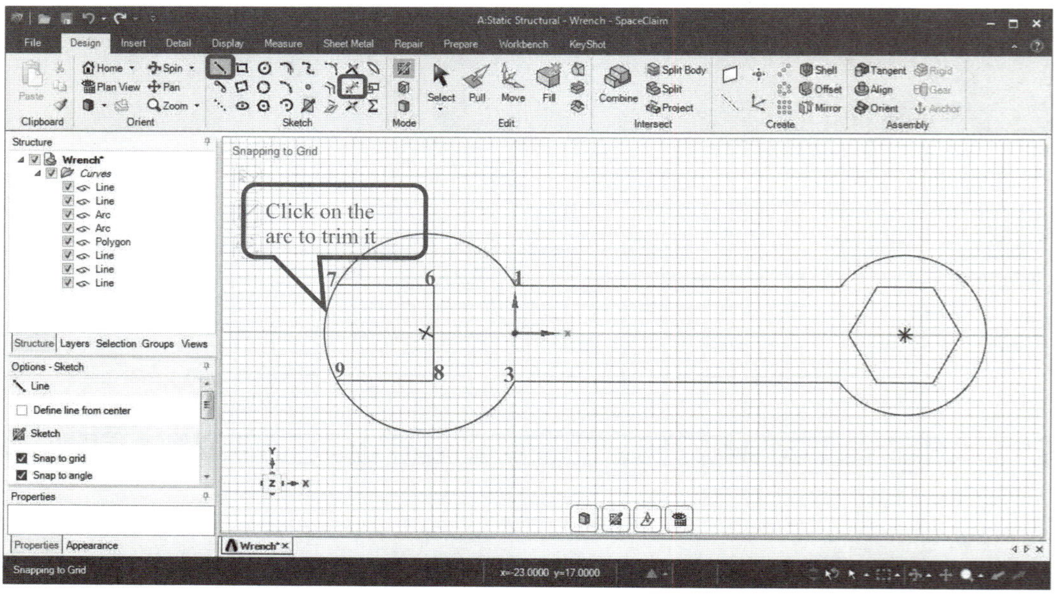

Create Rounded Corner 아이콘을 클릭한다. 선 ***A*** 와 ***C***를 선택하고 필렛 반지름에 **2.5** 를 입력한다. ***Esc*** 키를 눌러 필렛 생성을 종료한다.

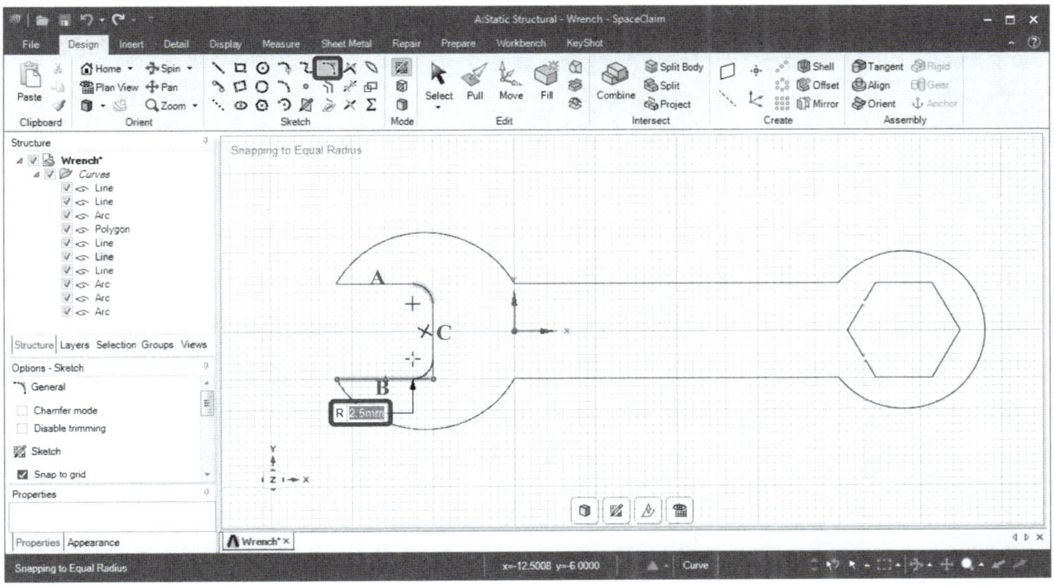

단계 6: 표면체(Surface Body) 생성

Design 탭에서 ***Pull*** 아이콘을 클릭한다. 스케치로부터 면(***Surface***)이 생생된다.

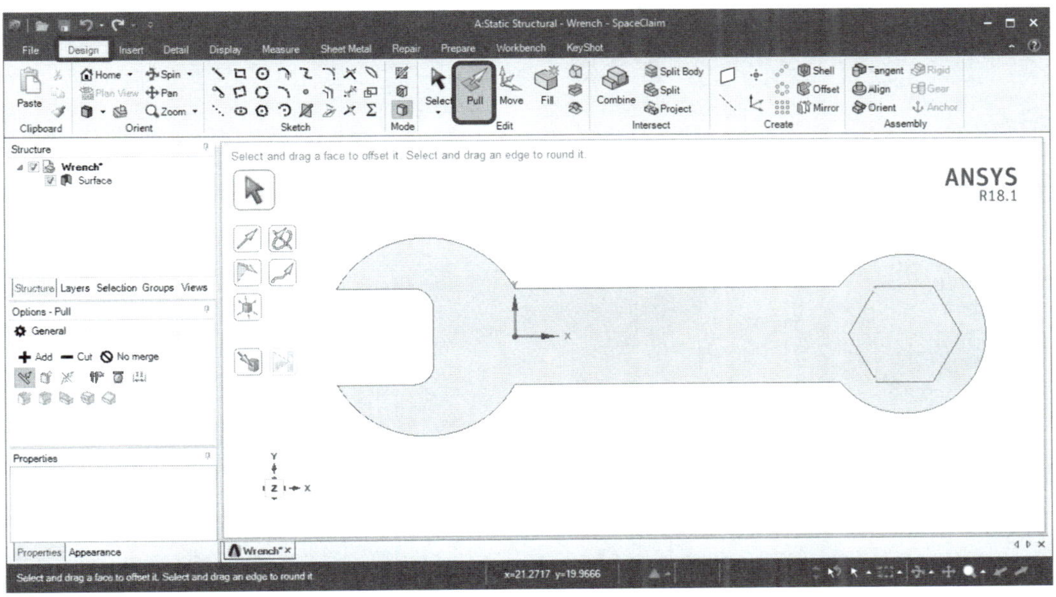

Home view 아이콘을 클릭하고, ***Graphics Window*** 육각면을 선택한 다음 ***Delete***를 누른다. 육각면이 제거된 다음의 표면이 생성된다.

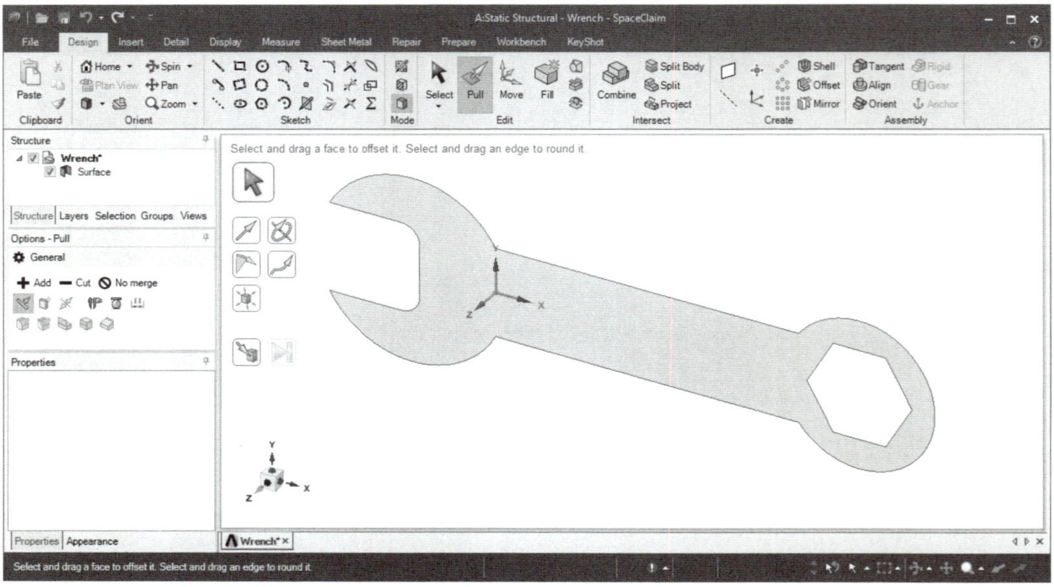

Structure Tree에서 ***Surface***를 클릭하고 좌측 하단의 ***Properties***에서 ***Midsurface Thickness*** 에 두께를 3으로 입력한다. ***Save***를 누르고 프로그램을 종료한다.

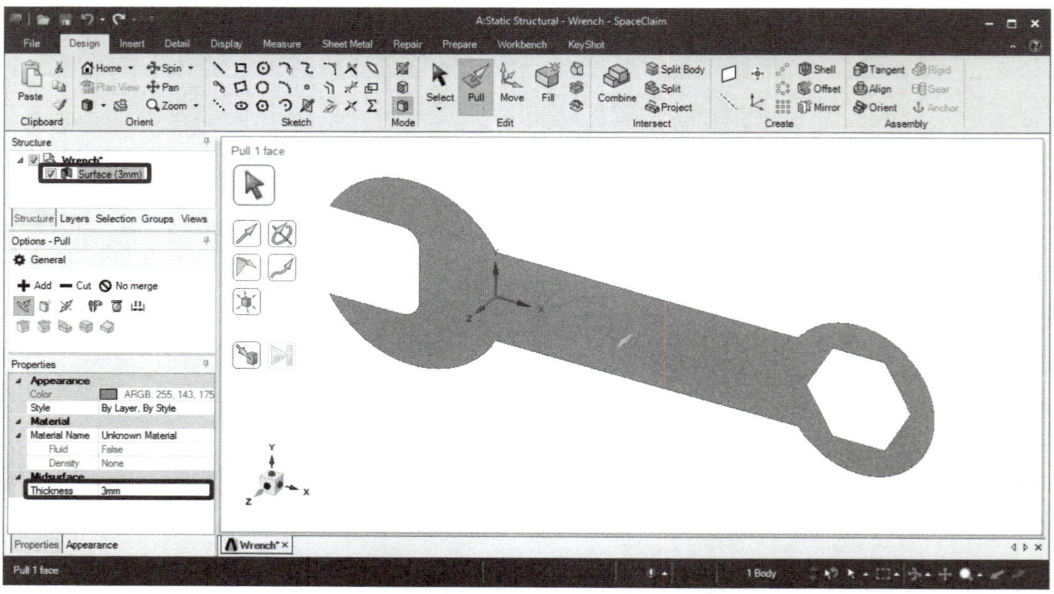

단계 7: *Static Structural (ANSYS)* 프로그램 실행

Model을 더블클릭하여 정적 해석을 위한 ***Static Structural*** 프로그램을 실행한다. ***Units*** 을 클릭하여 ***Metric (mm, kg, N, s, mV, mA)***을 선택한다.

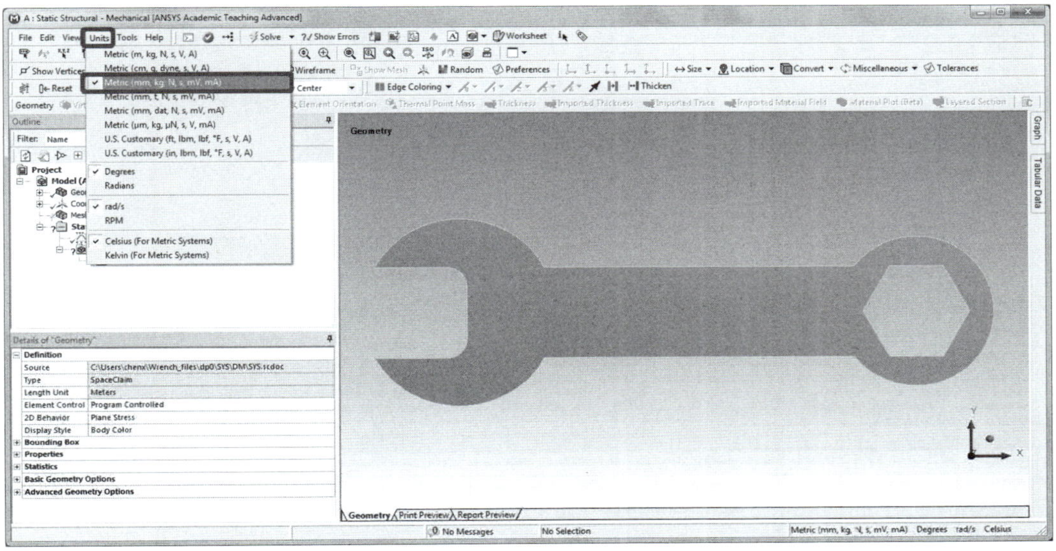

Outline tree에서 ***Geometry***를 클릭한다. ***Details of "Geometry"*** 에서 다음의 ***2D Behavior*** 옵션 선택이 가능하다: plane stress, axisymmetric, plane strain, generalized plane strain (무한한 두께를 가지는 경우의 평면응력이 아닌, z 방향으로 유한한 두께를 가정한 평면변형률), by body (특정 물체에만 2차원 거동을 가정). ***2D Behavior*** 에서 ***Plan Stress*** 을 선택한다.

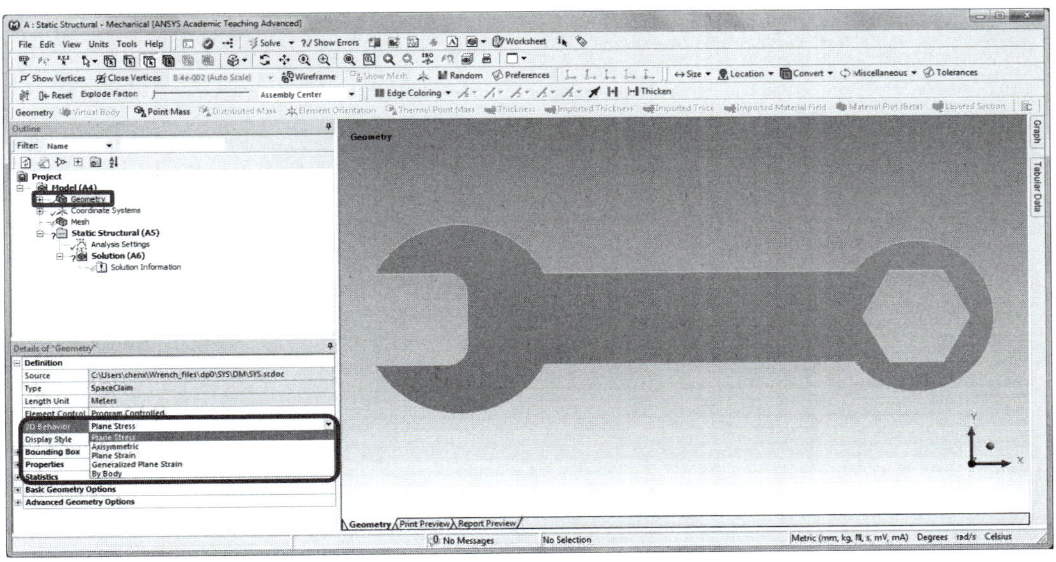

*Project Outline Tree*의 *Geometry* 아래에서 *Sys\Surface*를 클릭한다. *Details of "SYS\Surface"*에서 *Material Assignment* 필드를 클릭하고 *Stainless Steel* 을 선택한다.

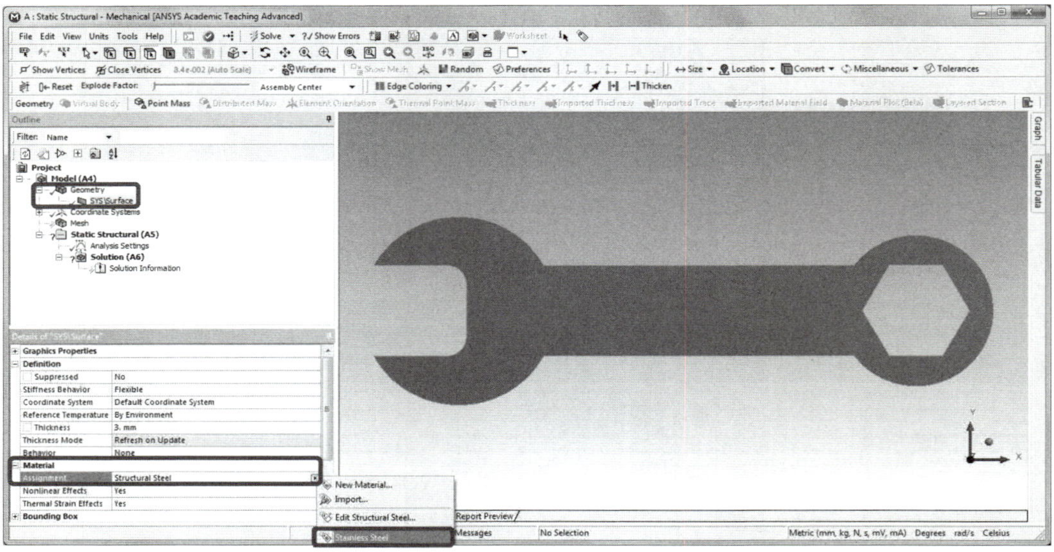

단계 8: 격자 생성

Project Outline 트리에서 *Mesh*를 마우스 오른쪽 버튼으로 클릭한다. *Insert*를 선택하고 *Method*를 클릭한다. *Graphics* 창에서 면 바디를 클릭하고, *Details of "Automatic Method"*의 *Geometry* 선택에 적용한다.

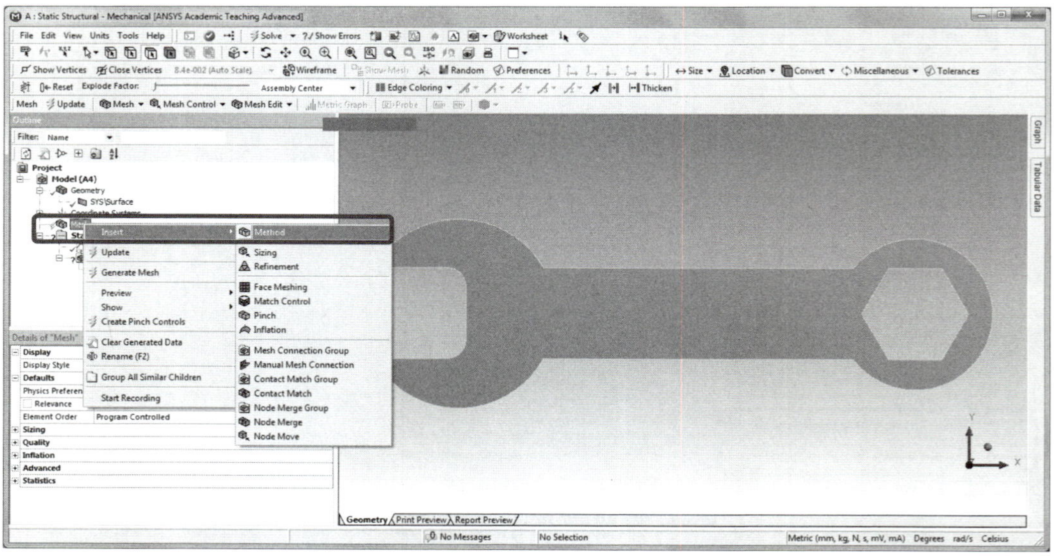

Project Outline의 ***Mesh***를 마우스 오른쪽 버튼으로 클릭하고, ***Insert*** 의 ***Sizing*** 을 선택한다.

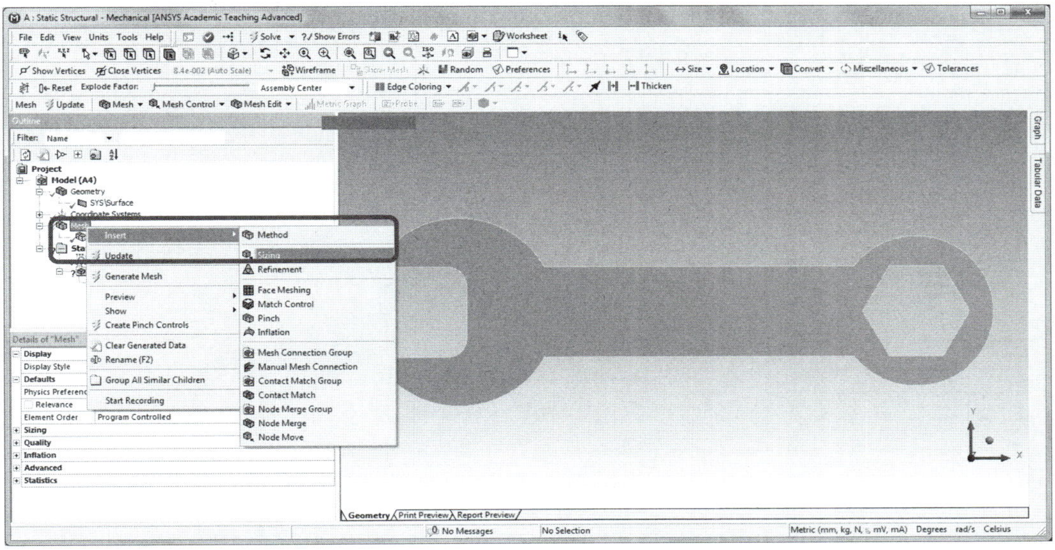

Details of "Body Sizing" 메뉴에서, ***Element Size***에 격자 크기인 '1.5' 를 입력한다. ***Graphics*** 창에서 면 바디를 클릭하고, ***Geometry*** 선택에 적용한다. ***Mesh*** 메뉴에서 마우스 오른쪽 버튼을 클릭하여 ***Generate Mesh***를 선택한다.

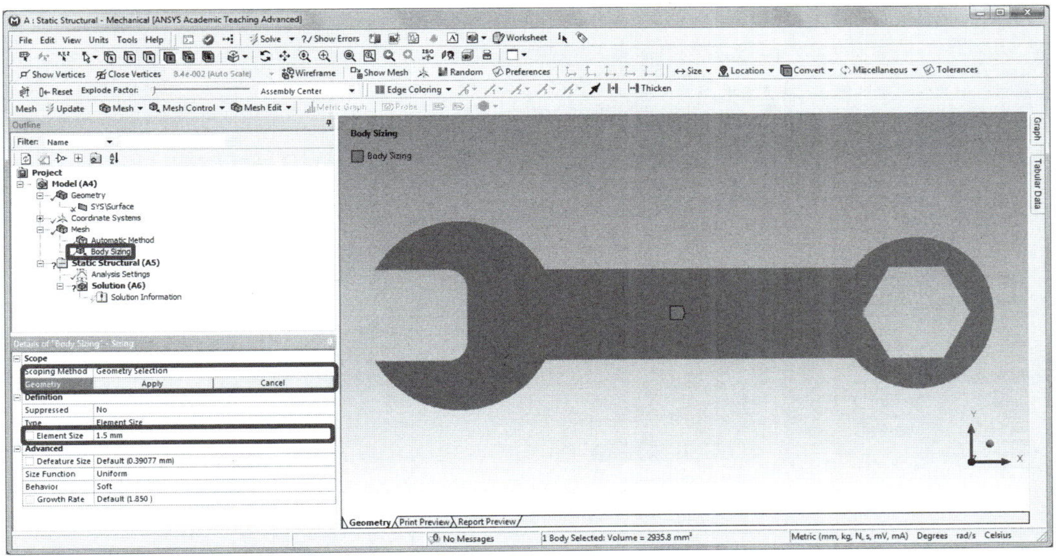

다음과 같이 생성된 격자가 나타난다.

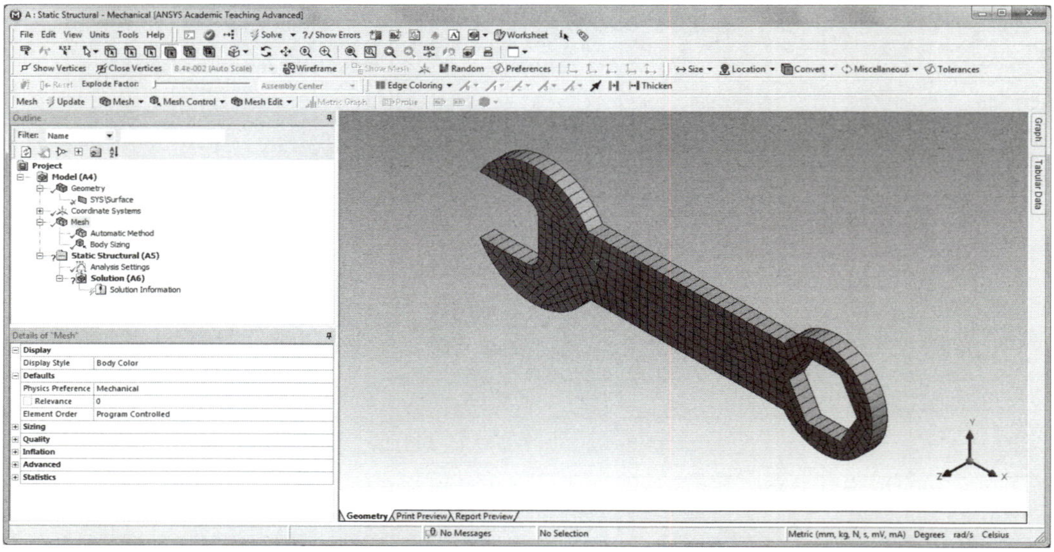

단계 9: 경계 조건을 적용

Outline 의 ***Static Structural (A5)*** 메뉴에서 마우스 오른쪽 버튼을 클릭하고 ***Insert***를 선택한 후 ***Fixed Support*** 를 클릭한다.

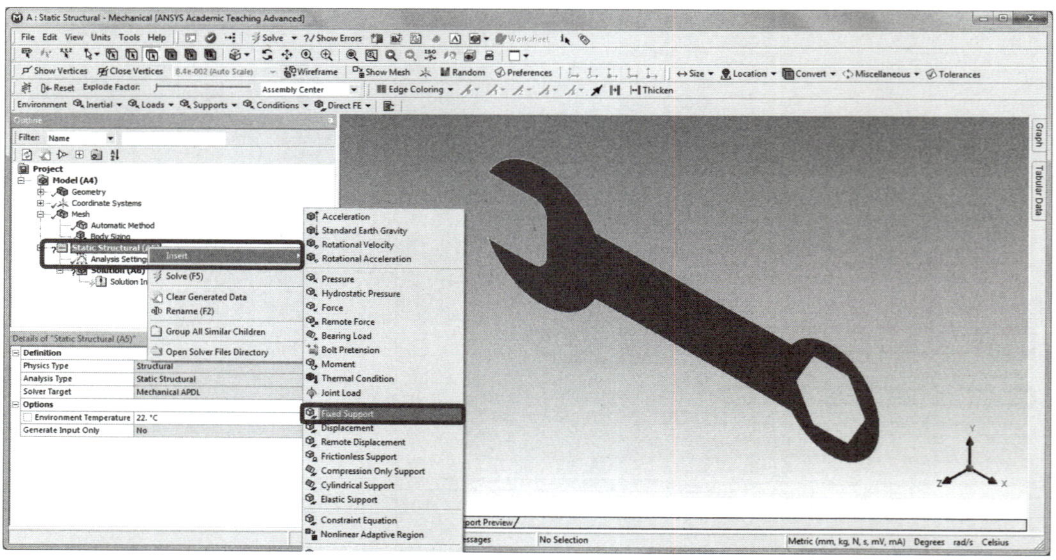

Graphics 창에서6각형의 모든 변을 ***Ctrl-click***하여 선택한다. 선을 선택하기 위해서는 ***Edge Selection filter***를 활성화 하여야 한다. ***Details of "Fixed Support"*** 아래의 ***Geometry*** 에서 ***Apply***를 눌러서 선택된 부분을 적용한다.

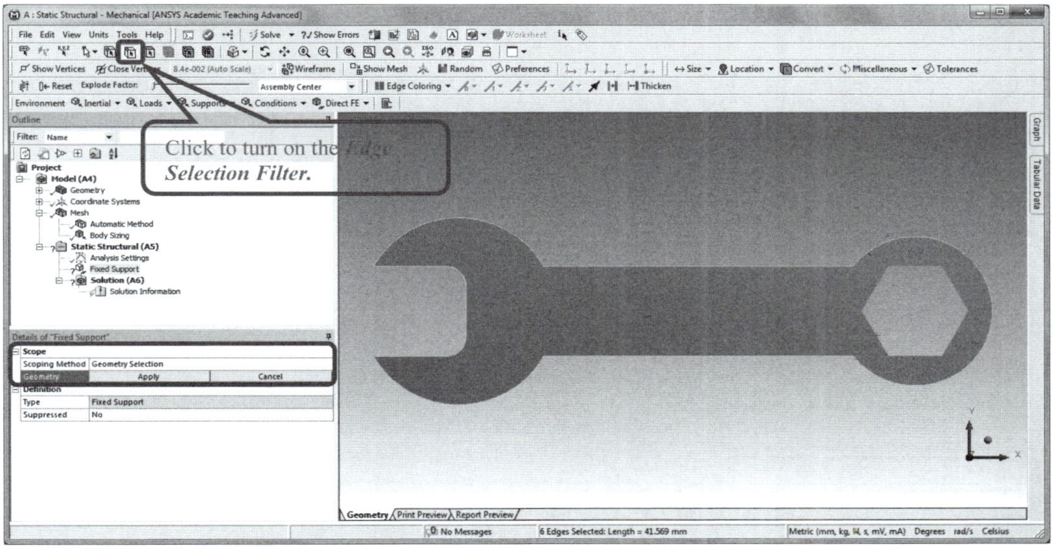

단계 10: 하중 부가

Project 의***Outline*** 에서, ***Static Structural (A5)***을 마우스 오른쪽 버튼으로 클릭하고 ***Insert***에서 ***Pressure***를 선택한다.

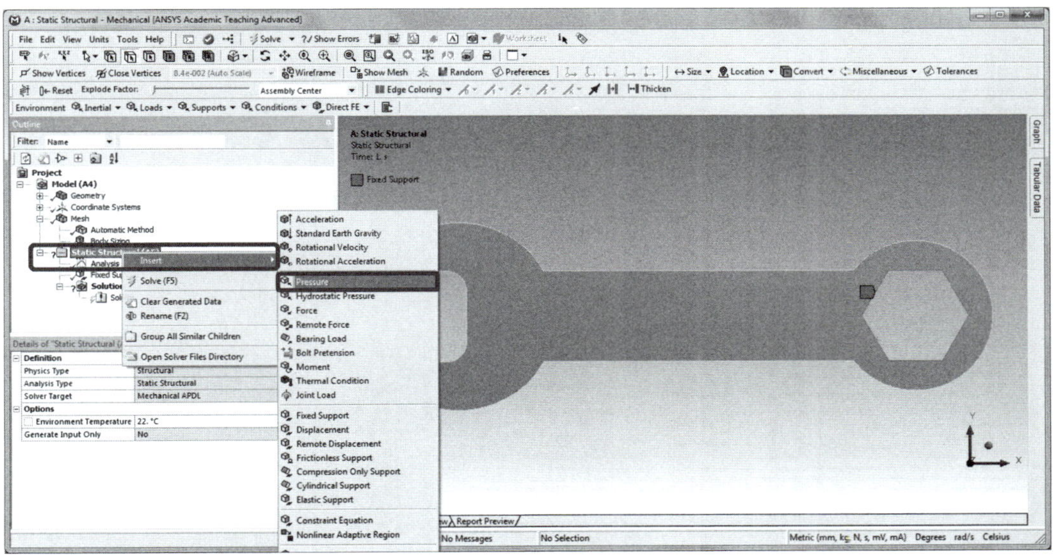

Details of "Pressure" 의 *Geometry* 선택에 호(arc)를 적용한다. *Edge Selection filter* 가 활성화 되어야 하며, *Details of "Pressure"* 의 *Define By* 필드에 *Vector* 를 선택하고 크기로 *Magnitude*에 *'2e6'* 를 입력한다. 아래에서 수직선을 선택하고 *Apply* 를 눌러 방향 선택을 완료한다. 벡터 방향이 아래쪽을 향하는 것을 확인하고, 만약 아니라면 아래쪽 좌우 화살표를 눌러 벡터 방향을 변경한다.

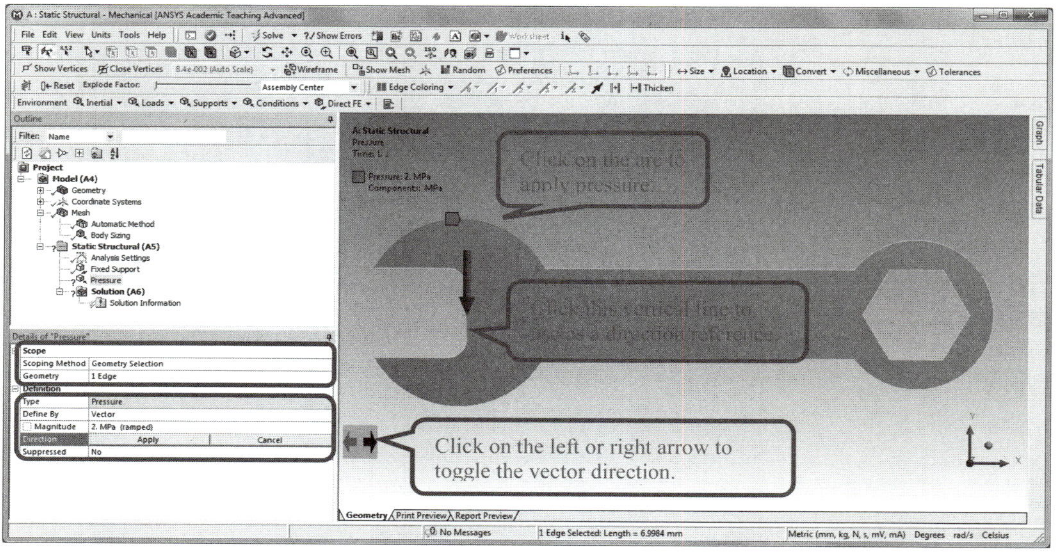

단계 11: 해를 구하기

Outline 트리에서 *Solution (A6)*을 마우스 오른쪽 버튼으로 클릭하고 *Total Deformation* 항목을 삽입한다.

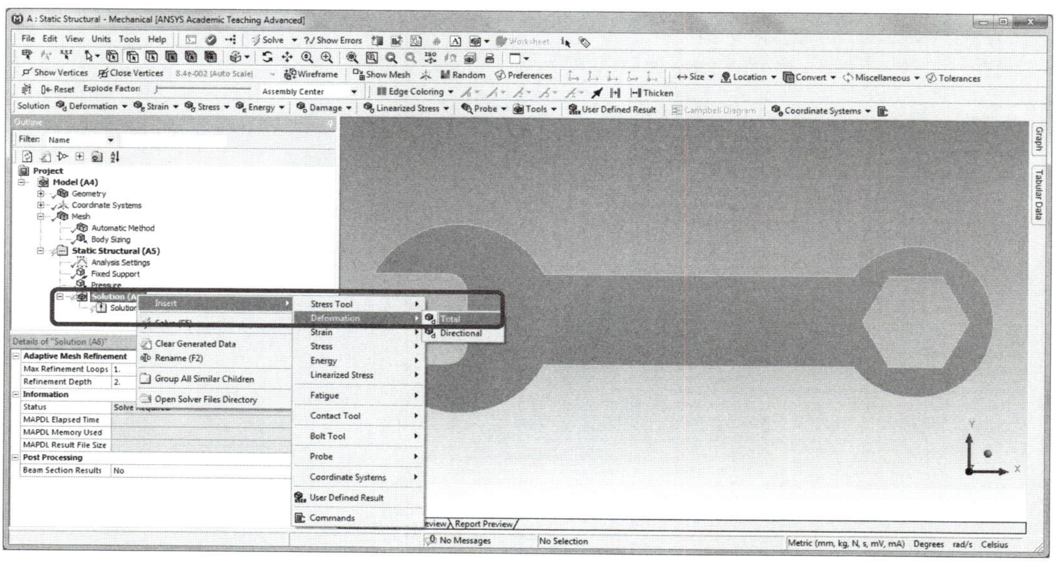

Outline 트리에서 ***Solution (A6)***을 마우스 오른쪽 버튼으로 클릭하고 ***Equivalent Stress*** 항목을 선택한다.

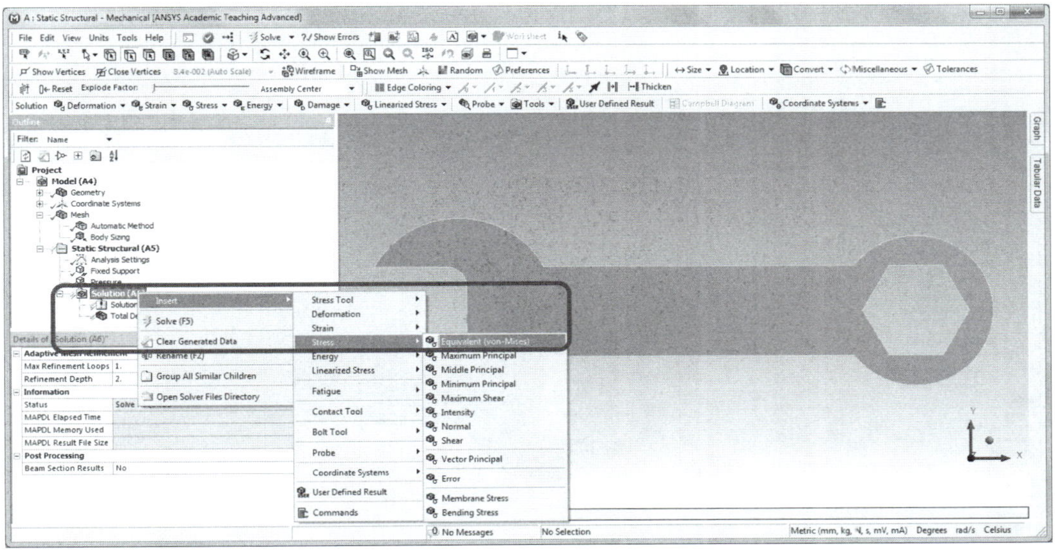

Outline 트리에서 ***Solution (A6)***을 마우스 오른쪽 버튼으로 클릭하고 ***Solve***를 선택하면 프로그램이 모델을 해석하게 된다. 완료 후 *Outline* 트리에서 ***Total Deformation*** 을 클릭하여 변위 결과를 확인한다. 아래 그림에서, 주어진 압력 하중조건에서 최대 변위는 렌치의 왼쪽 끝점에서 발행하고 그 크기는 ***0.13839mm*** 이다.

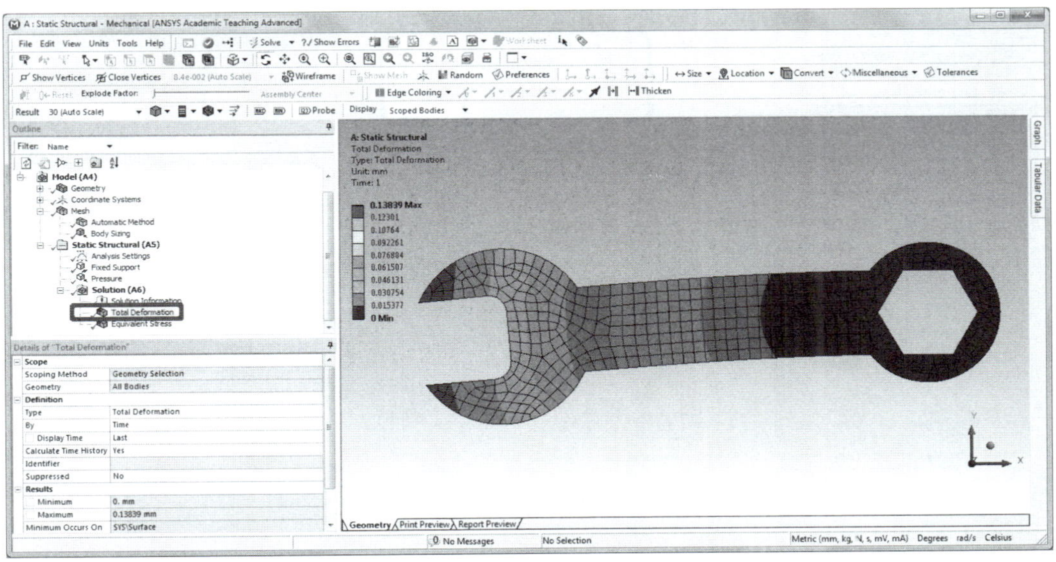

Outline 의 ***Equivalent Stress*** 선택하여 von-Mises 응력을 확인한다. 아래 그림에서 최대 응력은 두 모서리에 위치하고 있고 그 값은 ***159.77 MPa*** 로서 스테인리스 스틸의 항복강도인 ***207 MPa*** 이하 이다. ***Details of "Body Sizing"*** 에서 격자 크기를 줄인 다음 해석을 다시 수행하여 해의 정확도가 높아지는지 확인해보자.

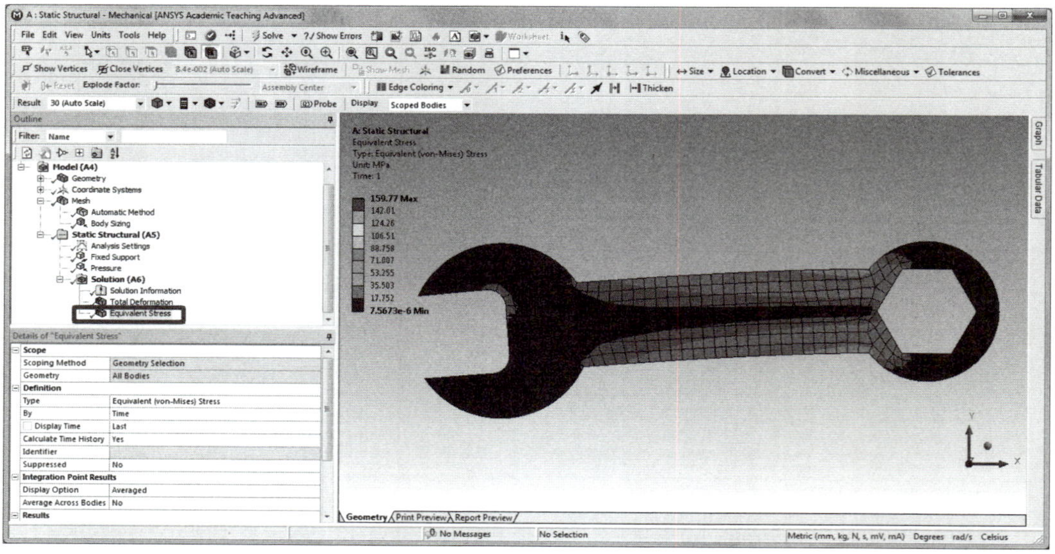

모델링 팁: ***ANSYS Workbench*** 는 ***SolidWorks***, ***CATIA*** and ***Pro/E*** 와 같은 CAD 모델을 이용할 수 있다. 또한 ***IGES***, ***Parasolid*** 그리고 ***SAT*** 과 같은 해석 모델을 가져와서 사용할 수 있다.

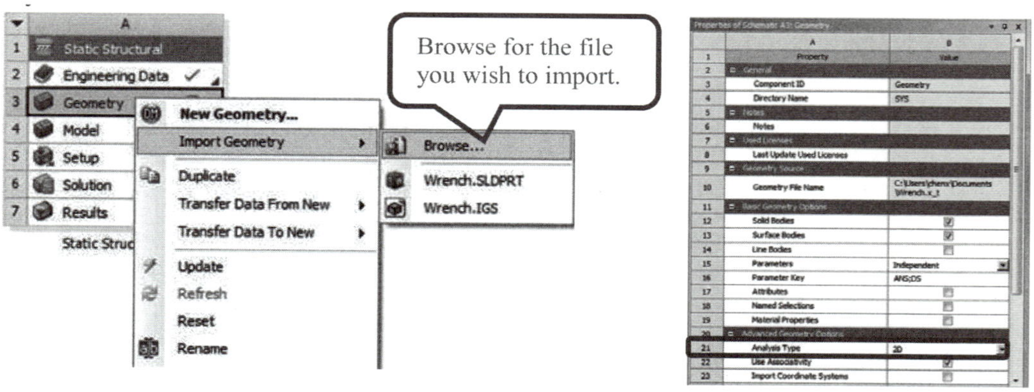

예를 들어 평면 모델에 대한 ***Parasolid*** 파일을 가져오기 위해 ***Geometry***를 마우스 오른쪽 버튼으로 클릭한 다음 ***Import Geometry***를 선택하고 ***Browse*** 하여 ***Parasolid*** 파일을 선택한다. ***Geometry*** 셀을 마우스 오른쪽 버튼으로 클릭하고 ***Properties***를 선택한다. 평면응력 모델을 사용하기 위해 ***Properties of Schematic A3: Geometry*** 창에서 ***Analysis Type*** 이 **2D**인 것을 확인한다.

Geometry 셀을 더블클릭하여 ***SpaceClaim*** 프로그램을 실행한다. 가져온 해석 모델에 대해 ***SpaceClaim Options***에서 단위를 ***Millimeters***로 설정한다. ***Structure Tree***에서 ***Surface***를 클릭하고 ***Thickness***에 두께를 3으로 입력한다. ***SpaceClaim***을 종료하고 ***Project Schematic***의 ***Model***을 더블클릭하여 ***Static Structural*** 프로그램을 실행한다. 이제 평면 응력해석을 위한 렌치 모델링이 준비되었다.

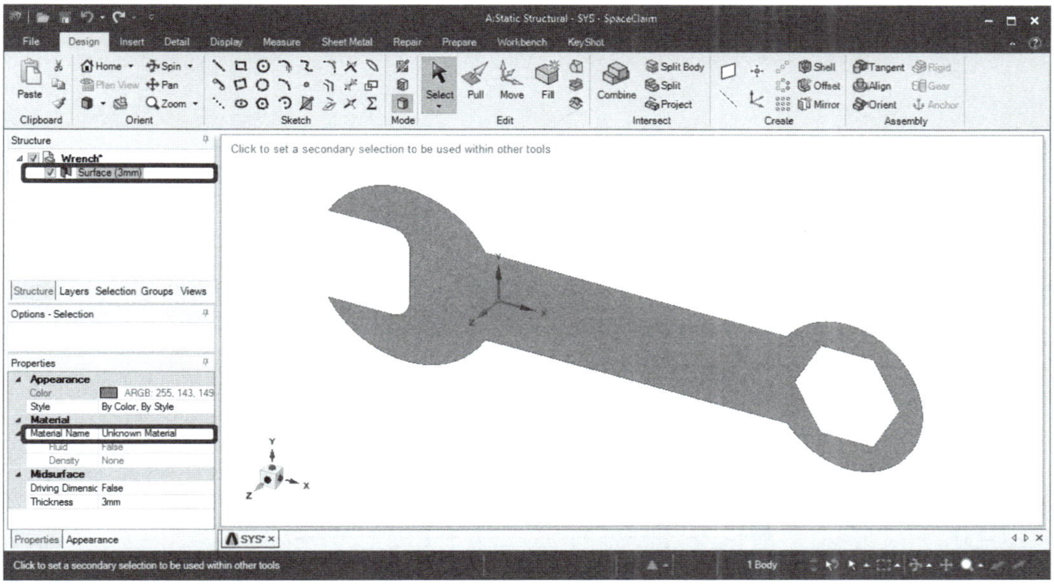

4.6 요약

이 장에서는 2차원 탄성론 방정식을 복습하였고, 평면응력과 평면변형률 문제를 해석하기 위한 2차원 요소에 대하여 설명하였다. 2차원 응력 해석을 위한 FE 공식화를 소개하였다. 선형 삼각형(T3)과 선형 사변형(Q4) 요소는 변형 해석에는 적합하지만 응력해석에는 정확하지 않음을 강조하였다. 응력해석을 위해서는 2차 삼각형(T6)과 2차 사변형(Q8) 요소를 권장한다. 큰 형상비(가로-세로 비율)와 크거나 작은 각도를 갖는 잘못된 모양의 요소는 FE 메시에서 피해야 된다. 2차원 FEA를 수행하기 위하여 렌치 모델을 생성하고 ANSYS Workbench로 응력을 해석하였다.

4.7 학습목표 검토

이 장에서 학습한 내용은 다음과 같다.

1. 2차원 응력 해석 문제를 위한 FE 공식화 전개
2. 2차원 응력 해석 문제를 위한 메시 생성과 메시 품질의 평가
3. FE 모델에 대하여 하중과 구속 조건의 올바른 적용
4. ANSYS Workbench를 사용하여 FE 모델의 2차원 응력해석 수행

문제

4.1 예제 4.1에서 경계조건을 작성하라.

4.2 아래에 보인 판은 왼쪽 끝이 구속되어 있고 오른쪽 끝에서 선형적으로 변하는 압력을 받는다. 재료 상수 E 와 ν, 두께 t 가 주어져 있다.

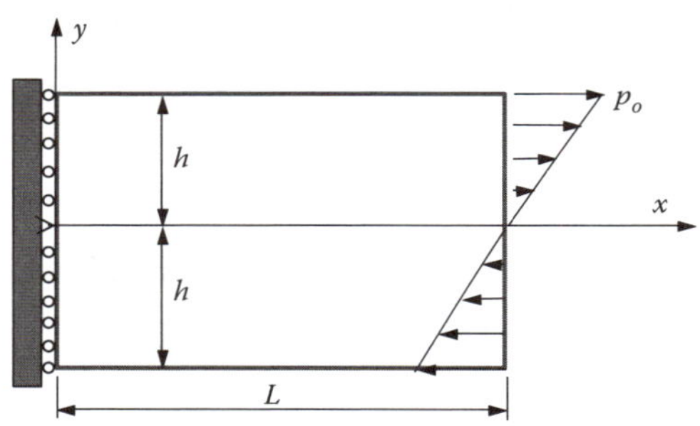

다음과 같이 변위장이 구해졌다고 가정하라.

$$u = \frac{p_0}{Eh}xy,$$
$$v = -\frac{p_0}{2Eh}(x^2 + \nu y^2) \qquad \text{(식)}$$

다음 사항을 구하라.

a. 판의 변형률
b. 판의 응력
c. 응력에 의해 평형식이 만족되는지 검토하라.

d. 주어진 해에 의해 평형식이 만족되는지 검토하라.

시험조건 :
$E = 10 \times 10^6$ psi, $\nu = 0.3$, $p_o = 100$ psi, $L = 12$ in, $h = 4$ in, 두께 $t = 0.1$ in로 가정하여 ANSYS Workbench로 결과를 검토하라.

4.3 식 (4.17)에서 T3 요소에 대하여 형상함수를 유도하고 식 (4.18)을 증명하라.

4.4 식 (4.27)로부터 $\det \mathbf{J} = x_{13}y_{23} - x_{23}y_{13} = 2A$ 임을 증명하고, "왜곡된 형상(bad shape)"의 요소가 FEM에서 수치 오류를 유발할 수 있는지 설명하라.

4.5 아래 그림에 나타낸 보인 토크 암은 두께 5 mm의 자동차 부품으로서 영탄성계수 200 GPa와 푸와송비 0.3의 스테인레스 강으로 제작되었다. ANSYS Workbench를 사용하여 주어진 하중과 경계조건 하에서 변형과 von Mises 응력 분포를 구하라.

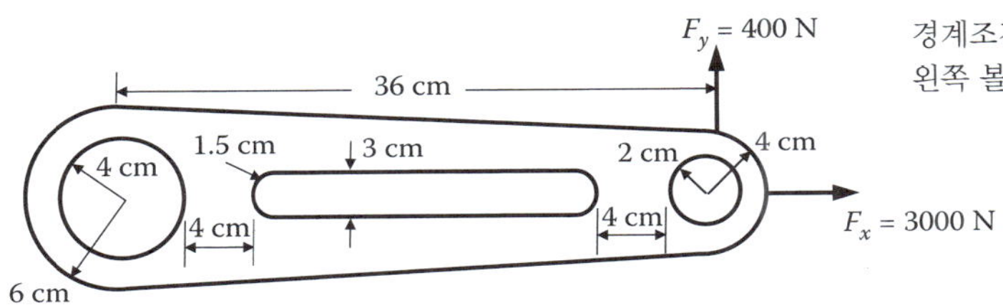

경계조건:
왼쪽 볼트 구멍 고정됨

4.6 아래 그림에 나타낸 자동차용 렌치는 영탄성계수 193 GPa와 푸와송비 0.27의 스테인레스 강으로 제작되었다. 렌치의 두께 5 mm이다. ANSYS Workbench를 사용하여 주어진 하중과 경계조건 하에서 최대 변형과 최대 von Mises 응력의 크기와 발생 지점을 구하라.

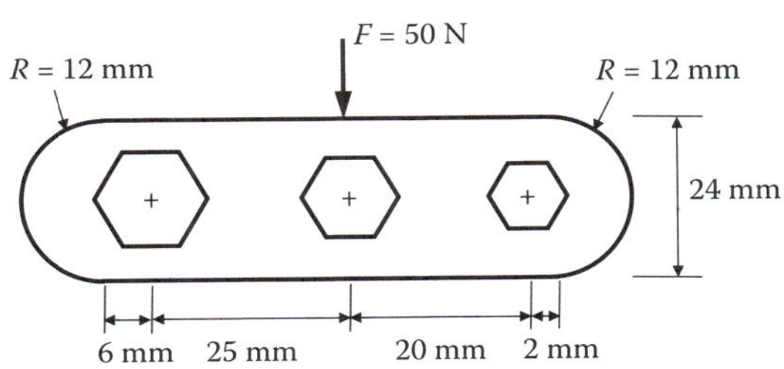

육각형의 변의 길이는 왼쪽부터 각각 9, 7, 5 mm.

경계조건 및 하중조건:
가장 작은 육각형의 모든 변이 고정됨.
50 N의 힘이 렌치의 위쪽 가장자리에 작용.

4.7 아래 그림에 나타낸 내압을 받는 곧고 긴 육각형 파이프를 고려하자. 파이프는 영탄성계수 193 GPa와 푸와송비 0.27의 스테인레스 강으로 제작되었다. ANSYS Workbench를 사용하여 주어진 하중과 경계조건 하에서 최대 면내 변형과 최대 von Mises 응력을 구하라.

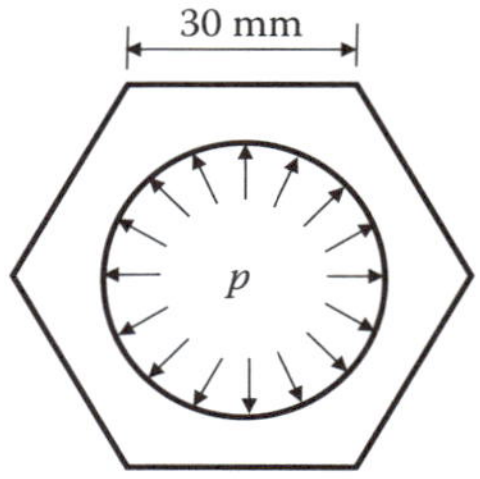

안쪽 구멍의 반지름은 20 mm.
내부 압력:
p=20 MPa

경계 조건:
육각형 파이프는 하부에서 고정됨.

4.8 외부 하중을 받는 곧고 깊은 터널을 고려하자. 터널은 영탄성계수 29 GPa와 푸와송비 0.15의 콘크리트로 제작되었다. ANSYS Workbench를 사용하여 주어진 하중과 경계조건 하에서 최대 면내 변형과 최대 면내 von Mises 응력을 구하라.

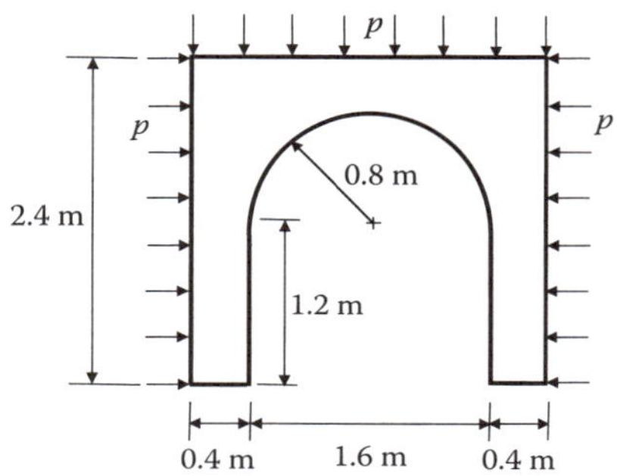

내부 압력:
p=1 MPa

경계 조건:
터널 바닥은 고정됨.

4.9 ANSYS Workbench를 사용하여 선반용 강재 브레킷을 설계하라. 그림과 같이 브래킷의 일부 치수는 고정되어 있다. 3개의 구멍 지름은 동일하고, 설계시 0.2 cm씩 증가시키면서 변경할 수 있다. 여기서 목표는 주어진 분포하중 p 를 지지하면서, 가능한 한 최소의 재료를 사용하여 브래킷을 설계하는 것이다.

a. 강재의 E = 200 GPa, ν = 0.3, 항복응력 σ_Y = 250 GPa를 사용하라.

b. 설계시 안전계수 = 2.5를 사용하라.

c. 최종적으로 설계된 브래킷의 모양과 치수를 표시하여라.

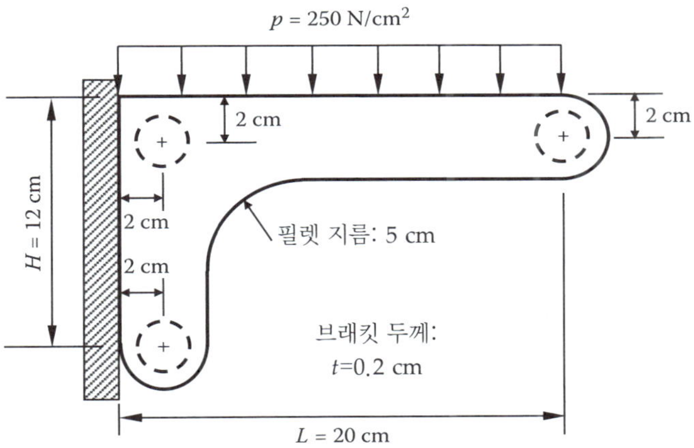

4.10 앞의 문제와 유사하게 강재 브래킷을 설계하라. 그림과 같이 브레킷의 일부 치수는 고정되어 있고, 다른 치수들은 변경될 수 있다. 브레킷의 모양과 위치관계 또한 변경될 수 있다. 이 설계의 목표는 주어진 하중을 지지하면서, 브래킷에 최소한의 재료를 사용하는 것이다.

a. 강재의 $E = 200$ GPa, $\nu = 0.32$, 항복응력 $\sigma_Y = 250$ GPa를 사용하라.

b. 설계시 안전계수 = 3을 사용하라.

c. 최종적으로 설계된 브래킷의 모양과 치수를 표시하여라.

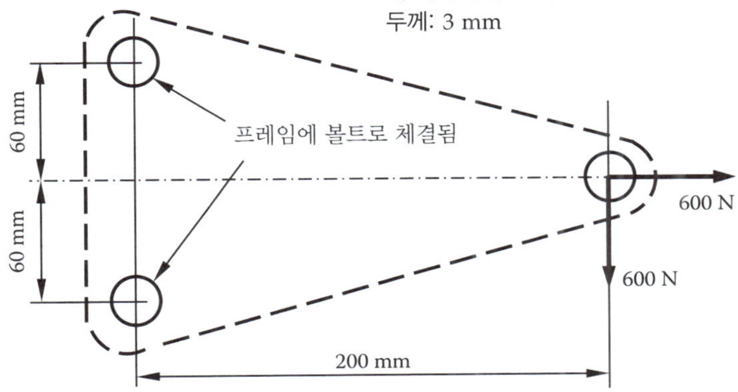

Chapter 5

모델링과 해석 기법

5.1 서론

이 장에서는 유한요소법을 사용하여 모델링 및 해석하는 기법을 몇 가지 소개한다. 이러한 기법을 적용하여 유한요소해석의 효율성과 정확도를 크게 향상시킬 수 있다.

5.2 대칭

유한요소 모델링과 해석에서 가장 먼저 검토해야할 것은 구조의 대칭성이다.

이는 모델의 크기를 반 이하로 줄일 수 있으며, 해석은 몇 배 이상 효율적으로 할 수 있기 때문이다. 구성요소가 주기적이거나 반사적(reflexive)으로 배치되어 있을 때 구조물은 대칭성을 갖게 되며, 대칭의 종류는 다음과 같다(그림 5.1).

- 반사적(거울, 쌍방) 대칭
- 축대칭
- 회전형(주기적) 대칭
- 이동형 대칭
- 기타(혹은 위의 조합)

유한요소법에서 대칭성은 다음과 같이 사용된다.

- 문제의 크기를 줄여서 결과적으로 CPU시간, 저장 공간, 후처리(postprocessing) 작업 등을 줄임
- 모델링 작업의 단순화
- 유한요소 해석 결과의 검증(기하학적 모양과 하중이 대칭일 때 결과도 대칭인지 확인해야 함)

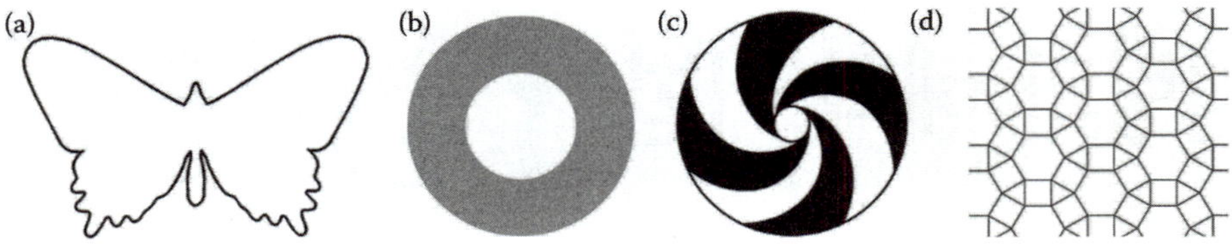

그림 5.1 대칭의 예: (a) 반사적 대칭 (From http://www.thinkingfountain.org/s/symmetry/butterflypattern.gif); (b) 축대칭; (c) 회전형 대칭 (http://csdt.rpi.edu/na/pnwb/symmetry2a.html); (d) 반복형 대칭 (http://library.thinkquest.org/16661/background/symmetry.1.html)

유한요소 해석의 효율성과 결과의 정확도를 높이기 위해서 구조의 대칭성을 최대한 유지하고 활용해야 한다.

5.2.1 예제

앞장에서 설명한 중앙에 구멍이 있는 평판 예제 4.2에 대해서 평판의 대칭성을 이용하여 유한요소 격자를 다시 구성해 보자. 우선 매핑된 격자(mapped mesh)를 사용하여 평판의 4분의 1만 모델링하고, 모델과 격자를 두 번 반사시키면 그림 5.2와 같은 평판 전체의 모델과 격자를 구할 수 있다. 이 대칭 모델에서는 비록 896개의 Q8 요소가 사용되었지만, 그 결과는 자유 격자를 이용하여 더 많은 요소를 사용한 4장의 결과와 비슷하다. 만일 경계 조건이 xz와 yz 평면에 대해 대칭이라면, 4분의 1 모델만으로도 해석이 가능하다.

그러나 진동 문제나 좌굴 문제의 유한요소 해석시에는 대칭 개념을 사용하면 안 된다(모델링 단계

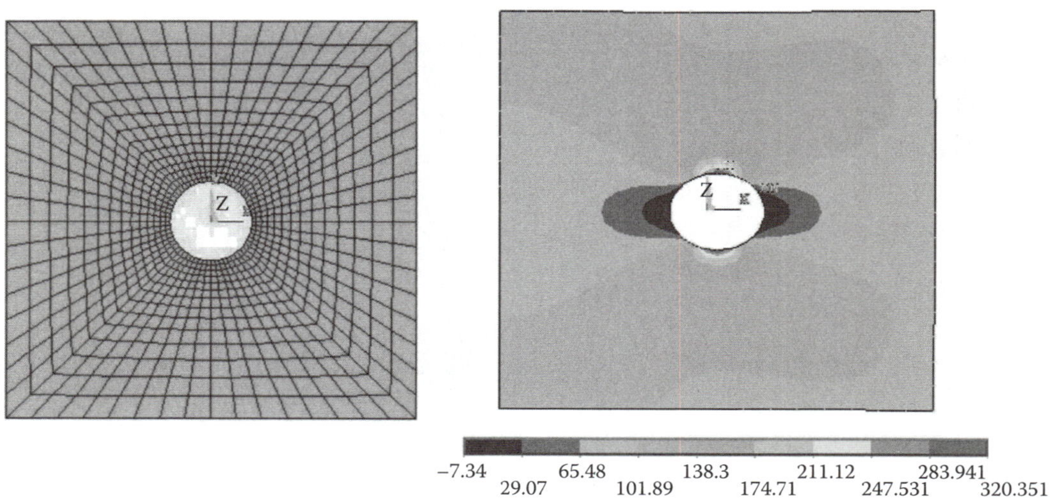

그림 5.2 예제 4.2에 대칭성을 적용한 결과 (격자와 응력 분포도)

에서는 여전히 적용 가능하다). 왜냐하면 대칭 구조가 때때로 비대칭(antisymmetric) 진동 또는 좌굴 모드를 갖기 때문이다.

5.3 하부 구조 (슈퍼 요소)

규모가 큰 기계 시스템에 대한 유한요소 해석시 유용한 또 하나의 기법은 하부 구조 또는 슈퍼 요소(SE: Super Element)의 개념을 적용하는 것이다. 하부 구조법은 큰 구조물을 부분 요소들의 집합체로 보고 해석을 수행하는 방법이다. 이 부분 요소들의 모델을 하부 구조 또는 슈퍼 요소라 부른다. 하부 구조의 물리적 의미는 간단하게 말해 구조물의 한 부분에 대한 유한요소 모델이다. 수학적으로는 내부점을 제거하고 외부점 또는 경계점만을 유지하여 축약시킨 경계 행렬을 의미한다. 다시 말해, 유한요소 방정식 행렬을 한 번에 풀지 않고 행렬을 분할하여 풀면 큰 모델도 비교적 작은 컴퓨터에서 해석할 수 있다는 것이다. 하부 구조와 슈퍼 요소의 이론 및 적용방법에 대한 더 자세한 사항은 유한요소 해석 소프트웨어 설명서를 참고하기 바란다.

그림 5.3은 차량 전체에 대한 정적 또는 동적해석을 하기 위한 트럭의 유한요소 해석 모델이다. 전체 모델은 수 백 만개의 자유도를 가지므로 일반적인 컴퓨터로는 풀 수 없다. 이때 하부 구조법을 사용하여 우선 하부 시스템 (예를 들어 운전석, 차체, 조향 시스템, 현가 시스템, 화물 등) 각각의 유한요소 모델을 구성하고 유한요소 방정식 행렬을 나머지 구조와 연결되는 부위의 자유도만으로 구성되는 작은 행렬로 응축된다. 응축된 행렬 시스템은 기존의 행렬 시스템에 비하 훨씬 작기 때문에 손쉽게 풀 수 있다.

하부 구조법의 이점은 다음과 같다.

- 규모가 큰 문제에 유효하다(컴퓨터의 용량을 초과할 정도의 큰 규모의 문제).
- 슈퍼 요소가 처리 된 후에는 컴퓨터 실행 시간이 단축 된다(즉, 행렬이 응측되어 저장됨).
- 부분 요소를 각각의 그룹별로 모델링할 수 있다.
- 부분적인 재설계시 부분적인 재해석만 하면 된다(경비 절감).

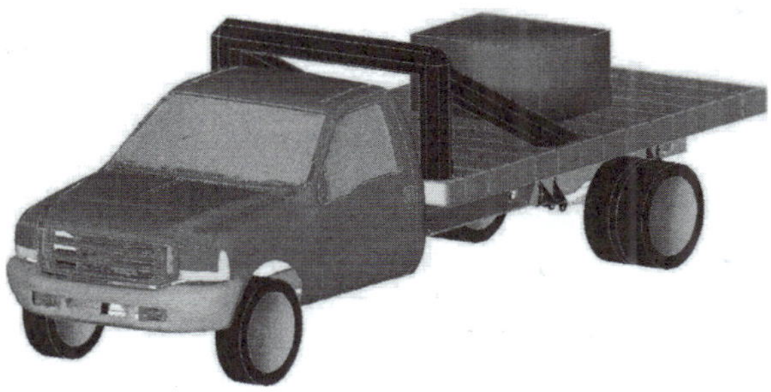

그림 5.3 하부구조법을 이용한 트럭의 유한요소 해석 모델

- 나머지 구조를 하나의 슈퍼 요소(SE)로 구성할 수 있는 국부적 비선형성을 가진 문제에 효율적이다(예를 들어 국부적인 소성 변형이 있는 문제).
- 정적 변형과 응력 해석이 정확하다.

그러나 하부 구조법은 다음과 같은 단점도 있다.

- 파일 관리를 위한 시간이 증가한다.
- 시스템을 구성을 위한 초기 시간이 증가한다.
- 동역학 문제에서 행렬 응축은 다른 근사해를 유발한다.

5.4 방정식의 해법

유한요소 해석시 선형 대수 방정식을 풀기 위해 주로 두 가지의 해법이 사용되는데, 직접법과 반복법이다.

5.4.1 직접법(가우스 소거법)

- 해석 시간은 NB^2 에 비례 한다. 여기서 N 은 행렬의 크기이고 B 는 유한요소 행렬식의 밴드폭(bandwidth)이다.
- 자유도가 100,000 범위인 소형 또는 중형의 문제나 작은 밴드폭의 가느다란 구조에 적합하다.
- 여러 하중조건을 적용하기 쉽다.

5.4.2 반복법

- 해석 시간을 예측할 수 없다.
- 필요한 저장 공간이 절약 된다.
- 밴드폭이 크고 수렴이 빠른 규모가 큰 문제에 적합하다.
- 하중조건 별로 해석을 각각 수행하여야한다.

5.4.3 예제: 가우스 소거법

다음과 같은 방정식을 풀어보자.

$$\begin{bmatrix} 8 & -2 & 0 \\ -2 & 4 & -3 \\ 0 & -3 & 3 \end{bmatrix} \begin{Bmatrix} x_1 \\ x_2 \\ x_3 \end{Bmatrix} = \begin{Bmatrix} 2 \\ -1 \\ 3 \end{Bmatrix} \quad \text{또는} \quad \mathbf{Ax} = \mathbf{b} \tag{5.1}$$

전향 소거(forward elimination):

다음과 같이 구성한다.

$$\begin{matrix}(1)\\(2)\\(3)\end{matrix}\left[\begin{array}{ccc|c} 8 & -2 & 0 & 2 \\ -2 & 4 & -3 & -1 \\ 0 & -3 & 3 & 3 \end{array}\right] \tag{5.2}$$

$(1) + 4x(2) \Rightarrow (2)$:

$$\begin{matrix}(1)\\(2)\\(3)\end{matrix}\left[\begin{array}{ccc|c} 8 & -2 & 0 & 2 \\ 0 & 14 & -12 & -2 \\ 0 & -3 & 3 & 3 \end{array}\right] \tag{5.3}$$

$(2) + \dfrac{14}{3}(3) \Rightarrow (3)$

$$\begin{matrix}(1)\\(2)\\(3)\end{matrix}\left[\begin{array}{ccc|c} 8 & -2 & 0 & 2 \\ 0 & 14 & -12 & -2 \\ 0 & 0 & 2 & 12 \end{array}\right] \tag{5.4}$$

후향 대입(back substitution) (해를 구한다)

$$\begin{aligned} x_3 &= 12/2 = 6 \\ x_2 &= (-2 + 12x_3)/14 = 5 \quad \text{or} \quad \mathbf{x} = \begin{Bmatrix} 1.5 \\ 5 \\ 6 \end{Bmatrix} \\ x_1 &= (2 + 2x_2)/8 = 1.5 \end{aligned} \tag{5.5}$$

5.4.4 예: 반복법

반복법의 한 예로써 가우스-자이델(Gauss-Seidel) 법을 설명한다.

$$\mathbf{Ax} = \mathbf{b} \quad (\mathbf{A}\text{는 대칭}) \tag{5.6}$$

또는

$$\sum_{j=1}^{N} a_{ij} x_j = b_i, \quad i = 1, 2, \ldots, N$$

방정식의 최초 근사해 $x^{(0)}$ 를 가정하고 다음과 같이 반복한다.

$$x_i^{(k+1)} = \frac{1}{a_{ii}}\left[b_i - \sum_{j=1}^{i-1} a_{ij}x_j^{(k+1)} - \sum_{j=i+1}^{N} a_{ij}x_j^{(k)}\right], \text{ 여기서 } i = 1,2,\ldots,N \tag{5.7}$$

벡터 형식으로 나타내면,

$$\mathbf{x}^{(k+1)} = \mathbf{A}_D^{-1}[\mathbf{b} - \mathbf{A}_L\mathbf{x}^{(k+1)} - \mathbf{A}_L^T\mathbf{x}^{(k)}] \tag{5.8}$$

여기서

$\mathbf{A}_D = \langle a_{ii}\rangle$, $\mathbf{A}$ 의 대각선 행렬

$\mathbf{A}_L = \mathbf{A}$ 의 하부 삼각형 행렬

다음과 같은 관계가 있다.

$$\mathbf{A} = \mathbf{A}_D + \mathbf{A}_L + \mathbf{A}_L^T \tag{5.9}$$

해 x 가 수렴할 때까지 반복한다. 즉,

$$\frac{\left\|\mathbf{x}^{(k+1)} - \mathbf{x}^{(k)}\right\|}{\left\|\mathbf{x}^{(k)}\right\|} \leq \varepsilon \tag{5.10}$$

여기서 ε 은 수렴조건의 만족여부를 판단하는 값이다.

규모가 큰 모델에 대한 해석의 경우 반복법은 적당한 판단값을 사용하면 일반적으로 직접법에 비해 훨씬 빠르다. 그러나 부적절한 조건의 문제의 경우 직접법을 사용해야 해의 정확도를 보장할 수 있다.

5.5 유한요소 해의 특성

유한요소 해석 모델은 실제 구조물을 상당히 단순화한 수학적인 모델이다.

유한요소 해석 모델과 해의 특징:

- 실제 구조물 – 무한개의 절점(물리학적인 점 또는 입자)으로 구성되므로 무한개의 자유도를 갖는다.
- 유한요소 해석모델 – 유한개의 절점으로 구성되므로 유한개의 자유도를 갖는다.

특히, 변위장은 제한된 개수의 절점의 값으로 표현(또는 고정) 된다(그림 5.4).

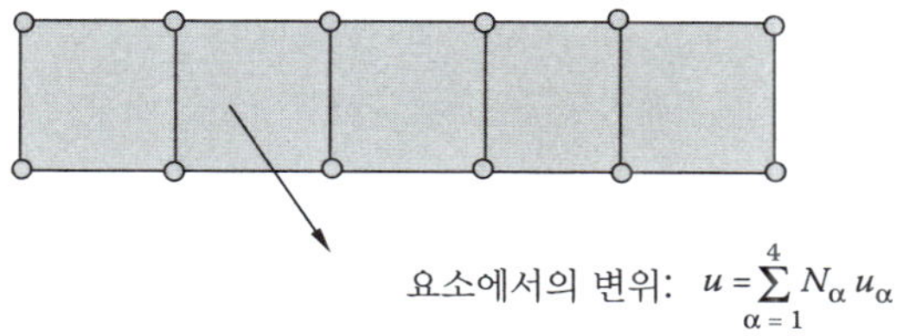

그림 5.4 유한요소 해석 모델의 요소

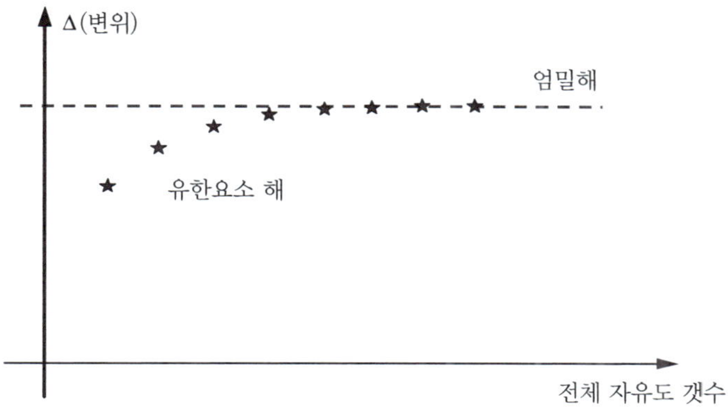

그림 5.5 엄밀해에 대한 유한요소 해의 수렴

이로 인하여 소위 강화 효과(stiffening effect)가 발생한다.

- 유한요소 해석 모델은 실제 구조물보다 강성이 높다.
- 일반적으로 변위 해석 결과는 실제값보다 작게 된다.

그러므로 유한요소 해석의 변위해는 엄밀해의 하한값(lower bound)이 된다.

즉, 유한요소 해석의 변위해는 엄밀해의 아래쪽에서 접근하므로(그림 5.5), 이러한 성질을 이용하여 유한요소 해를 점검할 수 있다. 그러나 이것은 변위에 기반(displacement-based)한 유한요소 해석에만 적용 된다(이 교재에서 소개되는 유한요소법은 변위에 기반한다).

5.6 유한요소 해의 수렴

유한요소 해석 모델에서 격자가 세밀해 질수록(요소가 작아질수록), 유한요소 해는 그 문제(보,

평면 응력/변형률, 평판, 3차원 문제 등)의 수학적 모델에 대한 엄밀해에 수렴하게 된다. 유한요소 해석시 다음과 같은 여러 가지 방법의 세밀화(refinement)가 적용 가능하다.

h-세밀화: 요소의 크기를 작게 한다("*h*" 는 요소의 특징적 크기를 의미한다).
p-세밀화: 요소에 사용되는 다항식의 차수를 증가 시킨다(1차를 2차로 바꾸는 식으로, "*p*" 는 다항식의 최고 차수를 의미한다).
r-세밀화: 격자내 절점의 위치를 조정한다.
hp-세밀화: 향상된 결과를 위하여 *h* 와 *p* 세밀화를 조합하여 사용한다.

이상과 같은 세밀화를 사용하면 유한요소 해는 수학적 모델의 엄밀해에 수렴하게 된다. 일부의 유한요소 해석 프로그램은 유한요소 해석시 세밀화를 자동적으로 수행하여 소위 적응해(adaptive solution)를 구하기도 한다.

5.7 적응법(*h*-법, *p*-법, *hp*-법)

적응 유한요소법(adaptive FEA)은 진보된 형태의 유한요소법이다. 유한요소 프로그램이 적절한 오차 관리를 이용하여 수렴된 유한요소 해가 구해질 때까지 격자의 세밀화를 자동적으로 수행한다. 이러한 적응 유한요소법에서는 사용자가 모델에 대한 적당한 초기 격자만 입력(이 과정도 프로그램이 자동적으로 수행할 수 있음)하면 되므로 사용자의 작업이 줄어들게 된다.

적응 유한요소법에서는 오차의 추산이 매우 중요하다. 자세한 내용은 참고문헌[5]를 참조하기 바란다. 여기에서는 오차 추산 방법 한 가지를 소개한다.

먼저 두 종류의 응력장을 정의한다.

σ- 각 요소별 응력장(요소 경계간 불연속)
$\boldsymbol{\sigma}^*$- 평균 응력장 또는 평탄화된 응력장(요소 경계간 연속)

이때 응력장의 오차는 다음과 같이 정의될 수 있다.

$$\boldsymbol{\sigma}_E = \boldsymbol{\sigma} - \boldsymbol{\sigma}^* \tag{5.11}$$

변형 에너지를 계산하면,

$$\mathrm{U} = \sum_{i=1}^{M} \mathrm{U}_i, \quad \mathrm{U}_i = \int_{V_i} \frac{1}{2}\boldsymbol{\sigma}^T \mathbf{E}^{-1} \boldsymbol{\sigma} dV \tag{5.12}$$

$$U^* = \sum_{i=1}^{M} U_i^*, \quad U_i^* = \int_{V_i} \frac{1}{2} \sigma^{*T} \mathbf{E}^{-1} \sigma^* dV \tag{5.13}$$

$$U_E = \sum_{i=1}^{M} U_{Ei}, \quad U_{Ei} = \int_{V_i} \frac{1}{2} \sigma_E^T \mathbf{E}^{-1} \sigma_E dV \tag{5.14}$$

여기서 M 은 요소의 총 개수이며 V_i 는 요소 i 의 체적이다.

오차지수의 한 종류인 상대 에너지 오차(relative energy error)는 다음과 같이 정의한다.

$$\eta = \left[\frac{U_E}{U + U_E} \right]^{1/2}. \quad (0 \le \eta \le 1) \tag{5.15}$$

이 지수 η 는 유한요소 해석단계마다 계산된다. 유한요소 모델의 세밀화는 다음과 같은 조건이 만족될 때까지 반복된다.

$$\eta \le 0.05$$

이 조건이 만족될 때 수렴된 유한요소 해가 구해졌다고 할 수 있다.

다른 종류의 유한요소 해에 대한 오차 추산 방법은 참고문헌 [5]를 참조하기 바란다.

5.8 ANSYS Workbench를 이용한 사례연구

문제 설명: 정원 분수대는 테마파크나 호텔에서 흔히 볼 수 있는 대중적인 편의 시설이다. 분수대는 일반적으로 축대칭 하중과 지지를 받는 축대칭 형상이기 때문에 3차원 형상의 단면인 2차원 모델만으로도 구조물의 변형 또는 응력을 정확하게 예측하는데 충분하다. 아래 그림은 콘크리트로 만들어진 2층 정원 분수대 축대칭 모델의 단면을 나타낸다. 주어진 정적수압 하에서의 최대 변형과 von Mises 응력을 계산한다. 해의 수렴성을 개선하기 위해 적응 메시(adaptive meshing)를 사용한다.

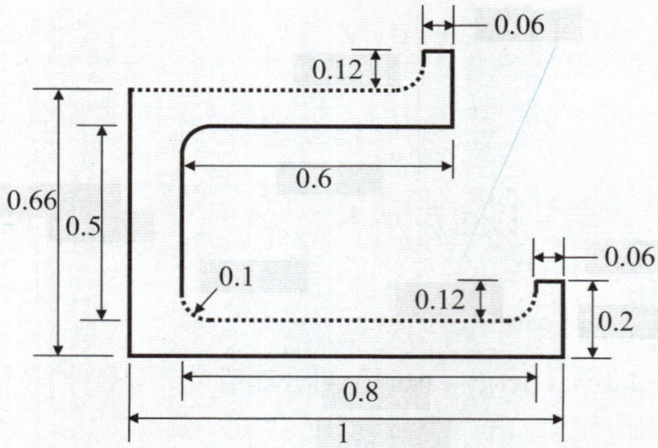

재료: 콘크리트
$E = 29$ GPa
$\nu = 0.15$

경계조건:
바닥변: 고정
좌측 모서리선 : 축대칭 기준축
점선으로 된 부분에 수압이 작용

(단위: m)

풀이

ANSYS Workbench를 사용하여 문제를 해석하기 위해 아래의 단계들을 수행한다.

단계 1: *ANSYS Workbench* 프로젝트 시작

ANSYS Workbench를 시작하고 빈 프로젝트를 '***Fountain.wbpj***'로 저장한다.

단계 2: *Static Structural* 해석 시스템을 생성

독립적인 정적구조해석 시스템을 생성하기 위해 ***Analysis Systems Toolbox***에서 ***Static Structural*** 아이콘을 끌어(drag)와 ***Project Schematic*** 내의 녹색 사각형으로 표시된 위치에 내려(drop)놓는다.

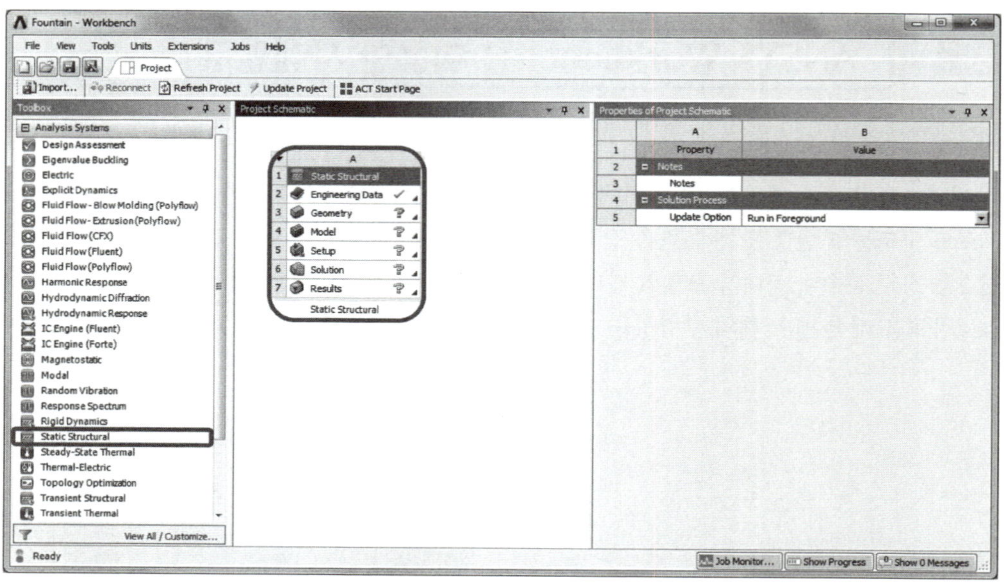

단계 3: 새로운 재료를 추가

Engineering Data 셀을 더블클릭한다. 아래와 같이 *Engineering Data* 인터페이스가 나타나면 아래의 강조된 빈 상자를 클릭하고 새로운 재료로 '*Concrete*'를 입력한다.

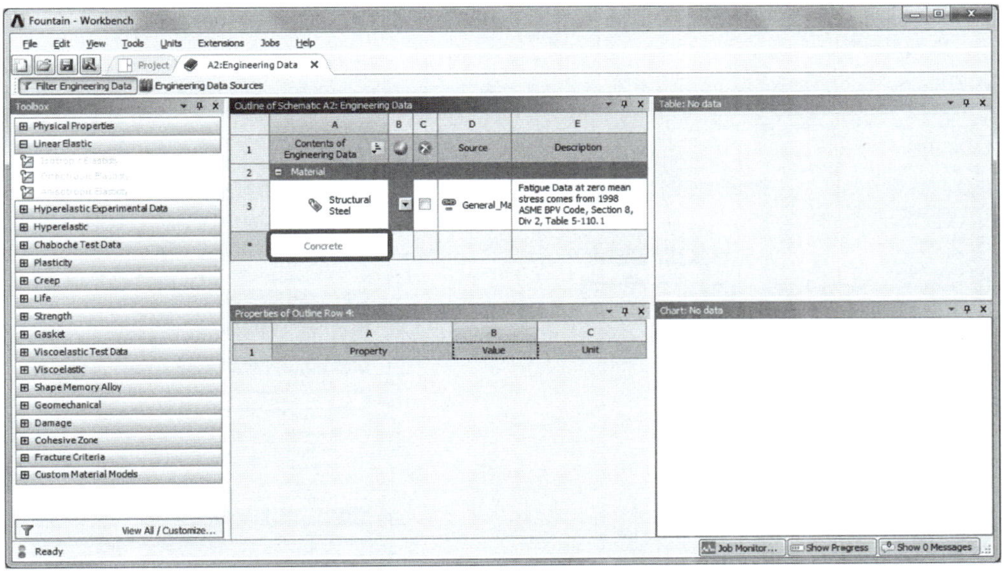

Outline 창에서 '*Concrete*'를 클릭하고 좌측 끝의 *Toolbox* 패널에서 *Linear Elastic* 아래의 *Isotropic Elasticity*를 더블클릭한다. *Properties* 창에서 *Young's Modulus*는 '*29E9*', *Poisson's Ratio*는 '*0.15*'로 입력한다. *A2: Engineering Data* 패널을 닫는다.

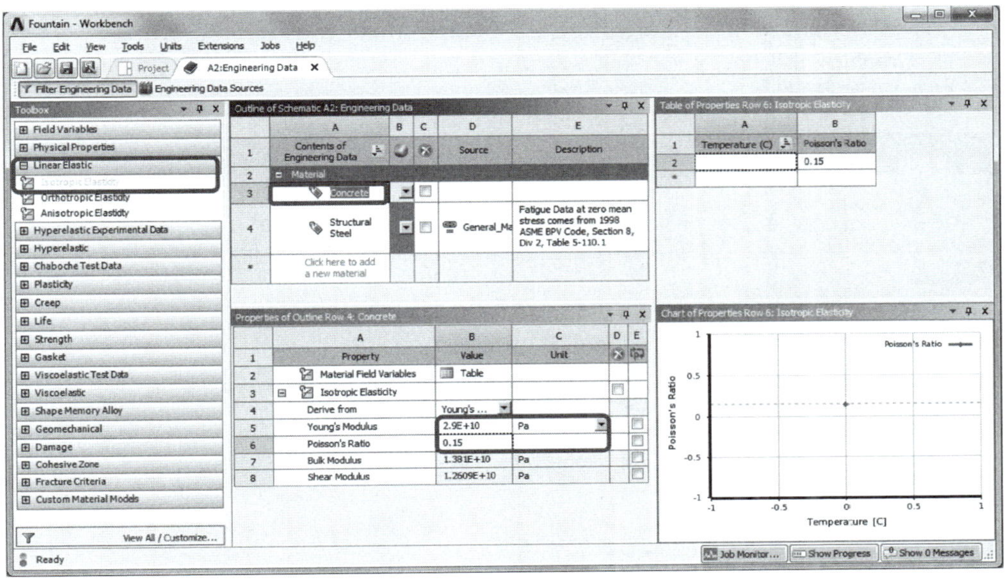

단계 4: *SpaceClaim* 프로그램 시작

Properties of Schematic A3: Geometry 패널을 표시하기 위하여 ***Geometry*** 셀 위에서 마우스 우측 버튼을 클릭하여 나타나는 드롭다운 메뉴 중 ***Properties***를 선택한다. ***Basic Geometry Options*** 아래의 ***Properties*** 패널에서 ***Surface Bodies***를 선택하여 면 모델링이 가능하도록 한다. 또한 ***Analysis Type***을 ***2D***로 선택한다. 다음으로 ***Geometry*** 셀을 더블클릭하여 ***SpaceClaim*** 프로그램을 시작한다.

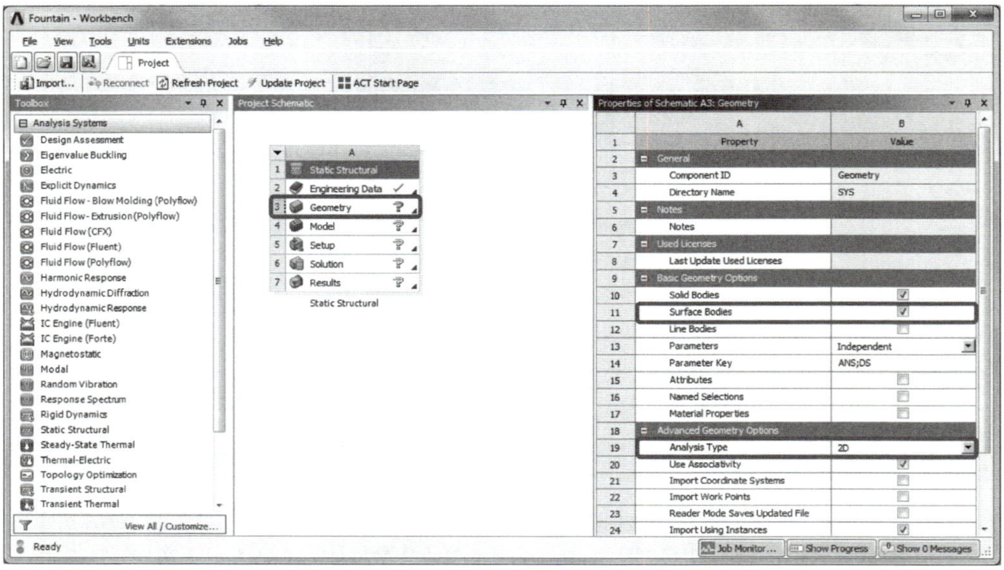

단계 5: 면 스케치(surface sketch) 생성

단위를 사용자 정의하기 위해 ***File*** 메뉴에서 ***SpaceClaim Options***를 선택하여 ***SpaceClaim Options*** 창을 연다. ***Options*** 창에서 ***Length***의 단위를 ***Meters***, ***Minor grid spacing***을 ***0.02 m*** 로 설정한다. ***Graphics*** 창의 아무 곳에서나 마우스 우측 버튼을 클릭하고 드롭다운 메뉴에서 ***Select New Sketch***을 클릭한다.

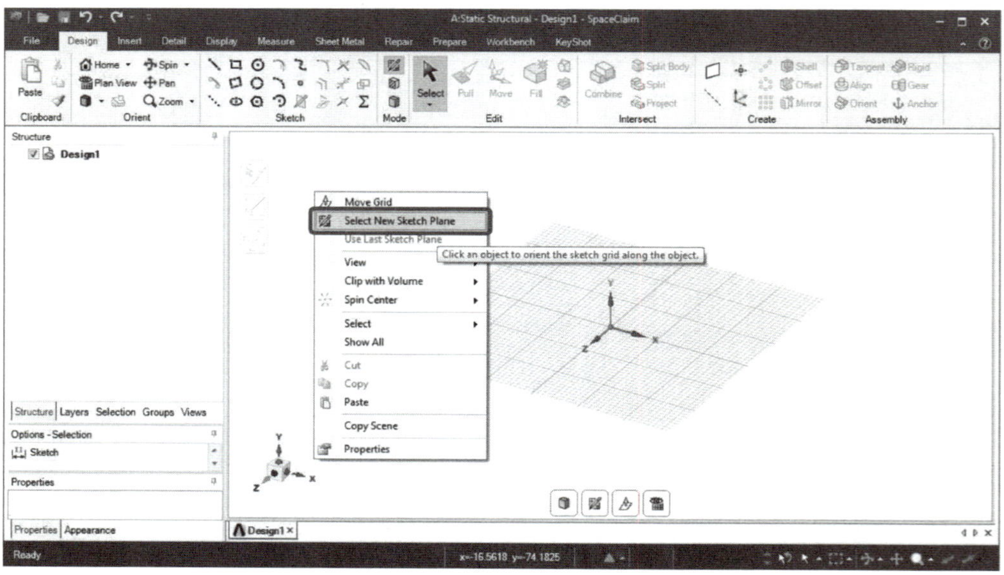

x-y plane에 마우스를 올리고, 강조 표시된 ***x-y plane***을 클릭한다. 이것은 스케치 평면을 (위의 그림과 같이) 초기 설정 값인 x−z 평면에서 (아래의 그림과 같이) x−y 평면으로 변경할 것이다.

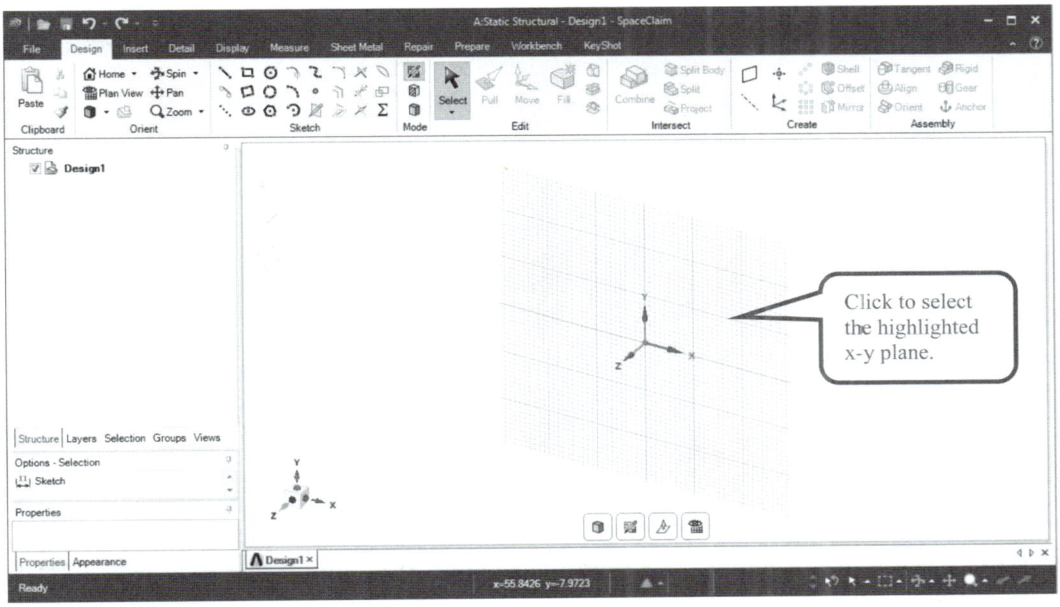

스케치 격자를 정면으로 보기 위해 툴바에서 ***Plan View***를 클릭한다. 스케치를 시작하기 위해 ***Design*** 탭에서 ***Sketch Mode***를 클릭한다. ***Line*** 아이콘을 클릭한다. 아래 주어진 치수의 폐곡선(closed−loop line) 프로파일을 그린다. 선 생성을 중지할 때는 ***Esc***를 누른다.

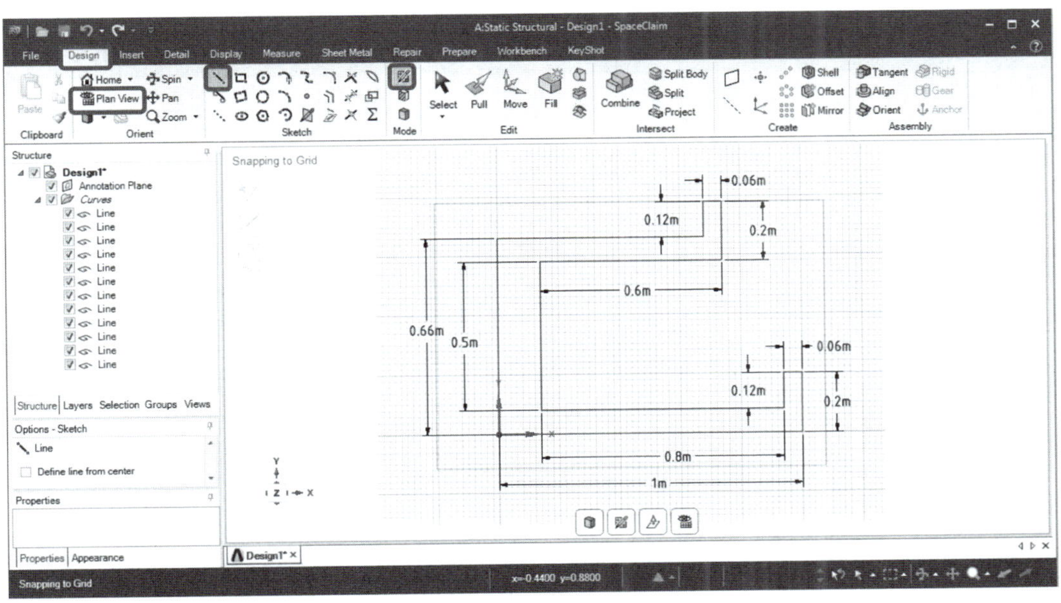

위의 스케치에서 표시된 치수는 ***Detail*** 탭의 ***Dimensions***를 선택하여 추가한다는 점을 유의하라. 치수를 추가하려면 원하는 위치에서 치수를 삽입할 개체를 클릭한다.

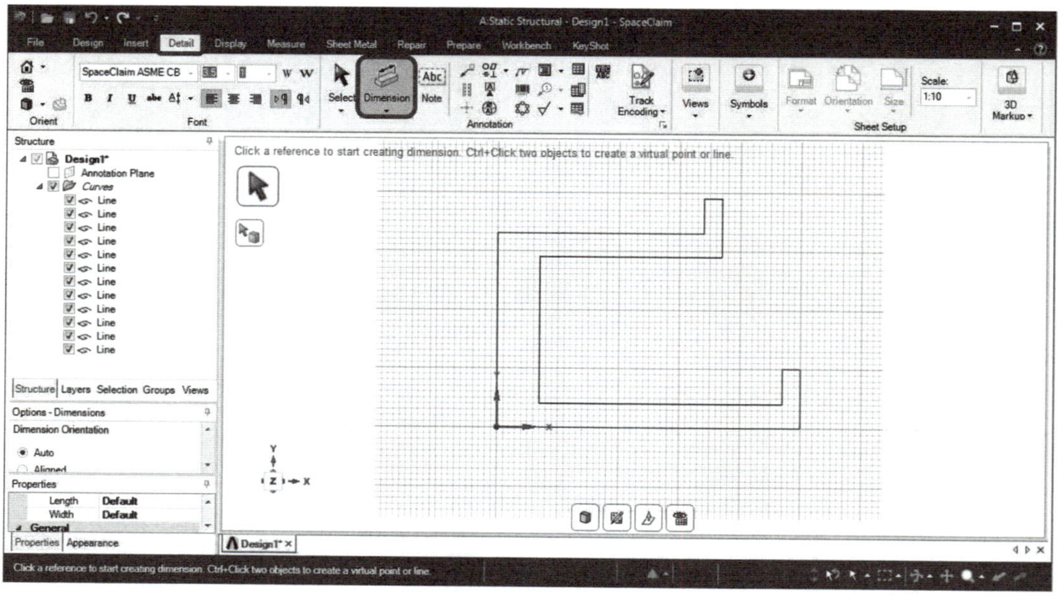

Design 탭에서 ***Create Rounded Corner*** 아이콘을 클릭한다. 둥근 모서리를 추가하려면 하나의 선을 클릭, 다른 교차 선을 클릭하고 필렛 반지름 ***R*** 의 텍스트 상자에 ***0.1*** 을 입력한다. 아래의 그림과 같이 네 개의 필렛이 모두 작성될 때까지 이 단계를 반복한다. 필렛 생성 중에 ***Φ*** 의 값이 ***0.2 m*** 로 보인다. 이것은 필렛 반지름으로 ***0.1 m*** 에 해당한다.

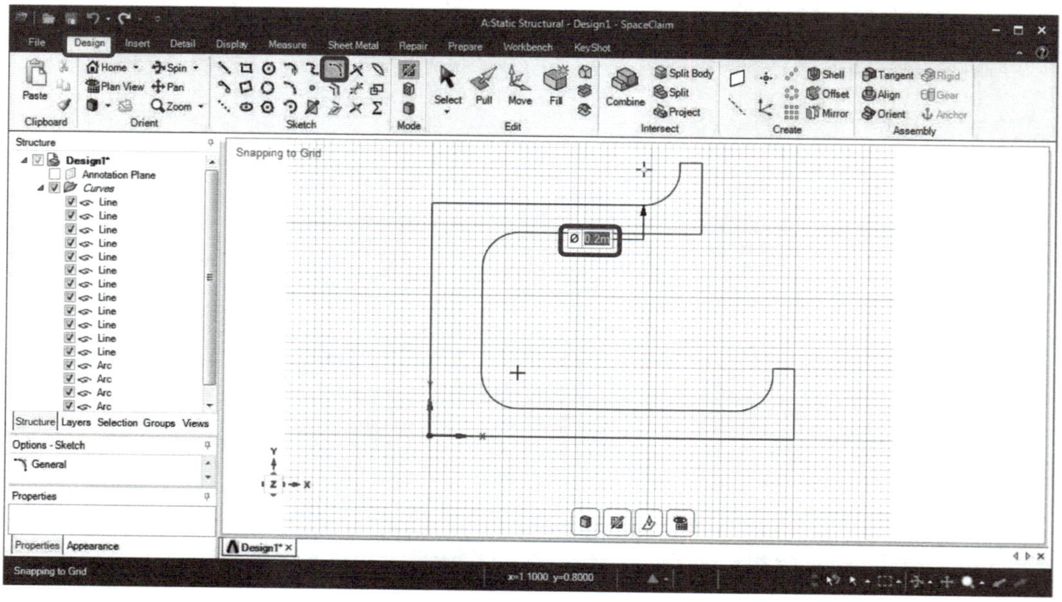

단계 6: 표면체를 생성

Design 탭에서 ***Pull*** 아이콘을 클릭한다. 스케치를 기반으로 아래의 표면(surface)가 생성될 것이다. ***SpaceClaim*** 프로그램을 종료한다.

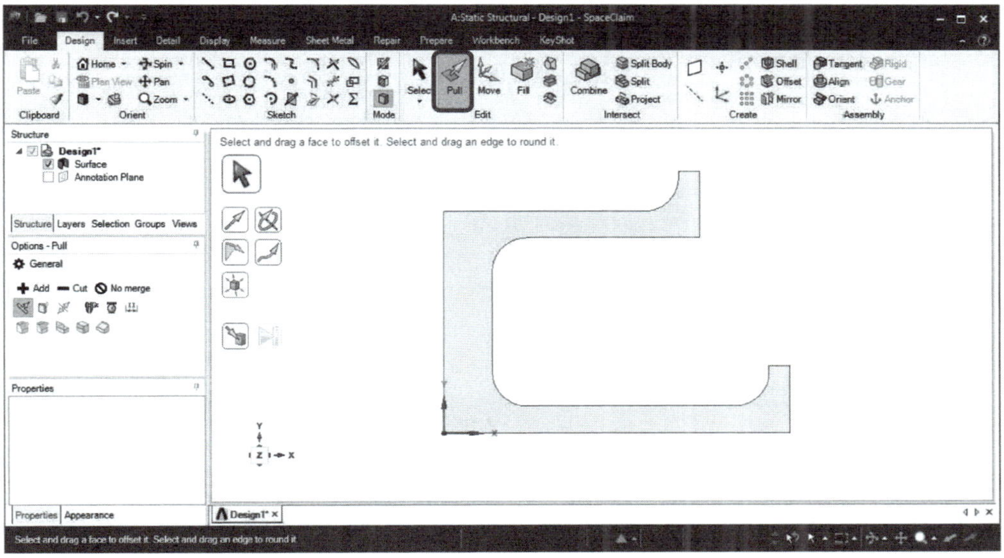

단계 7: *Static Structural* 프로그램을 시작

Model 셀을 더블클릭하여 ***Static Structural*** 프로그램을 시작한다. ***Outline*** 트리에서 ***Geometry***를 클릭한다. ***Details of "Geometry"***에서 ***2D Behavior***를 ***Axisymmetric***로 선택한다.

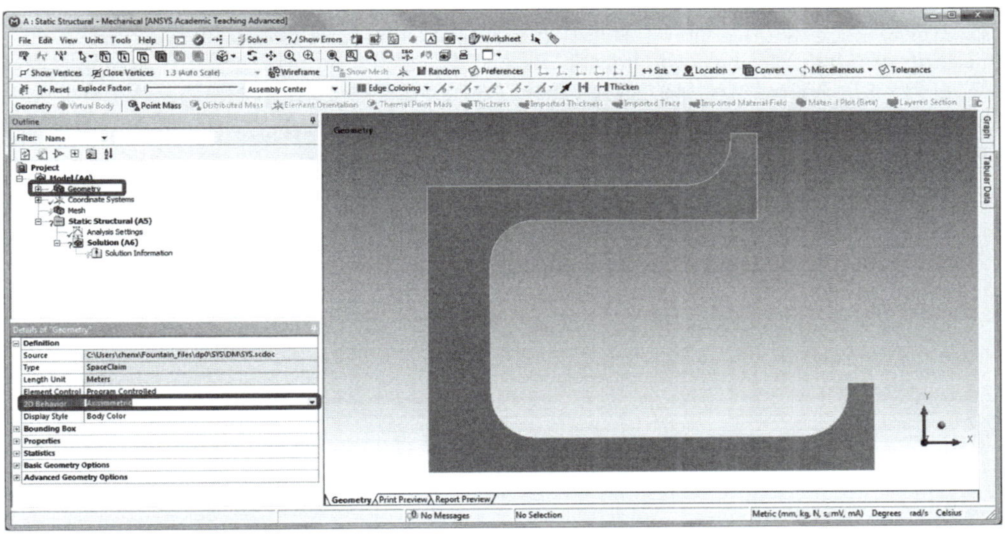

*Project Outline*트리에서 *SYS\Surface*를 클릭한다. *Details of "SYS\Surface"*에서 *Material Assignment*의 우측 부분을 클릭하고 드롭다운 메뉴에서 *Concrete*를 선택한다.

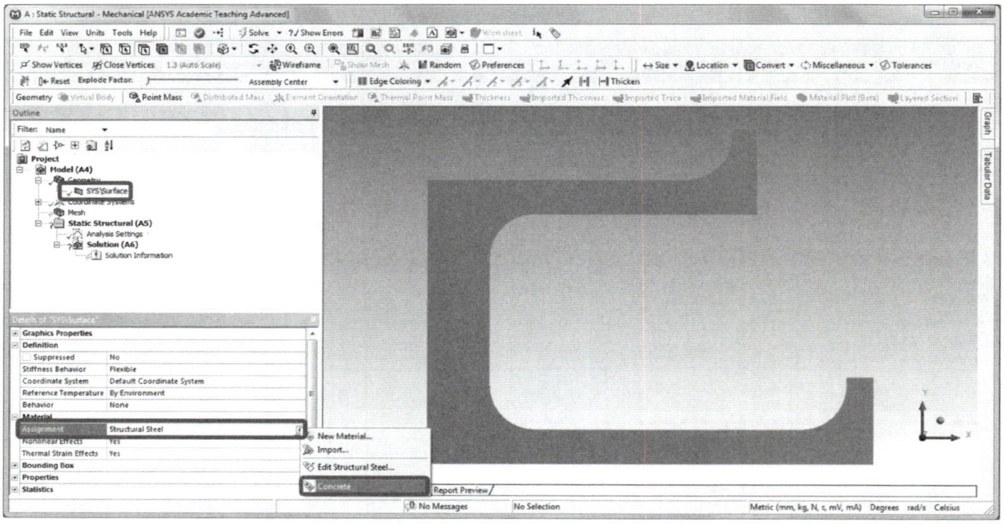

단계 8: 격자(Mesh)를 생성

Project Outline 트리에서 *Mesh*를 마우스 우측 버튼으로 클릭한다. 드롭다운 메뉴에서 *Insert*의 *Sizing*을 선택한다. *Details of "Face Sizing"*에서 *Element Size*에 '*0.03 m*'을 입력한다. *Graphics* 창에서 표면체를 클릭하고 *Geometry* 선택을 적용한다.

*Mesh*를 마우스 우측 버튼으로 클릭한다. *Insert*의 *Method*를 선택한다. *Details of "Automatic Method"*에서 표면체를 클릭하고 *Geometry* 선택을 적용한다. *Method*의 드롭다운 메뉴에서 *Triangles*를 선택한다. 이렇게 하면 메쉬 생성에서 삼각형 요소를 사용할 수 있다.

*Details of "Mesh"*에서 *Element Order*를 *Linear*로 변경한다. 이것은 메쉬에서 선형(또는 1차) 요소의 사용을 지정한다. 선형 삼각형 요소는 선형 유한요소해석 근사 해의 수렴성을 보이기 위해 여기서 사용되었으나, 일반적인 응력 해석에서는 선형 삼각형 요소를 사용하는 것을 권장하지 않는다. *Mesh*에서 마우스 우측 버튼을 클릭하고 *Generate Mesh*를 선택한다.

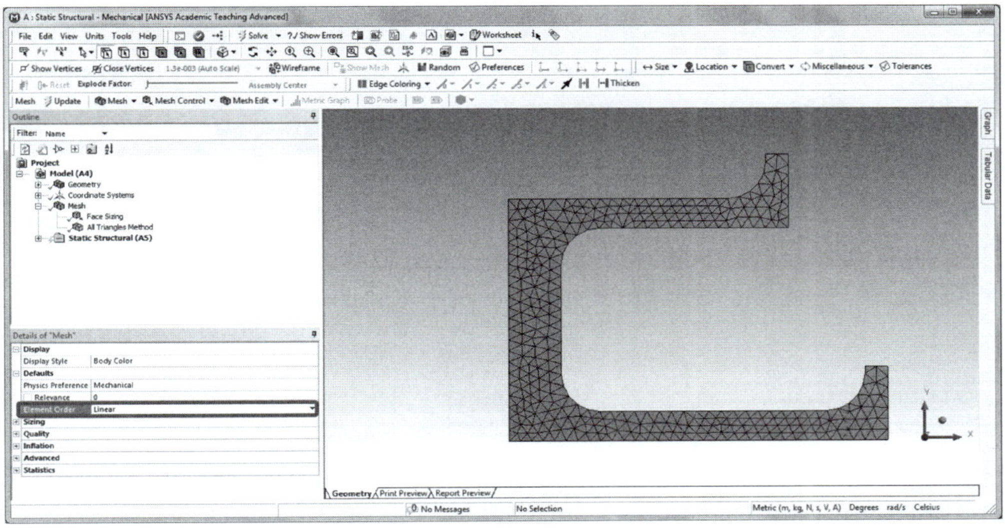

단계 9: 경계조건을 적용

Static Structural (A5)에서 마우스 우측 버튼을 클릭한다. ***Insert***를 선택한 다음 드롭다운 메뉴에서 ***Fixed Support***를 선택하고 바닥의 수평선에 적용한다.

Static Structural (A5)에서 마우스 우측 버튼을 클릭한다. ***Insert***를 선택한 다음 드롭다운 메뉴에서 ***Frictionless Support***를 선택하고 좌측 끝의 수직선에 적용한다(분수의 중심선). frictionless support는 선이 법선 방향으로 이동하거나 변형되는 것을 방지한다. 따라서 대칭 조건이 된다.

단계 10: 하중을 적용

Project Outline에서 ***Static Structural (A5)***을 마우스 우측 버튼으로 클릭한다. ***Insert***를 선택한 다음 ***Hydrostatic Pressure***를 선택한다. 정적 수압 하중은 유체 중량에 의한 압력을 시뮬레이션 한다.

Details of "Hydrostatic Pressure"에서 아래 그림과 같이 수평선과 인근의 필렛 선을 ***Ctrl*** 키를 눌러 선택하고 이 두 선을 ***Geometry*** 선택에 적용한다. ***Fluid Density***로 ***1000*** kg/m^3 을 입력한다. ***Hydrostatic Acceleration***의 ***Define By*** 선택을 ***Components***로 변경하고 ***Y Component***에 ***9.8*** m/s^2 를 입력한다. ***Free Surface Location***의 ***X Coordinate***로 ***0.68 m***, ***Y Coordinate***로 ***0.76 m*** 을 입력한다. 입력된 위치는 필렛 선의 위쪽 끝점에 해당한다.

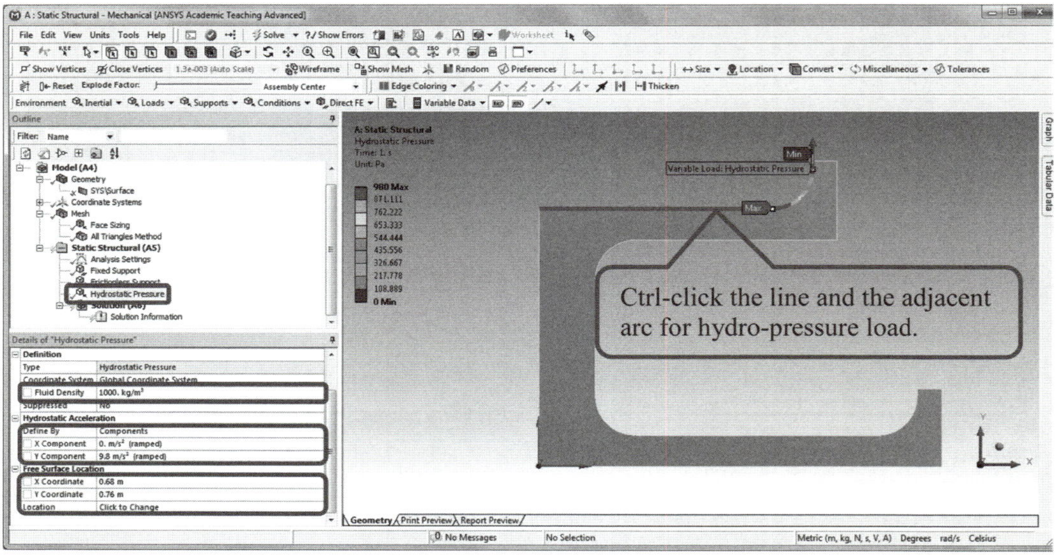

또 다른 ***Hydrostatic Pressure*** 하중을 입력하고 아래 그림과 같이 수평선과 인접한 필렛 선에 적용한다.

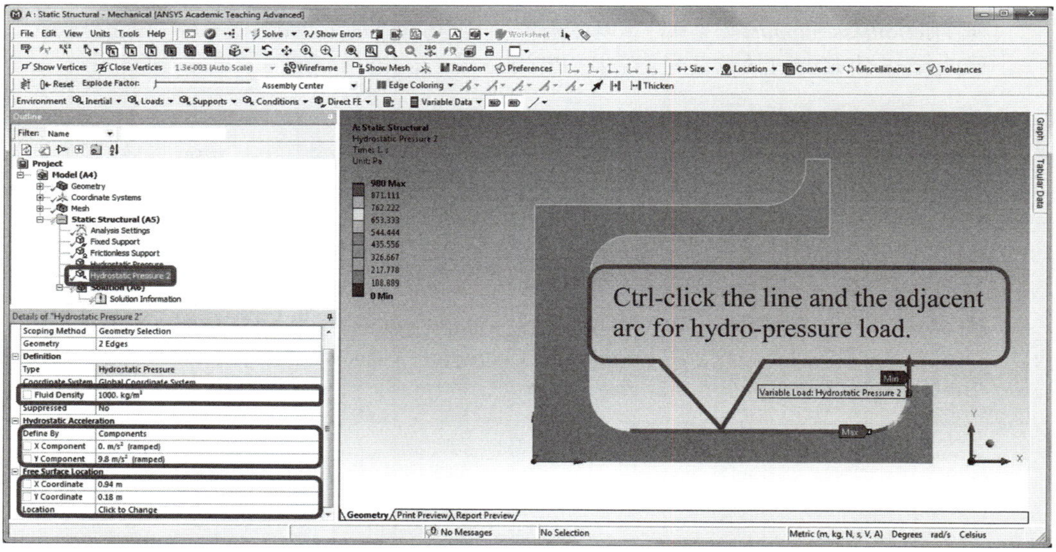

단계 11: 해를 탐색

Outline 트리의 *Solution (A6)*에서 마우스 우측 버튼을 클릭하여 *Total Deformation* 항목을 삽입한다.

Outline 트리의 *Total Deformation*에서 마우스 우측 버튼을 클릭하고, *Insert*를 선택한 다음 *Convergence*를 선택한다.

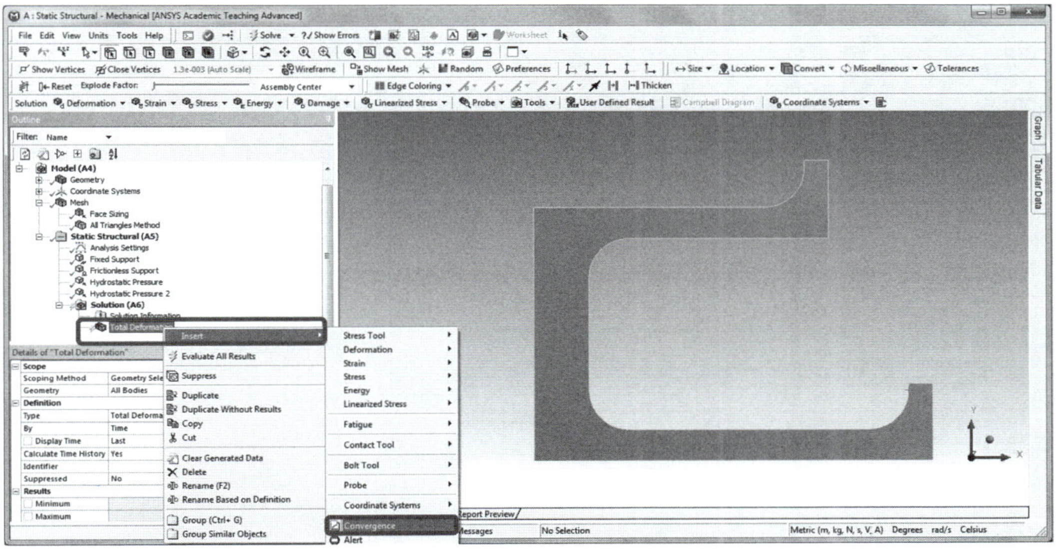

*Details of "Convergence"*에서 *Allowable Change*에 *1 %*를 입력한다.

*Details of "Solution (A6)"*에서 *Max Refinement Loops*를 *10*, *Refinement Depth*는 *1*로 설정한다. refinement depth 는 메시 세밀화의 정도(0에서 3의 범위에서 숫자가 클수록 세밀화 정도가 커짐)를 조절한다.

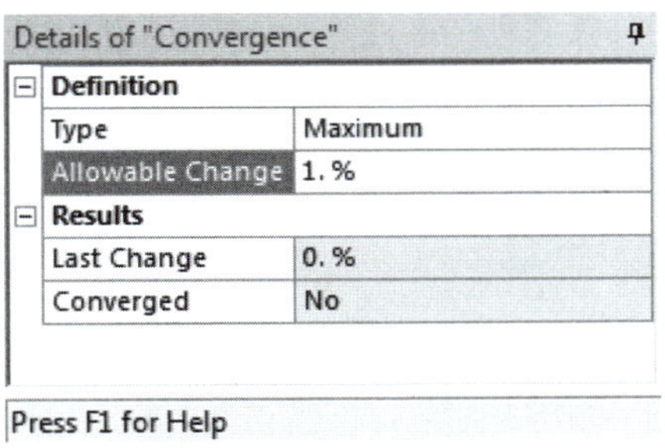

Details of "Convergence"

Definition	
Type	Maximum
Allowable Change	1. %
Results	
Last Change	0. %
Converged	No

Press F1 for Help

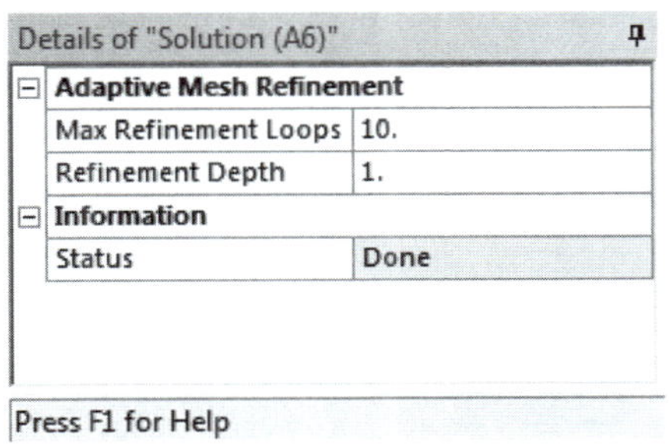

Details of "Solution (A6)"

Adaptive Mesh Refinement	
Max Refinement Loops	10.
Refinement Depth	1.
Information	
Status	Done

Press F1 for Help

Outline 트리의 *Solution (A6)*에서 마우스 우측 버튼을 클릭하여 *Equivalent Stress* 항목을 삽입한다.

Outline 트리의 *Solution (A6)*에서 마우스 우측 버튼을 클릭하고 *Solve*를 선택한다. 프로그램이 두 개의 연속된 반복값들 사이의 차이가 1% 미만이거나 메시 세밀화의 최대 횟수가 10에 도달할 때까지 수학적 모델을 반복적으로 풀이하기 시작할 것이다. 완료되면 *Outline*의 *Convergence*를 클릭하여 수렴곡선을 확인한다. 메시 세밀화에 따른 최대 변형 결과 역시 곡선 아래의 표에 기록된다.

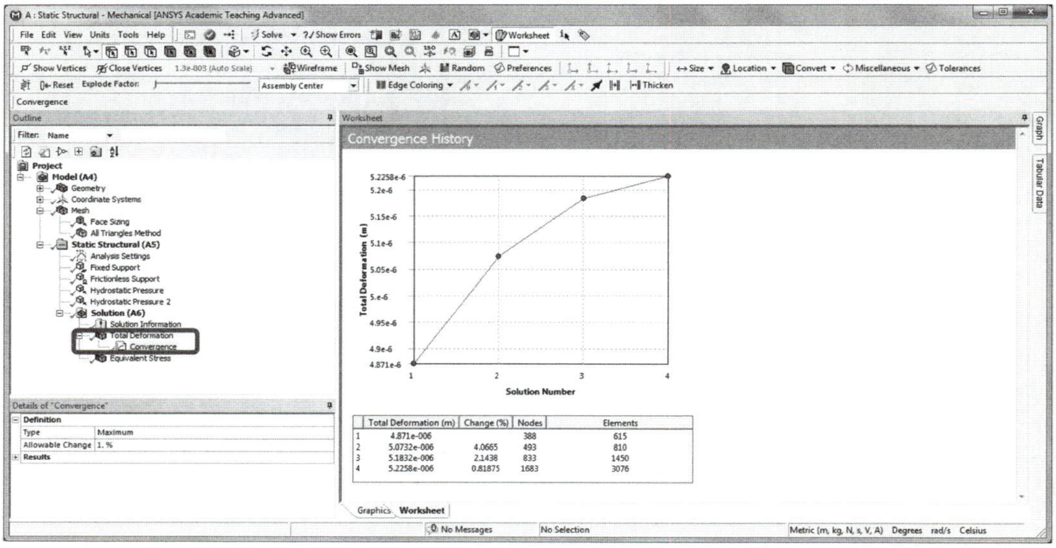

*Outline*의 *Total Deformation*을 클릭하여 수렴된 변형결과를 확인한다.

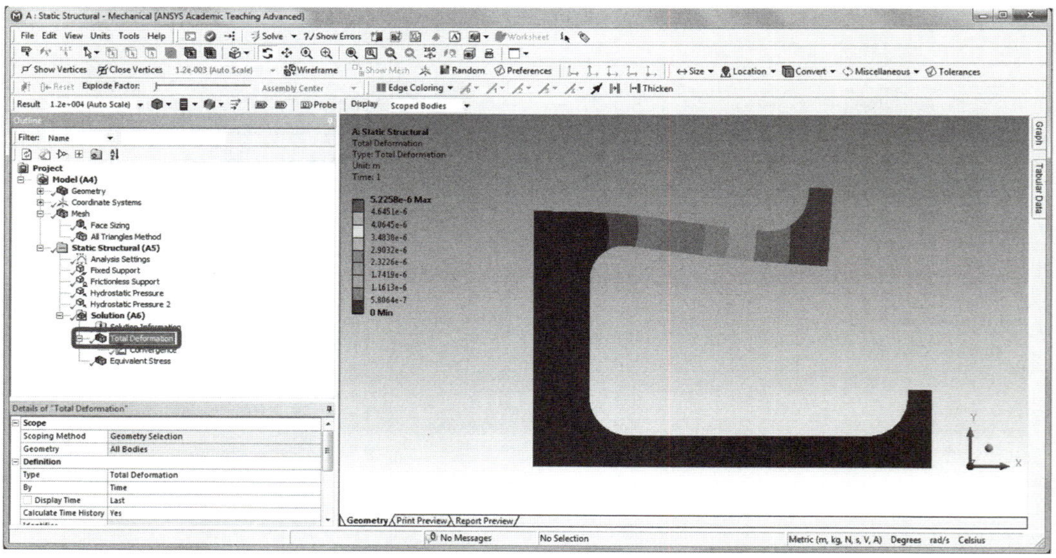

Outline의 ***Equivalent Stress***을 클릭하여 응력결과를 확인한다.

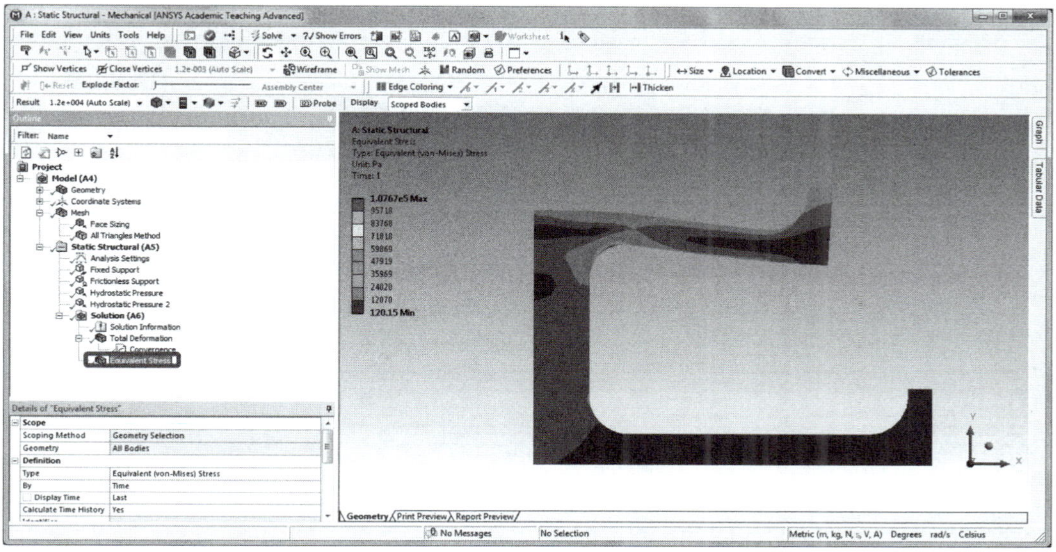

모델링 팁: 모델은 정적 수압 하중이외에도 중력이나 원심력, 관성력(inertial force)과 같은 체적력(body force)을 받을 수 있다. 이러한 힘을 고려하기 위해서는 구조물 재료의 밀도를 입력할 필요가 있으며, 그 힘은 일반적으로 다음과 같이 계산한다.

$f_r = \rho r \omega^2$, , 등가 원심력 / 관성력;
$f_z = -\rho g$, , 중력;

여기서 ρ는 밀도, g는 중력가속도이다(g = 9.8 m/s^2).
분수대 모델에 체적력을 추가하기 위해 아래의 단계를 수행한다. 먼저 ***Physical Properties Toolbox***에서 ***Density***를 더블클릭한다. ***Properties of Outline Row 3: Concrete***에서 ***Density***에 **2.38e3**을 입력한다.

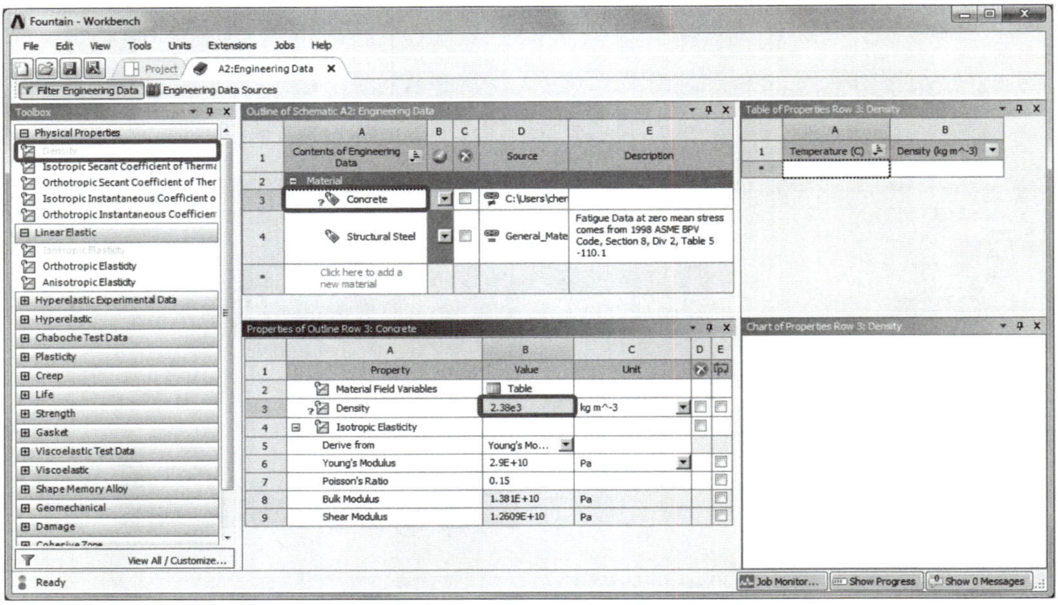

Engineering Data 셀에서 위의 변경을 한 후에는 *Project Schematic*의 *Model* 셀이 새로 고친다. *Model* 셀을 더블클릭하여 *Static Structural* 프로그램을 실행한다.

아래와 같이 *Project Outline*에서 *Static Structural (A5)*을 마우스 우측 버튼으로 클릭하고 *Insert*를 선택한 다음 *Standard Earth Gravity*를 선택한다.

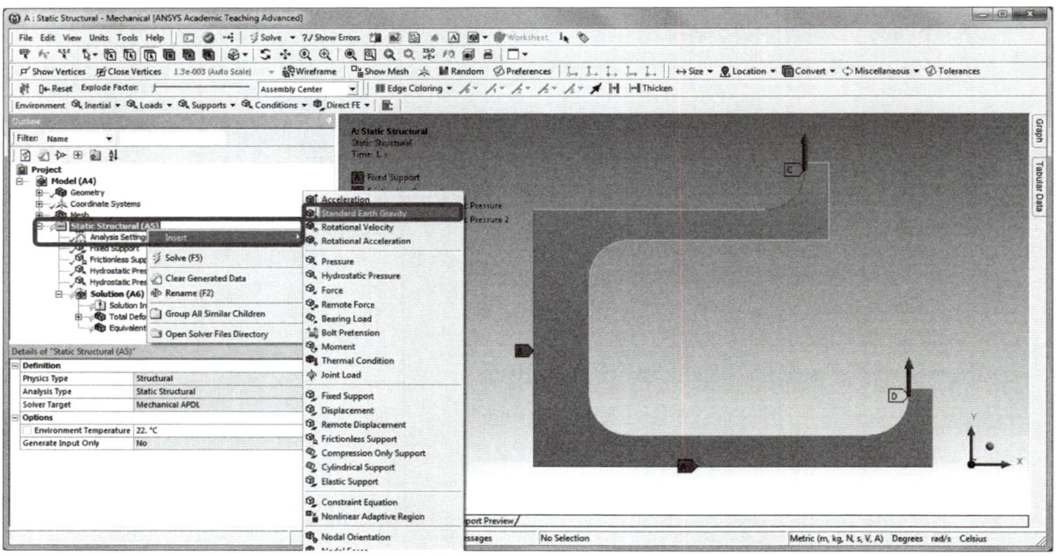

Static Structural (A5)을 마우스 우측 버튼으로 클릭하고 ***Insert***를 선택한 다음 ***Rotational Velocity***를 선택한다.

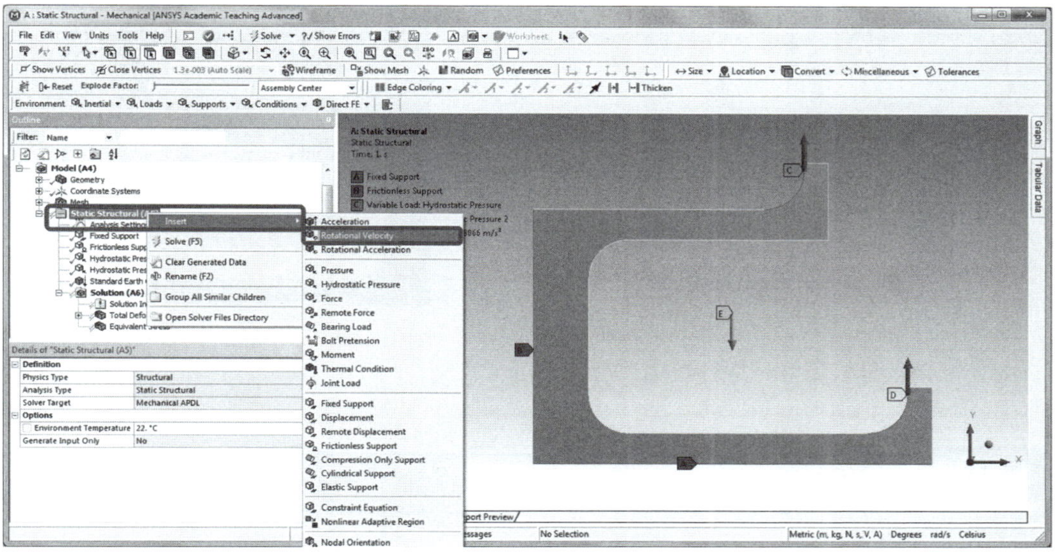

Details of "Rotational Velocity"에서 ***Define By***를 ***Components***로 변경한다. ***Y Component***에 5 rad/s를 입력한다.

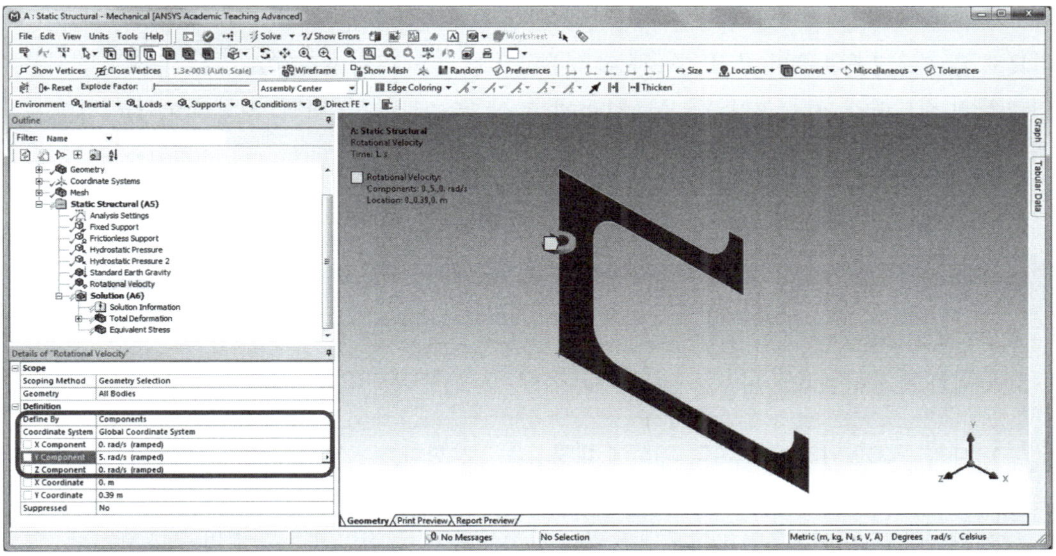

Outline 트리에서 ***Solution (A6)***을 마우스 우측 버튼 클릭하고 ***Solve***를 선택하여 모델 결과를 업데이트 한다. 새로운 변형과 응력 결과는 아래의 그림과 같다. 최대 변형과 최대 von Mises 응력 값은 모두 정적 수압 하중만 고려한 결과보다 약간씩 증가한 것으로 나타난다.

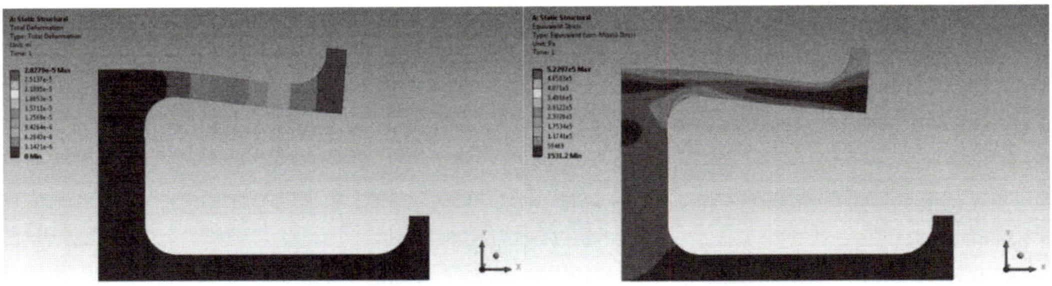

5.9 요약

이장에서는 유한요소 해석과 관련된 몇 가지 모델링 기법 및 기능을 기술하였다. 대칭 구조물의 정적해석시에는 모델링(격자) 단계와 해석(경계조건도 대칭일 경우) 단계 모두에서 대칭성을 검토해야한다. 하부구조법(Substructuring) 또는 슈퍼요소법(super element)은 제한된 컴퓨터 성능으로 규모가 큰 문제를 풀 수 있는 유용한 기법이다. 유한요소 해석시 유한요소 해의 수렴성은 매우 중요하므로 본 프로그램의 오차 추정 기능과 적응 유한요소 기능(adaptive FEA capabilities)을 사용하여 반드시 검토해야 한다. ANSYS Workbench를 사용한 예제를 통하여, 이장에서 다룬 여러 가지의 기법들을 어떻게 적용하는 가를 소개하였다.

5.10 학습목표 검토

이 장에서 학습한 내용은 다음과 같다.

1. 대칭 구조물의 경우 격자와 해석에 대칭성을 적용한다.
2. 구조물과 하중이 축대칭일 때 모델과 요소에 축대칭성을 적용한다.
3. 해석하고자 하는 유한요소 모델에 맞는 방정식 해법 (직접법 또는 간접법)을 선택한다.
4. 유한요소 해석시 발생하는 오차의 요인과 오차 표시(error indicator)를 이해한다.
5. h-세밀화 또는 p-세밀화를 사용하여 격자를 세밀화하는 방법은 숙지한다.
6. ANSYS Workbench를 사용하여 여러 가지 유한요소 해석 기법을 모델에 적용한다.

문제

5.1 아래와 같은 두 개의 판 구조물을 생각해 보자. 구조물들은 대칭적으로 x-y 평면상의 하중을 받고 있다. 대칭성을 이용하여 적절한 유한요소 모델을 구성하고, 하중과 지지 조건도 표시하시오.

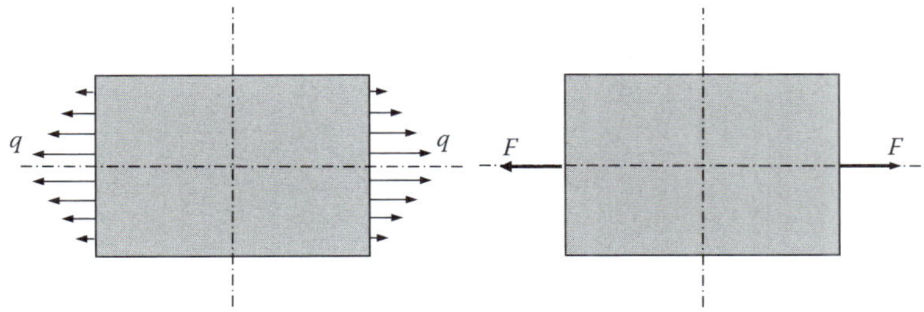

5.2 아래와 같이 테이퍼진 봉에 대하여, ANSYS Workbench의 2차원 축대칭 요소와 1차원 봉 요소를 사용하여 변형 및 응력을 구하시오. $R_1 = 1$ m, $R_2 = 0.5$ m, $L = 5$ m, 힘 $F = 3000$ N, 영탄성계수 $E = 200$ GPa, 푸와송비 $\nu = 0.3$ 이라고 가정하라. 이 봉의 왼쪽 끝에서 고정되어 있다. 2차원 모델 결과와 1차원 모델 결과를 비교하시오.

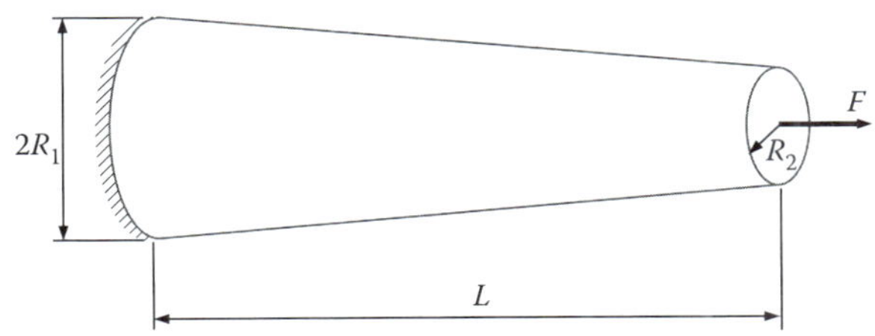

5.3 아래와 같은 속이 빈 원통은 안쪽 반지름 $a = 1$ m, 바깥쪽 반지름 $b = 1.1$ m, 길이 $L = 6$ m 이며, 안쪽 면에 압력 $p = 10$ GPa 이 작용하고 있다. 실린더의 바깥쪽 면은 반지름방향으로 고정되어있고 실린더의 길이 방향으로는 변형이 가능하다. ANSYS Workbench의 2차원 축대칭 모델을 사용하여 실린더의 응력을 계산하시오. 영탄성계수 $E = 200$ GPa, 푸와송비 $\nu = 0.3$이라고 가정하라.

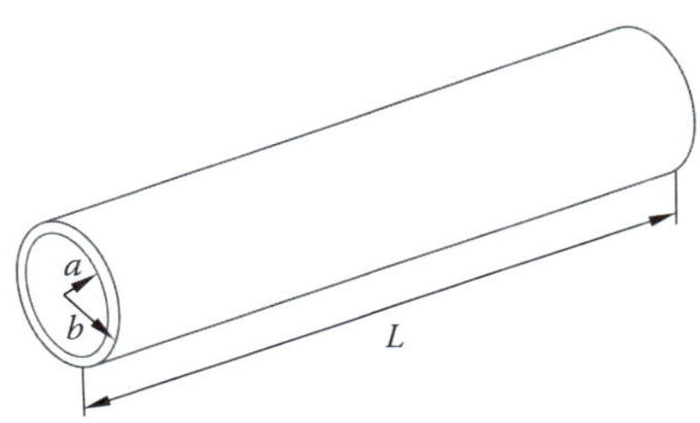

5.4 아래 도면에 나타나 있는 회전 부품은 강재로 만들어졌으며 영탄성계수 $E = 200$ GPa, 푸와송비 $\nu = 0.3$, 밀도 $\rho = 7850$ kg/m^3 이다. 이 부품의 회전속도가 z축을 중심으로 100 rpm 이라고 가정하라. ANSYS Workbench의 축대칭 모델을 사용하여 부품의 응력을 계산하시오.

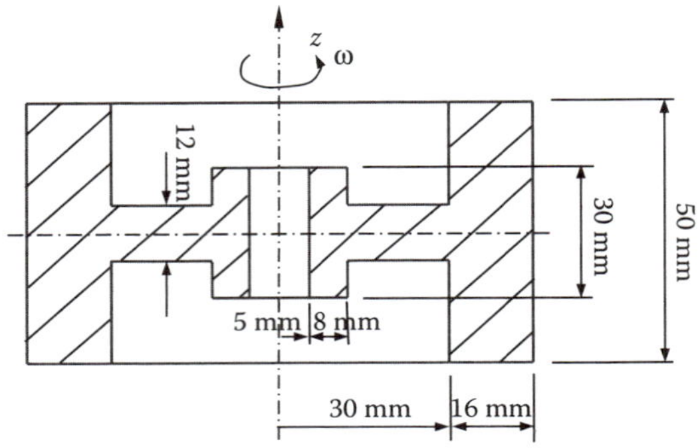

5.5 중력과 원심력을 받고 있는 솔리드 원통(solid cylinder)의 변위와 응력 분포를 구하시오. 원통은 알루미늄으로 만들어졌으며 영탄성계수 $E = 73$ GPa, 푸와송비 $\nu = 0.3$, 밀도 $\rho = 2800$ kg/m^3 이다. 이 부품의 회전속도가 중심축에 대해서 50 rad/s이라고 가정하라. 반지름 = 10 mm, 높이 = 20 mm, 회전속도 = 50 rad/s.

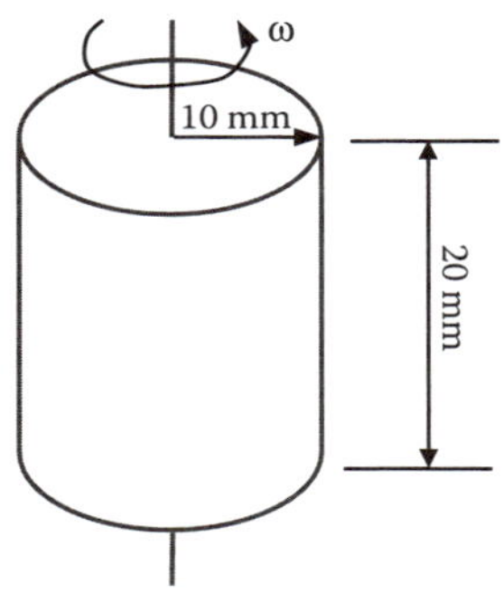

5.6 z 방향으로 균일하게 정렬된 긴 섬유로 보강된 복합재의 평면 등가 탄성계수를 구하고자 한다. 이를 위하여 ANSYS Workbench에서 아래와 같은 2차원 탄성 모델을 사용할 수 있다. 등가 탄성계수는 다음 식으로 계산될 수 있다. $E_{eff} = \sigma_{x(ave)}/\varepsilon_{x(ave)}$, 여기서 평균 응력과 변형률은 모델의 오른쪽 수직선을 따라 계산된 값이다. 모재의 $E = 10$ GPa, $\nu = 0.35$, 섬유의 $E = 100$ GPa, $\nu = 0.3$ 이라고 가정하라. 셀 하나의 크기는 1×1 μm^2 이며 섬유의 반지름은 0.2 μm 이다. 1×1 셀로 시작하여 2×2 셀, 3×3 셀 등으로 셀의 개수를 최대한 증가 시켜보아라. 복합재의 x 방향 등가 영탄성계수의 값을 계산하시오. 해석을 위한 격자를 생성할 때 모델의 대칭성을 이용하라.

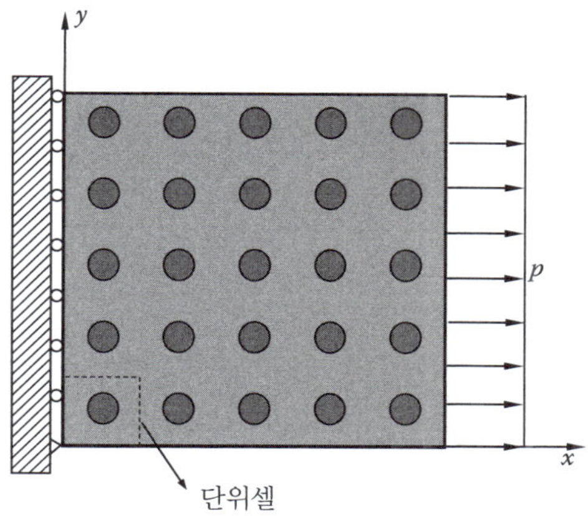

5.7 중량을 감소시키기 위하여 다공판(meshed panel)을 사용하고자 한다. 이를 위하여는 다공판의 x와 y 방향의 면내 등가 강성계수를 구해야 한다. 예로써 아래와 그림과 같은 다공판을 고려해 보자. 다공판의 x 방향 등가 강성계수의 값을 계산할 때, 모델의 대칭성을 이용하고 사용된 셀 개수의 영향을 적용하시오.

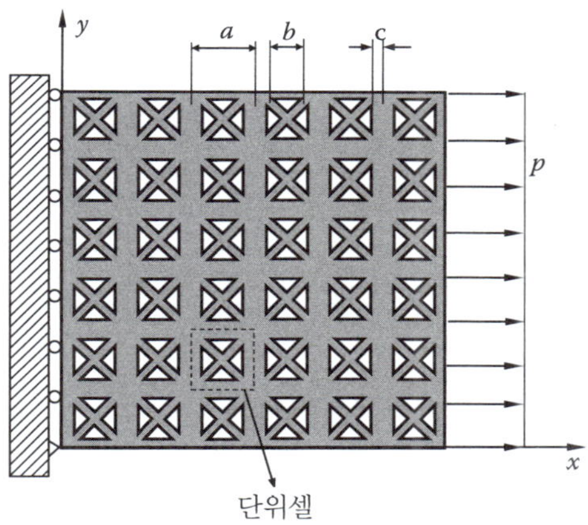

다공판은 알루미늄으로 만들어져 있으며 영탄성계수 $E = 70$ GPa, 푸와송비 $\nu = 0.35$, $a = 10$ mm, $b = 5$ mm, $c = 1.5$ mm, 두께 $t = 1$ mm 이다.

Chapter 6

판 및 쉘 해석

6.1 서론

많은 구조물들은 1차원 직선 또는 곡선의 보를 2차원으로 확장한 판 및 쉘로 분류될 수 있다. 예를 들어 내진벽(shear wall), 바닥면, 선반 등은 판으로 모델링할 수 있으며, 조개나 계란 껍질과 같은 자연상태의 쉘 구조물을 포함하여 다양한 용기, 배관, 탱크, 슈퍼돔과 같은 건물의 지붕, 차체, 선박 및 항공기 등은 쉘로 모델링할 수 있다. 그림 6.1은 주로 판과 쉘 구조로 구성된 보잉 787 항공기를 나타내고 있다.

판 및 쉘 구조를 사용하는 장점은 무게가 가볍고, 큰 하중을 견딜 수 있으며 때로는 외관상 예술적으로 구조를 만들 수 있기 때문이다.

6.2 판 이론 개요

판은 횡방향의 하중에 의해 굽힘 현상이 주로 발생하는 평면이다. 쉘은 측면의 하중에 의해 멤브레인(membrane)하중과 굽힘 하중을 받는 곡면이다. 판 및 쉘의 두께 t는 구조의 다른 크기에 비해 아주 작다. 판 및 쉘의 이론을 다음과 같이 간단하게 정리하도록 한다.

6.2.1 판에서 힘과 응력의 관계식

측면하중을 받는 판에서 하나의 미소요소를 생각해보자. 미소요소에 작용하는 내력과 모멘트, 발생되는 응력은 각각 그림 6.2와 6.3과 같다.

그림 6.1 다양한 판 및 쉘 구조로 구성된 항공기 (http://en.wikipedia.org/wiki/Boeing_787_Dreamliner)

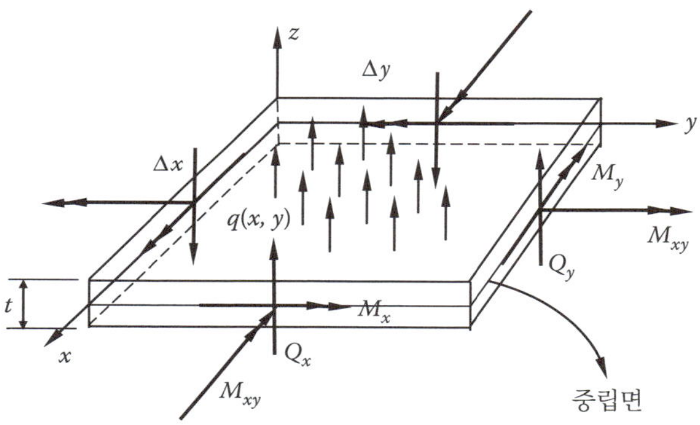

그림 6.2 판의 미소요소에 작용하는 내력과 모멘트

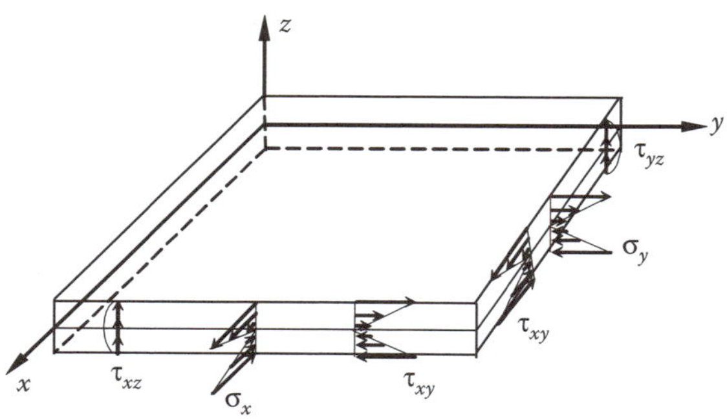

그림 6.3 판의 미소요소에 작용하는 응력

발생되는 응력은 모멘트 및 내력과 다음 관계를 갖는다.

굽힘 모멘트(단위 길이당)

$$M_x = \int_{-t/2}^{t/2} \sigma_x z\,dz, \quad (N \cdot m/m) \tag{6.1}$$

$$M_y = \int_{-t/2}^{t/2} \sigma_y z\,dz, \quad (N \cdot m/m) \tag{6.2}$$

비틀림 모멘트(단위 길이당)

$$M_{xy} = \int_{-t/2}^{t/2} \tau_{xy} z\,dz, \quad (N \cdot m/m) \tag{6.3}$$

전단력(단위 길이당)

$$Q_x = \int_{-t/2}^{t/2} \tau_{xz}\,dz, \quad (N/m) \tag{6.4}$$

$$Q_y = \int_{-t/2}^{t/2} \tau_{yz}\,dz, \quad (N/m) \tag{6.5}$$

최대 굽힘 응력

$$(\sigma_x)_{\max} = \pm\frac{6M_x}{t^2}, \quad (\sigma_y)_{\max} = \pm\frac{6M_y}{t^2} \tag{6.6}$$

보요소와 같이 중립면에서는 굽힘 응력이 0이며 최대/최소 굽힘 응력은 $z = \pm t/2$ 에서 발생한다.

6.2.2 박판 이론 (키르히호프 판 이론)

박판이론은 그림 6.4와 같이 중립면에 수직한 직선은 하중에 의해 중립면이 변형된 후에도 중립면에 수직하다고 가정한다. 즉,

$$\gamma_{xz} = \gamma_{yz} = 0 \quad \text{(횡방향 전단 변형 무시)}$$

변위, 변형률, 응력은 주변수인 처짐 $w = w(x, y)$ 으로 다음과 같이 표현된다.

변위:

$$w = w(x, y), \text{(처짐)} \tag{6.7}$$

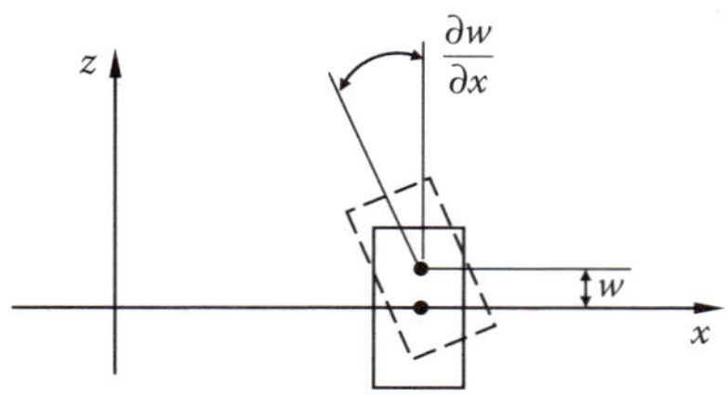

그림 6.4 키르히호프 판 이론에 의한 하중을 받는 판의 처짐과 회전

$$u = -z\frac{\partial w}{\partial x}$$
$$v = -z\frac{\partial w}{\partial y}$$

변형률:

$$\begin{aligned} \varepsilon_x &= -z\frac{\partial^2 w}{\partial x^2} \\ \varepsilon_y &= -z\frac{\partial^2 w}{\partial y^2} \\ \gamma_{xy} &= -2z\frac{\partial^2 w}{\partial x \partial y} \end{aligned} \tag{6.8}$$

여기서 판의 처짐에 의해 중립면이 늘어나지는 않음을 주의하라.

응력(평면 응력 상태):

$$\begin{Bmatrix} \sigma_x \\ \sigma_y \\ \tau_{xy} \end{Bmatrix} = \frac{E}{1-\nu^2}\begin{bmatrix} 1 & \nu & 0 \\ \nu & 1 & 0 \\ 0 & 0 & (1-\nu)/2 \end{bmatrix}\begin{Bmatrix} \varepsilon_x \\ \varepsilon_y \\ \gamma_{xy} \end{Bmatrix} \tag{6.9}$$

또는

$$\begin{Bmatrix} \sigma_x \\ \sigma_y \\ \tau_{xy} \end{Bmatrix} = -z\frac{E}{1-\nu^2}\begin{bmatrix} 1 & \nu & 0 \\ \nu & 1 & 0 \\ 0 & 0 & (1-\nu) \end{bmatrix}\begin{Bmatrix} \dfrac{\partial^2 w}{\partial x^2} \\ \dfrac{\partial^2 w}{\partial y^2} \\ \dfrac{\partial^2 w}{\partial x \partial y} \end{Bmatrix} \tag{6.10}$$

z 방향 판의 평형 방정식은 다음과 같다.

$$D\nabla^4 w = q(x, y) \tag{6.11}$$

여기서

$$\nabla^4 \equiv \left(\frac{\partial^4}{\partial x^4} + 2\frac{\partial^4}{\partial x^2 \partial y^2} + \frac{\partial^4}{\partial y^4} \right)$$

$$D = \frac{Et^3}{12(1-\nu^2)} \text{ (판의 굽힘 강성)} \tag{6.12}$$

q = 측면 분포 하중(단위면적당 힘)

여기서 식 (6.11)은 다음과 같은 1차원 직선 보의 식과 유사함에 주의하라.

$$EI\frac{d^4 w}{dx^4} = q(x) \tag{6.13}$$

식 (6.11)은 처짐 $w(x, y)$ 에 대한 4차 편미분 방정식이며, 주어진 경계조건에 대해 풀어야 한다. 판의 굽힘과 관련된 일반적인 경계조건은 다음과 같다.

$$\text{고정지지:} \quad w = 0, \quad \frac{\partial w}{\partial n} = 0 \tag{6.14}$$

$$\text{단순지지:} \quad w = 0, \quad M_n = 0 \tag{6.15}$$

$$\text{자유조건:} \quad Q_n = 0, \quad M_n = 0 \tag{6.16}$$

여기서 n 은 그림 6.5에서와 같이 경계에 대한 수직방향을 나타낸다. 위의 경계조건에서 주어진 값들이 0이 아닐 수도 있다는 것에 주의하라.

6.2.2.1 예: 박판

그림 6.6과 같은 정사각형이 네 개의 가장자리가 고정 또는 단순지지되어 있고 중앙 C 에서 균일한 하중 q 또는 집중하중 P 를 받고 있다.

형상이 단순하기 때문에 식 (6.11)은 경계조건 식 (6.14)에 대해 해석적으로 풀 수 있다. 4가지 경우에 대한 최대 처짐은 표 6.1과 같다. 이 결과는 유한요소 해석 결과를 검증하기 위해 사용될 수 있다.

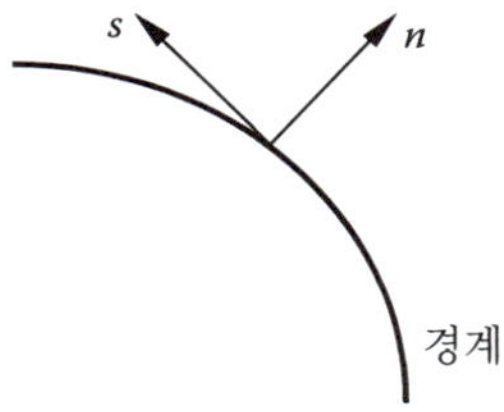

그림 6.5 판의 경계

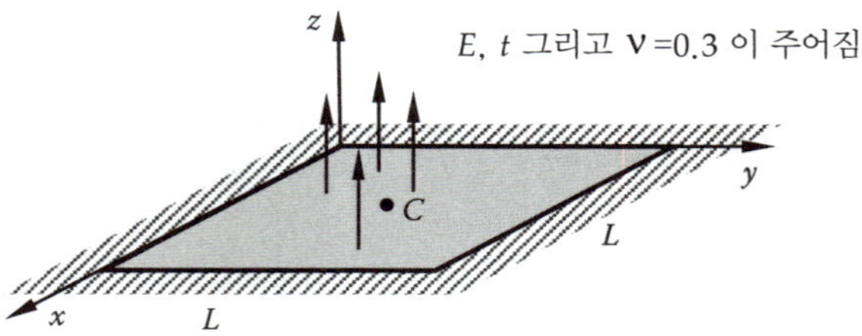

그림 6.6 정사각형 판

표 6.1 중앙에서의 처짐

중앙에서의 처짐 $(D = Et^3/(12(1-\nu^2)))$

	고정	단순지지
균일한 하중 q 작용시	$0.00126\ qL^4/D$	$0.00406\ qL^4/D$
집중하중 P 작용시	$0.00560\ PL^2/D$	$0.0116\ PL^2/D$

6.2.3 후판 이론 (민들린 판 이론)

판의 두께 t 가 작지 않다면, 예를 들어 $t/L \geq 1/10$(L = 판의 주표면의 특성치수)인 경우 민들린(Mindlin)의 후판이론을 적용해야 한다. 이 이론은 단면에서 각도의 변화를 고려한다. 즉,

$$\gamma_{xz} \neq 0, \qquad \gamma_{yz} \neq 0 \quad \text{(횡방향 전단 변형)}$$

이는 그림 6.7과 같이 변형 전에 중립면에 수직인 직선이 변형 후에는 중립면에 수직이 아니라는 것을 의미한다.

새로운 독립변수 θ_x 와 θ_y 는 변형 전에 중립면에 수직이었던 직선의 x 축과 y 축에 대한 회전 각도를 나타낸다.

다음과 같은 새로운 관계식이 성립한다.

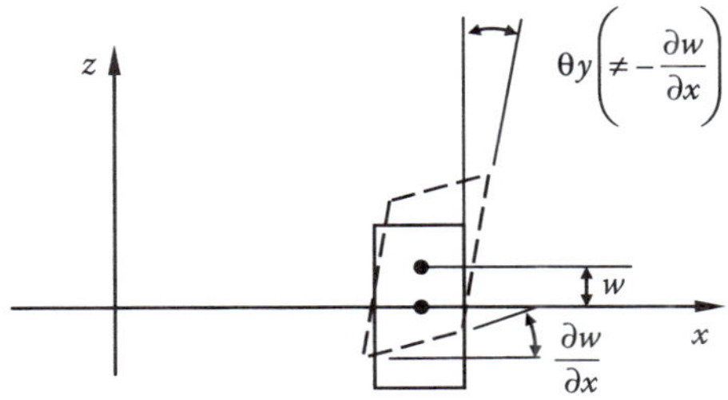

그림 6.7 미들린 후판이론에 의한 변위와 회전

$$u = z\theta_y, \quad v = -z\theta_x \tag{6.17}$$

또한

$$\begin{aligned} &\varepsilon_x = z\frac{\partial \theta_y}{\partial x}, \quad \varepsilon_y = -z\frac{\partial \theta_x}{\partial y}, \quad \gamma_{xy} = z\left(\frac{\partial \theta_y}{\partial y} - \frac{\partial \theta_x}{\partial x}\right), \\ &\gamma_{xz} = \frac{\partial w}{\partial x} + \theta_y, \quad \gamma_{yz} = \frac{\partial w}{\partial y} - \theta_x \end{aligned} \tag{6.18}$$

여기서 다음과 같은 조건 또는 가정을 적용하면 박판이론과 같게 됨을 주의하라.

$$\gamma_{xz} = \frac{\partial w}{\partial x} + \theta_y = 0, \quad \gamma_{yz} = \frac{\partial w}{\partial y} - \theta_x = 0 \tag{6.19}$$

이상과 같은 가정에 기초하여 3개의 주변수 $w(x, y)$, $\theta_x(x, y)$, $\theta_y(x, y)$ 에 대해 정리하면 후판의 지배방정식과 경계조건을 구할 수 있다.

6.2.4 쉘 이론

굽힘력만 있는 판 모델과는 달리 쉘(shell)에는 멤브레인 힘(면내의 힘)과 굽힘력(면외의 힘) 등 두 종류의 힘이 고려된다(그림 6.8과 6.9).

6.2.4.1 쉘 예제: 원통형 용기

판 이론과 같이 쉘 이론에서도 얇은 쉘 이론과 두꺼운 쉘 이론 등 두 가지의 이론이 있다. 쉘 이론은 이론 정립과 해석이 역학이론 중에서 가장 어렵다. 쉘 이론은 신형 항공기나 무게가 가벼운 구조물을 개발하기 위해서 1940년대와 1950년대에 러시아 과학자들에 의해 많은 연구가 이루어졌다. 이

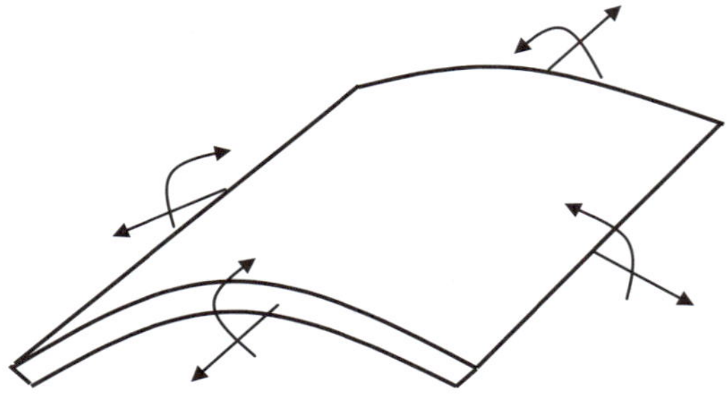

그림 6.8 쉘 구조 요소에서의 힘과 모멘트

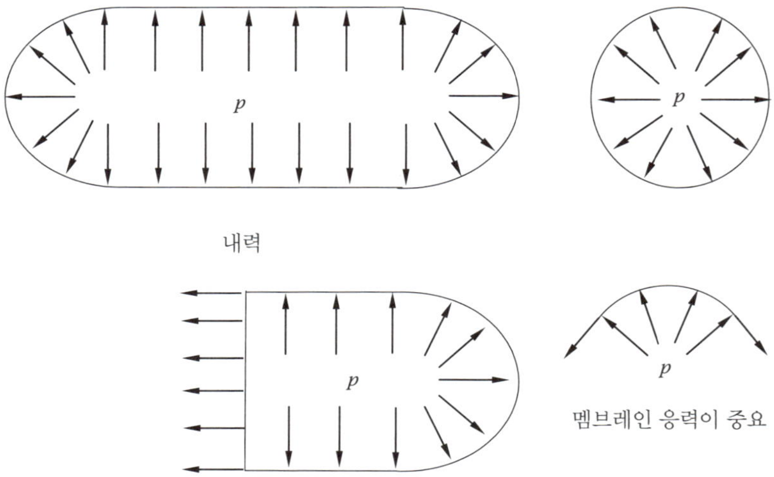

그림 6.9 내부 압력에 의해 원통에 작용하는 내력

와 관련한 심층적인 내용은 참고문헌 [6]을 참조하기 바란다. 이러한 이론적인 연구는 쉘 구조의 여러 가지 유한요소 개발의 기초를 마련하였다.

6.3 판 및 쉘의 모델링

판 및 쉘은 두께 t 를 매개변수로 하여 공간상의 평면 혹은 곡면으로 모델링할 수 있다(그림 6.10). 이러한 평면 또는 곡면은 판 요소 및 쉘 요소를 사용하여 이산화(discretization)를 하며 요소의 크기를 작게 할수록 격자의 질을 높일 수 있다.

그림 6.11에는 쉘 요소를 사용하여 해석한 스탬프 부품의 예를 나타낸다. 이 브래킷은 균일한 두께이며 4개의 볼트 구멍에서 고정되어있다. 하중은 브래킷 하부의 2개의 구멍을 통과하는 핀에 작

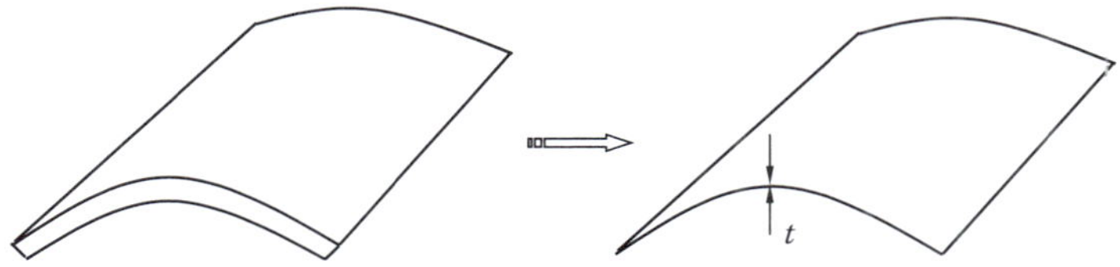

그림 6.10 쉘 구조물과 쉘 구조물의 수학적인 표현

용하고 있다. 그림 6.11b의 응력 분포도에서 구속조건 위치의 응력이 정확하지 않은 관계로 구멍의 가장자리 한 층의 요소는 생략되어 있음에 주의하라. 브래킷에 실제로 발생하는 응력 수준을 낮추기 위해서는 두께를 바꿀 수도 있고 브래킷의 형상을 변화시킬 수도 있다. 이에 따라 모델의 격자를 재생성하고 해석하게 되며 이러한 과정은 쉘 요소를 사용하여 쉽게 처리될 수 있다.

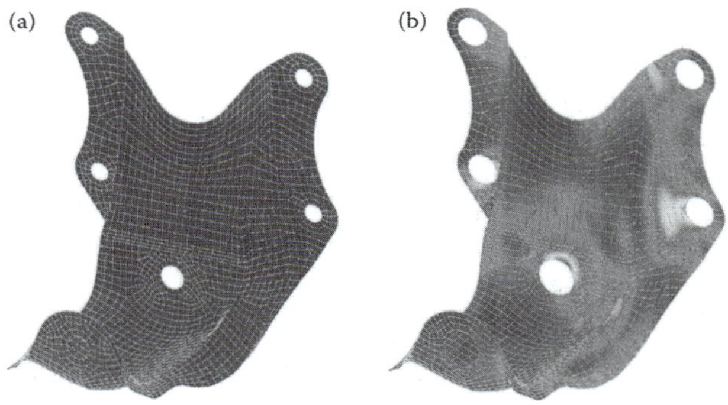

그림 6.11 쉘 요소를 사용한 브래킷의 응력해석: (a) 유한요소 모델; (b) 응력 분포도

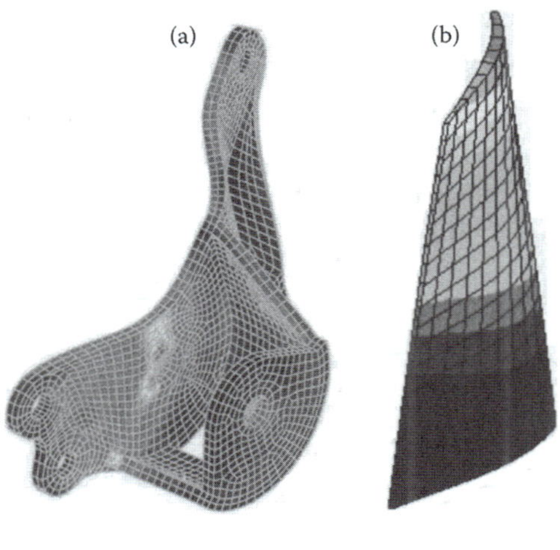

그림 6.12 쉘 요소가 부적절한 경우: (a) 주조 부품; (b) 두께가 불균일한 부품. 이러한 경우 3차원 솔리드 요소를 사용해야 한다.

그러나 경우에 따라서 구조물이 얇다고 하더라도 판 및 쉘 모델이 해석에 적합하지 않을 수도 있다. 예를 들어 그림 6.12와 같이 구조물의 두께가 불균일하거나(터빈 날개, 보강부가 있는 용기, 얇은 적층 구조 등), 세부 응력해석이 필요한 균열이 있는 경우이다. 이러한 경우 다음 장에서 설명할 3차원 탄성이론에 의한 솔리드 요소를 사용해야한다.

6.4 판 및 쉘 요소의 공식화

판 및 쉘의 해석에 적합한 유한요소의 종류를 다음에 소개한다.

6.4.1 키르히호프 판 요소

그림 6.13과 같은 4 절점 사각형 요소는 굽힘 기능만 가지고 있다. 이 요소는 절점당 3개의 자유도, 즉 w, $\partial w/\partial x$, $\partial w/\partial y$ 를 가지고 있다.

각각의 요소에서 처짐 $w(x, y)$ 는 다음과 같이 나타낸다.

$$w(x,y) = \sum_{i=1}^{4}\left[N_i w_i + N_{xi}\left(\frac{\partial w}{\partial x}\right)_i + N_{yi}\left(\frac{\partial w}{\partial y}\right)_i\right] \tag{6.20}$$

여기서 N_i, N_{xi}, N_{yi} 는 형상함수이다. 이는 부적합(incompatible) 요소이나[7], 강성행렬은 여전히 다음과 같은 형태이다.

$$\mathbf{k} = \int_V \mathbf{B}^T \mathbf{E} \mathbf{B}\, dV \tag{6.21}$$

여기서 $\mathbf{B}$ 는 변형률–변위 행렬이며 $\mathbf{E}$ 는 영계수(응력–변형률) 행렬이다.

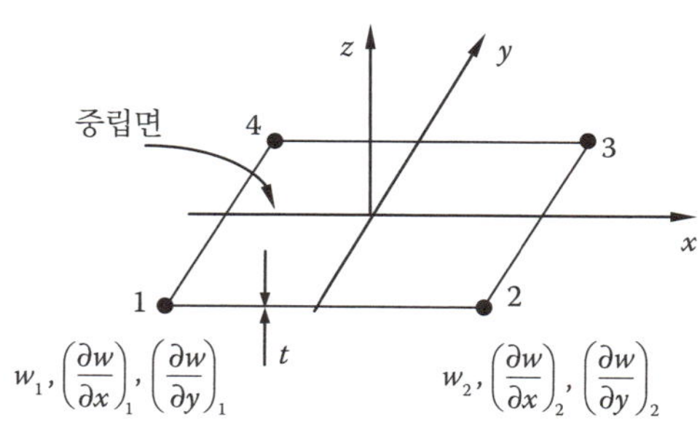

그림 6.13 절점당 3개의 자유도를 가진 4절점 사각형요소

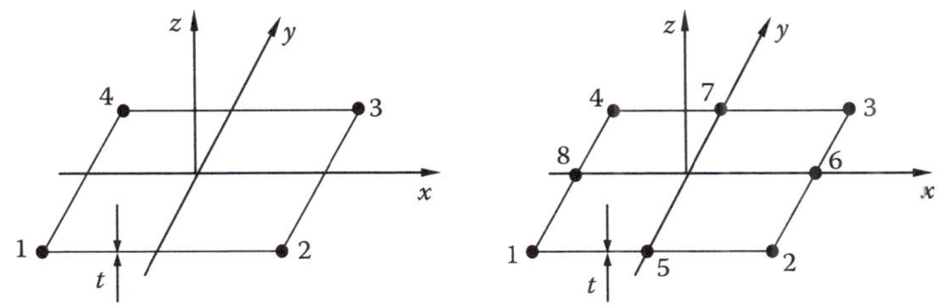

그림 6.14 4절점 및 8절점 사각형 판 요소

6.4.2 민들린 판 요소

그림 6.14에 나타나 있는 2개의 사각형 요소는 굽힘 기능만 가진 민들린 형식(Mindlin type)이다. 절점당 3개의 자유도, 즉 w, θ_x, θ_y 를 가지고 있다.

각각의 요소에서 처짐과 회전은 다음과 같이 나타낸다.

$$w(x,y) = \sum_{i=1}^{n} N_i w_i$$
$$\theta_x(x,y) = \sum_{i=1}^{n} N_i \theta_{xi} \tag{6.22}$$
$$\theta_y(x,y) = \sum_{i=1}^{n} N_i \theta_{yi}$$

이 요소 각각에는 3개의 독립적인 변수가 있으며, 처짐 $w(x, y)$ 는 Q4 에서는 선형이며 Q8 에서는 2차식이다.

6.4.3 이산화 키르히호프 요소

이것은 굽힘 기능만 가진 삼각형 요소이다. 먼저 그림 6.15와 같은 6절점 삼각형의 경우, 모서리 절점은 5개의 자유도(w, $\partial w/\partial x$, $\partial w/\partial y$, θ_x, θ_y)를 중간 절점은 2개의 자유도(θ_x, θ_y)를 가지므로 요소당 총 21개의 자유도가 있다.

여기서 조건 $\gamma_{xz} = \gamma_{yz} = 0$ 을 식 (6.18)에 대입하여 선택된 절점에 적용하고 자유도를 감소시키면 그림 6.16과 같은 이산화 키르히호프 요소(DKT: Discrete Kirchhoff Triangular)를 구할 수 있다.

이 3절점 DKT 요소는 절점당 3개의 자유도 w, $\theta_x(= \partial w/\partial x)$, $\theta_y(= \partial w/\partial y)$ 를 가지며 요소당 총 9개의 자유도가 있다. 여기서 DKT 요소의 $w(x, y)$ 는 부적합(incompatible)이나[7], w 가 가장자리에서 3차이므로 수렴이 빠르고 효율적이라는 것에 주목하라.

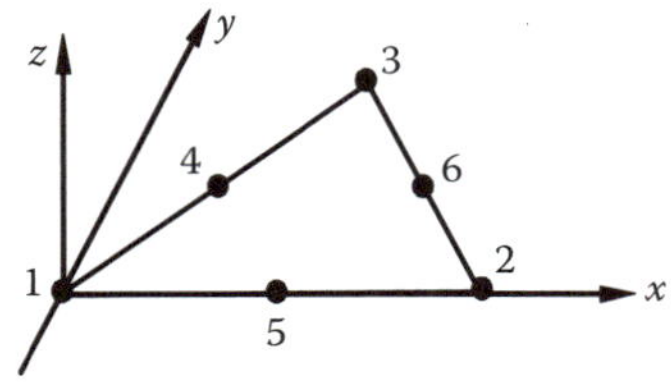

그림 6.15 모서리 절점에 5개의 자유도, 중간 절점에 2개의 자유도를 가진 6절점 삼각형요소

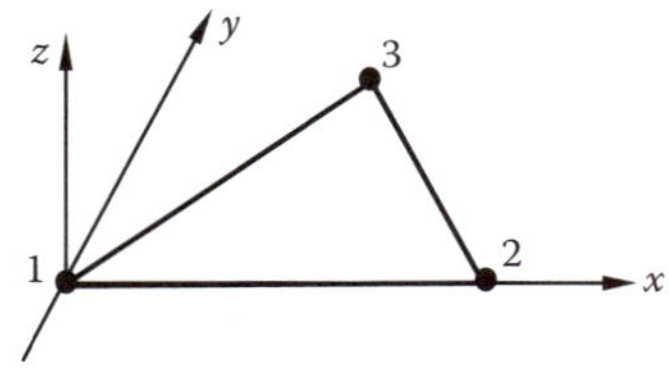

그림 6.16 절점당 3개의 자유도를 가진 이산화 키르히호프 삼각형(DKT) 요소

6.4.4 평면 쉘 요소

평면 쉘 요소는 그림 6.17과 같이 판 요소에 평면응력 요소를 중첩시켜 구할 수 있다.

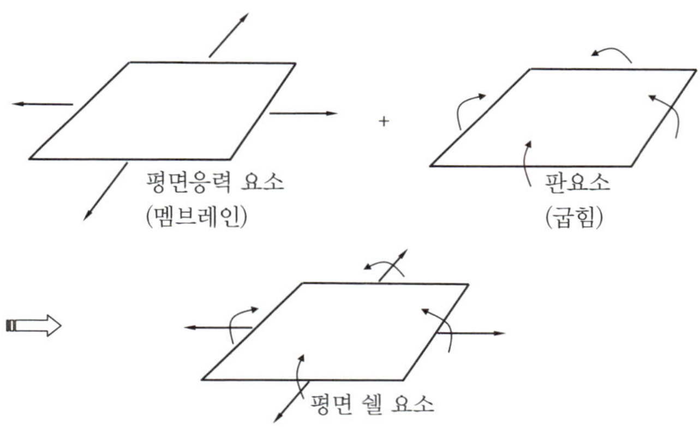

그림 6.17 평면 응력 요소와 판 굽힘 요소를 중첩시킨 평면 쉘 요소

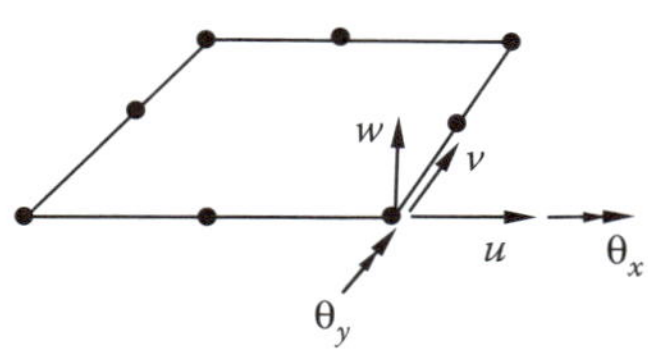

그림 6.18 Q4 및 Q8 쉘 요소

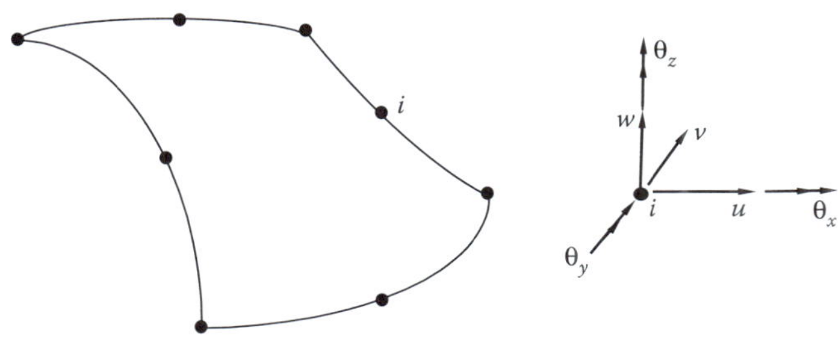

그림 6.19 8절점 곡면 쉘 요소와 대표 절점 i 에서의 자유도

이것은 곡선의 보를 모델링하기 위해서 봉(bar) 요소와 단순 보(simple beam)요소를 중첩시켜 일반적인 보요소를 구하는 것과 유사하다.

6.4.5 곡면 쉘 요소

곡면 쉘 요소는 여러 가지 쉘 이론에 기초하며, 평면 쉘 요소나 판 요소를 포함하는 가장 일반적인 쉘 요소이다. 그림 6.18에 평면쉘요소의 대표적인 절점 i 에서의 자유도가 표시되어 있다. 곡면 쉘 요소의 공식화는 복잡하므로 여기에서 다루지 않으며 구체적인 유도과정은 참고문헌 [7-9]를 참조하기 바란다.

6.5 ANSYS Workbench를 이용한 사례연구

문제 설명: 꽃병은 어떤 예술적 형태로도 나타낼 수 있는 장식품이다. 아래의 그림은 유리로 만들어진 꽃병의 치수를 나타낸다. 꽃병은 4 mm의 균일한 두께를 가지고 있다고 가정한다. 꽃병의 입구에서 100 mm 아래까지는 물로 채워진다. 정적 수압 하에서 꽃병의 최대 변형과 von Mises 응력을 계산한다.

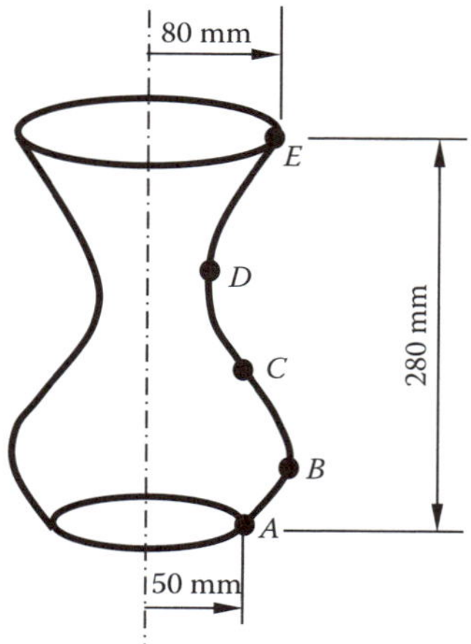

재료: 유리
E = 70 GPa
ν = 0.17

경계조건:
바닥면이 고정됨

기준점의 좌표 (단위: mm)
A: (50,0,0)
B: (90,40,0)
C: (60,120,0)
D: (40,180,0)
E: (80,280,0)

풀이

ANSYS Workbench를 이용하여 문제를 해석하기 위해 아래의 단계들을 수행한다.

단계 1: *ANSYS Workbench* 프로젝트를 시작

ANSYS Workbench를 시작하고 빈 프로젝트를 '***Vase.wbpj***'로 저장한다.

단계 2: *Static Structural* 해석 시스템을 생성

독립적인 정적구조해석 시스템을 생성하기 위해 ***Analysis Systems Toolbox***에서 ***Static Structural*** 아이콘을 끌어(drop)와 ***Project Schematic*** 내의 녹색 사각형으로 표시된 위치에 내려(drop)놓는다.

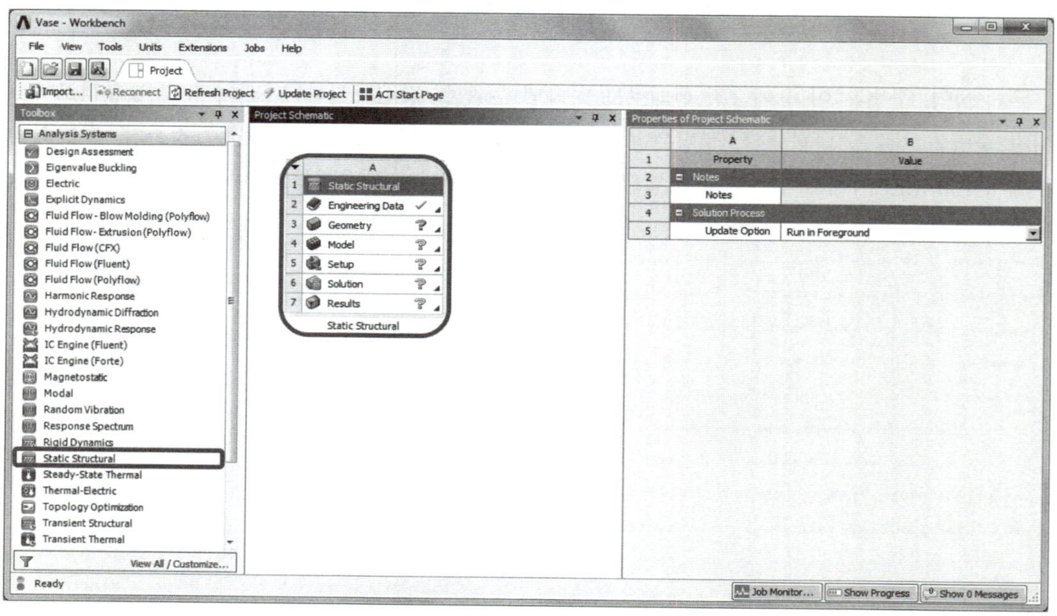

단계 3: 새로운 재료를 추가

Engineering Data 셀을 더블클릭하여 새로운 재료를 추가한다. 아래와 같이 *Engineering Data* 인터페이스가 나타나면 아래의 강조된 빈 상자를 클릭하고 '*Glass*'를 입력한다.

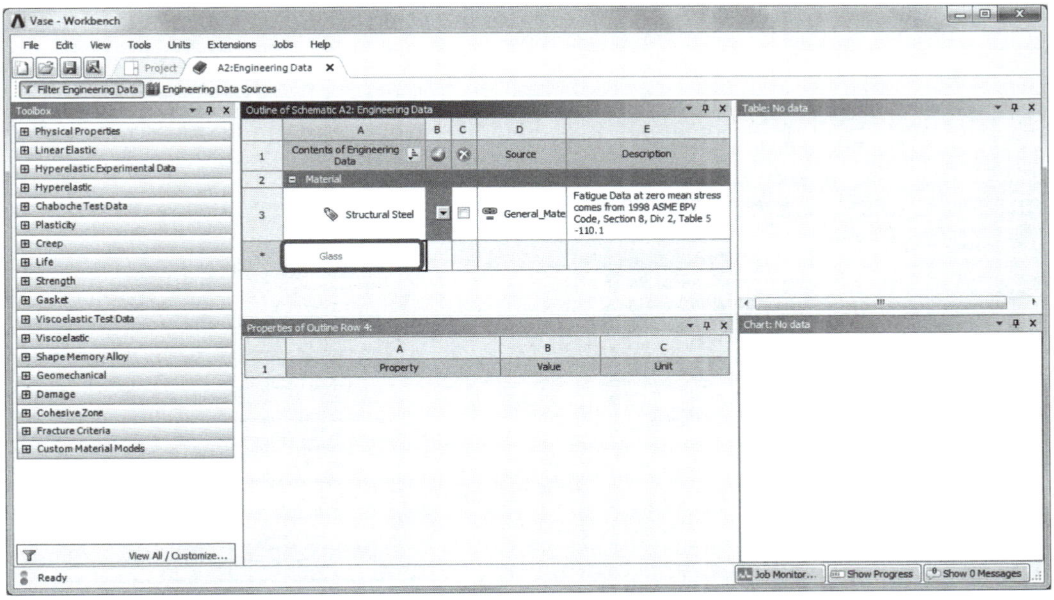

Outline 창에서 '*Glass*'를 클릭하고, 좌측의 *Toolbox* 패널에서 *Linear Elastic* 아래의 *Isotropic Elasticity*를 더블클릭한다. *Properties* 창에서 *Young's Modulus*는 '*70E9*', *Poisson's Ratio*는 '*0.17*'로 입력한다. *A2: Engineering Data* 패널을 닫는다.

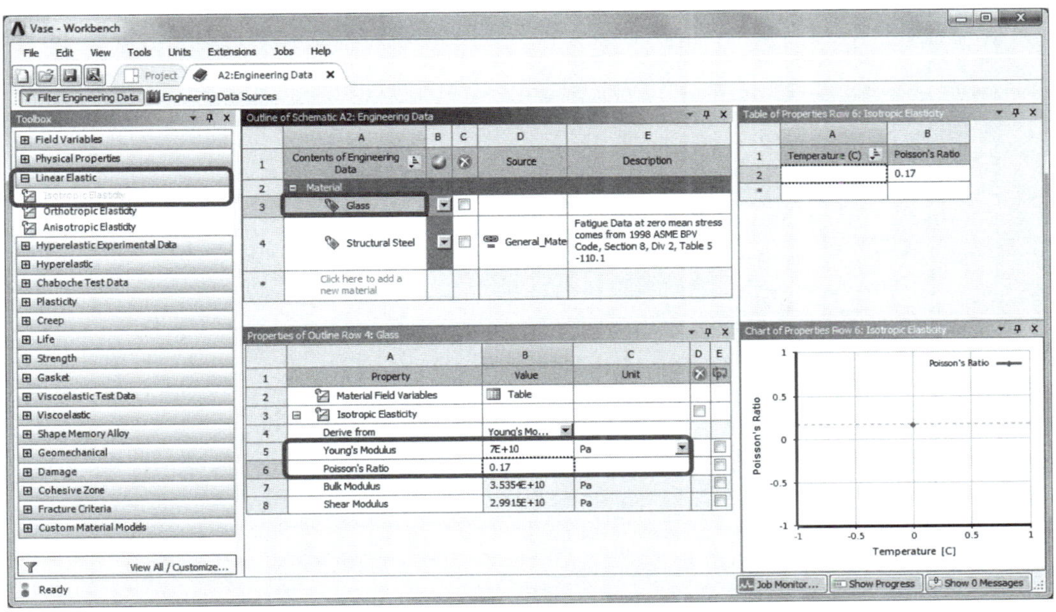

단계 4: *SpaceClaim* 프로그램을 시작

Properties of Schematic A3: Geometry 패널을 표시하기 위하여 ***Geometry*** 셀 위에서 마우스 우측 버튼을 클릭하여 나타나는 드롭다운 메뉴 중 ***Properties***를 선택한다. ***Properties*** 패널에서 ***Basic Geometry Options*** 아래에 ***Surface Bodies***를 선택하여 면 모델링이 가능하도록 한다. 또한 이 패널에서 ***Analysis Type***을 ***3D***로 선택한다. 다음으로 ***Geometry*** 셀을 더블클릭하여 ***SpaceClaim*** 프로그램을 시작한다.

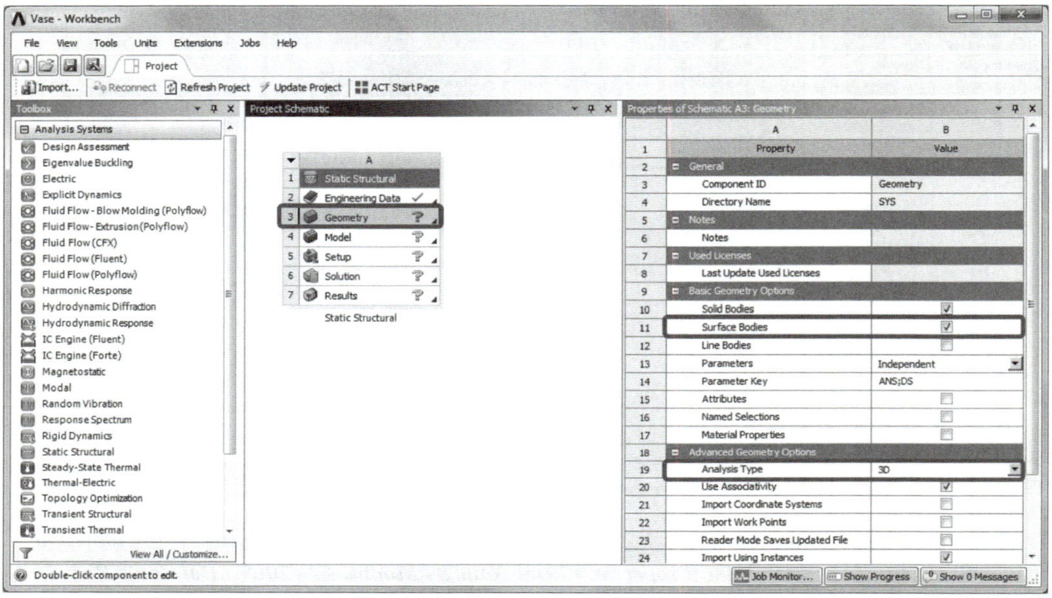

단계 5: 면 스케치를 생성

단위를 사용자 정의하기 위해 ***File*** 메뉴에서 ***SpaceClaim Options***을 선택하여 ***SpaceClaim Options*** 창을 연다. ***Options*** 창에서 ***Length***의 단위를 ***Millimeters***, ***Minor grid spacing***을 ***10 mm***로 설정한다. ***OK***를 클릭하여 ***Options*** 창을 닫는다.

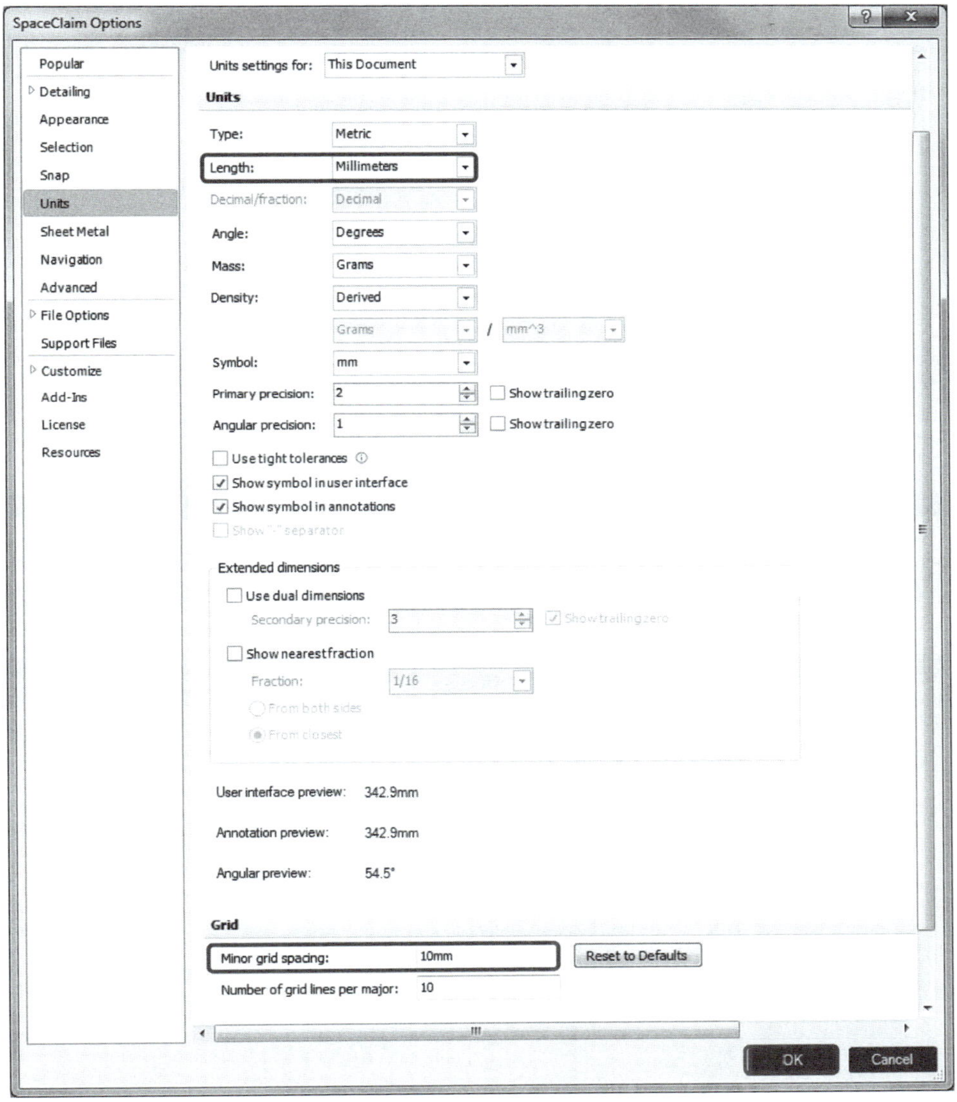

Graphics 창의 어느 곳에서나 마우스 우측 버튼을 클릭하고 드롭다운 메뉴에서 ***Select New Sketch Plane*** 을 클릭한다.

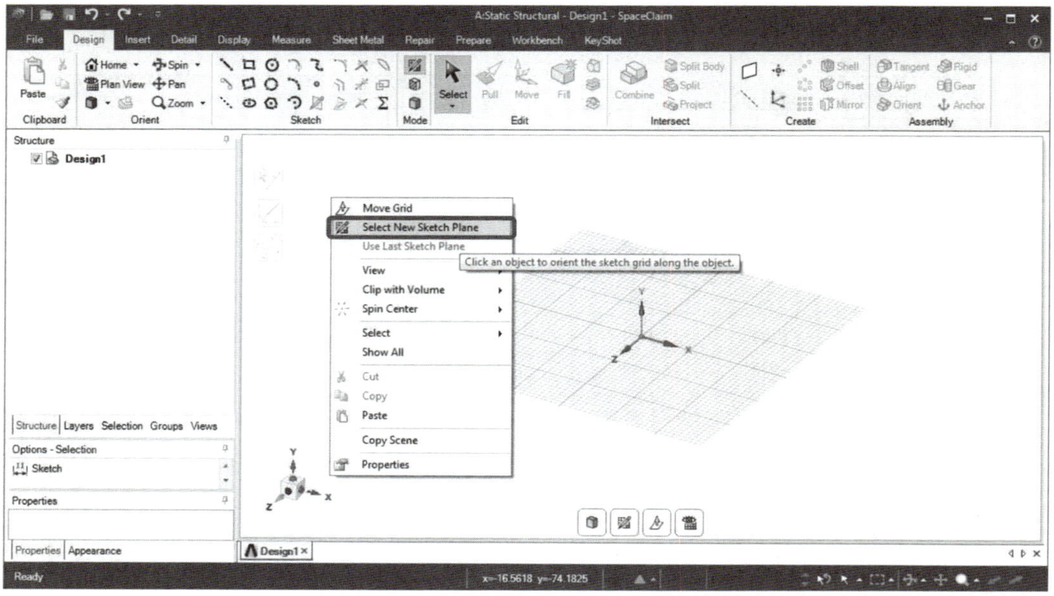

x-y plane에 마우스를 올려놓고, 강조 표시된 ***x-y plane***을 클릭한다. 이렇게 하면 스케치 평면을 (위의 그림과 같이) 초기 설정 값인 x−z평면에서 (아래의 그림과 같이) x−y평면으로 변경될 것이다.

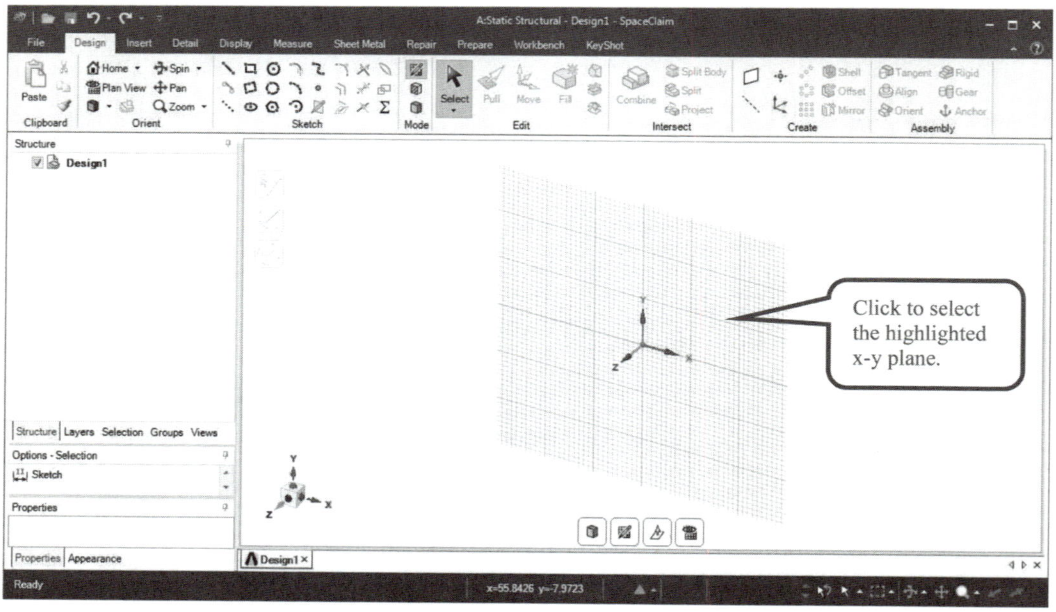

스케치 격자를 정면으로 보기 위해 툴바에서 ***Plan View***를 클릭한다. 스케치를 시작하기 위해 ***Design*** 탭에서 ***Sketch Mode***를 클릭한다. ***Point*** 아이콘을 클릭한다. 아래의 그림과 같이 ***A, B, C, D, E*** 위치의 고정점 5개를 그린다.

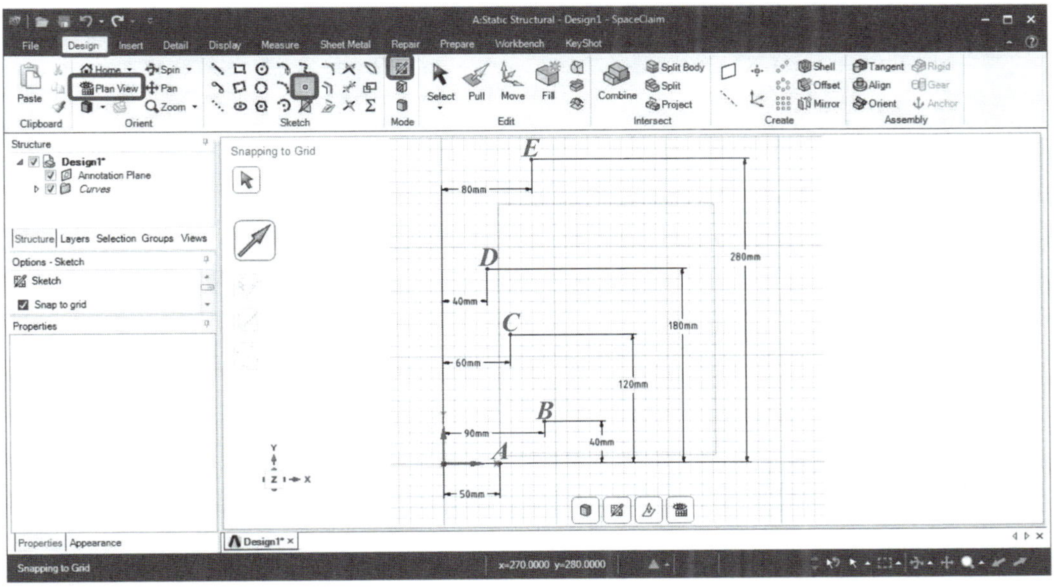

Design 탭에서 ***Spline*** 아이콘을 클릭한다. ***A, B, C, D***를 클릭하고 마지막으로 ***E***에서 더블클릭하여 스플라인 생성을 종료하여 5개의 점을 통과하는 스플라인을 그린다.

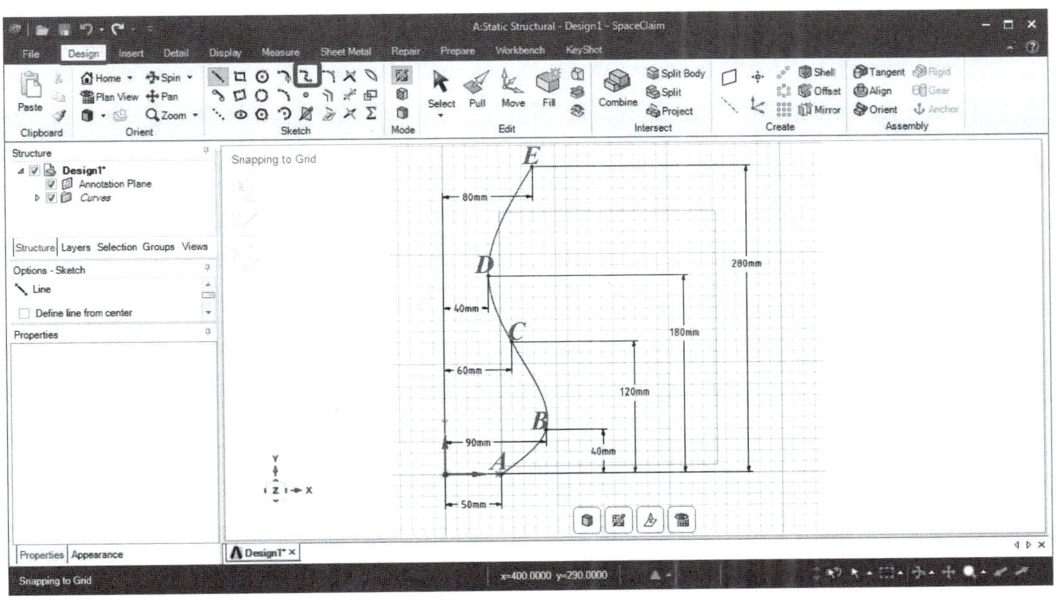

Design 탭에서 *Line* 아이콘을 클릭한다. 원점 *O*에서 점 *A*까지 수평선을 그린다.

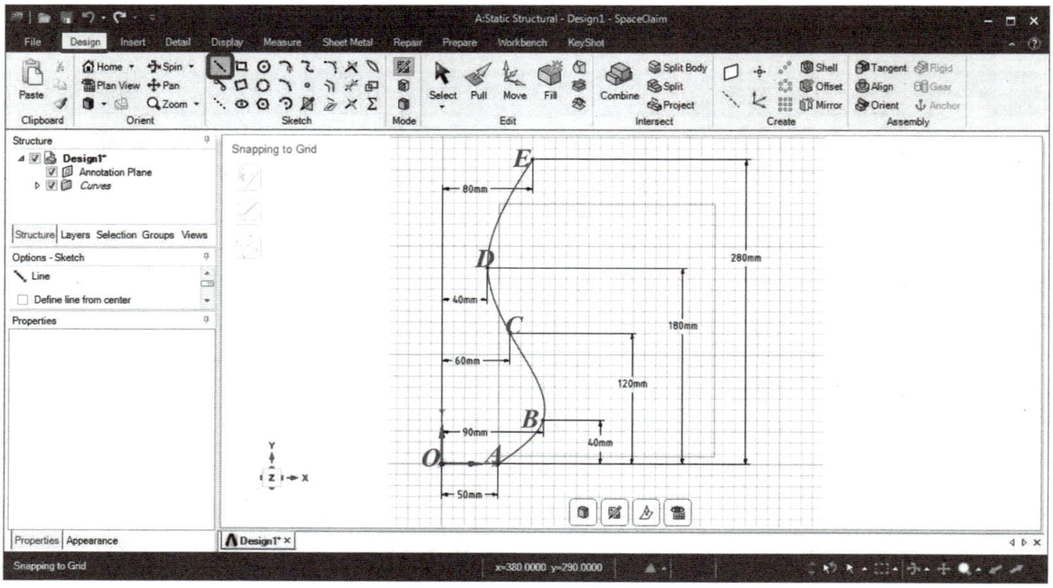

단계 6: 표면체를 생성

Design 탭에서 *Pull* 아이콘을 클릭하고 *Graphics* 창에서 *Revolve* 아이콘을 선택한다. *Graphics* 창에서 *Y*축을 클릭하여 회전 중심축으로 설정한 다음 선 *OA* 을 클릭한다. *Full Pull* 아이콘을 클릭하여 *Y*축을 중심으로 선 *OA* 를 360° 회전시킨다. 스플라인에서도 동일한 단계를 반복(*Revolve* 아이콘 선택)하여 먼저 *Y*축을 클릭한 다음 스플라인을 클릭하고 *Full Pull* 아이콘을 클릭하여 회전시킨다.

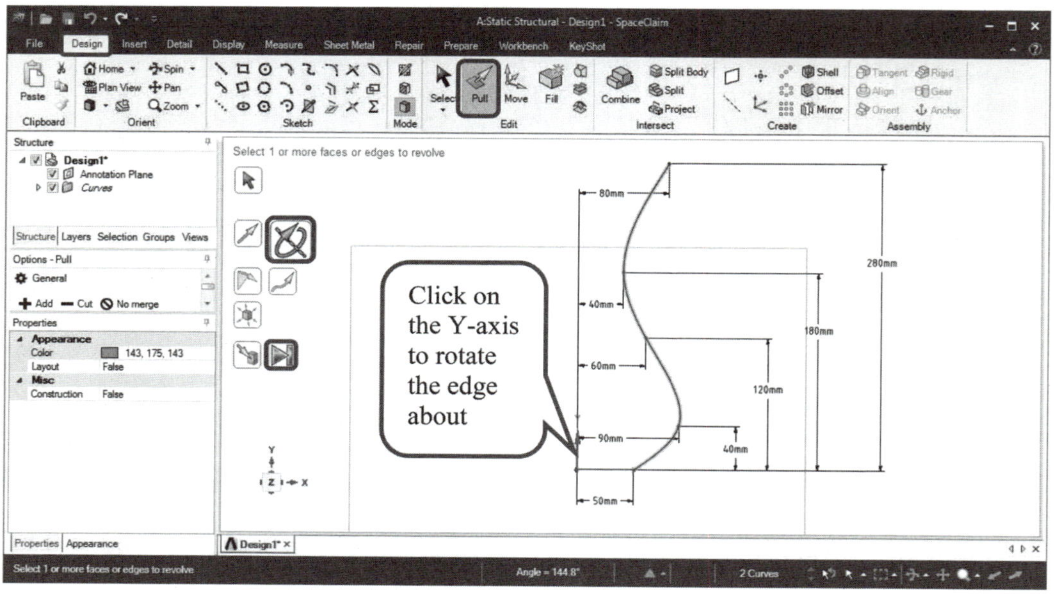

아래의 그림과 같이 두 개의 *Surfaces*가 생성될 것이다. *Structure Tree*에서 하나의 *Surfaces*를 클릭하고 좌측 하단의 *Properties* 패널 아래에 *Midsurface Thickness*에 4를 입력한다. 다른 표면에도 동일한 작업을 반복한다.

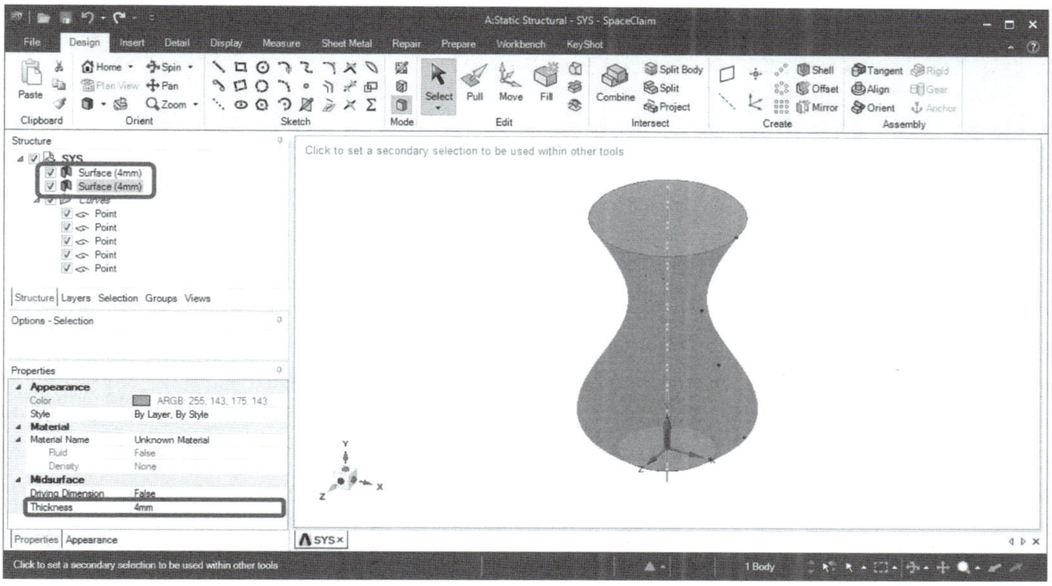

표면의 법선 방향을 확인하기 위해 *Measure* 탭의 *Quality* 그룹에서 *Normal*을 클릭한다. *Graphics* 창에서 두 개의 표면을 *Ctrl-click*한다. 표면의 법선 방향은 클릭한 점에서 나타날 것이다. 아래의 그림과 같이 안쪽 방향을 가리키는 화살표는 잘못된 표면 법선이다.

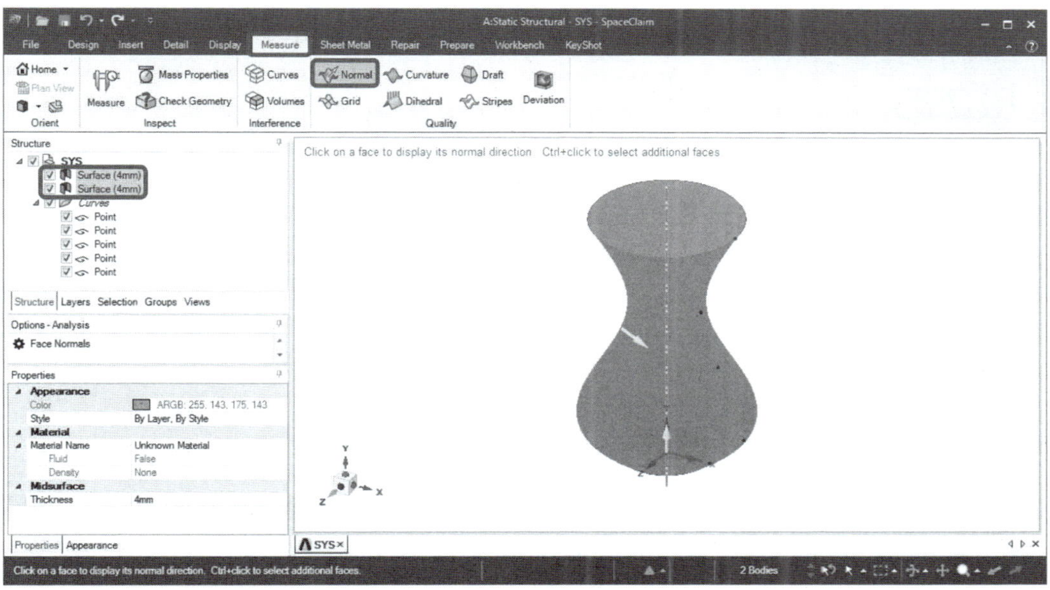

Graphics 창에서 두 개의 표면을 *Ctrl-click*하고 강조 표시된 2개의 표면에서 마우스 우측 버튼으로 클릭하고 *Reverse Face Normal*을 선택하여 면의 법선 방향을 바깥쪽으로 뒤집는다.

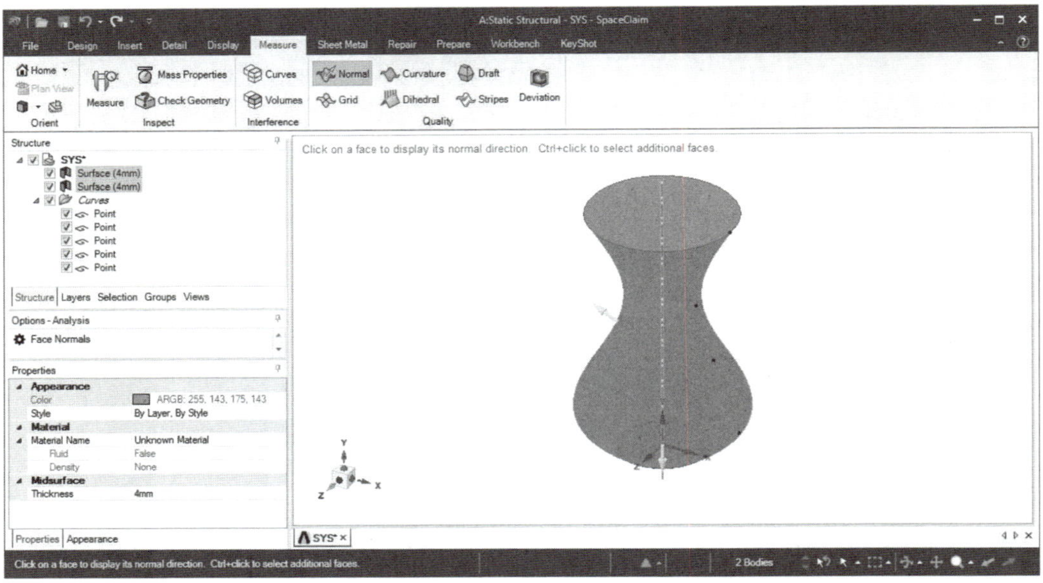

*Structure Tree*에서 두 개의 표면을 *Ctrl-click*하고 마우스 우측 버튼 클릭하여 드롭다운 메뉴에서 *Move to New Component*을 선택한다.

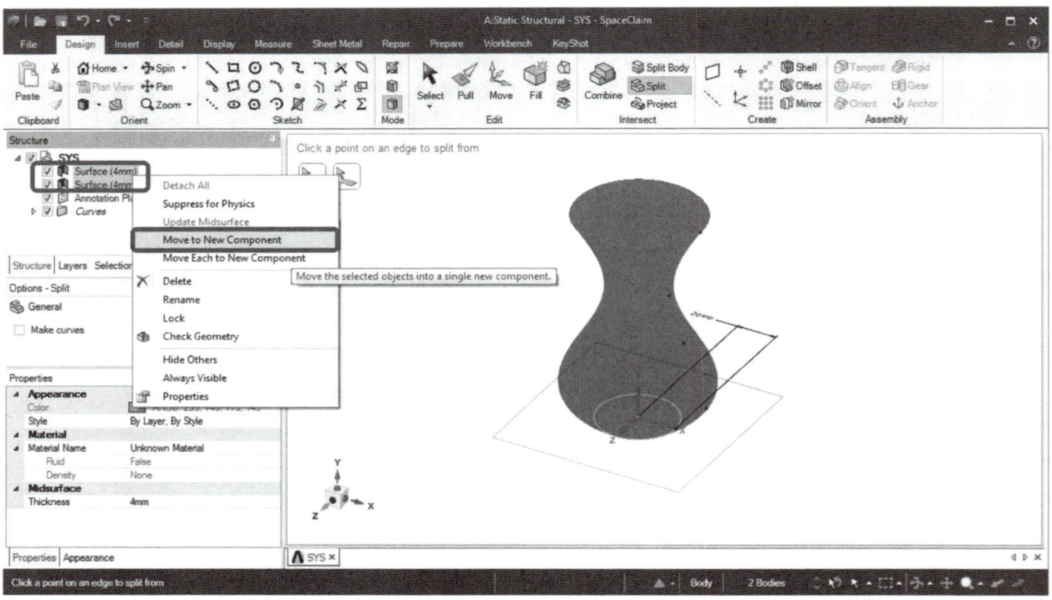

두 개의 표면이 아래로 이동하면서 ***Structure Tree***에 ***Component1***이 생성된다. ***Structure Tree***에서 ***Component1***을 클릭하고 좌측 하단의 ***Properties*** 메뉴에서 ***Share Topology***를 ***Merge***로 변경하여 2개의 표면을 병합한다. ***SpaceClaim*** 프로그램을 닫는다.

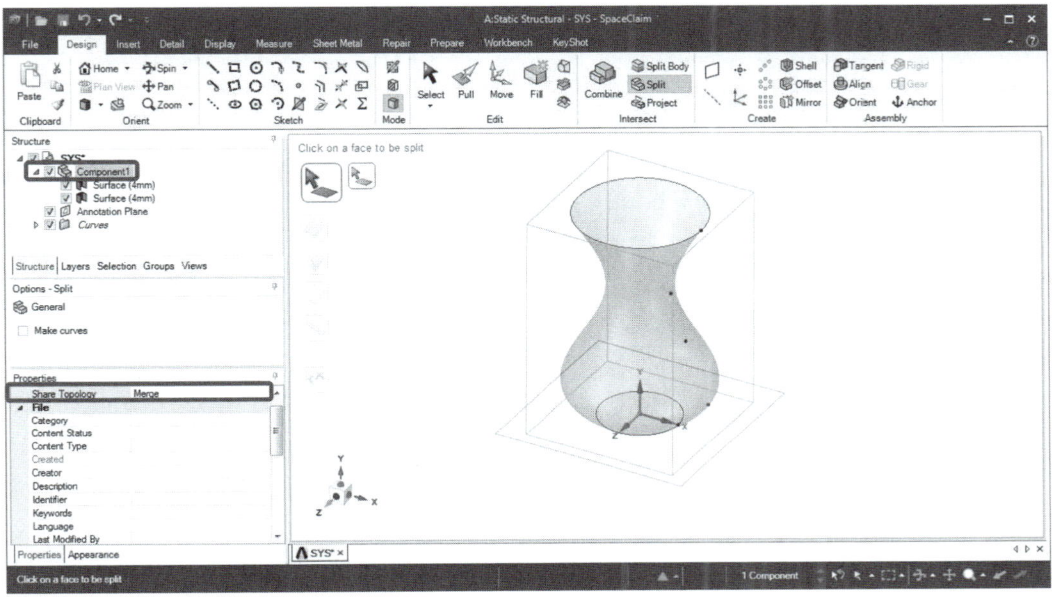

단계 7: *Static Structural* 프로그램 시작

Model 셀을 더블클릭하여 ***Static Structural*** 프로그램을 시작한다. ***Project Outline*** 트리에서 두개의 ***Surface***를 Ctrl–click한다. ***Details of "Multiple Selection"***에서 ***Material Assignment***의 우측 부분을 클릭하고 드롭다운 메뉴에서 ***Glass***를 선택한다.

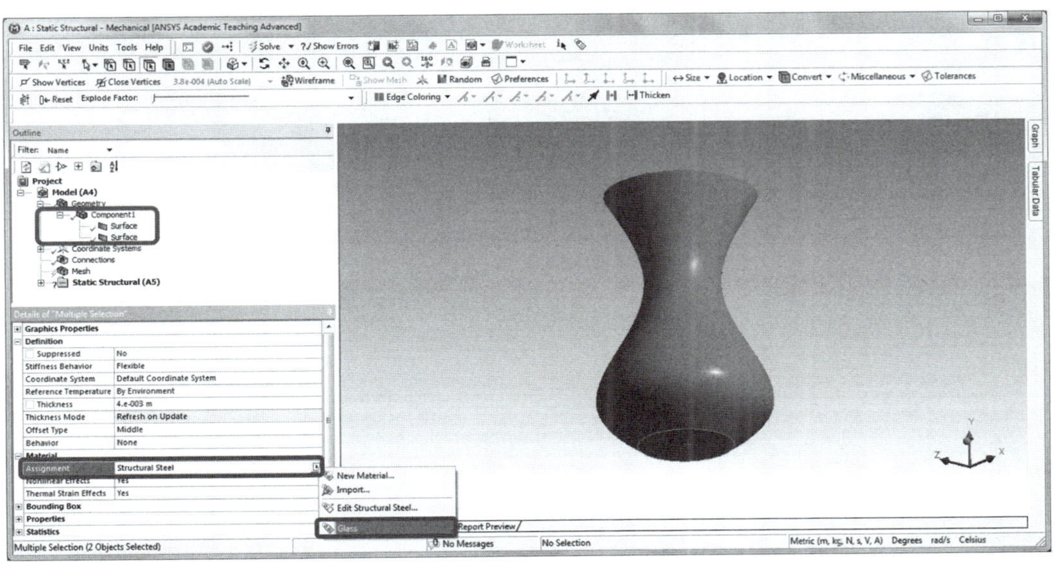

단계 8: 메시를 생성

Project Outline 트리에서 ***Mesh***를 마우스 우측 버튼으로 클릭한다. 드롭다운 메뉴에서 ***Insert***의 ***Sizing***을 선택한다. ***Details of "Sizing"***에서 ***Element Size***에 '***5e-3 m***'을 입력한다. ***Graphics*** 창에서 꽃병의 측면 벽 및 바닥면을 클릭하고 ***Geometry*** 선택을 적용한다.

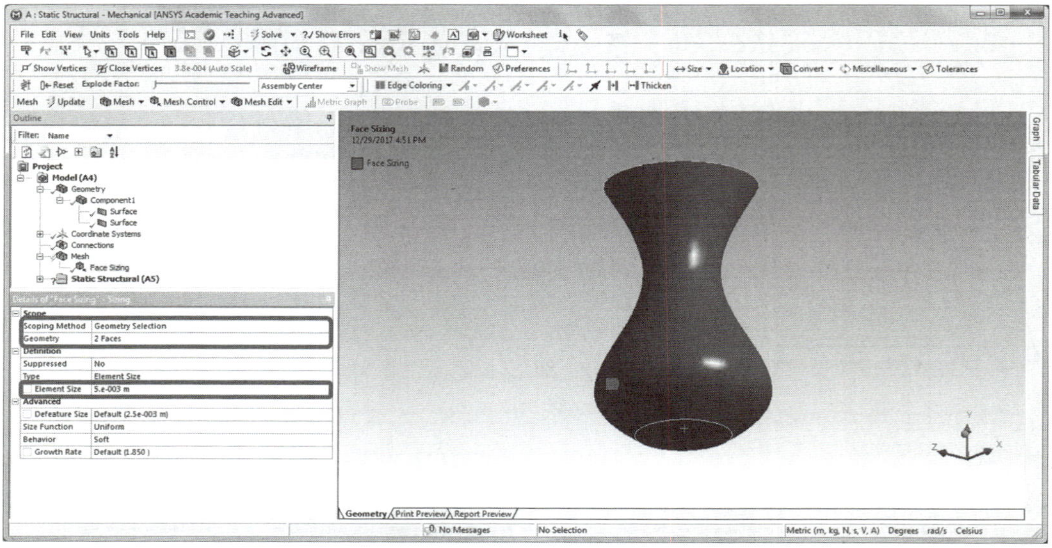

Mesh에서 마우스 우측 버튼을 클릭하고 ***Generate Mesh***를 선택한다.

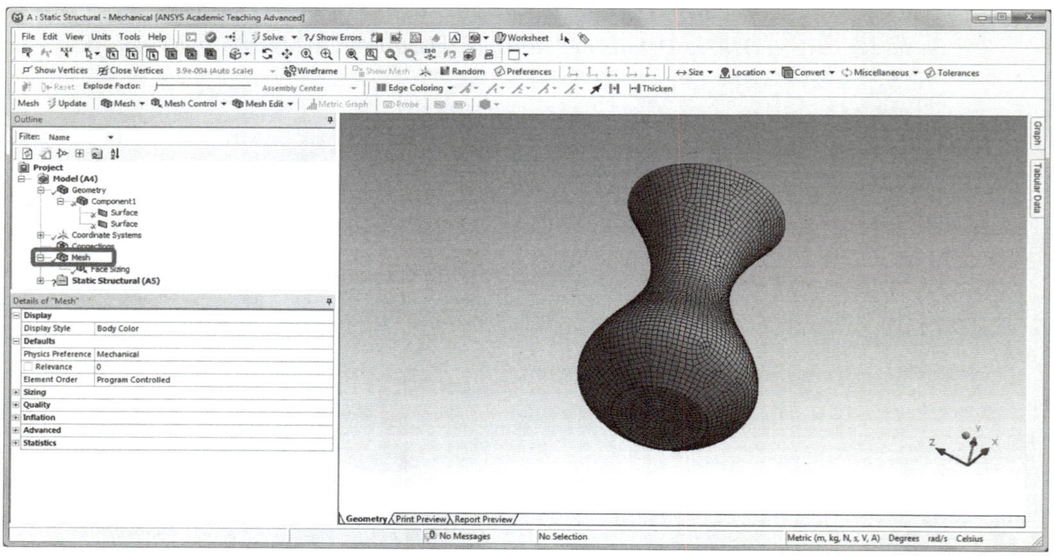

단계 9: 경계조건을 적용

*Static Structural (A5)*에서 마우스 우측 버튼을 클릭한다. *Insert*를 선택한 다음 드롭다운 메뉴에서 *Fixed Support*를 선택하고 꽃병의 바닥면에 적용한다.

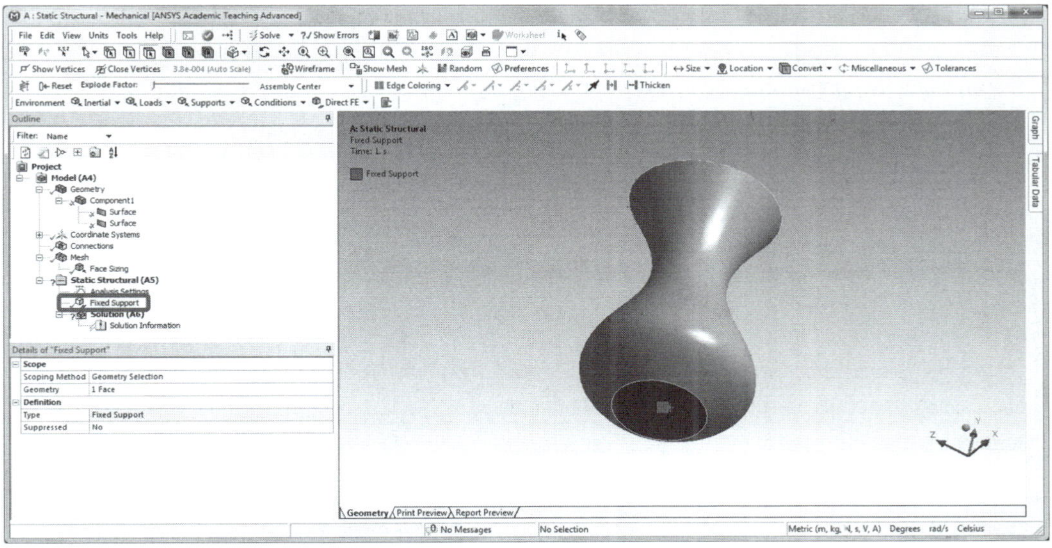

단계 10: 하중을 적용

*Static Structural (A5)*을 마우스 우측 버튼으로 클릭한다. *Insert*를 선택한 다음 *Hydrostatic Pressure*를 선택한다. *Details of "Hydrostatic Pressure"*에서 꽃병의 측벽과 바닥면을 Ctrl-click하고 이 두 면을 *Geometry* 선택에 적용한다. 정적 수압은 쉘 표면의 내측이서 작용하기 때문에 *Shell Face*를 *Bottom*으로 변경한다. *Fluid Density*로 *1000* kg/m^3 을 입력한다. *Hydrostatic Acceleration*의 *Define By* 선택을 *Components*로 변경하고 *Y Component*에 *9.8* m/s^2 를 입력한다. *Free Surface Location*의 *Y Coordinate*에 *180e-3 m* 을 입력한다.

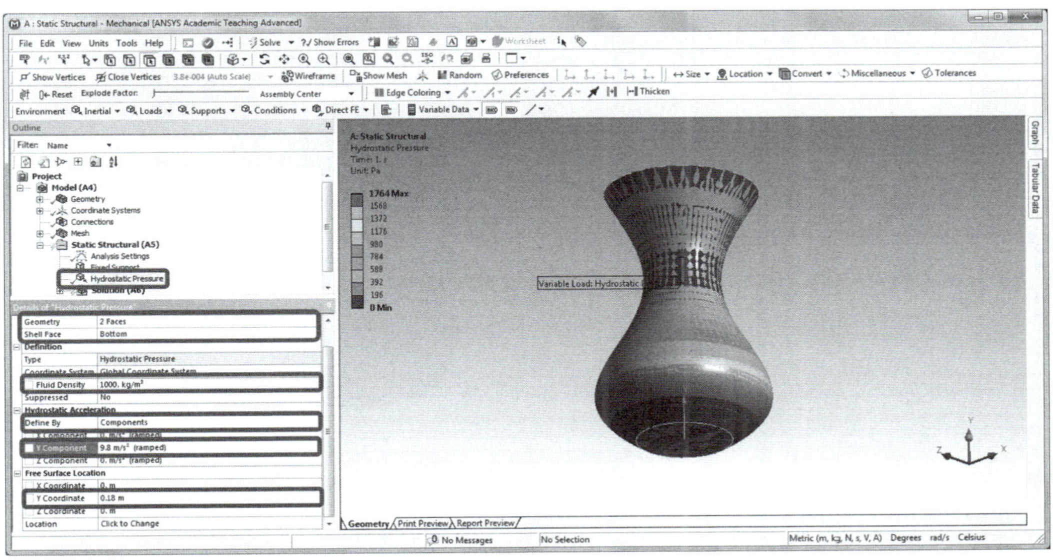

단계 11: 해를 구함

Outline 트리의 *Solution (A6)*에서 마우스 우측 버튼을 클릭하여 *Total Deformation* 항목을 삽입한다.

Outline 트리의 *Solution (A6)*에서 마우스 우측 버튼을 클릭하여 *Equivalent Stress* 항목을 삽입한다.

Outline 트리의 *Solution (A6)*에서 마우스 우측 버튼을 클릭하고 *Solve*를 선택한다.

*Outline*의 *Total Deformation*을 클릭하여 변형결과를 확인한다.

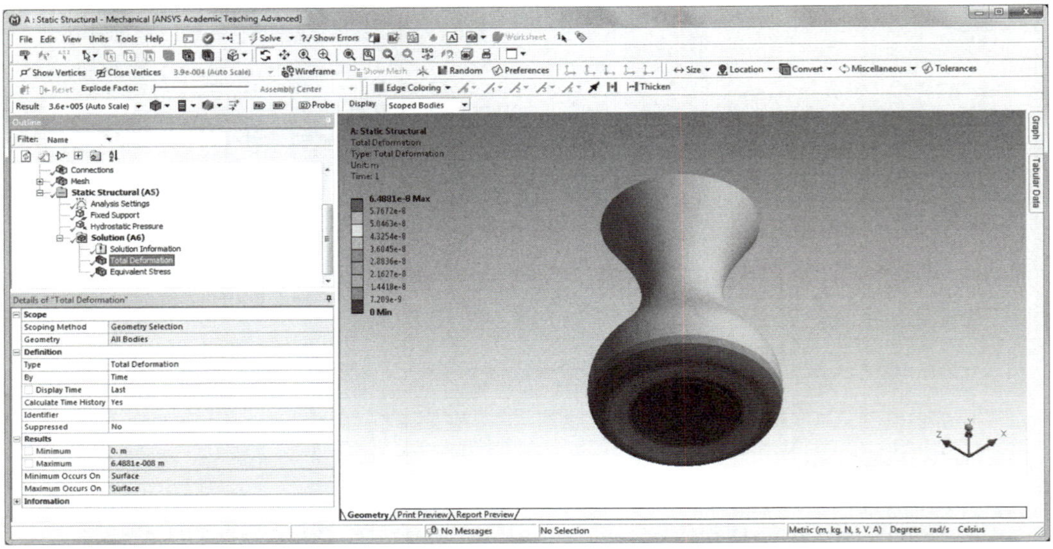

*Outline*의 *Equivalent Stress*을 클릭하여 응력결과를 확인한다.

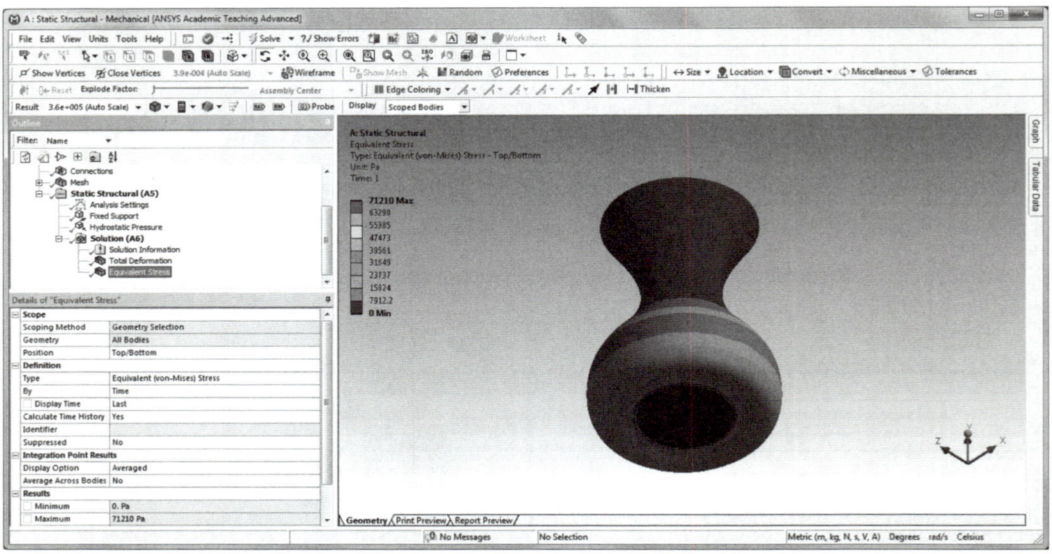

모델링 팁: 표면물체는 평면 2차원 스케치 또는 선이나 곡선들의 회전, 돌출 또는 스윕(sweep)을 통해 생성할 수 있다. 이외에도 많은 경우 ***Workbench***에서 제공하는 ***Mid-Surface*** 도구를 사용하여 솔리드로 모델(solid model)부터 생성할 수도 있다.

예를 들어, 아래의 그림과 같은 3차원 디스플레이 선반 형상의 파라솔리드(parasolid) 파일을 ANSYS로 불러온다. ***SpaceClaim Options*** 창에서 ***Length***의 단위를 ***Millimeters***로 설정한다.

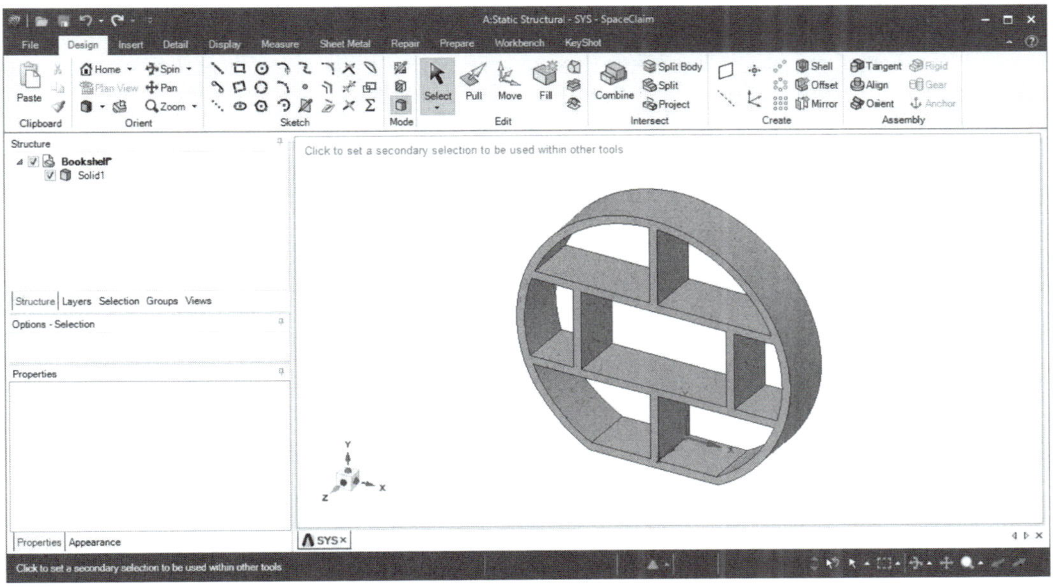

중간면 형상을 생성하기 위해 ***SpaceClaim***의 ***Prepare*** 탭에서 ***Midsurface***을 클릭하고 ***Graphics*** 창에서 ***Select Faces*** 아이콘을 클릭한다. 선반의 판 두께는 3 mm 이다. 따라서 좌측 ***Options-Midsurface*** 패널에서 ***Use range***를 선택하고 ***Minimum thickness***에 **2 mm**, ***Maximum thickness***에 4 mm 를 입력한다. ***Graphics*** 창에서 솔리드를 클릭하고 ***Check Mark*** 아이콘을 클릭한다.

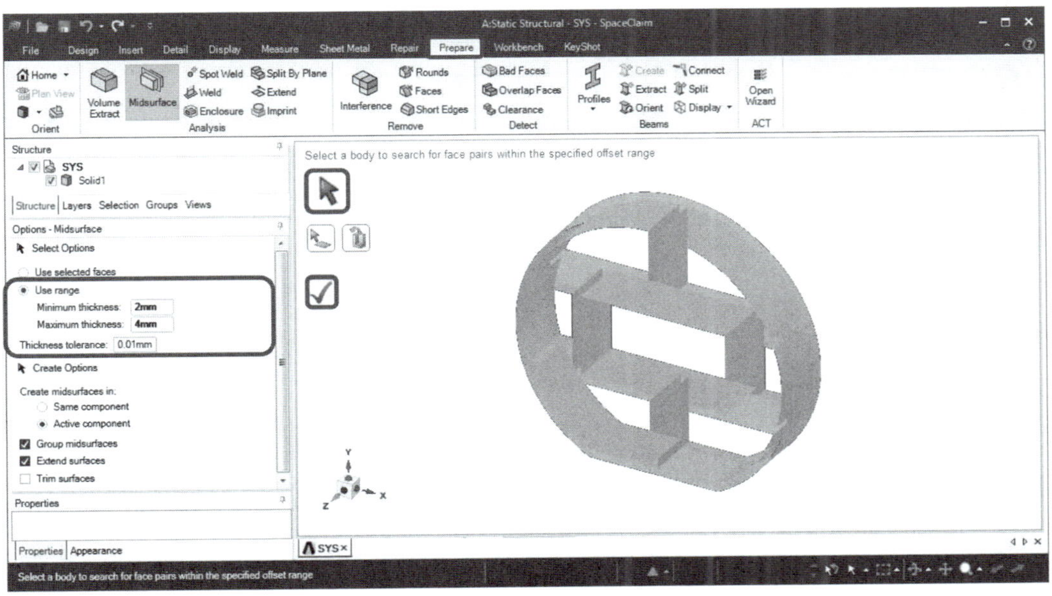

18개의 표면체가 자동 겹침 면 감지를 기반으로 생성될 것이며 아래의 그림과 같이 *Structure Tree*에 추가된다. *Structure Tree*에서 *Midsurface*을 마우스 우측 버튼으로 클릭하고 *Hide Others*를 클릭한다. 이렇게 하면 솔리드 몸체는 숨겨지고 생성된 중간면만 표시될 것이다.

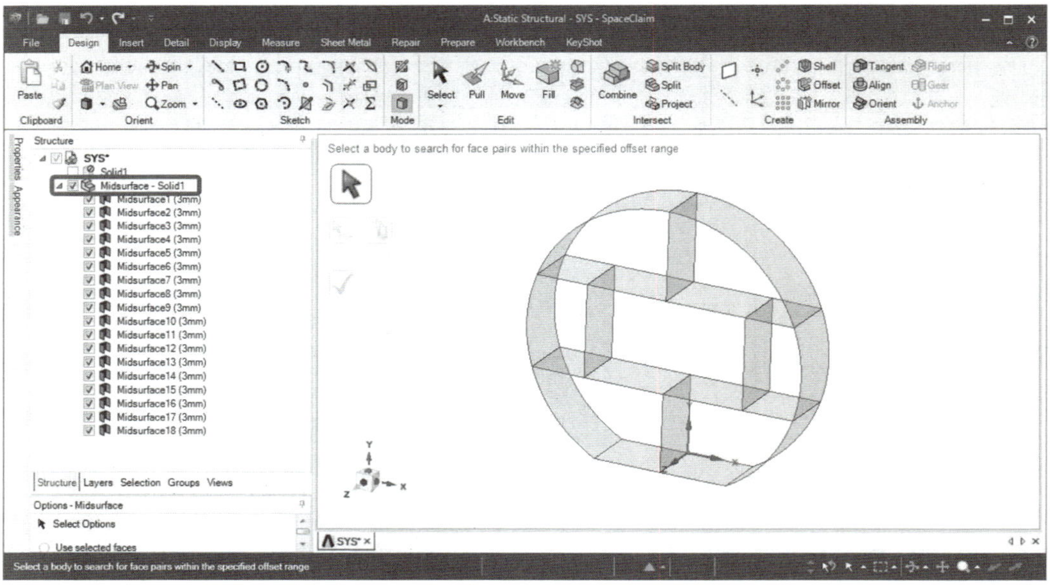

그런 다음 *Structure Tree*에서 *Midsurface-Solid1*을 클릭하고, 좌측 하단의 *Properties* 메뉴에서 *Share Topology*를 *Merge*으로 변경하여 모든 표면을 병합한다. *SpaceClaim* 프로그램을 종료하고, 이제 판 및 쉘 요소를 사용한 후속 시뮬레이션에 새로운 모델로 사용할 수 있다.

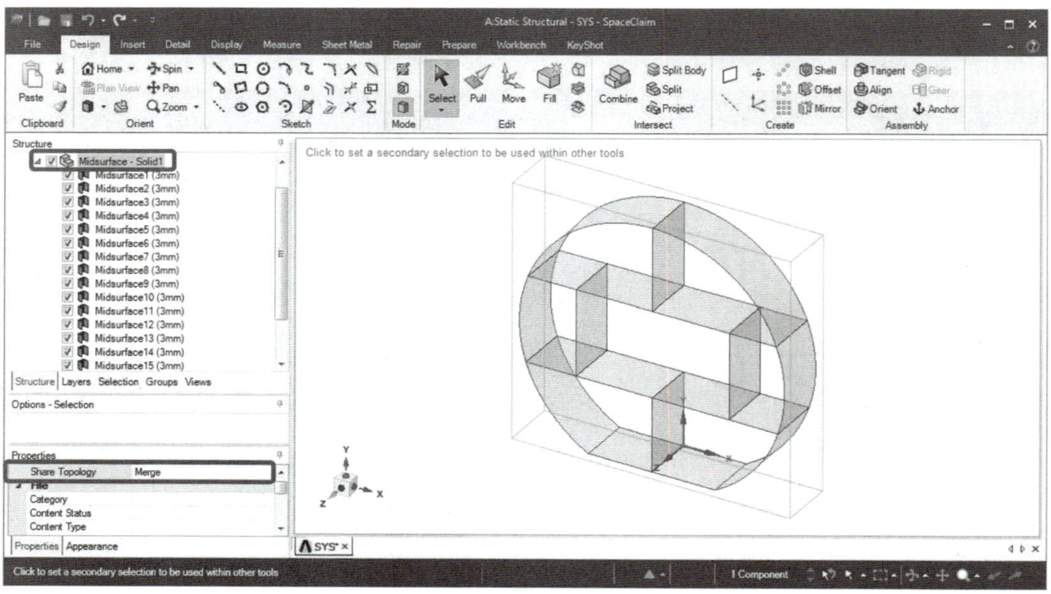

6.6 요약

이장에서는 판 및 쉘 구조를 해석하기 위한 판 및 쉘 이론의 요점과 판 및 쉘 요소에 대하여 기술하였다. 판 및 쉘 요소는 보요소를 1차원 선 요소에서 2차원 면요소로 확장시킨 것으로 간주할 수 있다. 판은 주로 평평하고 얇은 구조물의 모델링에 사용되는 반면, 쉘은 곡면의 얇은 구조물의 모델링에 사용된다. 판 및 쉘 요소를 사용할 때 이러한 요소에 적용된 가정들을 반드시 상기해야 한다. 이러한 가정이 적용되지 않는 경우에는 3차원 이론 및 솔리드 요소를 사용해야 한다. ANSYS Workbench를 이용하여 꽃병을 쉘 요소로 모델링한 예제를 소개하였다.

6.7 학습목표 검토

이장에서 학습한 내용은 다음과 같다.

1. 판 및 쉘 이론에 사용된 가정된 조건을 이해한다.
2. 판 및 쉘 요소의 거동을 이해한다.
3. 응력해석시 판 및 쉘 요소를 사용하면 안 되는 경우를 이해한다. (예를 들어, 판 및 쉘 구조의 두께가 균일하지 않거나 복잡한 형상을 포함할 경우)
4. 변형 및 응력해석을 위해서 ANSYS Workbench의 판 및 쉘 요소를 사용하여 유한요소 모델을 생성한다.

문제

6.1 아래 그림과 같은 정사각형 판은 다음과 같은 치수와 재료상수값을 갖는다. $L = 1$ m, $t = 0.02$ m, $E = 30\times10^6$ N/m^2, $\nu = 0.3$. 다음과 같은 경우에 대하여 판 요소를 사용하여 면에서의 최대 변위와 폰 미제스(von Mises) 응력을 구하라. (a) 4개의 가장자리가 고정지지 되어있고 면에 균일하중 $q = 1$ N/m^2 이 작용. (b) 4개의 가장자리가 고정지지 되어있고 면의 중앙 C 점에 집중하중 $P = 1$ N 이 작용. (c) 4개의 가장자리가 단순지지 되어있고 면에 균일하중 $q = 1$ N/m^2 이 작용. (d) 4개의 가장자리가 단순지지 되어있고 면의 중앙 C 점에 집중하중 $P = 1$ N 이 작용. 표 6.1에 주어진 이론해와 비교하여 유한요소 해석 결과를 검증하라.

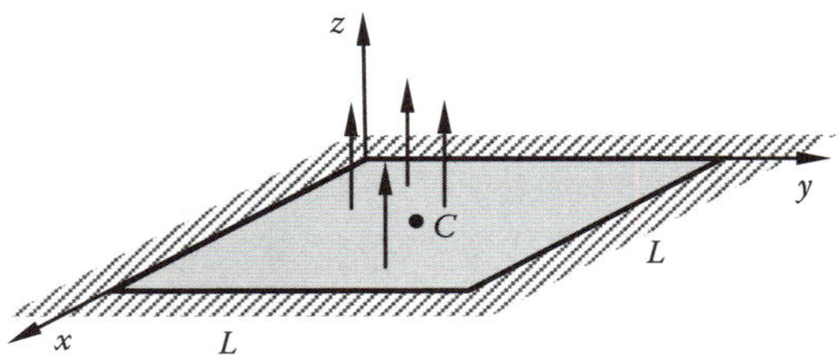

6.2 아래와 같은 지붕 구조는 자중 $q = 90\ \text{lb}_f/\text{in}^2$ 이 작용되고 있다. 크기와 물성치는 다음과 같다. $R = 25$ in, $L = 50$ in, $t = 0.25$ in, $E = 432\times10^6$ psi, $\nu = 0.3$. 2개의 직선 가장자리는 자유단이며 2개의 곡선 가장자리는 격막(diaphragm)지지 (x 와 y 의 자유도는 구속되어있으나 길이방향의 z 와 회전 자유도는 구속되어있지 않음)를 받고 있다. 쉘 요소를 사용하여 구조물의 최대 변위와 폰 미제스(von Mises) 응력을 구하라. 해석결과를 검증하라(직선 가장자리의 중앙점 A 에서 이론해에 의한 변위는 0.3024 in 이다.)

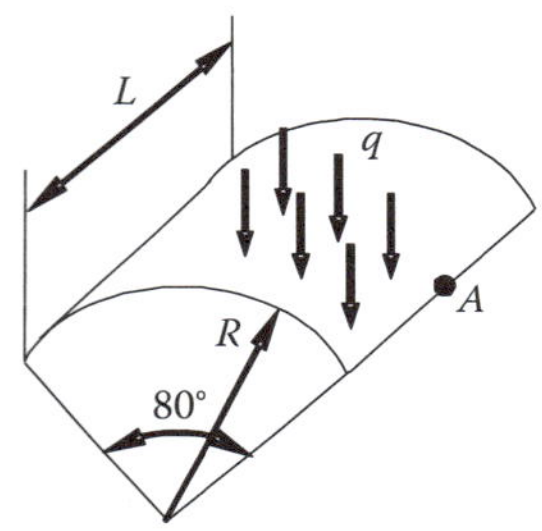

6.3 아래 그림과 같이 원통이 집중하중 $F = 1$ N 을 받고 있다. 치수와 재료상수는 다음과 같다. $R = 300$ mm, $L = 600$ mm, $t = 3$ mm, $E = 3\times10^6\ \text{N/mm}^2$, $\nu = 0.3$. 원형 가장자리는 격막(diaphragm)지지 (y 와 z 의 자유도는 구속되어있으나 길이방향 x 의 자유도와 회전 자유도는 구속되어있지 않음)를 받고 있다. 쉘 요소를 사용하여 구조물의 최대 변위와 폰 미제스(von Mises) 응력을 구하라. 해석결과를 검증하라(직선의 중앙점 A 에서 이론해에 의한 변위는 0.1825×10^{-4} mm 이다.).

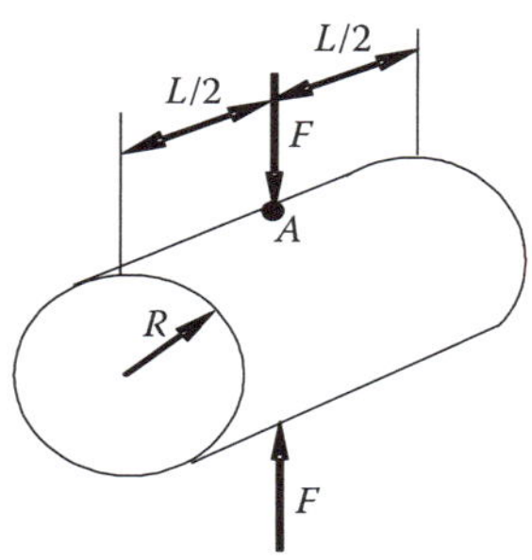

6.4 아래 그림과 같이 반구(hemisphere)가 적도선에서 중심방향으로 집중하중 $F = 2\,\text{N}$ 을 받고 있다. 치수와 재료상수는 다음과 같다. $R = 10$ m, $t = 0.04$ m, $E = 68.25\times10^6\,\text{N/m}^2$, $\nu = 0.3$. 반구의 가장자리는 구속되어 있지 않으며 강체운동만 구속되어있다. 쉘 요소를 사용하여 구조물의 최대 변위와 폰 미제스(von Mises) 응력을 구하라. 해석결과를 검증하라(점 A에서 이론해에 의한 변위는 0.0924 m 이다.).

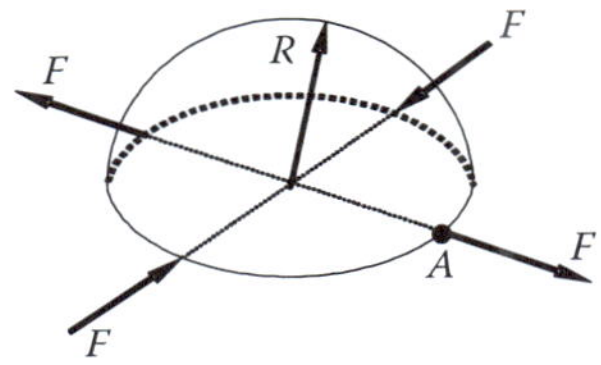

6.5 아래 그림과 같은 스트립(strip)이 하중 $F = 10^{-6}\,\text{N}$ 을 받고 있다. 크기와 물성치는 다음과 같다. $b = 1.1$ m, $L = 12$ m, $t = 0.0032$ m, $E = 29\times10^6\,\text{N/m}^2$, $\nu = 0.22$. 스트립은 길이 L 방향으로 90° 비틀어져 있으며 외팔보 형태로 지지 되어있다. 쉘 요소를 사용하여 구조물의 최대 변위와 폰 미제스(von Mises) 응력을 구하라.

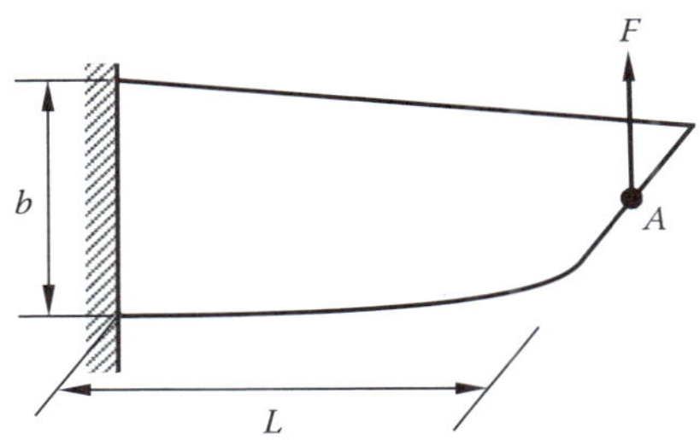

6.6 아래 그림과 같은 스트립이 하중 $F = 10^{-6}$ N을 받고 있다. 크기와 물성치는 다음과 같다. $b = 1.1$ m, $L = 12$ m, $t = 0.0032$ m, $E = 29\times10^6\,\text{N/m}^2$, $\nu = 0.22$. 스트립은 길이 L 방향으로 90° 비틀어져 있으며 외팔보 형태로 지지 되어있다. 쉘 요소를 사용하여 구조물의 최대 변위와 폰 미제스(von Mises) 응력을 구하라.

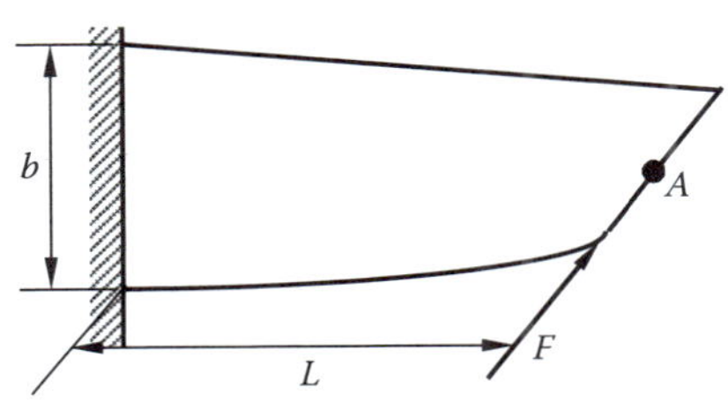

6.7 그림과 같은 유리잔이 책상위에 놓여있다. 컵의 내면에 10 N/mm^2 의 압력이 작용할 때 쉘 요소를 사용하여 컵의 최대 변위와 폰 미제스(von Mises) 응력을 구하라. 컵의 두께는 4 mm 로 균일하며 $E = 70$ GPa, $\nu = 0.17$ 이라고 가정한다.

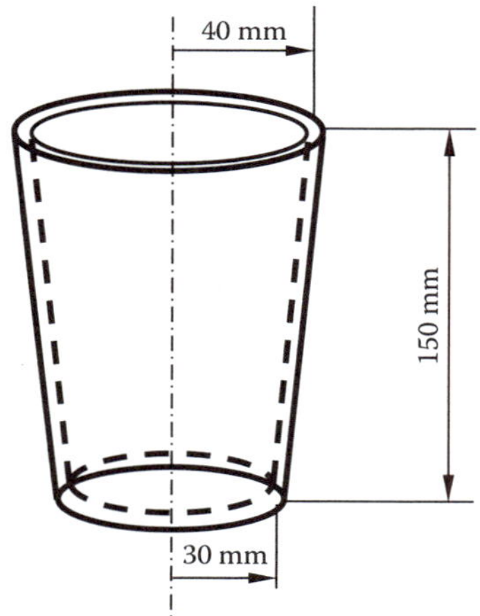

6.8 그림과 같은 어항이 책상위에 놓여있다. 어항이 물로 가득 차 있을 때 쉘 요소를 사용하여 어항의 최대 변위와 폰 미제스(von Mises) 응력을 구하라. 어항의 두께는 4 mm 로 균일하며 $E = 70$ GPa, $\nu = 0.17$ 이라고 가정한다.

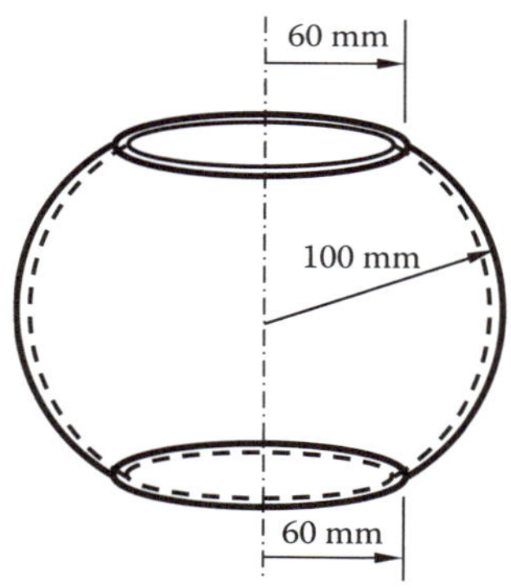

6.9 그림과 같은 연료탱크가 총길이 = 5 m, 지름 = 1 m, 두께 = 0.01 m 이다. 영탄성계수 E = 200 GPa, 푸와송비 $\nu = 0.3$ 이라고 가정한다. 내압 $p = 1$ MPa 가 가해질 때 쉘 요소를 사용하여 지면위에 놓여있는 연료탱크의 변위와 응력을 구하라.

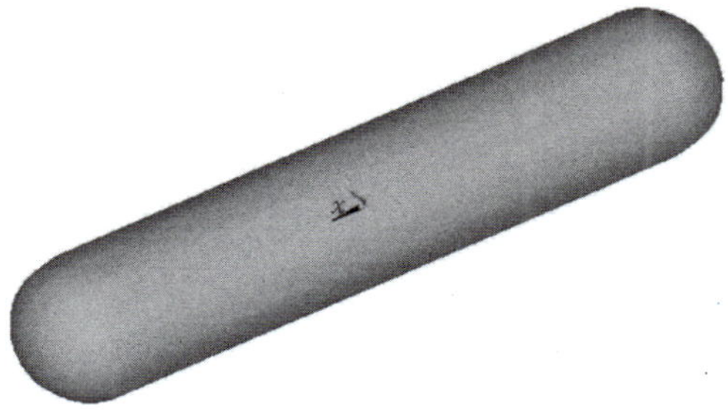

6.10 그림과 같은 책꽂이가 지면위에 놓여있다. 영탄성계수 $E = 13.1$ GPa, 푸와송비 $\nu = 0.29$, 선반의 판두께 = 6 mm 라고 가정한다. 책꽂이 중앙면 전체에 균일한 압력 $p = 500$ N/m^2 이 아래 방향으로 작용될 때 쉘 요소를 사용하여 변위와 응력을 구하라.

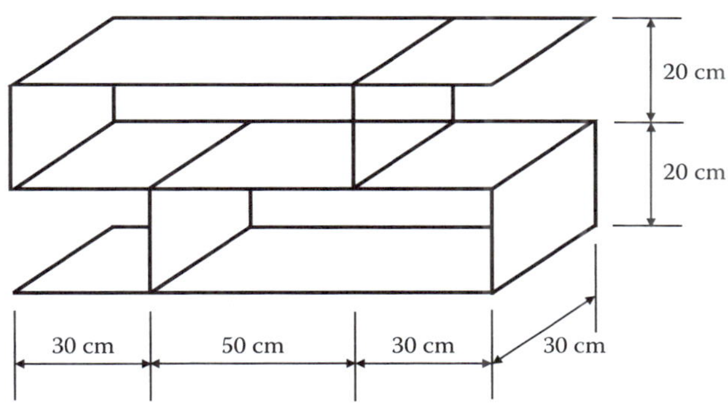

Chapter 7

3차원 탄성

7.1 서론

공학 설계에서는 1차원(1-D)나 2차원(2-D) 모델로는 적절히 표현할 수 없는 3차원 구조물들이 있다. 단순한 봉, 보, 평면응력/변형률, 판/쉘 요소들을 더 이상 적용할수 없거나 해가 정확하지 않을 때 3차원 탄성[10, 11]에 기반한 입체요소(solid element)가 응력해석에 사용되는 가장 일반적인 요소이다. 일반적으로 3차원 구조해석은 공학설계에서 깊은 통찰력을 제공하는 가장 중요하고 강력한 방법 중의 하나이다. 본 장에서는 3차원 탄성 방정식을 재검토하고 3차원 응력 해석에 사용되는 몇 가지 유한요소에 대해 설명할 것이다. 3차원 구조 모델링을 위한 여러 종류의 지지조건, 하중, 접촉 구속 등과 ANSYS Workbench를 이용하여 변형과 응력을 예측하기 위한 사례 연구를 소개한다.

7.2 3차원 탄성이론 개요

3차원 탄성체의 점에서의 응력 상태가 그림 7.1에 나와 있다. 벡터 형태로 응력 상태를 결정하는 6개의 독립적인 응력 성분을 다음과 같이 쓸 수 있다.

$$\sigma = \{\sigma\} = \begin{Bmatrix} \sigma_x \\ \sigma_y \\ \sigma_z \\ \tau_{xy} \\ \tau_{yz} \\ \tau_{zx} \end{Bmatrix}, \text{ 또는 } [\sigma_{ij}] \tag{7.1}$$

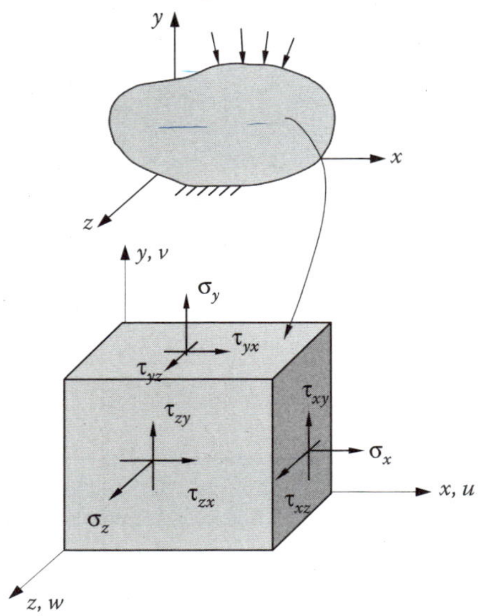

그림 7.1 3차원 탄성체의 한 점에서의 응력 상태

응력과 비슷하게, 3차원에서 6개의 독립된 변형률 성분도 다음과 같이 나타낼 수 있다.

$$\varepsilon = \{\varepsilon\} = \begin{Bmatrix} \varepsilon_x \\ \varepsilon_y \\ \varepsilon_z \\ \gamma_{xy} \\ \gamma_{yz} \\ \gamma_{zx} \end{Bmatrix}, \text{ 또는 } [\varepsilon_{ij}] \tag{7.2}$$

7.2.1 응력-변형률 관계

3차원에서 응력과 변형률 관계식은 다음과 같다.

$$\begin{Bmatrix} \sigma_x \\ \sigma_y \\ \sigma_z \\ \tau_{xy} \\ \tau_{yz} \\ \tau_{zx} \end{Bmatrix} = \frac{E}{(1+v)(1-2v)} \begin{bmatrix} 1-v & v & v & 0 & 0 & 0 \\ v & 1-v & v & 0 & 0 & 0 \\ v & v & 1-v & 0 & 0 & 0 \\ 0 & 0 & 0 & \frac{1-2v}{2} & 0 & 0 \\ 0 & 0 & 0 & 0 & \frac{1-2v}{2} & 0 \\ 0 & 0 & 0 & 0 & 0 & \frac{1-2v}{2} \end{bmatrix} \begin{Bmatrix} \varepsilon_x \\ \varepsilon_y \\ \varepsilon_z \\ \gamma_{xy} \\ \gamma_{yz} \\ \gamma_{zx} \end{Bmatrix} \tag{7.3}$$

또는 행렬식으로 표시하면

$$\boldsymbol{\sigma} = \mathbf{E}\boldsymbol{\varepsilon}$$

7.2.2 변위

변위장은 다음과 같이 쓸 수 있다.

$$\mathbf{u} = \begin{Bmatrix} u(x,y,z) \\ v(x,y,z) \\ w(x,y,z) \end{Bmatrix} = \begin{Bmatrix} u_1 \\ u_2 \\ u_3 \end{Bmatrix} \tag{7.4}$$

7.2.3 변형률-변위 관계

변형률장은 변위장과 다음의 관계가 있다.

$$\begin{aligned} &\varepsilon_x = \frac{\partial u}{\partial x}, \quad \varepsilon_y = \frac{\partial v}{\partial y}, \quad \varepsilon_z = \frac{\partial w}{\partial z}, \\ &\gamma_{xy} = \frac{\partial v}{\partial x} + \frac{\partial u}{\partial y}, \gamma_{yz} = \frac{\partial w}{\partial y} + \frac{\partial v}{\partial z}, \gamma_{xz} = \frac{\partial u}{\partial z} + \frac{\partial w}{\partial x} \end{aligned} \tag{7.5}$$

위의 6개 방정식은 다음 인덱스 또는 텐서 형태로 쓸 수 있다.

$$\varepsilon_{ij} = \frac{1}{2}\left(\frac{\partial u_i}{\partial x_j} + \frac{\partial u_j}{\partial x_i}\right), \quad i, j = 1,2,3$$

또는 단순히

$$\varepsilon_{ij} = \frac{1}{2}(u_{i,j} + u_{j,i}) \quad (\text{텐서 표기법})$$

7.2.4 평형 방정식

정적 탄성문제에서 각 점에서의 응력과 체적력 벡터 f 는 다음의 3가지 평형방정식을 만족하여야 한다.

$$\begin{aligned} &\frac{\partial \sigma_x}{\partial x} + \frac{\partial \tau_{xy}}{\partial y} + \frac{\partial \tau_{xz}}{\partial z} + f_x = 0, \\ &\frac{\partial \tau_{yx}}{\partial x} + \frac{\partial \sigma_y}{\partial y} + \frac{\partial \tau_{yz}}{\partial z} + f_y = 0, \\ &\frac{\partial \tau_{zx}}{\partial x} + \frac{\partial \tau_{zy}}{\partial y} + \frac{\partial \sigma_z}{\partial z} + f_z = 0 \end{aligned} \tag{7.6}$$

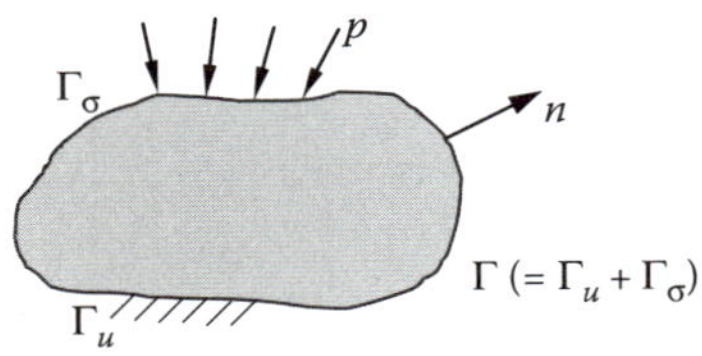

그림 7.2 3차원 탄성 영역의 경계

또는 인덱스 또는 텐서 표기법으로 나타내면

$$\sigma_{ij,j} + f_i = 0$$

7.2.5 경계조건

경계 Γ 상의 각 점과 각 방향에서 변위 또는 트랙션(traction; 경계면 상의 응력)이 주어져야 한다.

$$\begin{aligned} u_i &= \bar{u}_i, \qquad \Gamma_u \text{ 상에서(지정된 변위)}; \\ t_i &= \bar{t}_i, \qquad \Gamma_\sigma \text{ 상에서(지정된 트랙션)} \end{aligned} \tag{7.7}$$

바로 표시된 쳐진 $\bar{t}_i$ 와 $\bar{u}_i$ 들은 값이 주어진 것이며 트랙션벡터(표면에서의 응력)은 $t_i = \sigma_{ij} n_j$ 로 정의 되며 행렬식으로 표시하면 다음과 같다.

$$\begin{Bmatrix} t_x \\ t_y \\ t_z \end{Bmatrix} = \begin{bmatrix} \sigma_x & \tau_{xy} & \tau_{xz} \\ \tau_{xy} & \sigma_y & \tau_{yz} \\ \tau_{xz} & \tau_{yz} & \sigma_z \end{bmatrix} \begin{Bmatrix} n_x \\ n_y \\ n_z \end{Bmatrix}$$

여기서 n 은 수직을 나타낸다.(그림 7.2).

7.2.6 응력해석

3차원 응력 해석의 경우, 식 (7.7)에 있는 경계조건에서 응력, 변형 및 변위 장을 얻기 위해 식 (7.3), (7.5) 및 (7.6)의 방정식을 풀어야 한다(3차원 문제에 대한 15개의 미지수에 대한 15개의 방정식). 엄밀 해는 거의 대부분 풀기가 곤란하므로 유한요소해석과 같은 수치적 방법이 3차원 응력 해석에 종종 적용된다.

7.3 3차원 탄성 구조물의 모델링

입체 요소(solid element)를 사용하는 3차원 응력 분석은 유한요소해석(FEA)이서 가장 까다로운 작업 중 하나이다. 다음으로 메쉬(mesh) 및 경계조건과 같은 3차원 유한요소해석 모델링에 대한 실제 고려 사항에 대해 설명한다. 조립된 물체의 해석에 사용된 접촉의 종류에 대해 제시한다.

7.3.1 메쉬 이산화

복잡한 구조의 메쉬 구조는 매우 지루하고 시간이 오래 걸릴 수 있다. 메쉬가 양호한 품질(예를 들면, 왜곡 된 요소가 없음)을 갖도록 하기 위해 세심한 주의를 기울여야 한다. 컴퓨터 연산 비용도 또 다른 요인이다. 응력 집중이 있는 구조물의 경우, 수 시간 또는 수 일 동안 컴퓨터를 돌릴 수 있는 대형 유한요소해석 모델이 종종 필요하다. 유능한 전산응용 엔지니어는 유한요소해석 작업에 대한 계산 비용과 정확도 간의 균형을 유지하기 위해 미세한 메쉬를 적용할 위치와 그렇지 않은 위치를 결정할 수 있어야 한다.

그림 7.3에서 자동차에서 드래그 링크(drag link)의 입체 요소를 사용하는 유한요소해석 모델의 예를 보여준다. 구조는 가늘고 긴 모양이 이지만 구부러져 있으며 구멍이 있다. 이 경우 응력해석을 위해서 3차원 입체 요소(3D solid element)가 필요하다. 응력 해석의 정확성을 높이기 위해 2차원 요소를 사용하는 이 부품은 메쉬를 만들 때 많은 주의를 기울여야 한다. 좌굴 해석은 가늘고 긴 구조물이 압축될 때 수행 되어야 한다. 유한요소 해석을 사용한 좌굴 해석에 대한 자세한 내용은 12장에서 확인할 수 있다.

그림 7.4는 두 개의 정렬 된 회전축의 동력전달에 사용되는 기어 커플링의 3차원 유한요소 해석을 나타낸다. 접촉 응력 및 파단 모드는 상세한 3차원 유한요소 모델을 기반으로 결정된다. 이 분석을 위해서는 소프트웨어 패키지에서 비선형 유한요소해석 조건을 사용해야 한다. 이 조건은 거의 모든 유한요소해석에서 이미 널리 사용되고 있다.

7.3.2 경계 조건 : 지지 조건

3차원 구조 분석에는 여러 가지 지지 유형을 사용할 수 있다. 다음 목록 세 가지 공통 지지 조건이 포함된다.

- **고정 지지** : 기하 구조 요소의 이동 또는 변형을 방지한다.
- **마찰 없는 지지** : 면의 법선방향으로 움직이거나 변형되는 것을 방지한다.
- **원통형 지지** : 원통면에 대한 반지름 방향, 축 방향, 접선 방향 또는 그 어떤 조합의 방향에 대해서도 원통형면의 이동이나 변형을 제한한다.

3차원 물체는 6개의 강체 운동이 있다: 즉 3개의 병진운동과 3개의 회전운동. 이러한 강체 운동

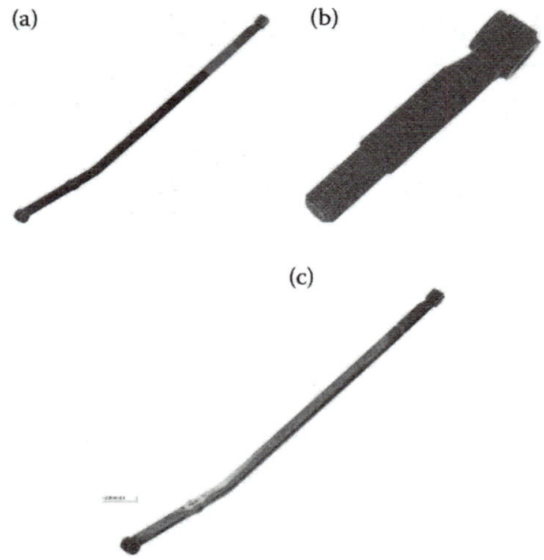

그림 7.3 드래그 링크에 대한 유한요소해석 : (a) 모델; (b) 오른쪽 끝의 메쉬; (c) 두 끝단에 작용하는 인장 하중으로 인한 응력 분포

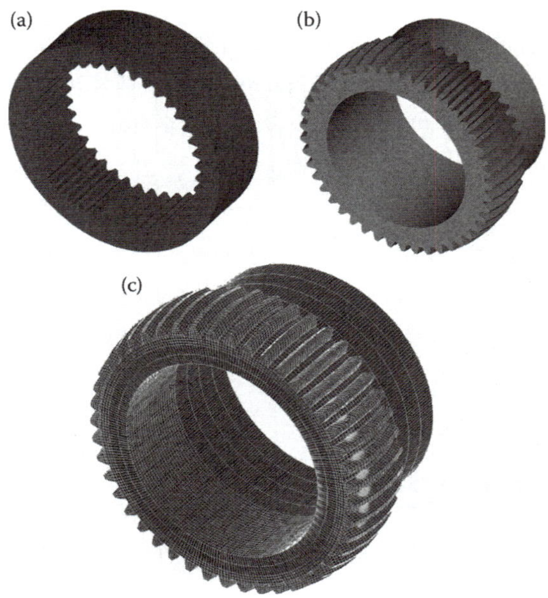

그림 7.4 기어 커플링의 해석 : (a) 링 기어; (b) 허브 기어; (c) 비선형 유한요소해석을 사용하여 얻은 기어 톱니의 높은 접촉 응력

(시스템방정식의 특이성의 원인)은 해석의 정확성을 보장하기 위해 응력 해석을 위한 유한요소해석 모델에서 제거되어야 한다. 반면에 과잉제약 조건을 부가하면 부정확하거나 보증할수 없는 결과가 발생할 수도 있다. 지지 조건에 대한 자세한 내용은 ANSYS help documents [12]의 Mechanical

User Guide를 참조하시오.

7.3.3 경계 조건 : 하중

3차원 해석에서 나타날 수 있는 구조 하중 유형에는 힘, 모멘트, 압력, 지탱 하중(bearing load) 등이 포함된다. 가속도, 표준 지구 중력 또는 회전 속도와 같은 관성 하중은 구조물의 응력 거동에 큰 영향을 미치지 않는다. 열, 전기 또는 자성 부하와 같은 다른 부하 유형도 포함될 수 있지만 덜 일반적이다. 구조 하중에 대한 자세한 내용은 참고 문헌 [12]을 참조하시오.

7.3.4 조립체 해석 : 접촉

조립체 해석을 위해 서로 다른 접촉 물체가 상대적으로 움직일 수 있는 방법을 한정하기 위해 접촉 조건이 필요하다. 참고 문헌 [12]에 나열된 바와 같이 조립체 분석에 사용할 수 있는 접촉 유형은 다음과 같다.

- 고착조건(Bonded): 이는 기본 구성이다. 고착영역은 다음과 같이 간주할 수 있다. 즉 접촉 영역 사이에서 미끄럼 또는 분리를 허용하지 않고 함께 접착되어 있다. 많은 응용 분야의 조립 물체에서 볼트 체결 또는 용접 된 부품의 응력계산에서는 고착 조건을 사용하여도 충분하다.
- 분리 없음(No separation) :이 접촉 유형은 접촉면을 따라 마찰 없는 슬라이딩을 허용하며, 접촉하는 면의 분리는 허용되지 않는다.
- 마찰 없음(Frictionless) :이 접촉 모델은 마찰 계수가 0이라고 가정할 때 자유로운 미끄럼을 허용한다. 간격이 접촉하는 영역 사이에 생길 수 있다.
- 거칠음(Rough) :이 모델은 접촉 물체 사이의 무한 마찰 계수를 가정한다. 미끄럼이 발생할 수 없다.
- 마찰(Frictional) :이 모델은 접촉면에서 등가 전단 응력이 특정 크기를 초과되면 접촉하는 물체가 서로 상대적으로 미끄럼을 할 수 있다.

대부분의 경우 유한요소 프로그램에서 접촉 영역을 자동으로 감지하여 생성할 수 있다. 필요하다면 수동으로 수정할 수도 있다.

7.4 입체 요소의 공식화

이 절에서는 3차원 탄성 문제에 대한 유한요소해석의 공식화방법을 요약할 것이다.

이것은 1차원 봉 및 2차원 탄성 문제에 대한 유한요소해석 공식화를 직접적으로 확장한 것이다. 그런 다음 선형 6면체 (8-node brick)) 요소의 예를 사용하여 요소 공식화를 자세히 검토한다.

7.4.1 일반적인 공식화

1차원 및 2차원 문제에 대한 유한요소해석 공식화에서와 같이, 먼저 형상 함수 N_i 를 사용하여 3차원 요소 내의 변위장을 보간한다.

$$u = \sum_{i=1}^{N} N_i u_i,$$
$$v = \sum_{i=1}^{N} N_i v_i, \qquad (7.8)$$
$$w = \sum_{i=1}^{N} N_i w_i$$

여기서 u_i, v_i 및 w_i 는 요소상의 절점변위 값이고 N 은 해당 요소의 절점 수이다. 행렬식의 형태로 표시하면

$$\begin{Bmatrix} u \\ v \\ w \end{Bmatrix}_{(3\times1)} = \begin{bmatrix} N_1 & 0 & 0 & N_2 & 0 & 0 & \cdots \\ 0 & N_1 & 0 & 0 & N_2 & 0 & \cdots \\ 0 & 0 & N_1 & 0 & 0 & N_2 & \cdots \end{bmatrix}_{(3\times3N)} \begin{Bmatrix} u_1 \\ v_1 \\ w_1 \\ u_2 \\ v_2 \\ w_2 \\ \vdots \end{Bmatrix}_{(3N\times1)} \qquad (7.9)$$

행렬형태로 표시하면

$$\mathbf{u} = \mathbf{N}\,\mathbf{d}$$

식 (7.5)와 식 (7.8)에 주어진 관계식을 사용하여 다음과 같은 변형률 벡터를 유도할 수 있다.

$$\boldsymbol{\varepsilon} = \mathbf{B}\,\mathbf{d}$$

여기서 **B** 는 절점 변위 벡터 **d** 와 변형률 벡터 ε 과 관련되는 행렬이다. **B** 행렬의 크기는 $6\times3N$ 임을 주의하시오.

일단 **B** 행렬이 만들어지면 다음의 익숙한 식을 적용하여 요소의 강성 행렬을 결정할 수 있다.

$$\mathbf{k} = \int_v \mathbf{B}^T \mathbf{E}\mathbf{B}\, dv \qquad (7.10)$$

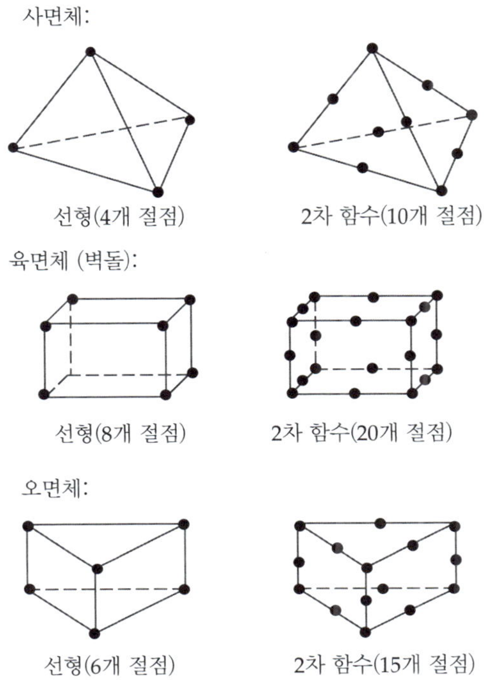

그림 7.5 다양한 종류의 3차원 입체 요소

강성 행렬 **k** 의 크기는 $3N \times 3N$ 이다. 위의 적분을 수행하기 위해 수치적분 종종 필요하다. 수치적분에서 고차원 요소와 같이 절점의 수가 많은 경우 비용이 많이 든다.

7.4.2 일반적인 입체 요소 종류

3차원 문제에 대한 요소의 종류(그림 7.5)를 그 형상과 요소에 구성된 형상 함수의 차수에 따라 다음과 같이 분류할 수 있다 .

가능하면 3차원 응력 해석을 위해 10절점 4면체 및 20절점 벽돌 요소와 같은 고차원(2차) 요소를 적용해야 한다. 3차원 응력 해석에서 절대로 선형요소(4절점 4면체 요소) 사용을 피해야 한다. 왜냐하면 해석 결과가 부정확하기 때문이다. 그러나 변형 해석이나 진동 해석(8장 참조)에는 사용해도 좋다.

7.4.3 선형 육면체 요소 유형의 공식화

요소의 변위장 :

$$u = \sum_{i=1}^{8} N_i u_i, \quad v = \sum_{i=1}^{8} N_i v_i, \quad w = \sum_{i=1}^{8} N_i w_i \tag{7.11}$$

형상함수:

$$
\begin{aligned}
N_1(\xi,\eta,\zeta) &= \frac{1}{8}(1-\xi)(1-\eta)(1-\zeta), \\
N_2(\xi,\eta,\zeta) &= \frac{1}{8}(1+\xi)(1-\eta)(1-\zeta), \\
N_3(\xi,\eta,\zeta) &= \frac{1}{8}(1+\xi)(1+\eta)(1-\zeta), \\
&\vdots \qquad\qquad \vdots \\
N_8(\xi,\eta,\zeta) &= \frac{1}{8}(1-\xi)(1+\eta)(1+\zeta)
\end{aligned} \tag{7.12}
$$

형상함수는 다음과 같은 관계가 있음을 유의하시오.

$$
N_i(\xi_j,\eta_j,\zeta_j) = \delta_{ij},\ \ i,j = 1,2,\ldots,8.
$$
$$
\sum_{i=1}^{8} N_i(\xi,\eta,\zeta) = 1
$$

좌표변환(매핑)

$$
x = \sum_{i=1}^{8} N_i x_i,\quad y = \sum_{i=1}^{8} N_i y_i,\quad z = \sum_{i=1}^{8} N_i z_i \tag{7.13}
$$

즉, 변위장에 사용된 것과 같은 형상 함수가 요소 형상에 사용된다. 이런 종류의 요소를 등매개변수(isoparametric) 요소라고 한다. 식 (7.13)에서 설명한 (ξ, η, ζ)와 (x, y, z) 사이의 변환을 등매개변수 매핑(isoparametric mapping)이라 부른다(그림 7.6 참조).

자코비안 행렬(Jacobian Matrix):

$$
\begin{Bmatrix} \dfrac{\partial u}{\partial \xi} \\ \dfrac{\partial u}{\partial \eta} \\ \dfrac{\partial u}{\partial \zeta} \end{Bmatrix} = \begin{bmatrix} \dfrac{\partial x}{\partial \xi} & \dfrac{\partial y}{\partial \xi} & \dfrac{\partial z}{\partial \xi} \\ \dfrac{\partial x}{\partial \eta} & \dfrac{\partial y}{\partial \eta} & \dfrac{\partial z}{\partial \eta} \\ \dfrac{\partial x}{\partial \zeta} & \dfrac{\partial y}{\partial \zeta} & \dfrac{\partial z}{\partial \zeta} \end{bmatrix} \begin{Bmatrix} \dfrac{\partial u}{\partial x} \\ \dfrac{\partial u}{\partial y} \\ \dfrac{\partial u}{\partial z} \end{Bmatrix} \tag{7.14}
$$

$\equiv \mathbf{J}$ 자코비안 행렬(Jacobian Matrix)

이 관계를 역으로 하면 다음과 같다.

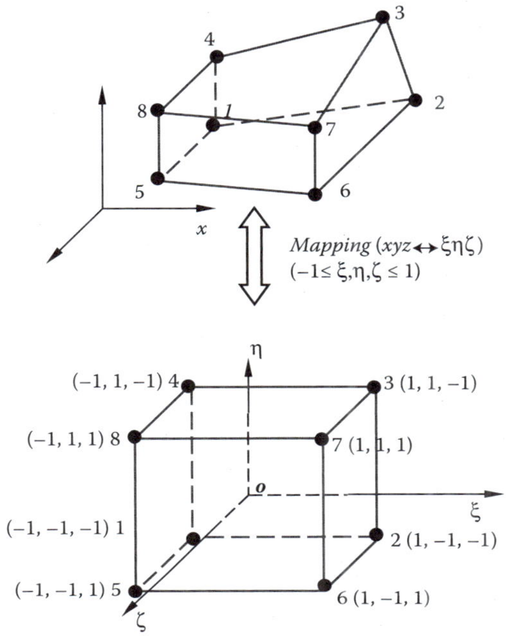

그림 7.6 요소를 자연 좌표계 시스템에 매핑

$$\begin{Bmatrix} \dfrac{\partial u}{\partial x} \\ \dfrac{\partial u}{\partial y} \\ \dfrac{\partial u}{\partial z} \end{Bmatrix} = \mathbf{J}^{-1} \begin{Bmatrix} \dfrac{\partial u}{\partial \xi} \\ \dfrac{\partial u}{\partial \eta} \\ \dfrac{\partial u}{\partial \zeta} \end{Bmatrix}, \quad \text{여기서 } \frac{\partial u}{\partial \xi} = \sum_{i=1}^{8} \frac{\partial N_i}{\partial \xi} u_i \text{ 등등} \tag{7.15}$$

v 및 w 도 마찬가지이다. 이러한 관계는 변형률에 대해 다음과 같은 식으로 유도된다.

$$\boldsymbol{\varepsilon} = \begin{Bmatrix} \varepsilon_x \\ \varepsilon_y \\ \varepsilon_z \\ \gamma_{xy} \\ \gamma_{yz} \\ \gamma_{zx} \end{Bmatrix} = \begin{Bmatrix} \dfrac{\partial u}{\partial x} \\ \dfrac{\partial v}{\partial y} \\ \dfrac{\partial w}{\partial z} \\ \dfrac{\partial v}{\partial x} + \dfrac{\partial u}{\partial y} \\ \dfrac{\partial w}{\partial y} + \dfrac{\partial v}{\partial z} \\ \dfrac{\partial u}{\partial z} + \dfrac{\partial w}{\partial x} \end{Bmatrix} = \mathbf{B}\mathbf{d}$$

여기서 $\mathbf{d}$ 는 절점의 변위 백터이다. 즉,

$$\boldsymbol{\varepsilon} = \mathbf{B}\,\mathbf{d} \tag{7.16}$$

변형률에너지는 다음과 같이 계산한다.

$$\begin{aligned} \mathrm{U} &= \frac{1}{2}\int_V \boldsymbol{\sigma}^T \boldsymbol{\varepsilon}\, dV = \frac{1}{2}\int_V (\mathbf{E}\boldsymbol{\varepsilon})^T \boldsymbol{\varepsilon}\, dV \\ &= \frac{1}{2}\int_V \boldsymbol{\varepsilon}^T \mathbf{E}\, \boldsymbol{\varepsilon}\, dV \\ &= \frac{1}{2}\mathbf{d}^T \left[\int_V \mathbf{B}^T \mathbf{E}\,\mathbf{B}\, dV \right] \mathbf{d} \end{aligned} \tag{7.17}$$

즉 요소 강성행렬식은

$$\mathbf{k} = \int_V \mathbf{B}^T \mathbf{E} \mathbf{B}\, dV \tag{7.18}$$

ξηζ-좌표로 쓰면

$$dV = (\det \mathbf{J}) d\xi d\eta d\zeta \tag{7.19}$$

그러므로

$$\mathbf{k} = \int_{-1}^{1}\int_{-1}^{1}\int_{-1}^{1} \mathbf{B}^T \mathbf{E} \mathbf{B} (\det \mathbf{J})\, d\xi\, d\eta\, d\zeta \tag{7.20}$$

이 강성 행렬의 크기가 24×24가 됨을 쉽게 확인할 수 있다.

응력:

요소 내의 응력을 계산하려면, 그 요소의 이미 알고 있는 절점 변위 벡터로 다음 관계식을 사용한다.

$$\boldsymbol{\sigma} = \mathbf{E}\boldsymbol{\varepsilon} = \mathbf{E}\mathbf{B}\mathbf{d}$$

응력은 각 요소의 선택된 점(가우스 점 또는 절점)에서 계산된다. 절점에서의 응력 값은 종종 불연속적이고 정확성이 떨어진다. 응력장 값의 결과를 매끄럽게(smooth) 하기 위해 노드 주변의 주변

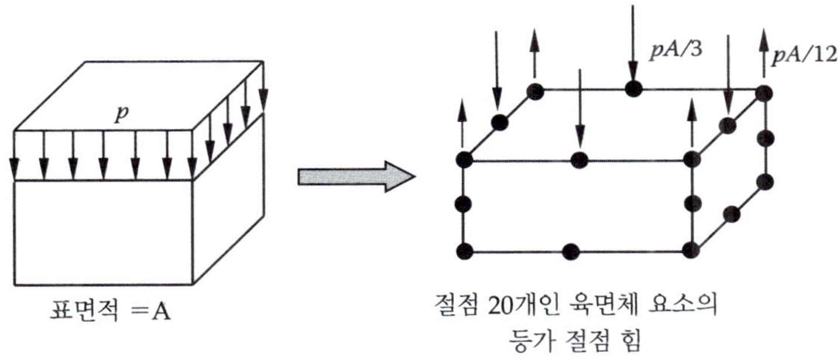

그림 7.7 압력 하중 p 에 대한 절점 20개인 육면체 요소의 등가 절점 힘

요소의 응력 값을 평균한 것이 종종 사용 된다.

3차원 문제의 von Mises 등가 응력은 다음과 같이 주어진다.

$$\sigma_e = \sigma_{VM} = \frac{1}{\sqrt{2}}\sqrt{(\sigma_1 - \sigma_2)^2 + (\sigma_2 - \sigma_3)^2 + (\sigma_3 - \sigma_1)^2} \tag{7.21}$$

여기서 σ_1, σ_2, σ_3는 3개의 주응력이다.

7.4.4 분포 하중의 처리방법

분포 하중은 이전 장에서 설명한 것과 같은 등가 에너지 개념을 사용하여 절점의 힘으로 변환해야 한다. 그림 7.7은 20노드 육면체 요소에 대한 절점 하중으로 변환된 압력 하중의 결과를 나타낸다. 네 모퉁이 절점에서의 힘의 방향을 주목하면 이것은 직관적인 예상과 전혀 다르다는 것을 유의하라.

7.5 ANSYS Workbench를 이용한 사례연구

문제 설명: 받침대 조립품은 아래의 그림과 같이 받침대(Base), 홀더(Holder) 및 핀(Pin)이 포함한다. 이 조립품은 구조용 강으로 만들어졌다. 모든 접촉(contact) 영역들은 분리되지 않은(no-separation) 조건으로 가정한다. 주어진 하중과 경계조건 하에서 이 조립품의 변형과 von Mises 응력 분포를 계산한다.

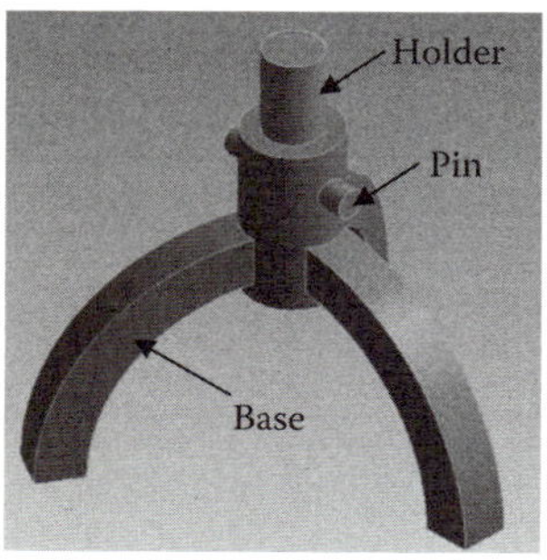

재질 : 구조용 강재 (E = 200 GPa, ν = 0.3)

경계 조건 :
받침대(base)다리의 바닥면은 고정
홀더(holder)의 윗면에 1 kN의 하중이 아래로 작용

기하학 구조 :
받침대 허브(Hub)의 바닥은 지면 위 35 mm
홀더의 높이는 36 mm이고, 그중 18 mm는 허브베이스와 접촉

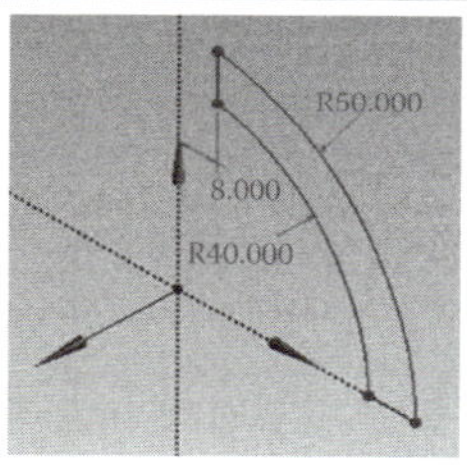

받침대 다리의 스케치
(양쪽면으로 5 mm extrude)

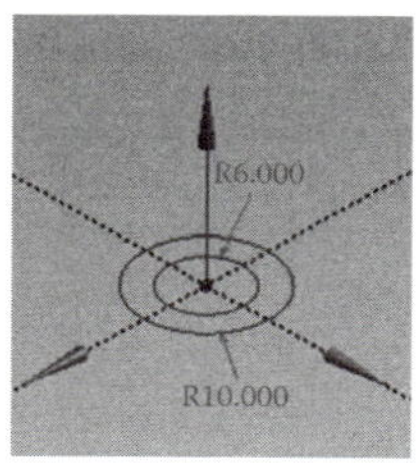

받침대 허브의 스케치
(한쪽면으로 35 mm extrude)

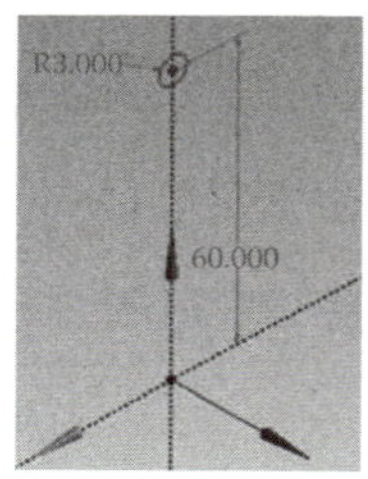

핀 스케치
(양쪽면으로 15 mm extrude)

풀이

ANSYS Workbench를 이용하여 문제를 해석하기 위해 아래의 단계들을 수행한다.

단계 1: *ANSYS Workbench* **프로젝트 시작**

ANSYS Workbench를 시작하고 빈 프로젝트를 '***Assembly.wbpj***'로 저장한다.

단계 2: *Static Structural* **해석 시스템 생성**

독립적인 정적구조해석 시스템을 생성하기 위해 ***Analysis Systems Toolbox***에서 ***Static Structural*** 아이콘을 끌어(drag)와 ***Project Schematic*** 창에서 녹색 사각형으로 표시된 강조된 위치에 내려(drop)놓는다.

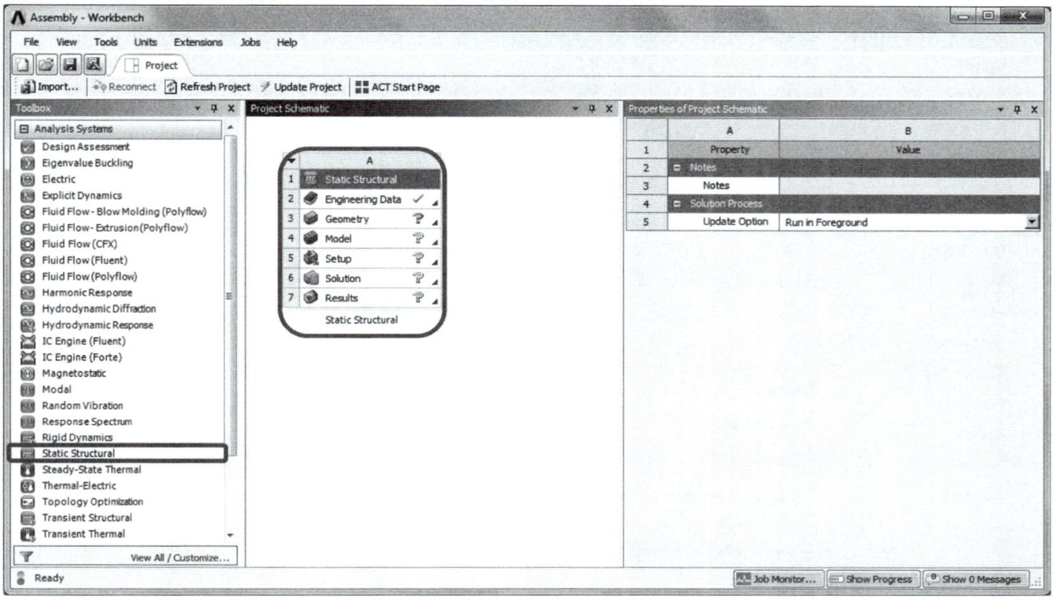

단계 3: *SpaceClaim* 프로그램 시작

Geometry 셀을 더블클릭하여 ***SpaceClaim*** 프로그램을 시작한다. 단위를 사용자 정의하기 위해 ***File*** 메뉴에서 ***SpaceClaim Options***을 선택하여 ***SpaceClaim Options*** 창을 연다. ***SpaceClaim Options*** 창에서 ***Length***의 단위를 ***Millimeters***, ***Minor grid spacing***을 ***5 mm***로 설정한다. ***OK***를 클릭하여 ***Options*** 창을 닫는다.

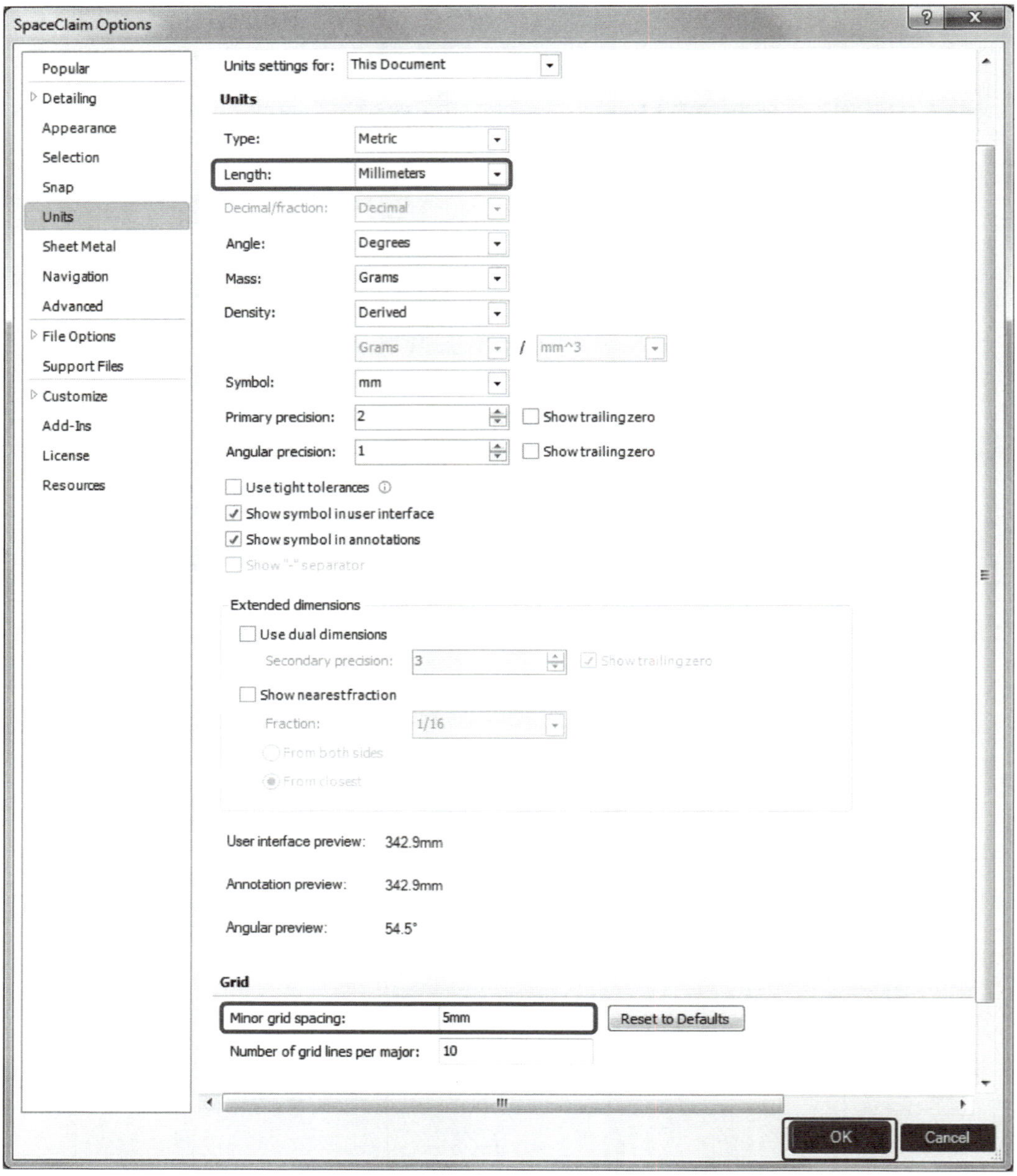
SpaceClaim Options
Popular
Detailing
Appearance
Selection
Snap
Units
Sheet Metal
Navigation
Advanced
File Options
Support Files
Customize
Add-Ins
License
Resources
Units settings for: This Document
Units
Type: Metric
Length: Millimeters
Decimal/fraction: Decimal
Angle: Degrees
Mass: Grams
Density: Derived
Grams / mm^3
Symbol: mm
Primary precision: 2
Show trailing zero
Angular precision: 1
Show trailing zero
Use tight tolerances
Show symbol in user interface
Show symbol in annotations
Extended dimensions
Use dual dimensions
Secondary precision: 3
Show nearest fraction
Fraction: 1/16
User interface preview: 342.9mm
Annotation preview: 342.9mm
Angular preview: 54.5°
Grid
Minor grid spacing: 5mm
Reset to Defaults
Number of grid lines per major: 10
OK
Cancel

단계 4: 받침대 형상을 생성

스케치 격자를 정면으로 보기 위해 툴바에서 ***Plan View***를 클릭한다. 스케치를 시작하기 위해 *설계* 탭에서 ***Sketch Mode***를 클릭한다. ***Rectangle*** 아이콘을 클릭한다. 원점에서 ***45 mm*** 떨어진 위치에 중심점을 가진 ***10 mm*** × ***10 mm*** 의 사각형을 그린다.

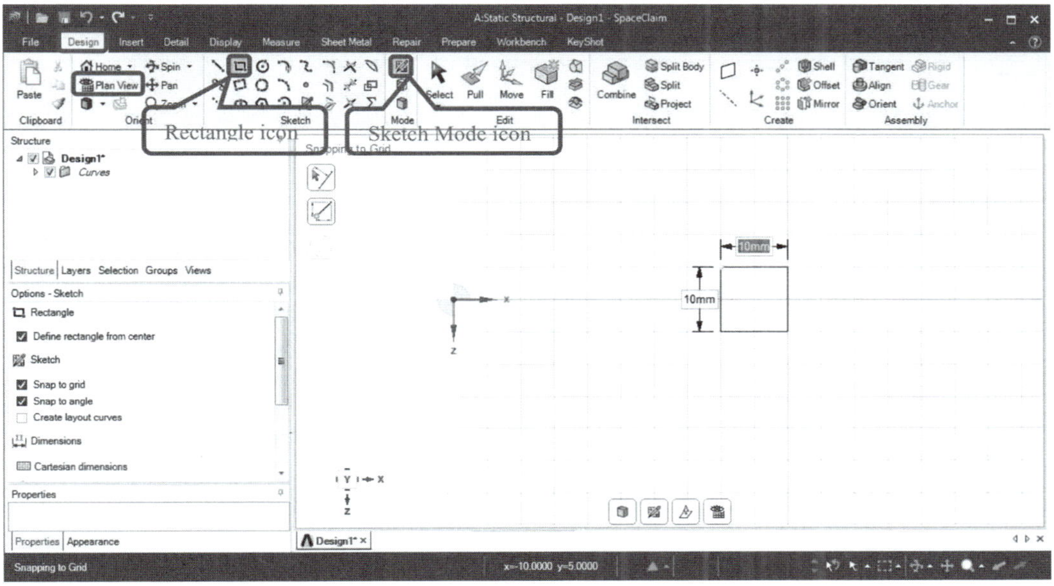

Circular pattern을 클릭하여 사각형의 원형 패턴을 생성한다. 좌측 하단의 ***Options*** 패널에서 ***Circular Count***를 3으로 설정한다. ***Graphics*** 창에서 직사각형 표면을 클릭한 후 패턴을 생성할 축으로 ***Y***축을 클릭한다. ***Checkmark*** 아이콘을 클릭하여 패턴을 생성한다.

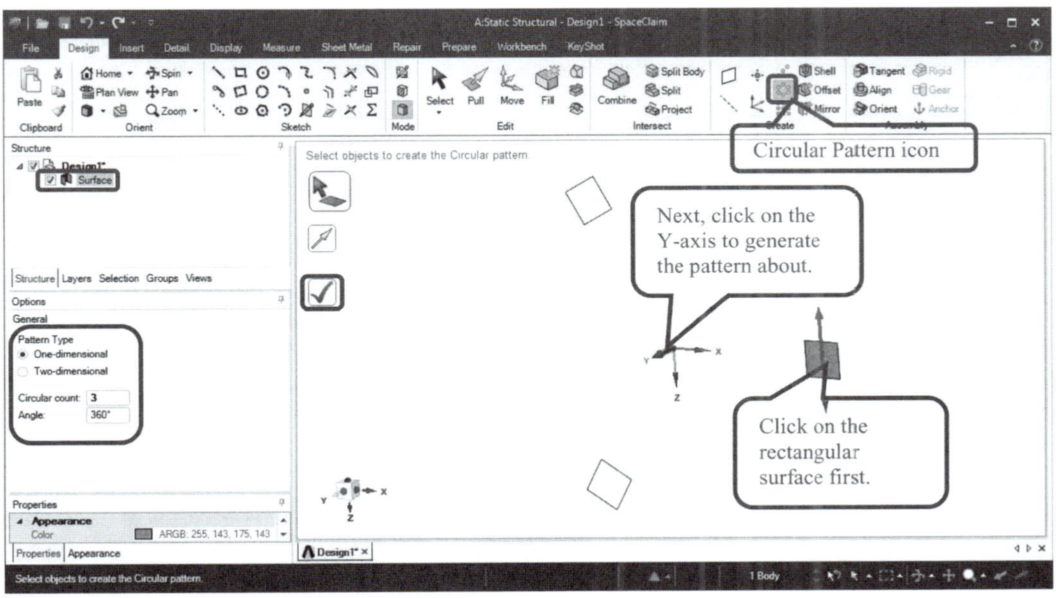

Design 탭에서 ***Pull*** 아이콘을 클릭한다. ***Graphics*** 창에서 아래의 그림과 같이 직사각형 표면을 클릭한다. 그 후에 ***Pull Direction*** 아이콘을 클릭하고 ***Z*** 축을 클릭한다.

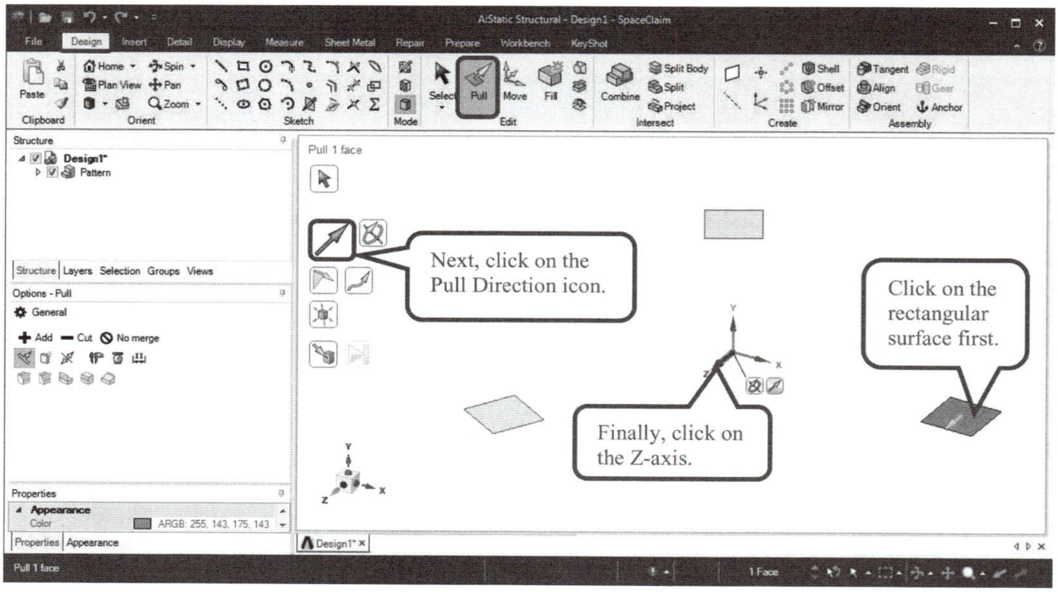

다음으로 ***Z*** 축 우측에 강조 표시된 ***Revolve*** 아이콘을 클릭하여 패턴을 회전시킬 축으로 설정한다. ***Graphics*** 창에서 ***Yellow Pull Arrow***에 따라 표면 패턴을 위로 당기고 아래의 그림과 같이 텍스트 상자에 ***90***도를 입력하여 삼각대(tripod base) 형상을 생성한다.

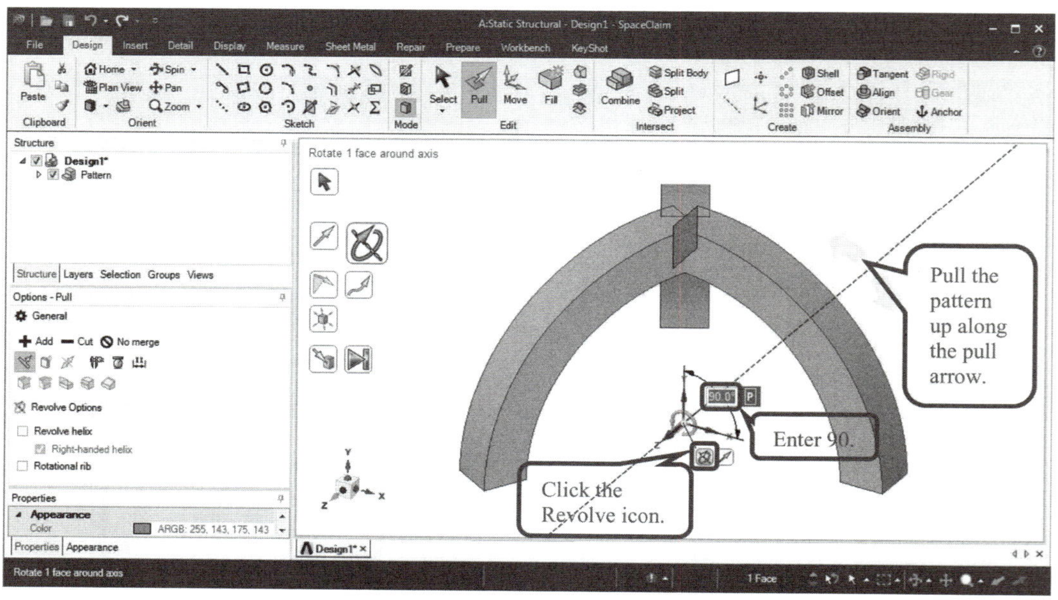

Home 보기를 클릭하고 *Sketch mode*를 클릭한다. *Graphics* 창에서 *x-z plane*에 마우스를 올리고, *Graphics* 창의 아무 곳이나 클릭하여 x−z plane을 스케치 평면으로 설정한다. 아래의 그림과 같이 지름 *12 mm* 의 원을 그린다.

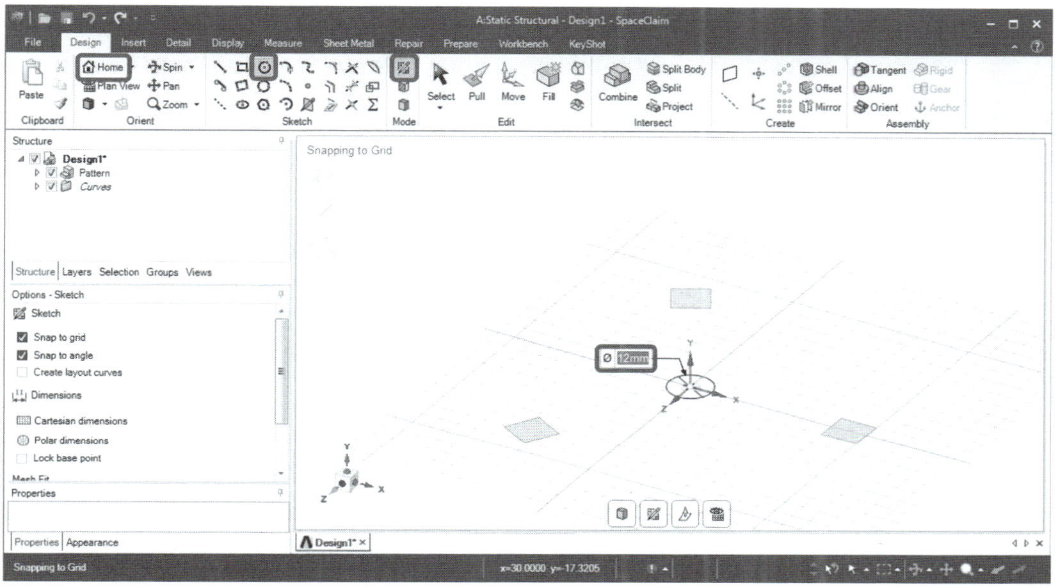

아래의 그림과 같이 평면에 지름 *20 mm* 의 또 다른 동심원을 그린다.

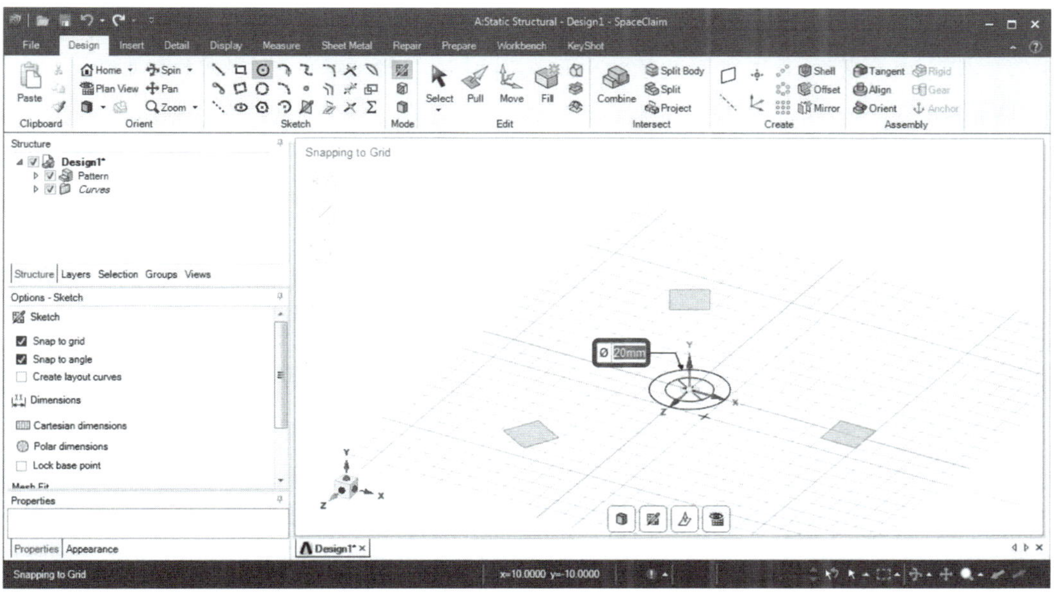

Pull 아이콘을 클릭하고 *Graphics* 창에서 고리 모양을 클릭하면 선택 항목이 강조 표시된다.

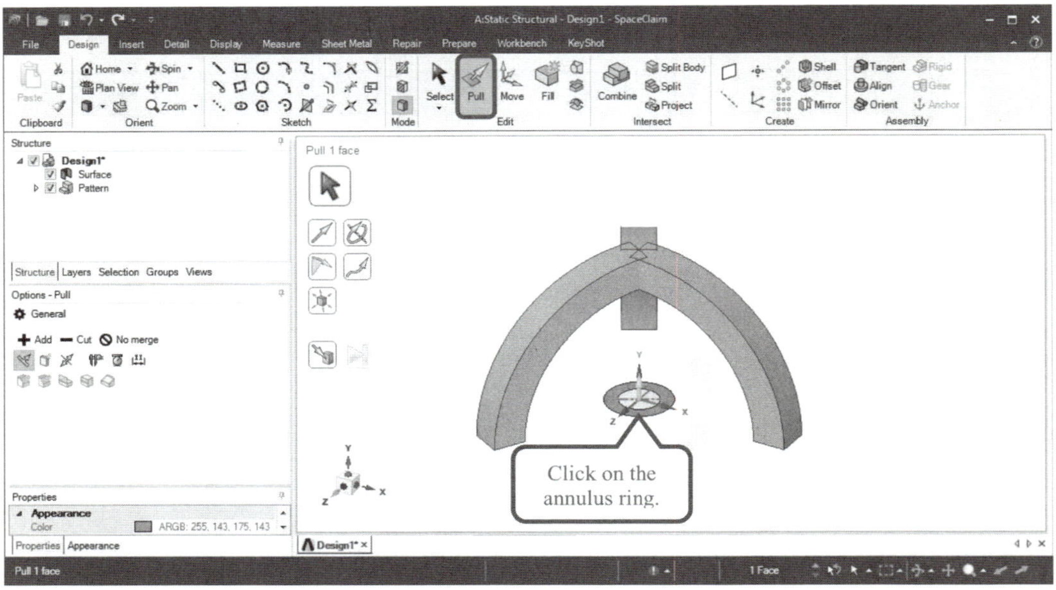

고리 모양 형상을 기준면에서 위로 *70 mm* 당긴다.

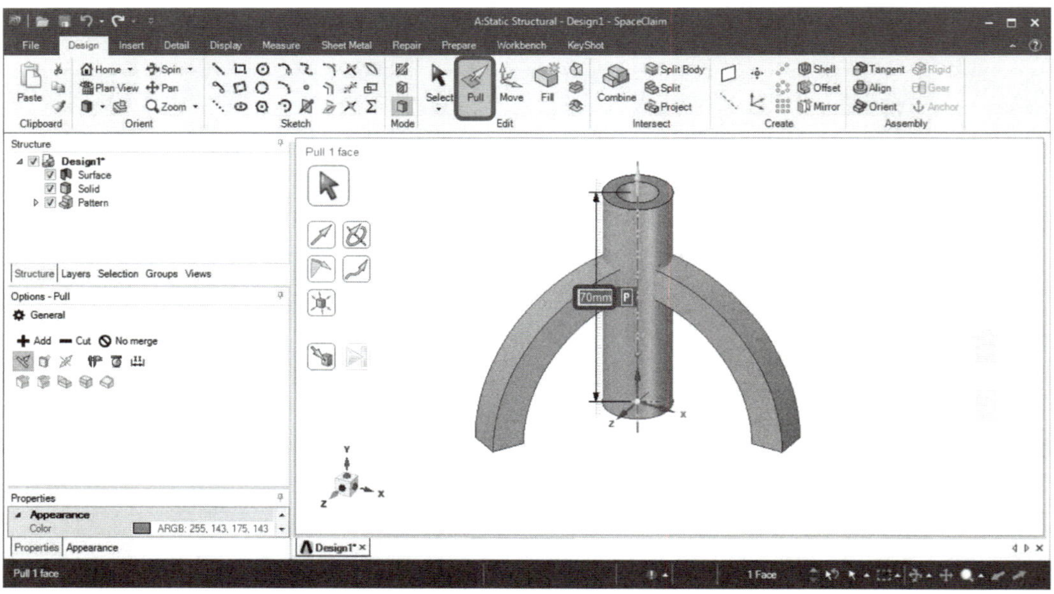

Graphics 창에서 좀 더 잘 볼 수 있도록 형상을 회전하고, 고리 모양 형상의 바닥면을 클릭하면 강조 표시된다.

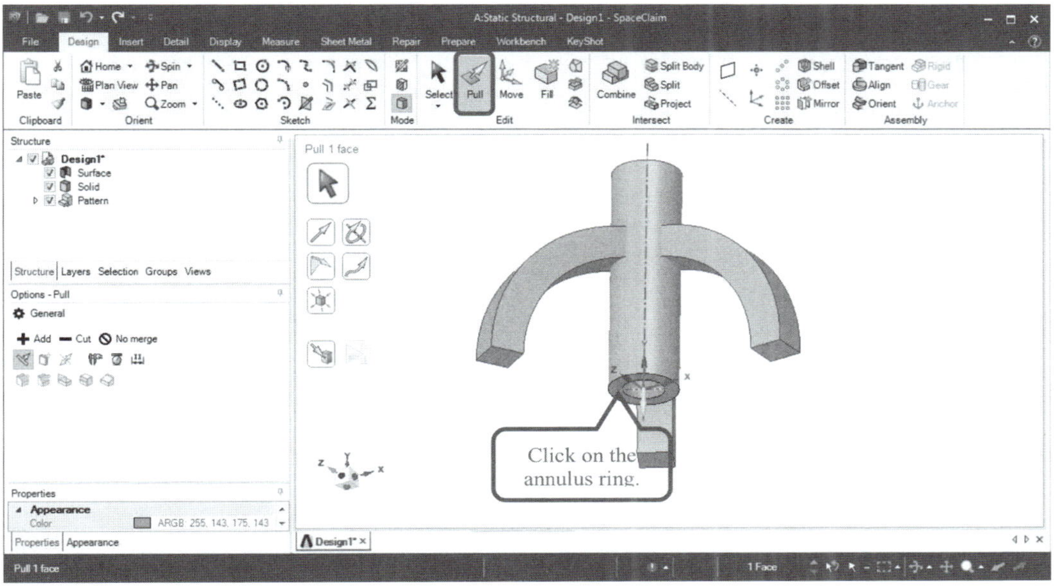

아래의 그림과 같이 고리 모양 형상을 기준면에서 위로 35 *mm* 당긴다.

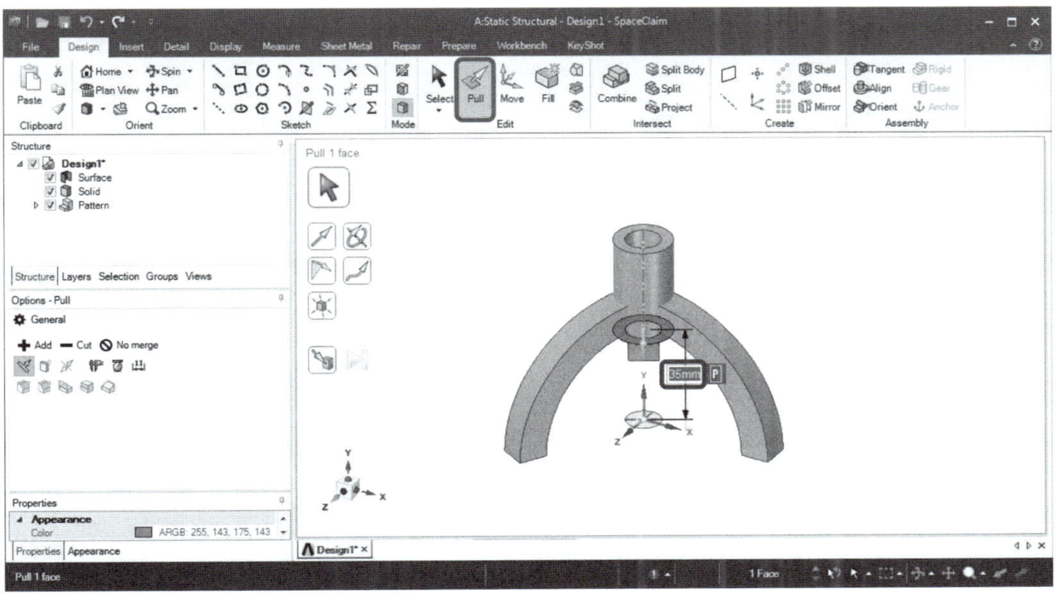

Graphic 창에서 아무 곳에서나 마우스 우측 버튼으로 클릭하고 드롭다운 메뉴에서 *View*와 *Top*을 선택한다. 삼각대 형상이 가운데가 뚫려있는 것이 아니라는 점에 유의하자.

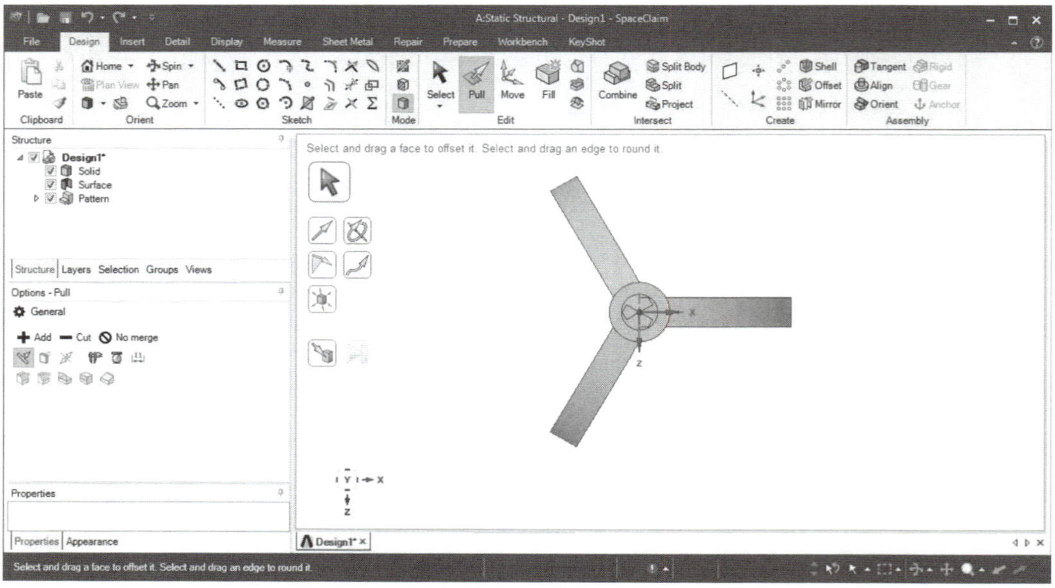

Graphics 창에서 원형 영역을 클릭한다. 좌측 하단의 *Options* 패널에서 *Cut*를 선택한다.

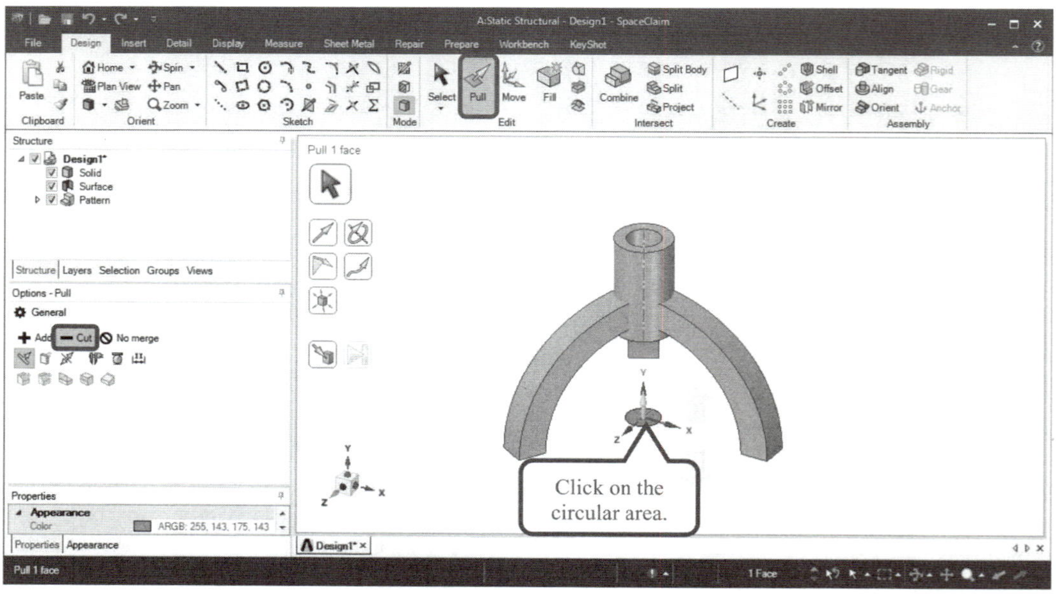

아래 그림과 같이 가운데가 뚫린 원형 축으로 만들기 위해 원형 영역을 기준면에서 위로 ***70 mm*** 이상 당긴다.

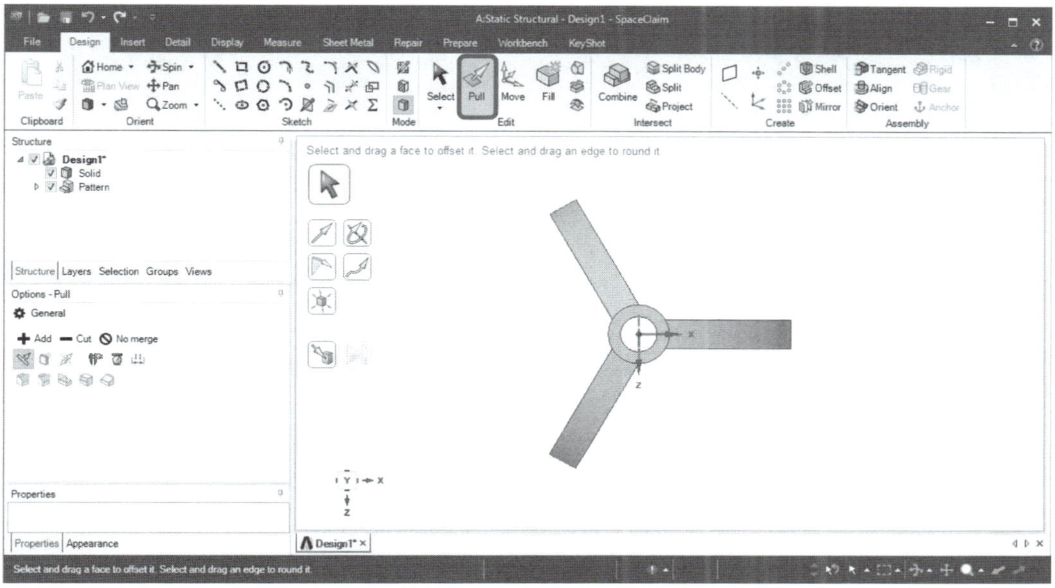

이제 ***Structure Tree***에서 ***Solid*** 항목을 클릭하면 ***Graphics*** 창에서 선택 항목이 강조 표시된다. 솔리드 파트(solid part)에는 세 개의 다리는 포함되지 않고 단지 중심부 실린더만 포함된다.

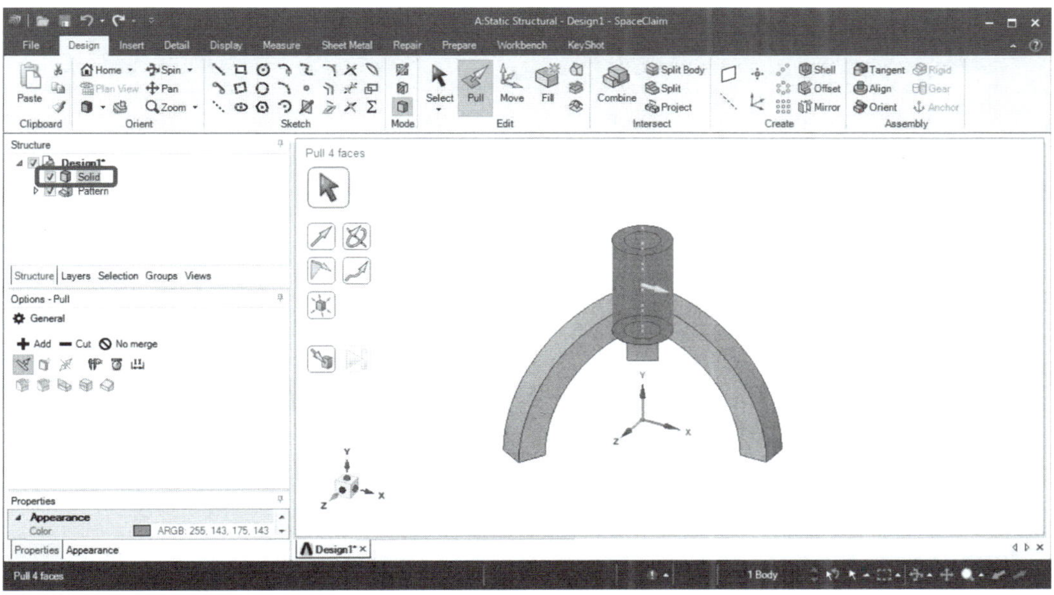

파트들을 병합(merge)하기 위해 ***Design*** 탭에서 ***Combine*** 아이콘을 클릭한다. ***Graphics*** 창에서 중심부 실린더를 클릭한 후 ***Select Bodies to Merge*** 아이콘을 클릭한다. 다음으로 ***Graphics*** 창에서 세 개의 다리를 클릭하여 실린더 형상과 병합한다.

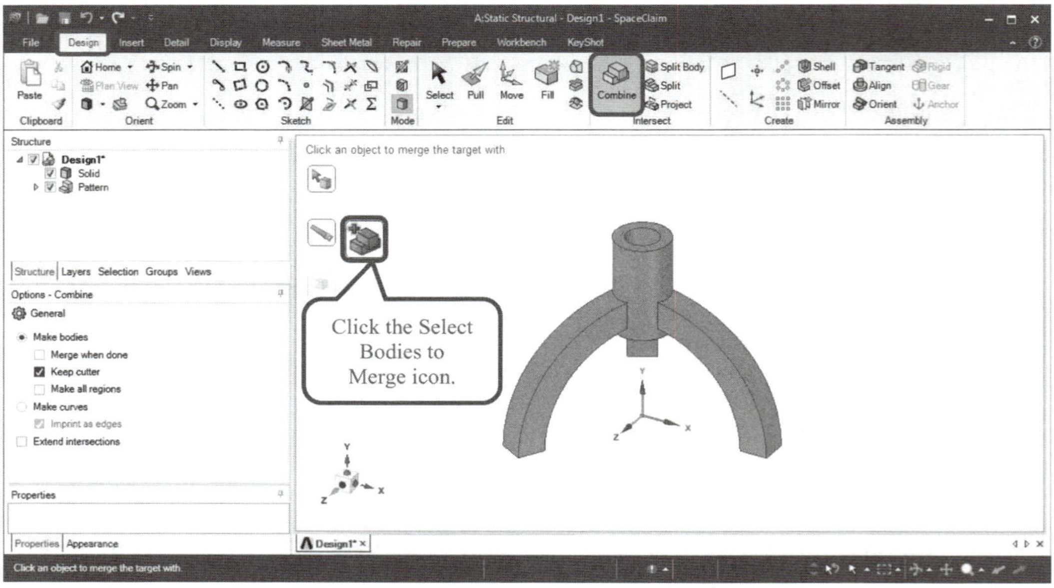

Structure Tree에서 ***Solid*** 항목을 클릭하면 ***Graphics*** 창에서 선택 항목이 강조 표시된다. 이제 솔리드 파트는 삼각대의 병합된 형상으로 표시된다.

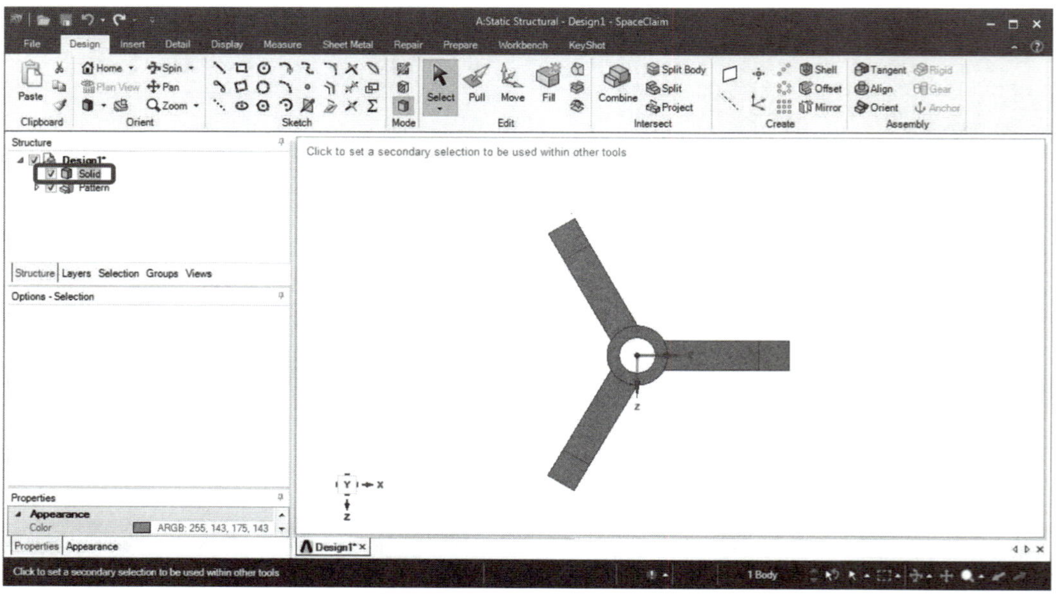

단계 5: 홀더와 핀 형상 생성

Graphics 창에서 아래의 그림과 같이 강조 표시된 삼각대 상단의 고리 형상을 클릭한다.

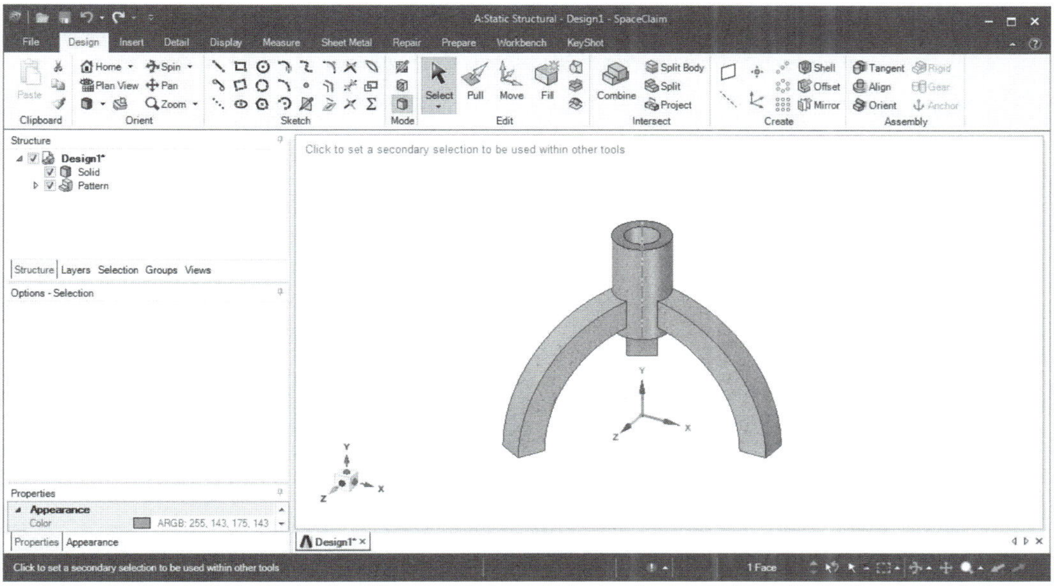

Sketch Mode 아이콘을 클릭한다. 이를 통해 고리 모양 표면 위에 스케치 평면이 생성될 것이다.

Circle 아이콘을 클릭하고 아래의 그림과 같이 지름 ***12 mm*** 의 원을 그린다.

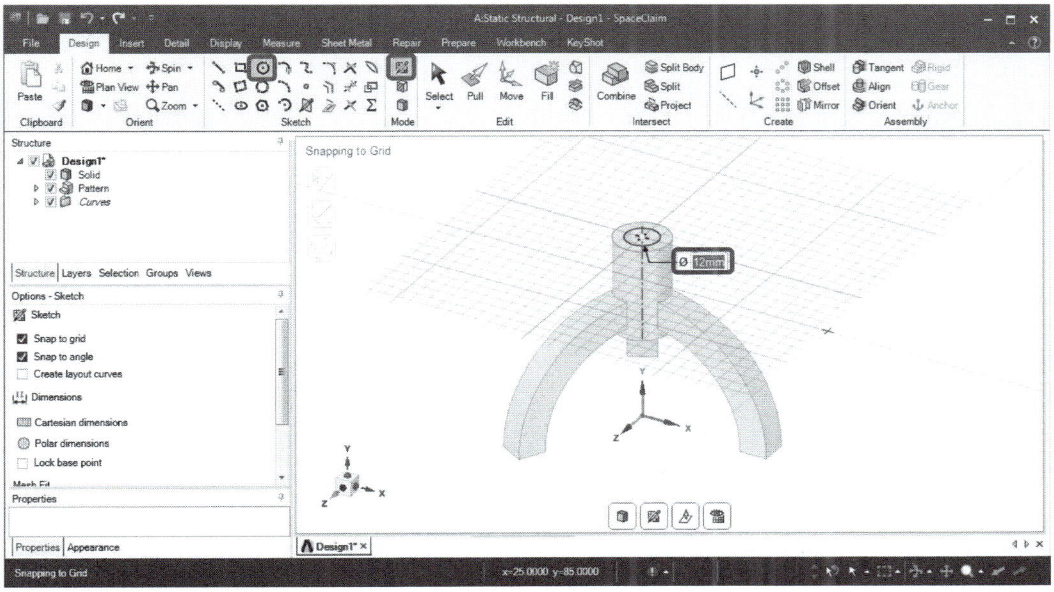

Pull 아이콘을 클릭하고 아래의 그림에서 강조 표시된 원형 평면을 클릭한다. 좌측 하단의 ***Options*** 패널에서 ***Pull Both Sides*** 아이콘을 클릭한다.

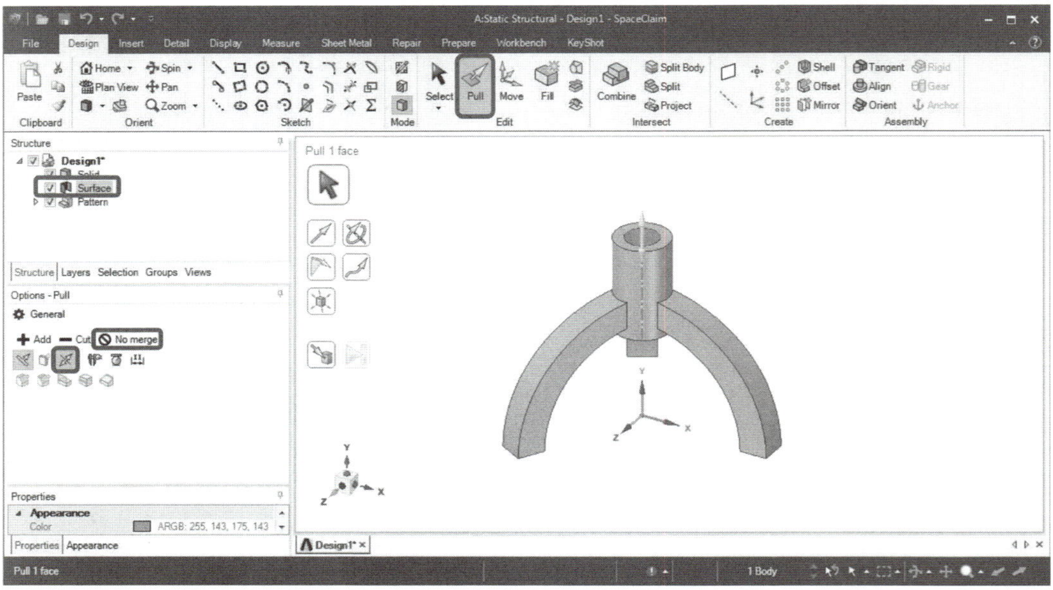

원형 영역을 총 깊이 ***36 mm*** 로 당긴다. 영역이 양방향으로 당겨지기 때문에 각 방향의 당기는 거리는 전체 깊이 ***36 mm*** 의 절반인 ***18 mm*** 이다.

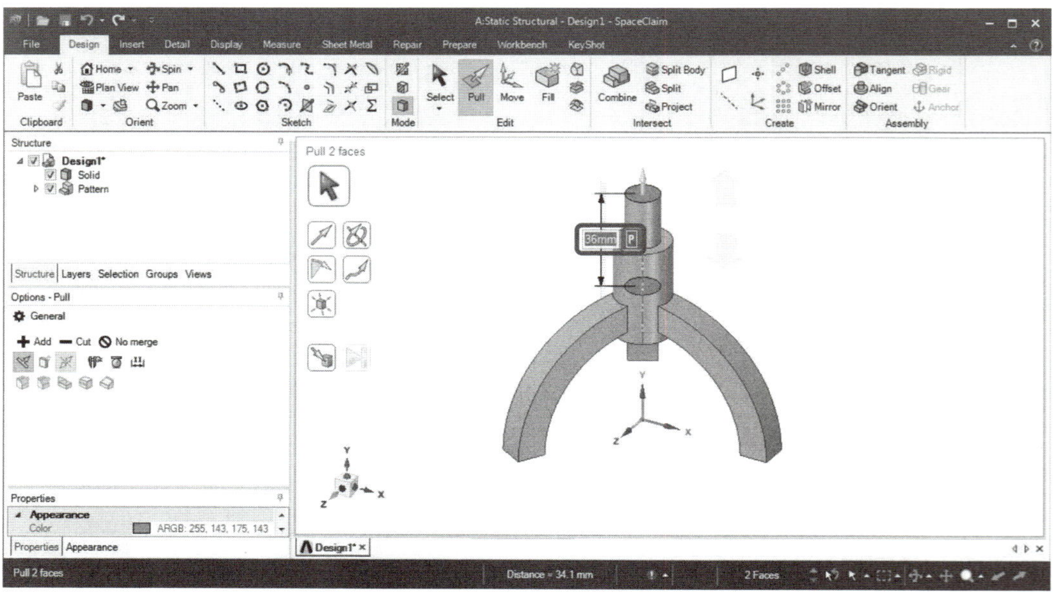

*Sketch Mode*를 클릭한다. *Graphics* 창에서 ***y-z plane***에 마우스를 올리고, 강조 표시된 선택 항목을 클릭한다. 이 작업은 스케치 평면을 ***y-z plane***으로 변경한다.

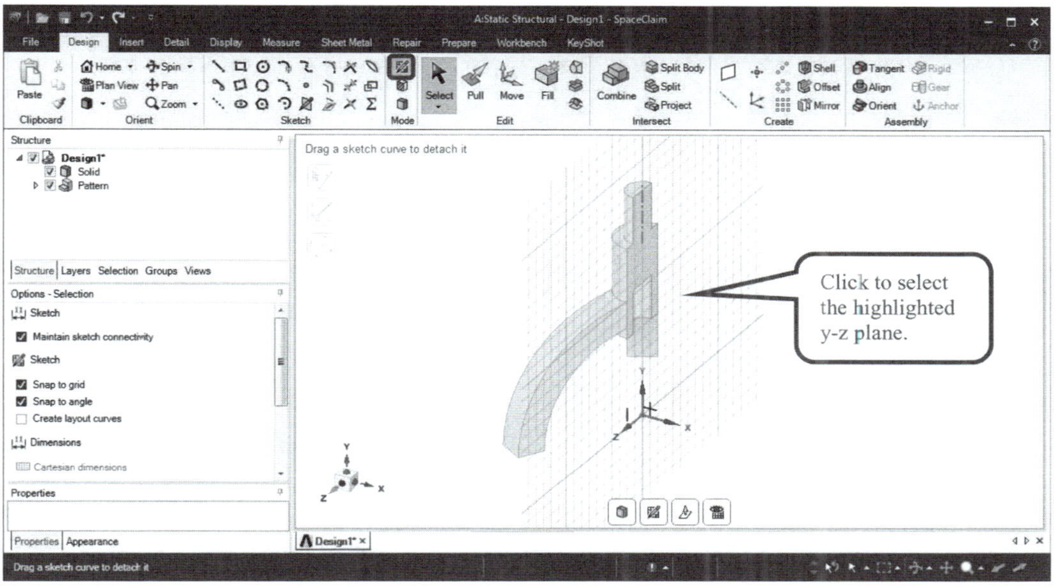

Graphics 창의 아무 곳에서나 마우스 우측 버튼을 클릭하고 드롭다운 메뉴에서 *View*와 *Right*을 선택한다. *Circle* 아이콘을 클릭하고 원점에서 수직으로 ***60 mm*** 떨어진 위치에 중심점이 있는 지름 ***6 mm*** 원을 그린다.

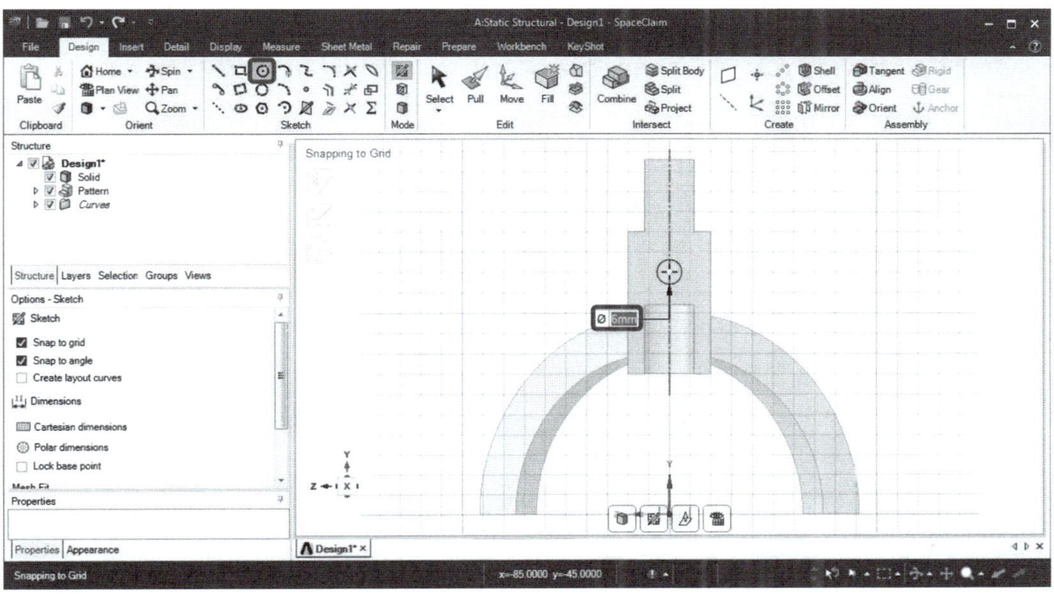

Pull 아이콘을 클릭한다. ***Structure Tree***에서 ***Surface*** 항목을 클릭하면 원형 표면이 강조 표시된다. 좌측 하단의 ***Options*** 패널에서 ***Pull Both Sides*** 아이콘을 클릭한다.

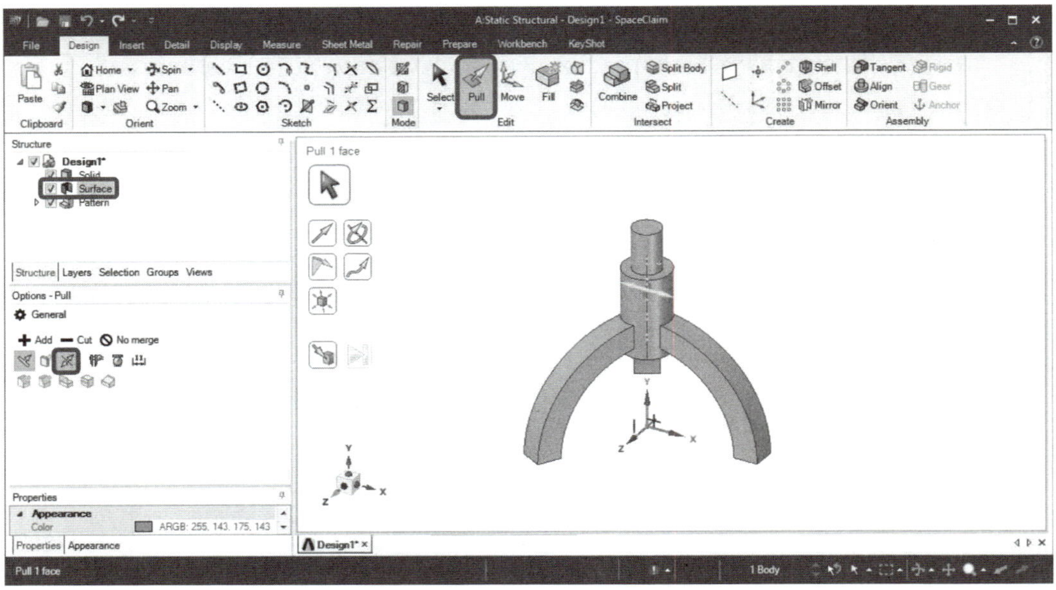

아래의 그림과 같이 *노란색 당기기 화살표*(yellow pull arrow)에 따라 원형 표면을 총 길이 ***30 mm***로 당긴다. ***Structure Tree***에서 ***Solid***를 클릭한다. 병합된 받침대 형상이 생성된다.

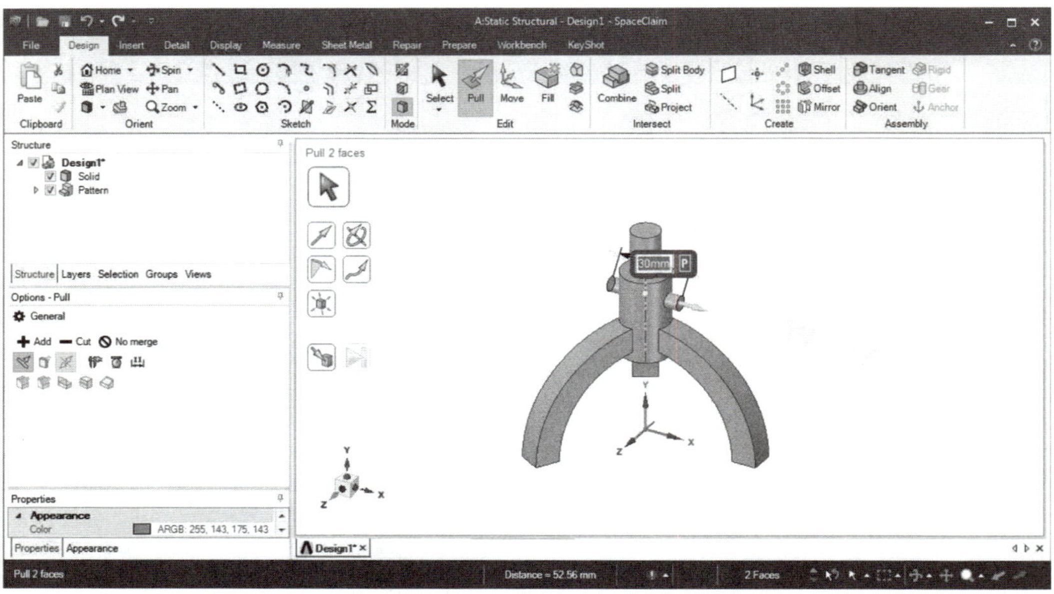

단계 6: 3 부품 조립품을 생성

조립품을 생성하기 위해 솔리드 형상을 3개의 부품으로 나누어야 한다. ***Split Body*** 아이콘을 클릭한다. ***Graphics*** 창에서 솔리드를 클릭하면 선택 항목은 분할 대상 객체로서 강조된다. 절단면으로 사용하기 위해 노란색으로 강조 표시된 원통 표면을 클릭한다.

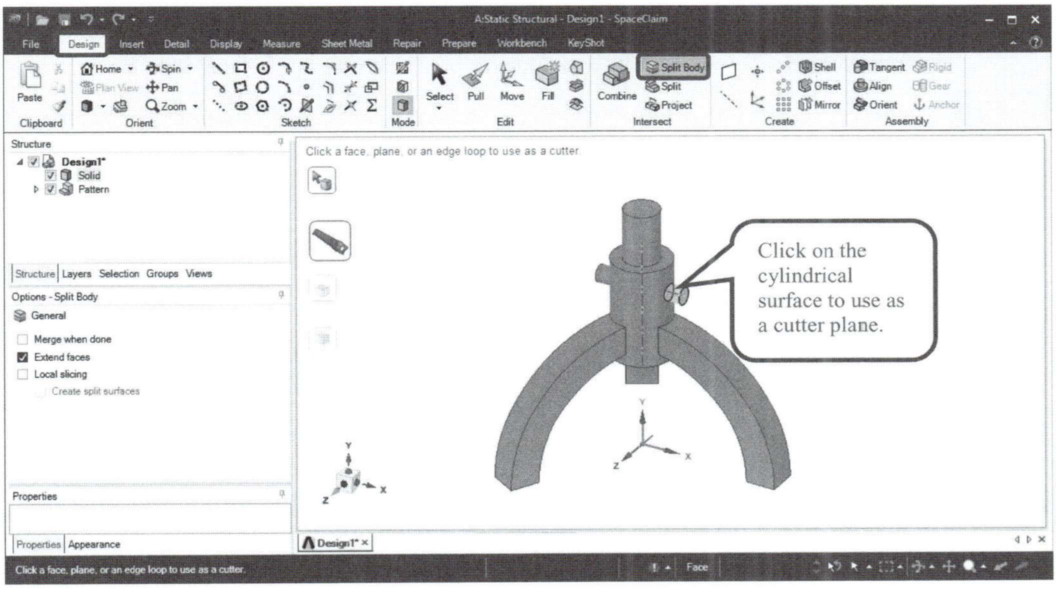

아래의 그림과 같이 솔리드가 2개의 부품으로 나누어 질 것이다. ***Structure Tree***에서 첫 번째 ***Solid***를 마우스 우측 버튼으로 클릭하고 부품을 ***Pin***으로 이름을 바꾼다.

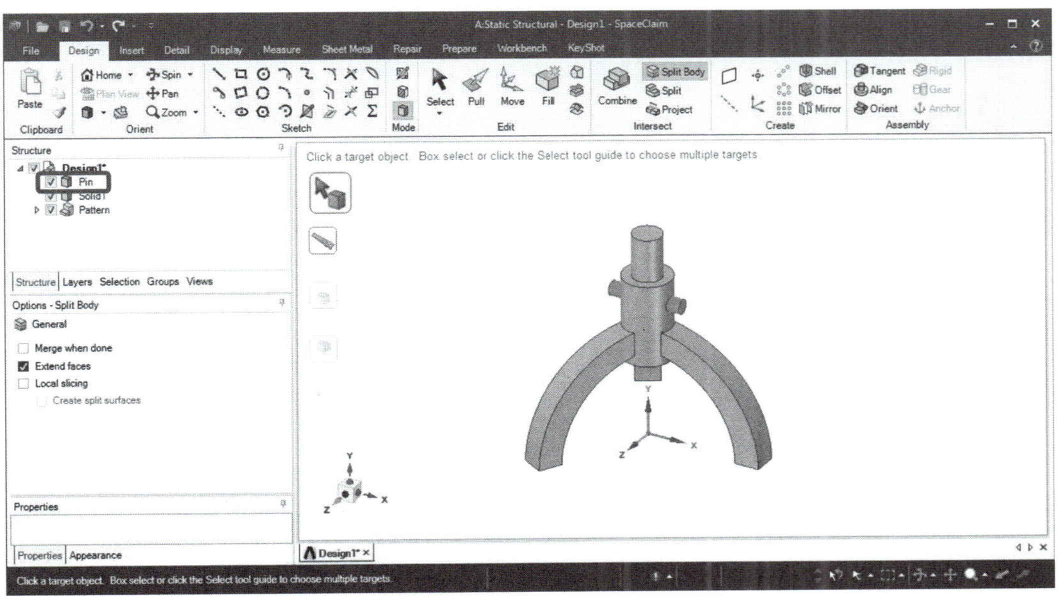

Split Body 아이콘을 클릭한다. *Structure Tree*에서 *Solid1*을 클릭하면 선택 항목은 분할 대상 객체로서 강조 표시된다. 절단면으로 사용하기 위해 노란색으로 강조 표시된 원통 표면을 클릭한다.

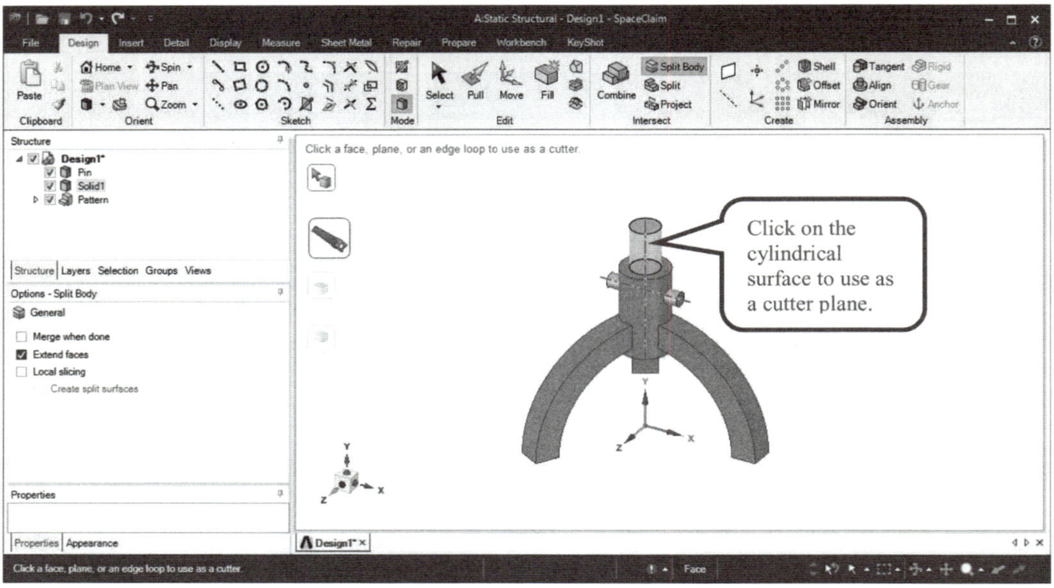

형상은 아래의 그림과 같이 3개의 부품으로 나누어진다. *Structure Tree*에서 두 번째와 세 번째 항목에서 마우스 우측 버튼으로 클릭하고 각각 *Holder*와 *Base*로 이름을 바꾼다.

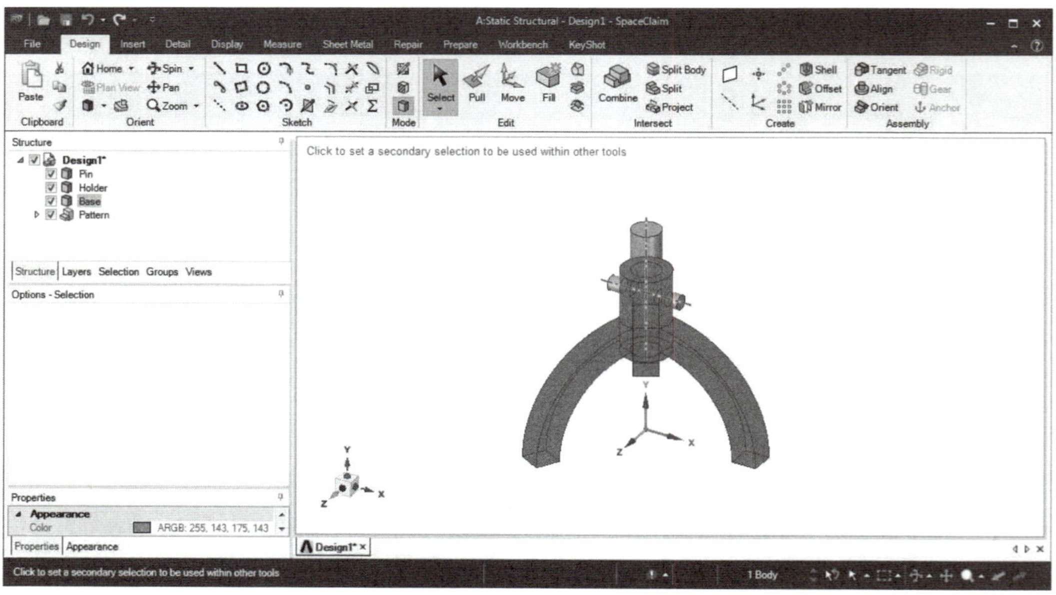

단계 7: *Static Structural* 프로그램을 실행

Model 셀을 더블클릭하여 ***Static Structural*** 프로그램을 실행한다. ***ANSYS Workbench***는 ***SpaceClaim***에서 작성되었거나 중립 형상 파일(neutral geometry files)에서 불러온 조립품의 부품 사이 접촉을 자동으로 감지한다. ***Outline***에서 ***Connections*** 아래의 ***Contacts***를 클릭한다. 접촉 영역(***Contact Region***) 세 곳 모두의 ***Details of "Contact Region"***에서 ***Type***을 ***No Separation***로 변경한다. No separation 접촉은 접촉 영역들 간의 틈새 형성을 방지한다(접촉면을 따라 약간의 마찰이 없는 미끄럼은 발생될 수 있다).

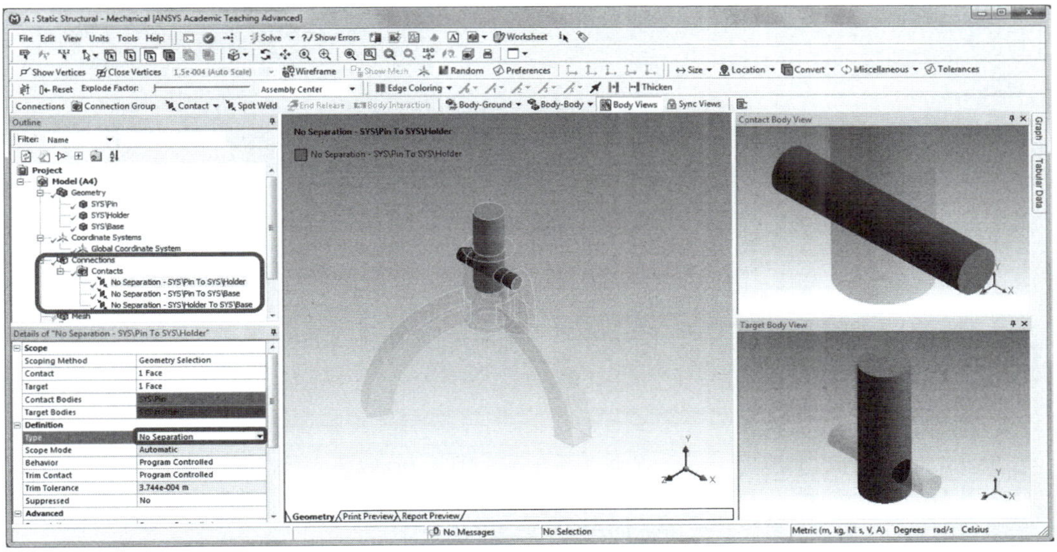

단계 8: 메시를 생성

Project Outline 트리에서 ***Mesh***를 마우스 우측 버튼으로 클릭한다. 드롭다운 메뉴에서 ***Insert***의 ***Sizing***을 선택한다. ***Details of "Sizing"***에서 ***Element Size***에 '***2.5e-3 m***'을 입력한다. ***Graphics*** 창에서 세 개의 부품을 Ctrl−click하고 ***Geometry*** 선택을 적용한다.

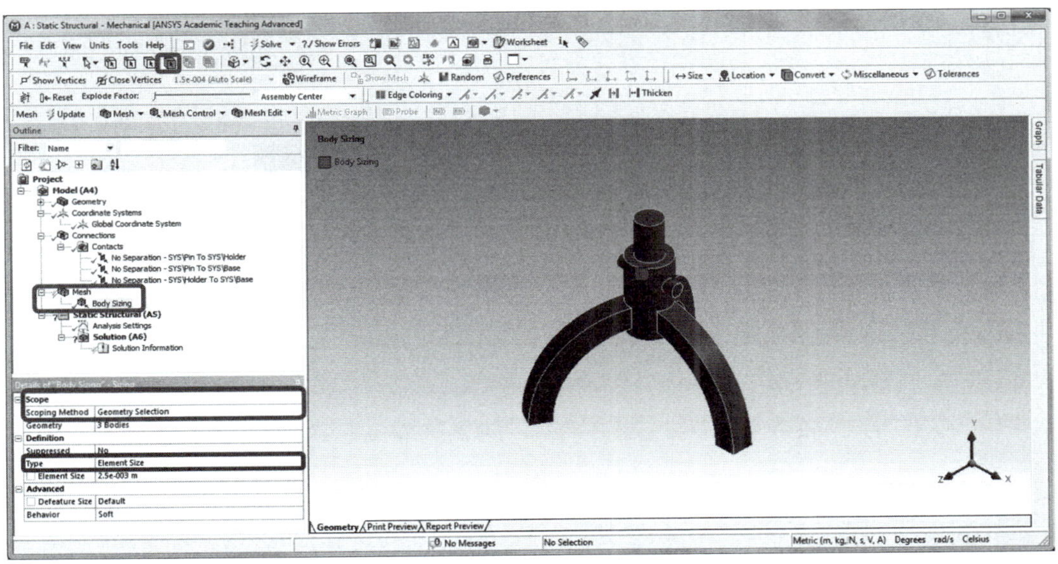

*Mesh*에서 마우스 우측 버튼을 클릭하고 *Generate Mesh*를 선택한다.

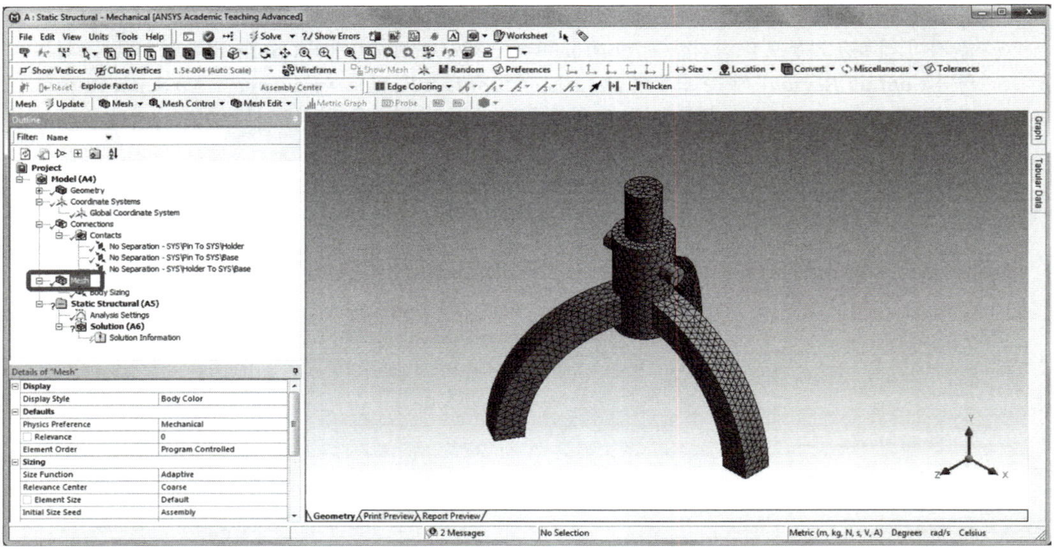

단계 9: 경계조건을 적용

*Static Structural (A5)*에서 마우스 우측 버튼을 클릭한다. *Insert*를 선택한 다음 드롭다운 메뉴에서 *Fixed Support*를 선택한다. *Details of "Fixed Support"*에서 아래의 강조 표시된 세 개의 면을 Ctrl−click하고 선택된 면들을 *Geometry* 선택으로 적용한다.

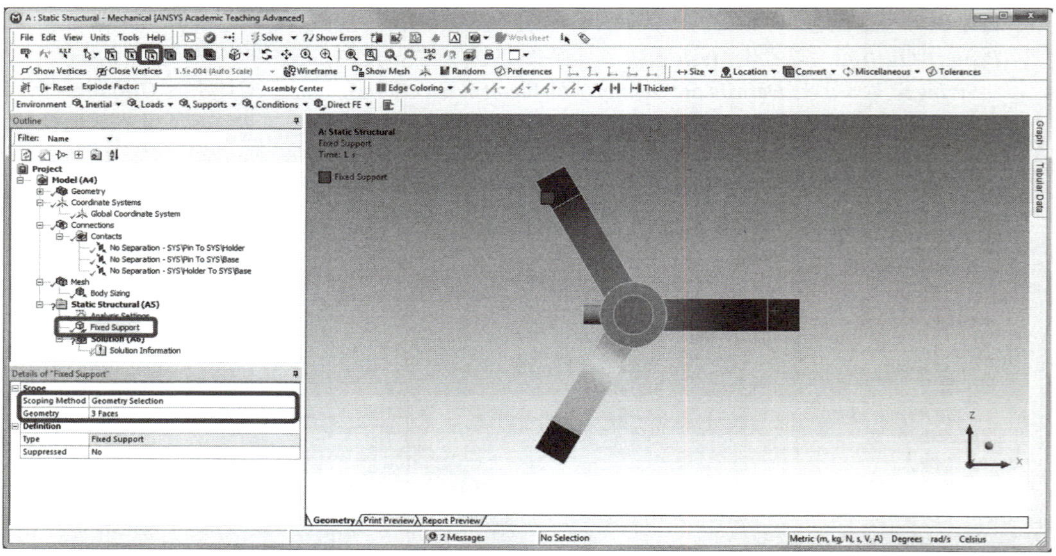

단계 10: 하중을 적용

*Static Structural (A5)*을 마우스 우측 버튼으로 클릭한다. *Insert*를 선택한 다음 *Force*를 선택한다. *Details of "Force"*에서 아래의 그림과 같이 원형면을 *Geometry* 선택으로 적용한다. *Define By* 선택을 *Components*로 변경하고 *Y Component*에 *–1000 N*을 입력한다.

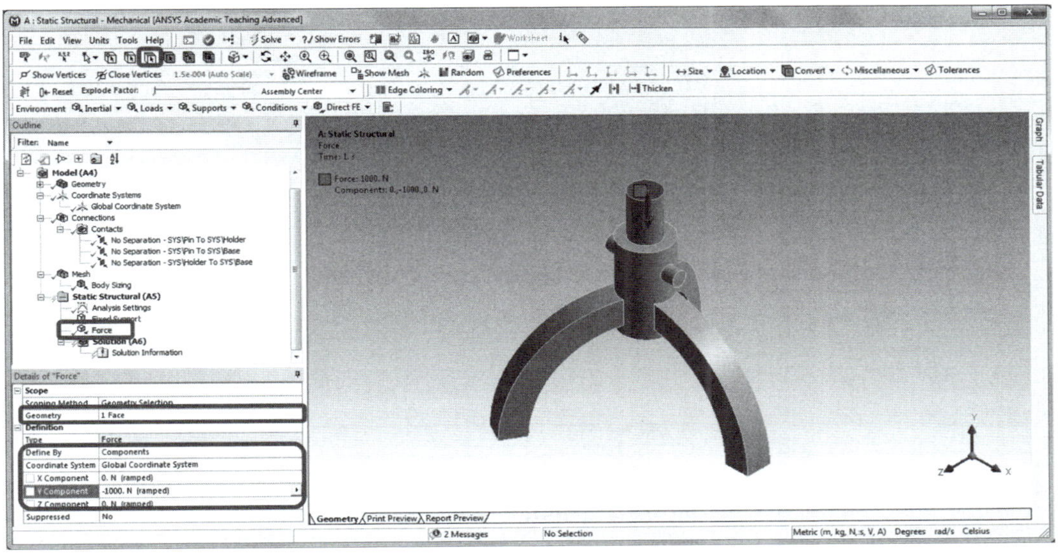

단계 11: 해를 검색

Outline 트리의 *Solution (A6)*에서 마우스 우측 버튼을 클릭하여 *Total Deformation* 항목을 삽입한다.

Outline 트리의 *Solution (A6)*에서 마우스 우측 버튼을 클릭하여 *Equivalent Stress* 항목을 삽입한다.

Outline 트리의 *Solution (A6)*에서 마우스 우측을 버튼 클릭하고 *Solve*를 선택한다.

*Outline*의 *Total Deformation*을 클릭하여 변형결과를 확인한다.

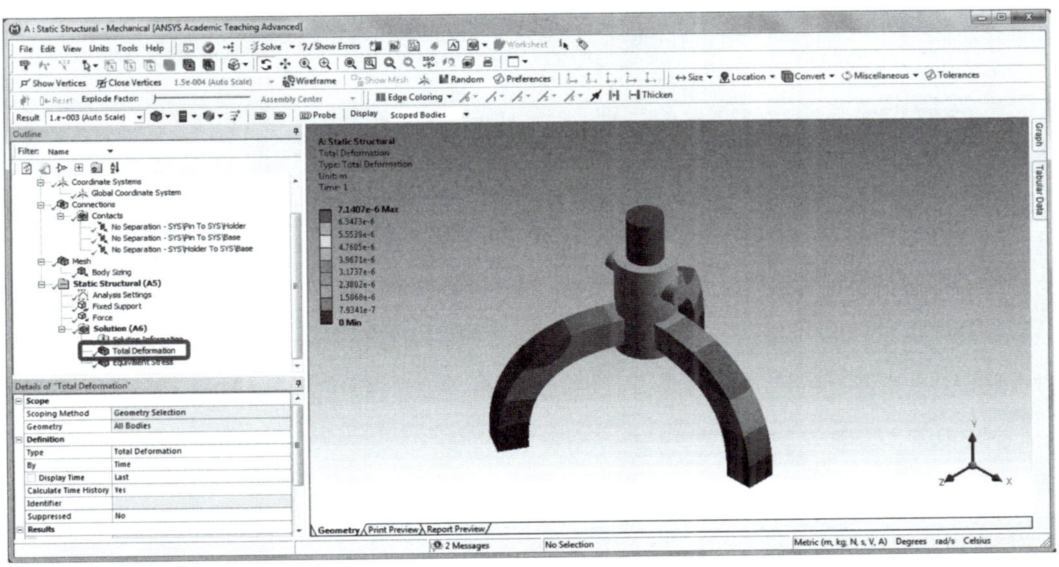

*Outline*의 *Equivalent Stress*를 클릭하여 응력결과를 확인한다.

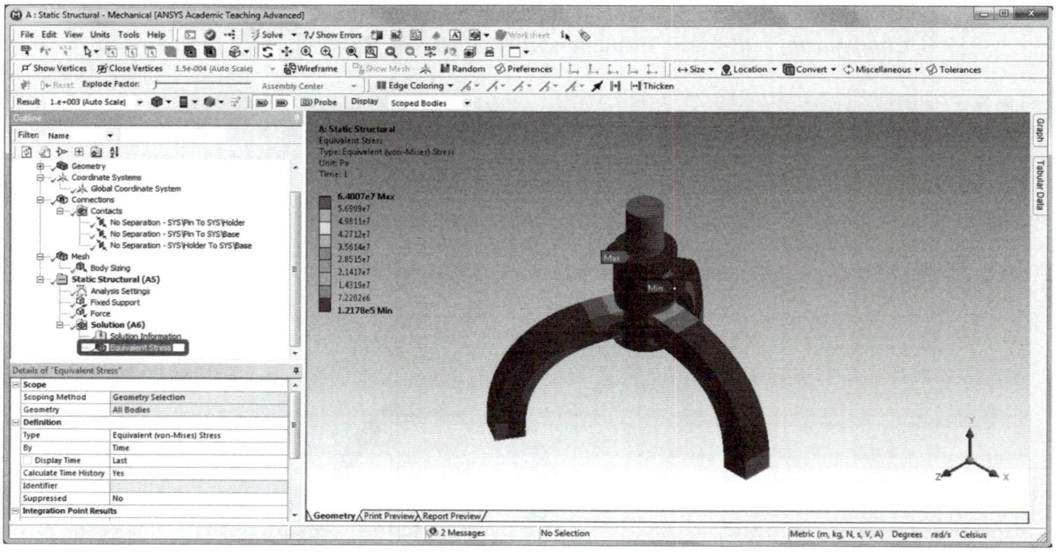

Pin의 변형을 확인하기 위해 *Outline*의 *Solution (A6)*에서 마우스 우측 버튼을 클릭하여 *Total Deformation* 항목을 삽입한다. *Graphics* 창에서 Pin 몸체를 클릭하고 *Details of "Total Deformation 2"*의 *Geometry* 선택으로 적용한다.

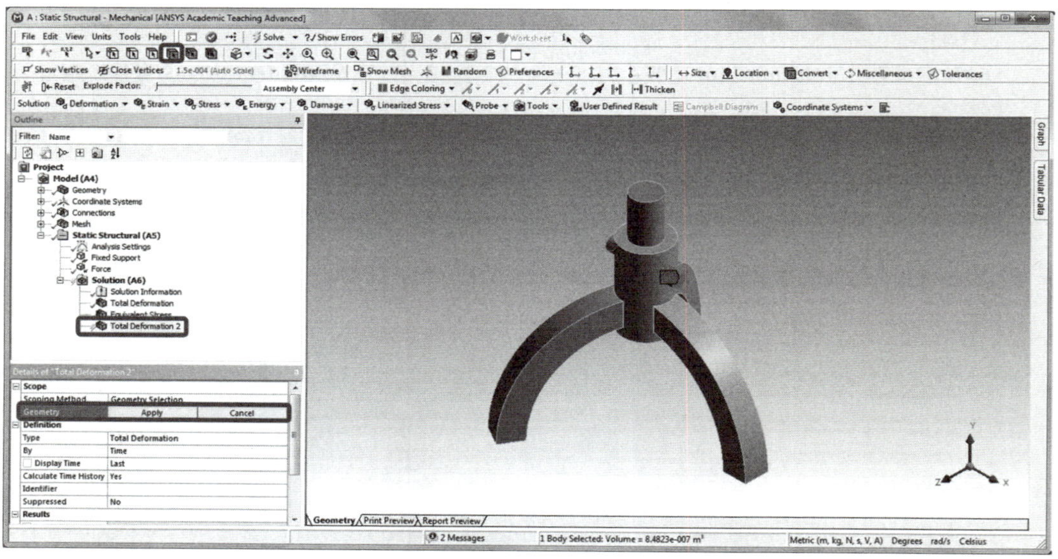

Pin의 응력을 확인하기 위해 ***Outline***의 ***Solution (A6)***에서 마우스 우측 버튼 클릭을 통해 ***Equivalent Stress*** 항목을 삽입한다. ***Graphics*** 창에서 Pin 몸체를 클릭하고 ***Details of "Equivalent Stress 2"***의 ***Geometry*** 선택으로 적용한다.

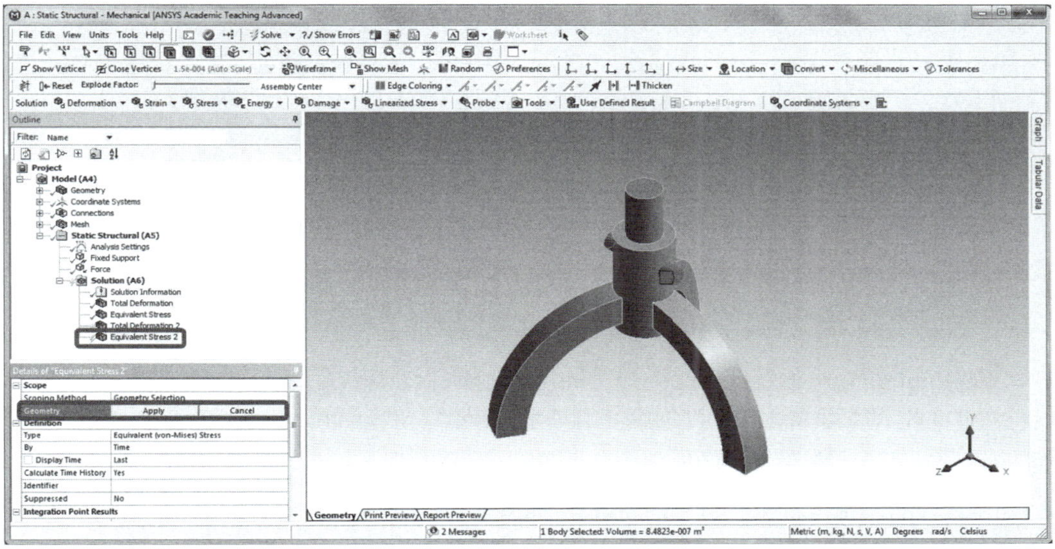

마지막 두 단계를 반복하여 ***Total Deformation 3***과 ***Equivalent Stress 3***을 ***Outline***에 추가한다. ***Details of "Total Deformation 3"***과 ***Details of "Equivalent Stress 3"*** 둘 모두의 ***Geometry*** 선택으로 ***Graphics*** 창에서 Holder를 선택한다.

Outline 트리의 ***Solution (A6)***에서 마우스 우측 버튼 클릭하고 ***Evaluate All Results***를 선택한다. ***Outline***에서 ***Total Deformation 2***와 ***Total Deformation 3***을 클릭하여 Pin과 Holder의 변형결과를 각각 확인한다.

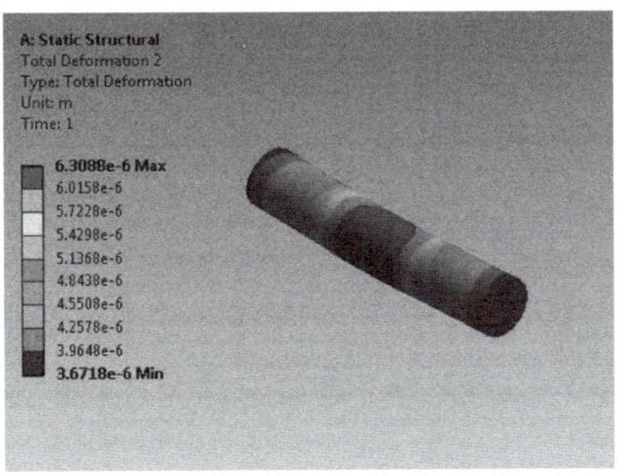

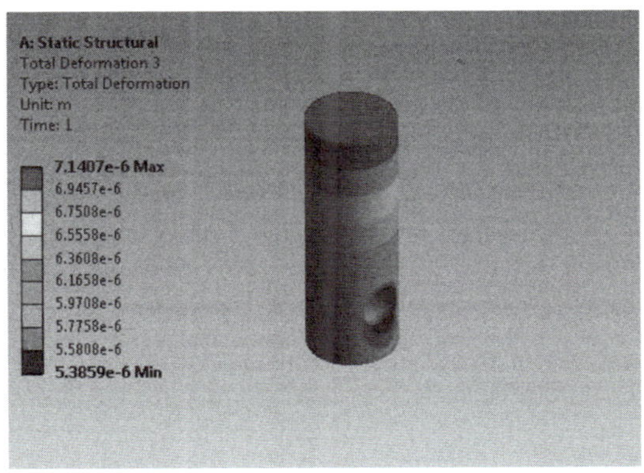

*Outline*에서 *Equivalent Stress 2*와 *Equivalent Stress 3*을 클릭하여 Pin과 Holder의 von Mises 응력을 각각 확인한다.

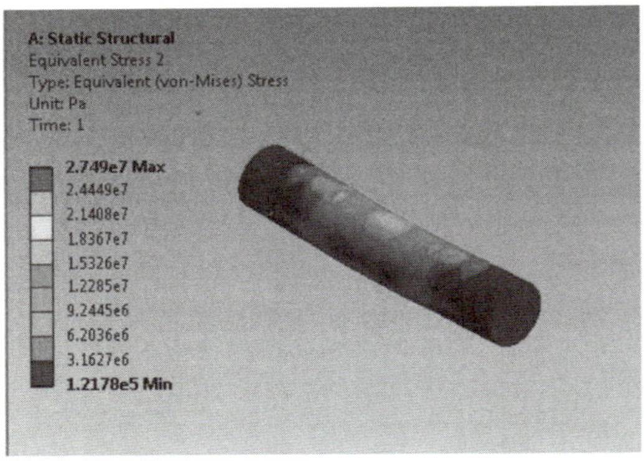

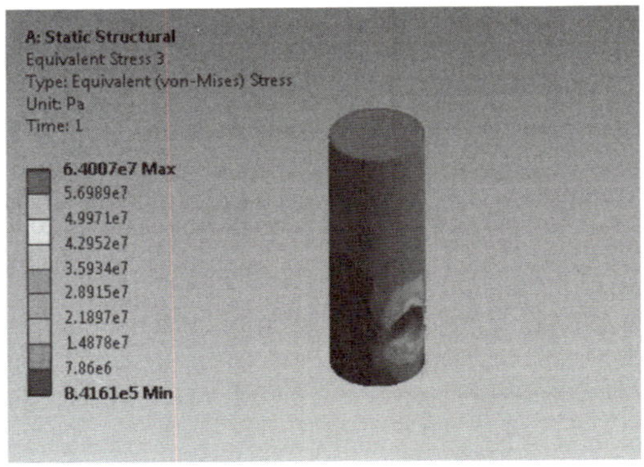

모델링 팁: 일반적으로 계산을 단순화하기 위해 대칭의 이용이 가능할 때는 언제든지 활용하는 것이 좋다. 받침대 조립품은 XY-평면에 대하여 대칭이다. 절반(half-symmetry) 대칭 모델을 생성하기 위해 *"Assembly.wbpj"*를 열고 *Project Schematic*에서 *Geometry* 셀을 더블클릭하여 *SpaceClaim*을 실행한다. *Prepare* 탭에서 *Split By Plane* 아이콘을 클릭한다. *Graphics* 창에서 Pin, Holder 및 Base 형상을 *Ctrl-click*하고 아래의 그림과 같이 조립품을 분할하는 절단된 면의 *X-Y 평면*을 클릭한다. *Graphics* 창에서 *Select Regions to Remove* 아이콘을 클릭하고 나누어진 절반의 부품들을 클릭하여 조립품의 반쪽을 제거한다. 아래의 그림과 같이 절반 모델이 생성된다. *SpaceClaim*을 종료한다.

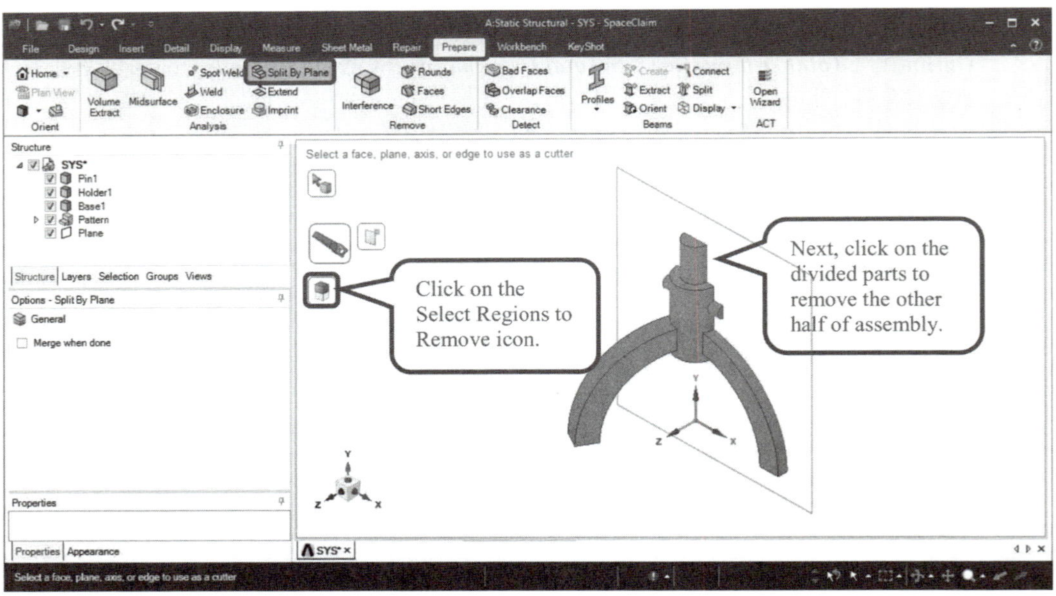

*Project Schematic*에서 *Model* 셀을 더블클릭하여 *Static Structural – Mechanical* 프로그램을 실행한다. 팝업메뉴에서 *Yes*를 클릭하여 수정된 데이터를 읽어오는 것을 허용한다. *Outline* 트리에서 *Connections* 아래의 *Contacts*를 클릭한다. *Contact Region* 세 곳 모두의 *Details of "Contact Region"*에서 *Type*을 *No Separation*으로 변경한다.

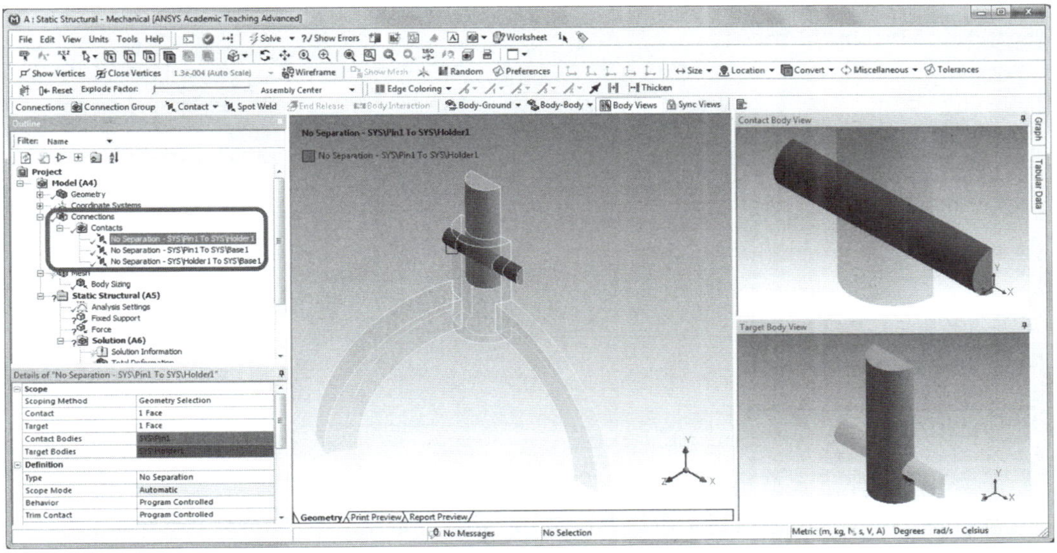

Project Outline 트리에서 *Mesh*를 마우스 우측 버튼으로 클릭한다. 다음으로 경계조건 *Fixed Support*의 *Geometry* 면 선택을 업데이트한다.

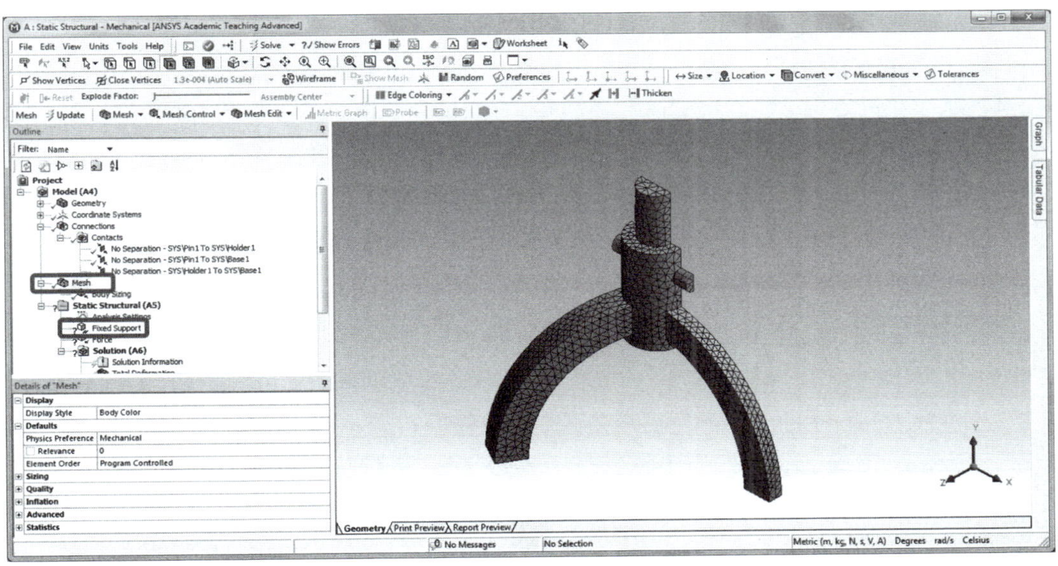

절반 모델에서 면에 적용되는 힘의 크기는 2로 나눈다. ***Details of "Force"***에서 ***Y Component***를 ***–1000 N***에서 ***–500 N*** 로 변경한다.

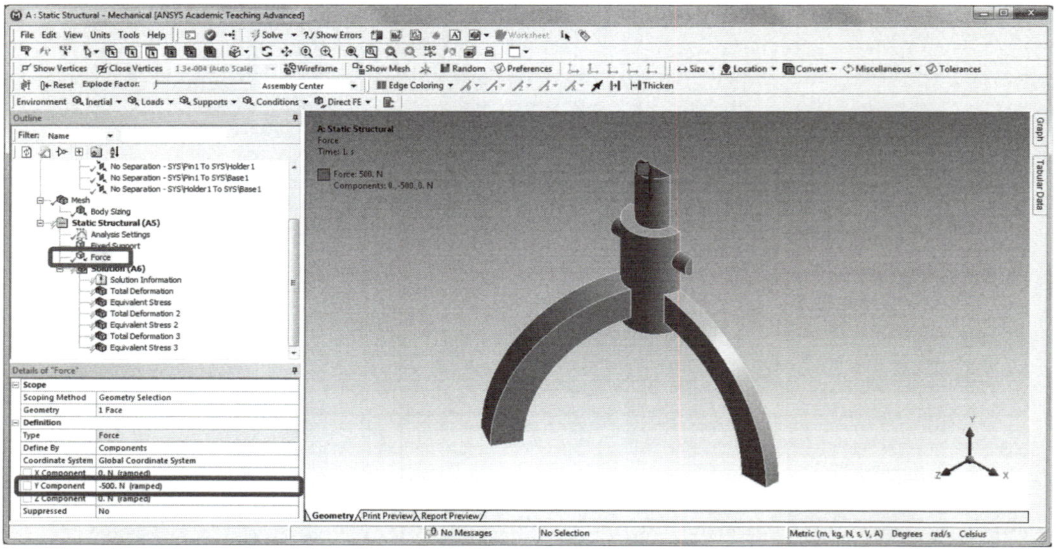

Frictionless Support는 대칭 조건과 같다. ***Static Structural (A5)***에서 마우스 우측 버튼을 클릭한다. ***Insert***를 선택한 다음 드롭다운 메뉴에서 ***Frictionless Support***를 선택한다. ***Details of "Frictionless Support"***에서 아래의 그림과 같이 ***Graphics*** 창에서 7개의 면을 ***Ctrl-click***하여 ***Geometry*** 선택 영역에 적용한다. 이 단계는 대칭면을 통해 절단된 면을 불러온 형상은 내부에서 생성된 형상의 경우에서처럼 대칭 영역을 프로그램이 자동으로 감지할 수 없기 때문에 매우 중요하다.

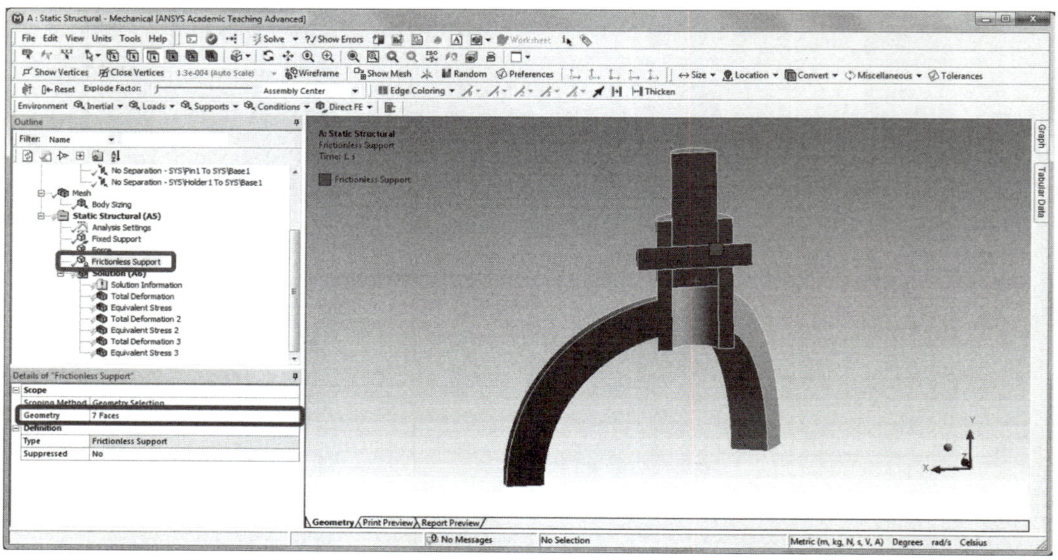

*Solution (A6)*에서 마우스 우측 버튼 클릭하고 *Solve*를 선택한다. *Solution (A6)*에서 변형과 응력 결과들을 클릭하고 이 값들을 전체 모델에서의 결과와 비교한다.

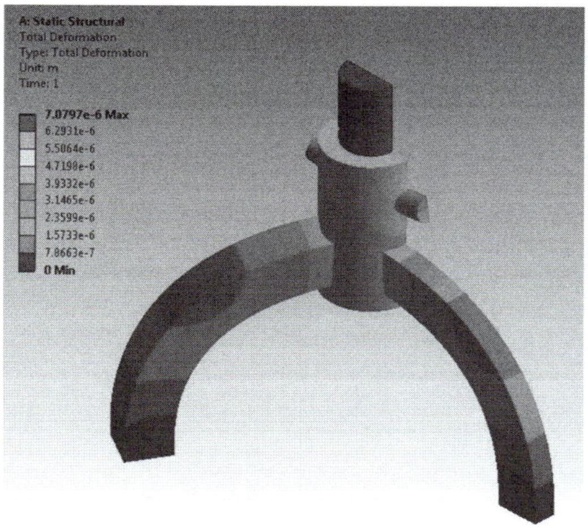

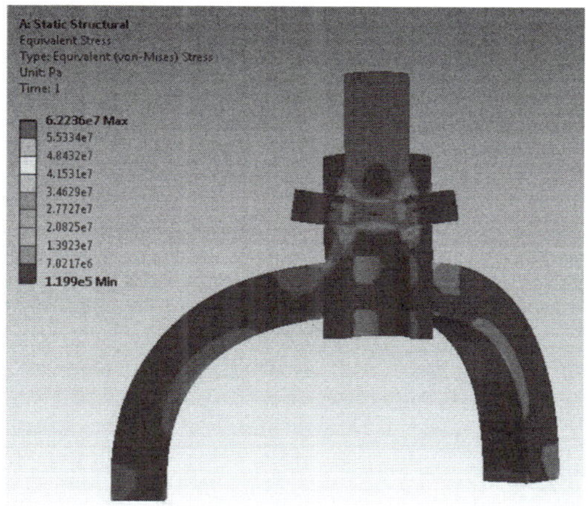

7.6 요약

이 장에서는 일반적인 3차원 변형 및 응력 해석과 같은 탄성 문제에 대한 3차원 입체 요소에 대해 설명하였다. 입체 요소(solid element)는 가장 정확한 요소이므로 막대, 보, 평면 응력/변형률 및 판/셸 요소가 더 이상 유효하지 않거나 정확하지 않은 경우 적용해야 한다. 응력 집중 문제의 경우 10노드 4면체 또는 20노드 6면체(brick element)요소와 같은 고차원 입체 요소를 사용해야 한다. 유한요소해석에서 대칭면이 있는 물체의 경우 대칭 모델 즉 1/2 모델이 더 효과적이고 효율적일 수 있다.

7.7 학습목표 검토

이 장에서 학습한 내용은 다음과 같다.

1. 3차원 응력 해석을 위한 유한요소 공식화의 이해
2. 3차원(사면체와 육면체) 요소의 거동
3. 3차원 응력 해석을 위해 솔리드 위에 고품질 메쉬 생성
4. ANSYS Workbench를 사용하여 3차원 구조물의 상세한 응력 해석 수행

문제

7.1 아래 표시된 테이퍼 진 봉의 경우, 입체 요소를 사용하는 3차원 모델과 1차원 봉 요소를 사용하는 1차원 모델을 사용하여 봉의 변형 및 응력을 구하시오. $R_1 = 1$ m, $R_2 = 0.5$ m, $L = 5$ m, 힘 $F = 3000$ N, 영탄성계수 $E = 200$ GPa, 푸와송비 $\nu = 0.3$ 이라고 가정하라. 막대는 왼쪽 끝이 고정되어 있다. 3차원 및 1차원 모델 간의 유한요소해석 결과를 비교하시오.

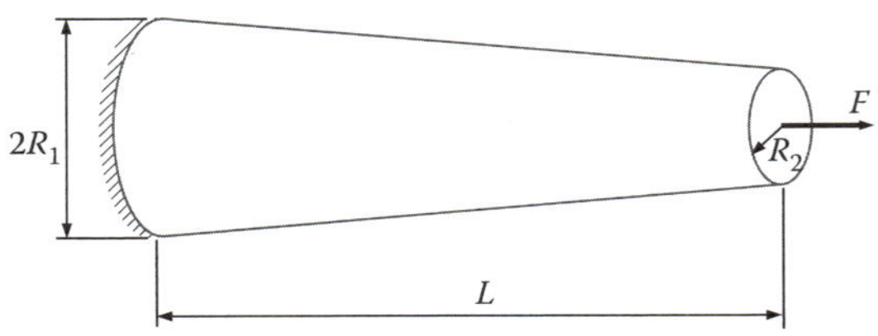

7.2 아래의 양쪽이 열린 실린더는 안쪽 반지름 $a = 1$ m, 바깥쪽 반지름 $b = 1.1$ m, 길이 $L = 10$ m 이며 안쪽 면에 압력 하중 $p = 10$ GPa 를 받고 있다. 쉘 및 솔리드 모델을 사용하여 실린더의 응력을 계산하시오. 이 모델들의 유한요소해석 결과를 비교하시오. 영탄성계수 $E = 200$ GPa, 푸와송비 $\nu = 0.3$ 이라고 가정하시오.

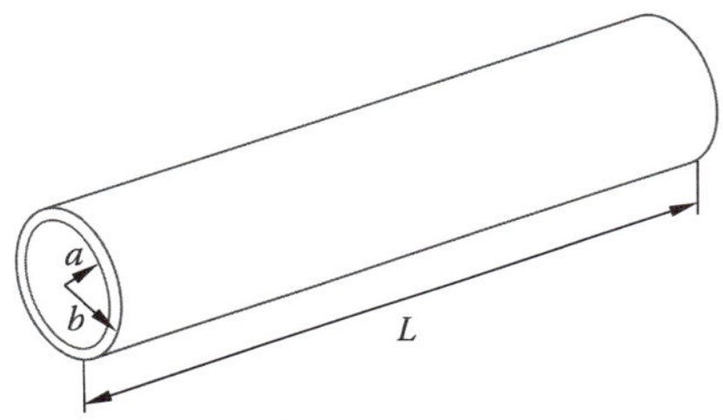

7.3 아래와 같은 회전하는 부품이 영탄성계수 $E = 200$ GPa, 푸와송비 $\nu = 0.3$, 질량 밀도 $\rho = 7850$ kg/m^3 인 강으로 만들어져 있다. 부품이 z축에 대해 100 RPM의 속도로 회전하고 있다고 가정하고, 중력은 무시하시오. 전체를 3차원 모델로 한 유한요소해석을 사용하여 변형량을 계산하시오. 문제 5.4에서 얻은 축 대칭 모델링 결과와 3D 결과를 비교하시오.

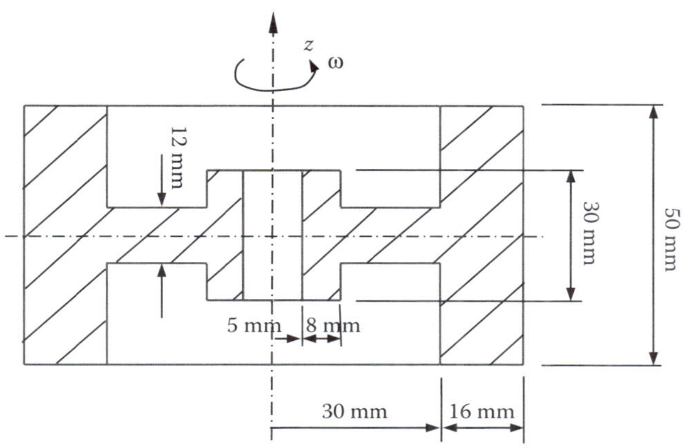

7.4 다음 그림은 영탄성계수 $E = 200$ GPa 및 푸와송비 $\nu = 0.3$ 인 구조용 강으로 만든 간단한 브래킷을 나타낸다. 브래킷의 단면은 아래의 형상과 같으며 압출 깊이는 12 cm 이다. 지름 1.5 cm 의 관통 구멍은 그림과 같이 브래킷의 편평한 끝을 중심으로 양쪽에 하나씩 있다. 브래킷이 바닥에 고정되어 있고 상부 평탄부의 내부 표면으로부터 1000 N/cm^2 의 압력 하중에 의해 들어 올려 진다고 가정하시오. 유한요소해석을 사용하여 브래킷의 변형 및 응력을 계산하시오.

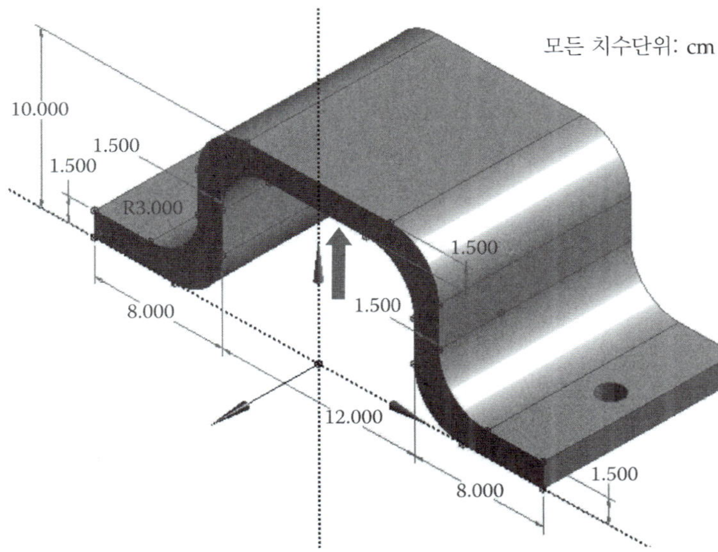

7.5 다음 그림은 영탄성계수 $E = 200$ GPa 및 푸와송비 $\nu = 0.3$ 인 구조 강으로 만든 견인용 브래킷을 나타낸다. 탄성계수 브래킷의 밑 부분은 길이 20 cm, 너비 12 cm, 깊이 3 cm 이다. 바닥 모서리의 필렛 반지름은 1.75 cm 이다. 반지름 1 cm 인 네 개의 관통 구멍은 밑면에서 길이 방향과 폭 방향 모두 대칭으로 위치하며 구멍 중심간 거리는 12 cm 와 6 cm 간격으로 배치되어 있다. 밑면의 상단 부분은 아래에 표시된 그림과 같고 두께는 3 cm 이다. 브래킷의 바닥이 고정되어 있고 상부에 위치한 볼트 구멍을 통해 20 kN 의 지탱 하중으로 들어 올려 진다고 가정하자. 유한요소해석을 사용하여 브래킷의 변형 및 응력을 계산하시오.

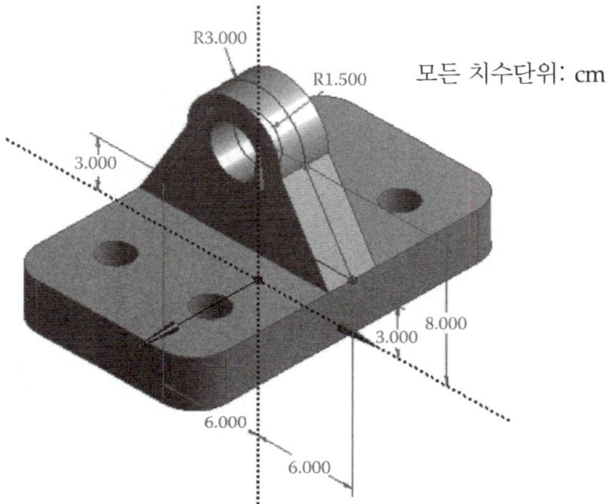

7.6 다음 그림은 영탄성계수 $E = 200$ GPa 및 푸와송비 $\nu = 0.3$ 인 구조 강으로 만든 브래킷을 나타낸다. 브래킷의 직사각형 베이스(base)는 길이 12 cm, 너비 6 cm, 깊이 3 cm 이다. 중간 부분의 전체 압출 깊이는 1.6 cm 이며 아래에 표시된 그림과 같다. 중공 실린더는 내부반지름이 1 cm, 외부반지름이 2 cm 그리고 높이는 4 cm 이다. 실린더의 중심축은 브래킷의 가장 왼쪽 면에서 12.5 cm 떨어져 있다. 브래킷이 왼쪽 면이 고정되어 있고 중간 부분의 경사면에 60 N/cm^2 의 압력이 가해진다고 가정하시오. 유한요소해석을 사용하여 브래킷의 변형 및 응력을 계산하시오.

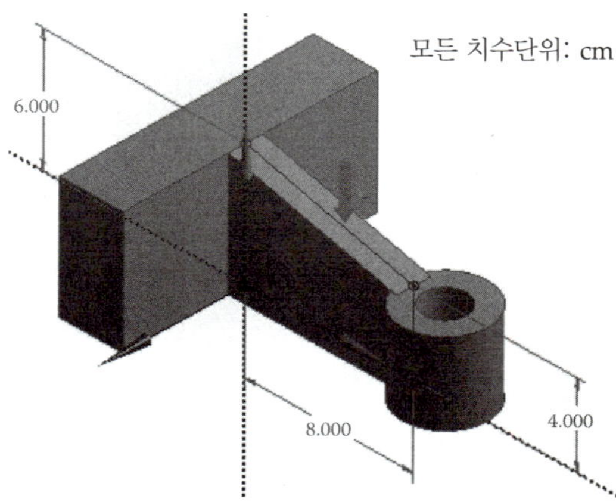

7.7 다음 그림은 영탄성계수 $E = 70$ KN/mm^2 및 푸와송비 $\nu = 0.3$ 인 S 자 모양의 목재 블록을 나타낸다. 블록은 6 mm 의 균일한 두께와 8 mm 의 깊이를 가지고 있다. 블록의 바닥은 고정되어 있으며 윗면에서 1 N/mm^2 의 압력을 받고 있다. 유한요소해석을 사용하여 블록의 변형 및 응력을 계산하시오.

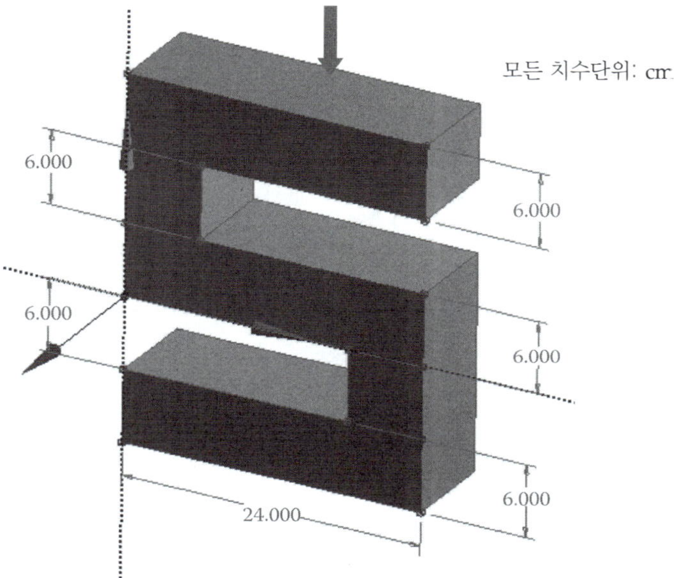

7.8 다음 그림은 영탄성계수 $E = 200$ GPa 및 푸와송비 $\nu = 0.3$ 인 구조용 강으로 만든 L 자형 브래킷을 나타낸다. 그림과 같은 형상을 갖는 4 cm 두께의 L 자 모양은 3 cm×8 cm×1 cm 크기의 직사각형 기초에 단단히 연결되어 있다. 브래킷베이스의 오른쪽 끝 면은 고정되어 있다고 가정하라. 아래 그림과 같이 L 형의 돌출 면에 100 N/cm^2 의 균일한 압력이 가해진다. 유한요소해석을 사용하여 브래킷의 변형 및 응력을 계산하시오.

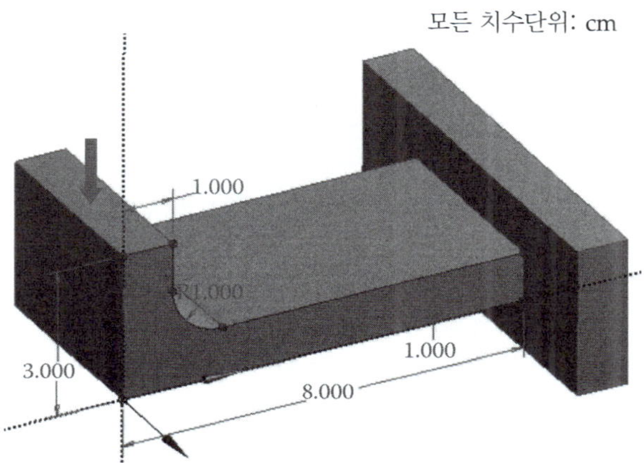

7.9 다음의 두개로 된 봉 조립체는 영탄성계수 $E = 200$ GPa, 푸와송비 $\nu = 0.3$, 밀도 $\rho = 7850$ kg/m^{3}의 구조용 강으로 만든 4개의 부품으로 구성되어 있다. 아래 그림과 같이 두 봉의 크기는 같다. 각 봉의 지름은 2 cm 이고 길이는 16 cm이다. 두 개의 동일한 양쪽의 블록은 두께가 2 cm이고 모서리의 필렛 반지름은 1 cm 이다. 두 블록 사이의 간격은 8 cm 이다. 두 블록이 바닥에 고정되어 있다고 가정한다. 막대는 아래 그림과 같이 반대 방향으로 100 N/cm^2 의 압력 하중에 의해 당겨지고 있다. 유한요소해석을 사용하여 조립체의 변형 및 응력을 계산하시오.

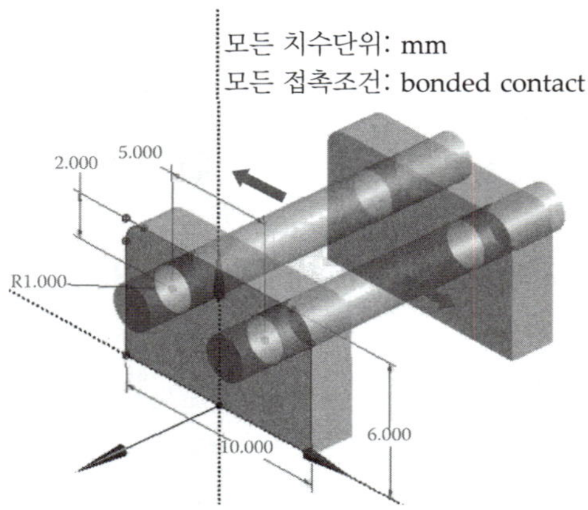

7.10 다음 그림은 요크(yoke), 핀 및 U 자 모양 부품으로 구성된 클레비스(clevis) 조립품의 절반 모델을 나타낸다. 구성 부품들은 영탄성계수 $E = 200$ GPa 및 푸와송비 $\nu = 0.3$ 인 구조 강으로 만들어져 있다. 요크와 U 자 모양 부품의 단면이 아래 그림에 표시되어 있다. 두 구성 요소 모두 압출 깊이가 5 cm 이다. 절반 모델에서, 핀은 2 cm의 지름과 8 cm 의 길이를 가지며, U 자형 부품의 정면 및 측면으로부터 2.5 cm 떨어진 위치에 있다. 요크의 왼쪽 끝 면이 고정되어 있고, U 형상 부품의 오른쪽 면에 100 N/cm^2 의 압력 하중에 의해 인장된다고 가정한다. 유한요소해석을 사용하여 조립체의 응력을 계산하시오.

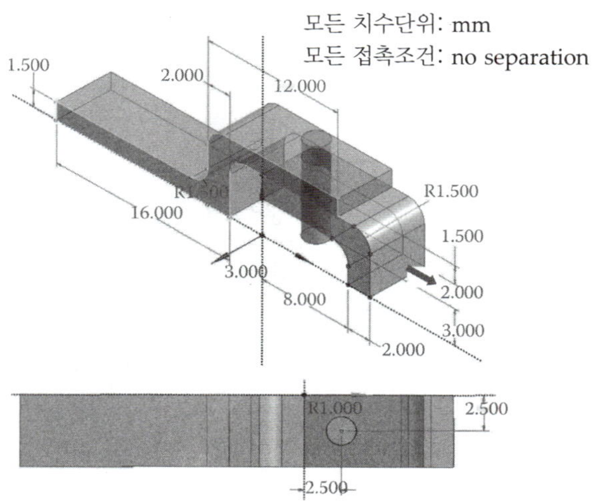

Chapter 8

구조 진동 및 동역학

8.1 서론

진동과 동역학은 공학의 기본 과목이다. 동적인 안전성이 신중하게 설계되지 않은 구조물의 경우 진동으로 인해 심각한 문제가 발생한다. 진동은 불균형이 있거나 또는 잘못 정렬된 기계의 경우 고장이나 파단을 유발할 수 있다. 또한 다리 붕괴와 같은 대규모 엔지니어링 실패로 이어질 수 있다. 시뮬레이션은 구조의 동역학적 거동을 이해하는 데 중요한 역할을 한다. 모델링을 통해 구조의 동적 특성을 이해할 수 있고 실제 사용하기 전에 동 특성을 개선할 수 있다.

이 장에서는 구조물의 진동 및 동적 해석을 위해 기본 방정식과 해를 먼저 검토한다. 그런 다음 진동과 동적 응답을 구하기 위한 유한요소해석의 공식화를 설명한다. ANSYS Workbench의 사례 연구를 통하여 그러한 문제를 모델링하고 해결하는 지침을 제공한다.

주기적 또는 임의의 하중이 주어지면 구조물은 평형 위치를 중심으로 진동을 한다. 진동 및 동적 해석에는 세 가지 주요 유형이 있다

- 모달 해석(modal analysis) ($f(t) = 0$)
- 주파수 응답 해석(frequency response analysis) ($f(t) = F \sin \omega t$)
- 과도 응답 해석(transient response analysis) ($f(t)$ 는 임의적 임)

여기서 $f(t)$는 구조물에 가해지는 동적 힘, t 는 시간, ω 는 각속도(그림 8.1)

8.2 기본 방정식 개요

그림 8.2에 표시된 1개의 질량과 스프링 및 감쇠기(damper)로 구성된 1자유도(DOF; degree of freedom) 시스템의 진동을 검토해 보자. 그런 다음 유한 요소 이산화(discretization)로 인한 이산 시스템(discrete system)과 같은 다중 자유도 시스템의 기본 방정식을 검토한다.

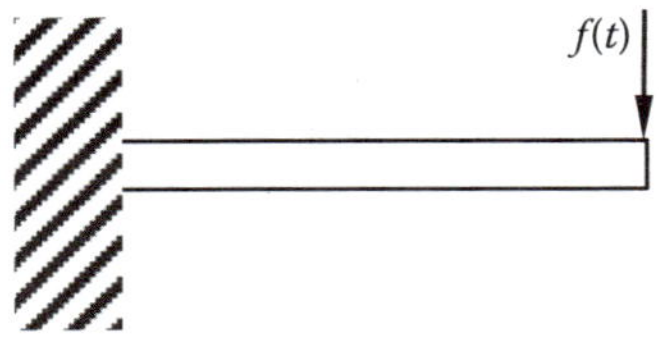

그림 8.1 구조물에 적용되는 동적 힘

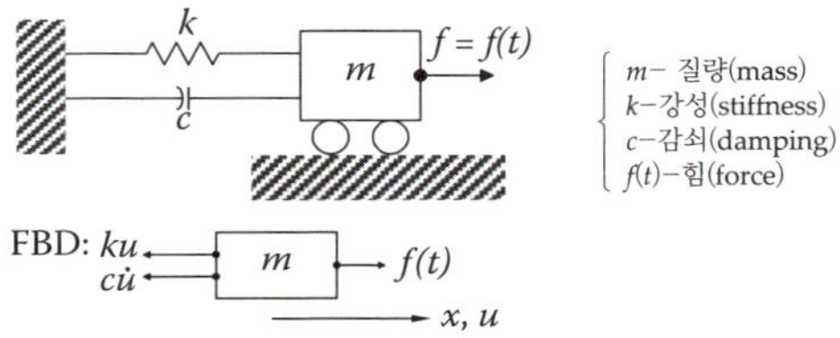

그림 8.2 1 자유도 감쇠진동 시스템

8.2.1 1 자유도 시스템

자유물체도(FBD; free body diagram)와 뉴턴의 운동 법칙($ma = f$)으로 부터 다음 관계식을 얻을 수 있다.

$$m\ddot{u} = f(t) - ku - c\dot{u}$$

즉,

$$m\ddot{u} + c\dot{u} + ku = f(t) \tag{8.1}$$

여기서 u는 변위이고 $\dot{u} = du/dt$ 는 속도, 그리고 $\ddot{u} = d^2u/dt^2$ 는 가속도이다.

자유 진동(질량에 가해진 힘이 없거나 또는 $f(t) = 0$) :
자유 진동은 초기 상태에 따라 인해 질량이 정지 위치에서 벗어날 때 발생한다.
자유 진동에서 제로 감쇠($c = 0$)를 가정하면 식 (8.1)은 다음과 같다.

$$m\ddot{u} + ku = 0 \tag{8.2}$$

이 방정식의 물리적 의미는 관성력 + 강성에 의한 탄성력 = 0이다. 적용된 힘은 없지만 질량은 초기 조건하에서 0이 아닌 변위 또는 진동이 발생될 수 있다. 그러한 비자명 해(nontrivial solution)를 구하기 위해 다음과 같이 가정한다.

$$u(t) = \mathrm{U} \sin \omega t$$

여기서, ω 는 진동의 각속도이고, U 는 진폭이다. 이것을 식 (8.2)에 대입하면 다음과 같은 결과를 얻는다.

$$-U\omega^2.m\ \sin\omega t + kU\sin\omega t = 0$$

즉,

$$[-\omega^2 m + k]U = 0$$

$$[-\omega^2 m + k] = 0$$

이것으로 부터

$$\omega = \sqrt{\frac{k}{m}} \tag{8.3}$$

이것이 1 자유도 시스템의 각속도로 표시된 고유 진동수(natural frequency)이다(rad/s). 주파수 (1/s = Hz)는 $\omega/2\pi$ 이다.

식 (8.3)은 자유 진동 해석의 매우 중요한 결과이며, 이것은 구조물의 고유 진동수가 구조 강성의 제곱근에 비례하고 구조의 전체 질량의 제곱근에 반비례한다고 설명한다.

감쇠되지 않은 자유 진동에서 시스템의 전형적인 응답은 그림 8.3에 나와 있다.

감쇠 c 가 0이 아닌 경우,

$$0 < c < c_c = 2m\omega = 2\sqrt{km} \quad (c_c = \text{임계감쇠, critical damping}) \tag{8.4}$$

감쇠 고유진동수(damped natural frequency)는 다음과 같다 :

$$\omega_d = \omega\sqrt{1-\xi^2} \tag{8.5}$$

여기서

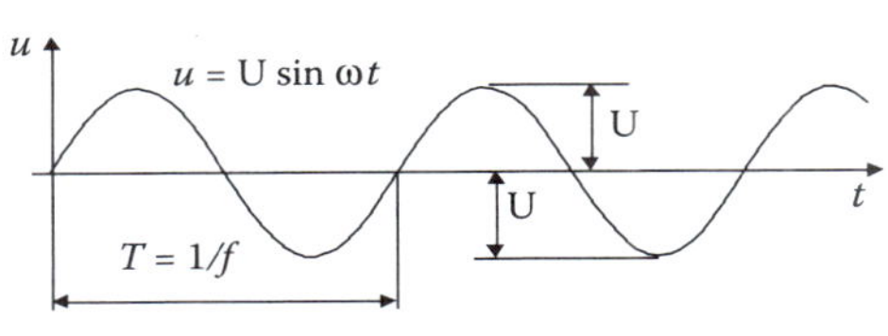

그림 8.3 비 감쇠 자유 진동의 전형적인 응답

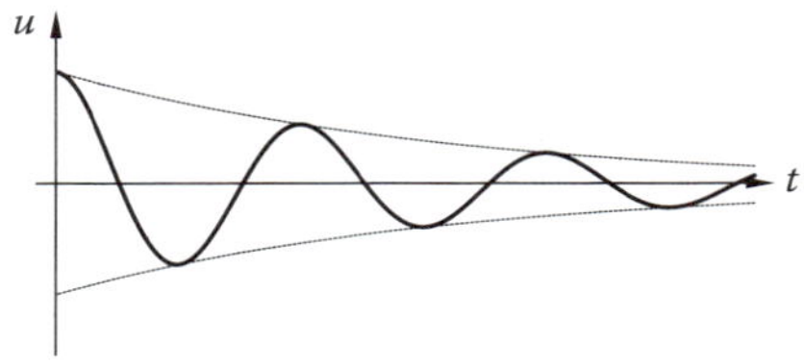

그림 8.4 $c < c_c$ 일 때의 감쇠가 있는 자유 진동의 전형적인 응답

$$\xi = c/c_c \tag{8.6}$$

이것을 감쇠비(damping ratio)라고 한다.

구조물 감쇠의 경우 : $0 \le \xi < 0.15$ (대개 1~5%)

$$\omega_d \approx \omega \tag{8.7}$$

즉, 정규 모드 해석에서 감쇠를 무시할 수 있다. 감쇠 자유 진동(damped free vibration)에서 시스템의 일반적인 응답은 그림 8.4에 나타나 있다. 감쇠가 시스템의 진동을 줄이는 효과가 있음을 알 수 있다.

8.2.2 다중 자유도 시스템

다중 자유도시스템의 경우 운동 방정식은 다음과 같이 쓸 수 있다.

$$\mathbf{M}\ddot{\mathbf{u}} + \mathbf{C}\dot{\mathbf{u}} + \mathbf{K}\mathbf{u} = \mathbf{f}(t) \tag{8.8}$$

여기서 :

u- 노드 변위 벡터;
M- 질량 행렬;
C- 감쇠 행렬;
K- 강성 행렬;
f- 힘 벡터.

식 (8.8)의 물리적 의미는 다음과 같다.

관성력 + 감쇠력 + 탄성력 = 적용된 힘

이전 장에서 설명한 것처럼 구조에 대한 강성 행렬 **K** 를 결정하는 방법을 이미 알고 있다. 진동 해석에서는 먼저 구조물의 질량 행렬과 감쇠 행렬을 결정해야 한다.

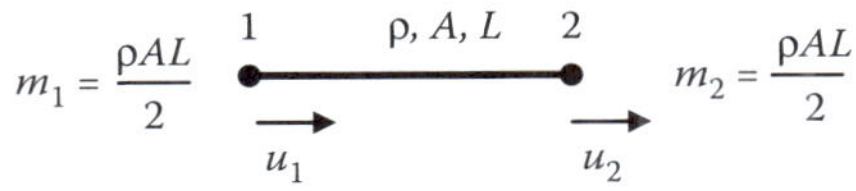

그림 8.5 1차원 봉 요소의 집중 질량

8.2.2.1 질량 행렬

질량 행렬에는 집중 질량 행렬(lumped mass matrices)과 일관 질량 행렬(consistent mass matrices)의 두 가지 유형이 있다. 전자는 경험적이며 결정하기 쉽고 후자는 분석적이며 좀 더 계산이 필요하다. 집중 질량 행렬을 설명하기 위해 봉 요소를 사용 한다(그림 8.5). 이 봉(bar) 요소의 경우 요소에 대한 집중 질량 행렬은 다음과 같다.

$$\mathbf{m} = \begin{bmatrix} \dfrac{\rho AL}{2} & 0 \\ 0 & \dfrac{\rho AL}{2} \end{bmatrix}$$

이는 대각선 행렬이므로 계산하기가 쉽다.

일반적으로 다음과 같은 요소 일관 질량 행렬을 적용한다.

$$\mathbf{m} = \int_V \rho \mathbf{N}^T \mathbf{N}\, dV \tag{8.9}$$

여기서 N은 변위 장에 사용된 것과 동일한 형상함수 행렬이고 V 는 요소의 부피이다.

식 (8.9)는 요소 내의 운동 에너지를 고려하여 구한다.

$$\begin{aligned} \mathrm{K} &= \frac{1}{2}\dot{\mathbf{u}}^T \mathbf{m}\dot{\mathbf{u}} \qquad\qquad (\text{cf. } \frac{1}{2}mv^2) \\ &= \frac{1}{2}\int_V \rho \dot{u}^2\, dV \;=\; \frac{1}{2}\int_V \rho (\dot{u})^T \dot{u}\, dV \\ &= \frac{1}{2}\int_V \rho (\mathbf{N}\dot{\mathbf{u}})^T (\mathbf{N}\dot{\mathbf{u}})\, dV \\ &= \frac{1}{2}\dot{\mathbf{u}}^T \underbrace{\int_V \rho \mathbf{N}^T \mathbf{N}\, dV}_{\mathbf{m}}\, \dot{\mathbf{u}} \end{aligned} \tag{8.10}$$

봉 요소(선형 형상 함수)의 경우 일관 질량 행렬은 다음과 같다.

$$\begin{aligned} \mathbf{m} &= \int_V \rho \mathbf{N}^T \mathbf{N}\, dV \;=\; \int_V \rho \begin{bmatrix} 1-\xi \\ \xi \end{bmatrix} \begin{bmatrix} 1-\xi & \xi \end{bmatrix} AL\, d\xi \\ &= \rho AL \begin{bmatrix} 1/3 & 1/6 \\ 1/6 & 1/3 \end{bmatrix} \begin{matrix} \ddot{u}_1 \\ \ddot{u}_2 \end{matrix} \end{aligned} \tag{8.11}$$

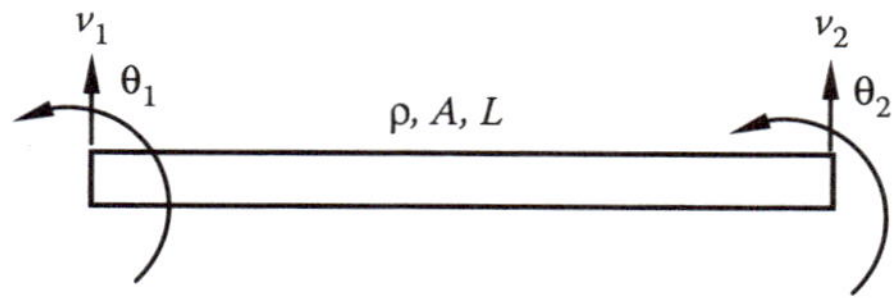

그림 8.6 1-D 단순 보 요소의 일관 질량.

이것은 대각선 행렬이 아니다.

전역 강성행렬 **K** 를 구성할 때와 비슷하게, 요소 질량 행렬은 먼저 국부 좌표로 설정하고, 그 다음 전역 좌표로 변환하며, 마지막으로 함께 결합 구조물의 전역 질량행렬 **M** 을 형성한다.

간단한 보 요소(그림 8.6)의 경우, 식 (3.6)에 나열된 네 가지 형상 함수를 적용하여 일관 질량 행렬을 쉽게 구성할 수 있다.

$$\mathbf{m} = \int_V \rho \mathbf{N}^T \mathbf{N}\, dV = \frac{\rho AL}{420}\begin{bmatrix} 156 & 22L & 54 & -13L \\ 22L & 4L^2 & 13L & -3L^2 \\ 54 & 13L & 156 & -22L \\ -13L & -3L^2 & -22L & 4L^2 \end{bmatrix} \begin{matrix} \ddot{v}_1 \\ \ddot{\theta}_1 \\ \ddot{v}_2 \\ \ddot{\theta}_2 \end{matrix} \tag{8.12}$$

8.2.2.2 감쇠

점성 감쇠(viscous damping)에 일반적으로 사용되는 두 가지 모델이 있다. 즉, 비례 감쇠(proportional damping, Rayleigh 감쇠라고도 함)와 모달 감쇠(modal damping)가 있다.

비례 감쇠 모델에서 감쇠 행렬 **C** 는 다음과 같은 방식으로 강성 및 질량 행렬에 비례한다고 가정한다.

$$\mathbf{C} = \alpha \mathbf{K} + \beta \mathbf{M} \tag{8.13}$$

여기서 상수 α 및 β 는 다음의 두 방정식에 나타난다.

$$\xi_1 = \frac{\alpha\omega_1}{2} + \frac{\beta}{2\omega_1}, \quad \xi_2 = \frac{\alpha\omega_2}{2} + \frac{\beta}{2\omega_2} \tag{8.14}$$

ω_1, ω_2, ξ_1 및 ξ_2(감쇠비)는 사용자가 지정한다. 위의 두 방정식이 그림 8.7에 표시되어 있다. 모달 감쇠 모델에서 점성 감쇠는 모달 방정식에 통합된다.

모달 감쇠는 다음과 같다.

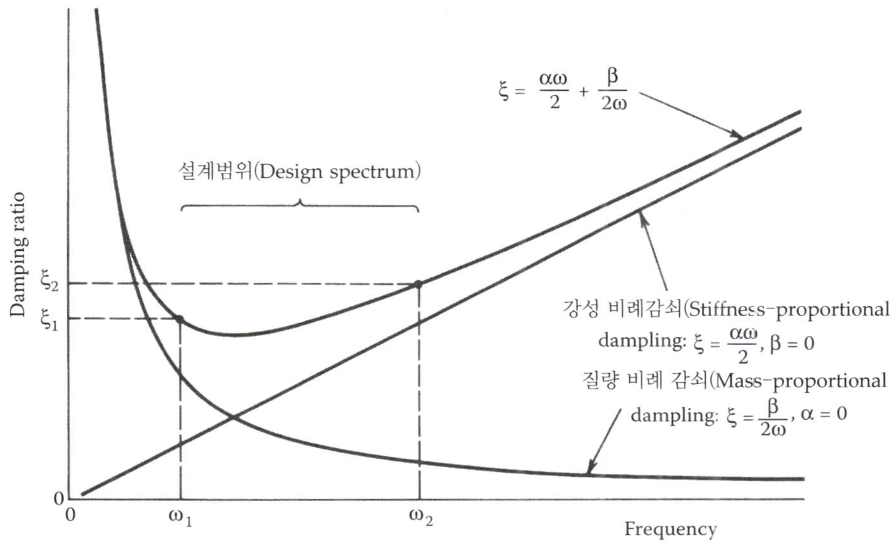

그림 8.7 비례 감쇠 계수를 결정하기 위한 두 개의 방정식 (R. D. Cook, Finite Element Modeling for Stress Analysis, 1995, NJ, Hoboken, Copyright Wiley-VCH Verlag GmbH & Co. KGaA.)

$$\mathbf{C}_\phi = \begin{bmatrix} 2\xi_1\omega_1 & 0 & \cdots & 0 \\ 0 & 2\xi_2\omega_2 & & \\ \vdots & & \ddots & \vdots \\ 0 & & \cdots & 2\xi_n\omega_n \end{bmatrix} \tag{8.15}$$

여기서 ξ_i 는 n-자유도 시스템의 모드 i 에서의 감쇠비이다.

8.3 모달 해석의 공식화

모달 해석은 구조물의 고유 진동특성을 연구하기 위해 다음을 포함한다.

- 고유 진동수(natural frequency)
- 정규 모드 형상(normal mode shape)

동적 방정식 (8.8)에서 $f(t) = 0$ 및 $\mathbf{C} = 0$(감쇠 무시함)으로 놓으면 다음과 같다.

$$\mathbf{M}\ddot{\mathbf{u}} + \mathbf{K}\mathbf{u} = \mathbf{0} \tag{8.16}$$

변위가 시간에 따라 조화함수로 변한다고 가정하시오.

$$\mathbf{u}(t) = \bar{\mathbf{u}}\sin(\omega t),$$
$$\dot{\mathbf{u}}(t) = \omega\bar{\mathbf{u}}\cos(\omega t),$$
$$\ddot{\mathbf{u}}(t) = -\omega^2\bar{\mathbf{u}}\sin(\omega t)$$

여기서 $\bar{\mathbf{u}}$ 는 절점 변위의 진폭 벡터이다.

이를 식 (8.16)에 대입하면 다음과 같이 된다.

$$[\mathbf{K} - \omega^2\mathbf{M}]\bar{\mathbf{u}} = \mathbf{0} \tag{8.17}$$

이것은 일반화 된 고유치 문제(eigenvalue problem, EVP)이다. 물리적 의미가 없는 자명해(trivial solution)는 모든 ω 값에 대해 $\bar{\mathbf{u}} = 0$ 이다. 물리적으로 의미가 있는 비자명해(nontrivial solutions) ($\bar{\mathbf{u}} \neq 0$) 은 다음 경우에만 존재 한다.

$$\left|\mathbf{K} - \omega^2\mathbf{M}\right| = 0 \tag{8.18}$$

이것은 ω^2의 n차 다항식이며, 여기서 n 개의 근(roots) 또는 고유 값 $\omega_i(i = 1, 2, \ldots, n)$ 을 구할 수 있다. 이것들이 구조물의 고유 진동수(또는 특성 주파수)이다.

0이 아닌 가장 작은 고유치 ω_1 을 기본 주파수(fundamental frequency)라고 한다.

각 ω_i에 대해, 식 (8.17)은 하나의 해 또는 고유 벡터(eigen vector)를 갖는다.

$$[\mathbf{K} - \omega_i^2\mathbf{M}]\bar{\mathbf{u}}_i = \mathbf{0}$$

여기서 $\bar{\mathbf{u}}_i(i = 1, 2, \ldots, n)$ 는 정규 모드(normal mode)(또는 고유 모드(natural mode), 모드 형상(mode shape) 등)이다.

정규 모드의 속성 :

정규 모드는 다음 속성을 충족시킨다.

$$\bar{\mathbf{u}}_i^T\mathbf{K}\bar{\mathbf{u}}_j = 0, \quad \bar{\mathbf{u}}_i^T\mathbf{M}\bar{\mathbf{u}}_j = 0, \quad \text{for} \quad i \neq j \tag{8.19}$$

$\omega_i \neq \omega_j$ 인 경우 윗 식이 성립한다. 즉, 모드는 **K** 및 **M** 행렬에 대해 서로 직교(orthognal) (따라서 독립적)한다.

정규 모드는 보통 표준화(normalize)된다.

$$\bar{\mathbf{u}}_i^T\mathbf{M}\bar{\mathbf{u}}_i = 1, \quad \bar{\mathbf{u}}_i^T\mathbf{K}\bar{\mathbf{u}}_i = \omega_i^2 \tag{8.20}$$

주의:

- 정규 모드 해석에서 변위(모드) 또는 응력의 크기는 물리적인 의미가 없다.

- 정규 모드 해석의 경우 구조물을 지지할 필요가 없다.
- $\omega_i = 0$ 은 구조물의 전체 또는 일부에 강체 운동이 있음을 의미한다. 이것은 유한요소해석 모델을 점검하는 데 적용할 수 있다(유한요소해석 모델에 기구(mechanism) 또는 자유 요소(free element)가 있는지 확인하시오).
- 하위 모드는 유한요소해석 계산에서 더 높은 모드보다 정확 하다(더 낮은 모드의 경우 공간적인 변화가 적기 때문에 더 적은 수의 요소/파장이 필요하다).

예제 8.1

아래에 표시된 하나의 요소가 있는 외팔보의 자유 진동을 고려해 보자.

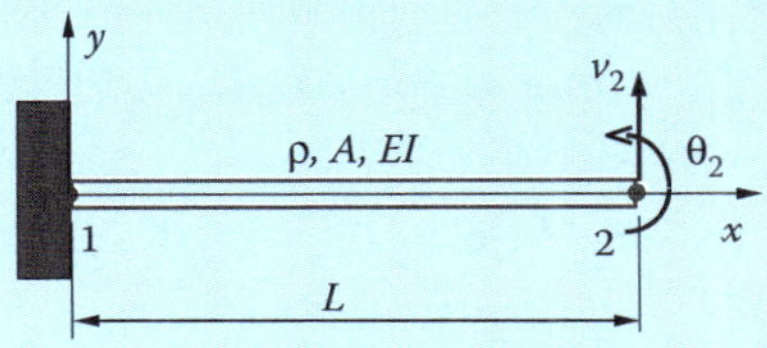

자유진동(EVP, 고유치 문제)의 경우 다음과 같은 식이 된다.

$$[\mathbf{K} - \omega^2\mathbf{M}]\begin{Bmatrix} \bar{v}_2 \\ \bar{\theta}_2 \end{Bmatrix} = \begin{Bmatrix} 0 \\ 0 \end{Bmatrix}$$

여기서

$$\mathbf{K} = \frac{EI}{L^3}\begin{bmatrix} 12 & -6L \\ -6L & 4L^2 \end{bmatrix}, \quad \mathbf{M} = \frac{\rho AL}{420}\begin{bmatrix} 156 & -22L \\ -22L & 4L^2 \end{bmatrix}$$

고유진동수를 구하기 위한 식은 다음과 같다.

$$\begin{vmatrix} 12 - 156\lambda & -6L + 22L\lambda \\ -6L + 22L\lambda & 4L^2 - 4L^2\lambda \end{vmatrix} = 0$$

여기서 $\lambda = \omega^2\rho AL^4/420EI$ 이다.
고유진동수를 구하기 위한 식은 다음과 같다.

$$\omega_1 = 3.533\left(\frac{EI}{\rho AL^4}\right)^{1/2}, \quad \begin{Bmatrix} \bar{v}_2 \\ \bar{\theta}_2 \end{Bmatrix}_1 = \begin{Bmatrix} 1 \\ 1.38/L \end{Bmatrix},$$

$$\omega_2 = 34.81\left(\frac{EI}{\rho AL^4}\right)^{1/2}, \quad \begin{Bmatrix} \bar{v}_2 \\ \bar{\theta}_2 \end{Bmatrix}_2 = \begin{Bmatrix} 1 \\ 7.62/L \end{Bmatrix}$$

이 문제에 대한 처음 두개 고유 진동수의 엄밀해는 다음과 같다.

$$\omega_1 = 3.516\left(\frac{EI}{\rho AL^4}\right)^{1/2}, \quad \omega_2 = 22.03\left(\frac{EI}{\rho AL^4}\right)^{1/2}$$

하나의 보 요소가 있는 FEA 솔루션의 경우 모드 1이 모드 2보다 훨씬 정확히 계산됨을 알 수 있다. 모드 2를 더 정확하게 계산하려면 더 많은 요소가 필요하다.

8.3.1 모달 방정식

정규 모드(모달 행렬)를 사용하여 결합된 시스템(coupled system)의 동적 방정식을 결합되지 않은 시스템의 방정식 또는 모달 방정식(modal equation)으로 변환할 수 있다.

$$[\mathbf{K} - \omega_i^2\mathbf{M}]\bar{\mathbf{u}}_i = \mathbf{0}, \quad i = 1, 2, \ldots, n \tag{8.21}$$

여기서 정규모드 $\bar{\mathbf{u}}_i$ 는 다음을 만족한다.

$$\begin{cases} \bar{\mathbf{u}}_i^T\mathbf{K}\bar{\mathbf{u}}_j = 0, \\ \bar{\mathbf{u}}_i^T\mathbf{M}\bar{\mathbf{u}}_j = 0, \end{cases} \quad \text{for} \quad i \neq j$$

그리고

$$\begin{cases} \bar{\mathbf{u}}_i^T\mathbf{M}\bar{\mathbf{u}}_i = 1, \\ \bar{\mathbf{u}}_i^T\mathbf{K}\bar{\mathbf{u}}_i = \omega_i^2, \end{cases} \quad \text{for} \quad i = 1, 2, \ldots, n$$

모달 행렬을 구성하면

$$\mathbf{\Phi}_{(n\times n)} = \left[\bar{\mathbf{u}}_1 \ \bar{\mathbf{u}}_2 \cdots \ \bar{\mathbf{u}}_n\right] \tag{8.22}$$

다음을 확인할 수 있다.

$$\begin{aligned} \mathbf{\Phi}^T\mathbf{K}\mathbf{\Phi} = \mathbf{\Omega} &= \begin{bmatrix} \omega_1^2 & 0 & \cdots & 0 \\ 0 & \omega_2^2 & & \vdots \\ \vdots & & \ddots & 0 \\ 0 & \cdots & 0 & \omega_n^2 \end{bmatrix} \quad \text{(Spectral matrix)} \\ \mathbf{\Phi}^T\mathbf{M}\mathbf{\Phi} = \mathbf{I}. \end{aligned} \tag{8.23}$$

변위 벡터의 변환은 다음과 같다.

$$\mathbf{u} = z_1\bar{\mathbf{u}}_1 + z_2\bar{\mathbf{u}}_2 + \cdots + z_n\bar{\mathbf{u}}_n = \boldsymbol{\Phi}\mathbf{z} \tag{8.24}$$

여기서

$$\mathbf{z} = \begin{Bmatrix} z_1(t) \\ z_2(t) \\ \vdots \\ z_n(t) \end{Bmatrix}$$

이것을 주좌표(principal coordinate)라 부른다.
방정식 (8.24)를 동적 방정식 (8.8)에 대입하면 다음을 얻는다.

$$\mathbf{M}\boldsymbol{\Phi}\ddot{\mathbf{z}} + \mathbf{C}\boldsymbol{\Phi}\dot{\mathbf{z}} + \mathbf{K}\boldsymbol{\Phi}\mathbf{z} = \mathbf{f}(t)$$

이 결과에 Φ^T를 앞에다 곱하고 식 (8.23)을 적용하면 다음과 같다.

$$\ddot{\mathbf{z}} + \mathbf{C}_\varphi\dot{\mathbf{z}} + \boldsymbol{\Omega}\mathbf{z} = \mathbf{p}(t) \tag{8.25}$$

여기서 비례감쇠가 적용되면 $\mathbf{C}_\phi = \alpha\mathbf{I} + \beta\Omega$ 이고 $\mathbf{p} = \Phi^T\mathbf{f}(t)$ 이다.
모달 감쇠(modal damping)를 적용하면

$$\mathbf{C}_\phi = \begin{bmatrix} 2\xi_1\omega_1 & 0 & \cdots & 0 \\ 0 & 2\xi_2\omega_2 & & \\ \vdots & & \ddots & \vdots \\ 0 & & \cdots & 2\xi_n\omega_n \end{bmatrix}$$

ξ_i 는 모드 i 에서의 감쇠비이며, 식 (8.25)는 다음과 같이 된다.

$$\ddot{z}_i + 2\xi_i\omega_i\dot{z}_i + \omega_i^2 z_i = p_i(t), \quad i = 1, 2, \ldots, n \tag{8.26}$$

모달 감쇠가 포함된 식 (8.25)의 방정식 또는 방정식 (8.26)을 모달 방정식이라고 한다.

이 방정식은 원래의 결합 된(coupled) 동적 시스템 방정식보다 훨씬 쉽게 풀 수 있는 분리된 (uncoupled) 2차 미분 방정식이다. 식 (8.26)에서 얻은 $\mathbf{z}$ 를 $\mathbf{u}$ 로 복원하기 위해 식 (8.24)의 변환을 다시 적용하시오.

주의 :

- 처음 몇 개의 모드만이 모달 행렬 Φ 를 구성하는 데 필요할 수 있다 (즉, Φ는 $m < n$인 $n \times m$

직사각형 행렬일 수 있음). 따라서, 시스템의 크기의 현저히 줄어들 수 있다.

- 모달 방정식은 높은 모드가 중요하지 않은 구조적 진동 문제(즉, 구조적 진동에는 영향을 주지만 충돌 또는 충격 하중 하에 있는 구조물에는 해당되지 않음)에 가장 적합하다.

8.4 주파수 응답 해석을 위한 공식화

주파수 응답 해석(조화 응답 해석이라고도 함)의 경우 적용된 동적하중은 사인(sine) 또는 코사인(cosine)함수이다. 이 경우 운동 방정식은 다음과 같다.

$$\mathbf{M}\ddot{\mathbf{u}} + \mathbf{C}\dot{\mathbf{u}} + \mathbf{K}\mathbf{u} = \underbrace{\mathbf{F}\sin\omega t}_{\text{조화하중(harmonic loading)}} \tag{8.27}$$

8.4.1 모달법

이 방법에서는 모달 방정식을 적용한다.

$$\ddot{z}_i + 2\xi_i\omega_i\dot{z}_i + \omega_i^2 z_i = p_i \sin\omega t, \quad i = 1, 2, \ldots, m \tag{8.28}$$

이들은 커플링되지 않은 방정식(uncoupled equation)이다. $\mathbf{z}$ 에 대한 해는 다음과 같은 형식이다.

$$z_i(t) = \frac{p_i/\omega_i^2}{\sqrt{(1-\eta_i^2)^2 + (2\xi_i\eta_i)^2}}\sin(\omega t - \theta_i) \tag{8.29}$$

여기서

$\theta_i = \arctan\dfrac{2\xi_i\eta_i}{1-\eta_i^2}$, 위상각(phase angle)

$\eta_i = \omega/\omega_i$

$\xi_i = \dfrac{c_i}{c_c} = \dfrac{c_i}{2m\omega_i}$, 감쇠비(damping ratio)

각 모드 Z_i 의 응답은 1 자유도 시스템의 응답과 유사하다. 일단 고유 좌표(natural coordinate) 벡터 $\mathbf{z}$ 를 알면 식 (8.24)를 사용하여 $\mathbf{z}$ 에서 실제 변위 벡터 $\mathbf{u}$ 를 구할 수 있다.

8.4.2 직접법

이 방법에서는 방정식 (8.27)을 직접 푼다. 즉, 계수 행렬의 역행렬을 계산하기 때문에 모달법보다 일반적으로 훨씬 비용이 더 든다.

조화 응답을 나타내기 위해 복잡한 표기법을 사용하면, $\mathbf{u} = \bar{\mathbf{u}}e^{i\omega t}$ 이고 식 (8.27)은 다음과 같이 된다.

$$[\mathbf{K} + i\omega\mathbf{C} - \omega^2\mathbf{M}]\bar{\mathbf{u}} = \bar{\mathbf{F}} \tag{8.30}$$

행렬 $[\mathbf{K} + i\omega\mathbf{C} - \omega^2\mathbf{M}]$ 의 역행렬을 구하면, 변위 진폭 벡터 $\bar{\mathbf{u}}$ 를 얻을 수 있다. 그러나 이 방정식은 대형 시스템일 경우 풀기에는 비용이 많이 들고, ω 가 구조의 임의의 고유 진동수 ω_i에 가깝다면 $[\mathbf{K} + i\omega\mathbf{C} - \omega^2\mathbf{M}]$ 행렬은 상태가 좋지 않을 수(ill-conditioned) 있다.

따라서 직접 방정식은 방정식 시스템의 크기가 작고 주파수가 구조물의 고유 진동수와 멀리 떨어져 있는 경우에만 적용된다.

8.5 과도 응답 해석을 위한 공식화

과도 응답 해석(동적 응답/시간–이력 해석이라고도 함)에서는 임의의(arbitray)시간 의존 하중 하에서 구조물의 응답을 계산하는 데 목적이 있다(그림 8.8). 과도 응답을 계산하기 위해 시간에 대한 적분이 사용 된다(그림 8.9).

시간 $t_k(k = 0, 1, 2, 3, \ldots)$ 에서 다음과 같은 운동 방정식을 쓴다.

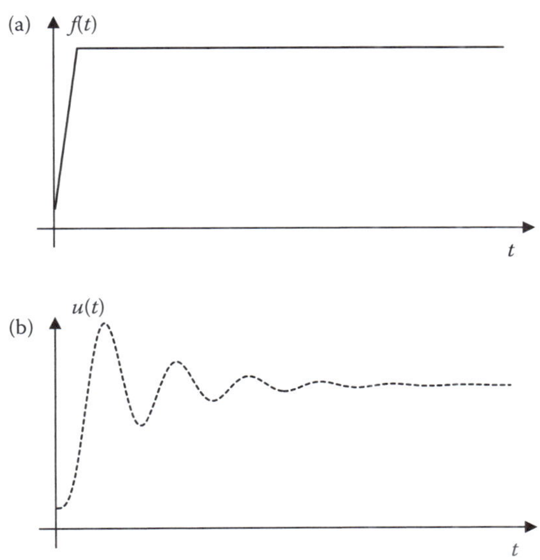

그림 8.8 (a) 스텝형step type) 하중; (b) 스텝 하중에 대한 구조물 응답

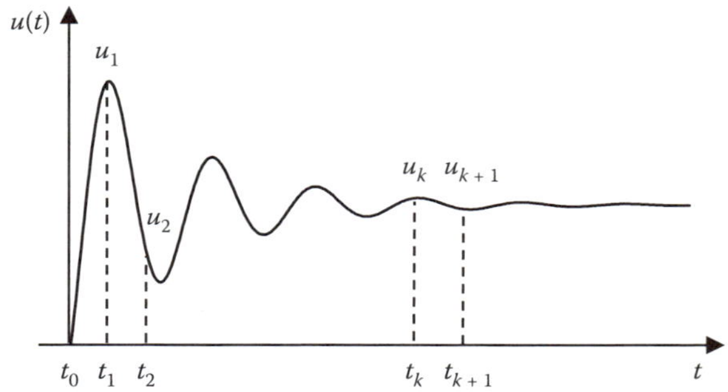

그림 8.9 시간 적분에 의한 응답 계산.

$$\mathbf{M}\ddot{\mathbf{u}}_k + \mathbf{C}\dot{\mathbf{u}}_k + \mathbf{K}\mathbf{u}_k = \mathbf{f}_k \tag{8.31}$$

다음으로 시간 증분 $\Delta t = t_{k+1} - t_k$, $k = 0, 1, 2, 3, \ldots$ 을 도입하여 시간에 대해 적분한다. 다음 절에서 설명하는 것과 같이 과도 해석 방법에는 두 가지 범주가 있다.

8.5.1 직접법(직접 적분 방법)

중앙차분법(Central Difference Method):
유한 차분을 사용하여 속도 벡터와 가속도 벡터를 근사적으로 구한다.

$$\begin{aligned}\dot{\mathbf{u}}_k &= \frac{1}{2\Delta t}(\mathbf{u}_{k+1} - \mathbf{u}_{k-1}),\\ \ddot{\mathbf{u}}_k &= \frac{1}{(\Delta t)^2}(\mathbf{u}_{k+1} - 2\mathbf{u}_k + \mathbf{u}_{k-1})\end{aligned} \tag{8.32}$$

운동 방정식은 다음과 같다.

$$\mathbf{M}\left[\frac{1}{(\Delta t)^2}(\mathbf{u}_{k+1} - 2\mathbf{u}_k + \mathbf{u}_{k-1})\right] + \mathbf{C}\left[\frac{1}{2\Delta t}(\mathbf{u}_{k+1} - \mathbf{u}_{k-1})\right] + \mathbf{K}\mathbf{u}_k = \mathbf{f}_k$$

다음과 같이 쓸 수 있다.

$$\mathbf{A}\mathbf{u}_{k+1} = \mathbf{F}(t) \tag{8.33}$$

여기서

$$\begin{cases} \mathbf{A} = \dfrac{1}{(\Delta t)^2}\mathbf{M} + \dfrac{1}{2\Delta t}\mathbf{C}, \\ \mathbf{F}(t) = \mathbf{f}_k - \left[\mathbf{K} - \dfrac{2}{(\Delta t)^2}\mathbf{M}\right]\mathbf{u}_k - \left[\dfrac{1}{(\Delta t)^2}\mathbf{M} - \dfrac{1}{2\Delta t}\mathbf{C}\right]\mathbf{u}_{k-1} \end{cases}$$

위의 식에서 이전 시간 단계에서 알려진 $\mathbf{u}_k$ 와 $\mathbf{u}_{k-1}$ 로부터 $\mathbf{u}_{k+1}$ 을 계산한다. 풀이 과정이 t_0, t_1, … t_k, t_{k+1}, … 에서 주어진 최대 시간에 도달할 때까지 반복되거나 계속 진행한다.

이 방법은 Δt 가 너무 큰 경우 불안정하다.

뉴마크법(Newmark Method):

$$\begin{aligned} \mathbf{u}_{k+1} &\approx \mathbf{u}_k + \Delta t\dot{\mathbf{u}}_k + \frac{(\Delta t)^2}{2}[(1-2\beta)\ddot{\mathbf{u}}_k + 2\beta\ddot{\mathbf{u}}_{k+1}], \rightarrow (\ddot{\mathbf{u}}_{k+1} = \cdots) \\ \dot{\mathbf{u}}_{k+1} &\approx \dot{\mathbf{u}}_k + \Delta t[(1-\gamma)\ddot{\mathbf{u}}_k + \gamma\ddot{\mathbf{u}}_{k+1}] \end{aligned} \tag{8.34}$$

여기서 β 와 γ 는 선택된 상수이다. 이식들로 부터 다음 방정식이 유도된다 :

$$\mathbf{A}\mathbf{u}_{k+1} = \mathbf{F}(t) \tag{8.35}$$

여기서

$$\begin{aligned} \mathbf{A} &= \mathbf{K} + \frac{\gamma}{\beta\Delta t}\mathbf{C} + \frac{1}{\beta(\Delta t)^2}\mathbf{M}, \\ \mathbf{F}(t) &= f(\mathbf{f}_{k+1}, \gamma, \beta, \Delta t, \mathbf{C}, \mathbf{M}, \mathbf{u}_k, \dot{\mathbf{u}}_k, \ddot{\mathbf{u}}_k) \end{aligned}$$

이 방법은 무조건적으로 안정(unconditionally stable)하다.

$$2\beta \geq \gamma \geq \frac{1}{2}$$

예를 들어 $\gamma = 1/2$, $\beta = 1/4$ 일 때, 이것은 일정평균 가속 방법(constant average acceleration method)이 된다.

일정하지 않은 시간 단계가 사용되면 각 시간 단계마다 반복적으로 A^{-1} 을 계산할 필요가 있기 때문에 직접 방법은 비용이 많이들 수 있다.

8.5.2 모달법

이 방법에서는 먼저 시간행진(time marching)을 하기 전에 모달 행렬을 사용하여 동적 방정식을 변환한다.

$$\mathbf{u} = \sum_{i=1}^{m} \bar{\mathbf{u}}_i z_i(t) = \Phi \mathbf{z},$$
$$\ddot{z}_i + 2\xi_i \omega_i \dot{z}_i + \omega_i z_i = p_i(t), \quad i = 1, 2, \ldots, m. \tag{8.36}$$

표 8.1 방법의 비교

직접법(Direct Method)	모달법(modal method)
소형 모델	대형 모델
더 정확함 (작은 Δt로)	높은 모드는 무시
단일 하중	다중 하중
충격 하중	주기적 하중
....	....

그 후 적분을 사용하여 분리된 방정식을 푼다. 예를 들어 전체 모드의 10% ($m = n/10$) 를 사용할 수 있다. 모달법의 장점은 다음과 같다.

- 분리된 시스템
- 작은 방정식
- 행렬의 역행렬이 없음
- 큰 문제에 더 효율적 임

그러나 구조물이 충돌 또는 충격 하중을 받을 경우에 모달법은 높은 모드가 중요하다면 덜 정확하다. 표 8.1에는 과도 응답 해석을 위한 직접법 및 모달법의 장단점이 요약되어 있다.

8.6 모델링 예제

8.6.1 모달 해석

범퍼 시스템을 예로 들어 보자. 그림 8.10은 앞 범퍼와 자동차의 지지 브래킷을 보여준다. 이 모델은 범퍼의 동적 응답을 연구하는 데 사용된다. 이 예제에서는 고유 진동수와 진동 모드를 얻기 위해 쉘 요소가 사용되었다. 그림 8.11은 범퍼 위치에서 구속될 때 범퍼의 첫 번째 모드를 보여준다.

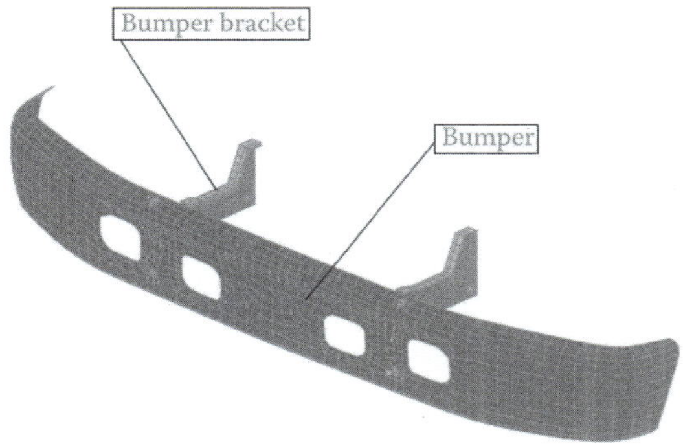

그림 8.10 앞 범퍼 및 지지 브래킷의 유한요소해석 모델

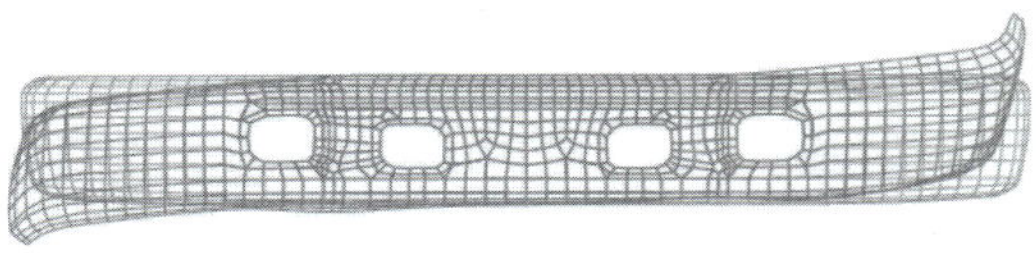

그림 8.11 범퍼의 첫 번째 진동 모드

8.6.2 주파수 응답 해석

그림 8.12는 두 브래킷의 가속도를 입력으로 주었을 때, 범퍼 시스템의 주파수 응답은 가장 왼쪽 커브로 나타낸 그래프이다. 기본 고유 진동수(예를 들어, 30Hz 미만에서 35Hz 이상)를 증가시키고 주파수 응답의 크기를 감소시키려는 목적으로 범퍼 설계에 대한 몇 가지 설계 변경이 검토되었다. 개선된 응답은 그림 8.12에서 다른 세 개의 곡선으로 표시되었다.

8.6.3 과도 응답 해석

유한요소해석을 사용한 과도 응답 해석(transient response analysis)의 가장 흥미로운 응용 중 하나는 다양한 제품의 충돌 해석 및 가상 낙하 테스트를 수행하는 것이다. 그림 8.13은 유한요소해석을 사용한 자동차의 충돌 해석의 예이며, 범퍼 시스템이 충격 에너지를 흡수하여 자동차 손상을 줄이는 데 도움이 된다.

8.6.4 동적 해석시의 주의 사항

- 동적 해석(정규 모드 등)에는 대칭 모델을 사용하지 않아야 한다. 그 이유는 대칭 구조가 비대칭 모드를 가질 수 있기 때문이다. 그러나 대칭 구조의 유한요소해석 모델을 만들 경우에는 대칭을 적용할 수 있다.

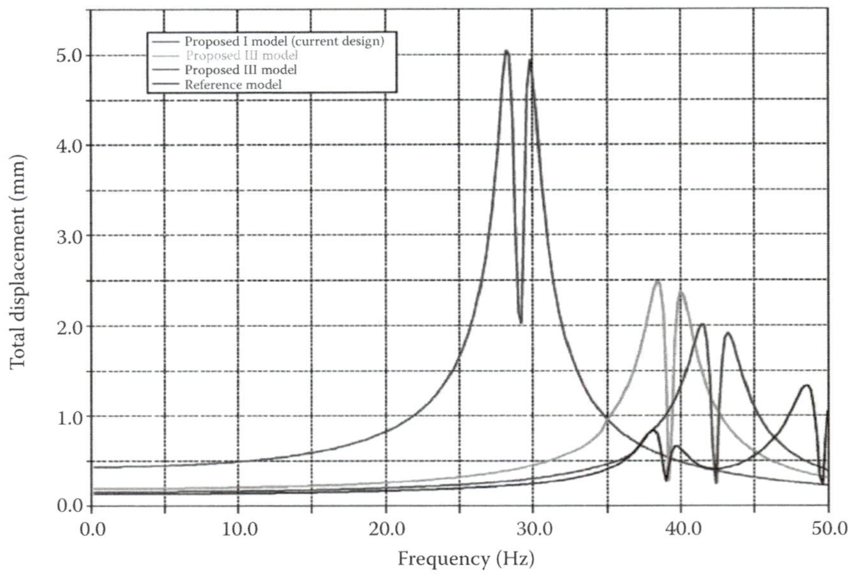

그림 8.12 범퍼의 주파수 응답(0 ~ 50Hz)

그림 8.13 유한요소해석을 이용한 자동차 충돌 해석 (LS-Dyna 웹 사이트, http://www.dynaexamples.com/)

표 8.2 동적 해석의 단위

	경우 1	경우 2
t (시간)	s	s
L (길이)	m	mm
m (질량)	kg	Mg
a (가속도)	m/s^2	mm/s^2
f (힘)	N	N
ρ (밀도)	kg/m^3	Mg/mm^3

- 메커니즘 또는 강체운동은 $\omega = 0$ 를 의미한다. 유한요소해석 모델이 올바르게 연결 또는 지지되었는지 확인하기 위해 이 방법을 사용할 수 있다.

- 유한요소해석의 입력 : $F(t)$ 또는 $F(\omega)$의 로딩(loding)은 매우 복잡할 수 있으며 실제 엔지니어링 응용(예 : 자동차의 하중 데이터)에서 데이터가 엄청날 수 있으므로 우한요소해석에 대한 입력으로 사용하기 전에 먼저 필터링(filtering)해 주어야 한다.
- 적절한 단위 시스템을 선택하는 것은 진동이나 동적 해석에서 매우 중요하다. 단위의 두 가지 경우 표 8.2에 나와 있다. 유한요소해석 모델에서 일관성이 있는지 반드시 확인하시오.

8.7 ANSYS Workbench를 이용한 사례연구

문제 설명: 통기타(acoustic guitar)와 같은 악기는 진동과 공명을 통해 소리를 생성한다. 통기타의 몸체는 현이 고유진동수에서 진동할 때 공명하는 공간(chamber)의 역할을 한다. 아래의 그림은 단순화한 통기타 모델의 치수를 나타낸다. 기타의 벽 두께는 3 mm이며 미송(美松, Douglas fir) 재질(E = 13.1 GPa, 푸아송비 ν = 0.3, 밀도 = 470 kg/m^3)의 목재로 만들어졌다. 기타의 뒷면이 고정되어 있다고 가정하고 처음 10개의 고유진동수를 찾아내고, 기타의 처음 5가지 진동모드를 플로팅(plot)한다. 1 MPa 크기의 조파(harmonic pressure) 하중이 기타의 측벽에 작용한다고 가정한다. 전면의 z 변위(표면의 법선방향을 따라)의 주파수 응답을 플로팅한다.

풀이

ANSYS Workbench를 이용하여 문제를 해석하기 위해 아래의 단계들을 수행한다.

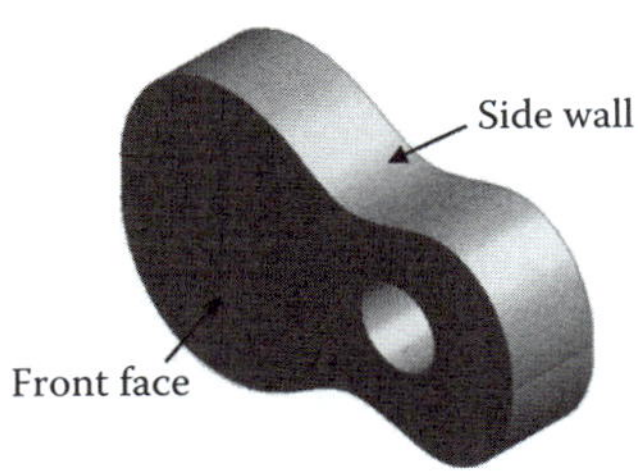

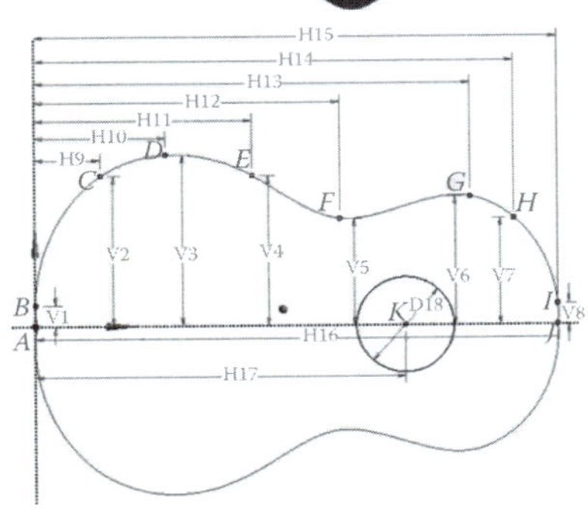

재료:
Douglas fir(美松)(E = 13.1 GPa, ν = 0.3, density = 470 kg/m^3)
경계조건:
뒷면 고정; 1 MPa의 조파 압력이 측벽에 작용

기준점(construction point) 좌표:

점	x(mm)	y(mm)
A	0	0
B	0	10
C	30	70
D	60	80
E	100	70
F	140	50
G	200	60
H	220	50
I	240	10
J	240	0
K	170	0

기타의 윤곽은 점 A 에서 점 J 까지 통과하는 스플라인(spline)
K 가 중심인 원형 구멍의 지름은 45 mm

단계 1: *ANSYS Workbench* 프로젝트 시작

ANSYS Workbench를 시작하고 빈 프로젝트를 '***Guitar.wbpj***'로 저장한다.

단계 2: *Static Structural* 해석 시스템 생성

독립적인 정적구조해석 시스템을 생성하기 위해 ***Analysis Systems Toolbox***에서 ***Static Structural*** 아이콘을 끌어(drag)와 ***Project Schematic*** 창에서 녹색 사각형으로 강조 표시된 위치에 내려(drop) 놓는다.

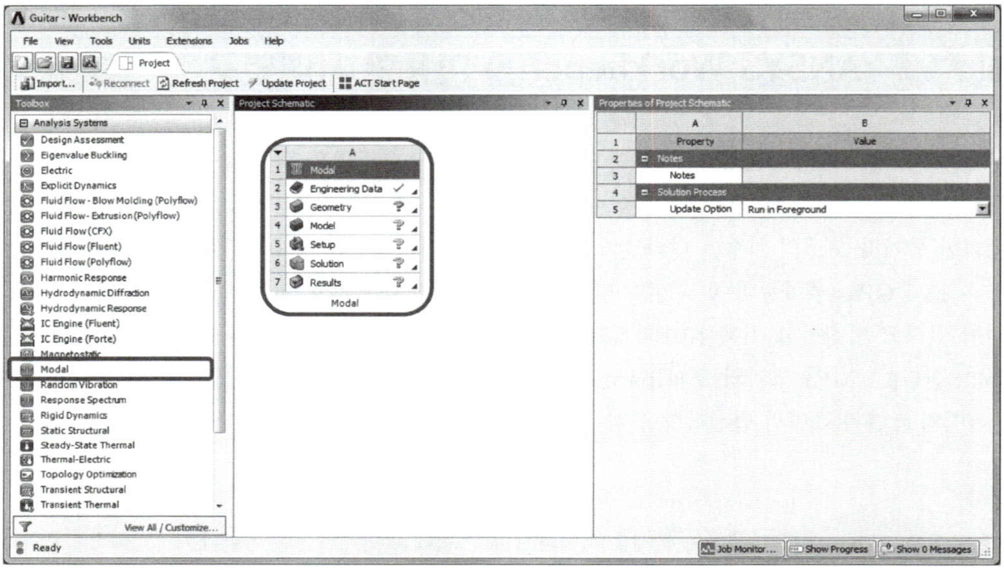

단계 3: 새로운 재료 추가

Engineering Data 셀을 더블클릭하여 새로운 재료를 추가한다. 아래와 같이 ***Project Schematic***을 대체하여 ***Engineering Data*** 인터페이스(interface)가 나타나면, 그림에서 강조된 빈 상자를 클릭하여 새로운 재료를 위한 이름으로 '***Wood***'를 입력하고 좌측 ***Toolbox*** 창에서 ***Linear Elastic*** 아래의 ***Isotropic Elasticity***를 더블클릭한다.

Properties 창에서 ***Young's Modulus***에는 '***13.1E9***', ***Poisson's Ratio***에는 '***0.3***'을 입력한다. ***Outline of Schematic A2: Engineering Data***에서 '***Wood***'를 선택하고 ***Physical Properties*** 아래의 ***Density***를 더블클릭한다. ***Properties*** 창에서 ***Density***에 '***470***'을 입력한다. ***A2: Engineering Data*** 탭을 닫아 ***Project Schematic***로 돌아간다.

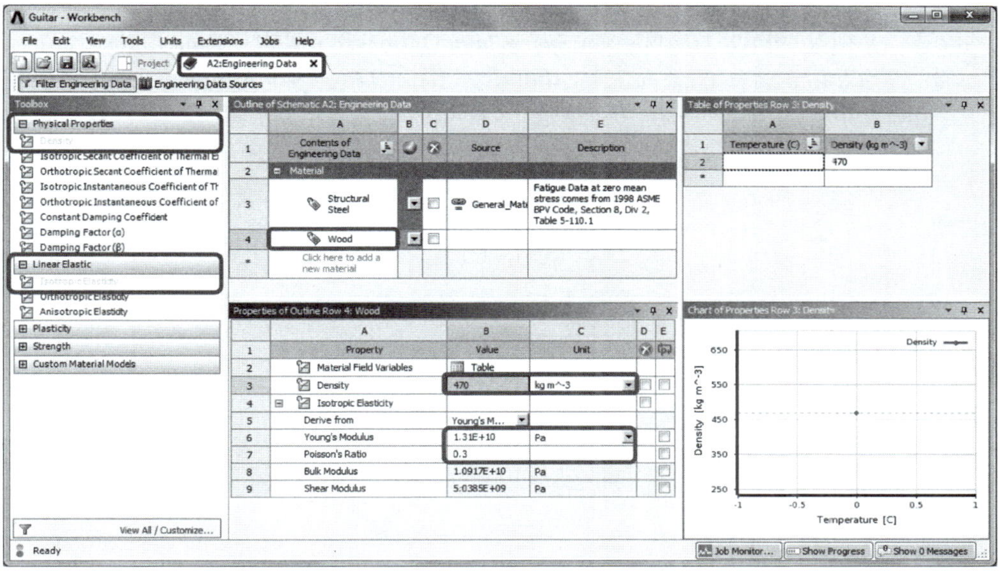

단계 4: *SpaceClaim* 프로그램 실행

Geometry 셀에서 마우스 우측 버튼을 클릭하고 드롭다운 메뉴에서 ***Properties***를 선택하여 ***Properties of Schematic A3: Geometry*** 패널이 나타나도록 한다. 그 패널에서 ***Basic Geometric Options*** 아래에 ***Surface Bodies***를 선택하여 면 모델링이 가능하도록 한다. ***Properties*** 창에서 ***Analysis Type***은 ***3D***로 선택한다. ***Geometry*** 셀을 더블클릭하여 ***SpaceClaim***을 실행한다.

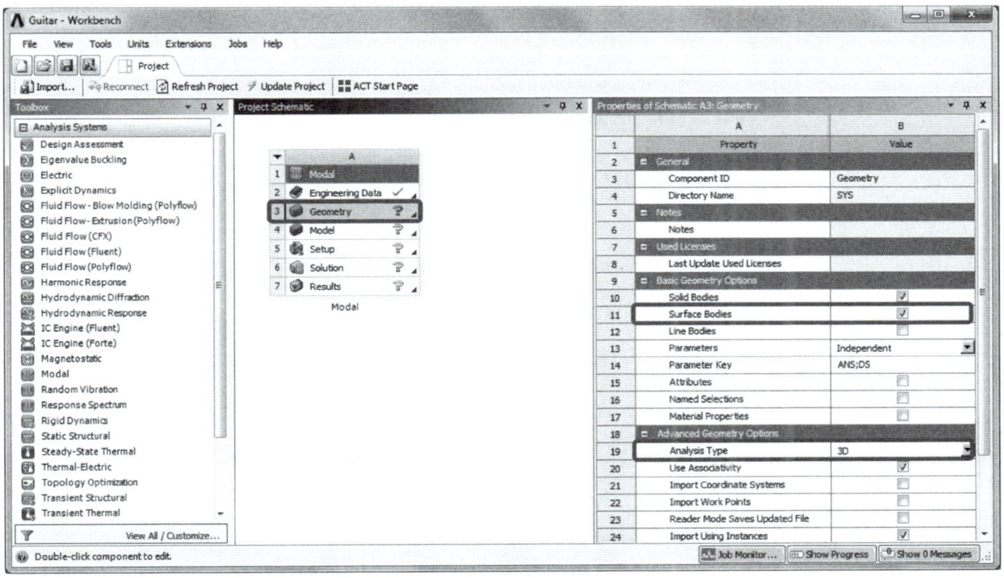

단계 5: 프로파일 스케치 생성

단위를 사용자 정의하려면 ***File*** 메뉴에서 ***SpaceClaim Options***을 클릭한다. ***SpaceClaim Options*** 창이 열리면 좌측 내비게이션 패널에서 ***Units***를 클릭하고 ***Length***에서 ***Millimeters***를 선택한다. 다음으로 ***Minor Grid Spacing***를 ***10 mm***로 변경한다. ***OK***를 클릭한다.

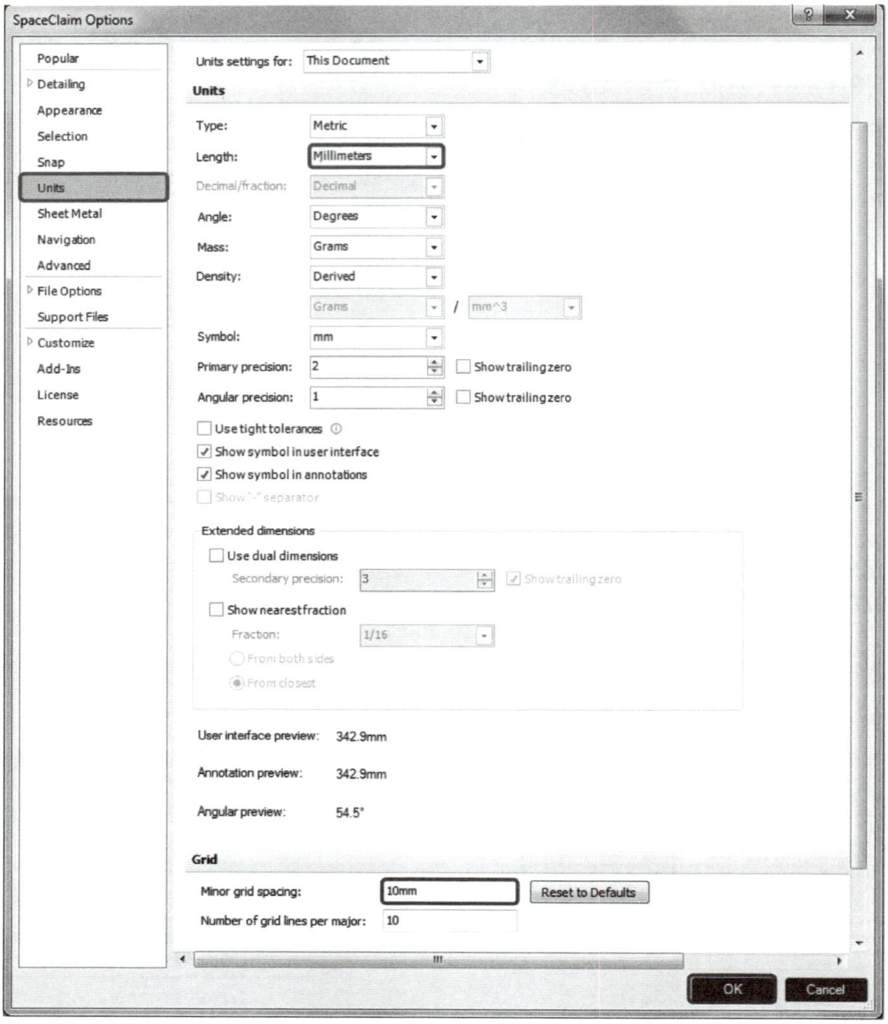

스케치 눈금을 정면으로 보이기 위해 ***Plan View*** 아이콘을 클릭한다. ***Design*** 탭에서 ***Point*** 아이콘을 클릭한다. 아래의 그림과 같이 10개의 기준점(construction points) A ~ J 까지를 표시한다. 다음으로 ***Spline*** 아이콘을 클릭하고 점 ***A ~ J*** 를 관통하는 스플라인을 그린다(마지막 고정점을 더블클릭하여 스플라인 생성을 완료한다).

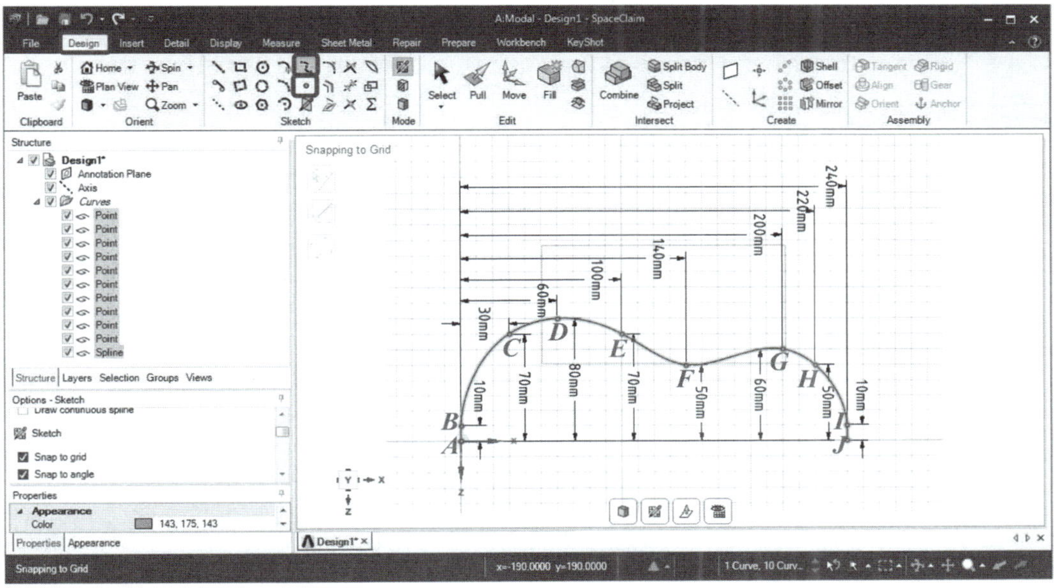

단계 6: 복제된 곡선을 생성

Design 탭에서 ***Mirror*** 아이콘을 클릭한다. ***Graphics*** 창에서 ***x*** 축을 클릭한 후, 대칭할 형상으로 스플라인 곡선을 클릭한다. 대칭인 스플라인이 아래와 같이 나타난다.

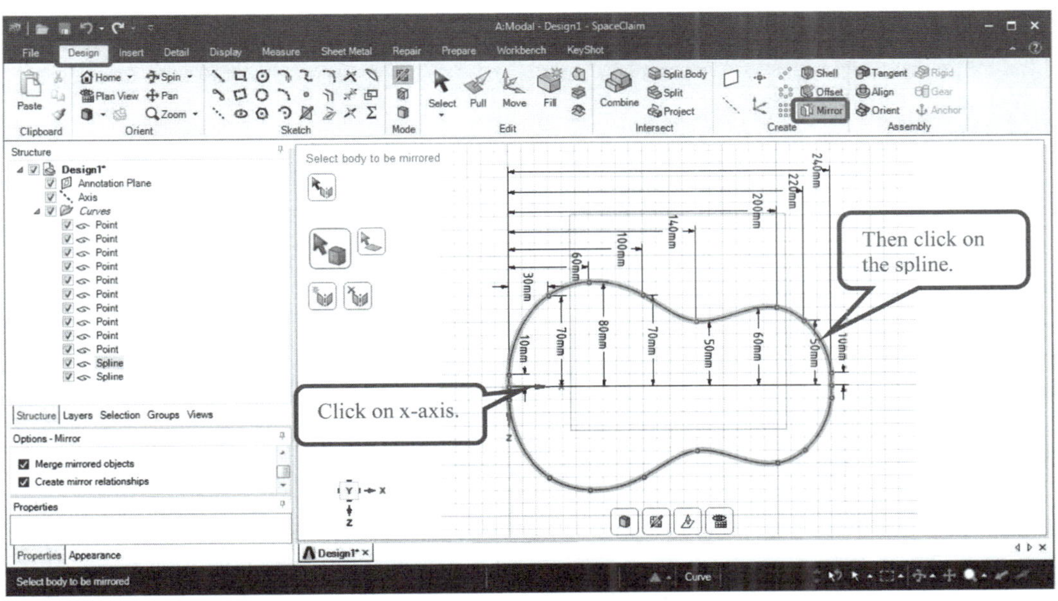

단계 7: 돌출(Extrude)된 본체 생성

Home 보기 아이콘을 클릭하여 보기를 홈 설정으로 변경한다. ***Design*** 탭에서 ***Pull*** 아이콘을 클릭한다. ***Graphics*** 창에서 y−방향으로 노란색 표면(yellow surface)을 위로 당기고 깊이 상자에 ***50 mm***를 입력한다. 아래의 그림과 같이 돌출된 솔리드 바디가 생성된다.

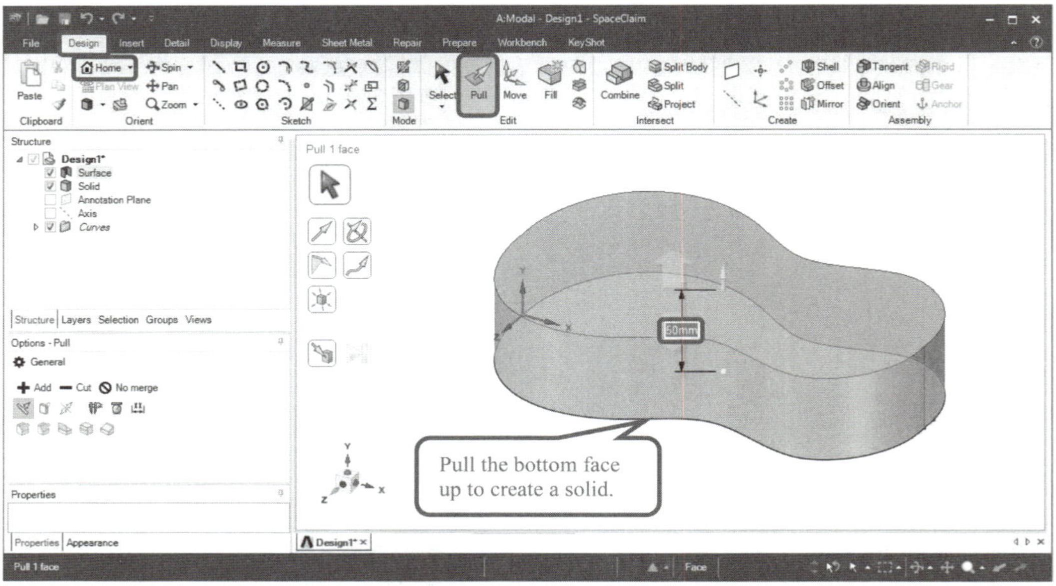

단계 8: 윗면에서 돌출 자르기 생성

Graphics 창에서 솔리드의 윗면을 클릭하고 ***Sketch Mode*** 아이콘을 클릭하여 스케치 눈금을 윗면에 배치한다. ***Plan View*** 아이콘을 클릭하여 형상의 평면도를 생성한다. 다음으로 ***Point*** 아이콘을 클릭하고 점 ***A*** 에서 좌측(좌표계를 확인하면 현재 ***x*** 좌표는 음의 방향임)으로 수평하게 ***170 mm*** 떨어진 위치에 점 ***O*** 를 생성한다. 그 후에 ***Circle*** 아이콘을 클릭하고 점 ***O*** 를 중심으로 하는 지름 ***45 mm*** 의 원(circle)을 그린다.

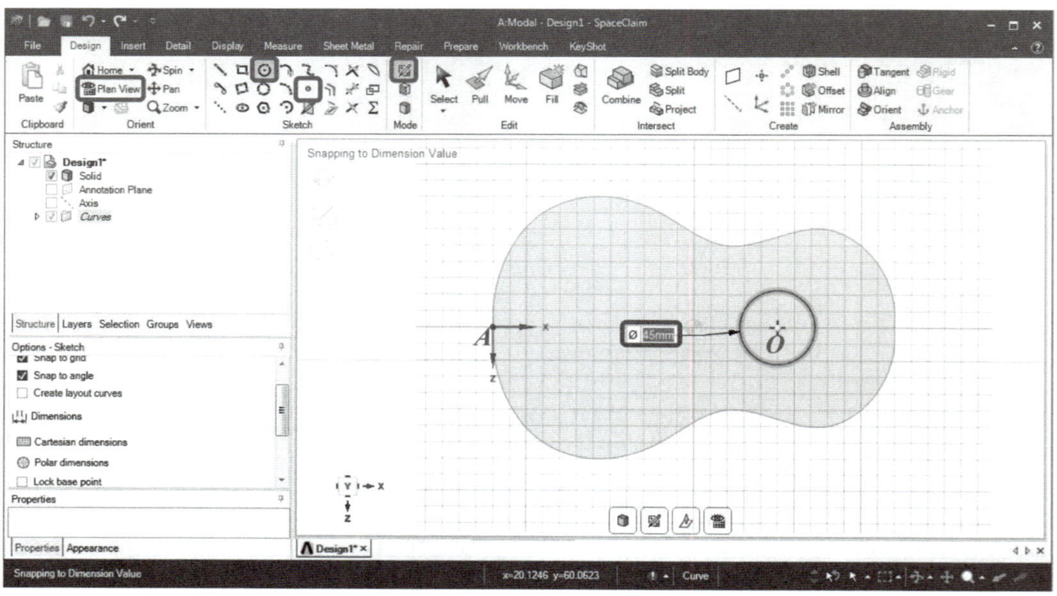

Home 보기를 클릭한다. ***Pull*** 아이콘을 클릭한다. ***Graphics*** 창에서 윗면의 원형 영역을 클릭하고 표면을 음의 y 방향으로 당겨 내려 솔리드를 원통형 구멍으로 잘라낸다. 자르는 깊이로 텍스트 박스에 ***10 mm***를 입력한다. 아래의 그림과 같이 돌출 자르기가 형성된 모양이 추가된다.

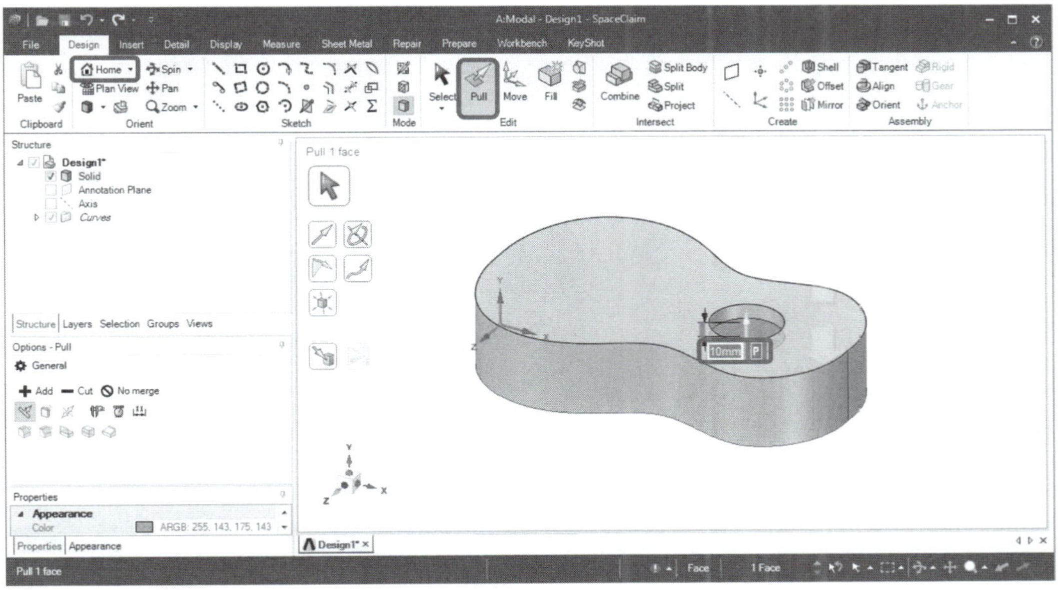

단계 9: 표면체를 생성

Design 탭에서 ***Shell*** 아이콘을 클릭한다. 아래의 그림에서 강조 표시된 원형면을 ***Graphics*** 창에서 클릭하여 쉘에서 제거한다. 쉘 두께 텍스트 박스에 ***3 mm*** 를 입력한다.

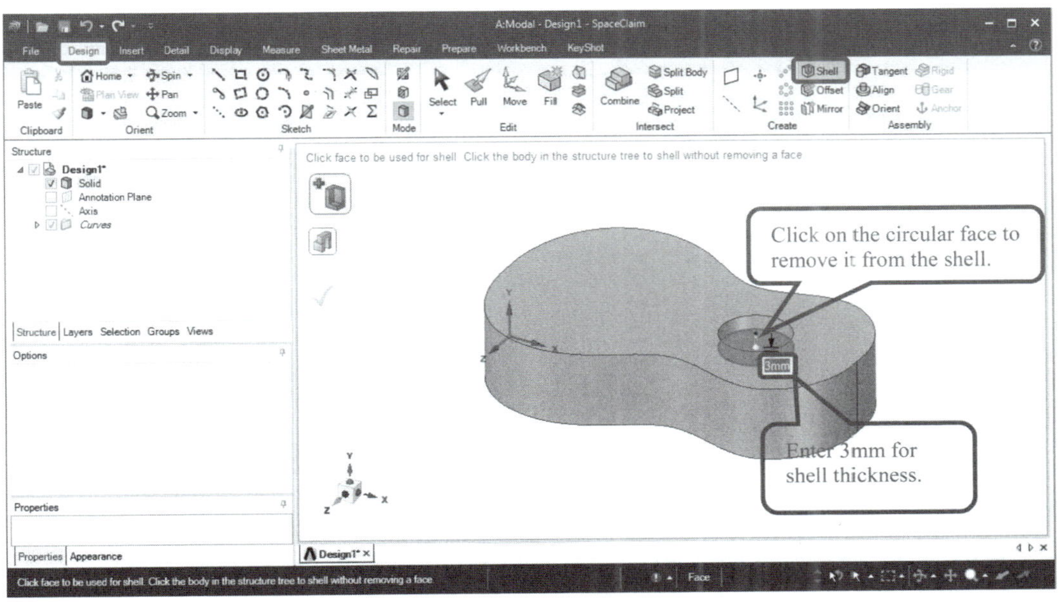

솔리드가 속이 빈 쉘로 바뀌었다. 아래에서 강조 표시된 원통 벽을 클릭하여 쉘에서 제거한다. ***Check Mark*** 아이콘을 클릭하여 이 단계를 완료한다.

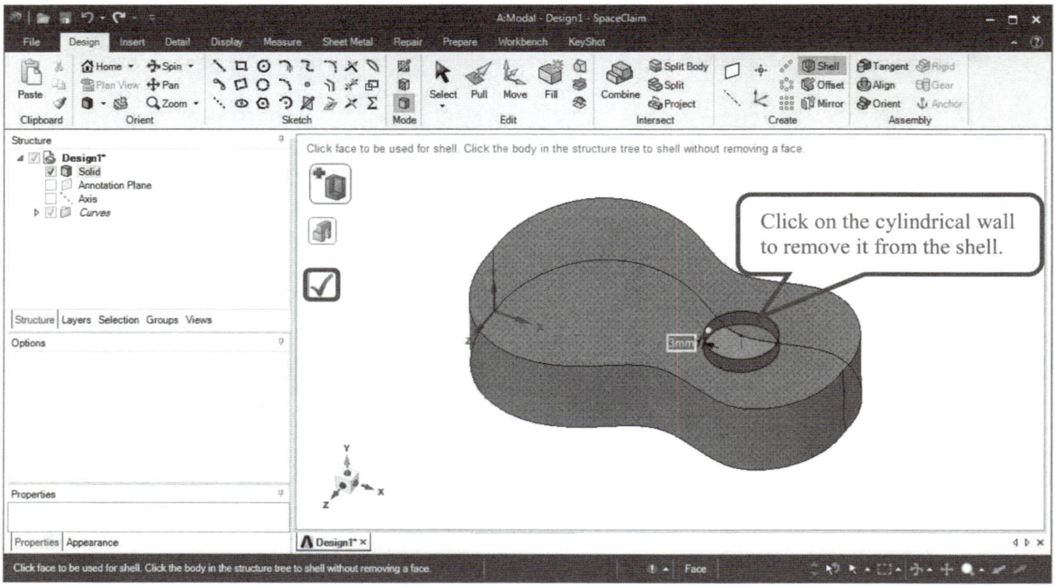

Prepare 탭에서 ***Midsurface*** 아이콘을 클릭하여 면 모델링을 준비한다. 좌측 ***Options-Midsurface*** 패널에서 ***Use range***을 선택하고 ***Maximum thickness***에 ***5 mm*** 를 입력한다(여기서 입력하는 값은 제공된 기타의 두께 ***3 mm*** 보다 커야한다는 점에 유의하자). ***Graphics*** 창에서 솔리드 형상 클릭을 통해 몸체를 선택하여 지정된 오프셋 범위 안에서 겹침 면들을 탐색한다. ***Check Mark*** 아이콘을 클릭하여 이 단계를 완료한다.

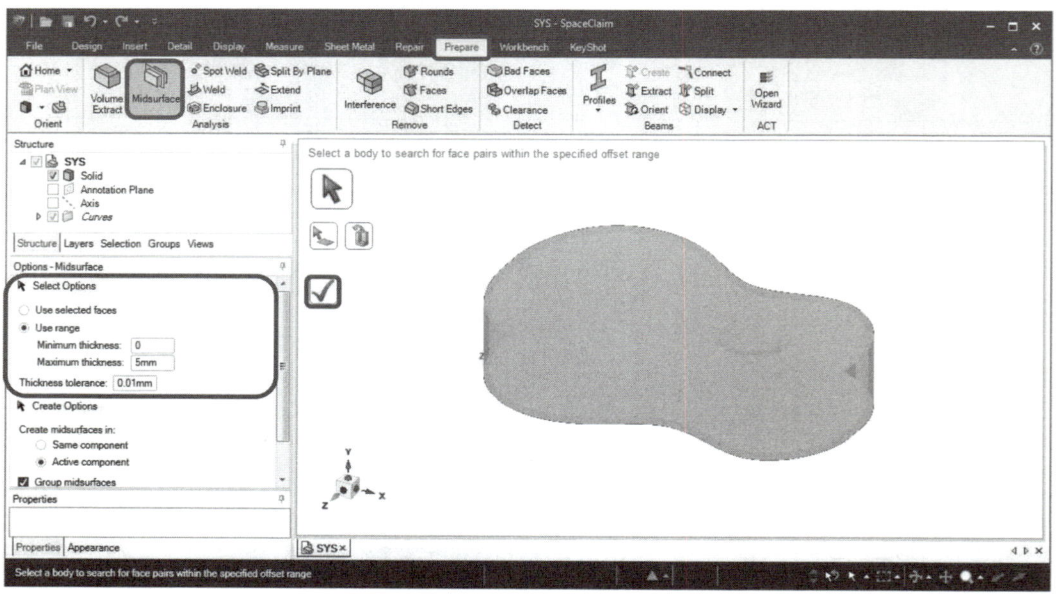

기타(guitar)에 대한 중간면 쉘 모델이 생성되었다. ***Structure Tree***에서 ***Solid***를 선택 해제하여 ***Graphics*** 창에서 표면 모델만 보이도록 한다. 좌측 하단의 ***Properties*** 패널에서 중간면의 ***Thickness***는 ***3 mm***이다. ***SpaceClaim***을 종료한다.

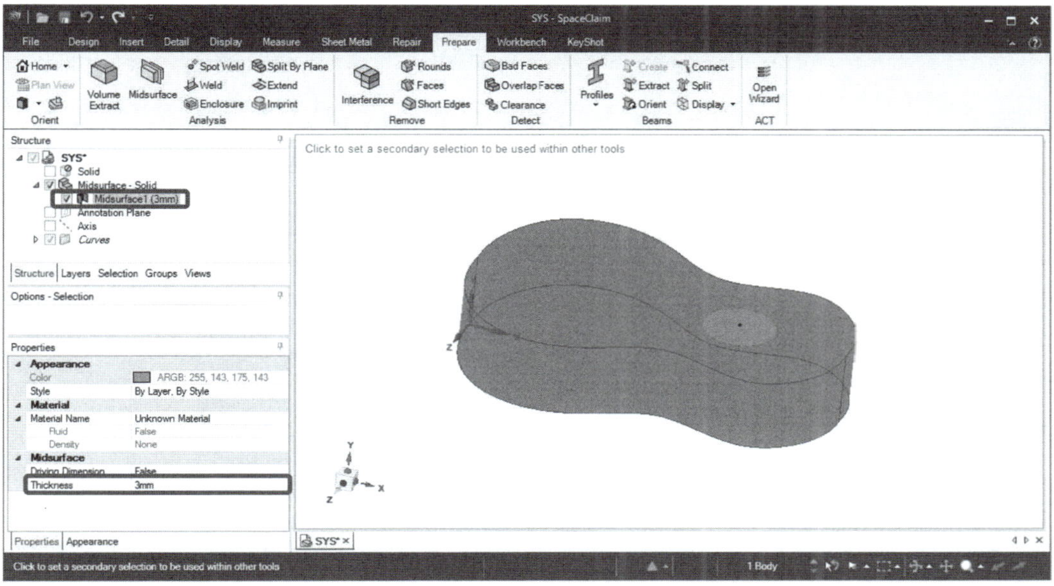

단계 10: *Modal — Mechanical* 프로그램 실행

Model 셀을 더블클릭하여 ***Modal — Mechanical*** 프로그램을 실행한다. ***Project Outline***에서 ***Geometry*** 아래의 ***Midsurface*** 항목을 클릭한다. ***Details of "Midsurface"***에서 ***Material Assignment*** 영역의 우측을 클릭하고 드롭다운 메뉴에서 ***Wood***를 클릭한다.

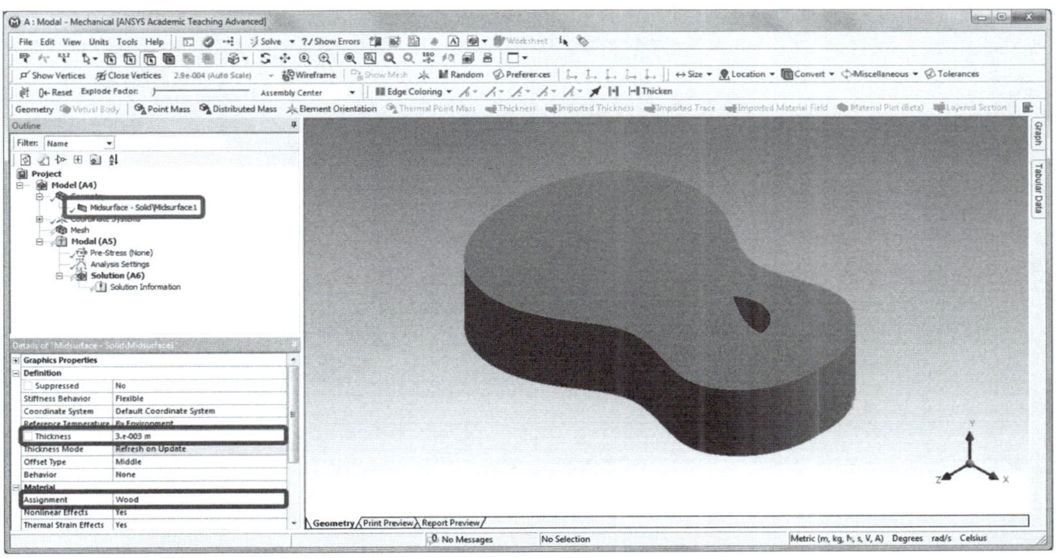

단계 11: 메시를 생성

*Project Outline*에서 *Mesh*를 마우스 우측 버튼으로 클릭한다. 드롭다운 메뉴에서 *Insert*와 그리고 *Sizing*을 선택한다. *Details of "Face Sizing"*에서 *Element Size*를 '*5e-3 m*'로 입력한다. 기타의 전면, 후면, 바닥면을 클릭하고 이를 *Geometry* 선택에 적용한다.

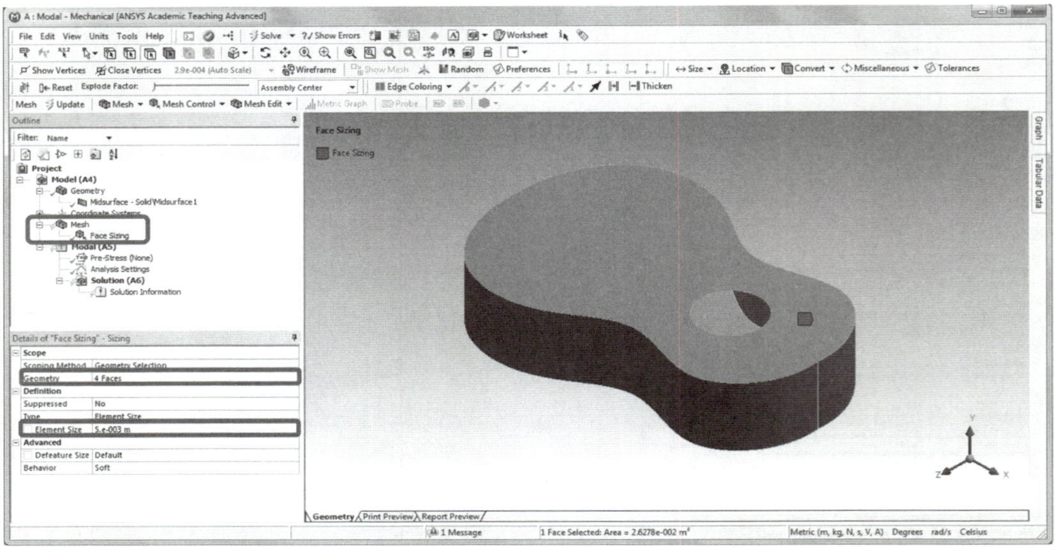

*Project Outline*의 *Mesh*에서 마우스 우측 버튼을 클릭하고 드롭다운 메뉴에서 *Generate Mesh*를 선택한다.

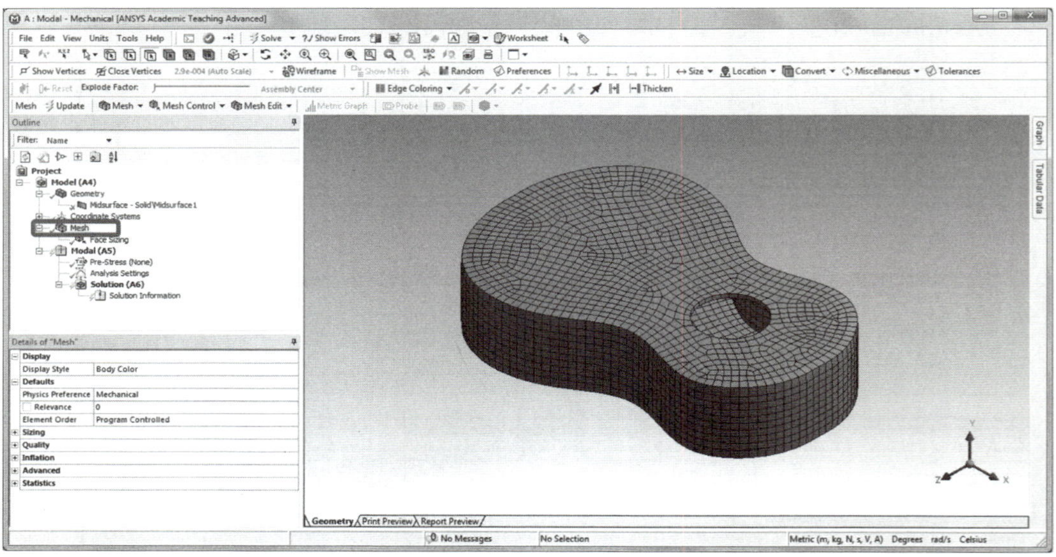

단계 12: 모달(Modal) 해석 설정 및 경계조건을 적용

Outline 트리에서 ***Modal*** 아래의 ***Analysis Settings***를 클릭한다. ***Details of "Analysis Settings"***에서 ***Max Modes to Find***를 ***10*** 으로 변경한다.

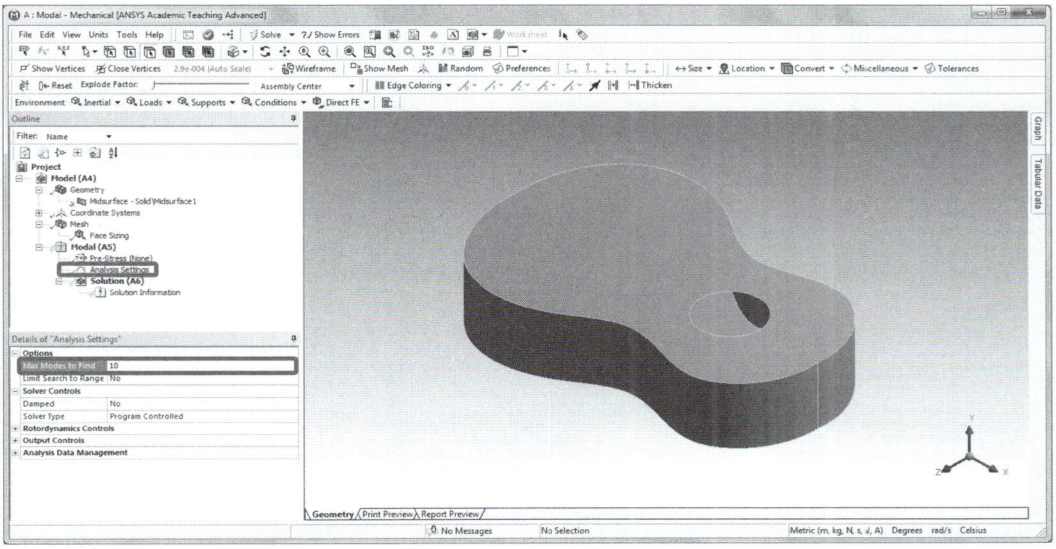

Modal (A5)을 마우스 우측 버튼으로 클릭한다. 드롭다운 메뉴에서 ***Insert***와 그리고 ***Fixed Support***를 선택한다. ***Geometry*** 선택으로 바닥면을 적용한다.

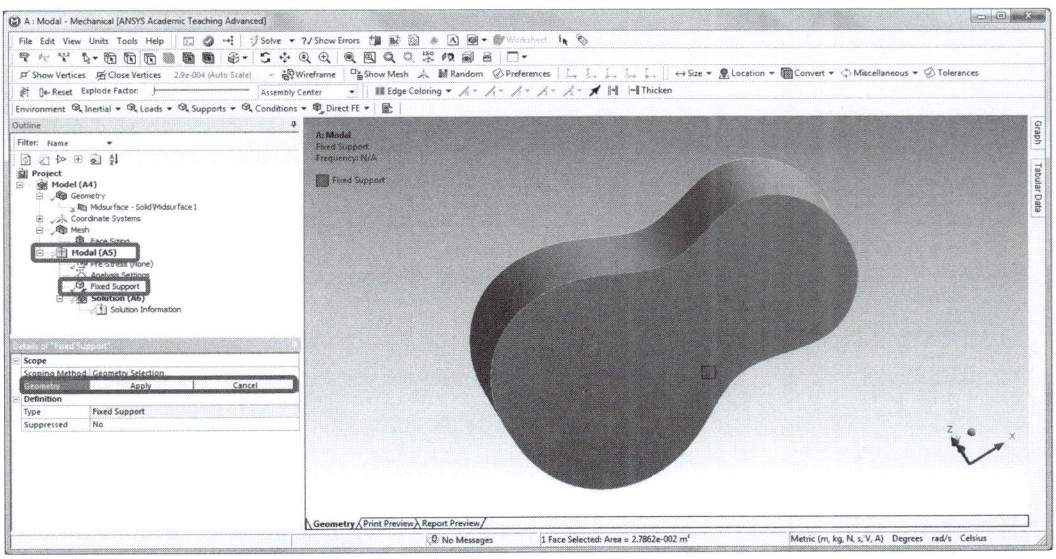

단계 13: 모달 해석에서 결과를 검색

Outline의 ***Solution (A6)***에서 마우스 우측 버튼을 클릭하여 ***Total Deformation***을 삽입한다. ***Details of "Total Deformation"***에서 ***Mode***를 ***1***로 설정한다. 또 다른 ***Total Deformation*** 항목을 삽입한다. ***Details of "Total Deformation 2"***에서 ***Mode***를 ***2***로 설정한다. 이 과정을 3회 더 반복하고 새로운 삽입에 대해 각각의 ***Mode***를 ***3***, ***4***와 ***5***로 설정한다. ***Outline***의 ***Solution (A6)***에서 마우스 우측 버튼 클릭하고 ***Solve***를 선택한다.

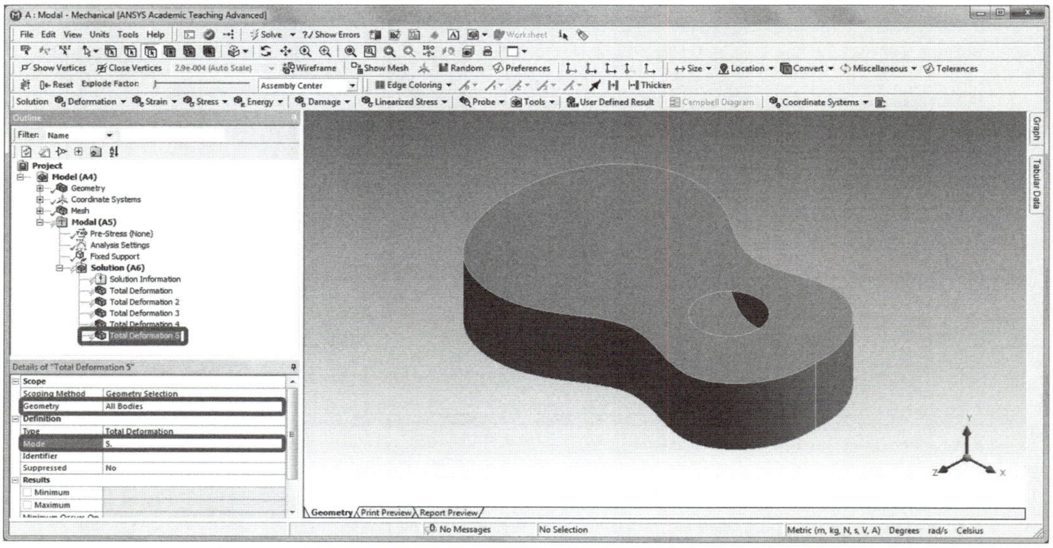

Outline의 ***Total Deformation***을 클릭하여 결과를 확인한다. 아래의 결과는 첫 번째 고유진동수 1083.2 Hz와 해당 모드 형상을 나타낸다.

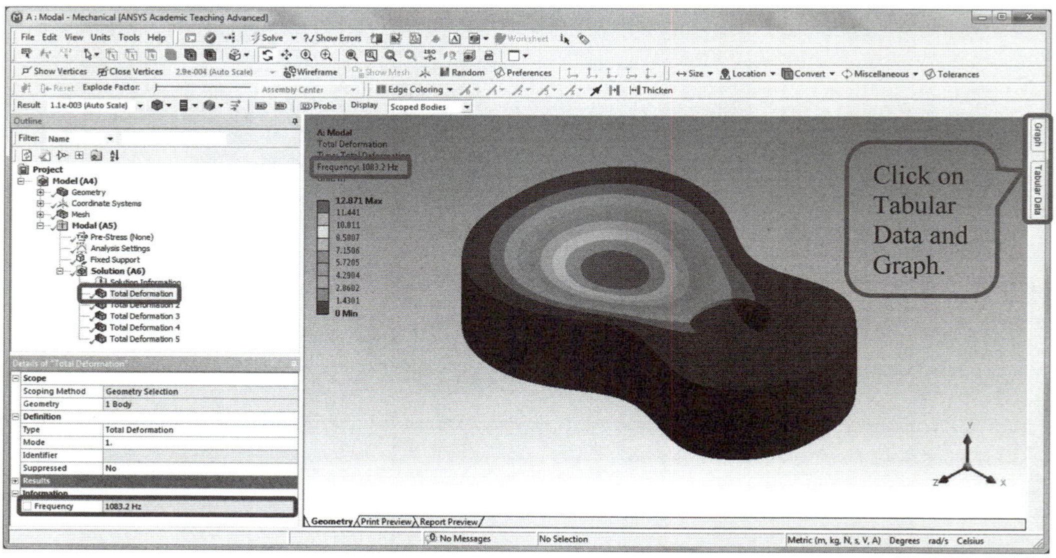

Graphics 창 우측 모서리의 ***Tabular Data***와 ***Graph***를 클릭한 후 자동 숨기기(***Auto Hide***)로 표시된 압정 표시(push pin)를 클릭하면 아래의 그림과 같이 표 형식 데이터와 그래프가 표시된다.

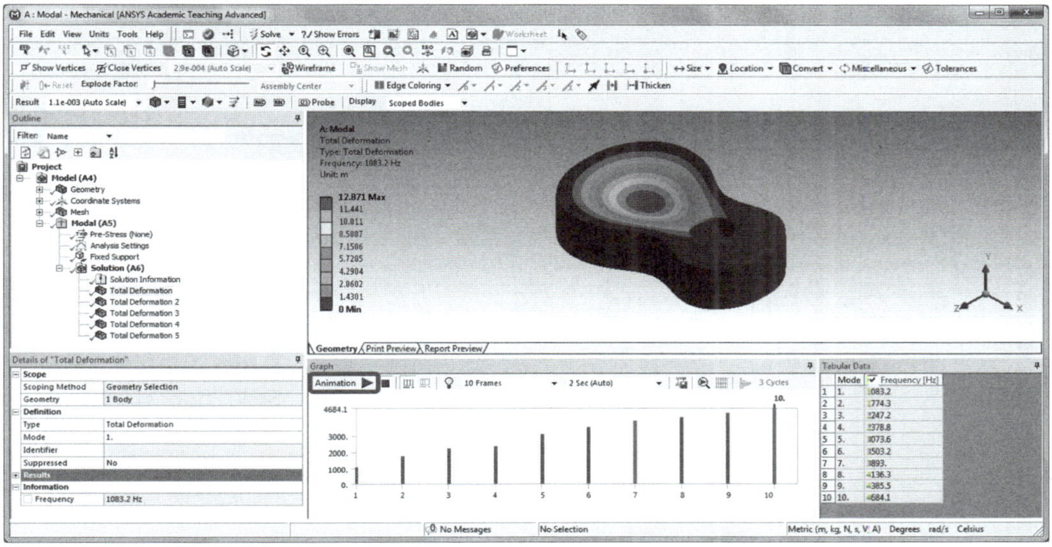

Tabular Data에서는 바닥면을 고정시킨 경계조건에서 기타의 초기 10개 고유진동수를 제공한다. Graph 창의 ***play/stop*** 제어 인터페이스에서 모드 형상의 애니메이션(animation)이 가능하다. ***Outline***에서 각각의 ***Total Deformation*** 항목을 클릭하여 결과를 확인한다(아래의 그림은 4번째 모드의 형상이다). ***Modal – Mechanical***을 종료한다.

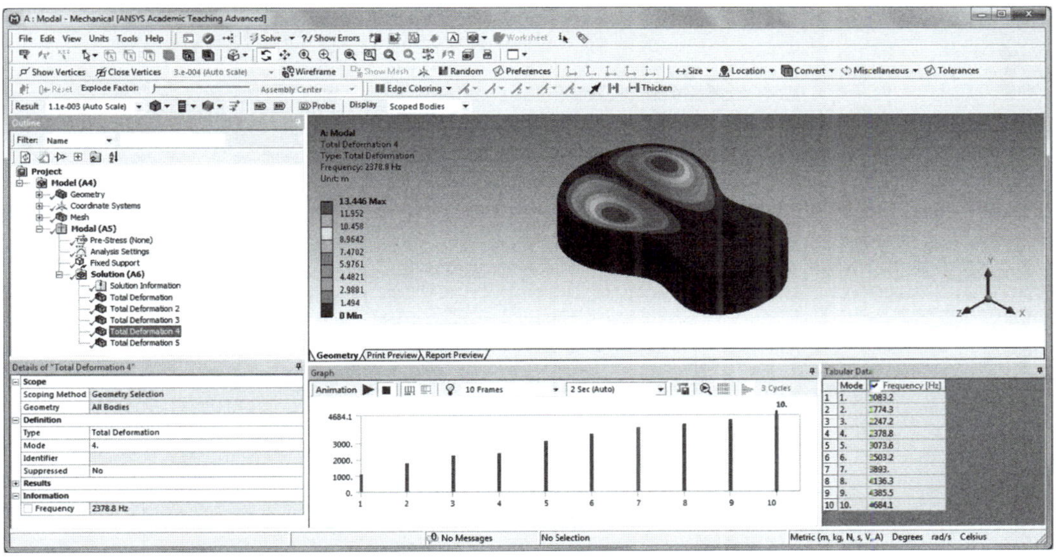

단계 14: *Harmonic Response* 해석 시스템 생성

Analysis Systems Toolbox에서 ***Harmonic Response*** 아이콘을 끌어(drag)와 ***Project Schematic***의 ***Modal*** 시스템에 있는 ***Solution*** 셀에 내려(drop)놓는다.

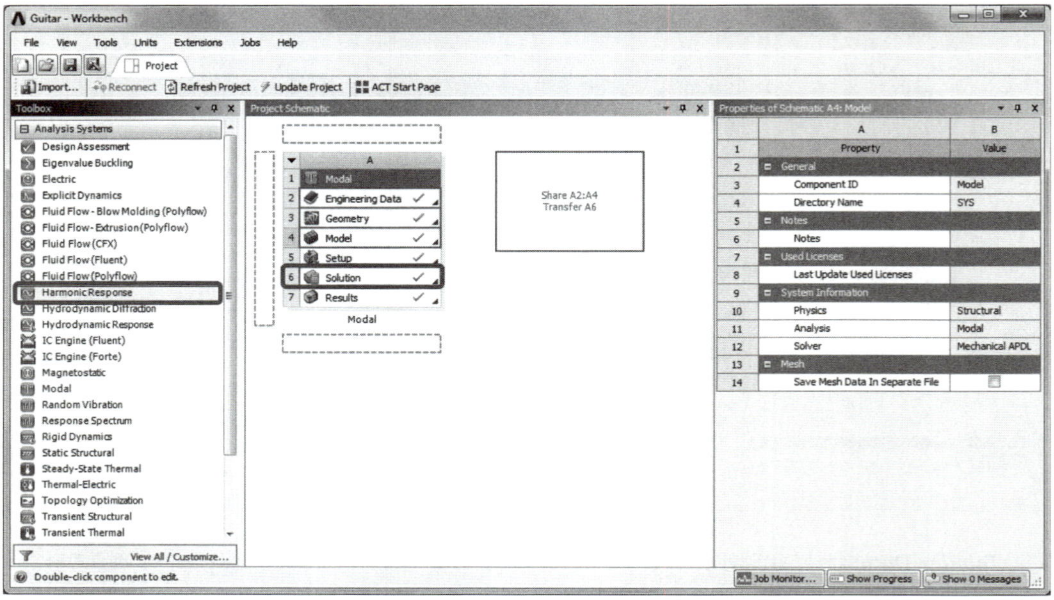

아래의 그림과 같이 ***Modal*** 시스템과 데이터를 공유하는 ***Harmonic Response*** 시스템이 생성된다.

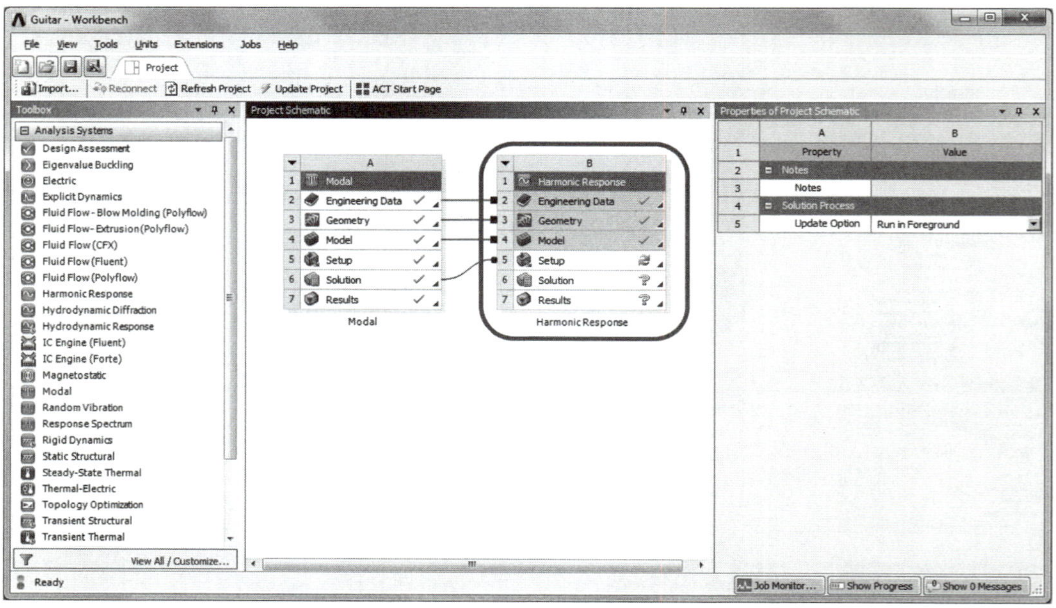

단계 15: Harmonic Response 해석 설정 및 하중을 부과

Harmonic Response 시스템의 ***Setup*** 셀을 더블클릭하여 ***Multiple Systems – Mechanical*** 프로그램을 실행한다. 이 프로그램에서 ***Outline → Analysis Settings***를 선택한다. ***Range Minimum***을 ***1000 Hz***, ***Range Maximum*** 을 ***4000 Hz***, 그리고 ***Solution Intervals***를 ***300***로 설정한다. 이 설정은 시뮬레이션이 1000 – 4000 Hz의 범위에서 10 Hz 씩 증가하는 300개의 가진주파수(excitation frequency)를 계산할 것이라는 것을 의미한다.

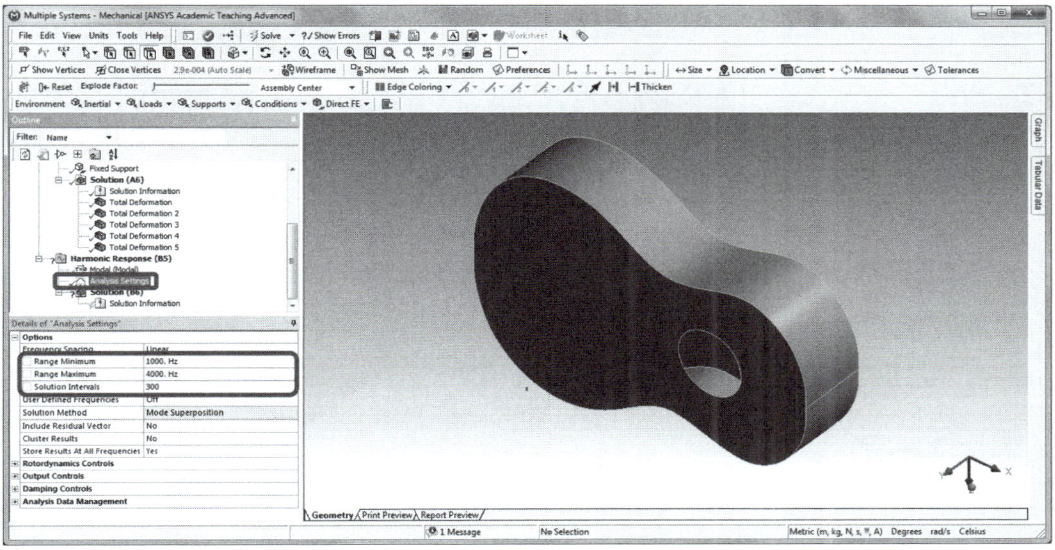

Harmonic Response (B5)를 마우스 우측 버튼으로 클릭한다. 드롭다운 메뉴에서 ***Insert***와 그리고 ***Pressure***를 선택한다. ***Details of "Pressure"***에서 ***Magnitude***를 ***1e6 Pa***로 설정하고 측면을 ***Geometry*** 선택에 적용한다.

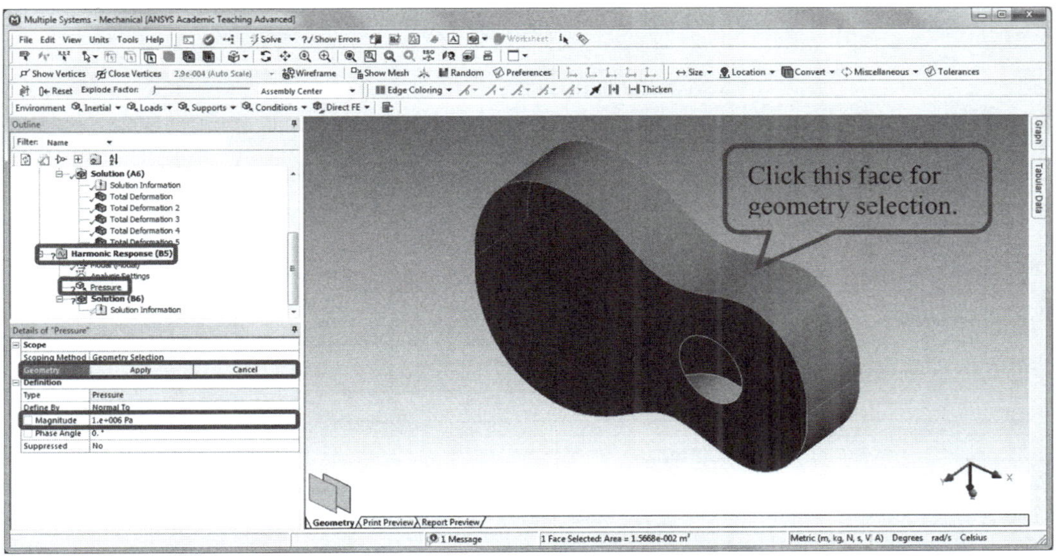

단계 16: Modal 해석에서 결과를 검색

*Solution (B6)*을 마우스 우측 버튼으로 클릭한다. 드롭다운 메뉴에서 *Insert*와 *Frequency Response* 와 그리고 *Deformation*을 선택한다. *Details of "Frequency Response"*에서 *Directional Deformation*의 *Orientation*을 *Y Axis*로 설정한다. 아래의 그림에서 녹색으로 강조 표시된 면을 클릭하고 *Geometry* 선택에 적용한다.

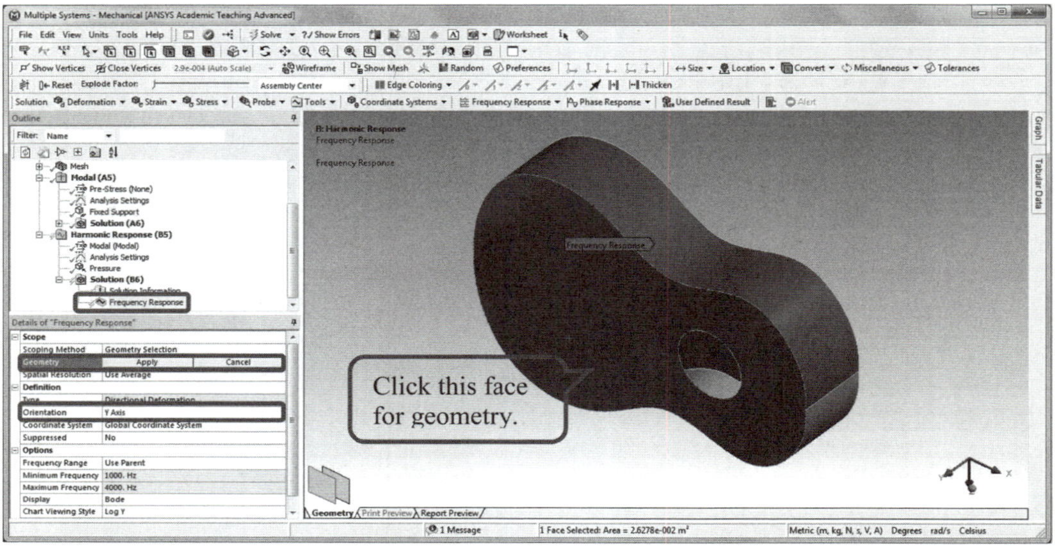

*Solution (A6)*에서 마우스 우측 버튼 클릭하고 *Solve*를 선택한다. 계산이 완료되면 *Outline*에서 *Frequency Response*를 클릭하여 기타의 조화 응답(harmonic response)를 확인한다.

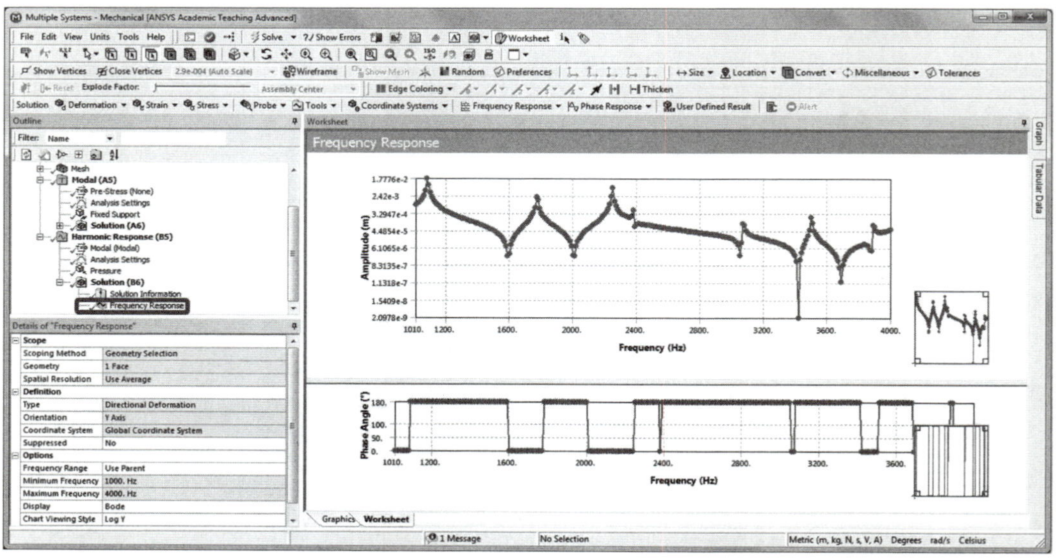

모델링 팁: 모달 해석은 구속된 상태, 구속이 없는 상태 또는 부분적으로 구속된 상태로 수행할 수 있음을 유의하자. 또한 대칭 구조에서도 비대칭 모드가 존재할 수 있기 때문에 모달 해석을 위한 모델을 단순화하기 위한 대칭의 활용은 바람직하지 않다는 것을 명심하자. 아래의 그림에서 구속이 없는 상태의 모델과 고정된 모델간의 결과를 비교하였다. 구속이 없는 상태의 모딜의 경우 시뮬레이션에서 해석한 처음 6개의 모드 형상은 구조물이 자유롭게 이동이 가능한 강체(rigid body) 모드이다. 이것들은 구조물의 진동모드로 간주하지 않는다. 이 비교에서 자유롭게 놓여 있는 기타(free floating guitar)는 고정된 기타와는 다른 고유진동수 및 모드 형상들의 조합을 가진다는 것을 나타낸다. 일반적으로 구속 조건이 구조물의 진동 특성에 영향을 끼치므로 모델을 설정할 때는 주의해야 한다.

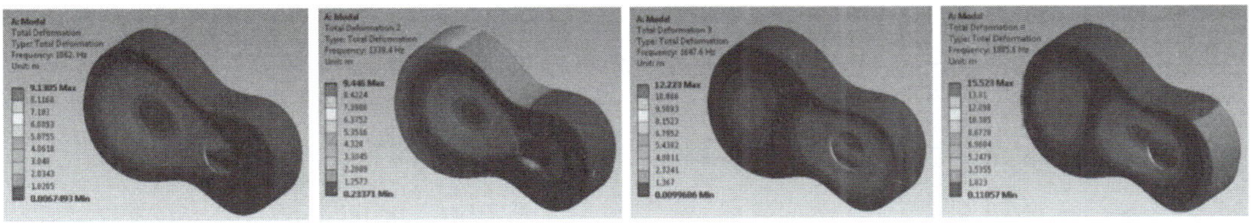

1062. Hz ***1339.4 Hz*** ***1647.6 Hz*** ***1885.6 Hz***

구속이 없는 기타(unconstrained guitar) 모델의 1 ~ 4차 모드.

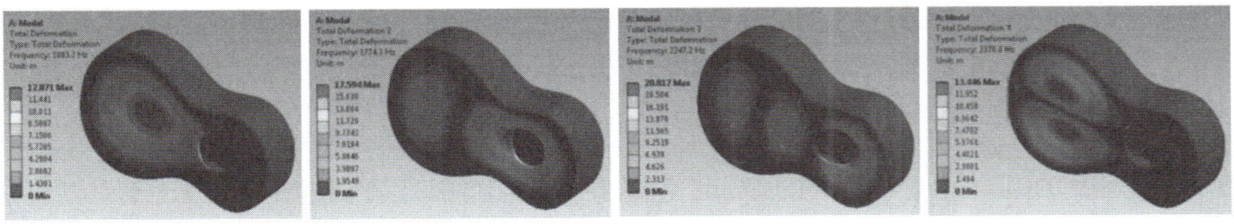

1083.2 Hz ***1774.3 Hz*** ***2247.2 Hz*** ***2378.8 Hz***

고정된 기타(fixed guitar) 모델의 1 ~ 4차 모드.

8.8 요약

이 장에서는 먼저 1 자유도 및 다중 자유도 시스템에 대한 운동 방정식을 검토하고 유한요소 공식화 과정에서 질량 및 감쇠 행렬을 계산하는 방법에 대해 설명하였다. 그런 다음 구조 진동 및 동적 문제에 대한 정규 모드, 조화 응답 및 과도 응답을 해결하기위한 방법을 설명하였다. 직접법과 모달법의 장점과 단점에 대해 설명하였다. 유한요소해석의 진동 및 동적 해석에 대한 적용을 보여주기 위해 진동 및 동적 해석의 몇 가지 예가 논의되었다. ANSYS Workbench를 사용하여 기타의 진동 모드를 해석하였다.

8.9 학습목표 검토

이 장에서 학습한 내용은 다음과 같다.

1. 구조물의 진동 및 동적 해석을 위한 유한요소 공식화의 이해
2. 유한요소 운동 방정식에서 질량 및 감쇠 행렬을 계산하는 방법
3. 유한요소해석을 사용하여 구조물의 고유 진동수 및 모드 계산
4. 유한요소해석을 사용하여 구조물의 조화 응답을 계산.
5. 유한요소해석을 사용하여 구조물의 과도 응답을 계산
6. ANSYS Workbench를 사용하여 구조물의 진동 또는 동적 해석 수행

문제

8.1 예제 8.1에서 검토된 외팔보에 대해 더 많은 요소를 사용하여 보 구조물의 처음 10개의 고유 진동수와 정규 모드를 구하시오. 보의 영탄성계수 $E = 200$ GPa, 푸와송비 $\nu = 0.3$, 질량 밀도 $\rho = 7850$ kg/m^3 의 구조용 강재로 만들어졌으며 길이가 100 cm이고 단면은 10 cm × 10 cm 인 정사각형으로 가정하시오.

8.2 모서리 길이 = 1 m, 두께 = 0.005 m, 탄성계수 $E = 70$ GPa, 푸와송비 $\nu = 0.3$, 질량 밀도 $\rho = 2800$ kg/m^3 인 사각 평판의 처음 5개 고유진동수와 정규모드를 다음의 경우에 대하여 구하시오.

a. 네 모서리 고정(clamped)
b. 네 모서리 단순지지(simply supported)
c. 네 모서리 자유단 (구속 없음)

지지 조건이 판의 고유 진동수에 미치는 영향에 대해 검토하시오.

8.3 전체 길이가 5 m, 지름이 1 m, 그리고 두께가 0.01 m 인 연료탱크는 아래와 같다. 유한요소해석을 사용하여, 다음의 경우에 처음 6개의 고유 진동수와 해당 정규모드를 구하시오.

a. 탱크가 전혀 지지되어 있지 않을 경우
b. 탱크가 양 끝에서 1 m 떨어진 두 위치에서 반지름 방향으로 원주를 따라 구속된 경우

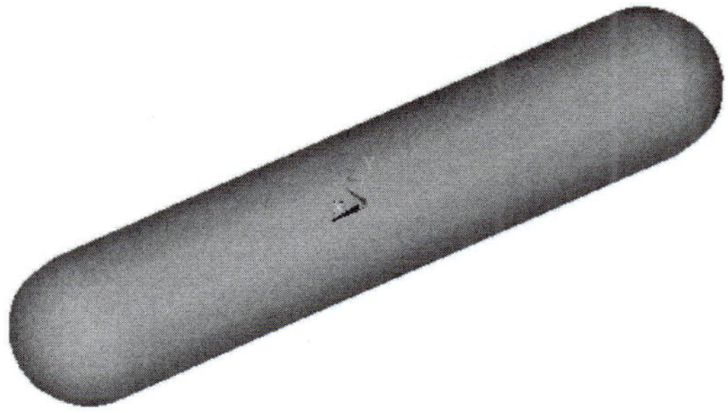

탱크의 대칭이 만족되고, (b)항의 경계 조건이 쉽게 적용될 수 있도록 쉘 요소를 사용하여 조심스럽게 유한요소 메시를 만드시오. 탱크의 영탄성계수 $E = 200$ GPa, 푸와송비 $\nu = 0.3$, 질량밀도 $\rho = 7850$ kg/m^3 인 강재로 되어있다고 가정하시오.

8.4 아래 그림에서 회전 부품의 경우 탄성계수 $E = 200$ GPa, 푸와송비 $\nu = 0.3$, 질량 밀도 $\rho = 7850$ kg/m^3 인 강재로 되어있다고 가정하시오. 중력을 무시하시오.
다음의 조건일 때 유한요소해석을 사용하여 부품의 처음 5개의 고유 진동수와 정규 모드를 계산하시오.

a. 구멍 내부의 원통 표면을 고정

b. 바닥면을 고정

두 모델 간의 결과를 비교하시오.

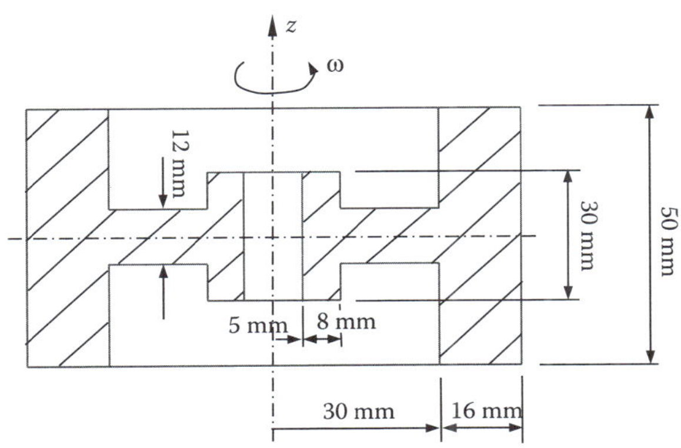

8.5 다음 그림은 영탄성계수 $E = 200$ GPa, 푸와송비 $\nu = 0.3$, 밀도 $\rho = 7850$ kg/m^3 인 구조용 강재로 만들어진 단순한 판을 보여준다. 판의 두께는 5 mm 이며 왼쪽에 고정되어 있다. 크기 100 N의 조화하중(harmonic force)이 판의 표면 수직방향으로 오른쪽 모서리에 적용된다고 가정하시오. 입체(solid) 모델과 쉘(shell) 모델을 사용하여 다음을 계산하시오.

a. 처음 5개의 고유 진동수와 해당 정규 모드

b. 주어진 조화 하중에서 플레이트 표면의 z 방향 변형(플레이트의 표면 수직 방향을 따라)의 주파수 응답

두 모델 간의 결과를 비교하시오.

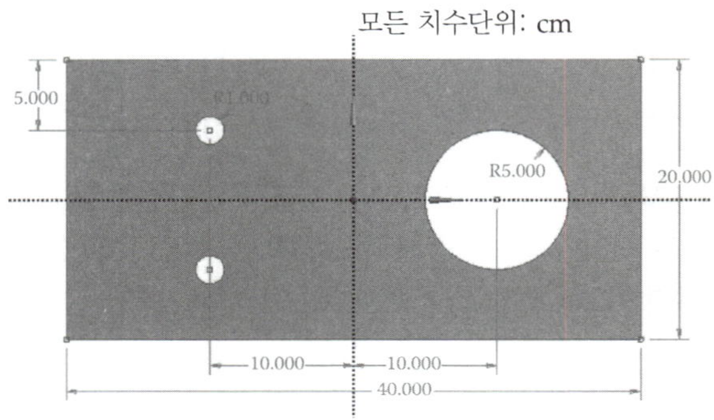

8.6 다음 그림은 영탄성계수 $E = 200$ GPa, 푸와송비 $\nu = 0.3$, 밀도 $\rho = 7850$ kg/m^3 인 구조용 강재로 만든 간단한 브래킷을 나타낸다. 브래킷은 앞면 모양이 아래에 그림과 같고 돌출 깊이(extrusion depth)가 12 cm 이다. 지름 1.5 cm 의 관통 구멍이 브래킷의 평평한 끝 부분의 중앙에 양쪽에 하나씩 위치한다. 브래킷의 바닥면은 고정되어 있고 윗면에 1000 N/cm^2 크기의 조화하중이 가해진다고 가정하라. 솔리드 모델을 사용하여 다음을 계산하시오.

a. 처음 5개의 고유 진동수와 해당 정규 모드

b. 주어진 조화 하중에서 브래킷 전면의 z 방향 변형(정면의 수직 방향을 따라)의 주파수 응답

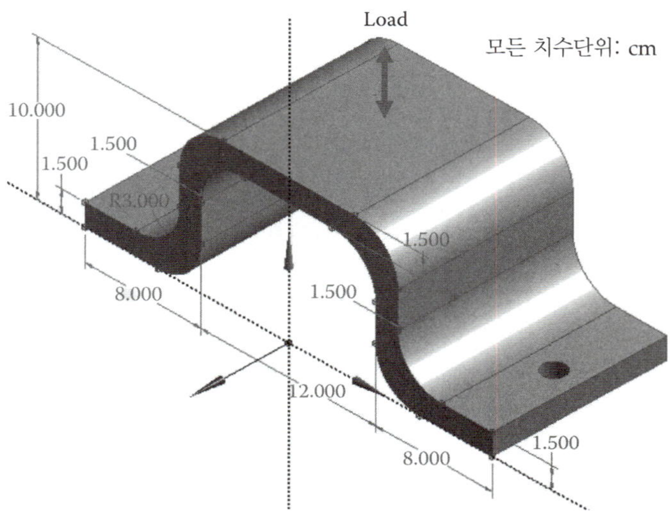

8.7 다음 그림은 영탄성계수 $E = 200$ GPa, 푸와송비 $\nu = 0.3$, 밀도 $\rho = 7850$ kg/m^3 인 구조용 강재로 만든 L 자형 브래킷을 나타낸다. 그림에 표시된 L 자 모양의 형상이 3 cm × 8 cm × 1 cm 크기의 직사각형 기초에 단단히 연결되어 있다. 브래킷이 기초의 오른쪽 끝이 고정되어 있다고 가정한다. 아래 그림과 같이 L 자 모양의 튀어 나온 면(protruding surface)에 100 N/cm^2 크기의 조화압력(harmonic pressure)이 가해진다. 유한요소해석을 사용하여 다음을 계산하시오.

a. 처음 5개의 고유 진동수와 해당 정규 모드
b. 주어진 조화 하중에서 브래킷의 돌출 된 상단면의 y 방향 변형(하중 방향을 따라)의 주파수 응답

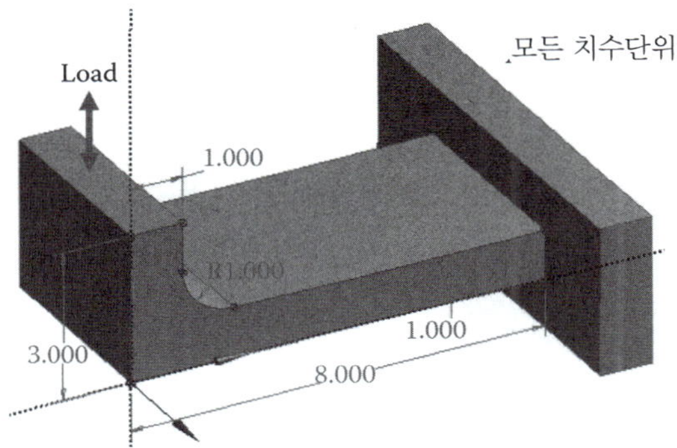

8.8 다음의 두 봉 조립체는 영탄성계수 $E = 200$ GPa, 푸와송비 $\nu = 0.3$ 및 밀도 $\rho = 7850$ kg/m^{3}인 구조용 강재로 만들어진 4개의 부재로 구성되어 있다. 아래 그림과 같이 두 봉의 크기는 같다. 각 봉의 지름은 2 cm 이고 길이는 16 cm이다. 두 개의 동일한 엔드 블록(end block)은 라운드 모서리에서 두께가 2 cm 이고 필렛 반지름이 1 cm 이다. 두 블록 사이의 간격은 8 cm 이다. 두 블록은 바닥이 고정되어 있다고 가정하자. 봉에는 아래 그림과 같이 100 N/cm^2 의 조화압력이 가해진다. 유한요소해석을 사용하여 다음을 계산하시오.

a. 조립체의 처음 5개 고유 진동수와 정규 모드
b. 주어진 조화하중 하에서 원통형 막대 면의 x 방향 변형(하중 방향을 따라)의 즈파수 응답

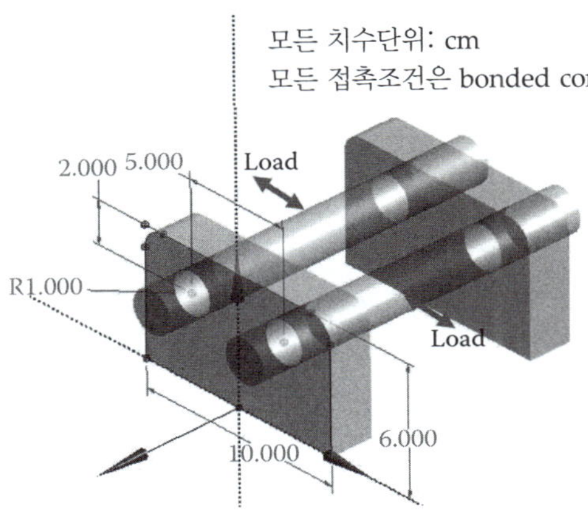

8.9 다음 클레비스(clevis) 결합체는 요크(yoke), 핀 및 U 자 모양으로 구성되어 있다. 조립 부품은 탄성계수 $E = 200$ GPa, 푸와송비 $\nu = 0.3$, 밀도 $\rho = 7850$ kg/m^3 의 구조용 강재로 만들어져 있다. 요크와 U 자 모양의 형상은 아래와 같다. 두 구성 요소 모두 돌출 깊이(extrusion depth)가 5 cm 이다. 핀의 지름은 2 cm 이고 길이는 16 cm 이며 U 자형의 앞면과 측면에서 2.5 cm 떨어진 곳에 구멍중심에 있다. 요크가 왼쪽 끝이 고정되어 있고 U 자 모양이 오른쪽 끝에 100 N/cm^2 의 조화 압력 하중이 가해진다고 가정하자. 유한요소해석을 사용하여 다음을 계산하시오.

a. 조립체의 처음 5개 고유 진동수와 정규 모드

b. 주어진 조화 하중 하에서 원통형 핀 표면의 x 방향 변형(하중 방향을 따라)의 주파수 응답

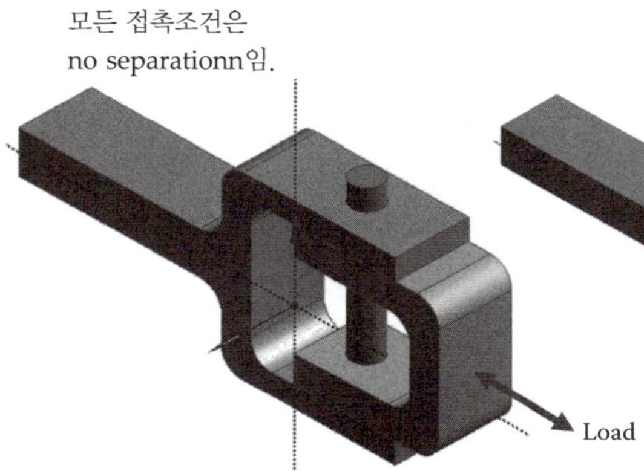

클레스비 결합체

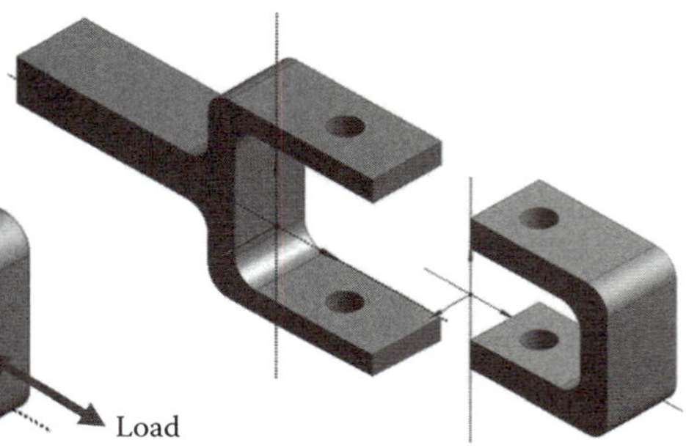

요크 및 U-형 고리

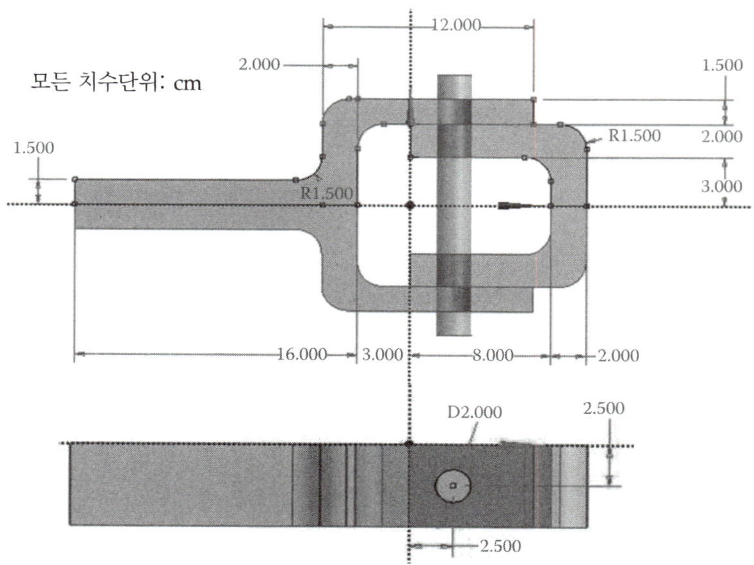

8.10 다음 로터 조립체는 로터(rotor), 축 및 지지대로 구성되었다. 조립 부품은 영탄성계수 E = 200 GPa, 푸와송비 $\nu = 0.3$, 밀도 $\rho = 7850$ kg/m^3 의 구조용 강재로 만들어져 있다. 조립품의 받침은 바닥은 고정되어 있다. 아래 그림과 같이 기저부 측면에 100 N/cm^2 크기의 조화하중이 가해진다고 가정한다. 유한요소해석을 사용하여 다음을 계산하시오.

a. 조립체의 처음 5개 고유 진동수와 정규 모드

b. 주어진 조화하중 하에서 원통형 샤프트 표면의 y 방향 변형(수직 방향)의 주파수 응답

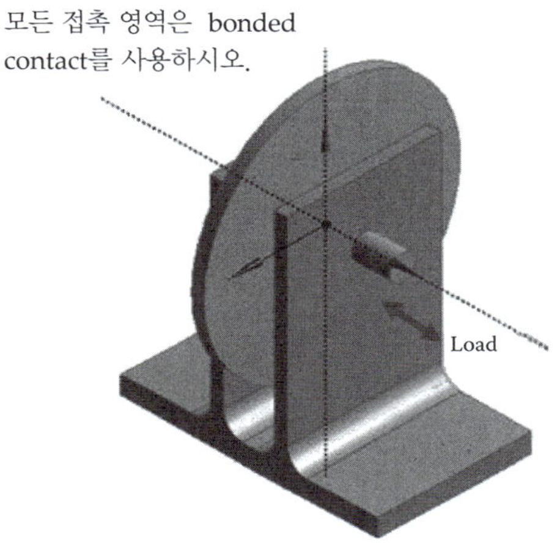

로터 조립체

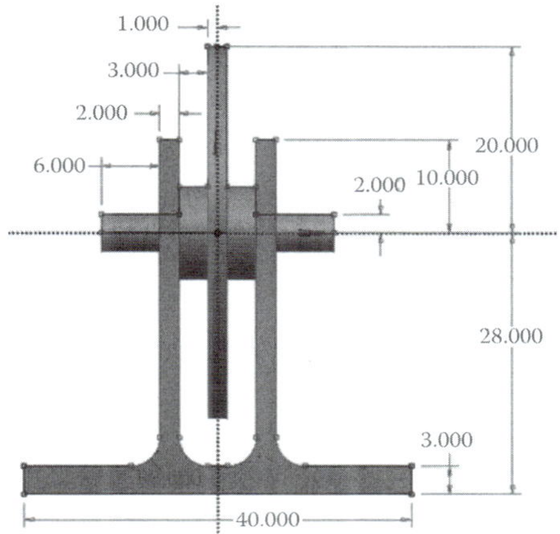

조립체의 정면도(치수단위: cm)

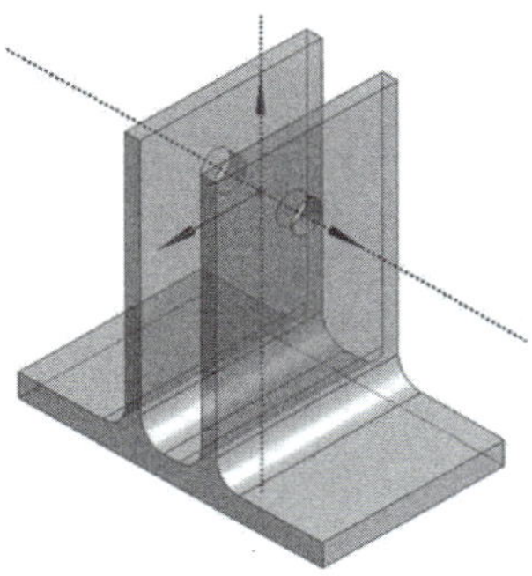

지지대

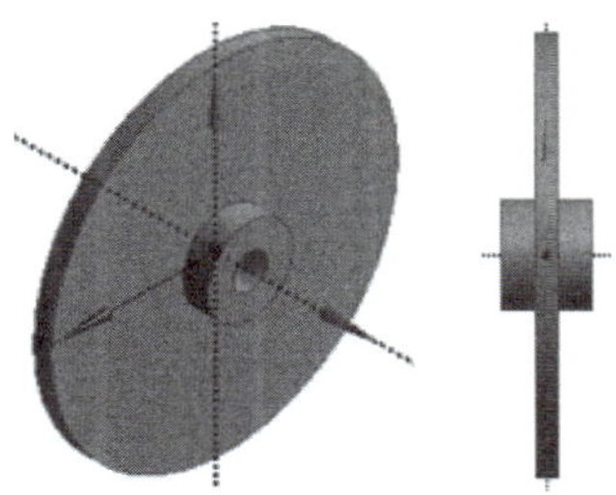

로터

Chapter 9

열해석

9.1 서론

많은 공학문제는 열적 문제를 포함하고 있다. 가전제품, 첨단전자기기, 엔진과 같은 장치나 난방, 환기 및 공기조화 시스템은 설계단계에서 이들 열적 성능에 대한 평가가 요구된다. 본 장에서는 FEM을 이용한 열해석에 대하여 설명할 예정이다. 열해석(thermal analysis)의 목적은 열 하중을 받는 구조물의 반응과 거동을 이해하는 것이다. 서로 다른 열 하중 조건에서 온도 분포, 열 유속 분포 및 구조물의 반응에 대한 해석결과는 열 공학 제품의 설계에 대한 신뢰성을 확보하는데 필요한 중요한 정보이다. 정상상태와 과도 열 문제에 관해서 소개하고 ANSYS Workbench를 사용하여 히트 싱크(heat sink) 모델을 해석한다. 온도의 변화에 따른 구조물의 반응에 대한 열응력 해석도 포함하여 설명한다.

9.2 기본 방정식 개요

물체나 물체들 사이에 대한 열전달을 학습하기 위해서는 온도, 열 구배 및 열 유속 같은 열량들이 열해석을 통해 결정된다. 열해석에는 정상상태 열해석과 과도 열해석으로 구분한다. 정상상태 열해석은 열평형에 도달한 상태에서 구조물에 작용하는 온도, 열 유속 분포를 구하는 것이며 과도 열해석은 시간변화에 따라 온도와 다른 열량의 값을 시간이력(time history)으로 구하는 것이다. 추가적으로 공학 재료의 열팽창이나 열 수축은 통상 구조물에 열응력을 발생시키므로, 열응력 해석을 수행하여 검증하여야 한다.

9.2.1 열해석

1차원 공간의 온도장(temperature field)에서 그림 9.1과 같은 봉에 적용되는 푸리에 열전도(Fourier heat conduction) 공식은,

$$f_x = -k\frac{\partial T}{\partial x} \tag{9.1}$$

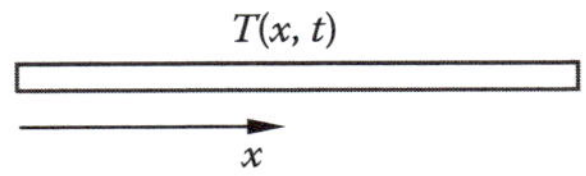

그림 9.1 1-D 봉 모델의 온도장 T(x,t)

여기서,

f_x = 단위 면적당 열 유속

k = 열 전도계수

$T = T(x, t)$ = 온도장

3차원의 경우는

$$\begin{Bmatrix} f_x \\ f_y \\ f_z \end{Bmatrix} = -\mathbf{K}\begin{Bmatrix} \partial T/\partial x \\ \partial T/\partial y \\ \partial T/\partial z \end{Bmatrix} \tag{9.2}$$

여기서, f_x, f_y, f_z = x, y, z 방향의 열 유속이다. 등방성재료의 경우, 전도행렬(conductivity matrix)은

$$\mathbf{K} = \begin{bmatrix} k & 0 & 0 \\ 0 & k & 0 \\ 0 & 0 & k \end{bmatrix} \tag{9.3}$$

열 유속(heat flow)식은 다음과 같다.

$$-\left[\frac{\partial f_x}{\partial x} + \frac{\partial f_y}{\partial y} + \frac{\partial f_z}{\partial z}\right] + q_v = c\rho\frac{\partial T}{\partial t} \tag{9.4}$$

여기서

q_v = 단위 체적당 내부 열 생성 비율

c = 비열

ρ = 질량비중

정상상태($\partial T/\partial t = 0$)와 등방성 재료의 경우에는

$$k\nabla^2 T = -q_v \tag{9.5}$$

이는 푸아송식(Poisson equation)으며 해는 주어진 경계조건으로 풀 수 있다. 그림 9.2의 정상상

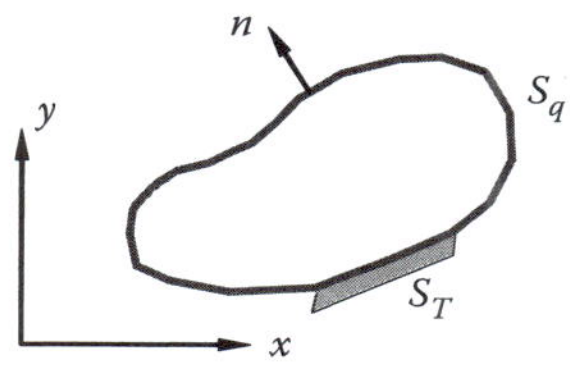

그림 9.2 열전도 문제에 대한 경계조건

태의 열전도 문제의 경계조건은 다음과 같다.

$$T = \overline{T}, \quad \text{on } S_T \tag{9.6}$$

$$Q \equiv -k\frac{\partial T}{\partial n} = \overline{Q}, \quad \text{on } S_q \tag{9.7}$$

경계 $S = S_T \cup S_q$ 상의 어느 한 점은 경계조건 중 한 형태만 정의되어야 함을 주목하자.

9.2.1.1 열전도에 대한 유한요소 공식화

열전도 문제는 다음과 같은 유한요소 식으로 설정된다.

$$\mathbf{K}_T \mathbf{T} = \mathbf{q} \tag{9.8}$$

여기서,

$\mathbf{K}_T$ = 전도행렬(conductivity matrix)
$\mathbf{T}$ = 질점의 온도 벡터
$\mathbf{q}$ = 열 하중 벡터

한 요소의 전도행렬은 다음과 같다.

$$\mathbf{k}_T = \int_V \mathbf{B}^T \mathbf{K} \mathbf{B} dV \tag{9.9}$$

위식은 구조해석의 경우와 유사하게 온도장에 대하여 보간법인 $T = \mathbf{NT}_e$ (N 은 형상함수 행렬이고 T_e 는 질점의 온도)를 출발점으로 구해질 수 있다. 여기서 열 문제는 각각의 질점에 대하여 1 자유도(DOF)임을 주목하여야 한다.

과도 (비정상 상태) 열전도 문제의 경우는 아래의 식과 같다.

$$\frac{\partial T}{\partial t} \neq 0$$

이러한 경우, 과도 구조해석과 같이 유한차분기법(시간단계 사용과 시간으로 적분)을 적용하여 과도 온도장의 결과를 얻을 수 있다.

9.2.2 열응력 해석

구조물에 작용하는 온도의 변화에 의한 열응력을 계산하기 위해서는 다음과 같은 절차로 진행된다.

- 첫째로 식 (9.8)을 풀이해서 온도(변화)장을 구한다.
- 초기 변형률(혹은 초기 응력)로 구조물에 온도변화 ΔT를 적용하여 온도 변화에 의한 열응력을 계산한다.

9.2.2.1 1-D 경우

온도 변화를 겪는 고체의 경우, 응력-변형률 관계를 이해하기 위해 그림 9.3의 1차원(1-D) 경우에는 열 변형률(혹은 초기 변형률)은 다음과 같다.

$$\varepsilon_o = \alpha \Delta T \tag{9.10}$$

여기서,

α = 열팽창 계수

$\Delta T = T_2 - T_1$ = 온도 변화

총 변형률은 다음과 같이 주어진다.

$$\varepsilon = \varepsilon_e + \varepsilon_o \tag{9.11}$$

여기서 ε_e 는 기계적 하중에 의한 탄성 변형률이다.

총 변형률에 대하여 다시 쓰면

$$\varepsilon = E^{-1}\sigma + \alpha \Delta T \tag{9.12}$$

혹은, 역으로 응력은 다음과 같다.

$$\sigma = E(\varepsilon - \varepsilon_o) \tag{9.13}$$

예제 9.1

그림 9.3과 같이 열 하중 ΔT 를 받는 봉을 고려해 보자.

(a) 오른쪽에 구속이 없다면, 봉은 오른쪽으로는 팽창에 제한이 없으므로 식 (9.13)으로부터 다음과 같이 계산된다. 그러므로 응력이 없는 상태가 존재하게 된다.

$$\varepsilon = \varepsilon_o, \quad \varepsilon_e = 0, \quad \sigma = 0$$

(b) 만약 오른쪽이 구속되어있으면, 봉은 우측으로 팽창할 수 없어 식 (9.11)과 식 (9.13)으로부터 다음과 같이 된다.

$$\varepsilon = 0, \quad \varepsilon_e = -\varepsilon_o = -\alpha\Delta T, \quad \sigma = -E\alpha\Delta T$$

이와 같은 단순한 예제로부터 열응력이 발생하기 위해서는 구조물의 구속조건이 중요한 역할을 한다.

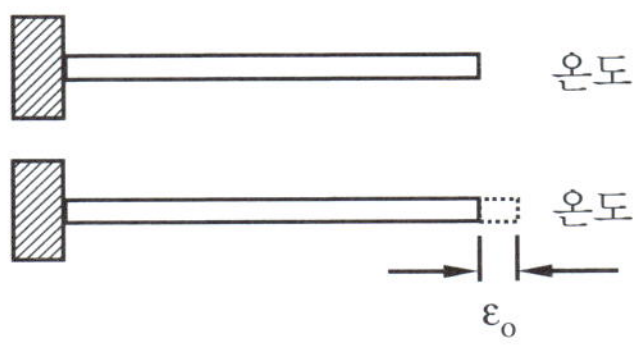

그림 9.3 온도의 증가로 인한 봉의 팽창

9.2.2.2 2-D 경우

평면응력상태의 경우는 다음과 같다.

$$\varepsilon_o = \begin{Bmatrix} \varepsilon_x \\ \varepsilon_y \\ \gamma_{xy} \end{Bmatrix}_o = \begin{Bmatrix} \alpha\Delta T \\ \alpha\Delta T \\ 0 \end{Bmatrix} \tag{9.14}$$

평면 변형률 상태의 경우는 다음과 같다.

$$\varepsilon_o = \begin{Bmatrix} \varepsilon_x \\ \varepsilon_y \\ \gamma_{xy} \end{Bmatrix}_o = \begin{Bmatrix} (1+\nu)\alpha\Delta T \\ (1+\nu)\alpha\Delta T \\ 0 \end{Bmatrix} \tag{9.15}$$

여기서 ν는 푸아송비이다.

9.2.2.3 3-D 경우

$$\boldsymbol{\varepsilon}_o = \begin{Bmatrix} \varepsilon_x \\ \varepsilon_y \\ \varepsilon_z \\ \gamma_{xy} \\ \gamma_{yz} \\ \gamma_{zx} \end{Bmatrix}_o = \begin{Bmatrix} \alpha\Delta T \\ \alpha\Delta T \\ \alpha\Delta T \\ 0 \\ 0 \\ 0 \end{Bmatrix} \tag{9.16}$$

관찰: 온도변화는 전단변형률에 영향을 미치지 않는다.
2-D 와 3-D 경우 모두, 총 변형률은 다음의 벡터공식과 같이 주어진다.

$$\boldsymbol{\varepsilon} = \boldsymbol{\varepsilon}_e + \boldsymbol{\varepsilon}_o \tag{9.17}$$

그리고 응력-변형률(stress-strain) 관계는 다음과 같다.

$$\boldsymbol{\sigma} = \mathbf{E}\boldsymbol{\varepsilon}_e = \mathbf{E}(\boldsymbol{\varepsilon} - \boldsymbol{\varepsilon}_o) \tag{9.18}$$

9.2.2.4 유한요소 열응력 해석 유의점

구조물의 α 값과 온도 변화가 있는 관련요소의 ΔT 값을 정하는 것이 필요하다.

- 선형 열탄성학에서 유의점은 구조물에 서로 다른 온도 수준차이가 있다고 하더라도 동일한 온도변화에서는 동일한 응력 값으로 나타난다.
- 제조상이나 작업환경에 따른 온도의 상이점 열(잔류) 응력의 주요 원인이다.

열 문제에 지배 방정식이나 경계조건에 대한 보다 심도 있는 관계식은 참고문헌 [13. 14] 등을 통하여 습득할 수 있다.

9.3 열 문제 모델링

열은 전도, 대류, 복사의 세 가지 방법으로 전달된다. FEM에서 전도 모델은 주어진 열 경계조건에서 질점 온도에 대한 최종 열 균형 방정식을 풀이하는 것으로 구성된다.

대류는 사용자지정의 열전달 계수와 주변유체에 대한 주어진 체적온도와 함께 표면하중과 같은 방법으로 모델링한다. 비선형인 복사의 효과는 일반적으로 복사링크요소(radiation link element)

나 복사옵션(radiation option)으로 표면효과요소(surface effect element)를 이용하여 모델링한다. 밀도, 열전도계수 및 비열값은 재료의 물성치는 과도 열해석에는 입력변수로 사용되고 정상 열해석에서는 열전도계수만 재료의 물성치로 필요하다. 열응력 해석의 경우, 추가적으로 재료 물성치 입력변수로 탄성계수, 푸아송비 및 열팽창계수가 요구된다. 다음의 두 예제는 열해석 모델링을 간단히 소개하기 위한 목적으로 예시되었다.

9.3.1 열응력 해석

첫째, 참고문헌 [14]의 열해석에 대하여 히트 싱크(heat sink) 모델을 사용해 보자. 히트 싱크는 컴퓨터의 CPU에서 발생하는 열을 제거하기 위해 일반적으로 사용되는 장치이다. 히트 싱크 모델의 경우, 바닥면의 온도장 값은 주어 졌으며($T = 120$), 다른 모든 표면에서의 열 유속 조건($Q = -k\partial T/\partial n = -0.2$)이 제시된 경우이다. 127,149개의 총 질점수로 FE 요소는 그림 9.4와 같이 생성되었다. ANSYS의 정상상태 열해석 시스템을 사용하면 그림 9.5와 같이 히트 싱크위의 온도분포가 계산된다. 히트 싱크의 냉각효과는 아주 명확하다.

그림 9.4 열 전도해석에 사용된 히트 싱크 모델

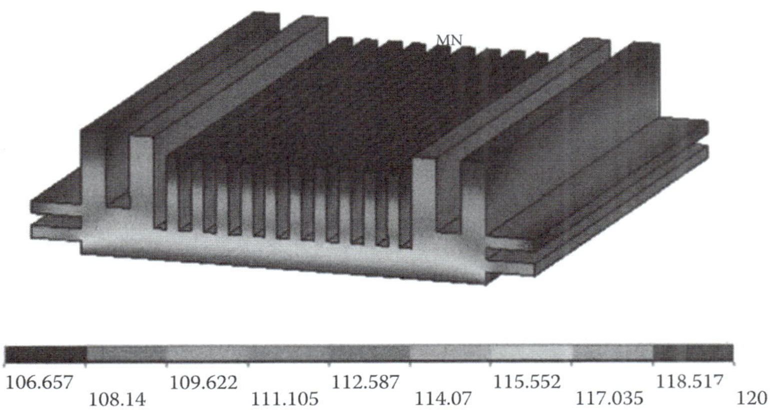

그림 9.5 계산된 히트 싱크의 온도 분포

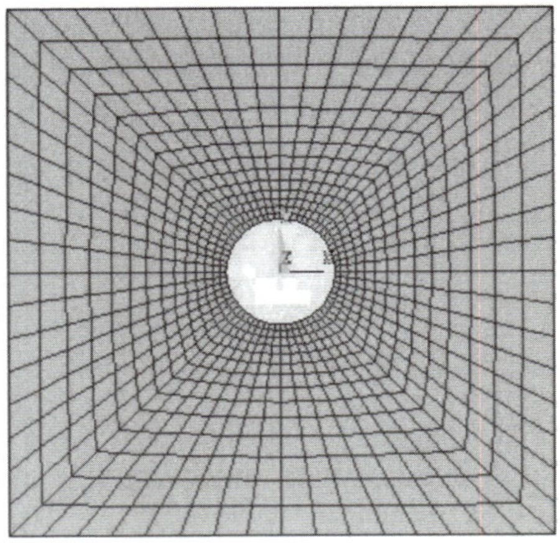

그림 9.6 균일한 온도하중을 받는 중앙에 구멍이 있는 사각형 판재

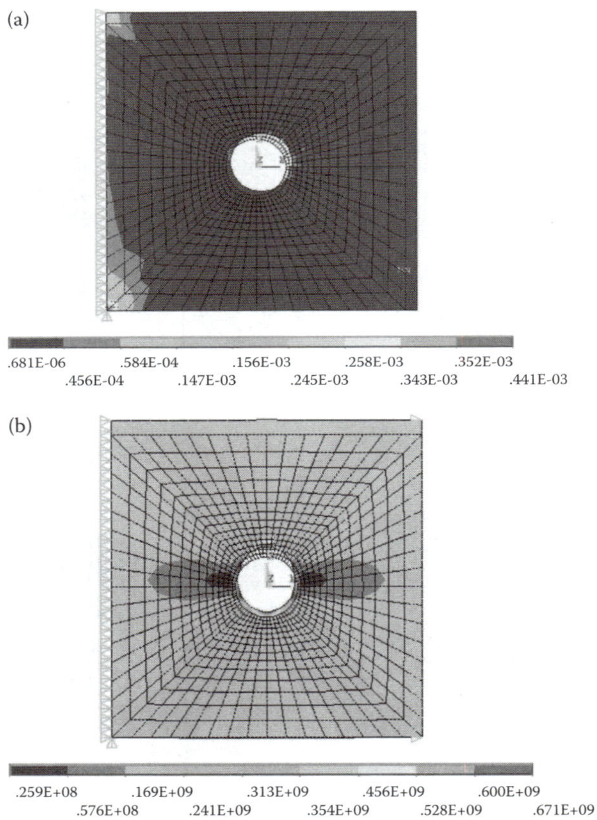

그림 9.7 평판의 열 (폰 미제스: von Mises) 응력: (a) 좌측면만 구속된 경우의 평판 (열응력=0); (b) 좌우측 모두 구속된 경우의 평판

9.3.2 열응력 해석

두 번째는, 온도 변화로 인한 열응력을 살펴보자. 여기서 열응력과 구속사이의 상관관계를 알아보기 위해, 제4장과 5장에서 사용한 중앙에 구멍이 있는 동일한 판재 모델(그림 9.6)을 적용하자. 탄성계수 $E = 200$ GPa 인 강재로 제작된 판재의 푸아송비 $\nu = 0.3$이며 열팽창계수 $\alpha = 12 \times 10^{-6}$/℃이다. 판재에는 균일한 100℃ 의 온도증가가 적용되었다.

그림 9.7은 두 개의 서로 다른 구속 형태에서 판재에 작용하는 계산된 열응력을 나타낸다. 판재의 좌측면만 구속된 경우(롤러지지), 판재는 열응력이 존재하지 않아 x, y 방향으로 균일하게 팽창하고 있다(그림 9.7a에서 범위가 10^{-6} 에서 10^{-3} 의 값은 실제적으로는 0을 의미한다). 그러나 좌우측 모두 구속된 경우에는 판재는 y 방향으로만 팽창 가능하여 의미있는 열응력이 발생(그림 9.7b)하는데 특히 구멍 주변에 발생한다.

비행기의 엔진과 같이 구조물이 높은 온도에 노출되는 온도의 변화가 큰 경우, 대부분의 경우에 구조물의 재료 물성치의 변화를 반드시 고려하여야 한다. 반복적 온도의 변화는 역시 구조물에 열적 피로를 누적시켜 파손에 이르게 한다. 모든 이들 현상은 FEA로 모델링될 수 있으며 관심 있는 독자는 FEA 소프트웨어의 설명서를 참조하기 바란다.

9.4 ANSYS Workbench를 이용한 사례연구

문제설명: 전자장치에서 열 발산력을 증가하기 위해 통상적으로 히트 싱크를 사용한다. 사례연구로서, 열전도계수 $\boldsymbol{k}$ = 170 W/(m · K), 밀도 ρ = 2800 kg/m^3, 비열 c = 870 J/(kg · K), 영탄성계수 $\boldsymbol{E}$ = 70 GPa, 푸아송비 ν = 0.3이며 열팽창계수 α = 22 × 10^{-6}/℃인 알루미늄 소재의 히트 싱크에 대한 열해석을 수행한다. 히트 싱크의 바닥변을 제외한 모든면의 공기에 작용하는 팬 하중이 정해진 크기의 히트 플럭스 q'가 작용하고 있다. 주위온도는 28 ℃이며 열전달계수는 h = 30 W/(m^2, ℃)이다.

Part A: 초기온도가 28℃ 이며 균일하게 입력되는 열 유속 $\acute{q}$ = 1000 W/m^2 인 경우, 히트 싱크에 대한 정상상태 열 반응을 구하라.

Part B: 열 유속이 90초 주기의 사각형 파형 함수로 진폭은 0에서 1000 W/m^2 사이로 전달된다. 초기조건은 정상상태의 해를 사용하여 180초간 히트 싱크의 과도 열 반응을 구하라.

Part C: 히트 싱크의 바닥은 고정되었다고 가정하고, 온도 하중으로 인한 정상상태에서 히트 싱크에 작용하는 열응력을 구하라.

문제풀이

ANSYS Workbench를 사용하여 주어진 문제를 해석하기 위해, 다음과 같은 절차로 진행한다.

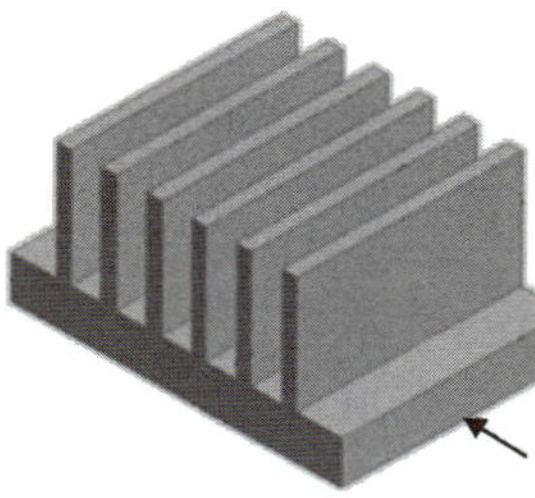

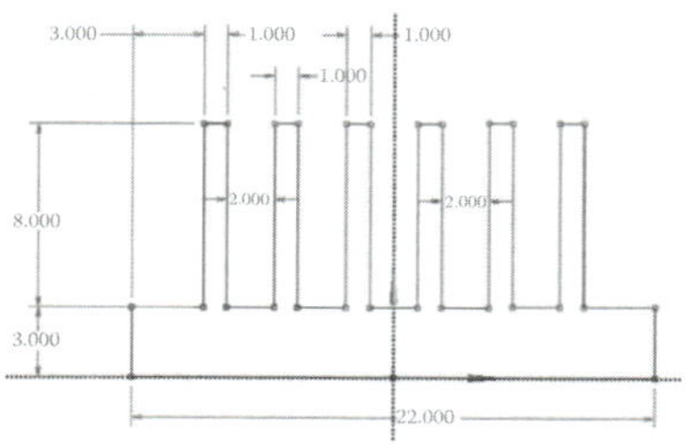

모든 치수단위: mm

재료: 알루미늄

$k = 170\ \mathrm{W/(m \cdot K)}$

$\rho = 2800\ \mathrm{kg/m^3}$; $c = 870\ \mathrm{J/(kg \cdot K)}$

$E = 70\ \mathrm{GPa}$; $\nu = 0.3$

$\alpha = 22 \times 10^{-6}/°\mathrm{C}$

경계조건:
28°C의 공기온도에서 $h = 30\ \mathrm{W/(m^2 \cdot °C)}$

정상상태: $q' = 1000\ \mathrm{W/m^2}$ (바닥)
과도상태: 바닥에서 사각 파형의 열 유속

초기조건:
정상상태: 28°C 의 균일온도
과도상태: 정상상태 온도결과

Part A: 정상상태 열해석

단계 1: ANSYS Workbench 프로젝트 시작

ANSYS Workbench를 실행하고 빈 프로젝트를 “HeatSink.wbpj”로 저장한다.

단계 2: 정상상태 열해석 시스템 생성

Analysis Systems Toolbox 창에서 Steady-State Thermal 아이콘을 끌어와(drag) Project Schematic 창의 활성화된 녹색 사각형 내부에 집어(drop)넣는다.

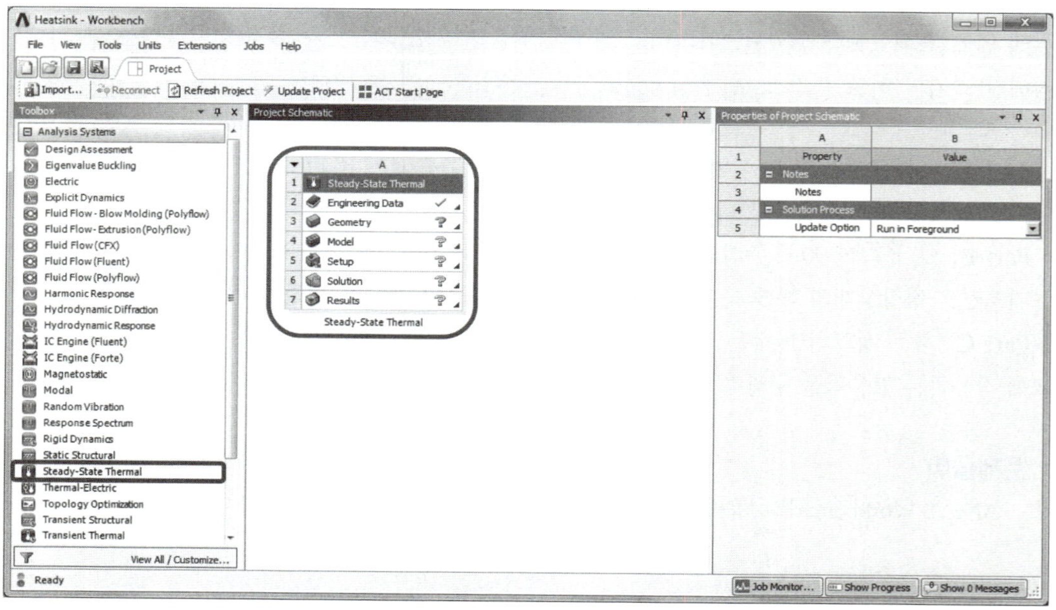

단계 3: 새로운 재료의 추가

Engineering Data 셀 버튼을 더블 클릭하면 새로운 재료를 추가된다. 그러면, ***Engineering Data*** 인터페이스는 프로젝트 도해 창으로 변환되는데, 이때 '***Aluminum***'을 새로운 재료의 이름으로 입력하고 툴박스 창의 ***Thermal*** 버튼에 있는 ***Isotropic Thermal Conductivity*** 버튼을 더블 클릭한다. 단위 시스템을 '***Wm^-1K^-1***' 로 바꾸고 '170'을 입력한다. ***Project Schematic*** 창으로 되돌아가기 위해 ***A2:Engineering Data*** 탭을 닫는다.

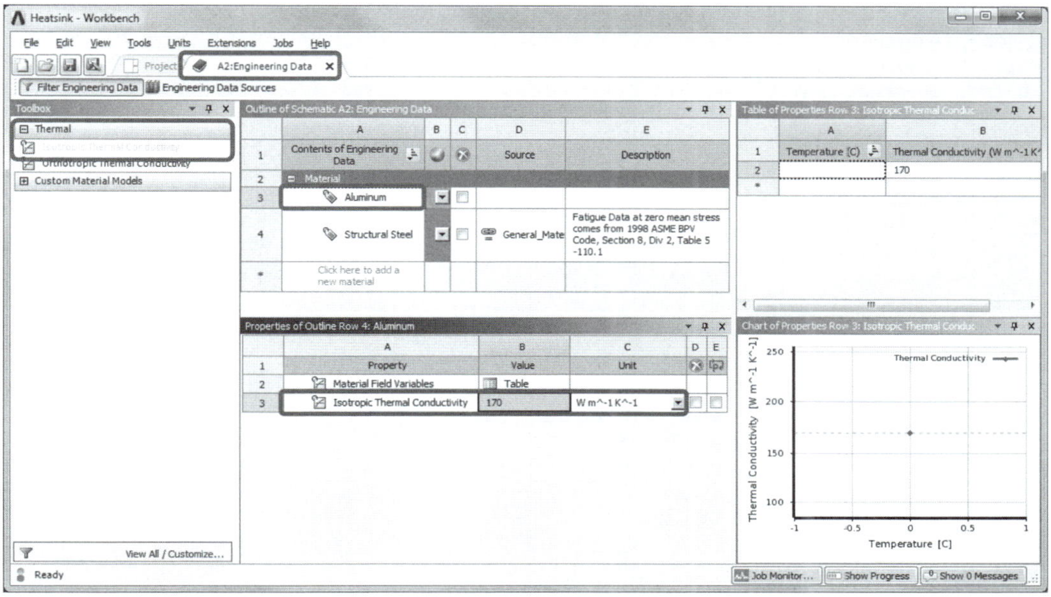

단계 4: SpaceClaim 프로그램 실행

Geometry 셀(cell)을 더블 클릭하여 ***SpaceClaim*** 프로그램을 실행한다.

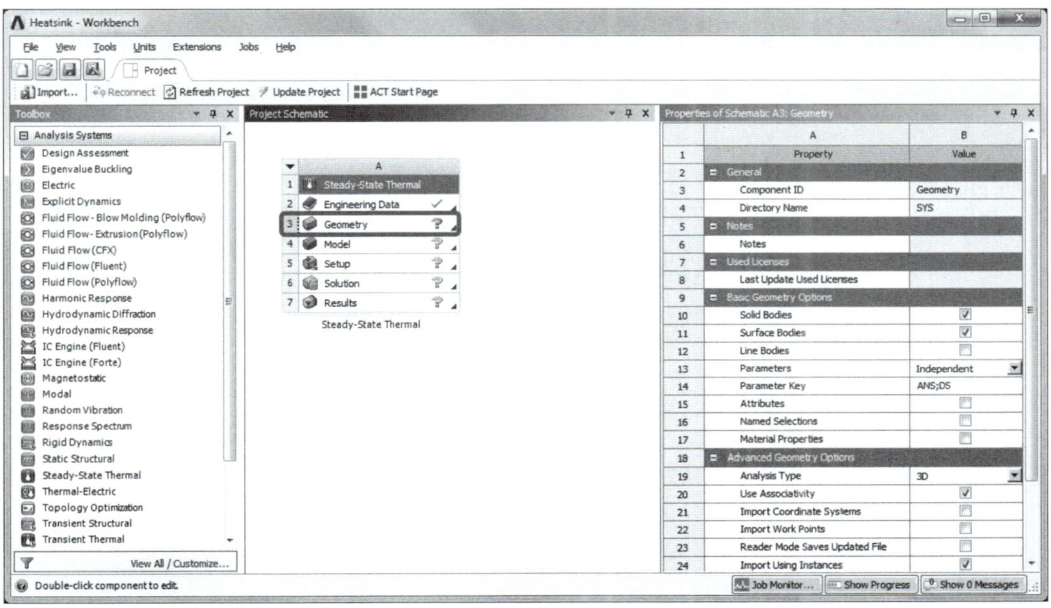

단계 5: 프로파일 스케치(Profile Sketch)

사용자 단위계를 설정하기 위해, ***File*** 메뉴에서 ***SpaceClaim Options***를 선택한다. ***SpaceClaim Options***가 열리면, 왼쪽 탐색 패널에 있는 ***Unit***를 클릭하고 ***Length*** 단위를 ***Millimeters*** 단위로 선택한다. 그리고 ***Minor grid spacing***을 ***1 mm*** 로 바꾸고 ***OK***를 클릭한다.

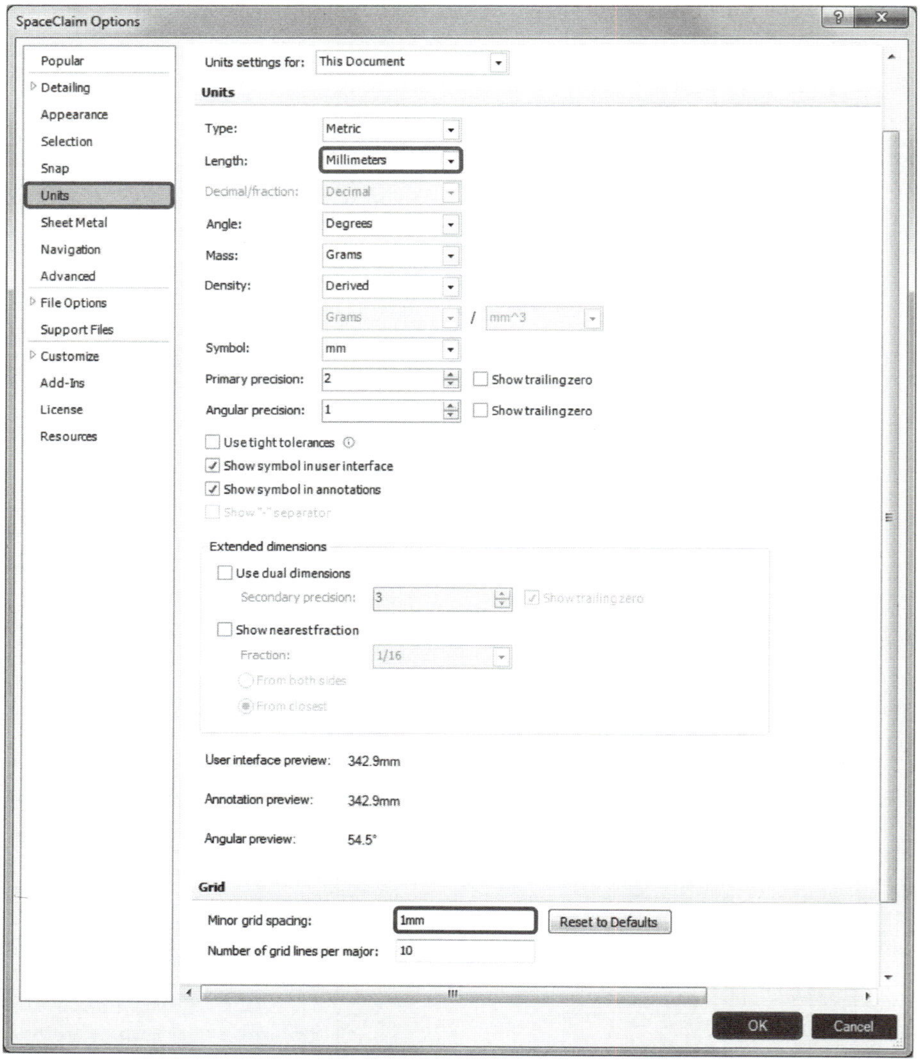

Graphics 창의 어느 곳에서나 마우스 오른쪽 버튼으로 클릭한 후, 메뉴에서 *Select New Sketch Plane*을 클릭한다.

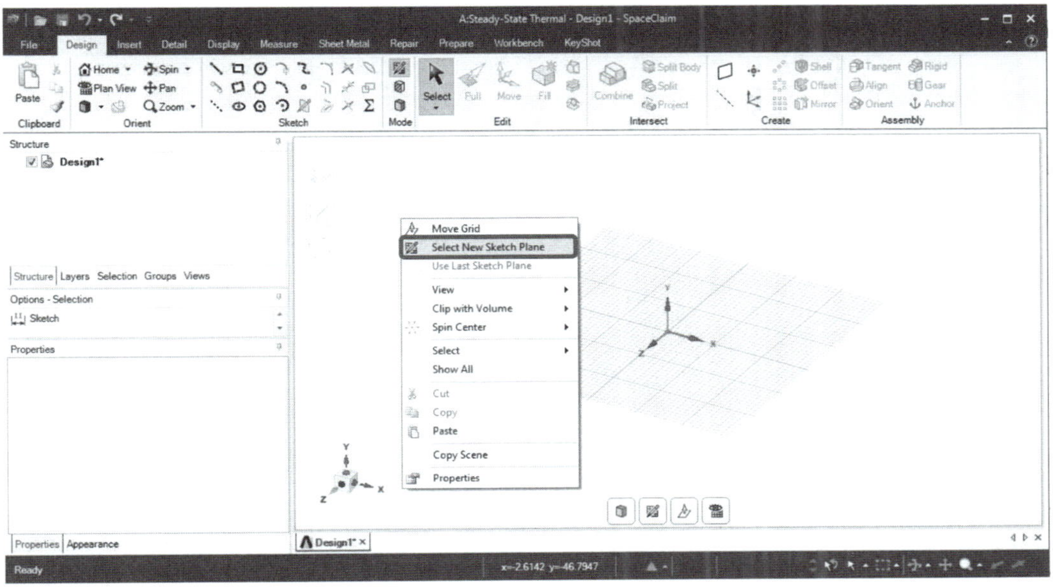

아래 그림과 같이 *x-y plane*을 선택하여 클릭하여 *x-y plane*을 강조 표시한다.

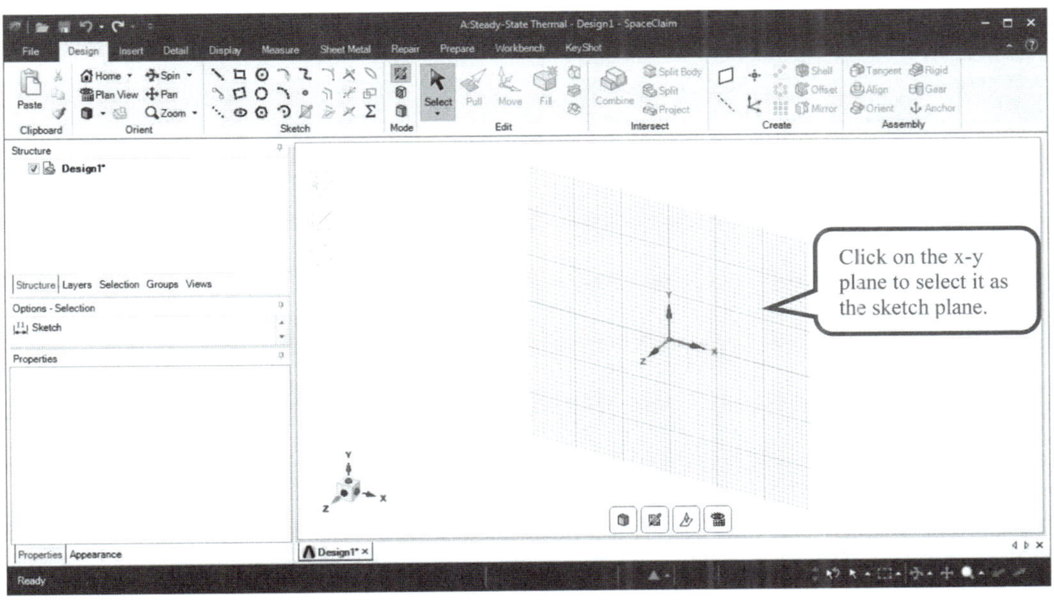

Plane View 아이콘을 클릭하여 스케치 그리드의 정면보기로 나타낸다. *Design* 탭에서 *Line* 아이콘을 클릭한고 아래와 같이 선 스케치를 그린다.

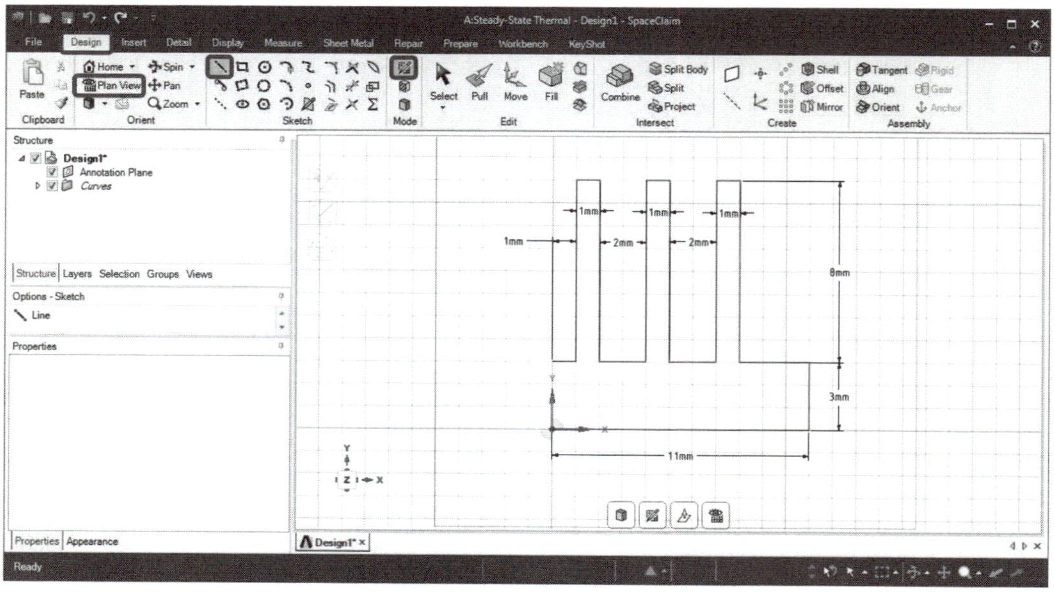

Design 탭에서 *Mirror* 아이콘을 클릭한다. *Graphics* 창에서 *y-axis*를 클릭하여 미러 평면으로 설정한다. 그래픽 창에서 드래그(drag)하여 선 스케치 주위에 선택 상자를 만든다. 선택된 라인은 아래와 같이 미러링 된다.

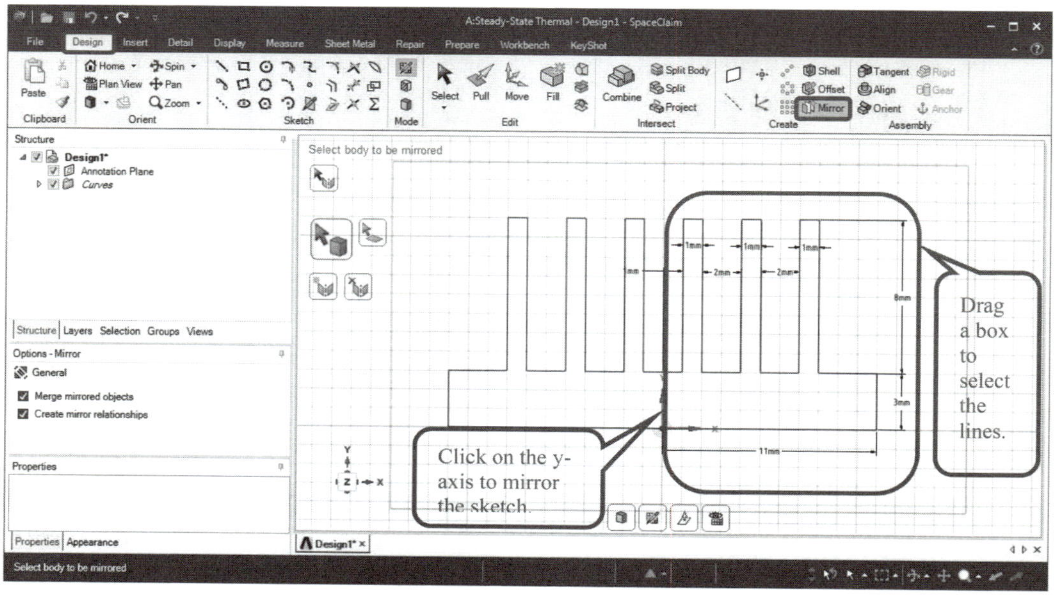

단계 6: 돌출 바디(Extruded Body) 생성

Design 탭에서 ***Pull*** 아이콘을 클릭한다. ***z-axis***를 따라 대칭선 스케치를 잡아 당긴다. ***Depth*** 텍스트 상자에 ***15 mm*** 를 입력한다. 생성된 솔리드 물체는 그림과 같이 된다.

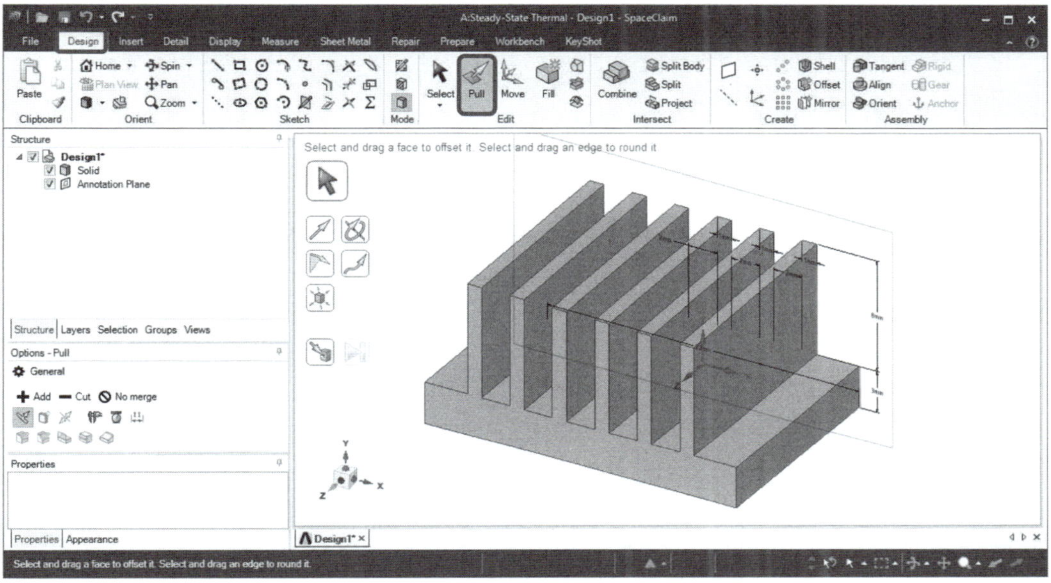

단계 7: 정상상태 열해석 프로그램의 실행

정상상태 열해석 프로그램의 실행을 위해 ***Model*** 셀을 더블 클릭한다. ***Project Outline***의 ***Geometry*** 아래의 ***SYS\Solid***를 클릭한다. ***Details of "SYS\Solid"***에서 ***Material Assignment*** 필드의 오른쪽을 클릭하고 드롭다운 (drop-down) 메뉴에서 ***Aluminum***을 선택한다.

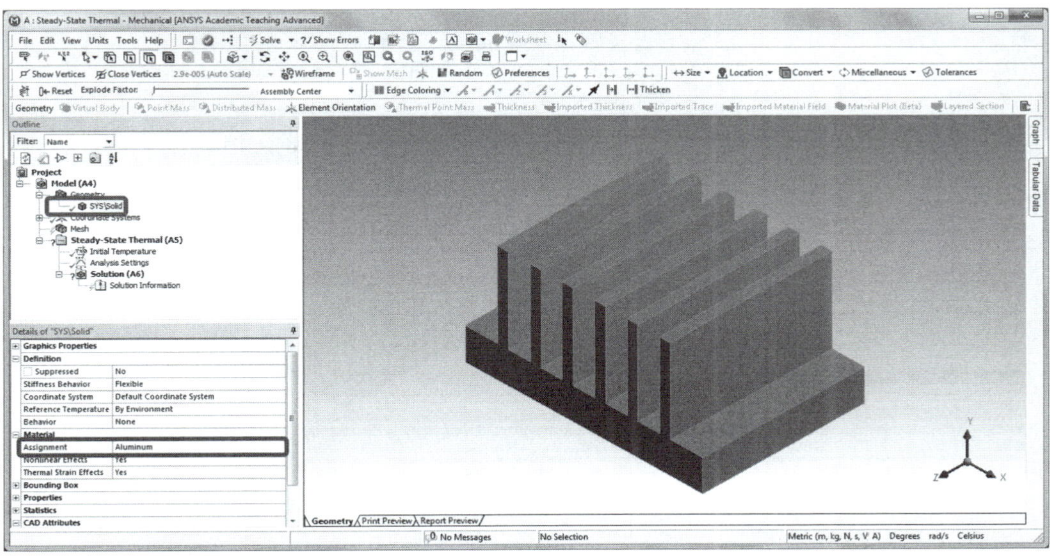

단계 8: 메쉬 생성

*Project Outline*에서 *Mesh*를 마우스 오른쪽을 클릭하고 메뉴에서 *Insert*와 그리고 *Sizing*을 선택한다. *Details of "Sizing"*에서 *Element Size*를 '*5e-4 m*'로 입력한다. 툴바에서 *Body* 아이콘을 클릭하여 형상선택 (body selection) 필터를 활성화 한다. *Graphics Window*의 솔리드 물체를 클릭하여 *Geometry* 선정을 적용한다.

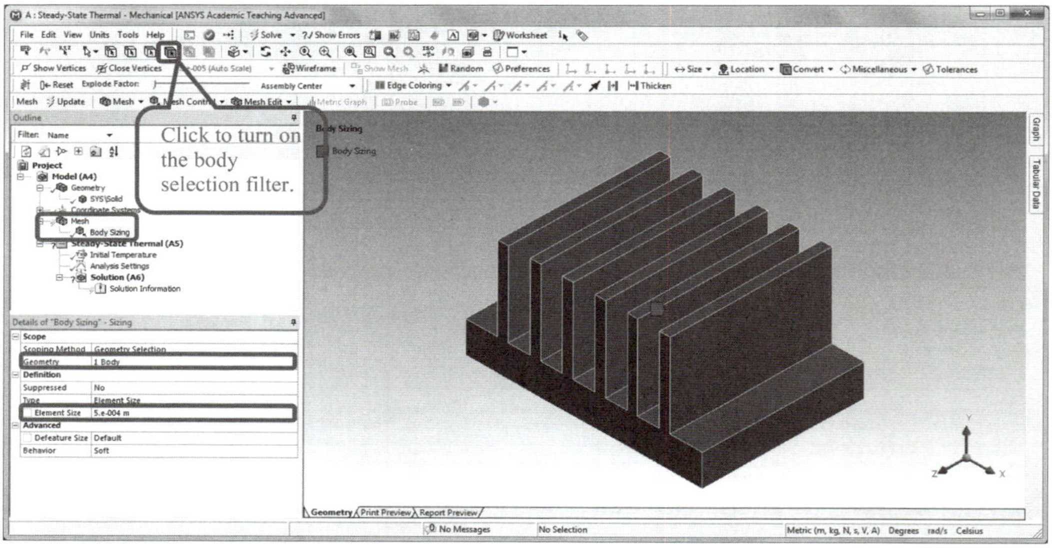

*Mesh*를 마우스 오른쪽 버튼으로 클릭하고 *Generate Mesh*를 선택한다.

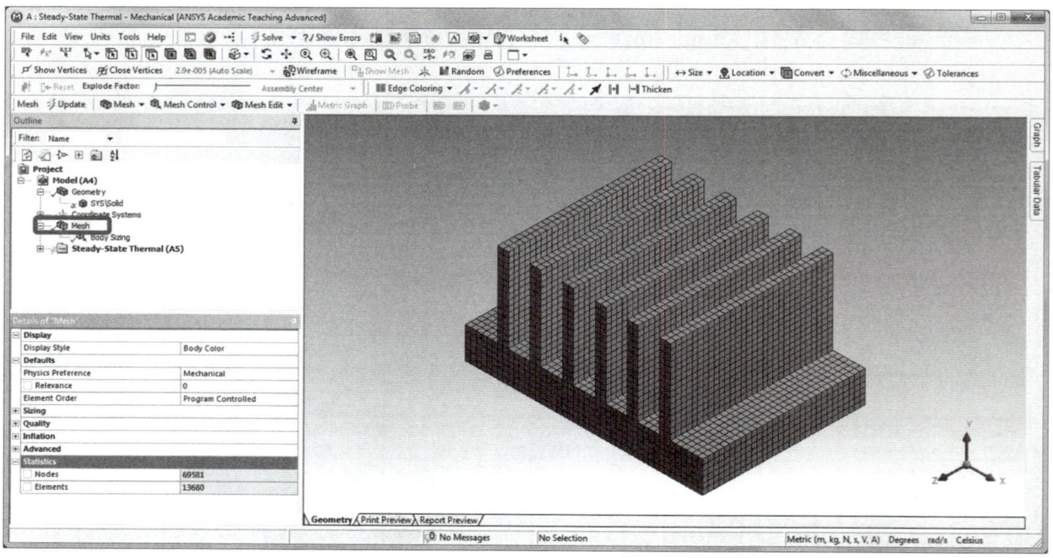

단계 9: 경계조건 적용

*Steady-State Thermal(A5)*에서 마우스 오른쪽 버튼을 클릭한다. *Insert*을 선택하고 메뉴에서 *Heat Flux*을 선택한다. 도구 모음(toolbar)에서 *Face* 아이콘을 클릭하여 표면 선택 필터를 활성화 한다. 히트 싱크의 바닥면에 ***1000 W/m²*** 의 히트 플럭스 값을 적용한다.

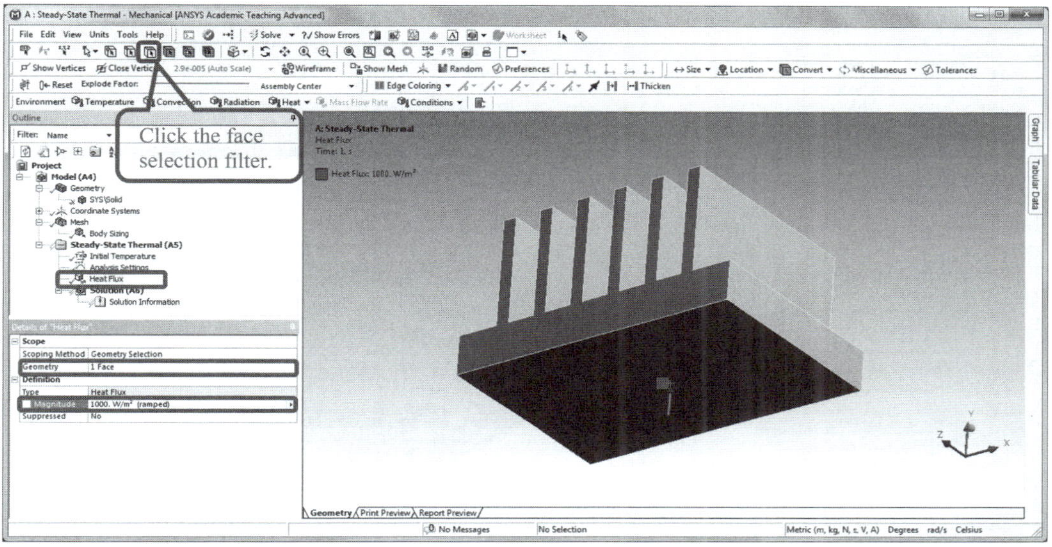

*Steady-State Thermal(A5)*에서 마우스 오른쪽 버튼을 클릭하여 *Insert*을 선택하고 메뉴에서 *Convection*을 선택한다. *Details of "Convection"*에서 히트 싱크의 바닥면을 제외한 모든 면 (총 29개 면)에 *Ambient Temperature*인 *28℃*와 *Film Coefficient* 값 ***30 W/(m² ℃)***를 입력한다.

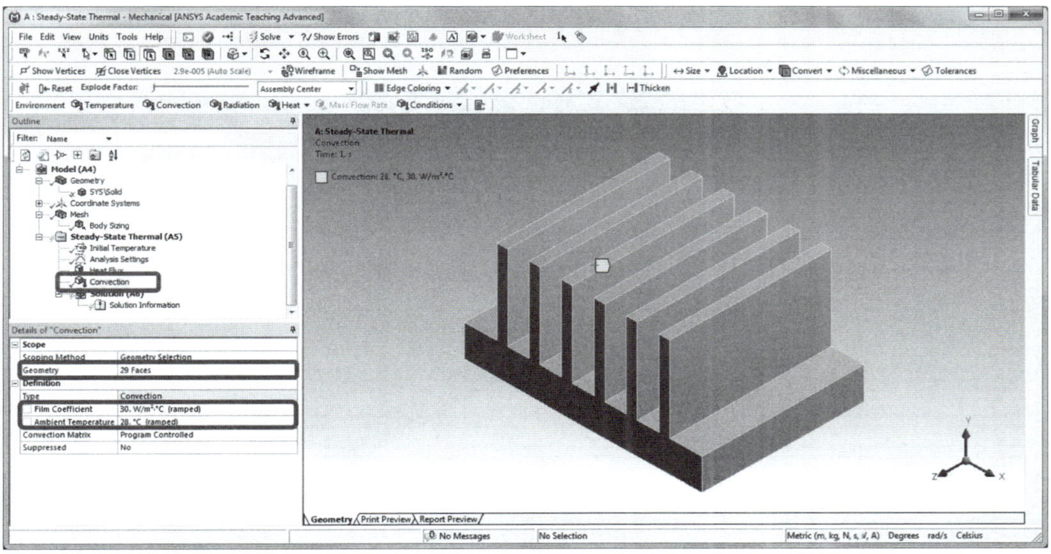

단계 10: 풀이와 결과 검색

*Outline*에서 *Solution (A6)*을 마우스 오른쪽 단추로 클릭하고 *Temperature*, *Total Heat Flux* 및 *Directional Heat Flux*를 솔루션 아웃 라인에 삽입한다. *Details of "Directional Heat Flux"*에서 *Orientation*을 *Y-axis*으로 설정한다. 아웃라인 및 풀이에서 *Solution (A6)*을 마우스 오른쪽 버튼을 클릭한다.

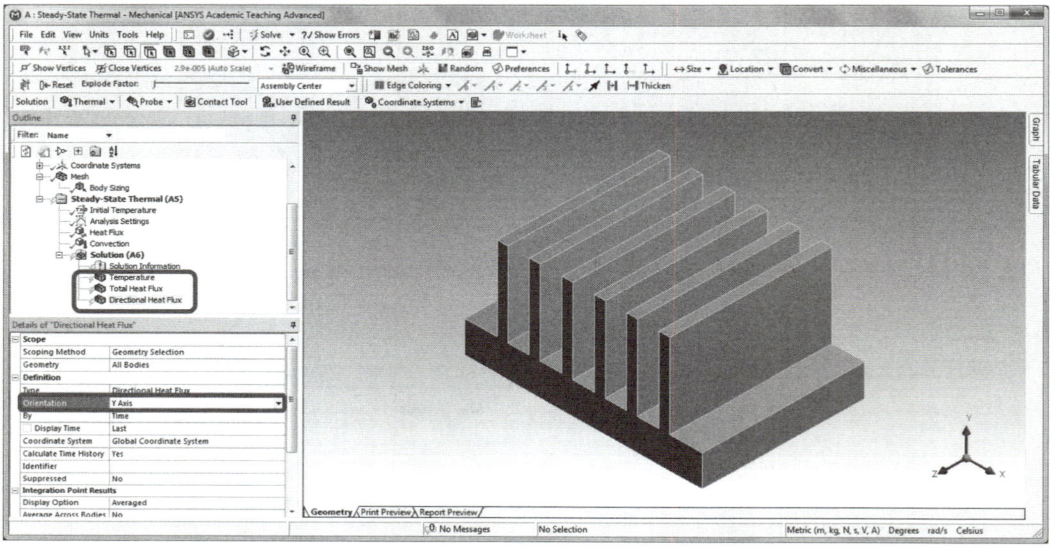

온도 분포를 확인하기 위해서는 *Outline*의 *Temperature*를 클릭한다.

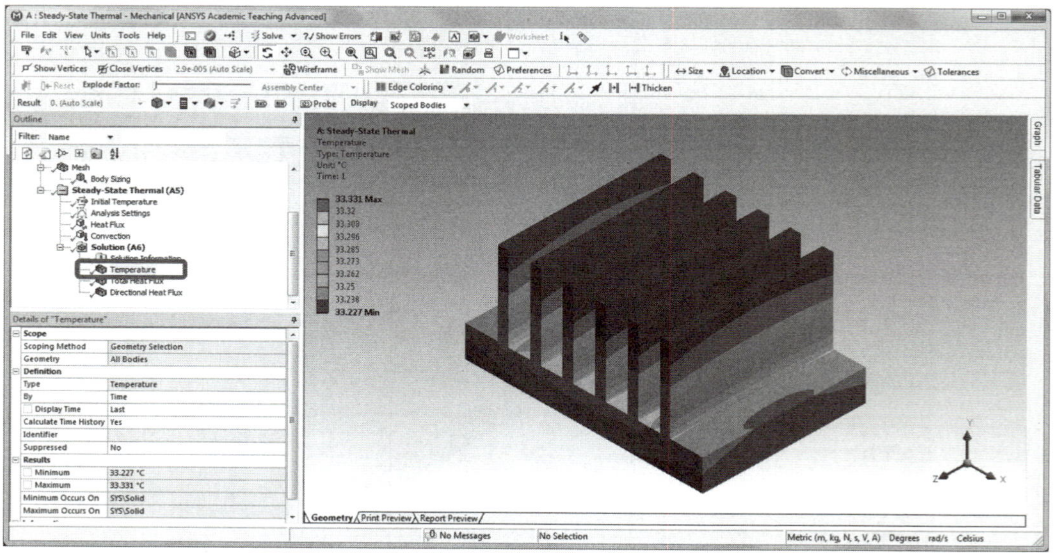

*Total Heat Flux*를 클릭하면 방향 화살표(directional arrows)가 있는 히트 플럭스가 표시된다.

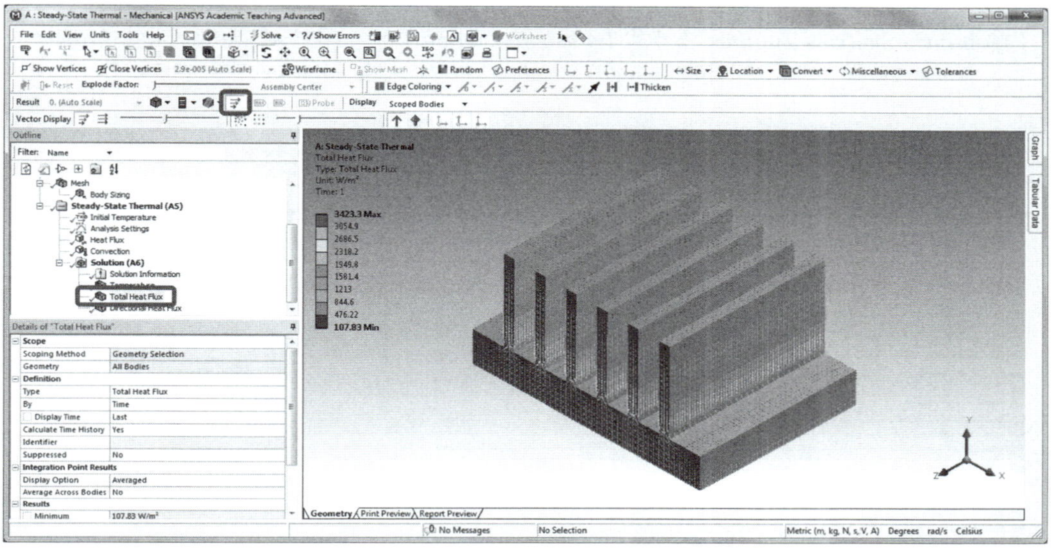

*Y-axis*에 따른 히트 플럭스 등치선도 (isoline)를 확인하기 위해 *Directional Heat Flux*를 클릭한다.

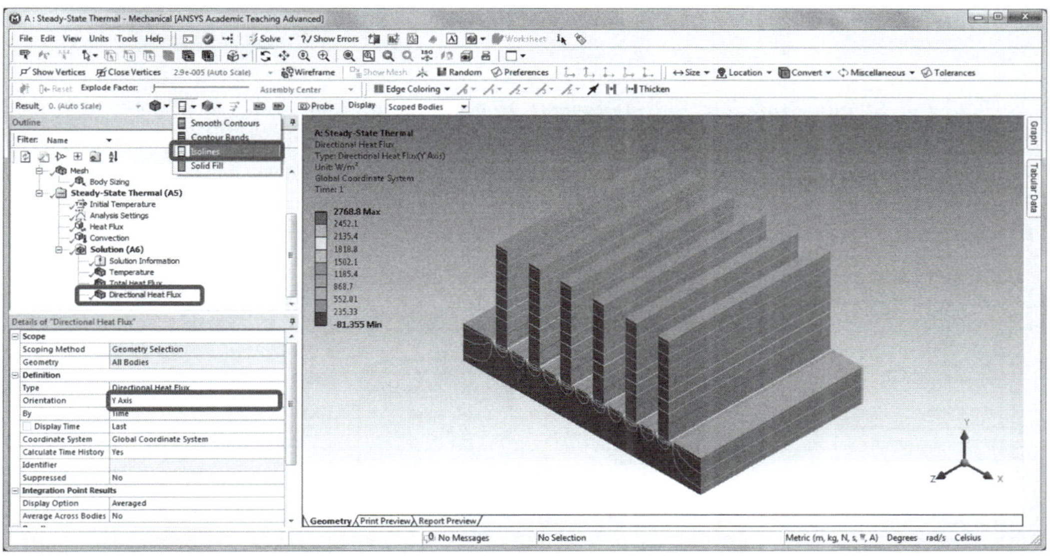

Part B: 과도 열해석

단계 1: 과도 열해석 시스템 추가

Analysis Systems Toolbox 창에서 ***Transient Thermal*** 아이콘을 드래그(drag)하여 ***Project Schematic*** 창에서 강조된 (highlighted) ***Steady-State*** 시스템의 ***Solution*** 셀에 넣는다.

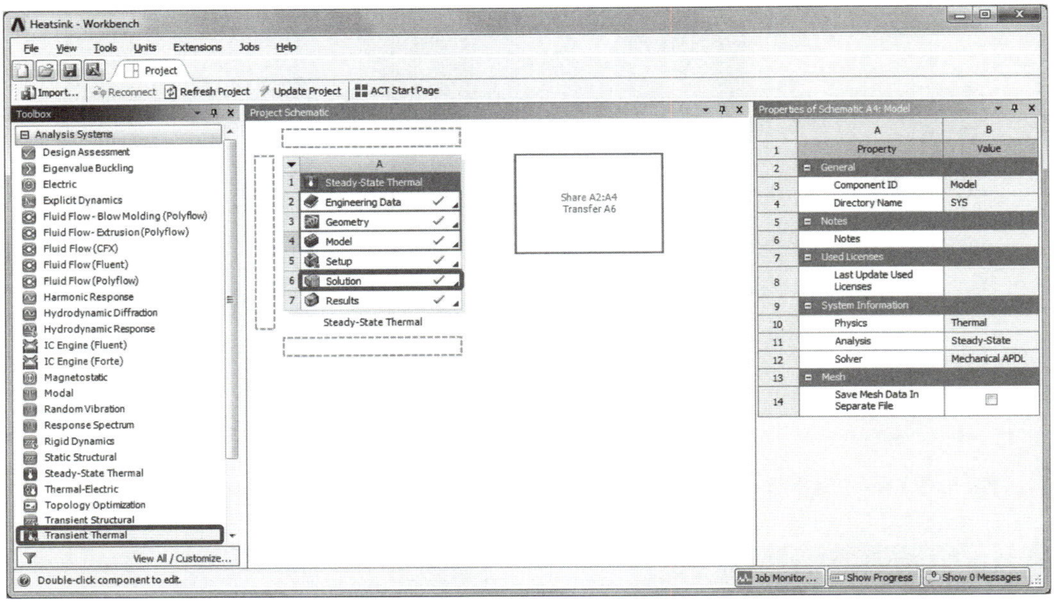

이 과정은 ***Steady-State*** 시스템과 ***Transient Thermal*** 시스템간의 데이터를 공유하는 작업이다. ***Steady-State Thermal***의 온도분포가 ***Transient Thermal***의 초기온도 조건이 되는 것이다. ***Transient Thermal***에서 초기온도가 균일하다면 이 데이터 공유 과정은 불필요하다.

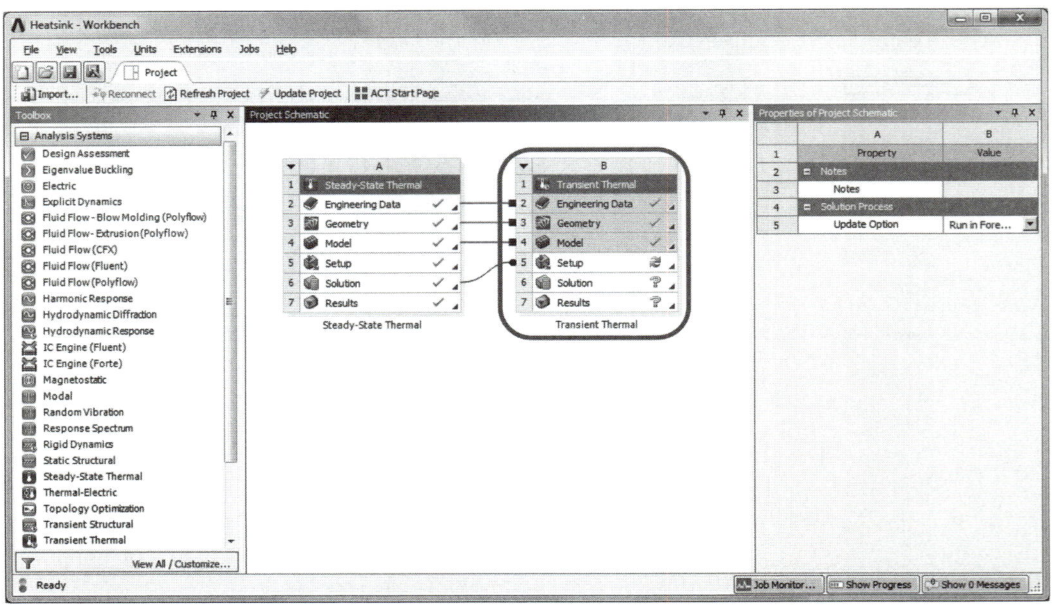

단계 2: 재료 특성 추가

Steady-State Thermal의 ***Engineering Data*** 버튼을 더블 클릭한다. 알루미늄의 물성치로 ***Density***에 ***2800 kg/m³*** 를 입력하고, 단위계를 ***'J kg^-1 K^-1'***로 변환한 후 ***Specific Heat***에 ***870 J/(kg·K)*** 를 입력한다. ***A2,B2: Engineering Data*** 인터페이스를 닫는다.

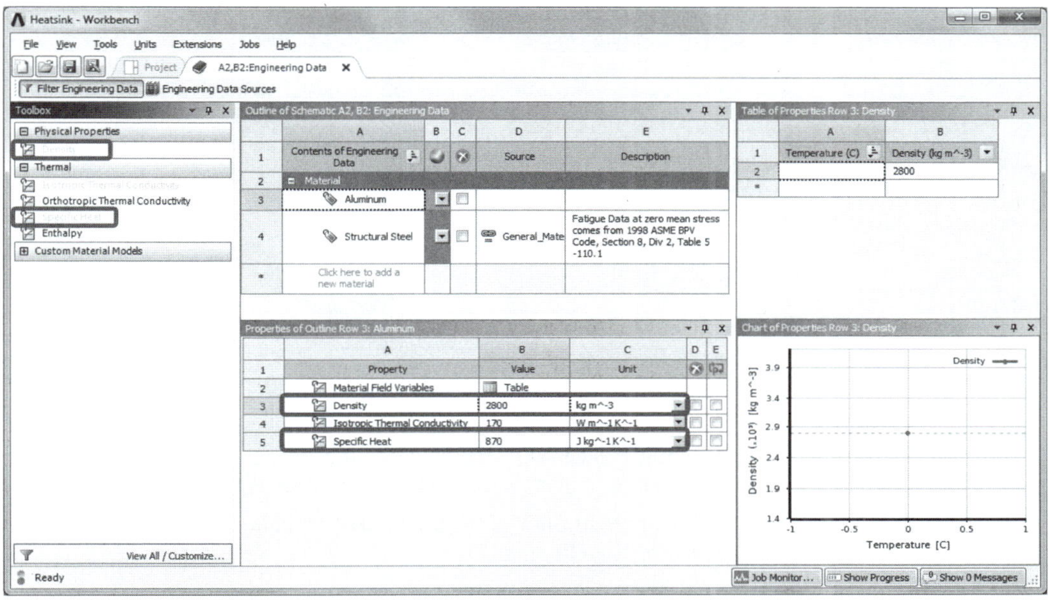

단계 3: 과도 열해석 설정

Transient Thermal 시스템의 ***Setup*** 버튼을 더블 클릭하여 ***Multiple System-Mechanical*** 프로그램을 실행한다. 수정된 업스트림 데이터를 읽기 위해 팝업 창에서 ***Yes*** 버튼을 클릭한다.

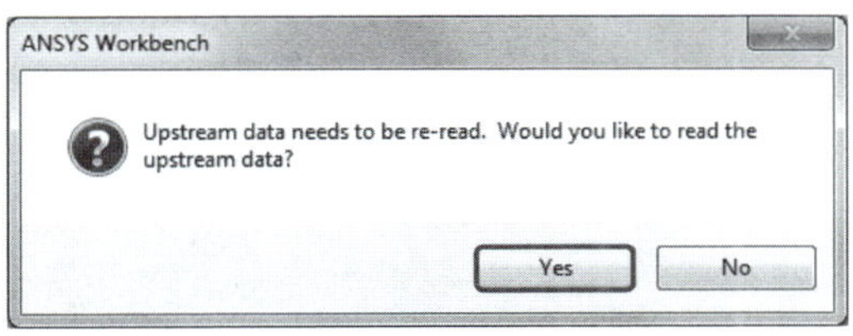

Project Outline에서 ***Analysis Setting***를 선택한다. ***Details of "Analysis Settings"***의 ***Step Control***에서 ***Step End Time***을 ***180s***로 설정한다. ***Program Controlled***에서 ***Auto Time Stepping***를 ***On***으로 변환한다. 그리고 ***Defined By***에서 ***Time***으로 변환한다.

기본으로 설정된 초기 및 최대 시간 단계는 현재 모델에서는 작다. ***Initial Time Step***를 ***0.1***로 ***Minimum Time Step***를 ***0.05***로 설정한다. 그리고 ***Maximum Time Step***를 ***5***로 설정한다. 작은 시간 단계는 모델의 정확성을 증가시키며 결과 단계가 충분하여 해석 결과에 대한 애니메이션이 자연스럽게 보일 수 있는 장점이 있다.

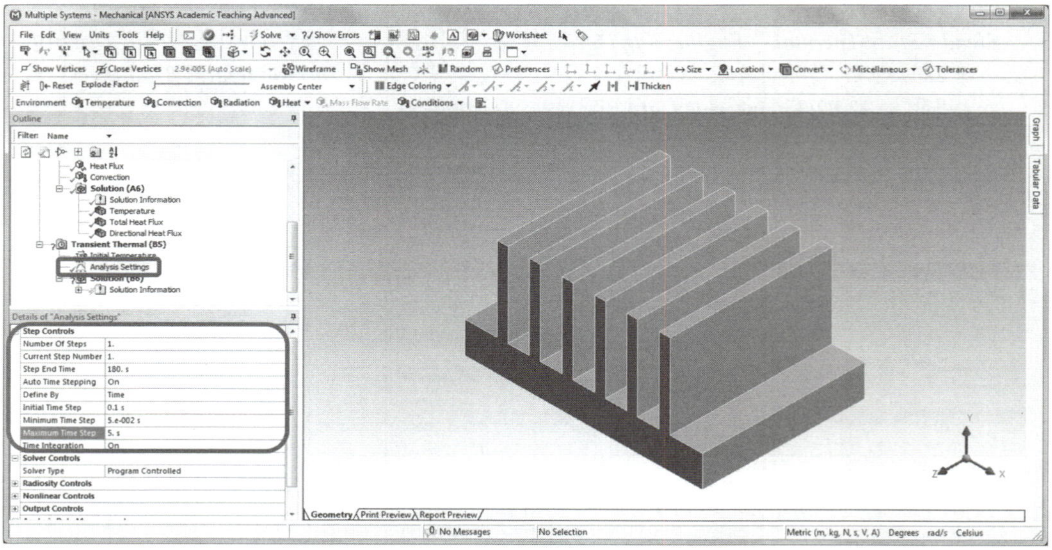

단계 4: 주기적 히트 플럭스(Cycling Heat Flux) 적용

Transient Thermal (B5)위에서 마우스 오른쪽 버튼을 클릭한다. 메뉴로부터 ***Insert***을 선택한 후 ***Heat Flux***를 선택한다. ***Details of "Heat Flux"***에서 ***Magnitude***를 ***Tabular Data***로 바꾸고 그림과 같이 히트 싱크의 바닥표면에 히트 플럭스를 적용한다.

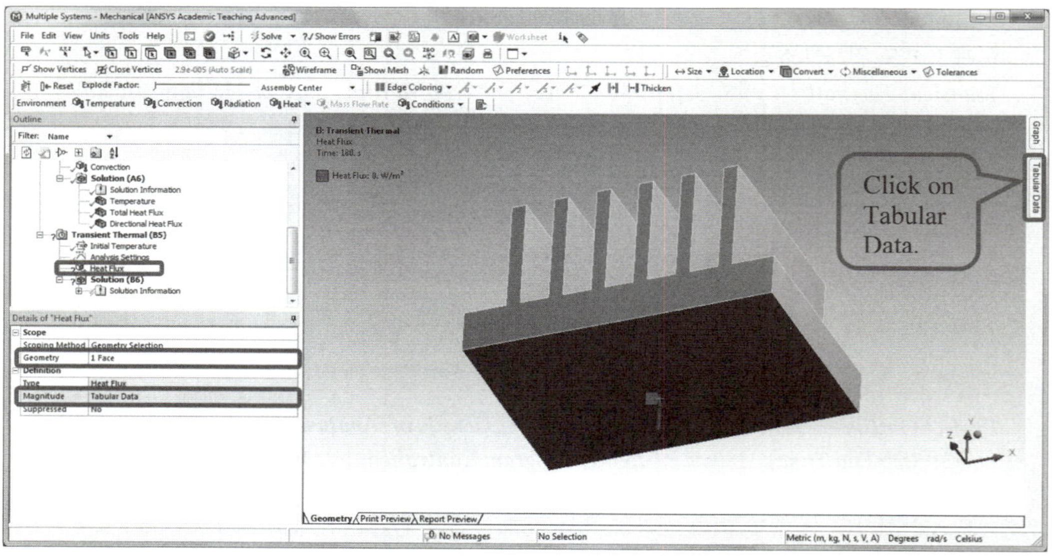

Graphics 창의 오른쪽 끝단에 있는 ***Tabular Data***를 클릭하고, 그림과 같이 ***Auto Hide*** 라벨의 푸시 핀(push pin)을 클릭하여 표 데이터 창이 나타나게 한다. ***Tabular Data*** 테이블에 그림에서 보는 것과 같은 수치를 입력한다.

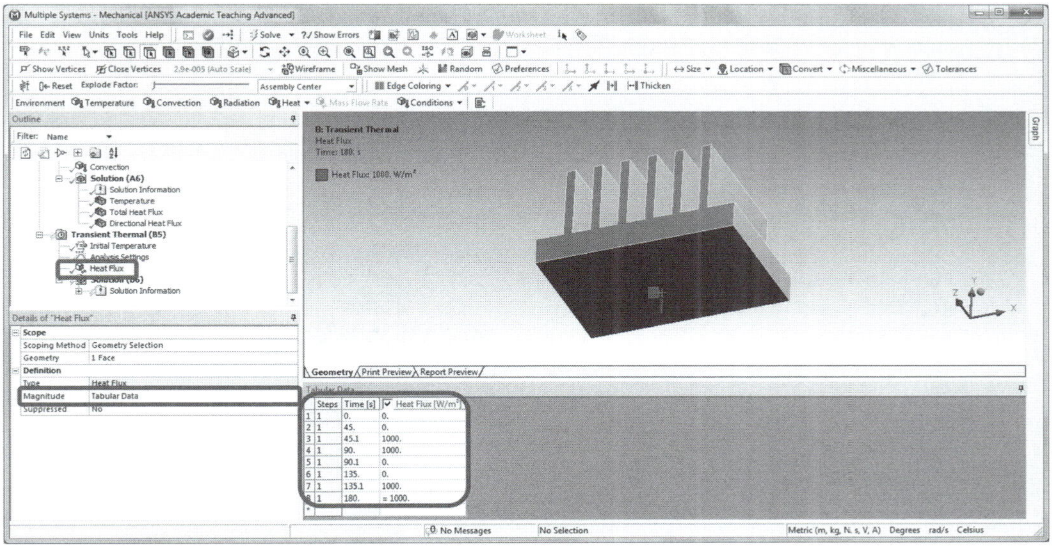

단계 5: 대류 경계조건 적용

Transient Thermal (B5)에서 오른쪽 마우스 버튼을 클릭한다. 메뉴에서 ***Insert***와 ***Convection***을 선택한다. ***Details of "Convection"***에서 히트 싱크의 바닥면을 제외한 모든 면 (총 29개 면)의 ***Ambient Temperature***를 ***28 ℃*** 와 ***Film Coefficient*** 값을 ***30 W/(m²·℃)*** 로 입력한다.

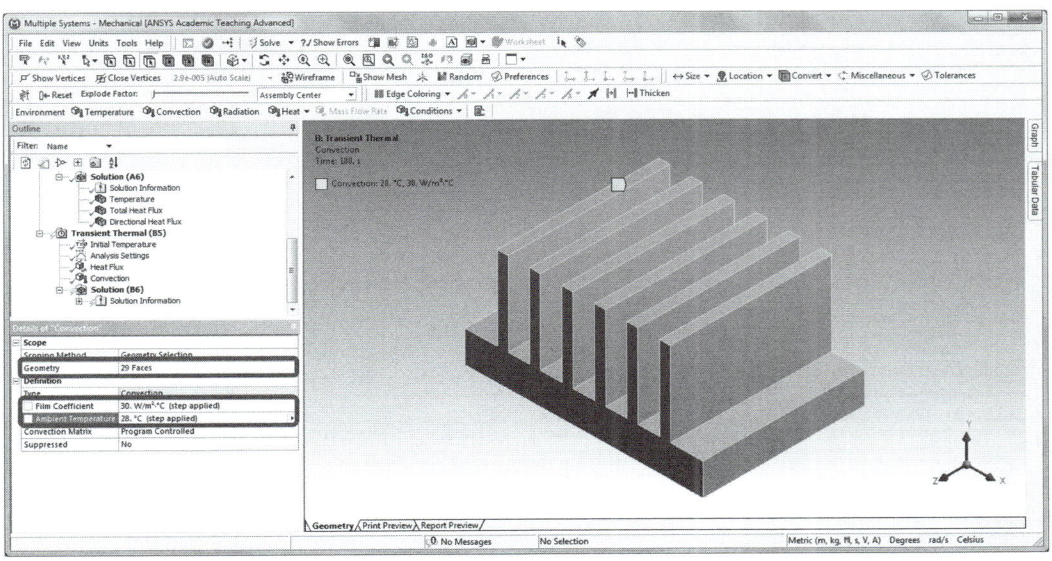

단계 6: 풀이와 결과 검색

*Outline*에서 *Solution (B6)* 위를 오른쪽 클릭하여 *Temperature*, *Total Heat Flux*, 그리고 *Directional Heat Flux*를 삽입한다. *Details of "Directional Heat Flux"*에서 *Orientation*을 *Y-axis*로 셋팅한다. *Solution(B6)*의 오른쪽을 클릭하고 풀이(Solve)를 클릭한다.

온도 분포를 확인하기 위해서는 *Outline*의 *Temperature*를 클릭한다. 그래픽으로 보기 위해서 *Graphics* 창의 오른쪽에 있는 *Graph*를 클릭하고, 다음으로 *AutoHide* 라벨의 푸쉬핀(push pin)을 클릭한다.

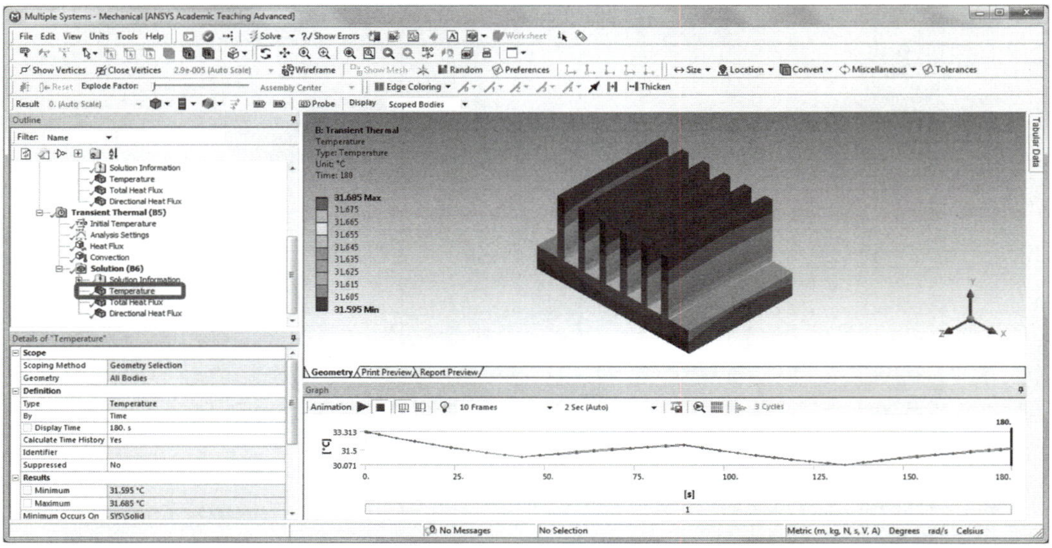

히트 플럭스를 화살표로 표시하기 위해서는 *Total Heat Flux*를 선택한다.

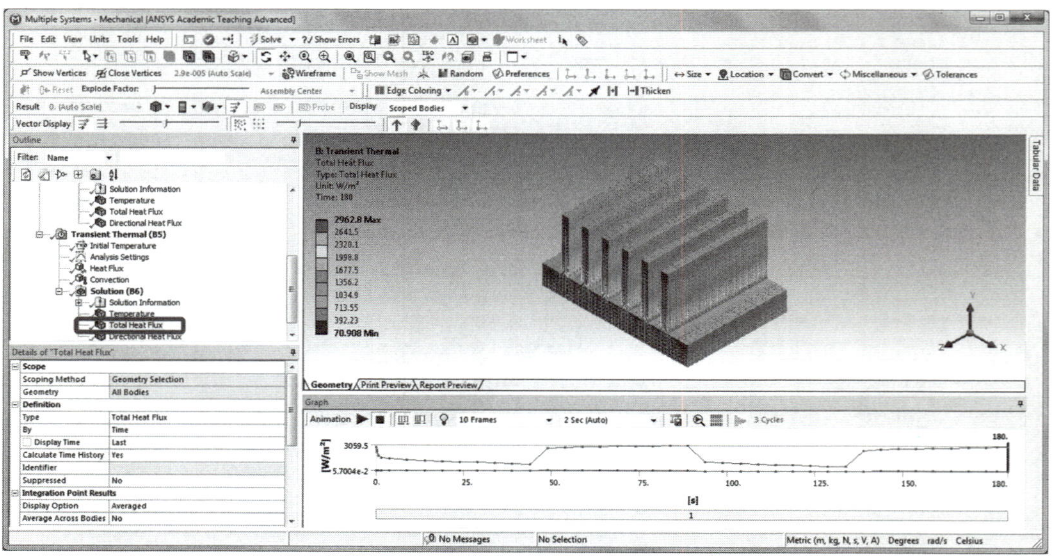

Y-axis에 따른 히트 플럭스의 등치선도(isoline)를 검토하기 위해 ***Directional Heat Flux***를 클릭한다.

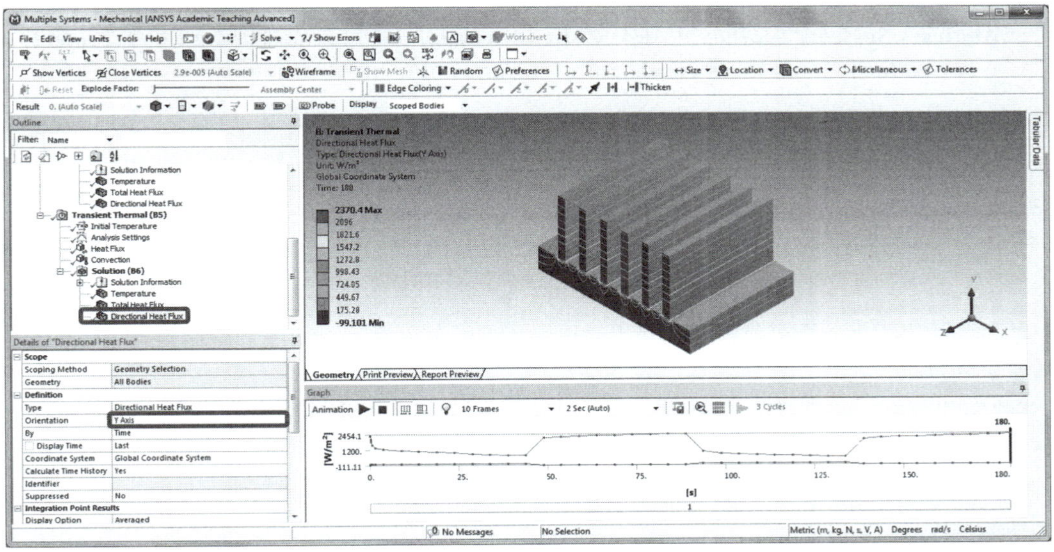

모델링 팁: 본 사례연구의 경우, 과도준비(transient setup)에서 종료시간을 180 s로 선정하였다. 과도해석에서 그래픽 창에 나타난 마지막 결과(180s에 대한 해)가 기본으로 설정되어 있다. 다른 시간 지점을 보기 위해서는, 예를 들면 40 s일 때의 온도분포는 ***Details of "Temperature"***에서 ***Display Time***을 Last에서 ***40 s***로 변경할 수 있다. 다음으로 ***Solution (B6)***에서 마우스 오른쪽 버튼을 클릭하여 ***Evaluate All Results*** 버튼을 선택한다. 특정한 시간의 결과 값은 ***Graphics*** 창에서 아래와 같이 나타난다.

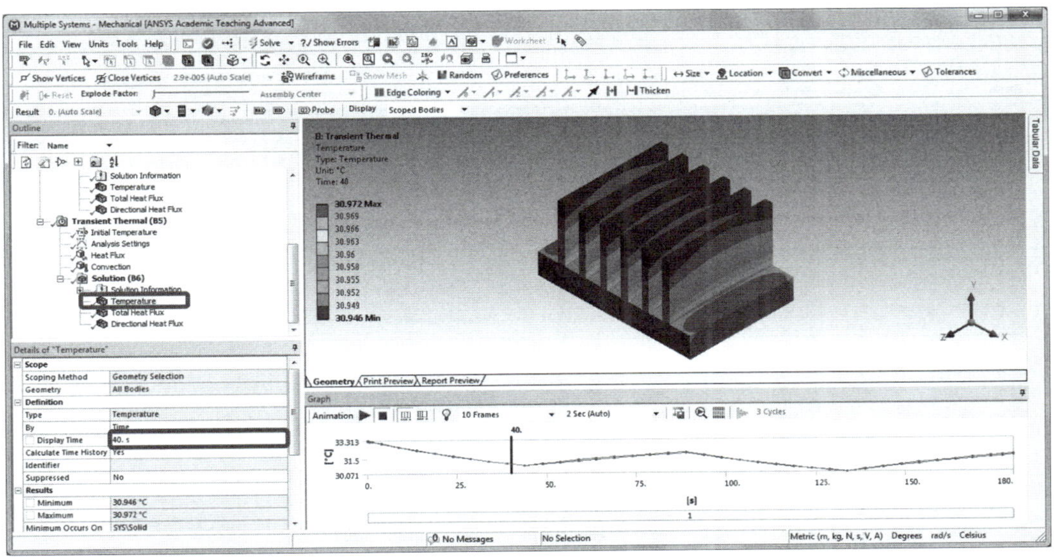

Part C: 열응력 해석

단계 1: 정적 구조해석 시스템 추가

Analysis Systems Toolbox 창에서 ***Static Structural*** 아이콘을 드래그(drag)하여 ***Project Schematic*** 창에서 활성화된 ***Steady-State***의 ***Solution*** 셀에 집어(drop)넣는다.

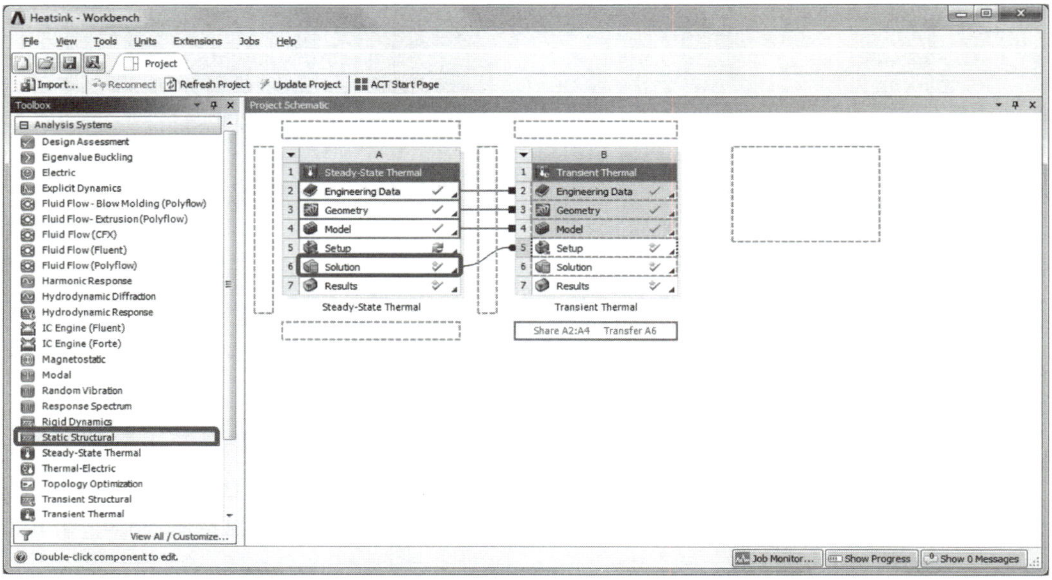

이는 아래와 같이 ***Steady-State Thermal*** 시스템과 ***Static Structural*** 시스템간의 데이터를 공유하는 작업이다. ***Steady-State Thermal*** 해석의 온도분포가 ***Static Structural*** 해석의 입력 값이 되는 것이다. ***Static Structural*** 해석의 입력 값으로 온도가 균일하게 규정되었다면 이 데이터 공유 과정은 불필요하다.

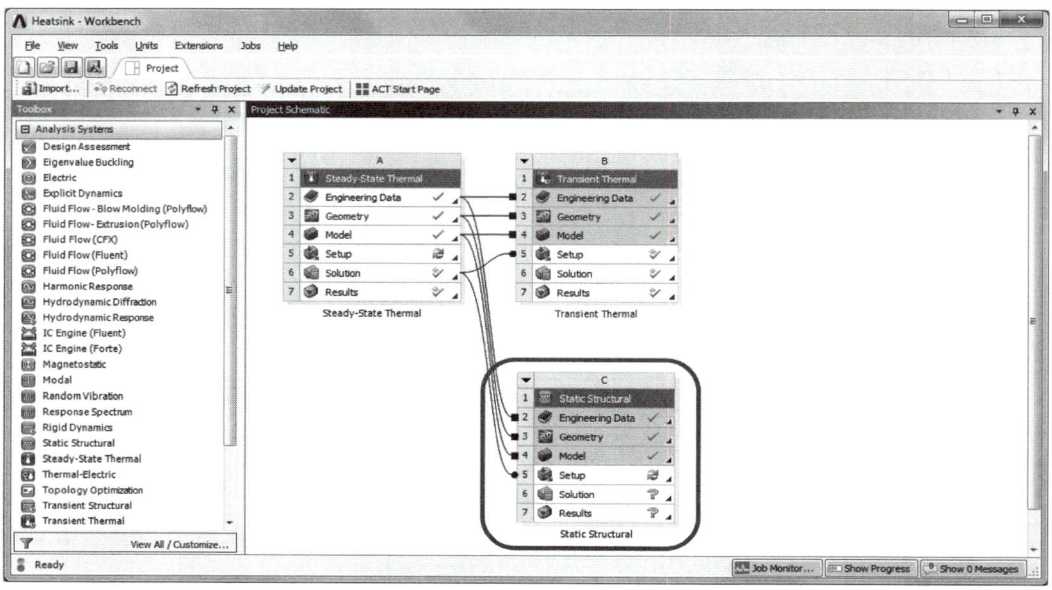

단계 2: 재료특성의 추가

Steady-State Thermal의 ***Engineering Data*** 버튼을 더블 클릭한다. 아래와 같이 알루미늄의 물성치로 ***Young's Modulus***를 ***70 GPa, Poisson's ratio***를 ***0.3, Isotropic Instantaneous Coefficient of Thermal Expansion*** 계수를 **2.2E-5 1/°C**로 입력한다. ***A2,B2,C2: Engineering Data*** 인터페이스를 닫는다.

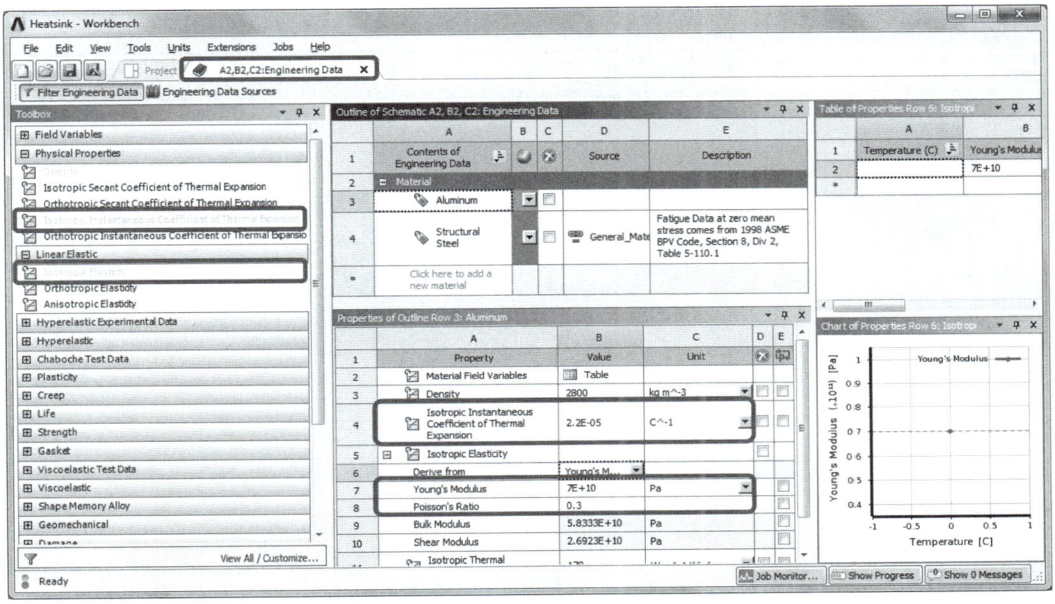

단계 3: 정적구조 해석 준비

Static Structural 시스템의 ***Setup*** 셀을 더블 클릭하여 ***Multiple System-Mechanical*** 프로그램을 실행한다. 수정된 업스트림 데이터를 읽기 위해 팝업 창에서 ***Yes*** 버튼을 클릭한다.

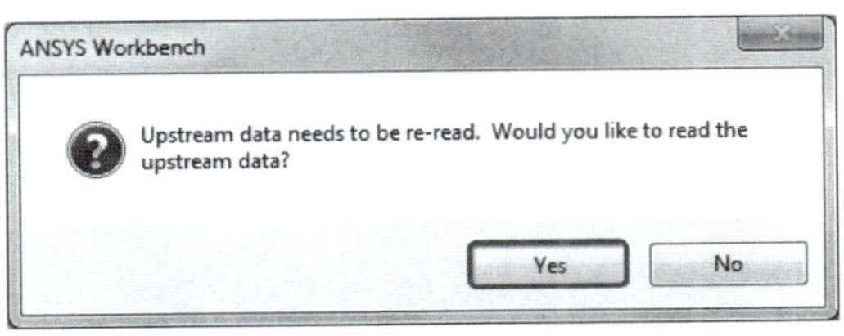

여기서 *Outline* 트리의 *Static Structural (C5)*에 *Imported Load* 아이템이 자동적으로 추가되었음을 유의하여라. *Static Structural (C5)* 위에서 오른쪽 마우스 버튼을 클릭하고 *Outline*에 *Fixed Support*를 삽입한다. 히트 싱크의 바닥면에 *Fixed Support*를 적용한다.

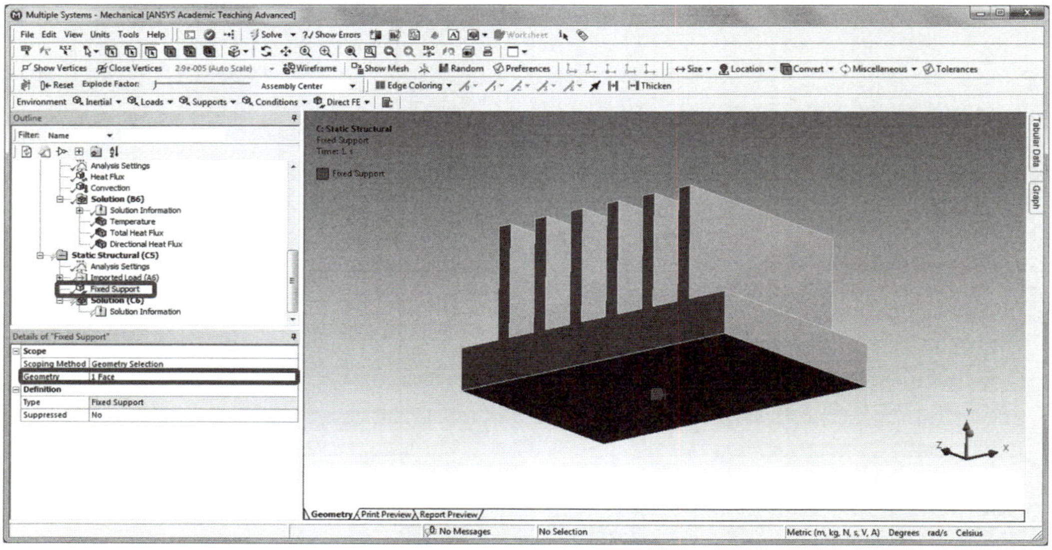

단계 4: 풀이와 결과 검색

*Outline*에서 *Solution (C6)* 위에서 마우스 오른쪽 버튼을 클릭하고, *Outline*에 *Total Deformation*과 *Equivalent Stress*를 삽입한다. 다음으로 *Solution (C6)* 마우스 오른쪽 버튼을 클릭하고 *Solve*를 클릭한다.

변위 결과를 확인하기 위해서는 *Outline*의 *Total Deformation*을 클릭한다.

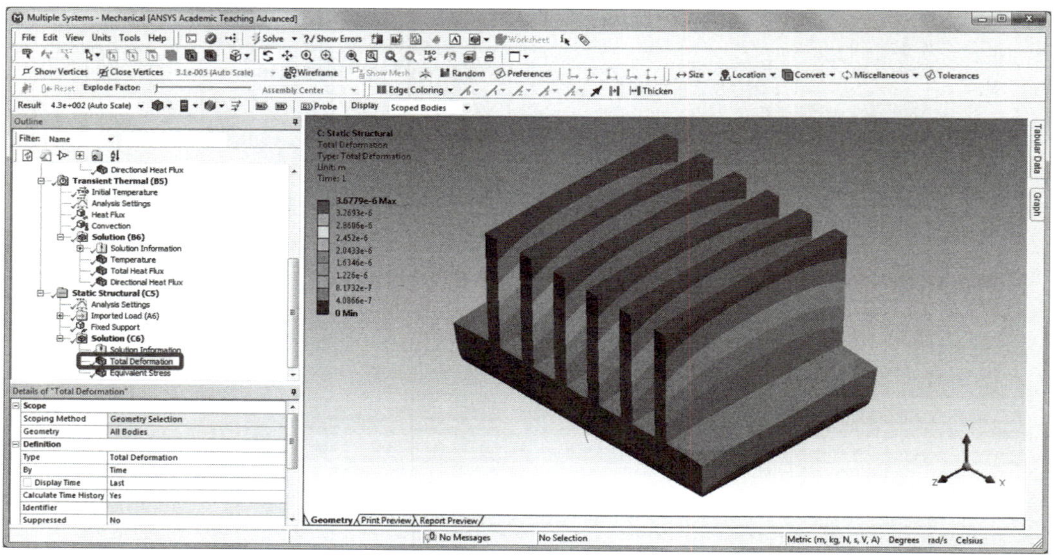

Von-Mises 응력결과를 보기 위해서는 ***Outline***에서 ***Equivalent Stress***을 클릭한다.

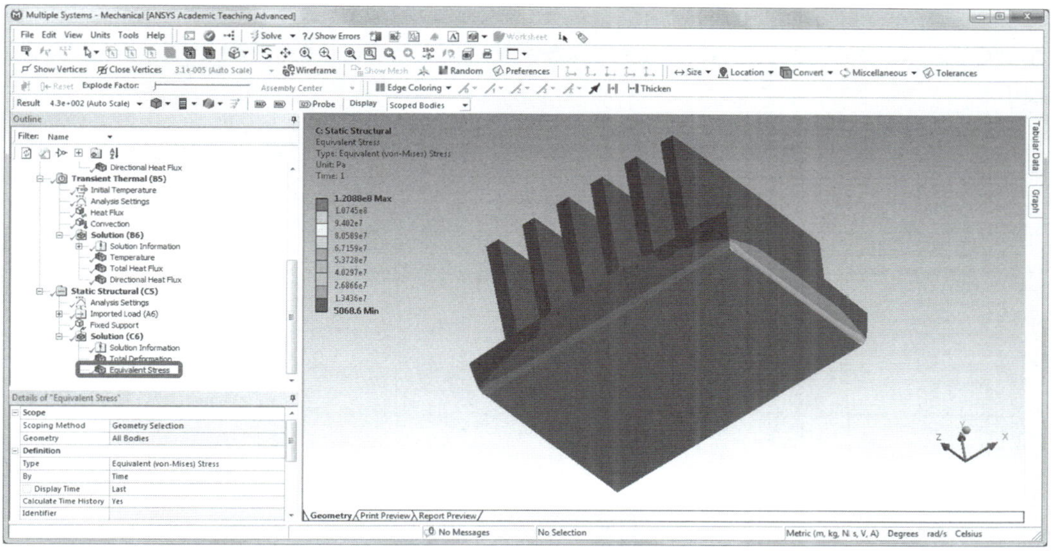

모델링 팁: 히트 싱크에 균일한 온도분포를 가하기 위해, 모델과 위 단계에서 ***Steady-State Thermal*** 시스템과 데이터를 공유하는 ***Static Structural*** 시스템을 추가할 수 있다. 그리고 ***Static Structural*** 해석에서 히트 싱크에 균일한 ***Thermal Condition***을 추가하면 된다.

이렇게 하기 위해, 먼저 ***Analysis Systems Toolbox***에서 ***Static Structural*** 아이콘을 드래그하여 ***Project Schematic***의 활성화된 ***Steady-State*** 시스템의 ***Model*** 셀에 넣는다.

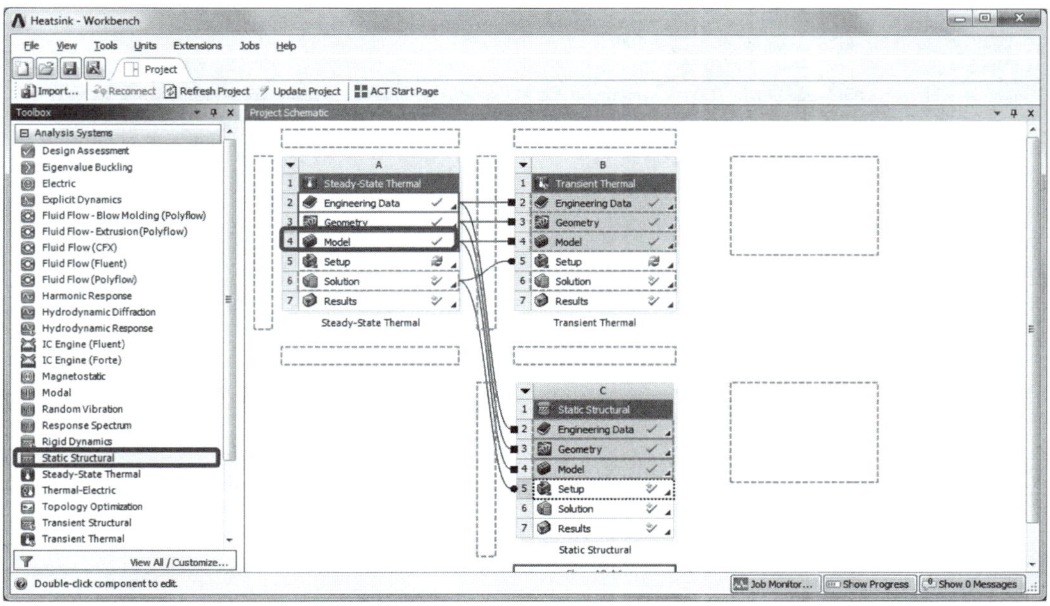

이 과정을 수행하면 아래와 같이 ***Steady-State Thermal*** 해석 모델과 ***Static Structural*** 사이에 데이터 공유 관계가 생성된다.

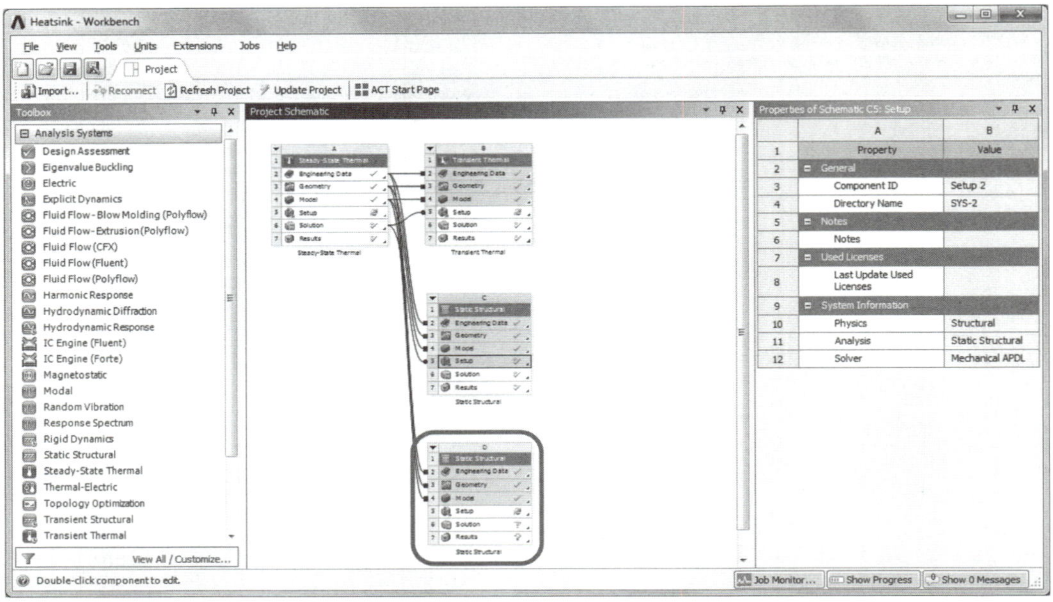

다음으로, Part C에서 단계 3에 따라 ***Static Structural*** 해석을 설정한다. ***Outline*** 트리의 ***Static Structural (C5)***의 ***Thermal Condition*** 하중을 추가하고 히트 싱크의 바닥을 ***Fixed Support***로 적용한다. 10 ℃의 온도 상승에 따른 히트 싱크의 Total Deformation과 Equivalent Stress는 다음과 같다.

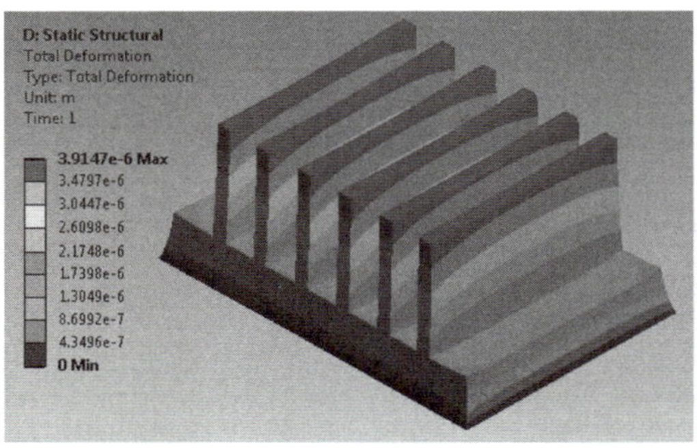

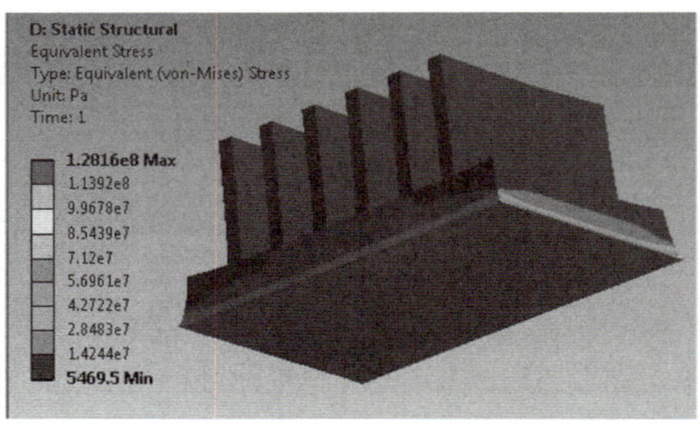

9.5 요약

본 장에서는 열전도문제와 FEA 공식화에 대한 지배방정식에 대하여 공부하였다. 구조물에 온도 변화로 발생하는 열응력을 검토하였으며, 구조물의 구속조건이 열응력에 미치는 영향이 크다는 점을 강조하였다.

9.6 학습목표 검토

이 장에서 학습한 내용은 다음과 같다.

1. 열전도 및 열응력 해석에 대한 FE 공식화의 이해
2. FEA를 이용한 구조물의 열전도 해석 수행
3. FEA를 이용한 구조물의 열응력 해석 수행
4. ANSYS Workbench를 이용한 열전달 및 열응력 해석 수행

문제

9.1 아래의 그림과 같은 단순 링 영역(annular region)에서 FEA를 이용하여 열전도문제를 풀어라. 여기서 $a = 1$ m, $b = 2$ m, $T_a = 100$°C 이며 열 유속 $Q_b = 200$ W/m^2 로 가정한다. 열전도계수 $k = 60.5$ W/(m°C) 인 구조용 강을 이용하여 이 영역에서 온도장 및 열 유속을 계산하고 FEA 결과와 비교하라.

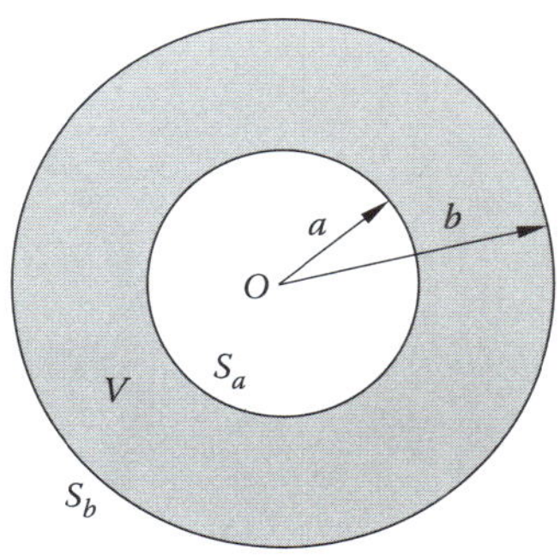

9.2 아래의 그림과 같은 유리컵에서 다른 면의 온도는 20℃ 를 유지하지만 컵 내부의 온도 변화는 20℃에서 60℃ 로 변화할 때 열응력을 계산하라. 유리의 경우, 영탄성계수 $E = 70$ GPa, 푸와송비 $\nu = 0.17$, 열전도계수 $k = 1.4$ W/(m℃) 이며 열팽창계수 $\alpha = 8.0\times10^{-6}$/℃ 이다.

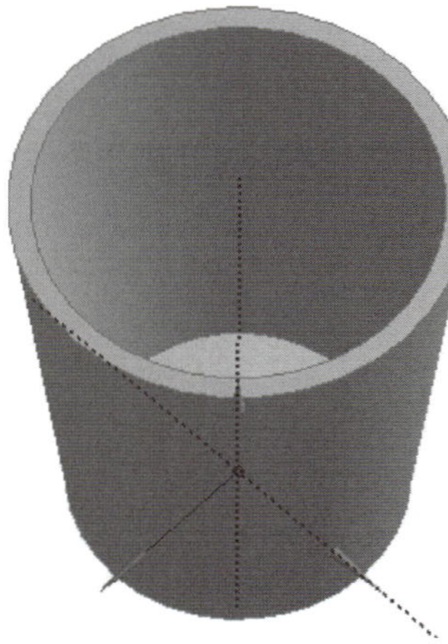

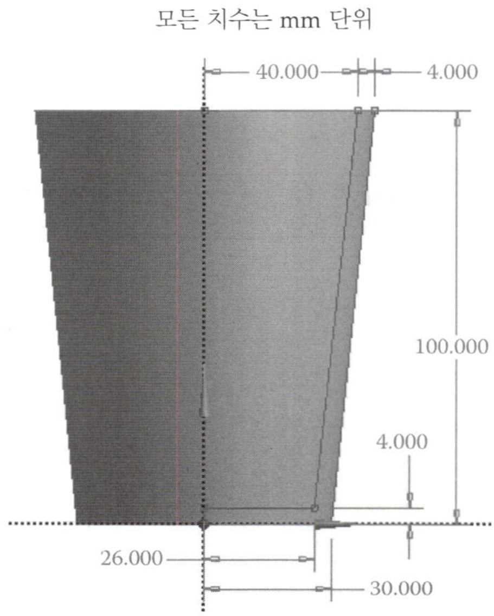

9.3 내부에 립(rib)이 장착된 열교환 파이프 내에서 온도 및 열 유속 분포를 계산하라. 체적온도(bulk temperature)는 80℃ 이며 20℃ 에서 열교환기의 내부와 외부의 대류열전달 필름계수(film coefficient)는 각각 100 W/(m^{2}℃), 30 W/(m^{2}℃) 이다. 열전도율(thermal conductivity) 230 W/(mK) 인 파이프의 길이는 30 cm 이며 파이프의 양 끝단은 완전히 절연되었다고 가정한다.

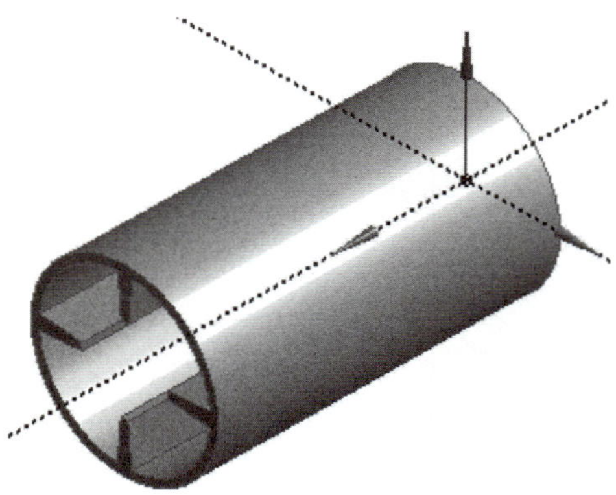

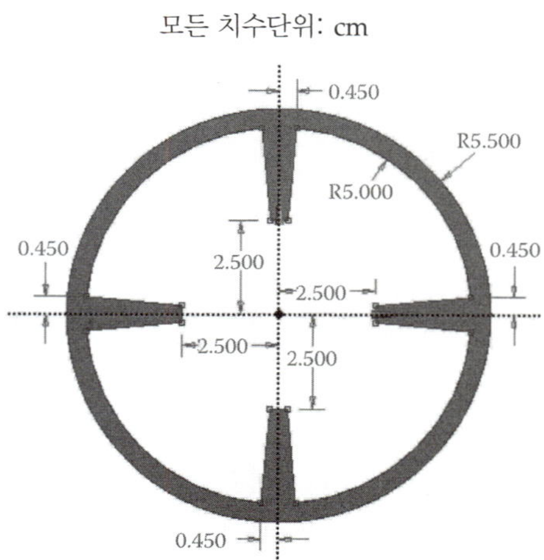

9.4 아래의 그림은 관통 홀이 있는 두께가 10 cm 인 콘크리트 슬래브이다. 콘크리트의 열전도계수 $k = 1.0$ W/(m°C) 이며 영탄성계수 $E = 29$ GPa, 푸와송비 $\nu = 0.15$, 열팽창계수 $\alpha = 11.0 \times 10^{-6}$/°C 이다. 필름계수 100 W/(m²°C) 를 갖는 60°C 의 원형 관통 홀의 내부 유체의 체적온도는 60°C 이다. 콘크리트 슬래브의 네변은 균일온도 20°C 를 유지하고 있다고 가정하며, 관통구멍 슬래브의 전, 후면은 완전히 절연되어 있다. (1) 슬래브의 온도 분포를 계산하라. (2) 슬래브의 사변이 모두 고정되었다면 슬래브에 열에 의한 변형과 응력을 계산하라.

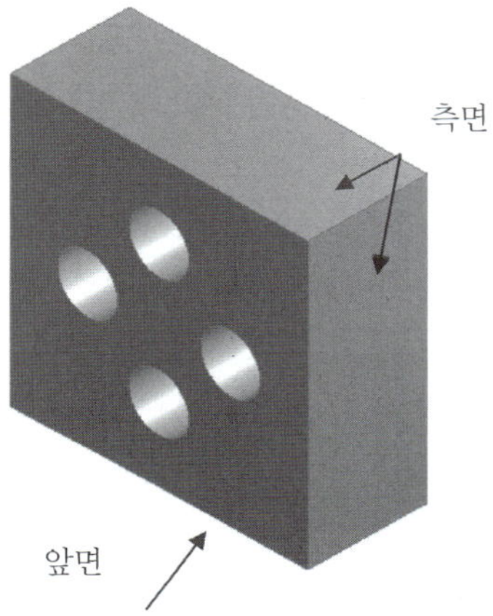

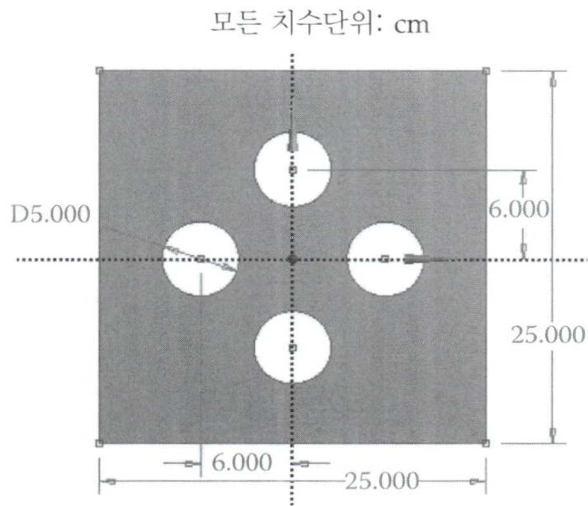

9.5 다음의 열 바이모프(thermal bimorph)는 열전도율 $k = 130$ W/(m°C), 영탄성계수 $E = 200$ GPa, 푸와송비 $\nu = 0.27$ 및 열팽창계수 $\alpha = 2.6 \times 10^{-6}$/°C 의 실리콘으로 만들었다. 아래그림과 같이 1 mm 두께로 핫암(hot arm)과 콜드암(cold arm)의 가장 왼쪽 끝두분에서 각각 60°C 와 10°C 의 고정온도를 유지한다. 바이모프가 100 W/m³ 에서 균일하게 내부발열을 한다고 가정하며 이때 대류 열전달의 영향은 무시한다. (1) 바이모프의 정상상태 온도분포를 구하시오. (2) 2개의 암(arm)이 왼쪽 끝에 고정된 경우 열에 의한 바이모프의 변형과 응력을 구하시오.

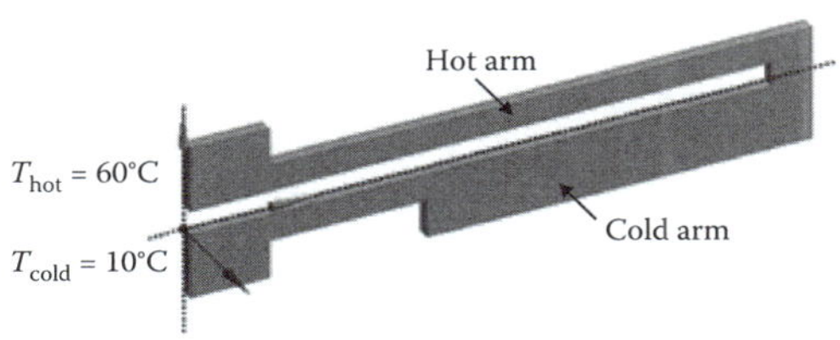

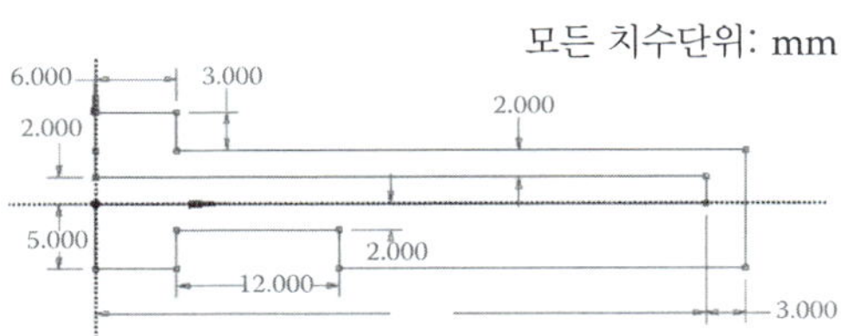

9.6 다음 그림의 히트 싱크는 22 mm×22 mm×2 mm 크기의 사각형 바닥면과 각각의 크기가 2 mm×2 mm× 8 mm 인 사각형 핀–휜(pin–fin) 배열로 구성되어 있다. 핀–휜은 각 방향 마다 4 mm간격으로 위치하고 있다. 히트 싱크의 초기온도는 28℃ 이다. 히트 싱크의 바닥에 열 유동 입력이 규정되었다고 한다. 열유동(heat flux)은 60초(각 반주기에서 동일한 시간)의 주기와 800 W/m^2 에서 0 W/m^2 으로 전환되는 피크 값을 가진 대칭 구형파 패턴이다. 팬은 열 유동이 규정된 바닥을 제외한 히트 싱크의 모든 표면에 공기를 순환시킨다. 주위 공기의 온도는 28℃ 이며 필름계수는 30 W/(m^2°C) 이다. 히트 싱크는 열전도율 k = 170 W/(mK), 밀도 ρ = 2800 kg/m^3, 비열 c = 870 J/(kg K), 영탄성계수 E = 70 GPa, 푸와송비 ν = 0.3, 열팽창계수 α = 22×10^{-6}/℃ 의 알루미늄으로 만들었다. 최초 3회 사이클 동안의 히트 싱크의 과도 열응답을 구하라.

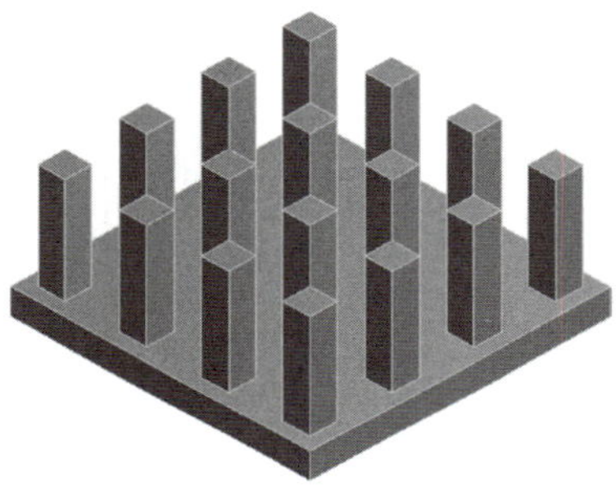

9.7 아래 그림의 전기 주전자 받침대는 두께가 0.5 cm 이며 열전도율 $k = 60.5$ W/(mK), 밀도 $\rho = 7850$ kg/m^3 및 비열 $c = 434$ J/(kg K) 의 구조용 강으로 만들어졌다. 열 유동(heat flux) 조건은 주전자 받침대 바닥에 매립된 열선을 통해 정의된다고 가정한다. 열선이 보이는 바닥 면을 제외한 주전자 받침대의 모든 면은 40℃ 의 체적 공기온도 및 80 W/(m^2°C) 의 필름계수로 대류 열전달을 받는다. (1) 열선을 통해 800 W/(m^2°C) 의 일정한 열 유동이 적용될 경우 주전자 받침대의 정상상태 열 응답을 구하시오. (2) 열선이 60초(30초 켜진 후 30초 꺼짐)의 주기로 켜지고 꺼진다고 가정한다. 켜진 시간 동안의 열 유동은 1000 W/(m^2°C) 이다. 정상상태의 해를 초기조건으로 사용하여 120초 동안의 주전자 받침대의 과도 열 응답을 구하라.

주전자 하단의 두 면에 대한 등각투영 (isometric view)

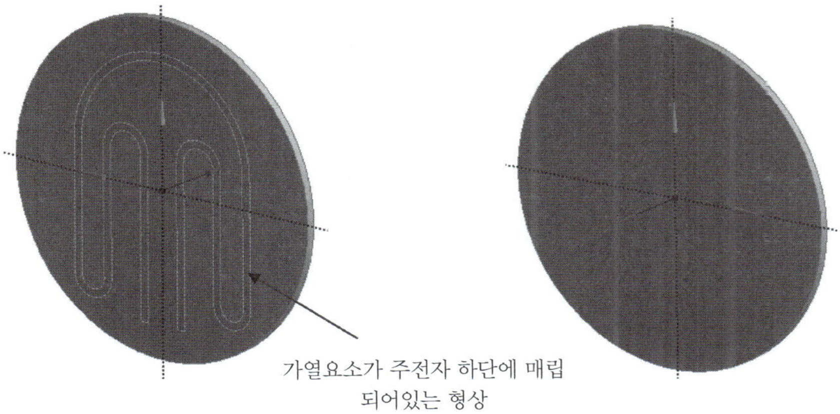

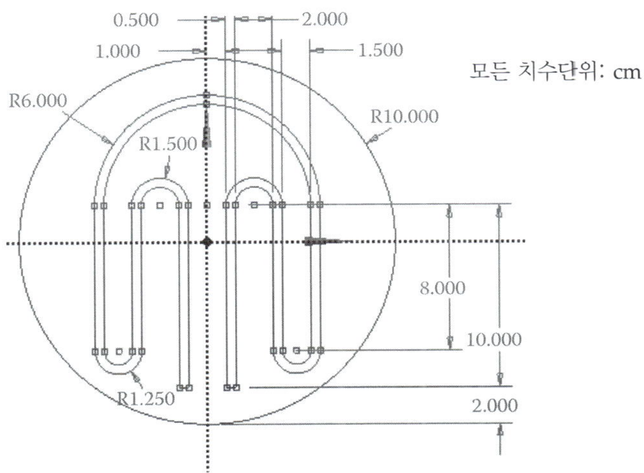

9.8 아래 그림의 공기-물 열 교환 시스템은 열전도율 $k = 400$ W/(m K), 영탄성계수 $E = 100$ GPa, 푸아송비 $\nu = 0.3$, 열팽창계수 $\alpha = 18\times10^{-6}$/°C의 구리로 만들었다. 바깥표면은 30 W/(m^2 °C) 의 필름계수와 20°C의 체적온도(bulk temperature)로 냉수와 접촉하고 있다. 내부표면은 100 W/(m^2 °C) 의 필름계수와 80°C의 체적온도로 뜨거운 공기와 접촉한다. (1) 열 교환 시스템의 정상상태 열 응답을 구하시오. (2) 열 교환 시스템의 양쪽 끝 두 절단면이 고정되어 있다고 가정한다. 이때 열 교환 시스템이 받는 열 변형 및 응력을 구하시오.

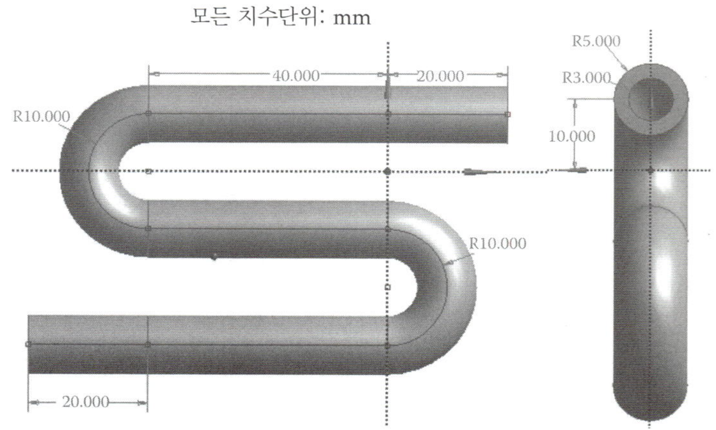

9.9 열팽창 불일치(thermal expansion mismatch)는 고밀도 반도체 장치에서 중요한 문제이다. 아래 그림의 모델은 실리콘 기판에 구리 다이(die)로 구성되어 있다. 기판과 다이가 서로 완벽히 붙어있고 기판이 바닥면에 고정되어 있다고 가정한다. 다이에 60°C 의 일정한 온도가 주어지고, 기판에는 40°C 의 일정한 온도가 주어지는 경우 열 변형과 응력을 구하시오. 구리의 영탄성계수 $E = 100$ GPa, 푸와송비 $\nu = 0.3$, 열팽창계수 $\alpha = 18\times10^{-6}$/℃, 실리콘은 $E = 200$ GPa, $\nu = 0.27$, $\alpha = 2.6\times10^{-6}$/℃ 를 사용한다.

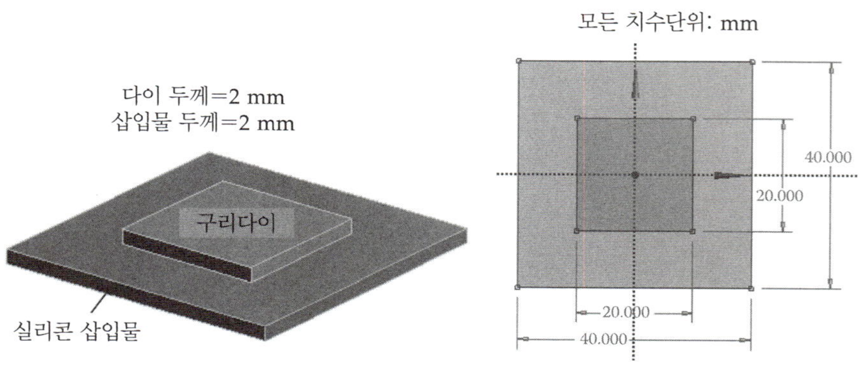

9.10 다음 그림의 두 개의 암(arm)이 있는 사각형 플랫폼 판은 두께가 1 mm 이며 열전도율 $k = 130$ W/(m ℃), 영탄성계수 $E = 200$ GPa, 푸와송비 $\nu = 0.27$ 및 열팽창계수 $\alpha = 2.6\times 10^{-6}$/℃의 실리콘으로 만들었다. 여기서 대류 열전달의 영향은 무시한다. (1) 아래 그림과 같이 상단과 하단 끝부분의 온도가 각각 40℃ 와 20℃ 로 일정할 때 플랫폼의 온도 분포를 구하시오. (2) 두 암의 끝은 고정되어 있다고 가정한다. 플랫폼의 열 변형 및 응력을 구하시오.

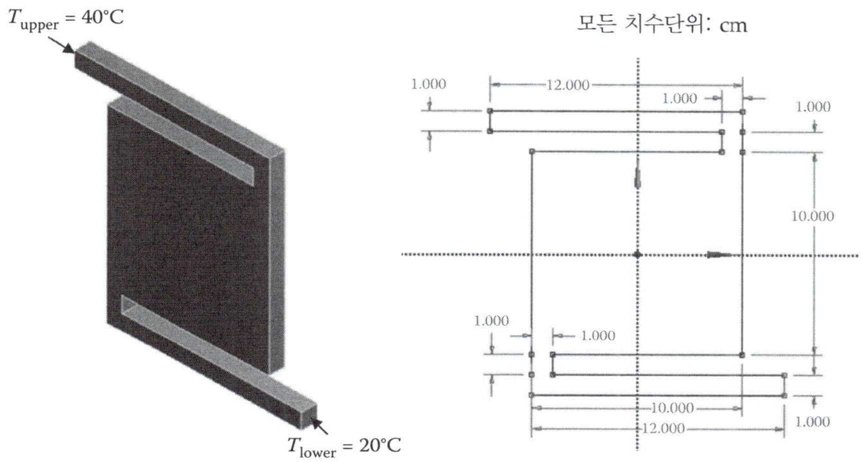

Chapter 10

유체해석 개요

10.1 서론

유동 시뮬레이션(flow simulation)은 비행기의 날개 주변이나 수력 터빈의 유동 해석부터 혈관이나 순환계의 유동 범위까지 공학의 적용에 널리 사용된다(그림 10.1 참조). 유체해석을 수행하면 물체 주변의 유체운동 뿐만 아니라 복잡한 순환하는 시스템의 유체 거동에 대해 보다 구체적으로 이해할수 있다. 전산유체동력학(CFD) 시뮬레이션은 유체가 포함된 실용적인 설계문제에서 설계반복 시간을 줄이고 경비를 절감하는데 실험적 테스트를 보조하는 역할로 필수 불가결한 도구로 자리 잡고 있다. 본 장에서는 ANSYS Workbench를 이용한 유체 해석에 대하여 설명할 예정이다.

10.2 기본방정식 개요

유체역학의 기본식에 대해 간단히 살펴 보기로 한다.

10.2.1 유체운동에 대한 서술

유체 동력학에서, 유체의 운동을 물리적인 량인 유속 $\mathbf{u}$, 유압 p, 유체밀도 ρ, 유체 점성 ν를 이용하여 수학적으로 표현할 수 있다. 유속이나 유압은 유체의 체적내의 위치에 따라 서로 다르다. 유체 시뮬레이션의 목적은 유체 안에서 서로 다른 점들의 유속이나 압력의 변화를 추적하는 것이다.

10.2.2 유체 유동의 형태

유체의 유동에는 여러 형태가 존재한다. 유동이 압축성($\rho \neq$ 상수) 혹은 비압축성($\rho =$ 상수), 점성($\nu \neq 0$) 혹은 비점성($\nu = 0$), 정상($\partial \mathbf{u}/\partial t = 0$) 혹은 비정상($\partial \mathbf{u}/\partial t \neq 0$), 층류(stream line) 혹은 난류(chaotic) 등이다. 추가적으로 유체는 뉴턴 유체(점성이 온도나 압력에 따라 변화하지 작용하는 하

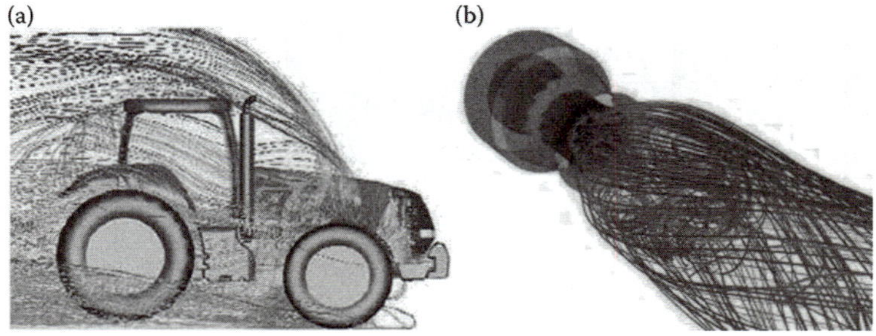

그림 10.1 CFD의 예제; (a) 트렉터 주변의 공기유동 (ANSYS, Inc. 제공: http://www.ansys.com/Industries/Automotive/Application+Highlights/Body), (b) 연소챔버내의 유선(streamline) 유동 (ANSYS Inc. 제공: http://www.edr.no/en/courses/ansys_cfd_advanced_modeling_ reacting_flows_and_combustion_in_ans ys_fluent)

중에 의해 변화하지 않는다: 다른 뜻으로는 전단응력은 유체 변형률비의 선형함수) 혹은 비 뉴턴 유체(점성은 작용하는 하중에 변화한다. 즉 전단응력은 유체의 변형률비에 대한 비선형 함수이다)로 구분된다.

10.2.3 나비에-스토크 공식

이 장에서는 비압축성 뉴턴 유체에 한정하여 설명한다. 모든 유체는 정도의 차이는 있지만 압축성을 갖고 있으나 다음의 나비에-스토크 공식(Navier-Stokes equations)에 지배되어 운동하는 비압축성인 가장 일반적인 유체를 고려하자:

$$\frac{\partial \mathbf{u}}{\partial t} = -\mathbf{u}\nabla\mathbf{u} + \nu\nabla^2\mathbf{u} - \frac{\nabla p}{\rho} + \mathbf{f} \tag{10.1}$$

여기서 유체입자의 가속도 $\partial\mathbf{u}/\partial t$ 는 이류(advection) $\mathbf{u}\nabla\mathbf{u}$, 확산(diffusion) $\nu\nabla^2\mathbf{u}$, 압력구배(pressure gradient) $\nabla p/\rho$ 및 체적력 f 의 복합적인 효과로부터 결정된다. N-S식은 질량, 모멘텀 및 에너지원리 보존법칙으로부터 직접적으로 유도될 수 있다. 입자의 속도변화는 주변의 입자가 입자를 어떻게 밀고 어떻게 입자의 운동을 저지하는지 또한 중력 같은 외부 힘이 입자에 작용 하는지에 따라 영향을 받고 있다[15].

3차원 직교좌표계의 N-S공식은 다음과 같다.

$$\rho\left(\frac{\partial u}{\partial t} + u\frac{\partial u}{\partial x} + v\frac{\partial u}{\partial y} + w\frac{\partial u}{\partial z}\right) = \nu\left(\frac{\partial^2 u}{\partial x^2} + \frac{\partial^2 u}{\partial y^2} + \frac{\partial^2 u}{\partial z^2}\right) - \frac{\partial p}{\partial x} + f_x \tag{10.2}$$

$$\rho\left(\frac{\partial v}{\partial t} + u\frac{\partial v}{\partial x} + v\frac{\partial v}{\partial y} + w\frac{\partial v}{\partial z}\right) = \nu\left(\frac{\partial^2 v}{\partial x^2} + \frac{\partial^2 v}{\partial y^2} + \frac{\partial^2 v}{\partial z^2}\right) - \frac{\partial p}{\partial y} + f_y \tag{10.3}$$

$$\rho\left(\frac{\partial w}{\partial t} + u\frac{\partial w}{\partial x} + v\frac{\partial w}{\partial y} + w\frac{\partial w}{\partial z}\right) = \nu\left(\frac{\partial^2 w}{\partial x^2} + \frac{\partial^2 w}{\partial y^2} + \frac{\partial^2 w}{\partial z^2}\right) - \frac{\partial p}{\partial z} + f_z \tag{10.4}$$

여기서, u, v, w 는 입자 속도벡터 $\mathbf{u}$ 의 성분이다.

CFD 모델링에서, 해석하고자 하는 유체영역을 표현하는 3D 메쉬 상에 경계조건이 지정되면 입자 운동에 대한 N-S공식은 수치적으로 풀이될 수 있다. CFD에 적용되는 수치해석기법에 대한 상세한 내용은 ANSYS 온라인 문서의 이론 가이드를 참고하기 바란다.

10.3 유체 유동 모델링

다음으로 CFD 모델링에 대한 실제적인 내용을 설명한다. 주제는 규정된 유체영역, 메쉬분할(meshing), 경계조건 할당 및 해의결과에 대한 시각적 표현 등이 포함된다.

10.3.1 유체영역

유체영역(fluid domain)이란 유속, 압력, 밀도, 점도 등의 관점에서 연속된 상태이다. 내부 유동이나 외부 유동의 예를 그림 10.2에 나타냈다. 내부 유동(그림 10.2 a)의 경우, 유체영역은 유체와 접촉하는 습윤 표면(wetted surface)으로 한정된다. 외부 유동(그림 10.2 b)의 경우, 유체영역은 습윤된 구조물 주변의 외부 유체영역이다.

10.3.2 메쉬 분할

CFD 해석에서, 메쉬의 품질이 수렴도와 함께 해를 구하는 시간이나 정밀도에 큰 영향을 미친다. 좋은 메쉬는 계산능력을 초과하지 않는 범위에서 경계층이나 전단층 등과 같은(그림 10.3) 필요한 모든 유체상황을 포함하기 충분한 세밀함이 필요하다. 또, 좋은 메쉬란 수렴이나 정밀도를 상실하지 않으면서 다른 영역사이에 메쉬 밀도 차이가 자연스럽게 변화되어야 한다.

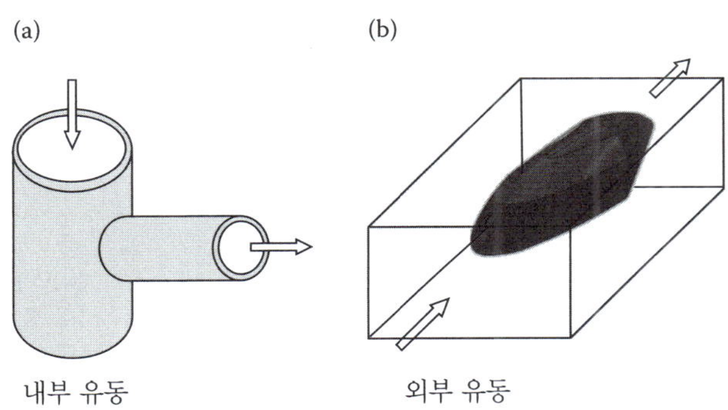

그림 10.2 유채영역 정의: (a) 내부 유동 (b) 외부 유동

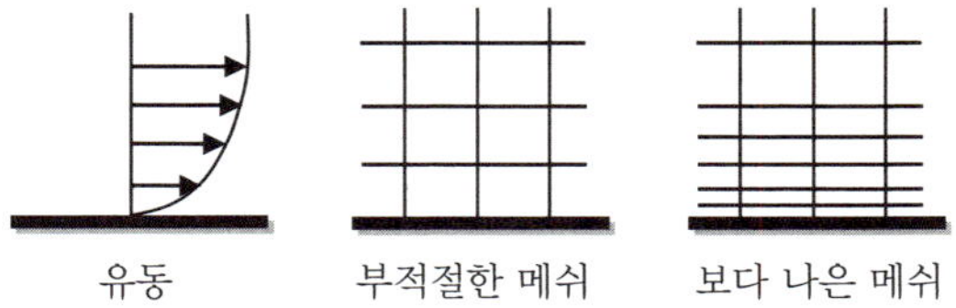

그림 10.3 유동 상황을 표현하기 위한 적절한 메쉬가 필요한 경우

10.3.3 경계조건

경제조건이 주어지면 유동 공식을 풀수 있으므로, 완전히 정의된 유동 시뮬레이션을 위해서는 적절한 경계조건이 요구된다. 일반적인 유체 경계조건은 유입구, 유출구, 개구간, 벽면 및 대칭면 등이 포함되어야 한다[16]. 유입구 조건은 유체가 영역으로 유입되는 경계에 대한 조건이다 유출구 조건은 유체가 영역을 빠져나가는 조건이다. 개구간 조건은 유체가 영역으로 자유롭게 유입 또는 유출되는 조건이 사용된다. 벽면조건은 유동 모델의 고체 경계(solid boundary)를 의미한다. 고정벽면의 경우, 유동 속도가 미끄러짐이 없는 경계(no slip boundary condition)를 의미한다. 대칭면의 조건은 기학적 및 유동이 모두 대칭성을 갖는 표면인 경우 사용된다.

압력경계은 유동압력이 정의된 지역의 경계조건을 의미한다. 속도경계는 속도 값이 주어진 경계이다. 그림 10.4는 도심 구간에 대한 공기 유동의 유선(streamline)으로 나타낸 시뮬레이션 결과이다. 경계조건으로 (a)는 좌측 외곽에서 유입되는 속도, 우측 외곽으로 빠져나가는 압력, 모든 빌딩(회색 선)의 벽면조건이 포함된 것이며, (b)의 경계조건은 도심구역의 네 지역의 압력 유입과 도심의 원형중심에서 압력 출구 및 모든 빌딩의 벽면조건이 포함된 것이다. 그림 10.4에서 보인바와 같이

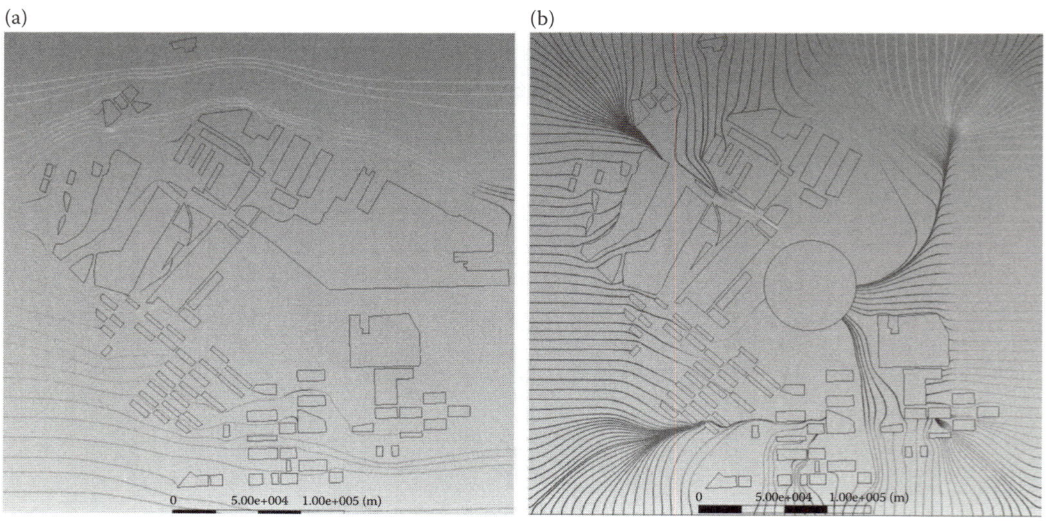

그림 10.4 시내 구간의 공기흐름도 (a) 좌측에서 우측으로 횡풍(crosswind blowing)이 작용 (b) 시내 중심에서 원형의 저압지역

다른 경계조건은 서로 다른 유동 패턴의 결과를 나타낸다. CFD해석에서 실제의 유동조건을 계산하기 위해서는 현실적인 경계조건을 부여하는 것이 아주 중요하다.

10.3.4 결과 해의 시각적 표현

주어진 문제의 유체영역에 대한 메쉬와 경계조건이 부여되면 해를 구하기 위해 계산을 실행하게 된다. 3-D 공간이나 단면위에 유동변수를 그래프로 표시하여 유체 운동을 표시할 수 있다. 일반적으로 CFD에서는 압력, 전단 변형률, 난류의 동력학적에너지 분포 유선(streamline) 표시, 속도장의 벡터 그래프 등을 등고선 그림으로 표시한다. 그림 10.5는 예제로 실린더 위를 지나는 유동에 대

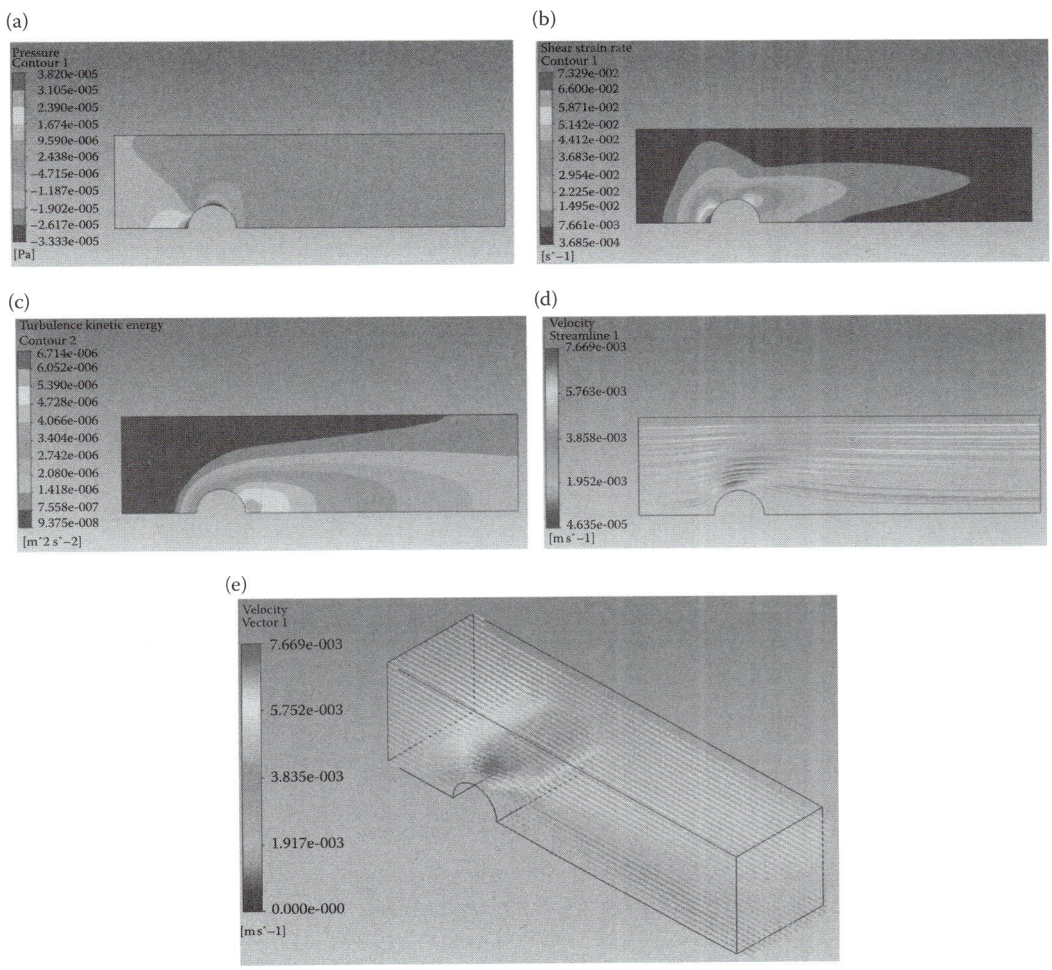

그림 10.5 실린더를 통과하는 유체 유동의 그래프 (대칭으로 절반 모델사용). (a) 압력분포, (b)전단 변형률비 분포, (c) 난류의 동력학적에너지 분포, (d) 유선(streamline), (e) 속도벡터 그래프

한결과를 나타낸 것이다. 대칭조건을 이용하여 절반만 모델링하였으며 유압, 전단응력, 난류강도(turbulence intensity)와 입자 궤적(particle trajectory) 그래프로 표시되었다.

10.4 ANSYS Workbench를 이용한 사례연구

문제 설명: 전산유체동력학 해석을 활용하여 자동차의 공기동력학 성능을 개선하고자 한다. 이 사례연구에서는 트럭을 통과하는 공기유동에 대한 유체해석을 수행한다. 공기는 실온 25°C 이며 공기 속도는 40 km/h 로 좌측에서 우측으로 불어오는 것으로 가정한다. 트럭 표면과 지면에서는 미끄럼이 없는 경계조건을 적용한다. 트럭 주변의 유동장에 대한 공기유동 패턴과 압력 및 속도분포를 구하시오.

문제풀이

*ANSYS Workbench*를 이용하여 주어진 문제를 해결하기 위해, 다음과 같은 절차로 진행한다.

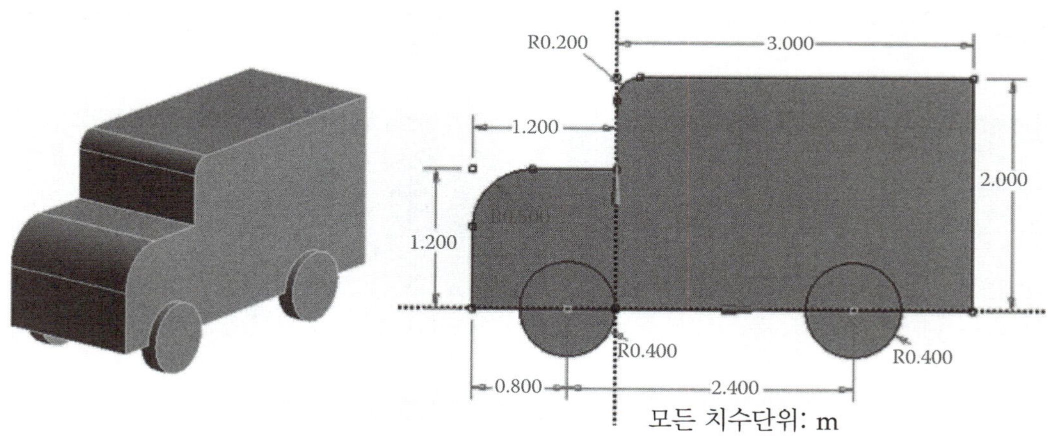

모든 치수단위: m

트럭, 몸체의 폭: 1.2 m 각 바퀴의 폭: 0.2 m

유동장: 25°C 의 비압축성 공기

경계조건: 공기는 40 km/h 속도로 좌측에서 우측으로 불어옴, 트럭표면과 지면에서는 미끄럼이 없음(nonslip)

단계 1: ANSYS Workbench 프로젝트 시작

*ANSYS Workbench*를 실행하고 빈 프로젝트를 *"CFD_Truck.wbpj"*로 저장한다.

단계 2: 유체유동 해석 시스템 생성

Analysis Systems Toolbox 창에서 ***Fluid Flow (CFX)*** 아이콘을 드래그(drag)하여 ***Project Schematic*** 창의 활성화된 녹색 사각형 내부에 집어(drop)넣는다.

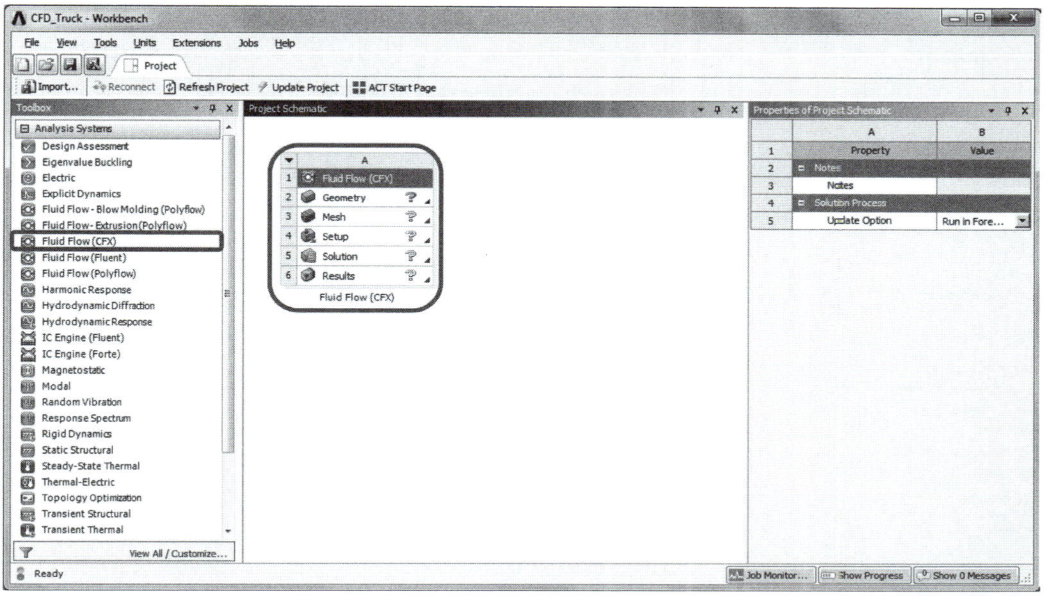

단계 3: SpaceClaim 프로그램 실행

Geometry 셀을 더블 클릭하여 ***SpaceClaim*** 프로그램을 실행한다.

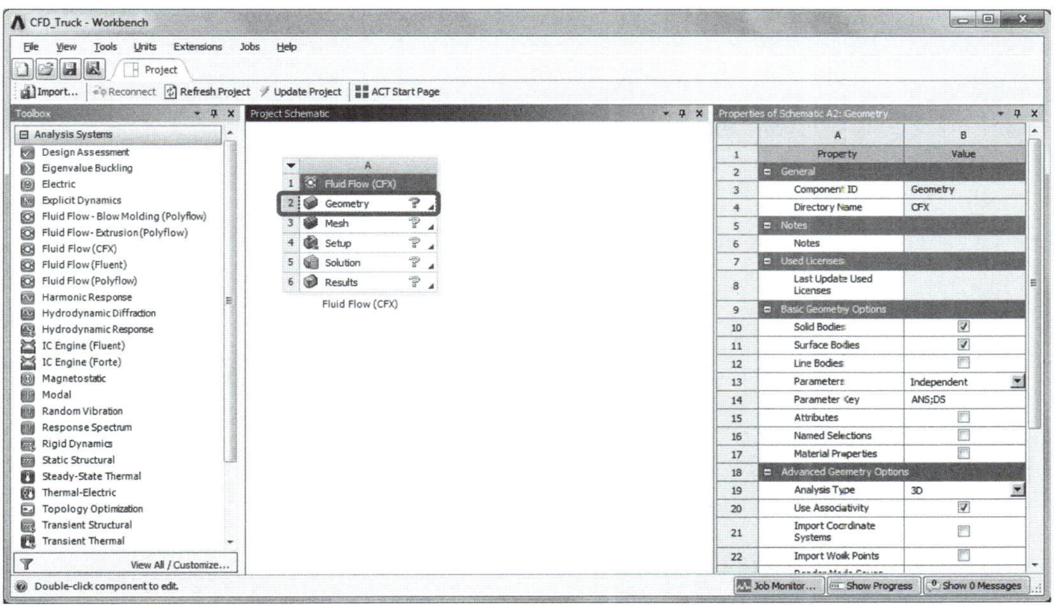

단계 4 트럭 모델 생성

Graphics 창의 아무 곳이나 마우스 오른쪽 버튼으로 클릭하고 메뉴에서 ***Select New Sketch Plane***을 클릭한다.

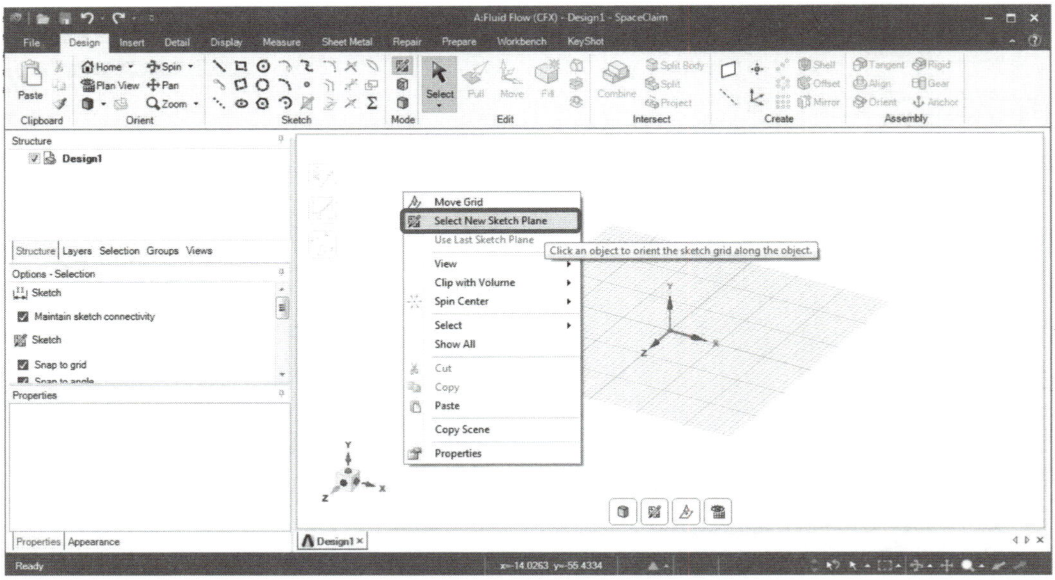

x-y plane 위에 마우스를 놓고 클릭하여 강조 표시된 ***x-y plane***을 선택한다. 스케치 평면이 기본 x−z 평면 (위 그림 참조)에서 x−y 평면 (아래 그림)으로 변경된다.

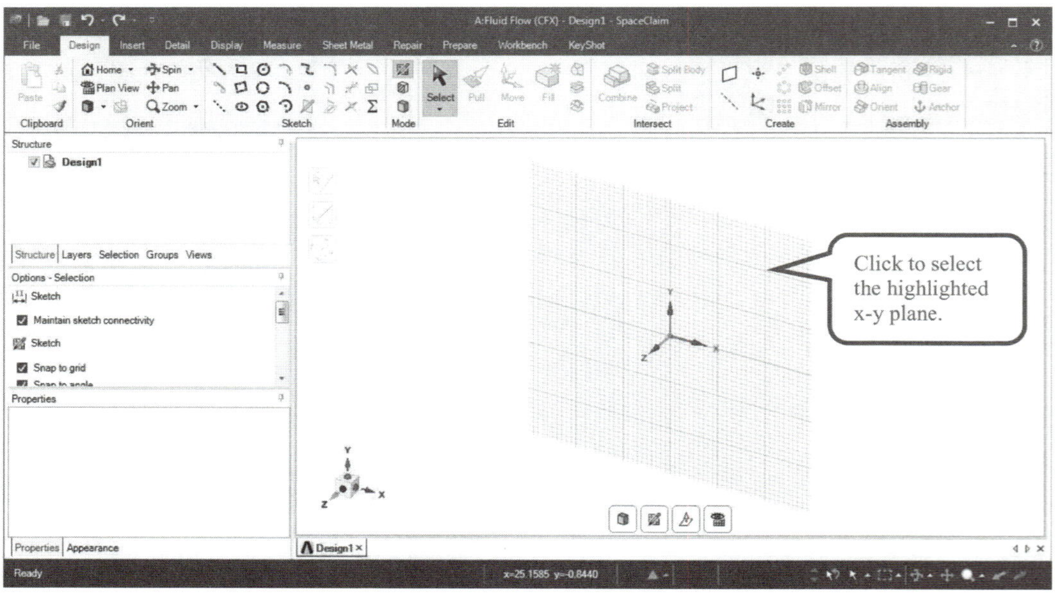

스케치 그리드를 정면으로 보기 위하여 툴바 메뉴에서 ***Plane View***를 클릭한다. ***Design*** 탭에서 ***Sketch Mode***를 클릭하여 스케치를 시작한다. ***Rectangle*** 아이콘을 클릭하여 아래와 같이 두 개의 직사각형을 그린다.

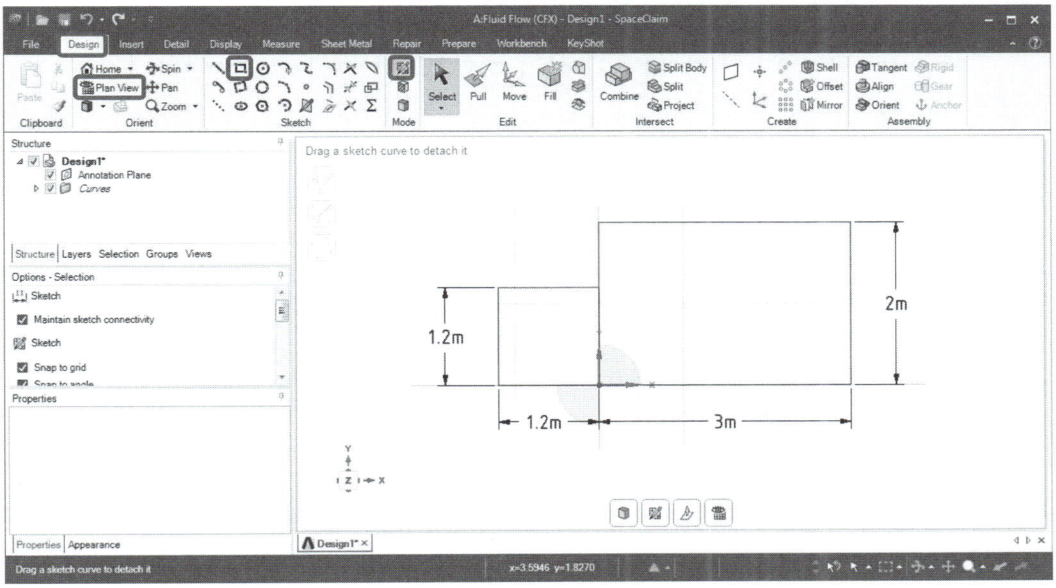

둥근 모서리를 생성하기 위해 ***Design*** 탭의 ***Create Rounded Corner***를 클릭하여 2개의 둥근 모서리를 아래와 같이 그린다.

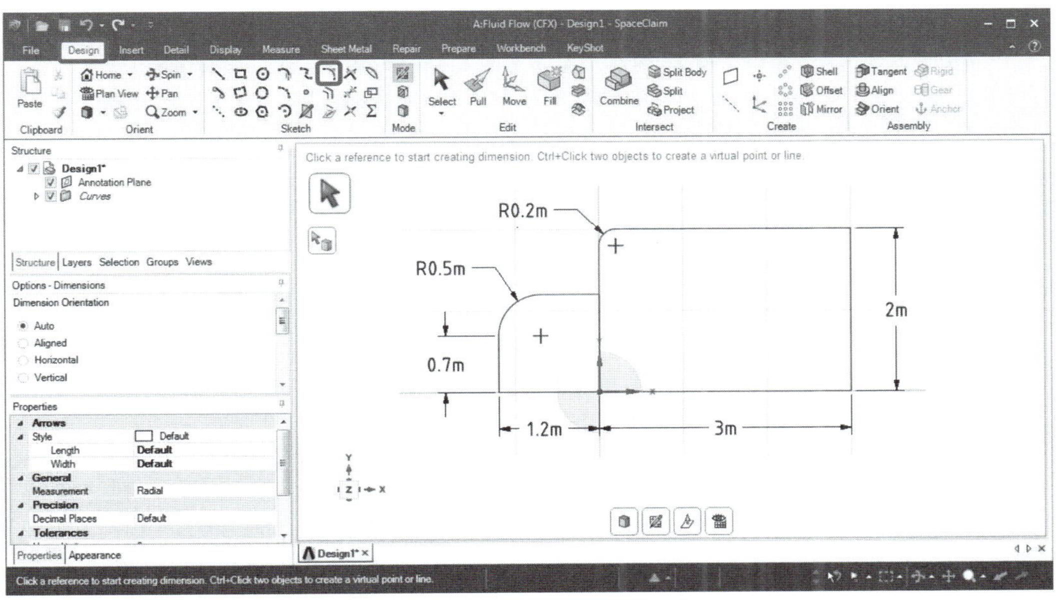

Design 탭에서 ***Pull*** 아이콘을 클릭한다. ***Graphic*** 창에서 두 직사각형 표면을 ***Ctrl-click***를 누른 채 클릭하여 ***z-axis***을 따라 당긴다. 돌출 깊이(extrusion depth) 박스에 ***0.8 m*** 를 입력하여 솔리드를 만든다. Pull을 취소하려면 ***Esc***를 누른다.

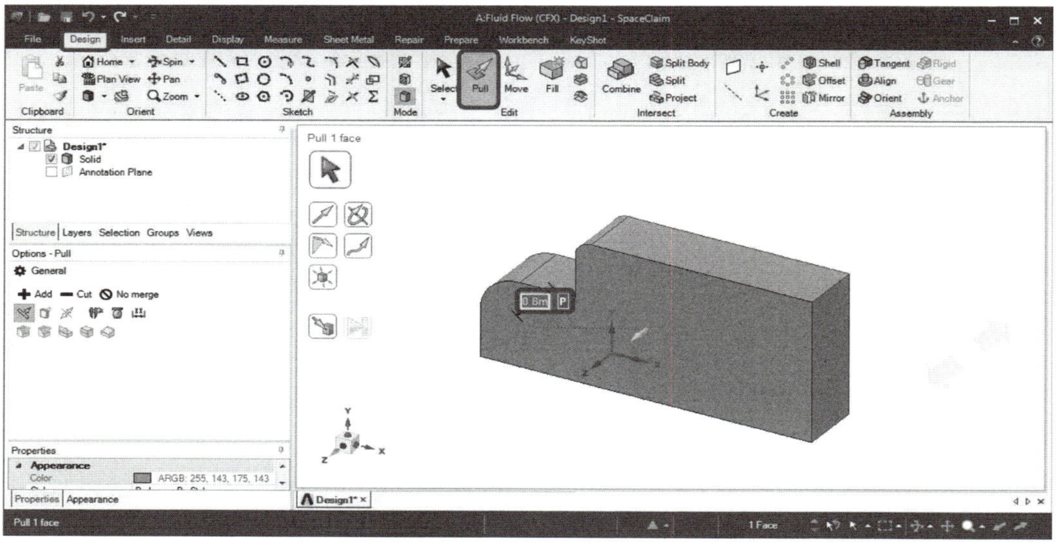

Graphic 창에서 측면을 클릭하고 (아래 그림과 같이 표면 법선이 z 축을 따라 가리키도록), ***Design*** 탭에서 ***Sketch Mode*** 아이콘을 클릭하여 이 표면에서 새 스케치를 시작한다. ***Point*** 아이콘을 클릭한다.

왼쪽 하단 ***Options-Sketch*** 패널에서 ***Snape to grid*** 및 ***Snap to angle***을 선택 해제하고 ***Cartesian dimensions***(직교좌표 치수)를 클릭한다. 직교좌표 치수는 선택한 점으로부터의 x 및 y 거리를 표현한다. ***Graphic*** 창에서 왼쪽 하단 모서리 (아래 그림에서 점 C로 표시됨)를 클릭하여 기준점으로 선택하고 선 CA를 따라 드래그하여 점 A를 표시하고 A와 C 사이의 거리 상자에 ***0.8 m*** 를 입력한다. 점 A를 기준점으로 사용하고 선 AB를 따라 드래그하여 점 B를 생성 한 다음 A와 B 사이의 거리 상자에 ***2.4 m*** 를 입력한다.

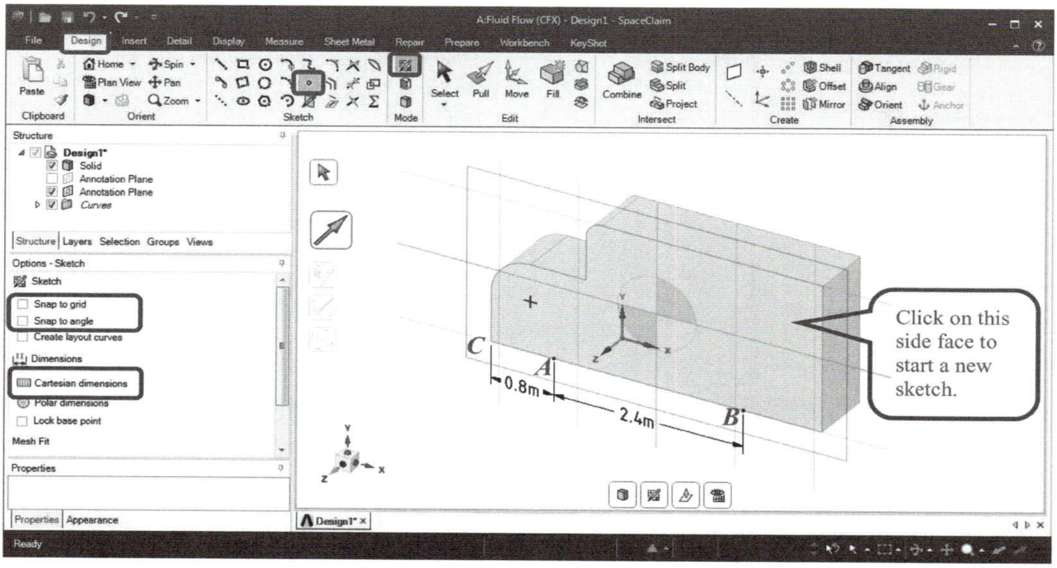

다음으로 ***Design*** 탭에서 ***Sweep Arc*** 아이콘을 클릭하여 아래 그림과 같이 점 ***A*** 와 ***B*** 를 중심으로 지름 ***0.4 m*** 의 반원 2개를 각각 만든다.

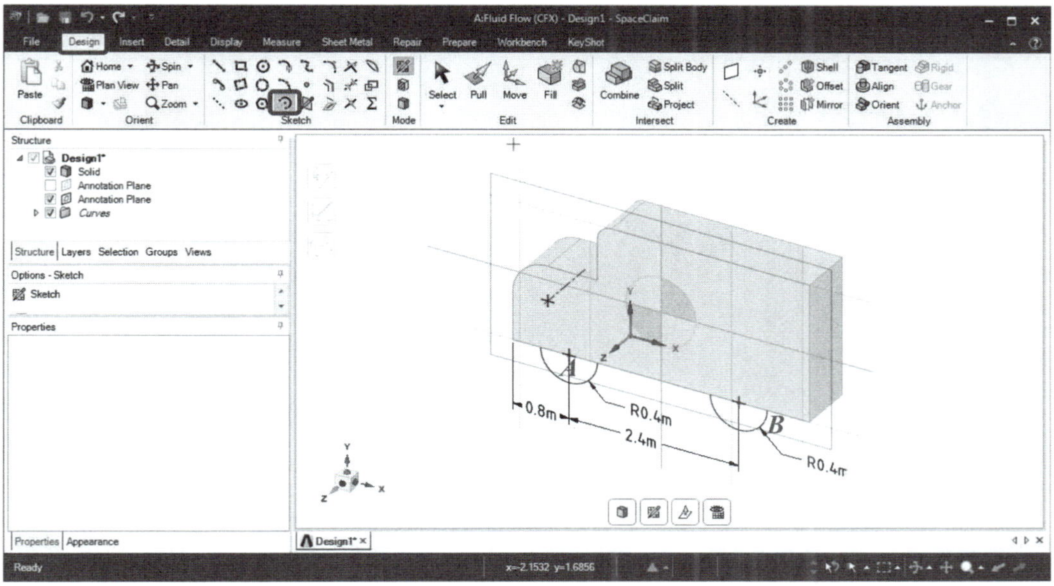

Design 탭에서 ***Pull*** 버튼을 클릭한다. 왼쪽의 ***Options-Pull*** 패널에서 ***No Merge*** 와 ***Pull Both Side***, 그리고 ***Thickness surface***를 클릭한다. ***Graphic*** 창에서 두 개의 반원형 표면 (오렌지색으로 강조 표시됨)을 ***Ctrl-click***하고 ***z-axis***을 따라 끌어당기고 깊이 상자에 ***0.1 m*** 를 입력한다. 이렇게 하면 ***Structure Tree***에 두 개의 추가 ***Solid***가 생성된다. 각 ***Solid***는 휠의 절반을 나타낸다. 당김이 양쪽에서 ***0.1 m*** 로 양방향이므로 휠의 폭은 실제로 ***0.2 m*** 이다.

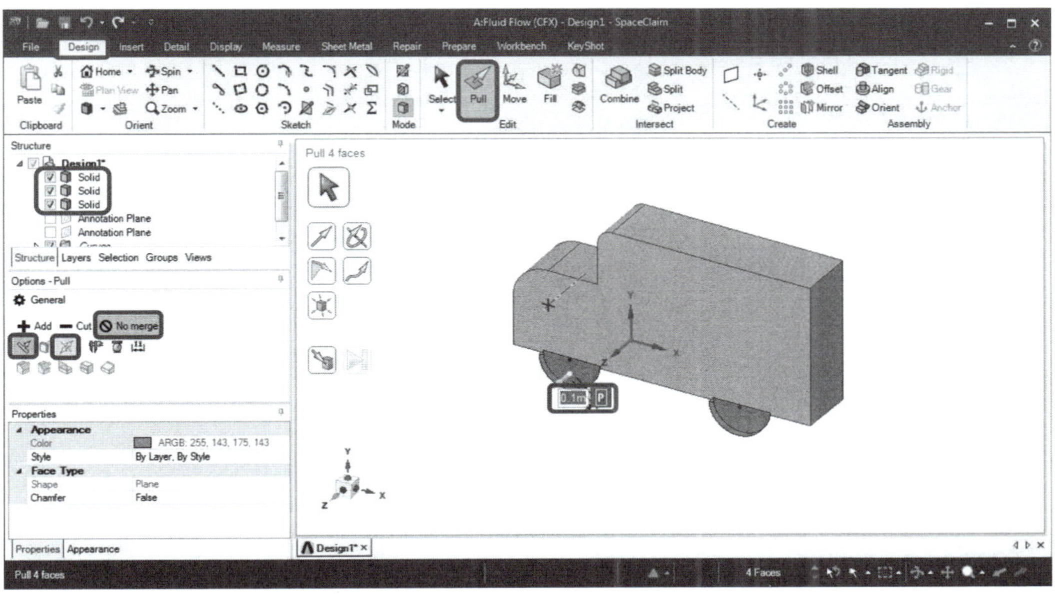

Design 탭에서 *Mirror*를 클릭한다. *Graphic* 창에서 트럭의 바닥면을 클릭하여 트럭을 대칭 평면으로 설정한다. 두 개의 절반 바퀴(half-wheels)를 *Ctrl-click*하여 다음과 같이 형상을 미러링한다.

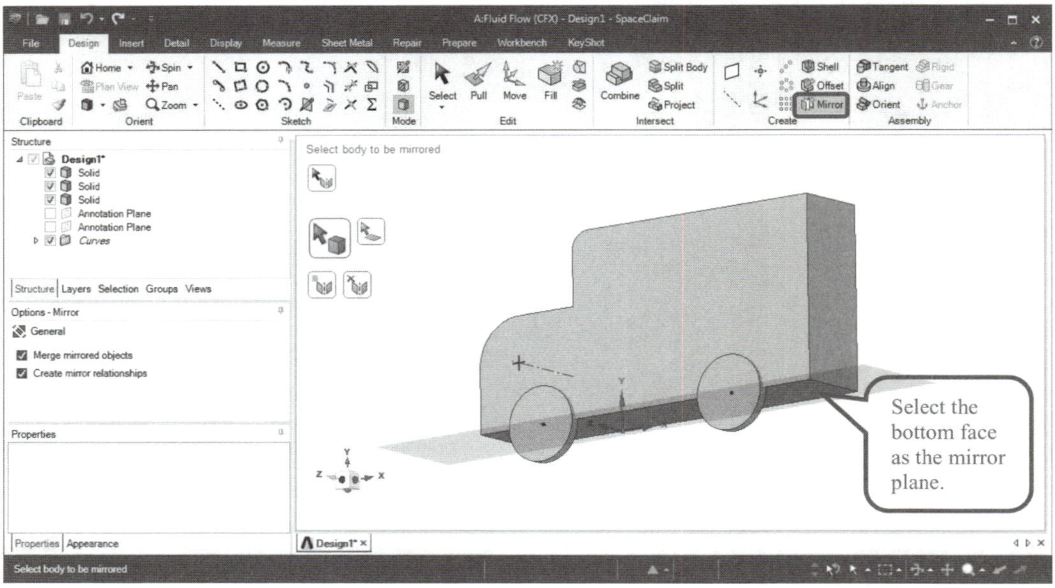

Graphic 창에서 *Select Mirror Plane* 아이콘을 클릭한다. 트럭의 뒷면을 클릭하면 (*z* 축을 따라 법선이 가리키는 방향으로) 대칭면이 설정된다(아래 자주색으로 강조 표시됨). 그런 다음 두 바퀴와 트럭 본체를 *Ctrl-click*하여 다음과 같이 형상을 미러링한다. 그러면 *Structure Tree*에 총 5 개의 *Solid* 형상 (1 대의 트럭과 4 개의 바퀴)이 생성된다.

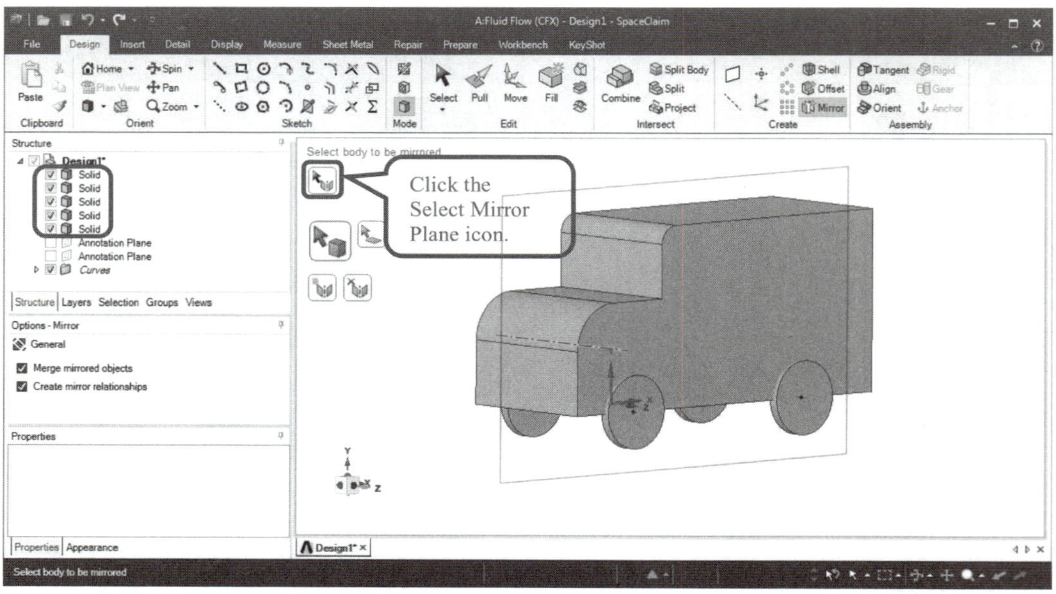

Design 탭에서 *Select* 아이콘을 클릭한다. *Structure Tree*에서 5개의 *Solid* 항목을 *Ctrl-click*하여 노란색으로 강조 표시한다.

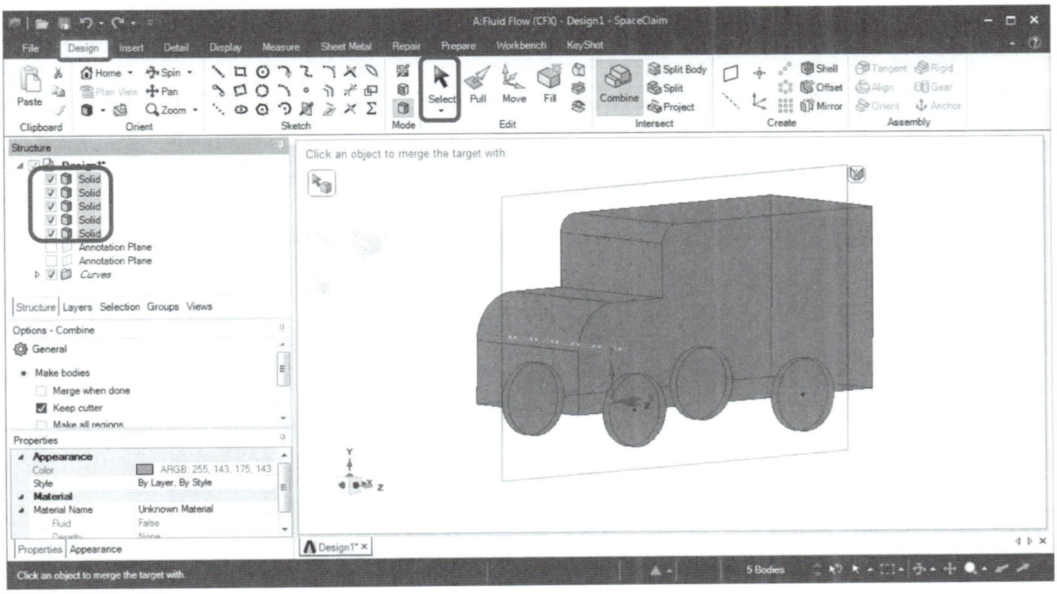

Combine 아이콘을 클릭하여 1개의 *Solid*로 병합한다.

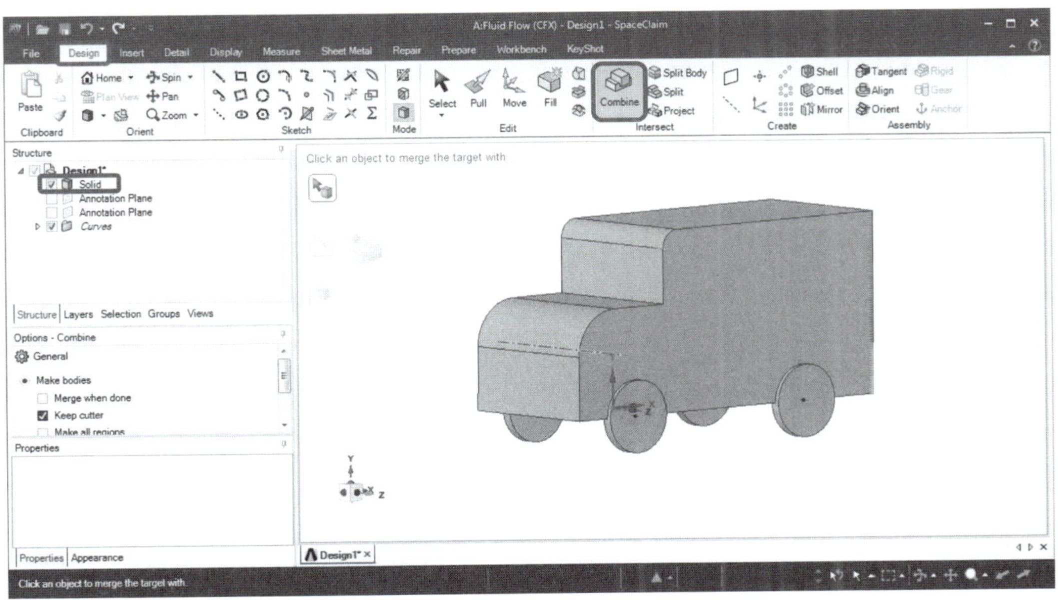

단계 5 : 박스 외곽(Box Enclosure) 생성

Prepare 탭에서 ***Enclose*** 아이콘을 클릭한다. 왼쪽 하단 Options−Enclosure 패널에서 ***Enclosure type***을 ***Box***로 선택하고 ***Symmetric dimensions***를 선택 해제한다. ***Graphic*** 창에서 아래와 같이 쿠션 크기를 입력한다 (+ x / −x를 따라 쿠션 치수는 ***3 m*** , + z / −z를 따른 쿠션 치수는 ***1 m*** , + y를 따른 쿠션 치수는 ***1.5 m*** , −y를 따른 쿠션 치수는 ***1e-6 m***). 쿠션 치수는 0이 아닌 값만 허용하지만, ***1e-6 m*** 의 작은 값은 아래 그림과 같이 치수 상자에 ***0*** 으로 표시 될 수 있다.

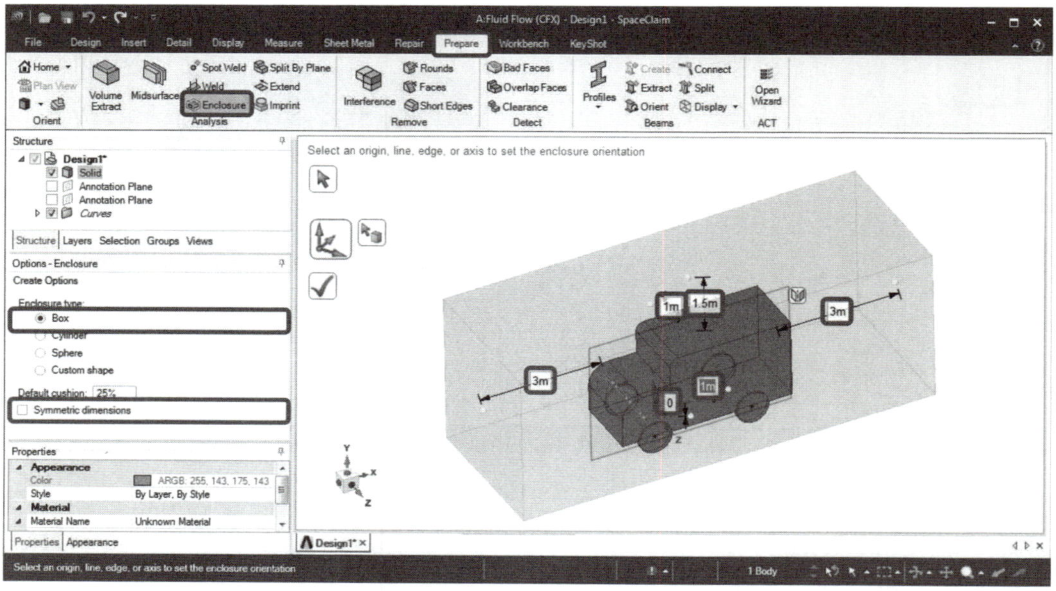

Graphic 창에서 Checkmark 아이콘을 클릭하여 외곽을 생성한다. 이제 외곽 항목이 ***Structure Tree***에 추가되었다.

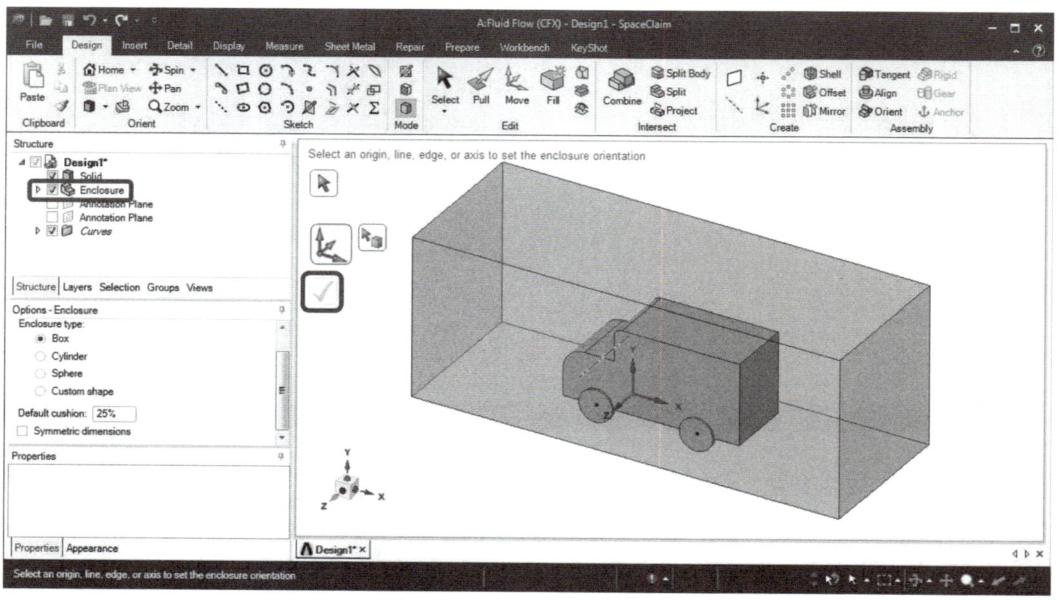

*Structure Tree*에서 *Solid* 항목을 마우스 오른쪽 버튼으로 클릭하고, 메뉴에서 *Suppress for Physics*를 클릭한다. 억제(suppressed)된 경우 솔리드 트럭 모델은 물리적 해석에서 제외되며 후속 CFD 해석에는 외곽 모델만 사용된다. *SpaceClaim*을 종료한다.

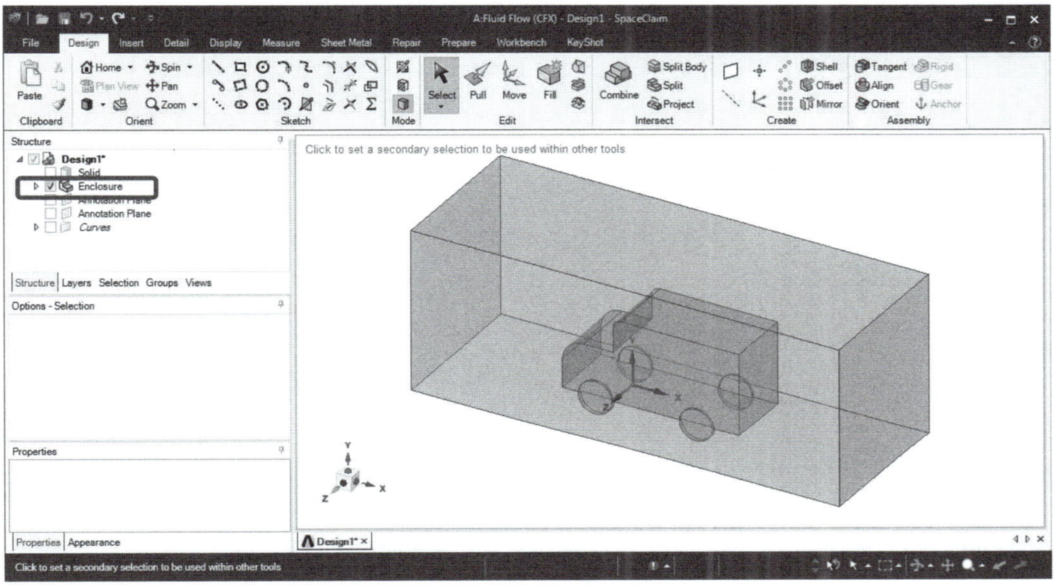

단계 6: 메쉬 생성

Mesh 셀을 더블 클릭하여 *Meshing* 프로그램을 실행한다.

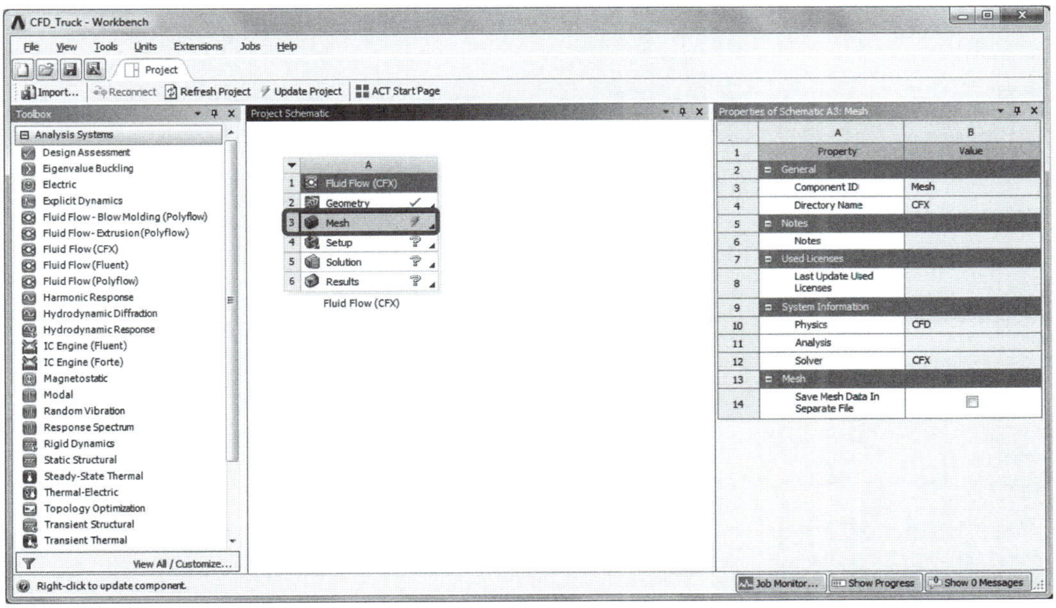

Project Outline의 ***Geometry*** 아래의 ***Enclosure\Enclosure*** 항목을 클릭한다. ***Details of "Enclosure\Enclosure"***에서 ***Materials*** 아래의 ***Fluid/Solid*** 필드에 ***Fluid***를 선택한다.

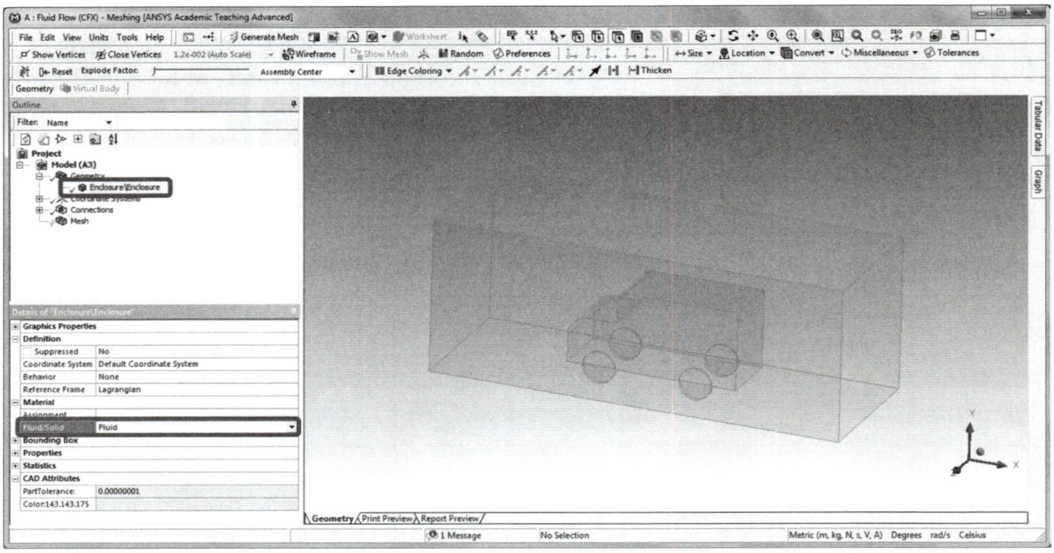

Outline에서 ***Mesh***를 클릭하고, ***Details of "Mesh"***에서 ***Sizing*** 아래 ***Relevance Center***를 ***Medium***으로 설정한다. ***Outline***에서 ***Mesh***를 마우스 오른쪽 버튼으로 클릭하고 메뉴에서 ***Update***를 선택하여 메시를 생성한다. 그런 다음 ***Fluid Flow (CFX)-Meshing*** 프로그램을 닫는다.

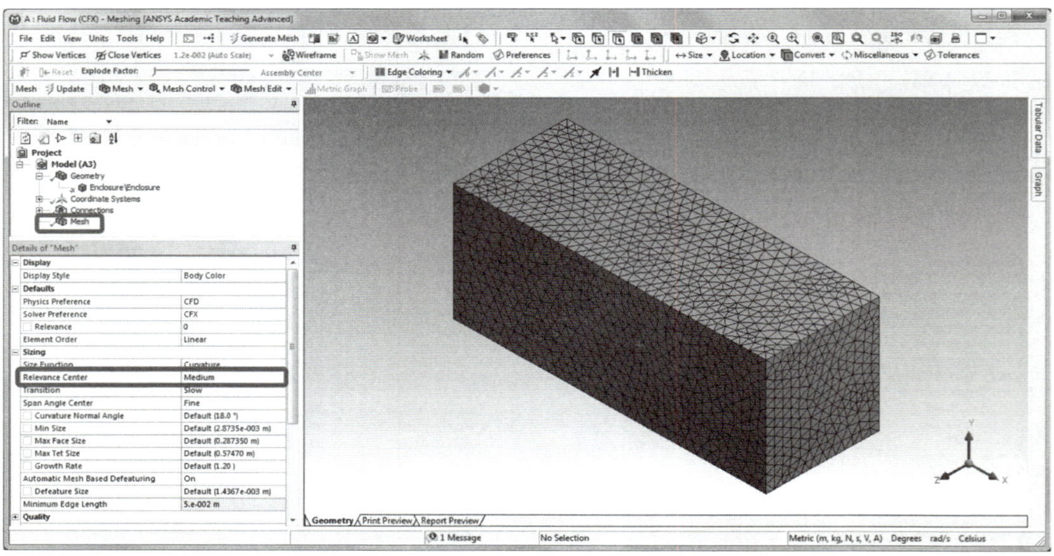

단계 7: 유동영역(Flow Domain) 준비
Setup 셀을 더블 클릭하여 ***Fluid Flow (CFX)-CFX-Pre*** 프로그램을 실행한다.

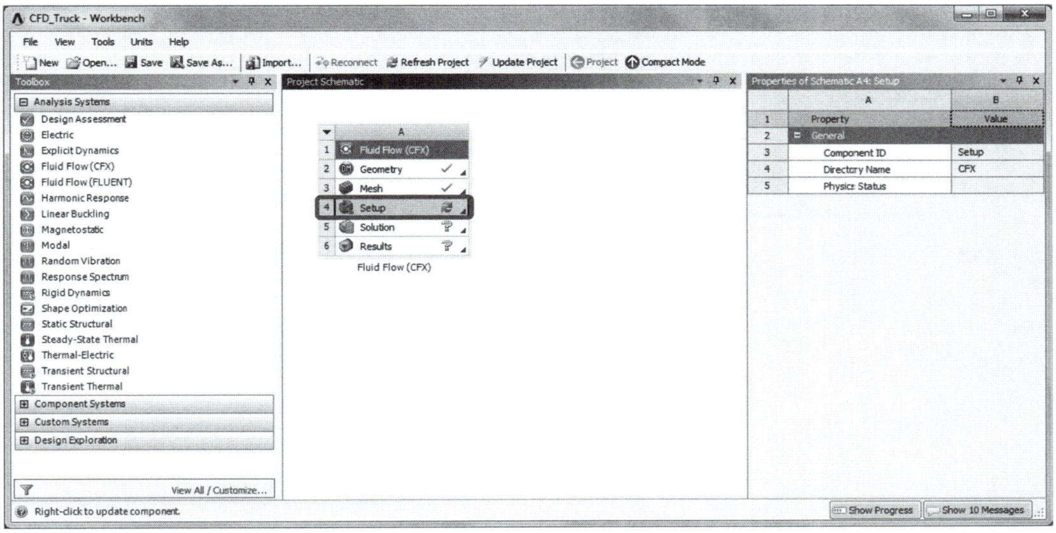

Outline 트리에서 ***Analysis Type***를 더블 클릭한다.

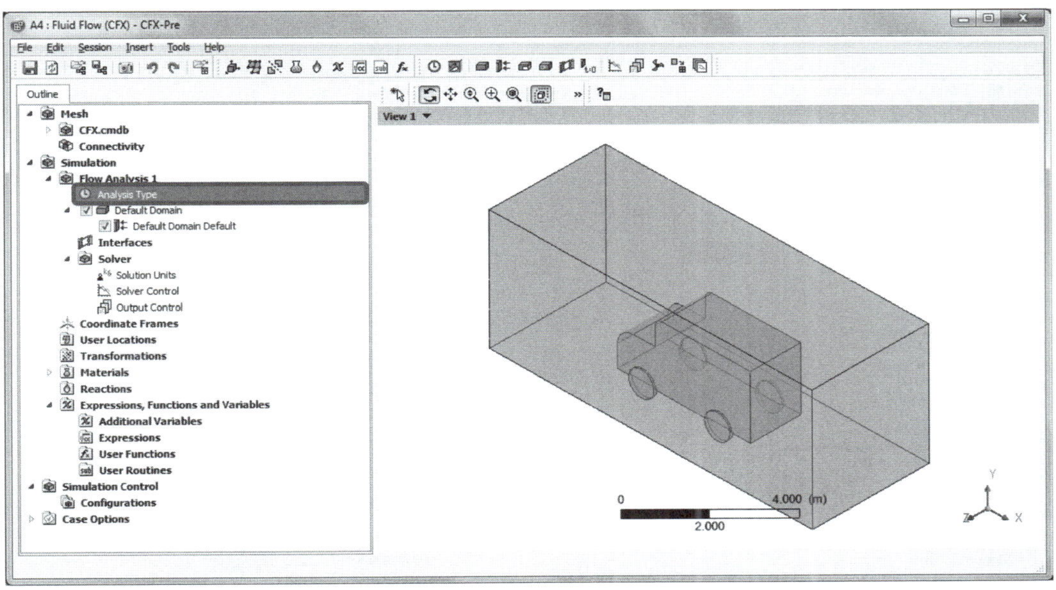

*Details of Analysis Type in Flow Analysis 1*에서 *Analysis Type*를 *Steady State*로 선택한 후 *OK*를 클릭하여 메뉴를 나간다.

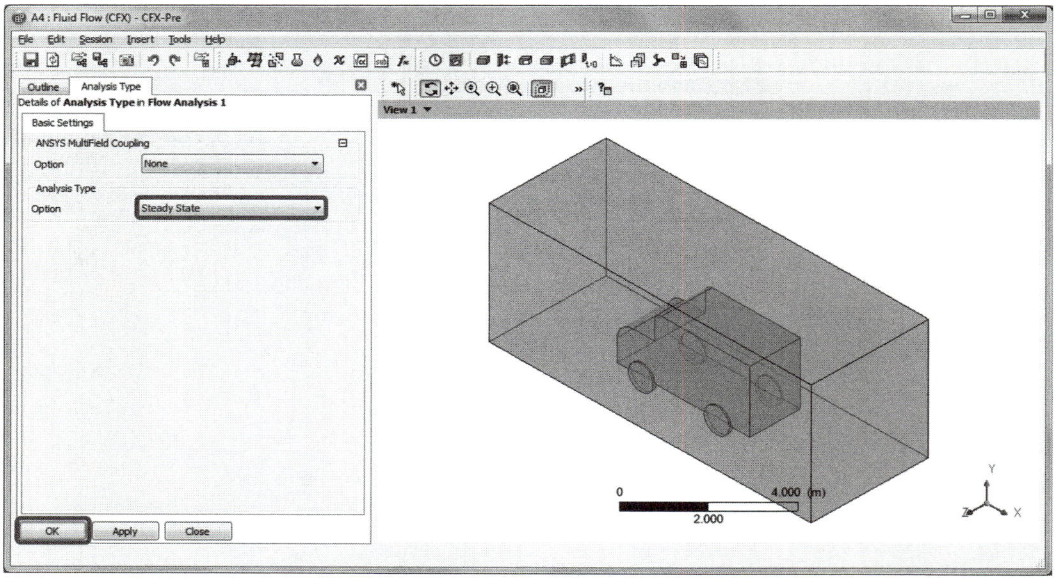

다음에 *Outline* 트리의 *Default Domain*을 더블 클릭한다.

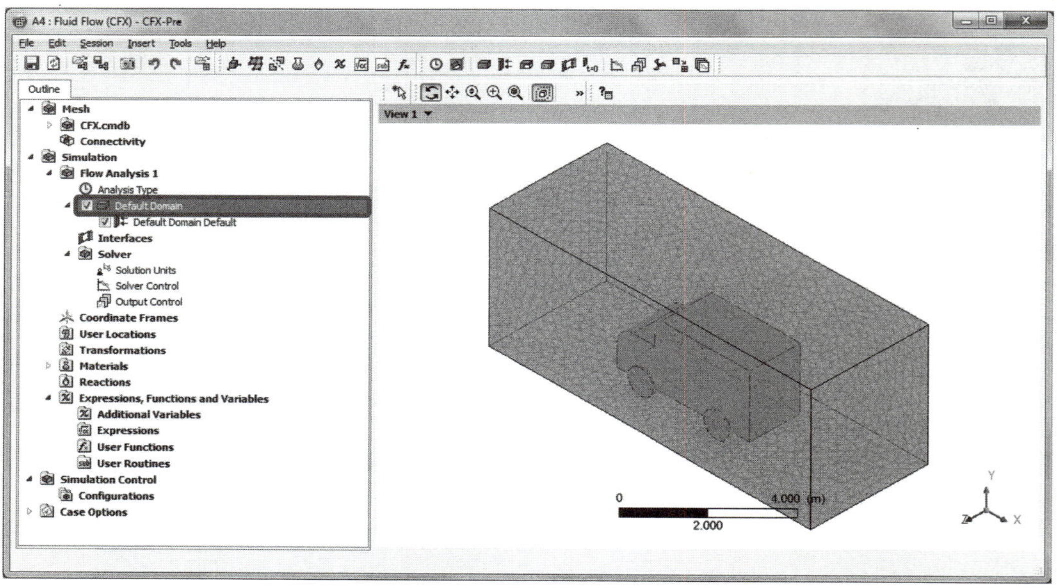

Details of Default Domain in Flow Analysis 1에서 ***Domain Type***를 ***Fluid Domain***으로 ***Material***을 공기 **25 ℃**, ***Reference Pressure***을 ***1 [atm]*** 으로 선정한다. ***OK***를 클릭한 후 메뉴를 나간다.

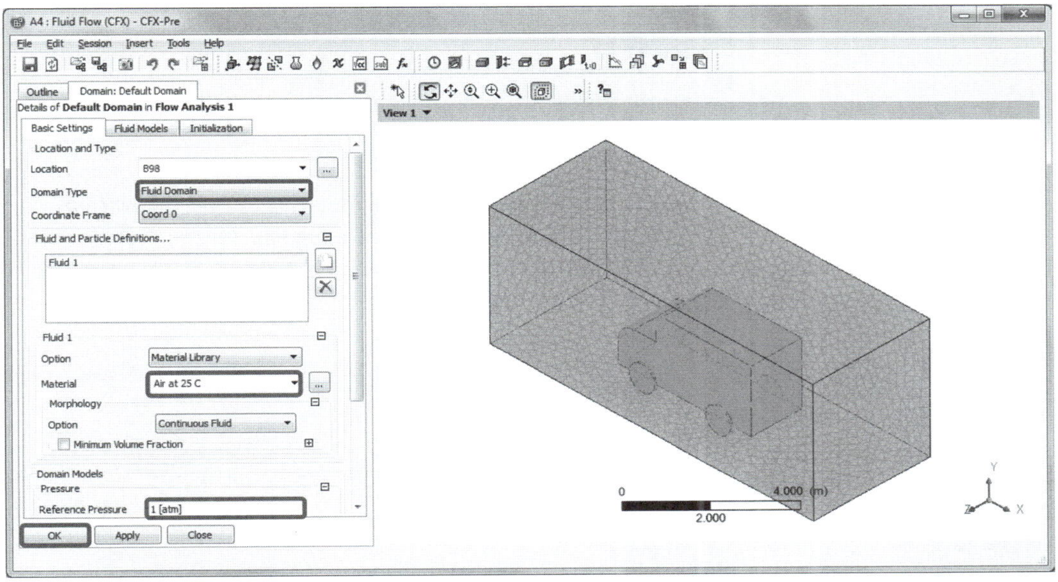

단계 8: 경계조건 적용

Inlet 추가 – ***Outline***의 ***Default Domain***에서 오른쪽 마우스 버튼을 클릭한 후 ***Insert***와 ***Boundary***를 선택한다.

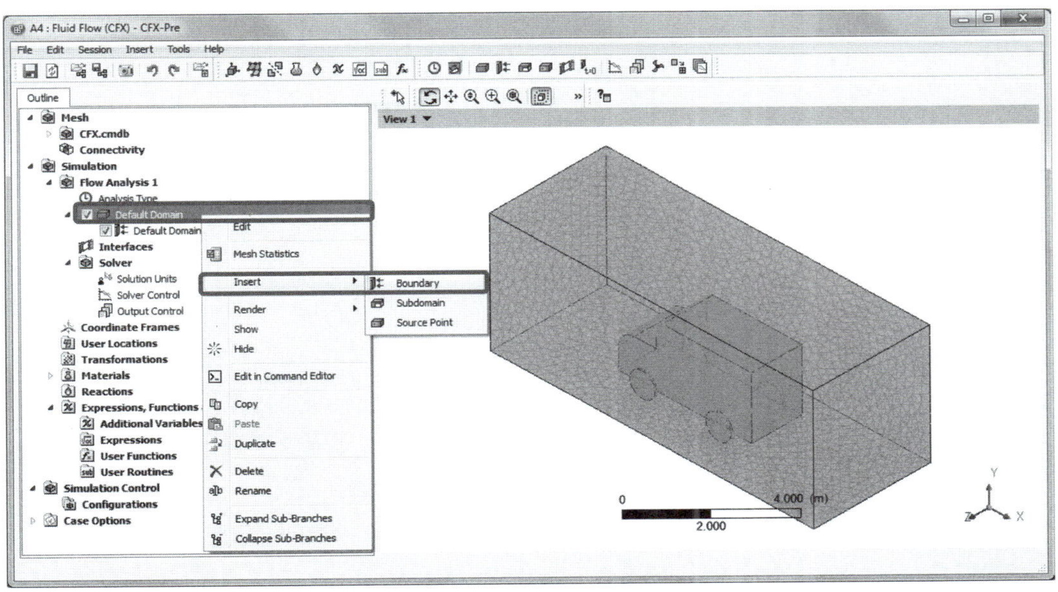

아래와 같이, 팝업메뉴에서 ***Name***을 ***Inlet***으로 변경 후 ***OK***를 클릭한다.

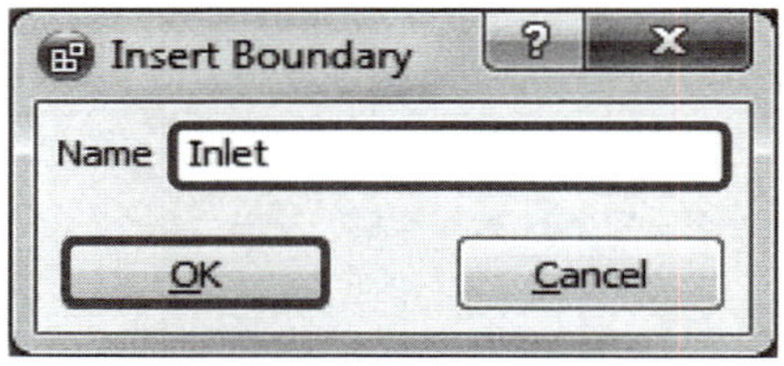

Details of Inlet in Default Domain in Flow Analysis 1에서 ***Basic Setting*** 탭 아래의 ***Location*** 하단에 활성화된 표면을 선택한다. 표면을 선택하려면, ***Selection Dialog Panel***이 나타나게 필드 오른쪽에 있는 ***Selection Button***을 클릭하여 원하는 표면이 활성화(highlighted) 될 때까지 패널에서 각 표면을 클릭하고, ***OK***를 클릭하여 패널을 닫는다.

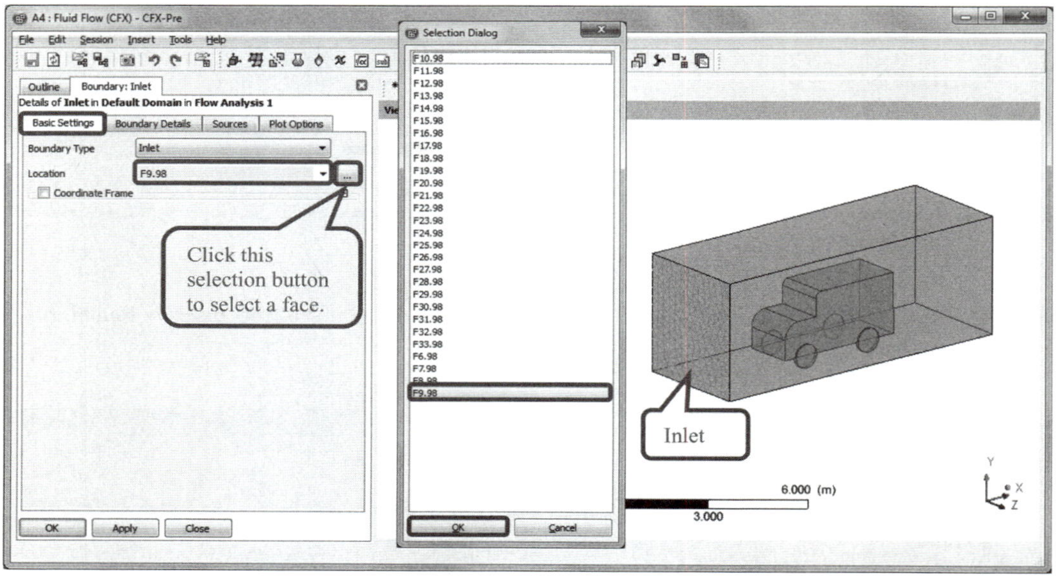

Boundary Details 탭을 클릭하여 ***Normal Speed***를 ***40 [Km Hr^-1]***로 입력한 후, ***OK***를 클릭한다.

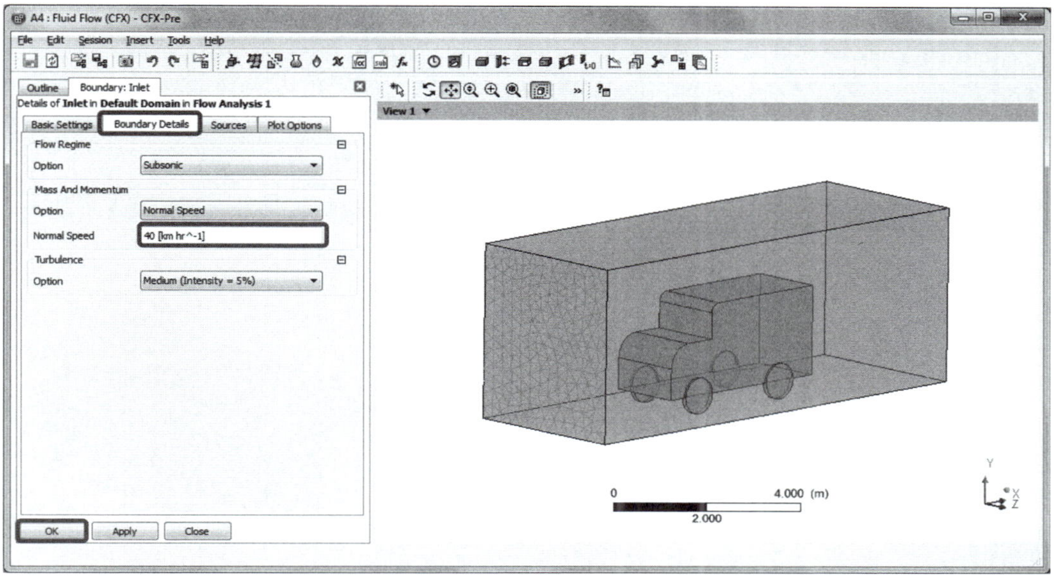

Outlet 추가 – ***Outline***의 ***Default Domain***에서 마우스 오른쪽 버튼을 클릭한 후 ***Insert***과 ***Boundary***를 선택한다. 아래와 같은 팝업메뉴에서 ***Name***을 ***Outlet***으로 입력한 후 ***OK***를 클릭한다.

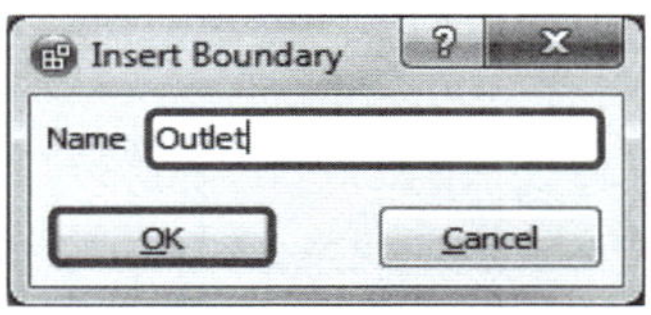

*Details of Outlet in Default Domain in Flow Analysis 1*에서 *Basic Settings* 탭 아래의 출구(outlet) *Location*에 대해 아래 강조 표시된 표면을 선택한다. 표면을 선택하려면 *Location* 필드 오른쪽에 있는 *Selection Button*을 클릭하여 *Selection Dialog Panel*를 표시한다. 원하는 표면이 강조(highlighted) 될 때까지 패널에서 각 표면을 클릭하고 *OK*를 클릭하여 패널을 닫는다.

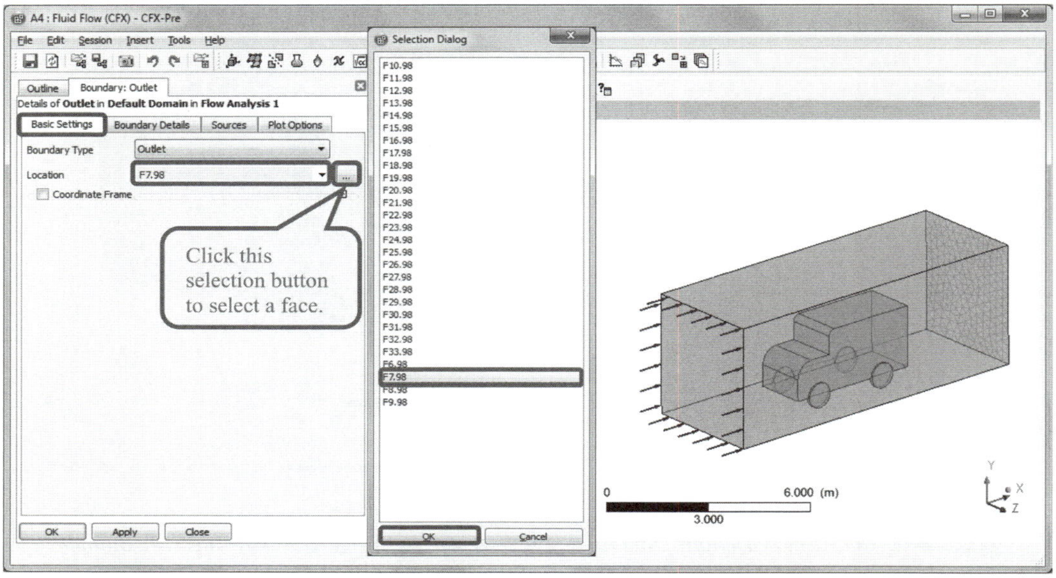

Boundary Details 탭을 클릭하여 *Relative Pressure*를 *0 [Pa]*로 입력한 후, *OK*를 클릭한다.

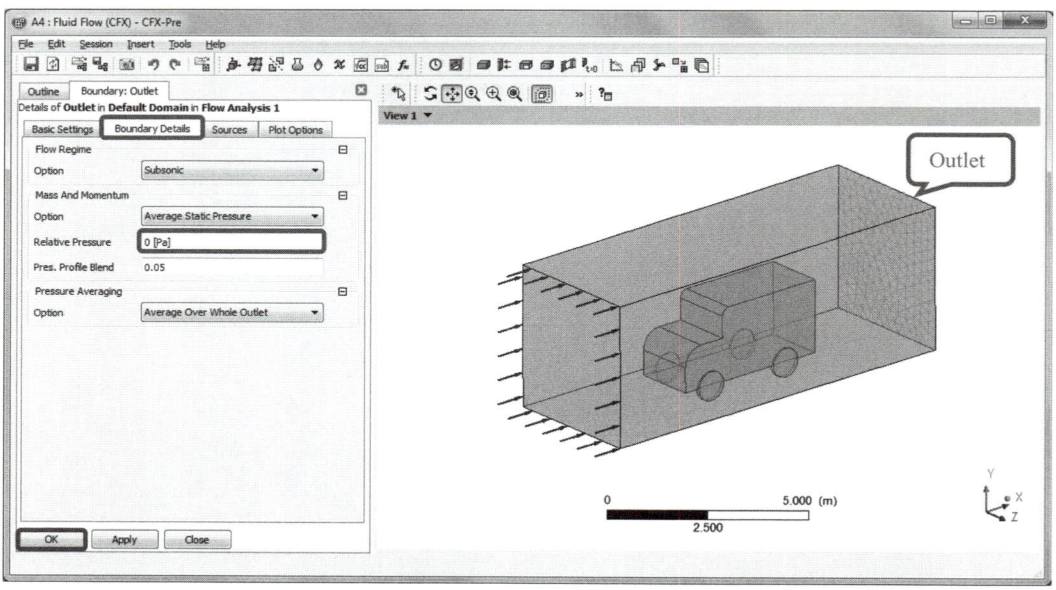

Opening 추가 – ***Outline***에서 ***Default Domain***을 마우스 오른쪽 버튼으로 클릭한다. ***Insert***을 선택한 다음 ***Boundary***를 선택한다. 아래 표시된 팝업 메뉴에서 ***Name***을 ***Opening***으로 설정한다. ***OK***를 클릭한다.

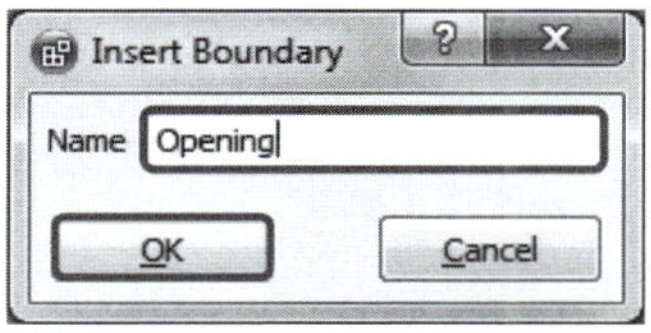

Details of Opening in Default Domain in Flow Analysis 1에서 ***Basic Settings*** 탭 아래 ***Location*** 필드 오른쪽에 있는 버튼을 클릭한다. 표면을 선택하려면 Location 필드 오른쪽에 있는 ***Selection Button***을 클릭하여 ***Selection Dialog Panel***을 나타나게 한다. ***Ctrl-click***하여 패널에서 3 개의 표면 (인클로저의 상단, 왼쪽, 오른쪽)을 강조 표시하고, ***OK***를 클릭하여 패널을 닫는다.

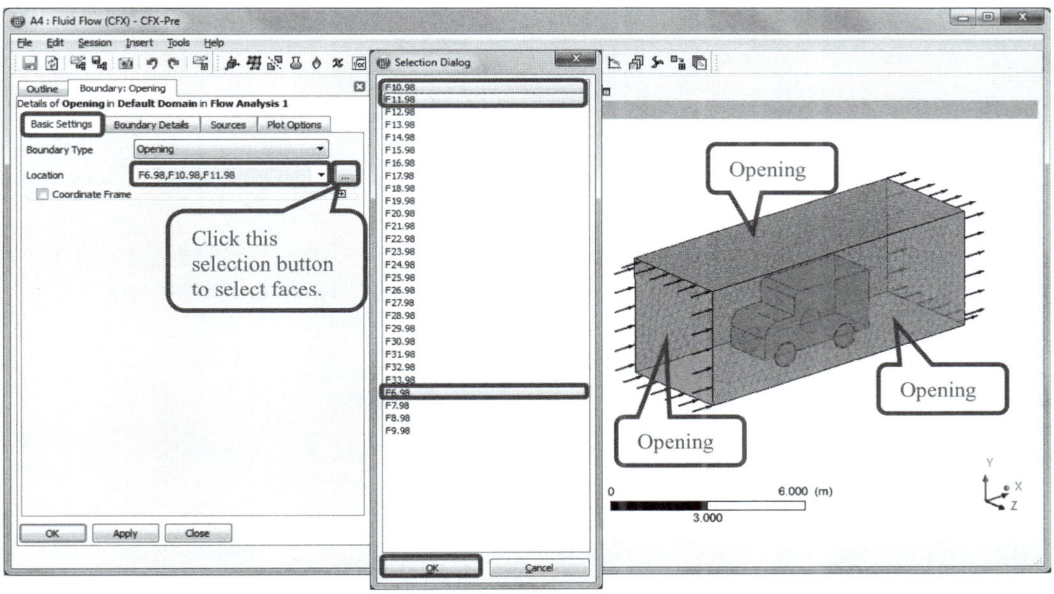

Boundary Details 탭으로 전환하고 ***Relative Pressure***을 ***0 [Pa]*** 로 설정한다. ***OK***를 클릭하여 종료한다.

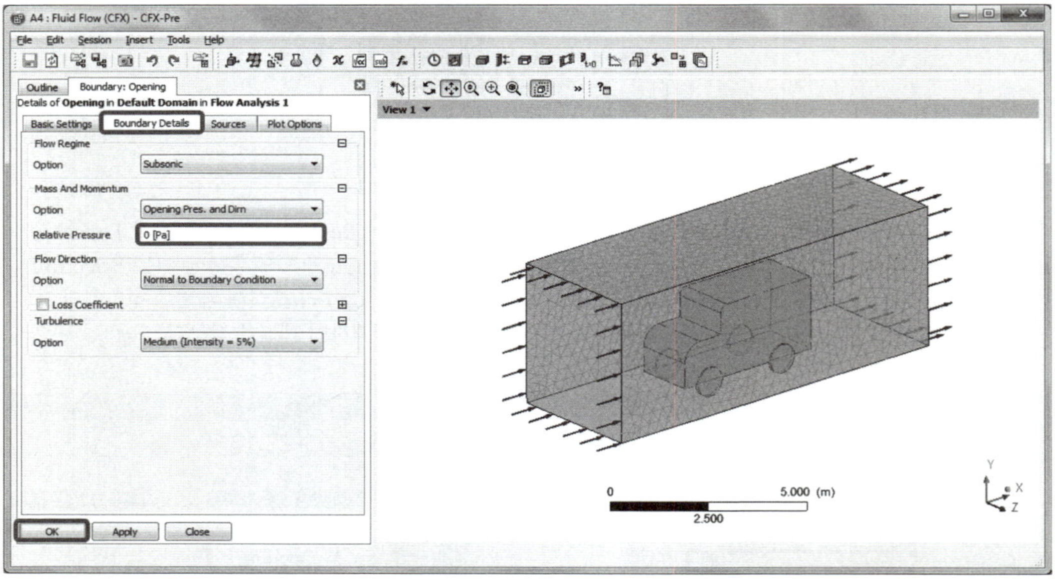

Wall 추가 – ***Outline***에서 ***Default Domain***을 마우스 오른쪽 버튼으로 클릭한다. ***Insert***를 선택한 다음 ***Boundary***를 선택한다. 아래 표시된 팝업 메뉴에서 ***Name***을 ***Wall***으로 설정한다. ***OK***를 클릭한다.

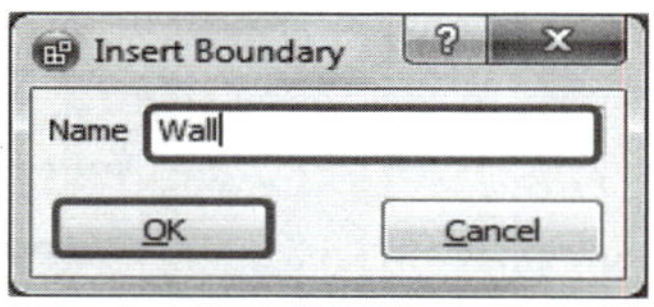

*Details of Wall in Default Domain in Flow Analysis 1*에서 *Basic Settings* 탭 아래 *Location* 필드 오른쪽에 있는 버튼을 클릭한다. 표면을 선택하려면 Location 필드 오른쪽에 있는 *Selection Button*을 클릭하여 *Selection Dialog Panel*을 표시한다. 원하는 모든 표면 (지면 및 트럭 표면)이 녹색으로 강조 표시 될 때까지 패널에서 나머지 표면을 *Ctrl-click*하고, *OK*를 클릭하여 패널을 닫는다.

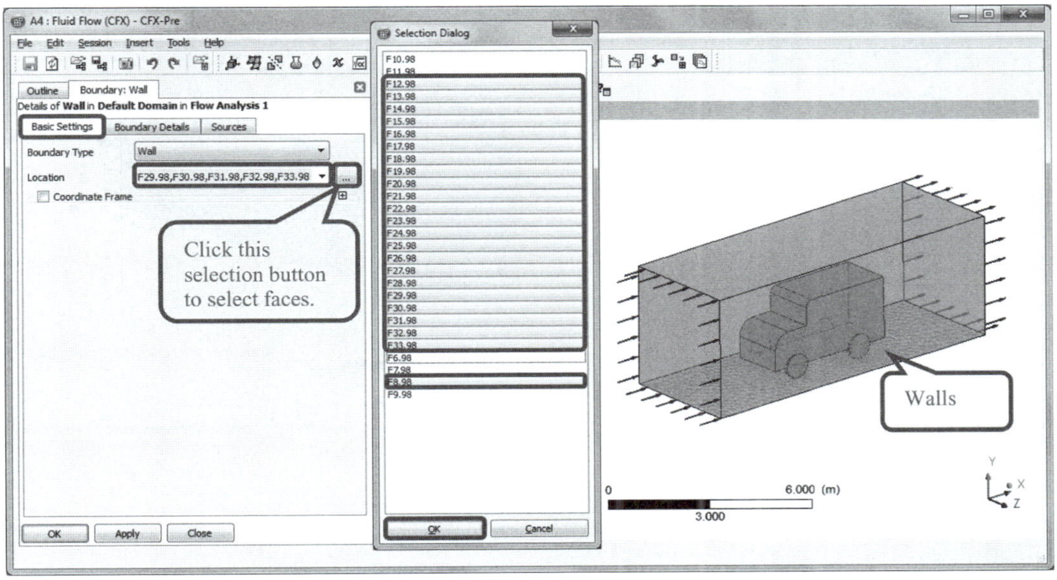

Boundary Details 탭으로 전환하고, *Mass and Momentum*에 대한 *Option*으로 *No Slip Wall*을 선택하고, *Wall Roughness*에 대해서는 *Smooth Wall*로 선택한다. *OK*를 클릭하여 메뉴를 종료한다.

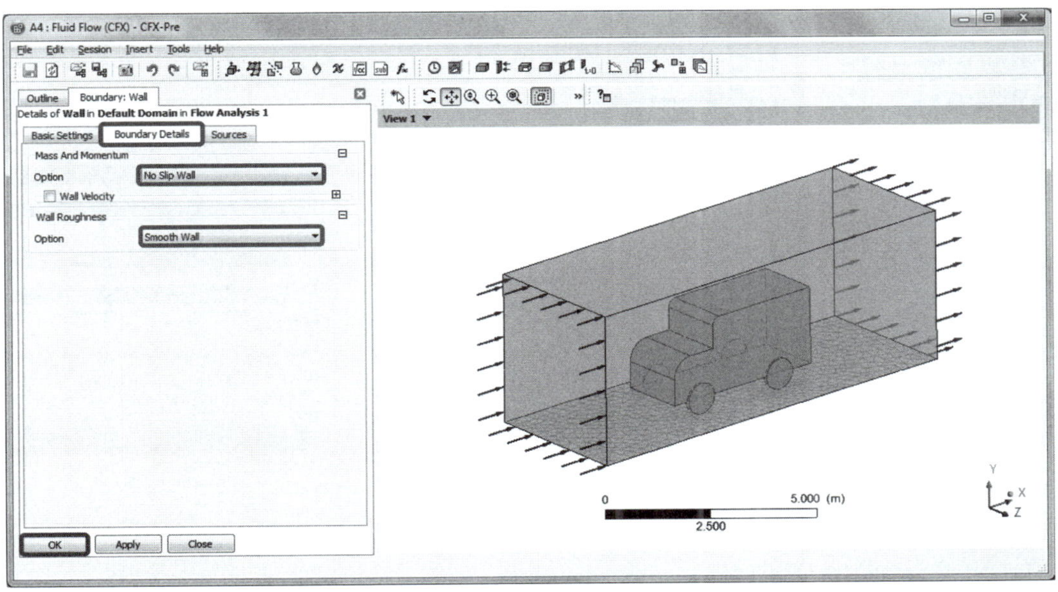

완료 후 완성된 도메인 경계는 다음과 같아야 한다. ***CFX-Pre***를 종료한다.

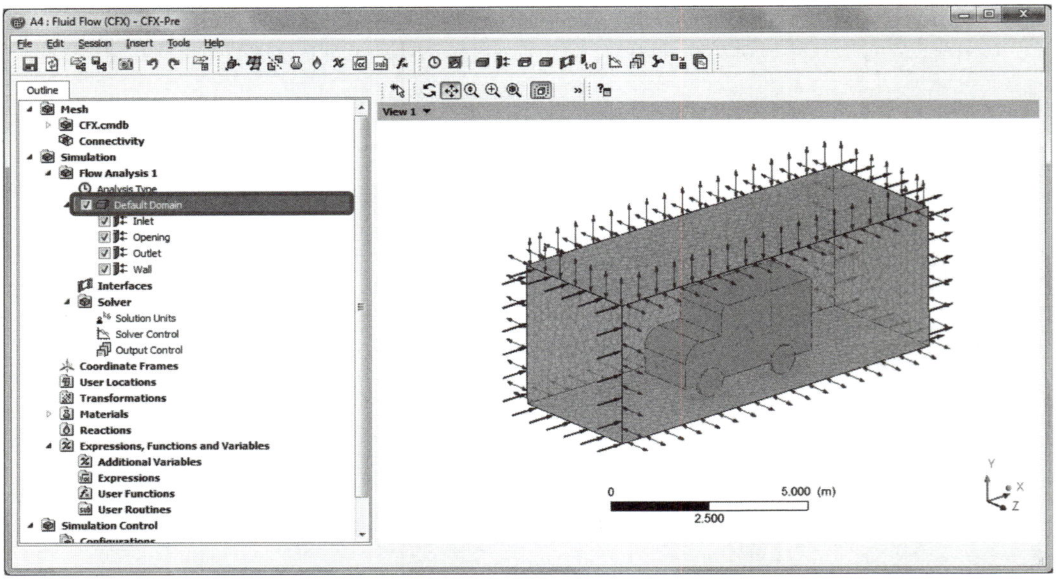

단계 9 : 풀이 시작

유체 유동 문제의 해를 얻기 위해 ***Soultion*** 셀을 더블 클릭한다.

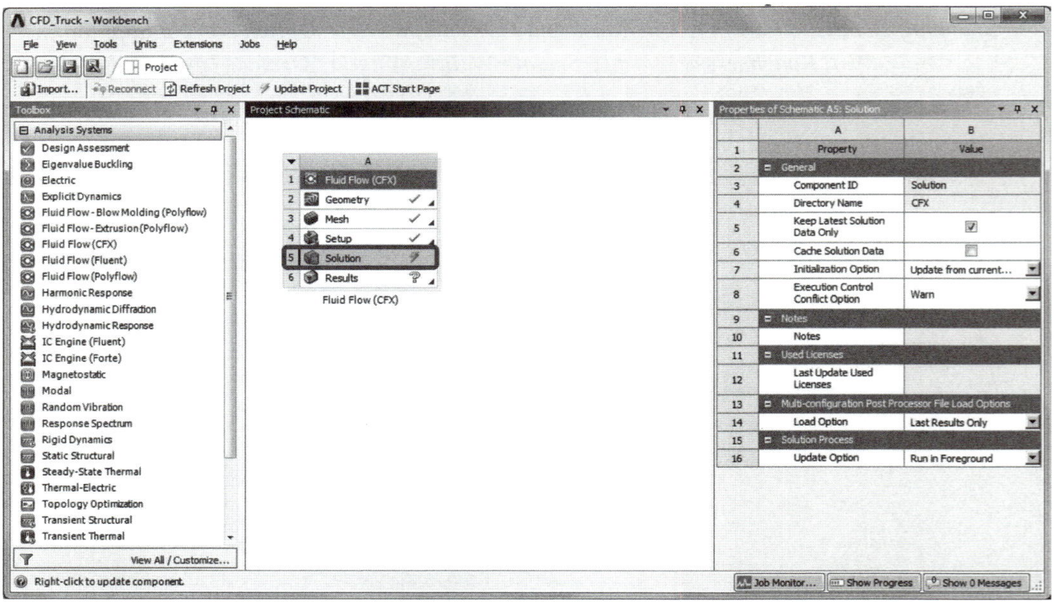

Define Run 팝업 메뉴에서 ***Start Run*** 버튼을 클릭하여 ***CFX-Solver***를 시작한다.

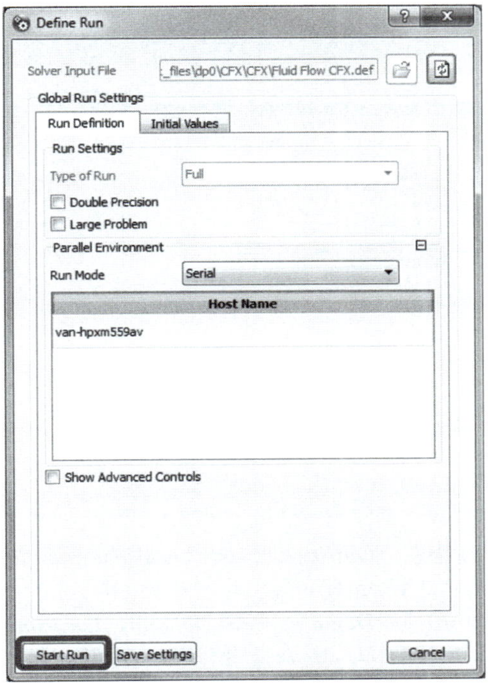

Solver Run이 정상적으로 완료되었음을 나타내는 메뉴가 나타나면 ***OK***를 클릭한다. 그 다음 ***CFX-Solver Manager*** 프로그램을 종료한다.

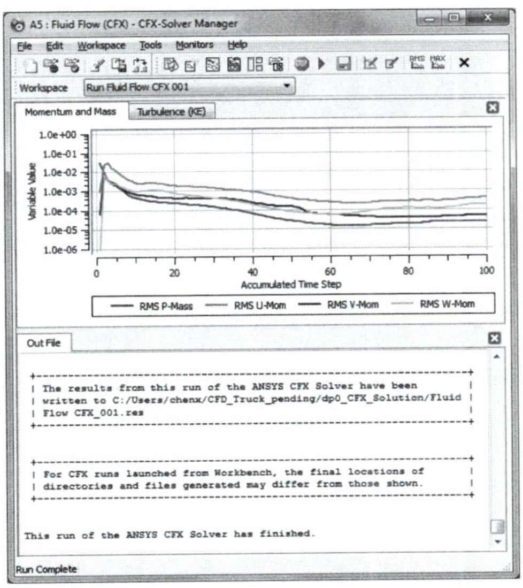

단계 10 : 결과 검색

Result 셀을 더블 클릭하여 결과를 시각화(visualize)한다.

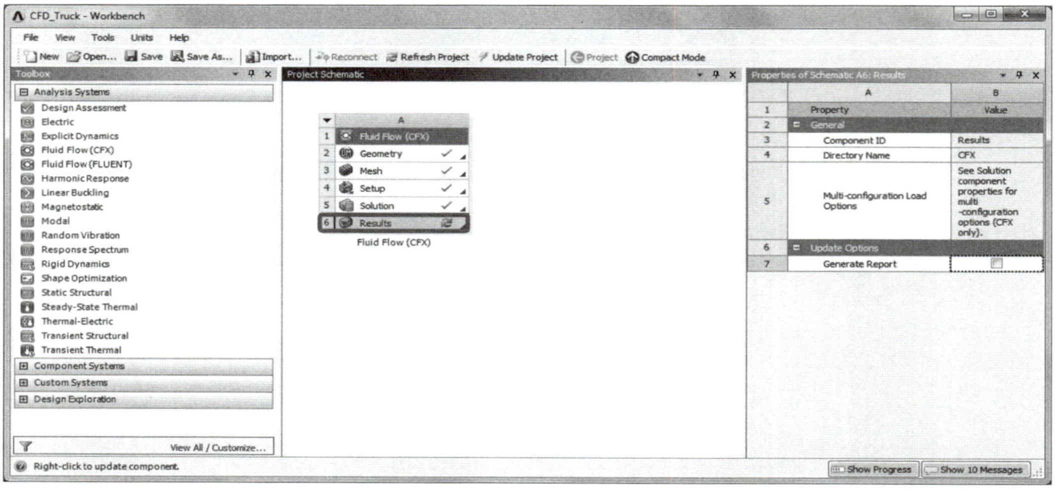

속도 벡터(Velocity Vector) 플롯 – ***Outline***에서 ***User Locations and Plots***을 마우스 오른쪽 버튼으로 클릭하고 ***Insert***와 그리고 ***Vector***를 선택한다. 팝업 메뉴에서 기본이름인 ***Vector 1***을 그대로 사용한다. ***Details of Vector 1***에서 ***Domains***의 ***All Domains***, ***Locations***에서 ***Default Domain*** 및 ***Variable***에서 ***Velocity***를 선택하고, ***Apply***를 클릭한다. ***Outline***에서 ***Default Legend View 1***을 체크하여 범례를 표시한다.

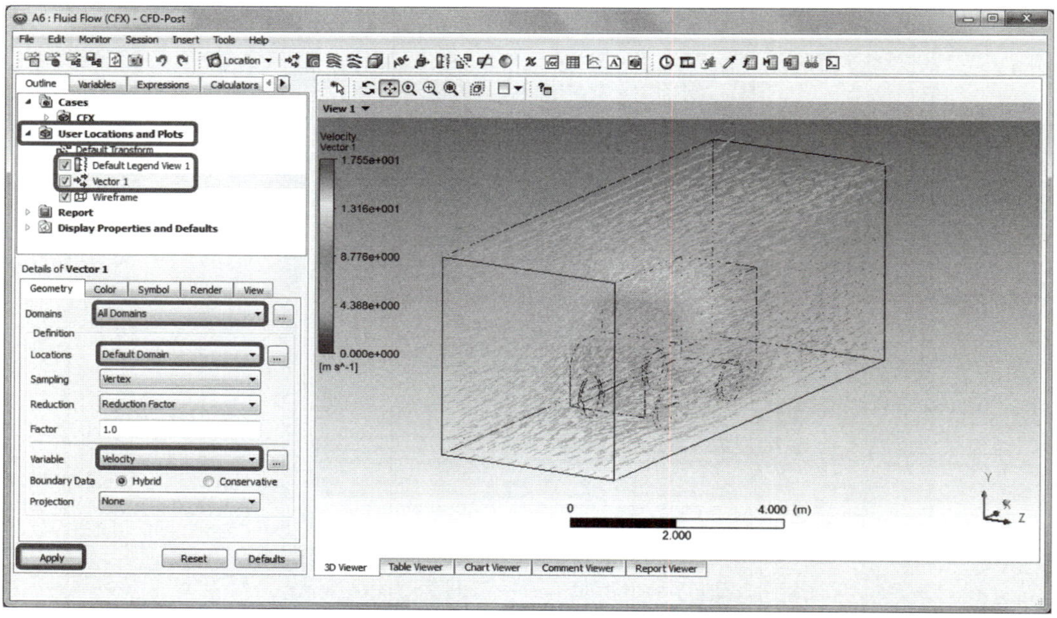

Wall Pressure Contour 플롯 – *Outline*에서 *User Locations and Plots*의 마우스 오른쪽 버튼을 클릭하고 *Insert*와 *Contour*를 선택한다. 팝업 메뉴에서 기본이름인 *Contour1*을 그대로 적용한다. *Details of Contour 1*에서 *Domains*에 *All Domains*, *Locations*에 *Wall*, *Variable*에 *Pressure*를 선택하고, *Apply*를 클릭한다. *Outline*에서 *Default Legend View 1*과 *Contour1*을 선택하여 벽면에서 압력분포를 그래프로 표시한다.

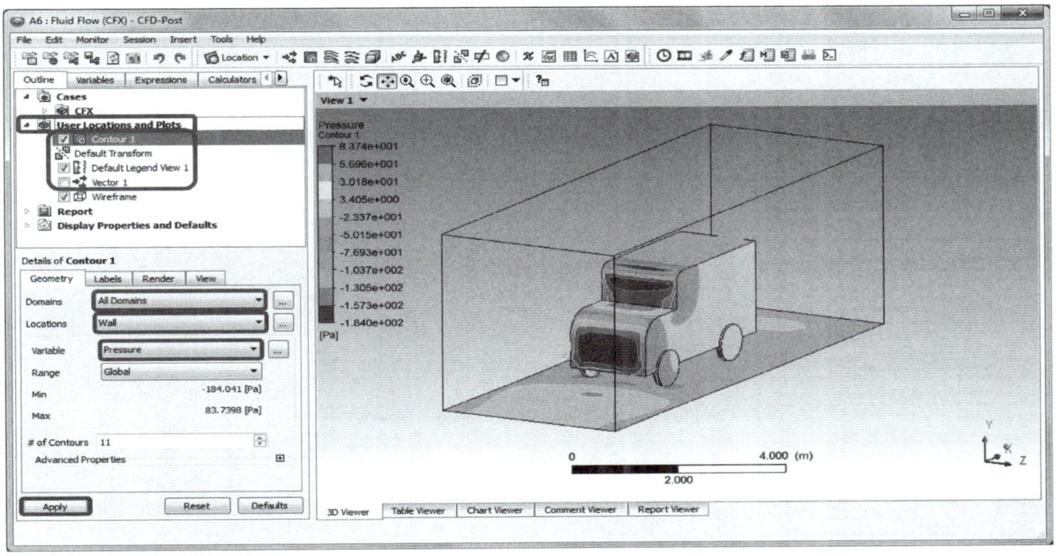

Streamline 플롯 – *Outline*에서 *User Locations and Plots*의 마우스 오른쪽 버튼을 클릭하고 *Insert*와 *Streamline*을 선택한다. 팝업 메뉴에서 기본이름인 *Streamline1*을 그대로 승인한다. *Details of Streamline 1*에서 *Definition*에는 *3D Streamline*, *Domains*에는 *All Domains dor Domains*, *Start From*에는 *Inlet*, *Variable*에는 *Velocity*를 선택하고, *Apply*를 클릭한다. *Outline*에서 *Default Legend View 1, Streamline 1*, 그리고 *Wireframe*을 선택하면 유선(streamline)에 관한 그래프가 나타난다.

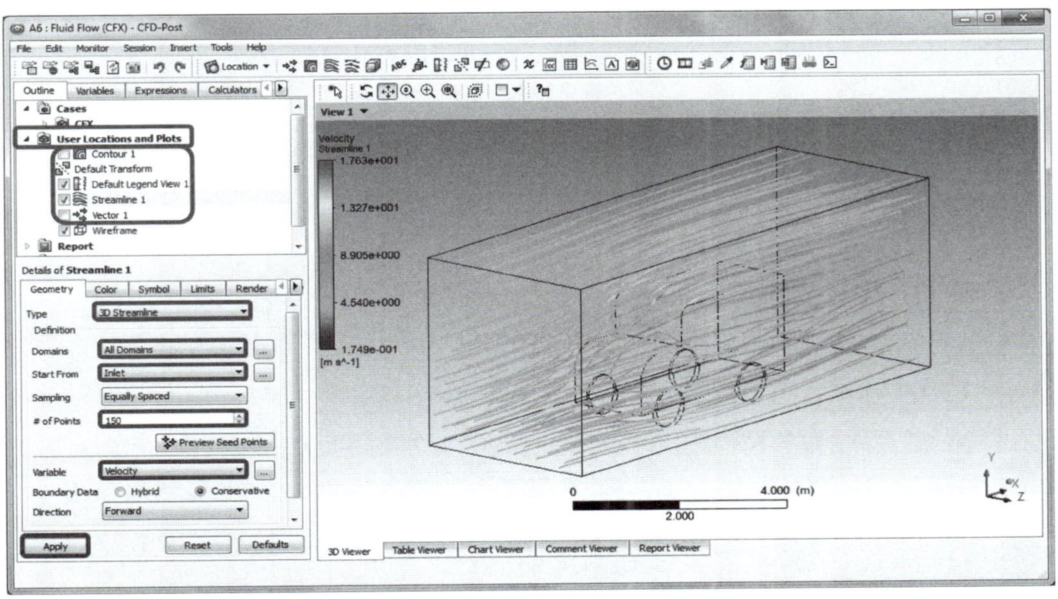

모델링 팁: 다음 절차는 절단면(section plane)에서 유동결과를 시각화하는 방법이다. 첫째, ***Outline***의 ***User Locations and Plots*** 위에서 오른쪽 마우스를 클릭한 후 ***Insert***와 ***Location***을 선택한다. 다음으로 컨텍스트 메뉴에서 ***Plane***을 선택한다. 팝업메뉴에서 기본이름으로 나타난 ***Plane 1***을 그대로 적용한다. ***Details of Plane 1***에서 ***Domains***에 ***All Domains***, ***Method***에 ***XY Plane***, ***Z***에 ***0.0 [m]***를 선택하고, ***Apply***를 클릭한다. ***Outline***에서 ***Plane 1***과 ***Wireframe***을 선택하면 생성된 절단면이 표시된다.

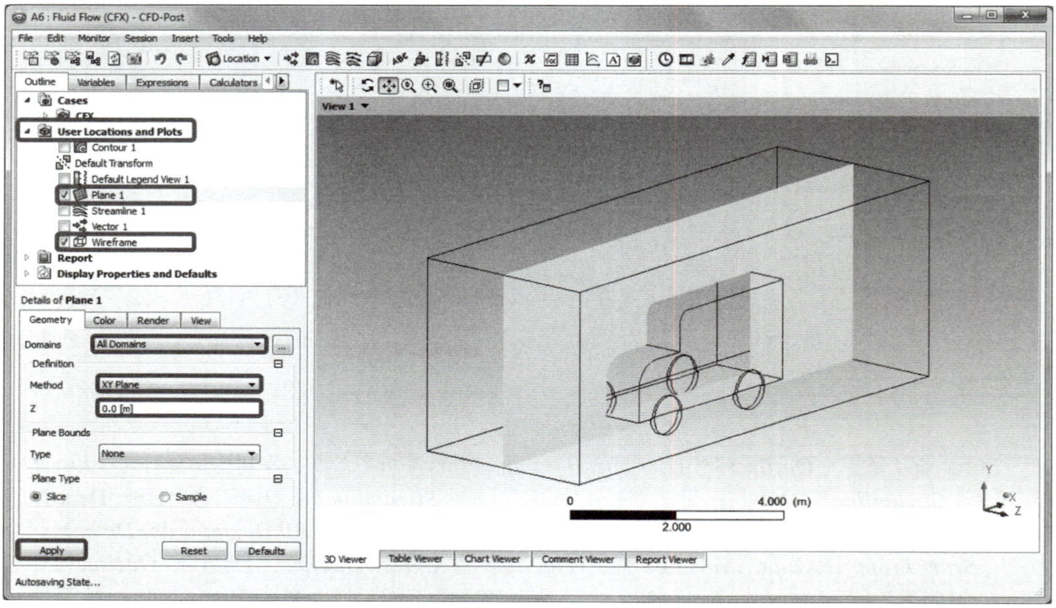

평면위에 속도분포에 대한 등고선 그래프를 생성하기 위해서는, *User Locations and Plots*에서 마우스 오른쪽 버튼을 클릭한 후 *Insert*와 *Contour*를 선택한다. 팝업메뉴에서 기본이름인 *Contour2*를 그대로 적용한다. *Details of Contour 2*에서 *Domains*에 *All Domains*, *Locations*에 *Plane 1*, *Variable*에 *Velocity*를 선택하고, *Apply*를 클릭한다. *Outline*에서 *Default Legend View 1*, *Contour2*, 그리고 *Wireframe*을 체크하면 생성된 절단면에서 속도분포 그래프가 나타난다.

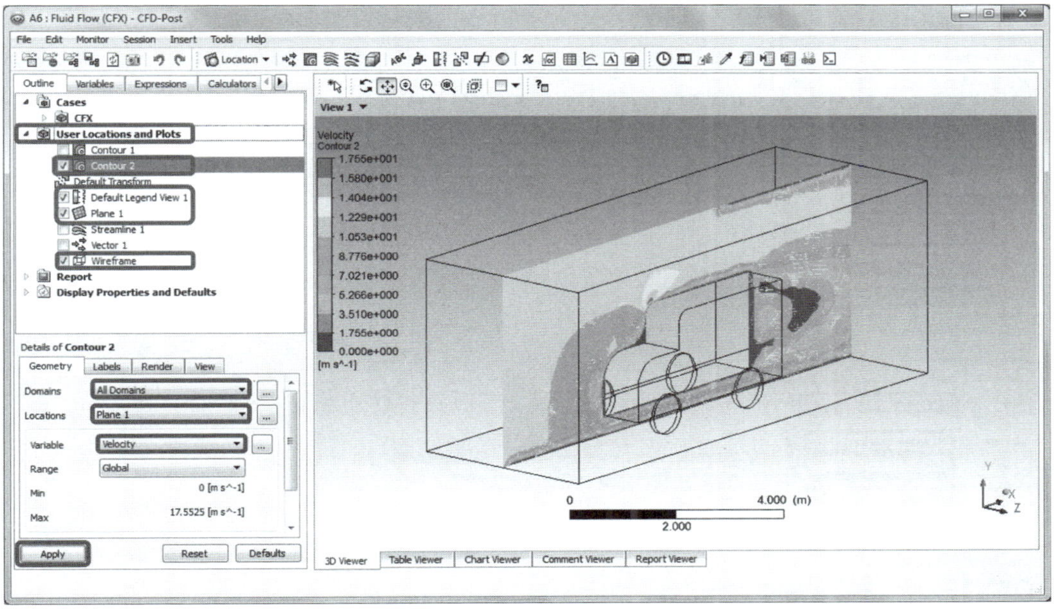

평면위에 유선(streamline) 분포를 생성하기 위해서는 ***User Locations and Plots*** 에서 마우스 오른쪽 버튼을 클릭한 후 ***Insert***와 ***Streamline***을 선택한다. 팝업메뉴에서 기본이름인 ***Streamline 2***를 그대로 적용한다. ***Details of Streamline 2***에서 ***Domains, Start From***에는 ***Plane 1***, ***Sampling***에는 ***Rectangular Grid, Spacing***에는 ***0.03***을 입력한 후, ***Apply*** 버튼을 클릭한다. ***Outline***에서 ***Default Legend View 1***, ***Streamline2***, 그리고 ***Wireframe***을 선택하면 ***Outline***에서 ***Default Legend View 1***과 ***Streamline 1***을 선택하면 절단면에서 유선(streamline) 분포가 나타난다.

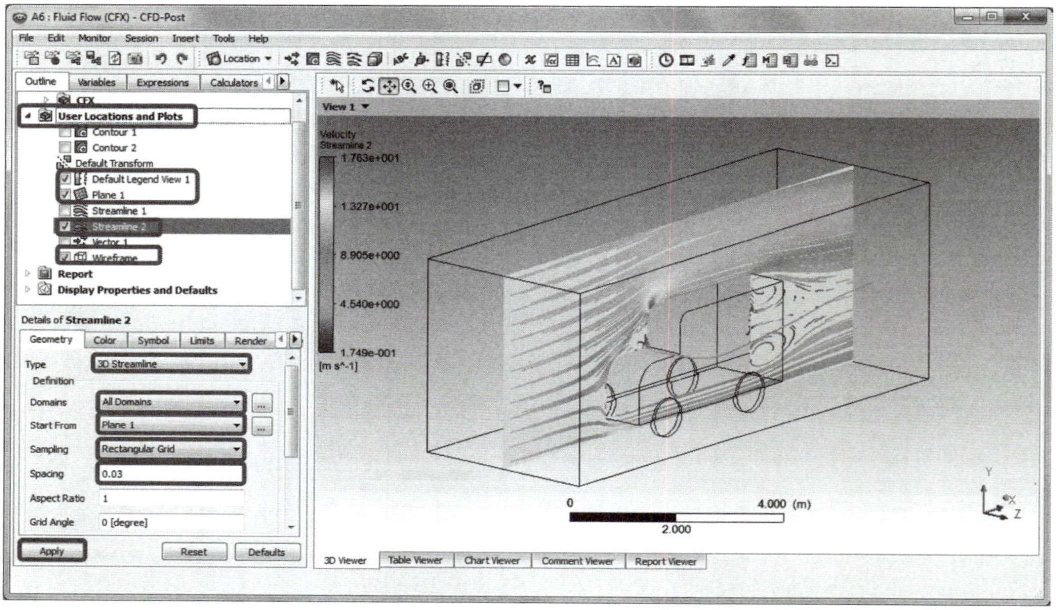

10.5 요약

이 장에서는 간단히 유체 동력학의 지배방정식, 주요 관련 변수, 경계조건 및 CFD모델링의 수행 절차에 대하여 설명하였다. 사례연구로는 트럭 모델을 이용하여 ANSYS Workbench를 활용하는 방법을 소개하였다.

10.6 학습 목표 복습

이장에서 학습한 내용은 다음과 같다.

1. 지배방정식, 변수 및 경계조건을 포함하여 유체동력학의 고유한 현상의 이해
2. CFD 해석을 위한 양질의 메쉬 작성법
3. CFD 해석을 위한 경계조건을 적용하는 방법
4. ANSYS Workbench를 이용한 복잡한 영역에서 유동해석과 CFD 모델링 방법

문제

10.1 U-튜브를 통과하는 물 유동의 유체해석을 하시오. 튜브의 안지름과 바깥지름은 각각 4 cm 와 4.2 cm 이다. 표면벽의 경계조건은 미끄럼이 없다고 가정한다. 유입구의 유속은 5 mm/s 이며 유출구의 유속은 4 mm/s 이다. 내부 유동장의 압력과 속도분포를 구하시오.

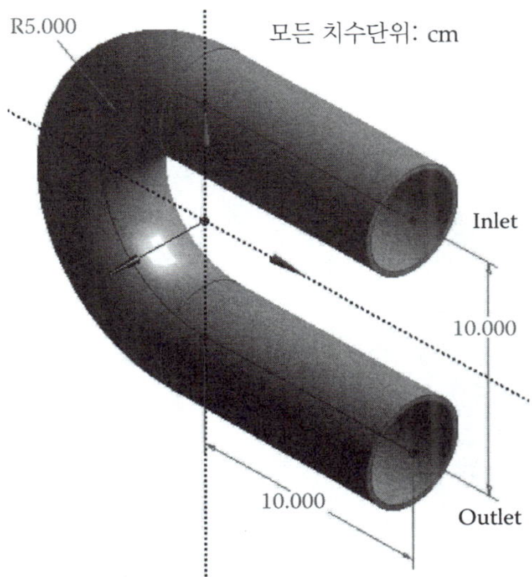

10.2 솔리드 반원통(solid half-cylinder)을 통과하는 기류의 압력과 속도분포를 구하시오. 반원통의 길이는 20 cm, 반지름은 5 cm 이며 지면에 접촉해 있다. 상층부 공기의 속도는 5 mm/s 이며 하류통로의 공기는 대기압과 같다. 공기–고체(air-solid) 접점 경계조건은 미끄러지지 않은 조건(nonslip condition), 공기는 25℃ 의 일정한 실내온도를 가정한다.

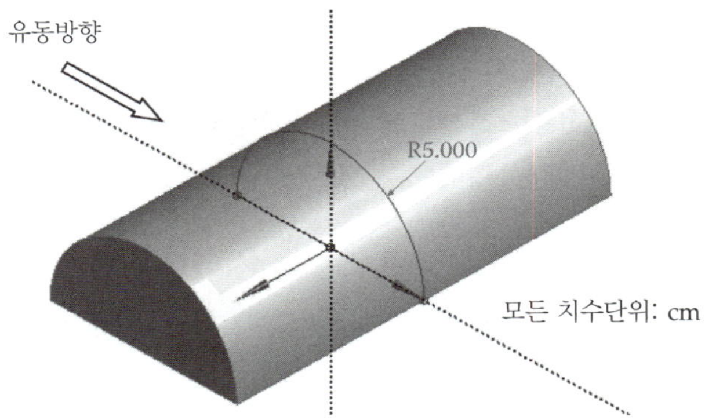

10.3 솔리드 구(solid sphere)를 통과하는 기류의 압력과 속도분포를 구하시오. 구의 반지름은 5 cm 이다. 상층부 공기의 속도는 5 mm/s 이며 하류 통로의 공기는 대기압과 같다. 구의 표면 경계조건은 미끄러지지 않는 조건(nonslip condition)이며, 공기는 25℃ 의 일정한 실내온도를 가정한다.

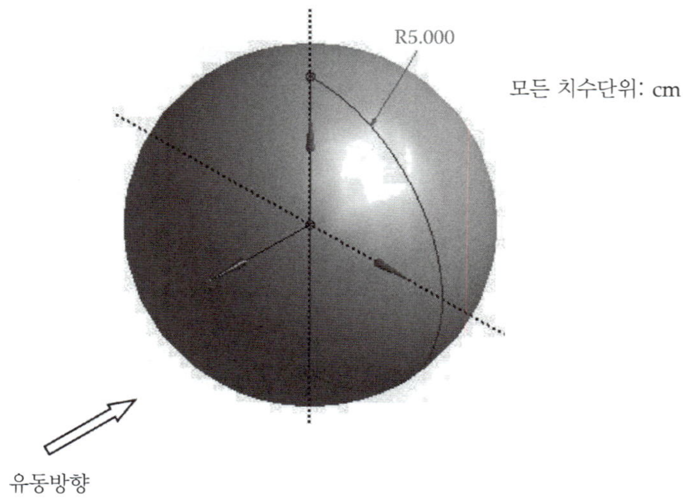

10.4 다음 그림의 방열판(heat sink)은 22 mm×22 mm×2 mm 크기의 사각형 바닥면과 각각 2 mm×2 mm×8 mm 크기의 사각형 핀-휜(pin-fin) 배열로 구성되어 있다. 핀-휜은 각 방향마다 4 mm간격에 위치하고 있다. 이때 실내온도 25℃ 인 방열판을 통과하는 기류의 압력과 속도분포를 구하시오. 방열판의 사각형 바닥면이 지면과 접촉하고 있다고 가정한다. 상류 공기의 속도는 10 mm/s 이며 하류통로의 공기는 대기압과 같다.

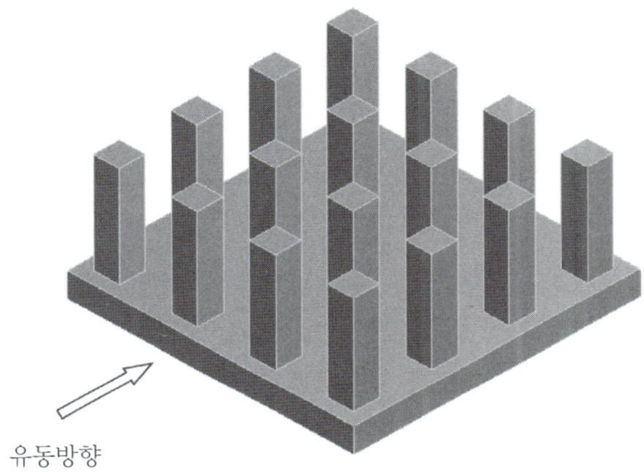

10.5 S-파이프를 통과하는 기류의 유체해석을 하시오. 파이프 벽의 경계조건은 미끄러지지 않은 조건이며, 공기는 25℃ 의 실내온도를 가정한다. 유입구에서의 공기의 속도는 5 mm/s 이며 유출구에서의 속도는 대기압에 의해 결정된다. 내부 유동장의 압력과 속도분포를 구하시오.

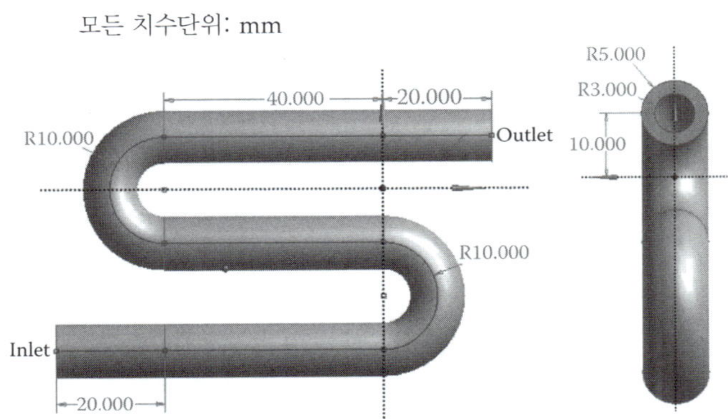

10.6 오리피스(orifice)를 통과하는 물 유동의 유체해석을 하시오. 벽의 경계조건은 미끄러지지 않는 조건으로 가정한다. 유입구에서의 물의 속도는 15 mm/s 로 균일하게 유지되며 유출구에서의 물의 속도는 대기압에 의해 결정된다. 유동장의 압력과 속도분포를 구하시오.

모든 치수단위: cm

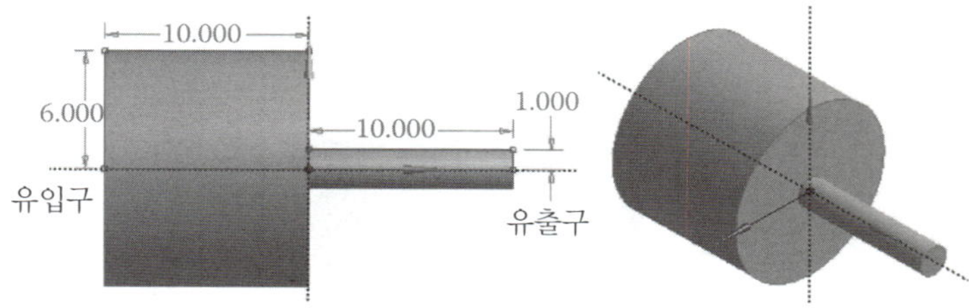

10.7 디퓨저 파이프(diffuser pipe)를 통과하는 물 유동의 유체해석을 하시오. 벽의 경계조건은 미끄러지지 않은 조건으로 가정한다. 유입구에서의 물의 속도는 10 mm/s 로 균일하게 유지되며 유출구에서의 물의 속도는 대기압에 의해 결정된다. 유동장의 압력과 속도분포를 구하시오.

모든 치수단위: mm

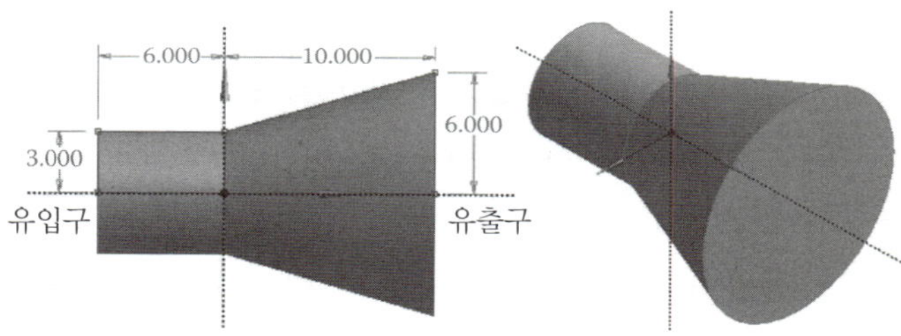

10.8 전이 파이프(transition pipe)를 통과하는 물 유동의 유체해석을 하시오. 벽의 경계조건은 미끄러지지 않은 조건으로 가정한다. 유입구에서의 물의 속도는 25 mm/s 로 균일하게 유지되며 유출구에서의 물의 속도는 대기압에 의해 결정된다. 유동장의 압력과 속도분포를 구하시오.

모든 치수단위: cm

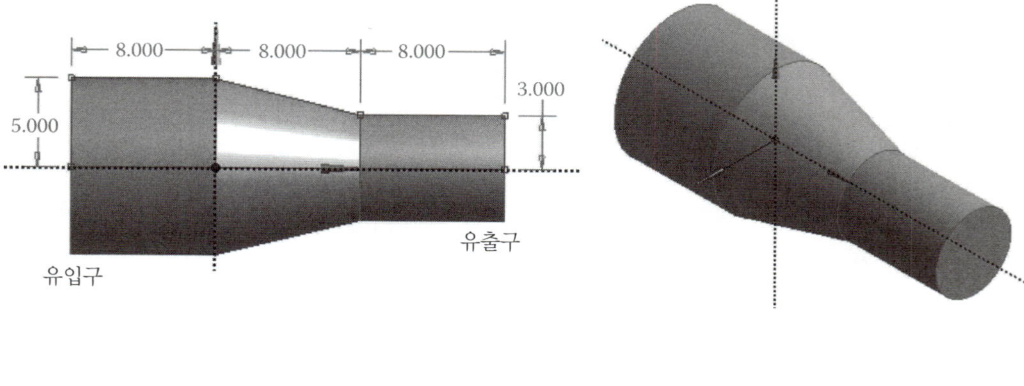

10.9 다음의 원형 챔버(cirular chamber) 내부 물 유동의 압력과 속도분포를 구하시오. 챔버의 깊이는 2 m 이다. 벽의 경계조건은 미끄러지지 않은 조건으로 가정한다. 유입구에서의 물의 속도는 10 cm/s 이고 유출구에서의 물의 속도는 대기압에 의해 결정된다.

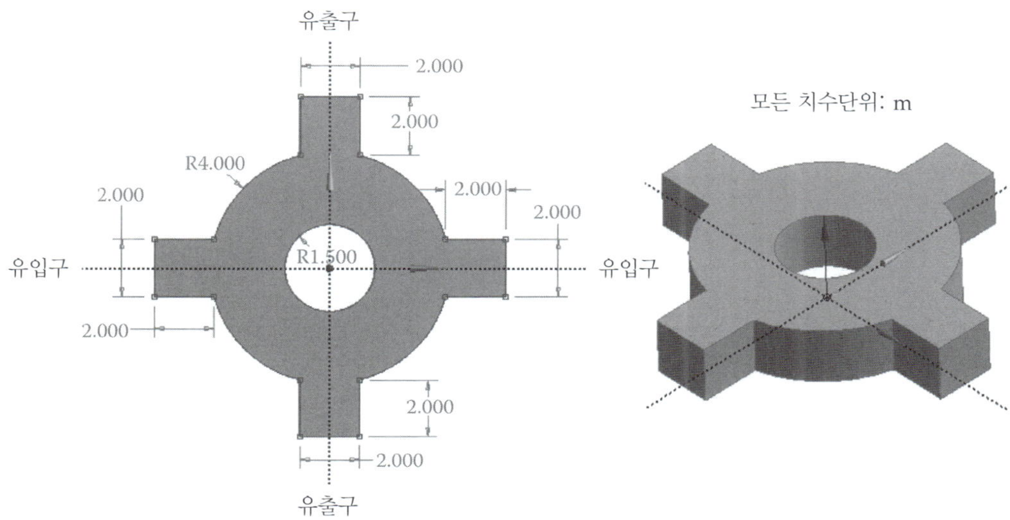

10.10 다음 원형 챔버 내부 물 유동의 압력과 속도분포를 구하시오. 챔버의 깊이는 5 mm 이다. 벽의 경계조건은 미끄러지지 않은 조건으로 가정한다. 유입구에서의 물의 속도는 5 mm/s 이고 유출구에서의 물의 속도는 대기압에 의해 결정된다.

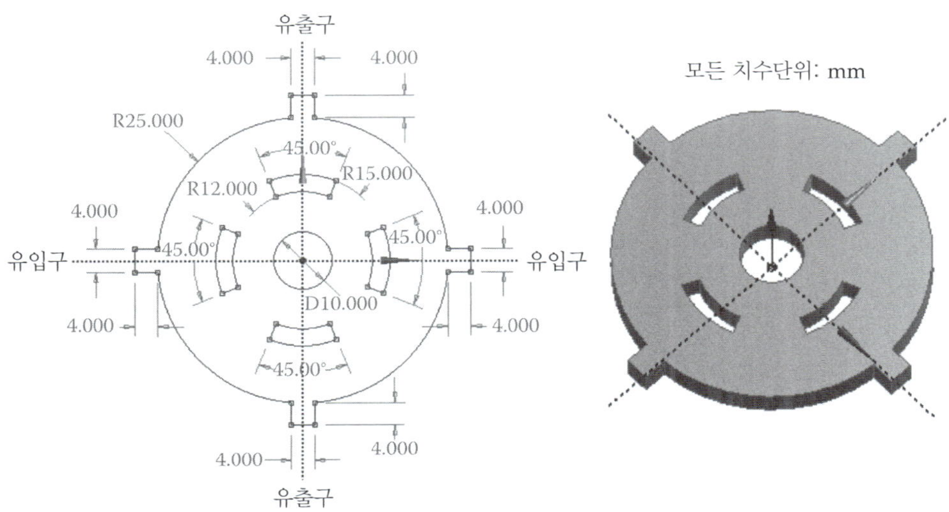

Chapter 11

설계 최적화

11.1 서론

최적화는 공학 설계에서 필수적인 부분이다. 예상치 못하게 어떤 설계 기준을 만족하지 못하게 되면, 최적화 작업은 전통적으로 시행착오에 의해 수행되어 왔다. 많은 반복 설계 후에도 최상의 설계는 종종 얻어지지 않을 수 있다. 단지 요구 조건을 모두 만족하는 실현 가능한 설계만이 얻어진다. 어떤 기준에 미달되는 경우에 기존 설계 변경 방법은 많은 비용과 시간이 소요된다. 오늘날의 엔지니어들은 더욱 생산적이고 저비용으로 설계 절충에 대한 평가 가이드인 수치 최적화 기법을 사용한다. 보통, 최상의 설계는 시뮬레이션 기반 최적화를 몇 번 실행한 후에 제시된다. 이 장에서는 시뮬레이션에 의한 설계 최적화와 연관되는 내용을 다룰 것이다. 위상 최적화, 매개 변수 최적화 및 설계 공간 탐색을 ANSYS Workbench를 사용한 최적화 예제와 함께 소개한다.

11.2 위상 최적화

설계 프로세스가 진행됨에 따라 설계를 수행하는 것은 다른 관점에서 최적화해야한다. 설계 초기 단계에서 위상 최적화를 사용하여 설계자에게 좋은 초기 설계 개념에 도달할 수 있도록 한다. 위상 최적화의 목표는 주어진 하중 및 경계 조건에 대하여 사전에 정의된 설계 영역 내에서 재료의 이상적인 분배를 찾는 것이다. 하중베어링에 최소한으로 기여하는 영역이 파악되면 중량을 최소화하기 위해 제거한다. 결과적으로, 최적의 재료 배치가 결정되고 이로부터 좋은 설계 개념이 유도될 수 있다. 그림 11.1a는 다리 구조물의 위상 최적화를 나타내고 있다. 다리 구조물의 3차원 설계 공간은 그림 11.1a의 속이 꽉 찬 직사각형 박스로 표시된다. 다리 구조물은 바닥의 두 모서리가 고정되고, 윗면에 표면 하중이 가해진다. 그림 11.1b에서, 80%의 중량 감소를 목표로 위상 최적화 연구에서 이상적인 배치로 아치 형태가 제안되었다. 시뮬레이션 모델의 최소 응력 영역, 즉 구조의 전역 강성에 최소한으로 기여하는 영역으로부터 재료가 제거된다. 이 최적화 연구는 수 천년동안 건축공학에

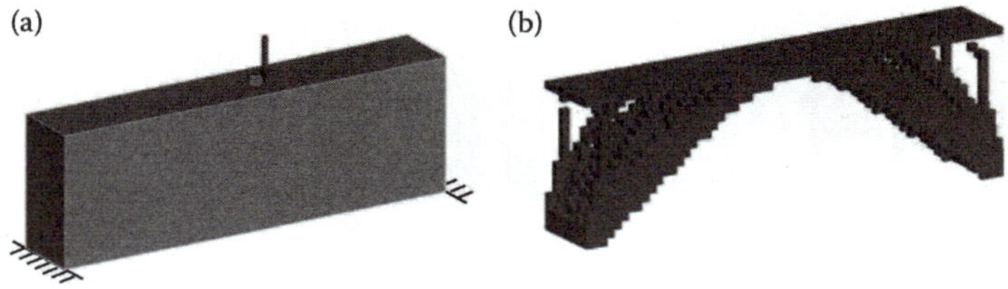

그림 11.1 다리 구조물에 대한 위상 최적화 (a) 초기의 설계 공간, (b) 80%의 중량 감소 목표로 최적화 된 배치설계

사용된 후 다리 설계에서 아치 형태가 중요한 역할을 지속적으로 하는지를 밝혀준다.

11.3 변수 최적화

최종 설계 단계에서, 설계의 성능은 형상과 크기에 크게 영향을 받는다. 변수 최적화를 사용하여 설계자는 구조의 최적 형상과 치수를 결정할 수 있다. 변수 최적화에서 설계를 개선하기 위해 값을 변경할 수 있는 독립 변수를 설계 변수라 한다. 설계 변수는 일반적으로 길이, 두께 또는 설계의 모양을 제어하는 제어점 좌표와 같은 기하학적 매개 변수이다. 적용 하중에 대한 설계의 반응을 상태 변수라 하고 설계 변수의 함수이다. 상태 변수의 예로는 응력, 변형, 온도, 주파수 등이 있다. 설계 상에서 주어진 제한사항은 설계 제한조건이다. 일반적으로 변수 최적화는 주어진 설계 제약 조건의 집합에 종속되는 설계 변수의 목적 함수를 최소화하는 것을 포함하고 있다[17].

예를 들어, 고정된 모서리가 있는 보강 된(stiffened) 알루미늄 패널의 변수 최적화를 고려하기로 한다. 보강 된(stiffened) 패널은 중량에 민감한 설계에 적합하며 선박 갑판, 항공기 및 해양 구조물에 널리 사용된다. 가장 큰 단점은 낮은 고유 진동수의 경량 구조로 인해 공진의 위험이 높아진다는 것이다. 그림 11.2의 설계에서 변경이 허용되는 변수, 즉 설계 변수는 보강재 높이 h, 판 두께 t, 길이 방향 보강재 두께 t_{long} 및 횡방향 보강재 두께 t_{lat} 이다. 진동 유발 운동에 대한 패널의 취약성을 감소시키기 위해 연구의 상태 변수인 기본 주파수 f_{base} 를 20 Hz 이상으로 설정해야한다. 목표가 패널의 전체 중량을 최소화하는 것이라고 가정한다. $f_{base} > 20$ Hz 의 설계 제약 조건을 만족하면서 패널 중량을 최소화할 수 있도록 설계 변수의 최적 값을 해결하는 4가지 변수 최적화를 정의할 수 있다.

11.4 변수 최적화를 위한 설계 공간 탐색

그림 11.3에 나타낸 "블랙박스(black box)" 모델은 일반적으로 알려지지 않은 설계 변수와 반응 사이의 직접적 관계로부터 변수 최적화 개략도를 설명하는데 사용된다. 개략도는 설계 변수(입력)가

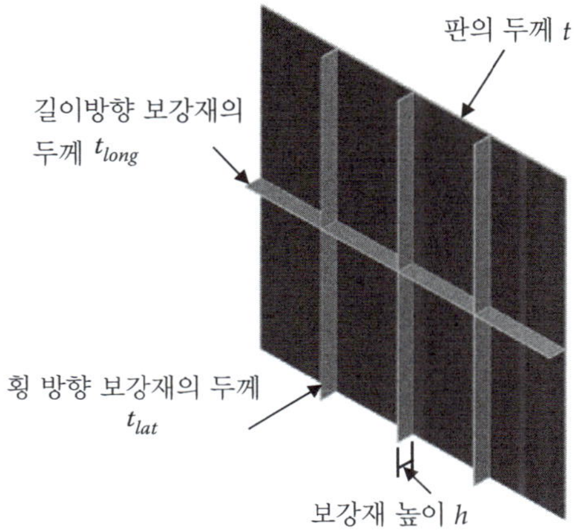

그림 11.2 모서리가 고정 지지된 보강 된(stiffened) 알루미늄 패널

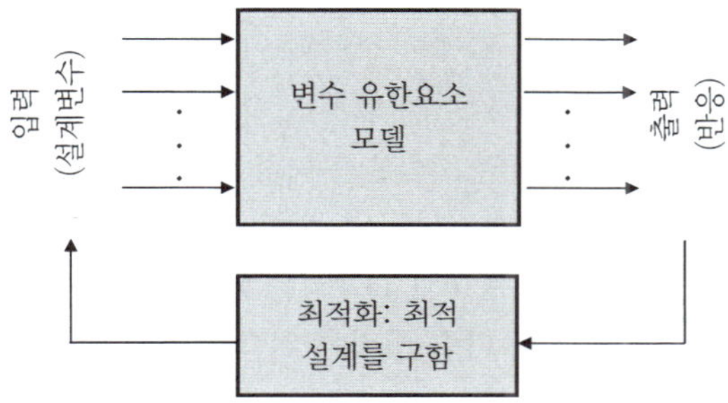

그림 11.3 "블랙박스(black box)" 최적화 개략도

반응(출력)에 미치는 영향을 찾기 위해 변수(parametric)의 유한요소 모델 사용을 포함한다. 유한요소 시뮬레이션으로부터 다수의 반응 데이터 집합을 얻은 후에, 설계 변수와 반응 사이에 매핑 관계를 설정할 수 있다. 그런 다음 최적화프로그램은 주어진 반응 기준을 만족시키는 최적의 설계 변수 집합을 찾기 위해 변수 설계 공간의 맵핑을 탐색한다.

설계 공간 탐색에서, 실험계획법은 일반적으로 반응 표면 모델링과 함께 사용되어 최소수의 설계 시나리오의 시뮬레이션을 통해 변수 설계 공간을 효율적으로 매핑한다.

11.4.1 실험계획법

실험계획법(DOE: Design of Experiments)은 원래 실험 데이터와 적합(fitting)한 모델을 위해 개발된 기술이다. 설계 최적화에서, DOE는 시뮬레이션 된 반응 데이터를 수학적인 방정식으로 적합하기 위해 사용될 수 있다. 이러한 방정식(response surface equation)은 반응표면 방정식이라

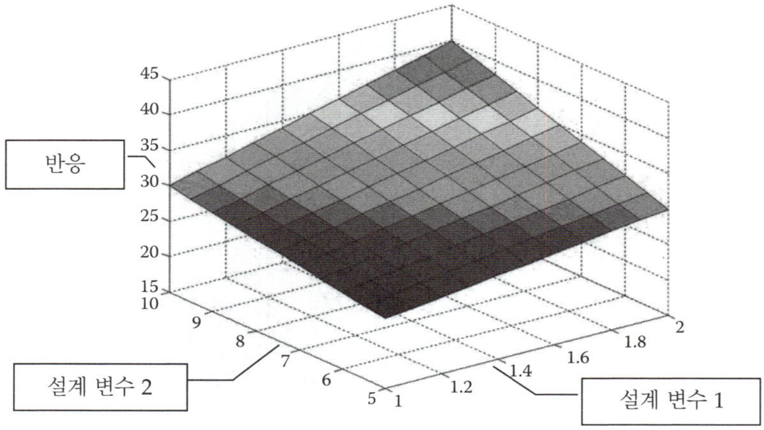

그림 11.4 3-D 반응표면

언급되며, 설계 변수의 조합에 대한 반응을 예측하기 위한 모델(그림 11.4 참조) 역할을 한다.

DOE에서, 각각의 설계 변수는 설계 공간에서 하나의 차원으로 간주된다. 일반적으로 n 개의 설계 변수가 있다면 n 차원 공간을 갖는다. 각각의 설계 변수는 가능한 많은 이산 값(discrete value) 또는 수준이 있다. 모든 설계 변수 수준들의 조합을 고려하여 배열을 구성할 수 있다.

대부분의 경우에 n 이 매우 작은 값에 대해서도 그 배열에 대한 반응 데이터 수집이 곤란할 수 있다. 표 11.1에서 볼 수 있듯이 두 개의 수준(0과 1)에서는 4개의 입력 변수(x_1, x_2, x_3 및 x_4)에 대한 16회 실험 수행이 필요하다. 여러 수준의 다수 입력을 위한 시뮬레이션 실행 횟수는 압도적으로 크

표 11.1 실험계획법 : 2가지 수준의 4개 입력에 대한 16번의 실험 수행

실험 수행	입력			
	x_1	x_2	x_3	x_4
1	0	0	0	0
2	0	0	0	1
3	0	0	1	0
4	0	0	1	1
5	0	1	0	0
6	0	1	0	1
7	0	1	1	0
8	0	1	1	1
9	1	0	0	0
10	1	0	0	1
11	1	0	1	0
12	1	0	1	1
13	1	1	0	0
14	1	1	0	1
15	1	1	1	0
16	1	1	1	1

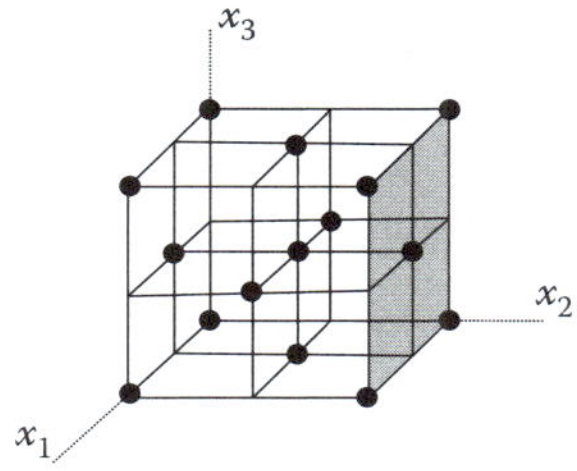

그림 11.5 3가지 설계 변수에 대한 면심 입방 구조 중심 합성 설계

게 될 것이다.

다 변수 설계 공간(multivariable design space)에 대한 최소 밀도의 데이터 점의 격자가 종종 대신 사용된다. 특히, 중심 합성 설계(CCD: central composite design)은 최소한의 요구되는 수치적 시험으로부터 많은 정보를 제공하는 효율성 때문에 인기 있는 설계이다[17].

CCD는 2차 적합 모델의 효율적으로 구성할 수 있는 설계이다. 그림 11.5에서 설명하듯이, 3가지 수준의 3개 설계 변수(x_1, x_2, x_3)에 대한 전형적인 면심 입방 구조 CCD는 전체 설계를 위한 3^3 개의 조합과 비교하여 15개의 설계 점을 사용하도록 제안한다. 15개의 설계 점은 그림 11.5에서 점으로 표시된다. 각각의 설계 점은 설계 시나리오에 해당한다. CCD 사용은 상당히 감소된 수치의 실험 점을 요구하는 반면에 최대한 많은 정보를 얻을 수 있다.

11.4.2 반응 표면 최적화

반응 데이터 집합(예를 들어, 최대 변형과 응력 결과)은 설계 공간을 CCD와 같은 실험계획법을 통해 단순화한 후에 유한요소 시뮬레이션을 통해 설계 시나리오로부터 용이하게 얻어질 수 있다. 시뮬레이션 시나리오에 해당하는 반응 데이터 집합을 사용하여 반응 표면 모델에 적합시킨다. 이 반응 표면 모델은 설계 변수에 대한 반응의 연속적인 변화를 제공할 수 있는 보간 모델이다(그림 11.4 참조).

최적설계 프로그램에서 설계자는 설계 목표 및 제약 조건을 설정한다. 설계 목적이 다수인 최적화를 위해서는 서로 다른 설계 목표와 제약 조건에 대한 상대적인 중요도를 지정해야한다. 적합된 반응 표면 모델을 사용하여 설계 제약 조건을 만족하는 영역은 설계 공간에서 식별되어질 수 있다. 최적의 설계 후보는 전체 설계 공간 가능 영역에 대하여 최적의 목적 함수 값의 검색을 통해 결정된다.

다음 단계에서는 위에서 언급한 기술들을 이용하여 L-형 구조의 최적화를 위해 ANSYS Workbench를 사용할 것이다.

11.5 ANSYS Workbench를 이용한 사례 연구

문제 설명: 아래에 나타낸 L형 구조에서 위상최적화(topology optimization)를 이용하여 중량 감소가 가능한지 확인해보자. 구조의 두께는 2 mm 이고 구조용 강으로 제작되어 있다. 경계 조건과 하중 조건은 다음과 같다. 아래쪽 자유단 끝 부분에 300 N 하중이 아래쪽으로 가해지고, L형 구조의 위쪽면이 고정되어 있다. 구조의 최대 허용 변위는 0.3 mm 이다.

Part A: 위상최적화를 수행하여 75%의 중량감소를 달성하라.

Part B: 위상최적화에 따라 구조를 재설계하고, 변형에 대한 제약조건에 따라 파라메트릭 최적화(parametric optimization)를 수행하여 중량을 감소시켜 보자.

풀이

ANSYS Workbench를 이용하여 문제를 풀기 위해, 다음의 단계를 이용한다.

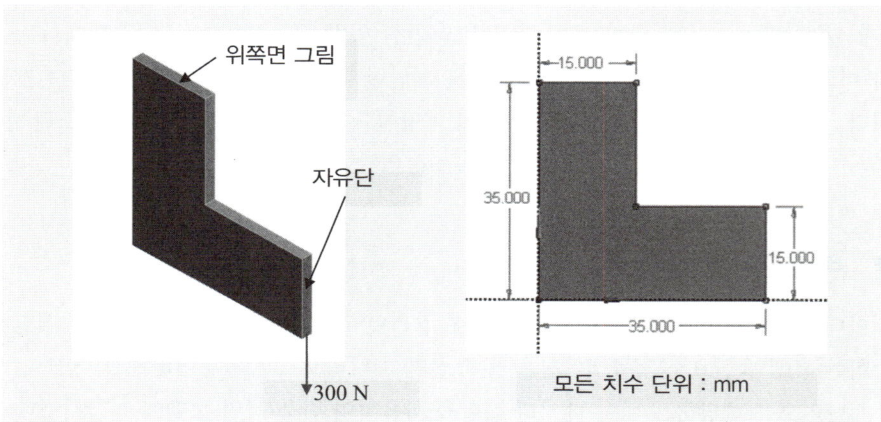

Part A: 문제 풀이

단계 1: ANSYS Workbench 프로젝트 시작하기

ANSYS Workbench를 실행하고 ***Lshape.wbpj'***. 이름으로 프로젝트를 저장한다.

단계 2: Static Structural 해석 생성

좌측 ***Analysis Systems Toolbox*** 창에서 ***Static Structural*** (ANSYS) 아이콘을 드래그(drag)하여 ***Project Schematic*** 창에 있는 초록 사각형 내에 위치(drop)시킨다.

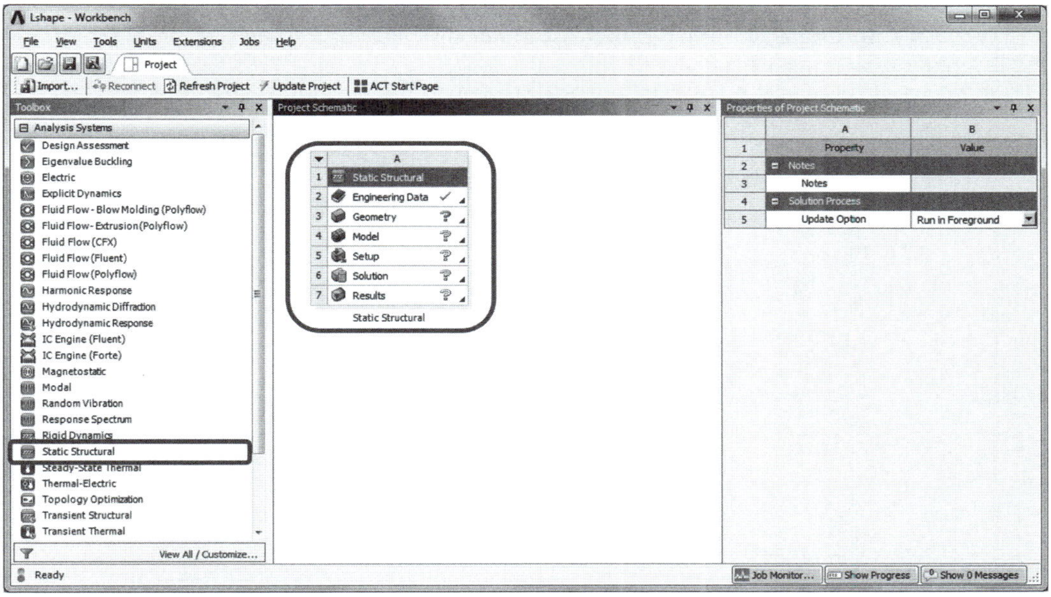

단계 3: SpaceClaim 프로그램 실행

Geometry 셀을 더블클릭하여 ***SpaceClaim*** 프로그램을 실행한다. 단위를 정하기 위해 ***File*** 드롭다운 메뉴에서 ***SpaceClaim Options*** 을 선택한다.

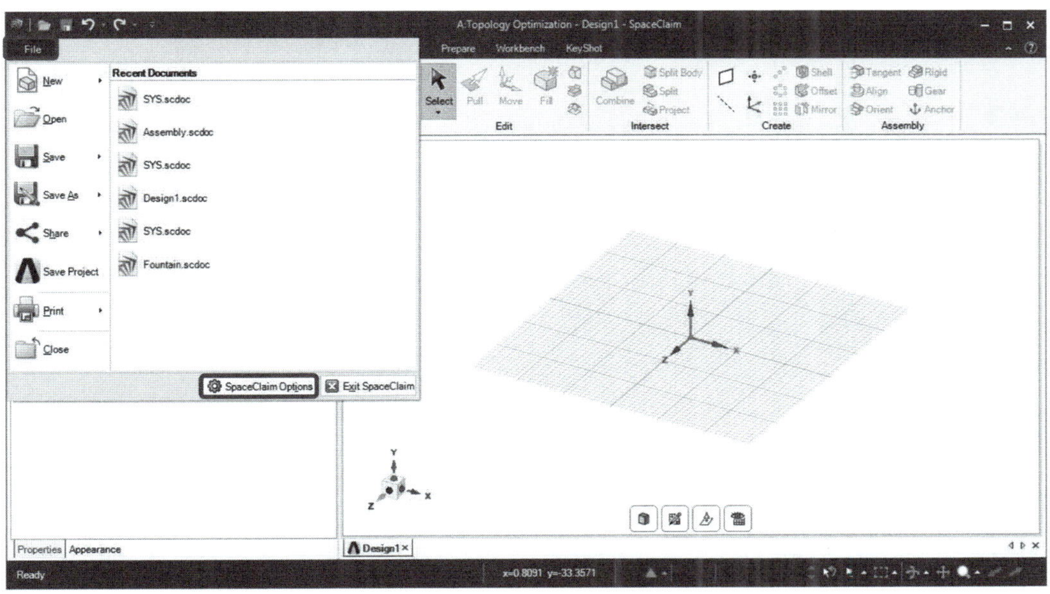

다음의 ***SpaceClaim Options*** 창이 나타나면, 좌측 패널에서 ***Units***을 클릭하고 ***Length*** 드롭다운 리스트에서 ***Millimeters***를 선택한다. 다음으로 ***Minor Grid Spacing***을 ***5 mm***로 변경하고 ***OK***를 눌러 저장한 다음 창을 닫는다.

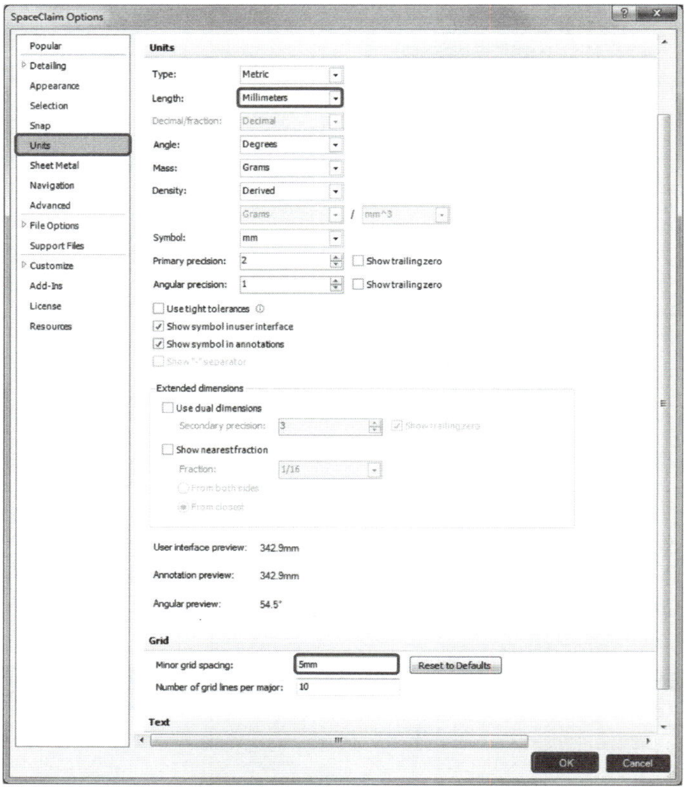

단계 4: Geometry 생성

Graphics 창의 어느 곳에서나 마우스 오른쪽 버튼으로 클릭하고 드롭다운 메뉴에서 ***Select New Sketch Plane***을 클릭한다.

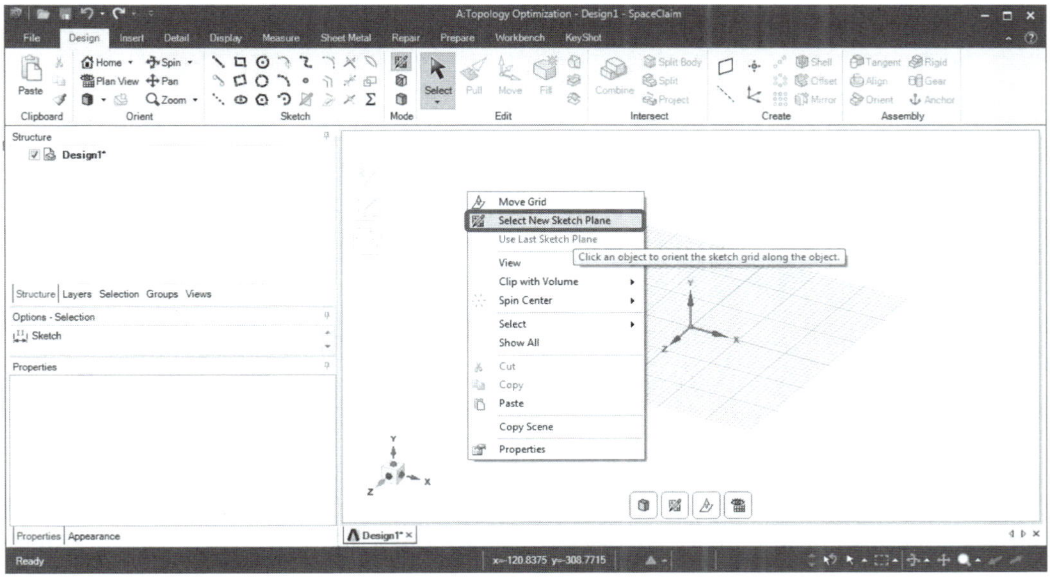

x-y plane 에 마우스를 위치시키고 활성화된 ***x-y plane***을 클릭하여 스케치 면을 기존 ***x-z plane***(위쪽 그림)에서 ***x-y plane***(아래쪽 그림) 으로 변경시킨다.

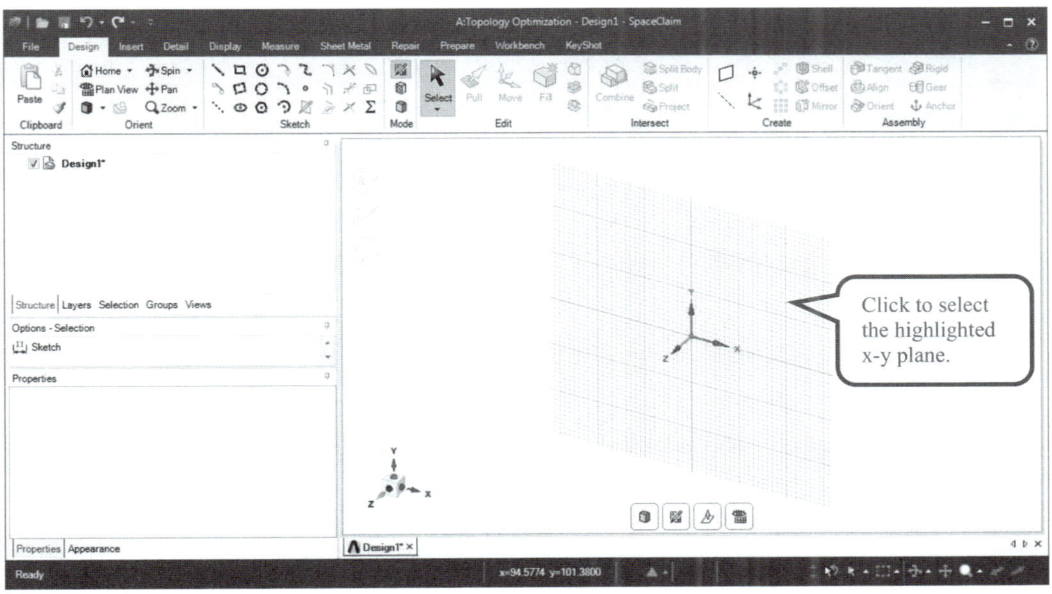

툴바에서 ***Plane View***를 클릭하여 스케치 그리드(sketch grid)를 정면(head-on)으로 위치시킨다.

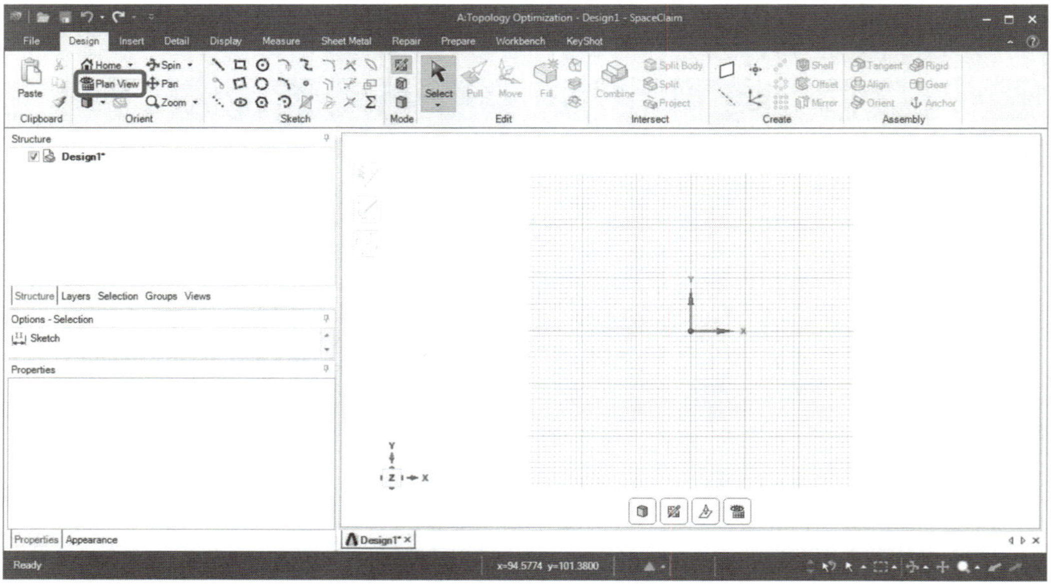

Design 탭에서 ***Sketch Mode*** 아이콘을 클릭하여 스케치를 시작한다. ***Line*** 아이콘을 선택하고 ***XY Plane*** 면에서 L 형 구조를 스케치한다. 선을 그리기 위해 시작점과 끝 점을 클릭하면 된다. ***Point 1*** 과 ***2*** 사이, ***Point 5*** 와 ***6*** 사이의 수평거리는 각각 ***35 mm*** , ***15 mm*** 이다. ***Point 1*** 과 ***6*** 사이, ***Point 2*** 와 ***3*** 사이의 수직거리는 각각 ***35 mm***, ***15 mm*** 이다. 필요하면 Esc 키를 눌러 작업을 종료할 수 있다.

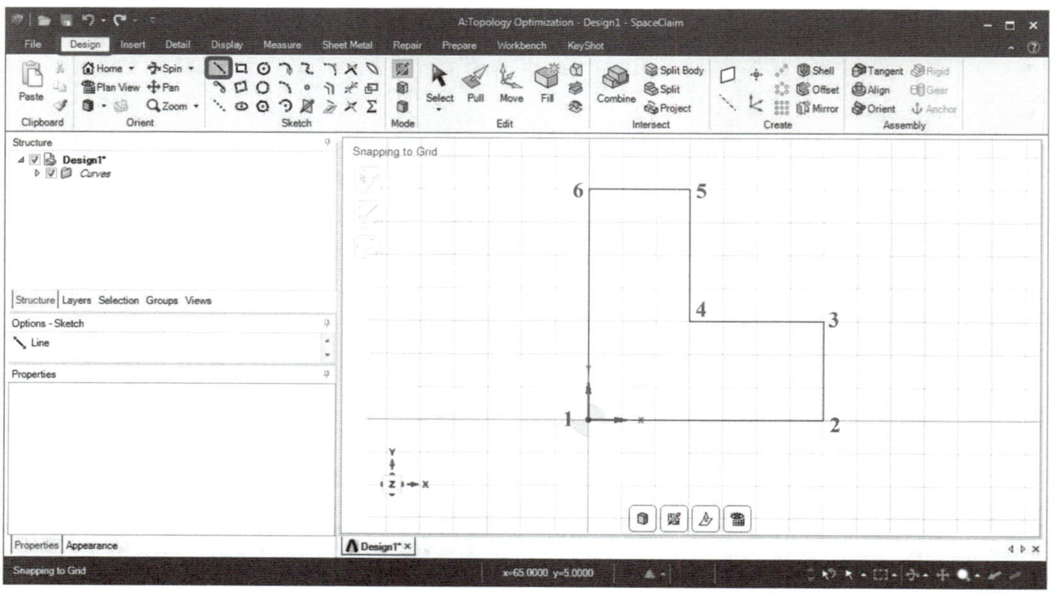

홈 보기(home view)를 위해 ***Home*** 아이콘을 클릭하고 ***Pull*** 아이콘을 클릭한다. ***Graphics*** 창에서 L 형상의 면을 클릭하고 ***z-axis***를 따라 표면(surface)을 끌어당긴다. 면을 당기면서 텍스트 상자에 **2 *mm***를 입력한다. ***Enter***를 눌러서 아래와 같이 ***2 mm*** 두께의 입체를 생성한다.

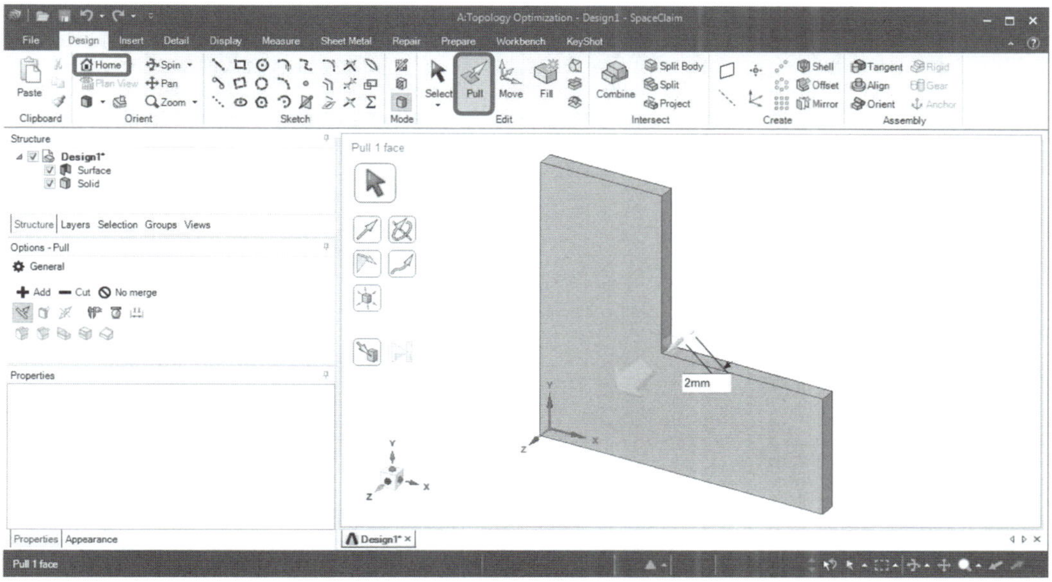

단계 5: Static Structural 프로그램 실행

Model 셀을 더블클릭하여 정적 해석을 위한 ***Static Structural*** 프로그램을 실행한다. ***Units***을 ***Metric (mm, kg, N, s, mV, mA)***으로 변경한다.

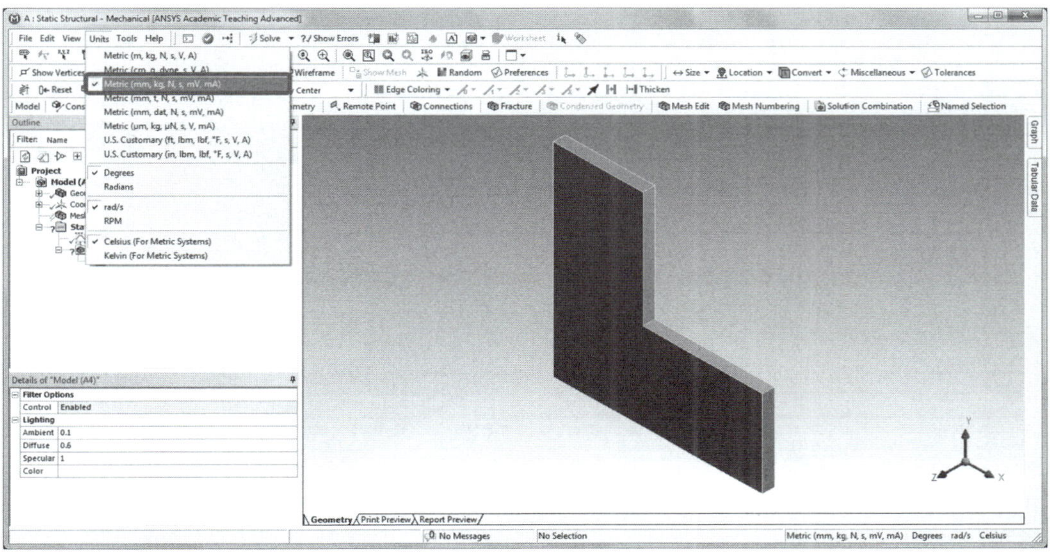

단계 6: 격자(Mesh) 생성

Outline 트리에서 ***Mesh***를 클릭한다. ***Details of "Mesh"*** 메뉴에서, ***Element Size***에 ***1 mm*** 격자 크기인 ***'1.0'*** 를 입력한다. ***Mesh***를 마우스 오른쪽 버튼으로 클릭하여 ***Generate Mesh*** 를 선택한다.

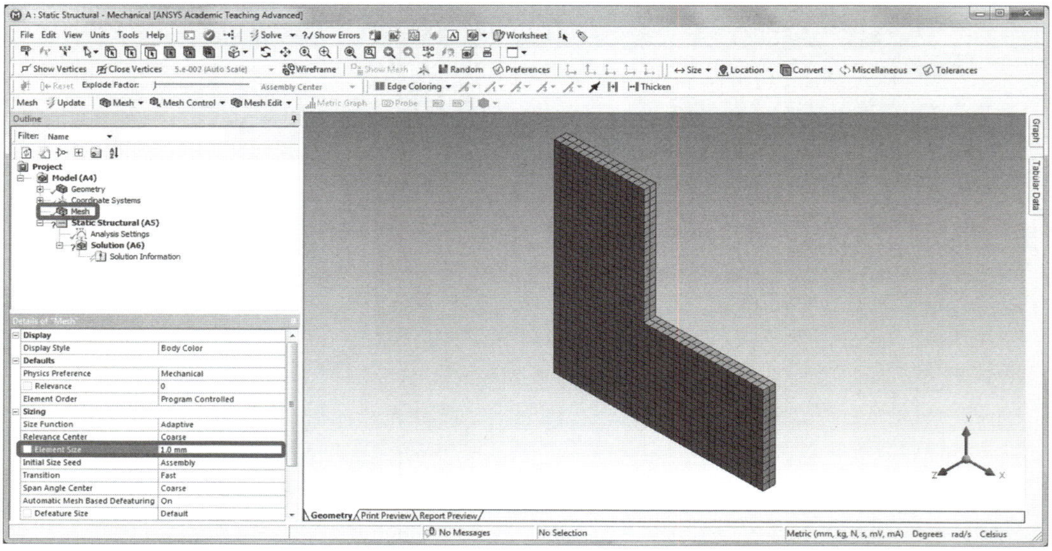

단계 7: 경계 조건의 적용

Static Structural (A5) 메뉴에서 마우스 오른쪽 버튼을 클릭한다. 메뉴에서 ***Insert*** 와 ***Fixed Support*** 를 선택한다. 윗면을 클릭한 다음 ***Details of "Fixed Support"***의 ***Geometry*** 선택에 적용한다. L 형 구조의 윗면에 아래와 같이 고정된 경계 조건이 부가된 것을 확인한다.

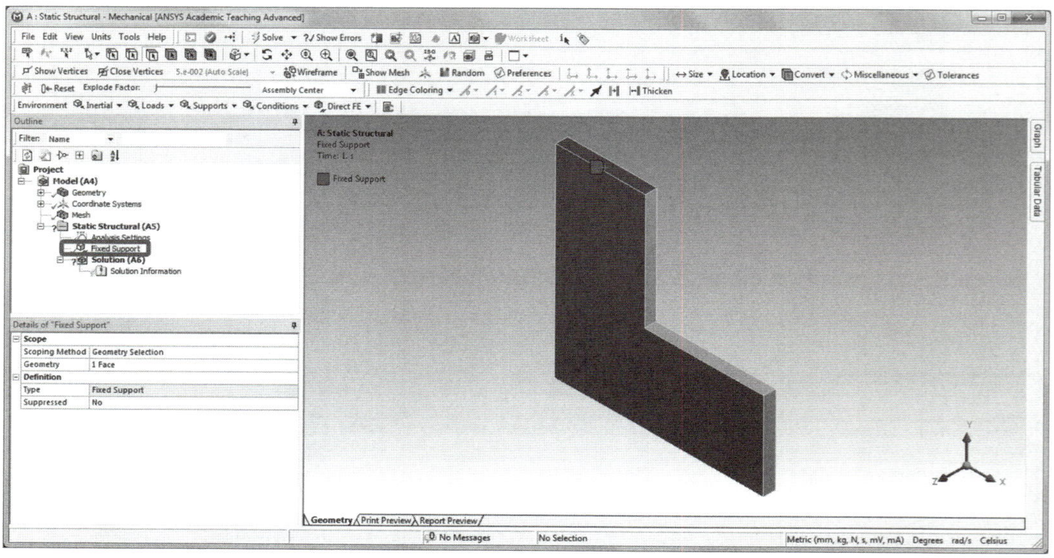

단계 8: 하중 적용

Static Structural (A5) 에서 마우스 오른쪽 버튼을 클릭한다. *Insert* 와 *Force*를 선택한다. *Details of "Force"*에서 *Define By*를 *Components*로 변경한다. 아래쪽 우측 끝에 *Y Component* 방향으로 −*300 N* 의 힘을 부가한다.

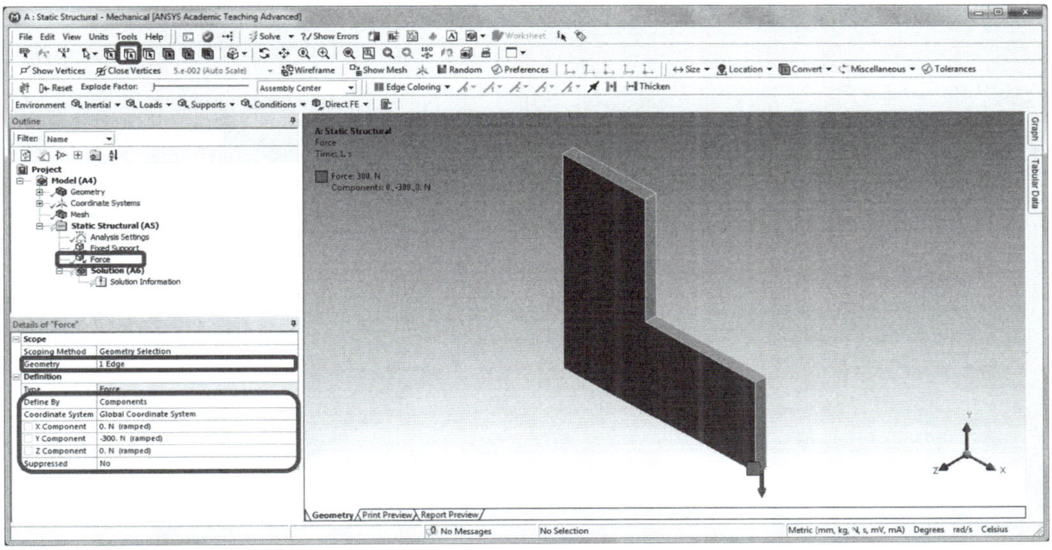

단계 9: 해를 구하기

Outline 트리에서 *Solution (A6)*을 마우스 오른쪽 버튼으로 클릭하고 *Total Deformation* 항목을 삽입한다.

Outline 트리에서 *Solution (A6)*을 마우스 오른쪽 버튼으로 클릭하고 *Equivalent Stress* 항목을 삽입한다.

Outline 트리에서 *Solution (A6)*을 마우스 오른쪽 버튼으로 클릭하고 *Solve*를 선택하여 해석을 시작한다.

완료 후, *Outline* 트리에서 *Total Deformation*을 클릭하여 전체 변위 결과를 확인한다.

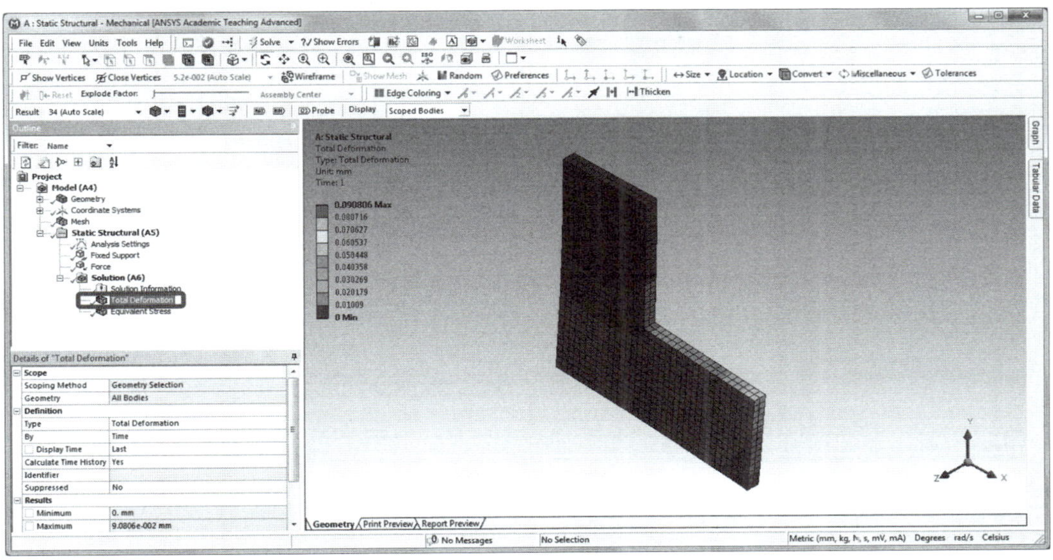

Outline 트리에서 ***Equivalent Stress***를 선택하여 von−Mises 응력 분포를 확인한다. 응력 결과에서 파란색의 넓은 부분은 등가 응력이 거의 0인 곳이다. 따라서 L 형 구조에 대해 전체 질량을 감소시키고 필요한 부분을 유지하는 위상 최적설계를 수행할 수 있다. ***Static Structural***을 종료한다.

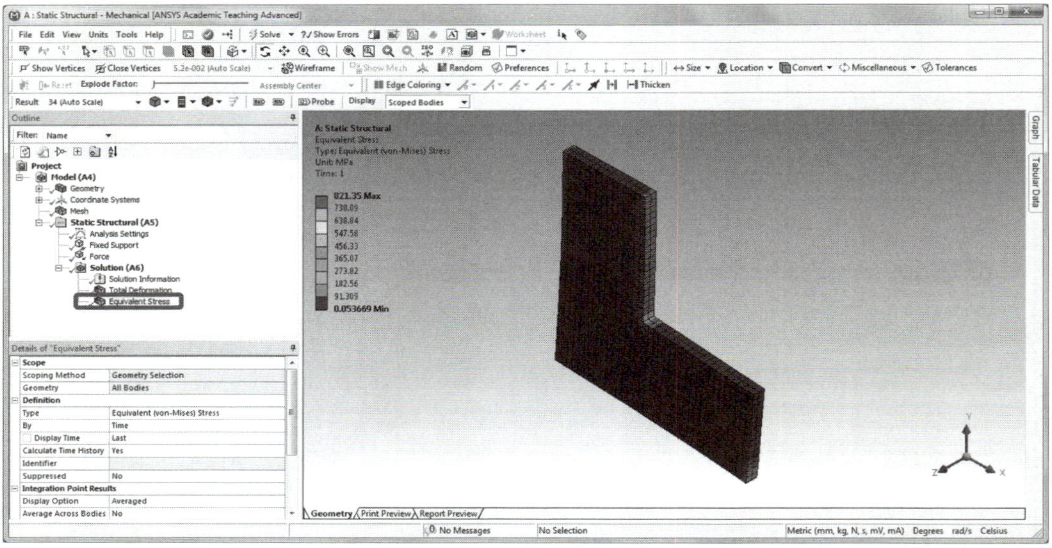

단계 10: 위상 최적화(Topology Optimization) 실행하기

Analysis Systems Toolbox 에서 ***Topology Optimization*** 아이콘을 끌어(drag)와 ***Project Schematic***에서 강조된 ***Static Structural*** 의 ***Solution*** 셀에 끌어와 내려(drop) 놓는다.

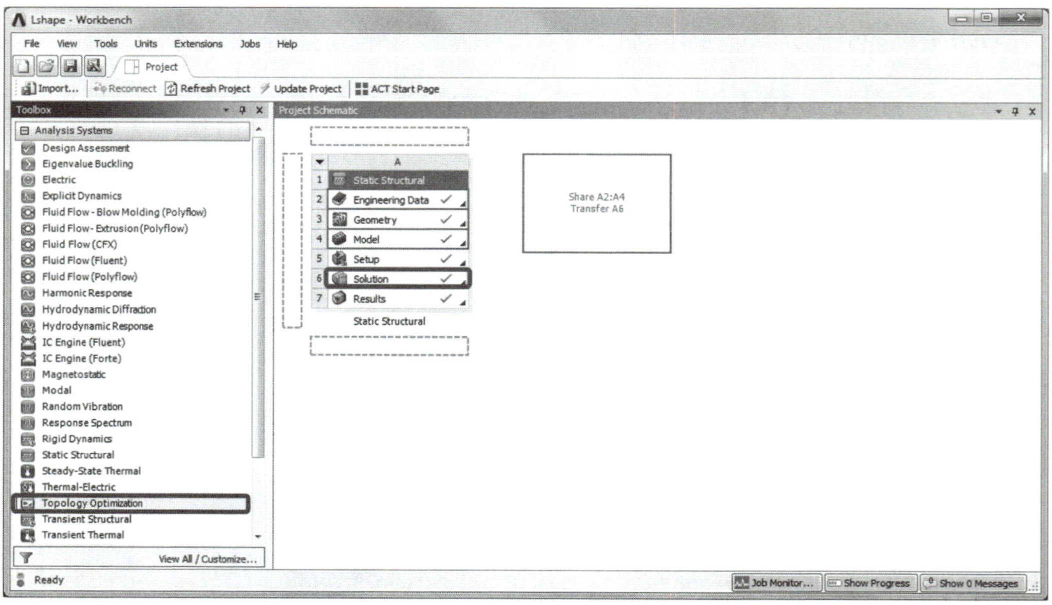

이러한 과정을 통해 ***Static Structural*** 해석과 결과를 공유한 ***Topology Optimization*** 해석을 생성한다. ***Setup*** 셀을 더블클릭하여 ***Topology Optimization***를 시작한다.

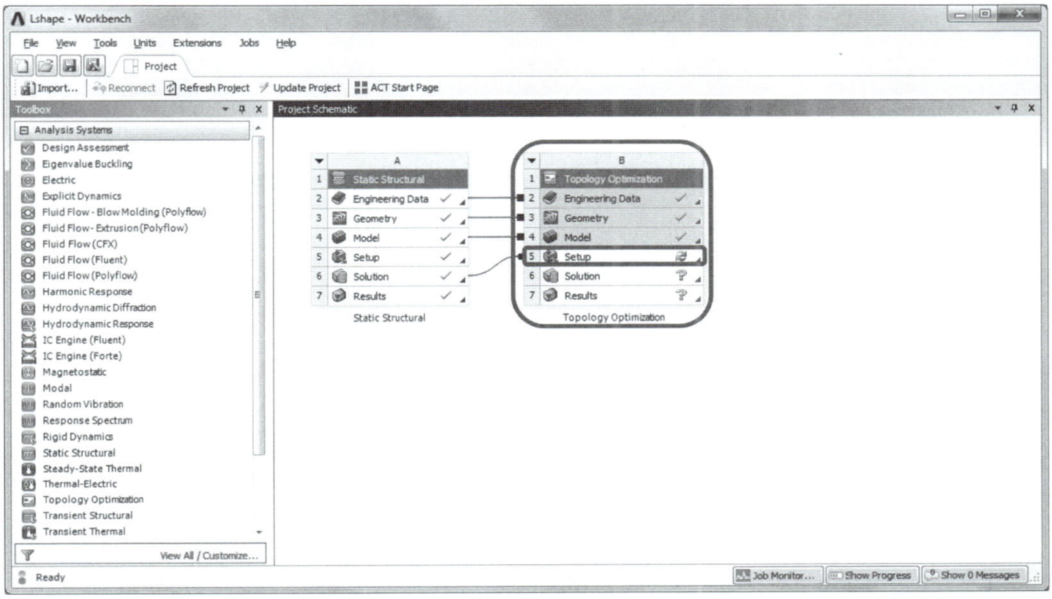

단계 11: Topology Optimization 설정

시작되는 ***Multiple Systems***의 ***Topology Optimization***에서는 이미 경계조건이 부가된 ***Boundary Conditions*** 부분이 제외된 것을 확인하자. 설계 영역인 ***Design Region***에 기본으로 L 형 구조의 전체 구조가 선택되었다. 이러한 기본 설정으로 최적설계를 수행하도록 하자.

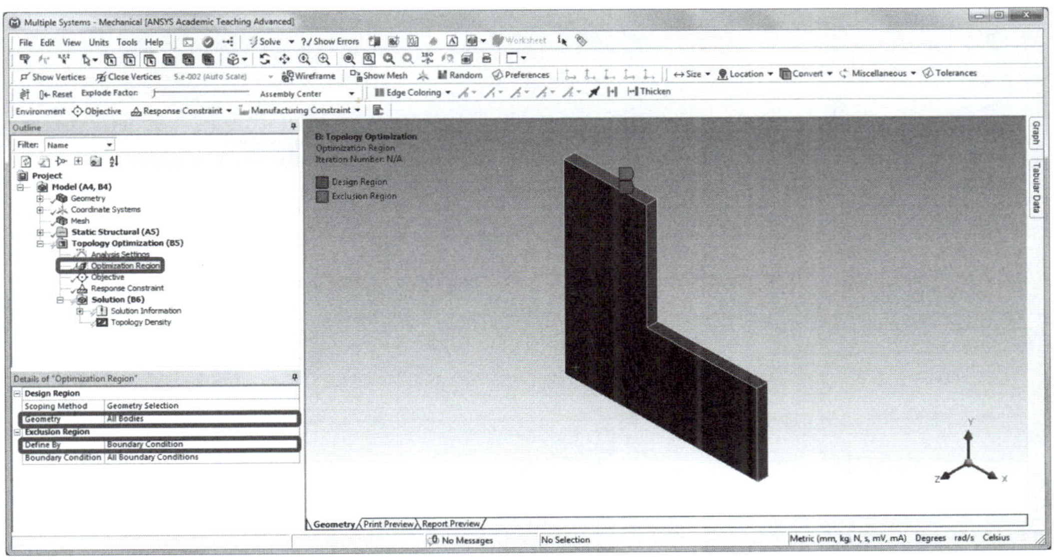

목적함수인 ***Objective*** 에는 기본값으로 ***Compliance***가 최소화하도록 설정된다. 이것은 구조 강성을 최대화 하는 것과 동일하다. 이러한 기본 설정을 그대로 이용하자.

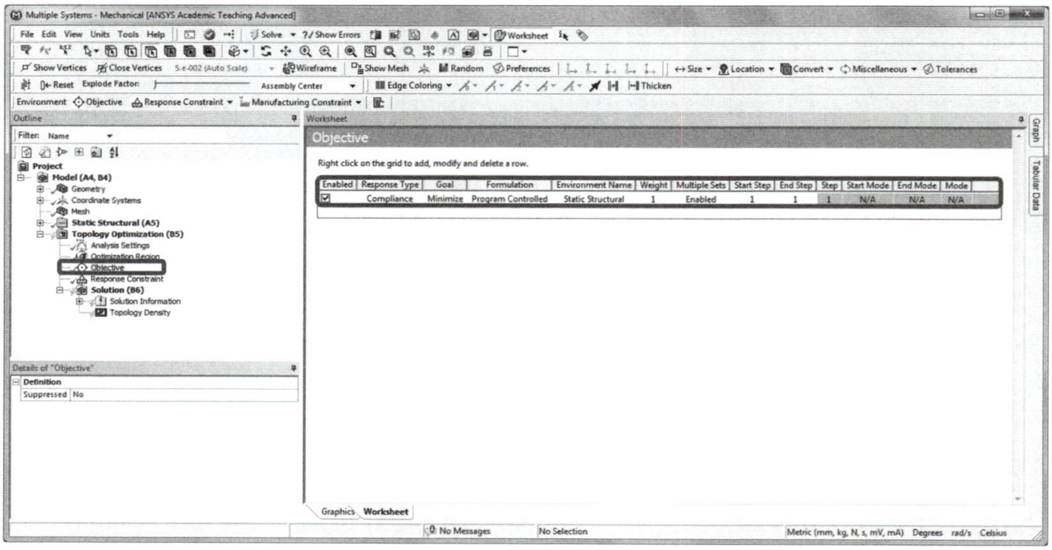

제약조건을 정하기 위해 ***Response Constraint*** 항목에 질량, 부피, von-Mises 응력, 변위 또는 반력을 정의할 수 있다. 문제에서 75% 질량 감소를 제약조건으로 정한다. ***Response***에 ***Mass***를 선택하고 ***Percent to Retain*** 항목을 **25%**로 설정한다.

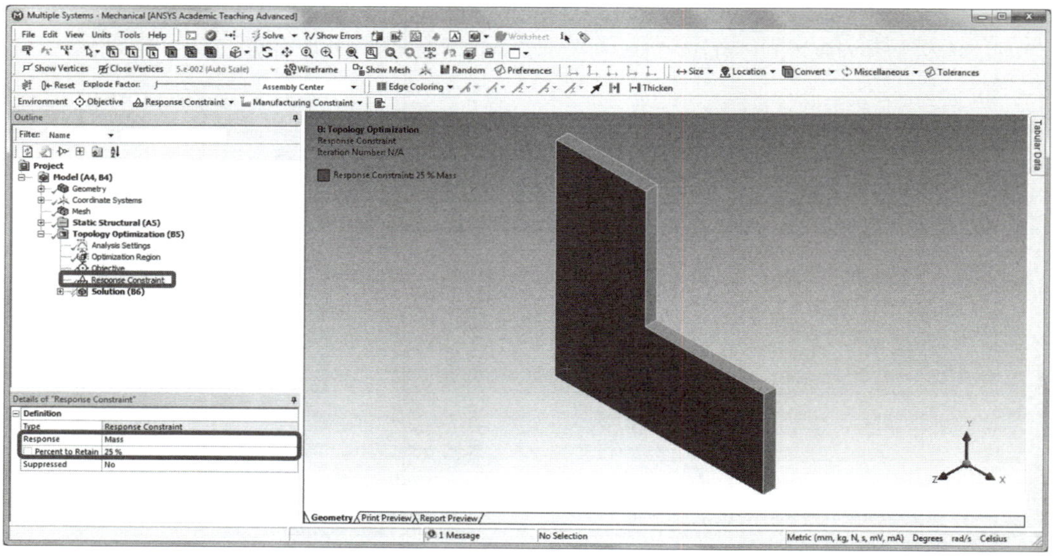

단계 12: Topology Optimization를 이용하여 최적해를 구하기

Project 트리에서 ***Solution (B6)***을 선택하고, ***Details of "Solution (B6)"*** 항목에서 ***Post Processing***의 ***Export Topology (STL file)*** 이 ***Yes***로 설정된 것을 확인한다. 이 옵션을 통해 최적화된 설계를 나중에 STL 파일로 내보낼 수 있다.

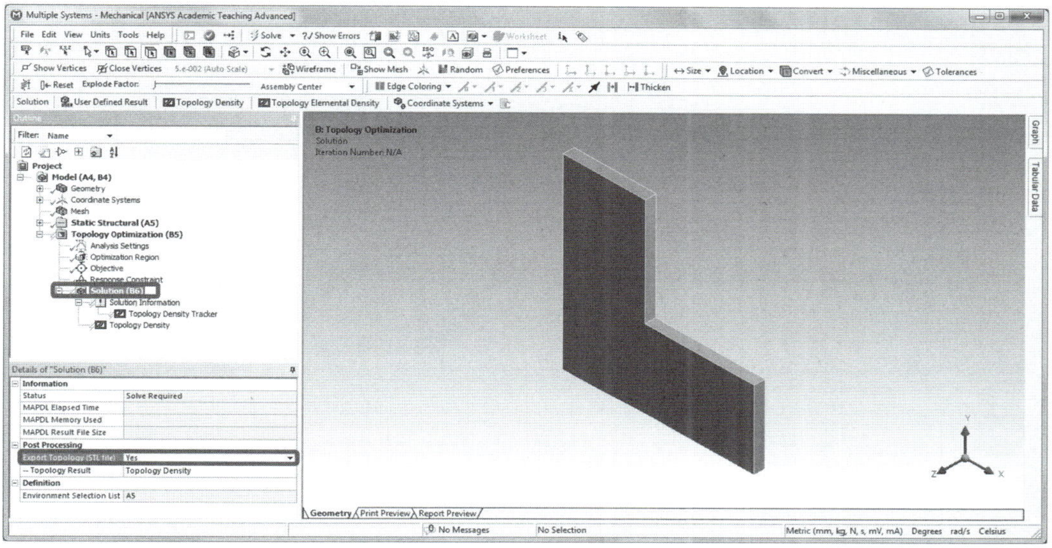

다음으로 ***Solution (B6)***을 마우스 오른쪽 버튼으로 클릭하고 ***Solve***를 눌러 최적설계를 수행한다. 최적설계가 실행되면, ***Topology Density Tracker***를 눌러 위상최적설계 과정을 확인할 수 있다.

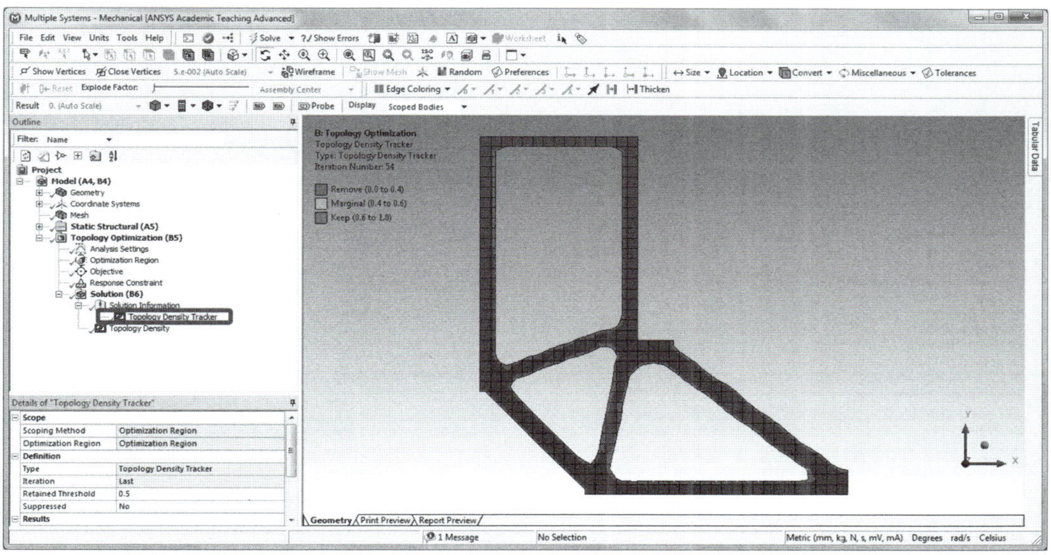

최적설계가 완료되면 ***Project*** 트리의 ***Topology Density***를 누르고 ***Animation*** 에 있는 ***Play*** 버튼을 눌러서 위상최적설계 과정을 확인해보자. 회색으로 표시된 부분이 제시된 최적 형상이 된다. ***Multiple Systems*** 프로그램을 닫는다.

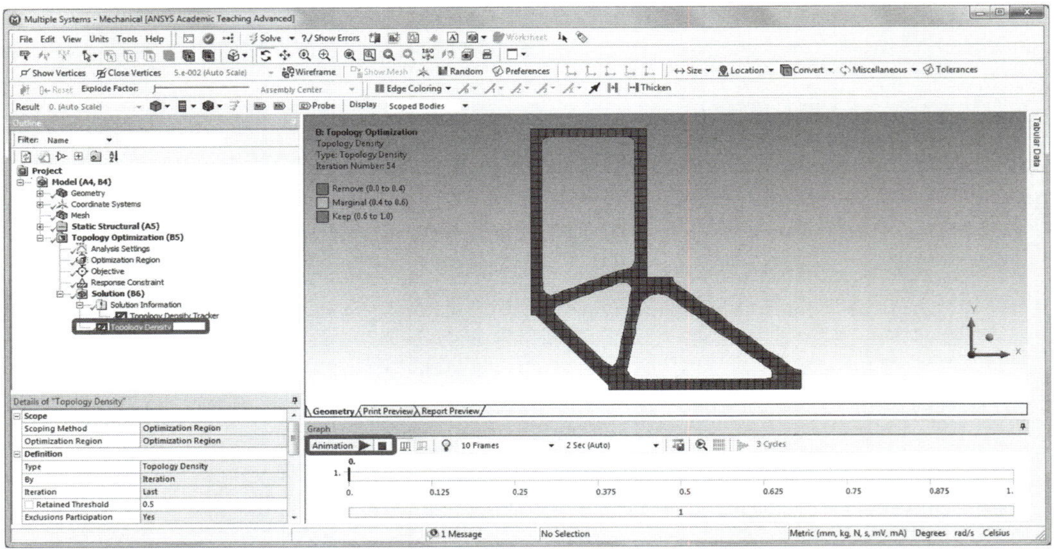

Part B: 문제 풀이

단계 1: 최적설계 결과를 새로운 *Static Structural* 해석으로 옮기기

Project Schematic의 ***Results***에서 마우스 오른쪽 버튼을 클릭한 다음 ***Transfer to Design Validation System***을 클릭한다. 이 과정을 통해 최적설계 결과를 새로운 ***Static Structural*** 해석으로 전달한다.

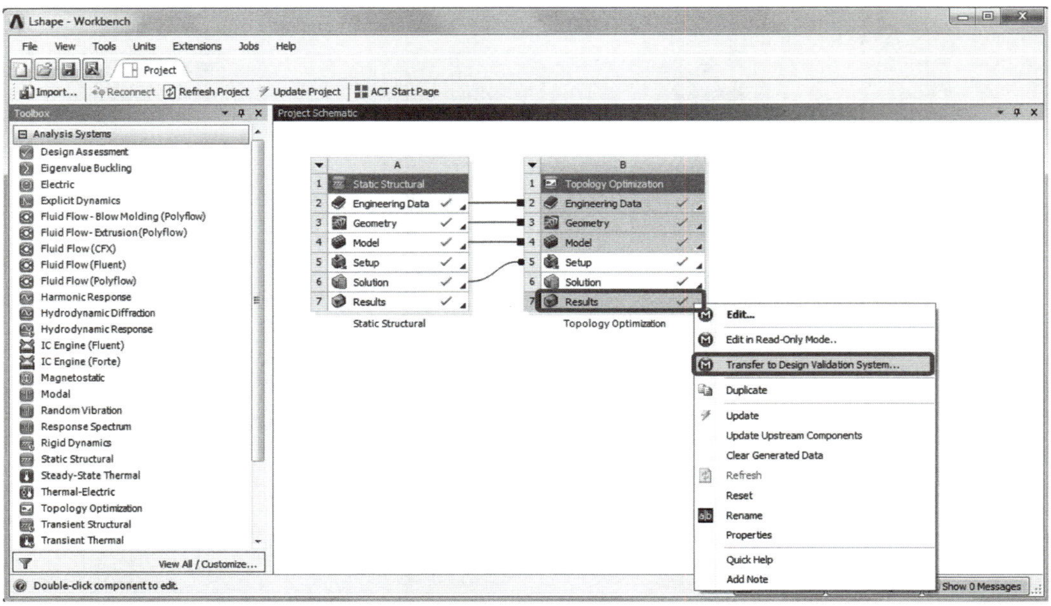

위상최적설계의 ***Results***는 ***Static Structural*** 해석의 입력 모델로 사용된다.

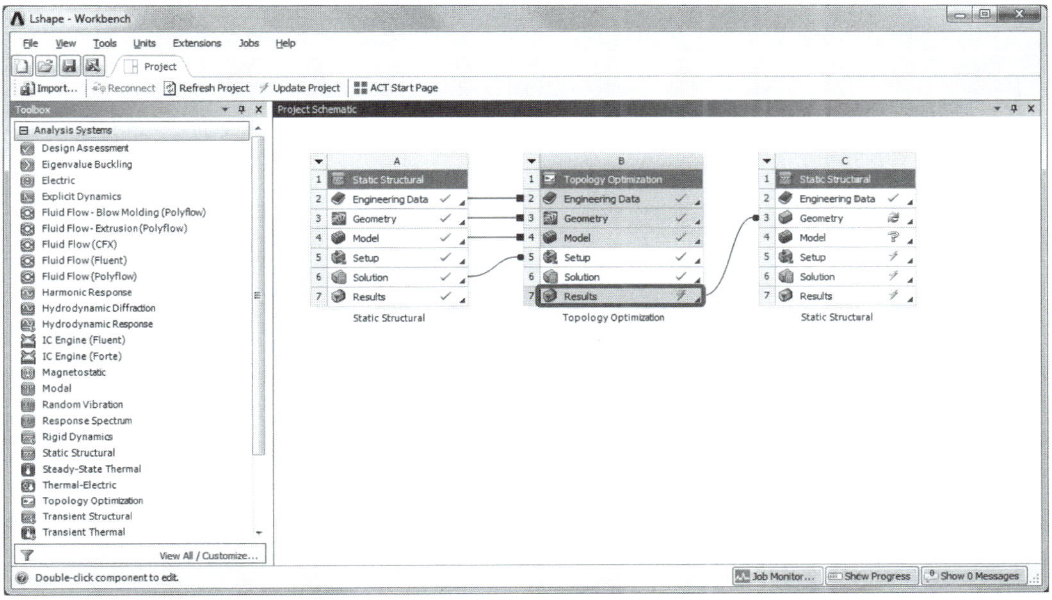

Topology Optimization의 ***Results*** 셀을 마우스 오른쪽 버튼으로 클릭한 후, ***Update***를 클릭한다.
자료 갱신이 완료되면 ***Topology Optimization*** 의 ***Results*** 셀에 초록색의 ***Checkmark***가 나타난다.

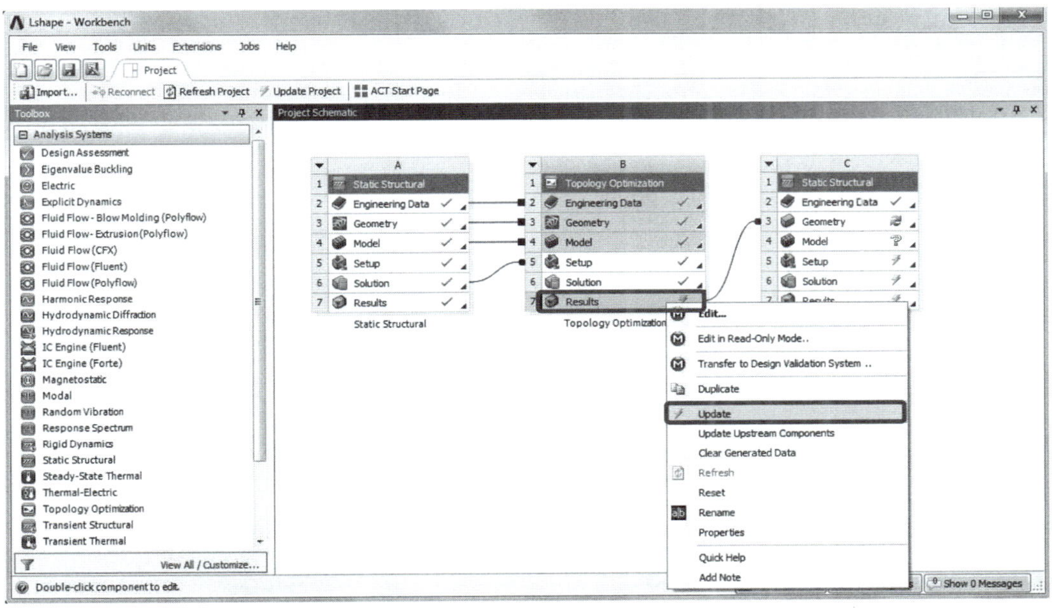

다음으로 ***Static Structural*** 해석의 ***Geometry*** 셀을 마우스 오른쪽 버튼으로 클릭하고 ***Update***를 클릭한다.

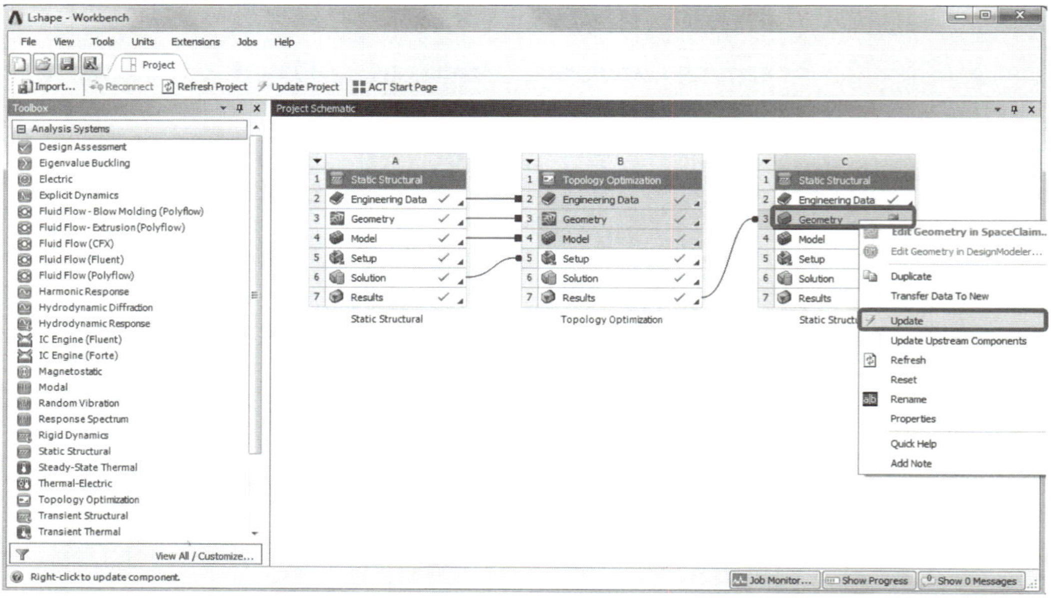

업데이트가 완료되면 ***Static Structural*** 의 ***Geometry*** 셀을 더블클릭하여 ***SpaceClaim***을 실행한다. 기존의 L 형 구조와 최적화된 형상이 ***SpaceClaim***에 모두 나타난다. 아래의 그림과 같이 최적화된 형상의 모서리가 울퉁불퉁한 것을 확인할 수 있다. 이러한 구조는 제작이 어려우므로 수정할 필요가 있다.

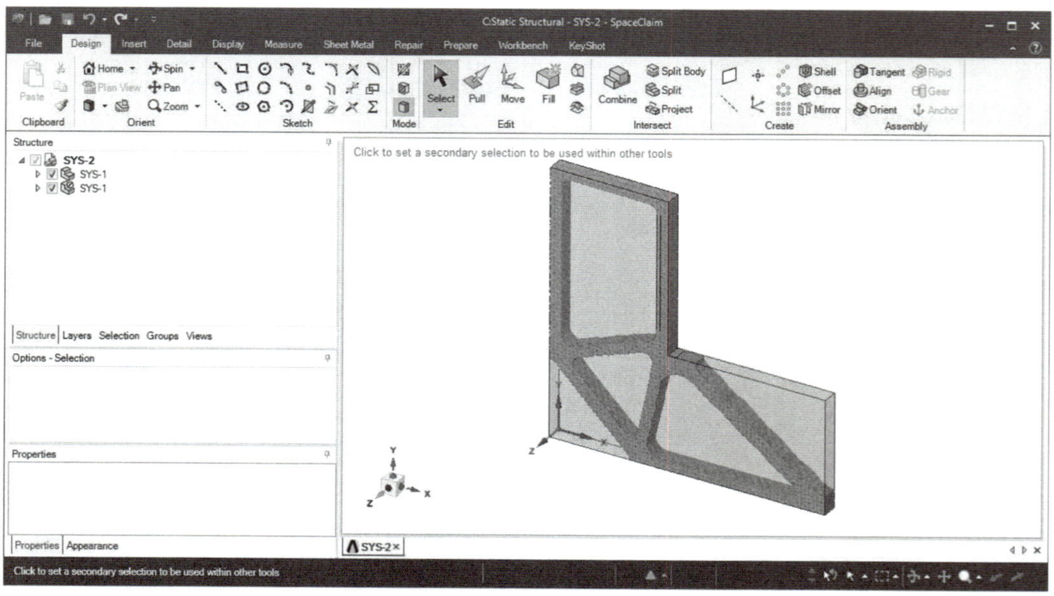

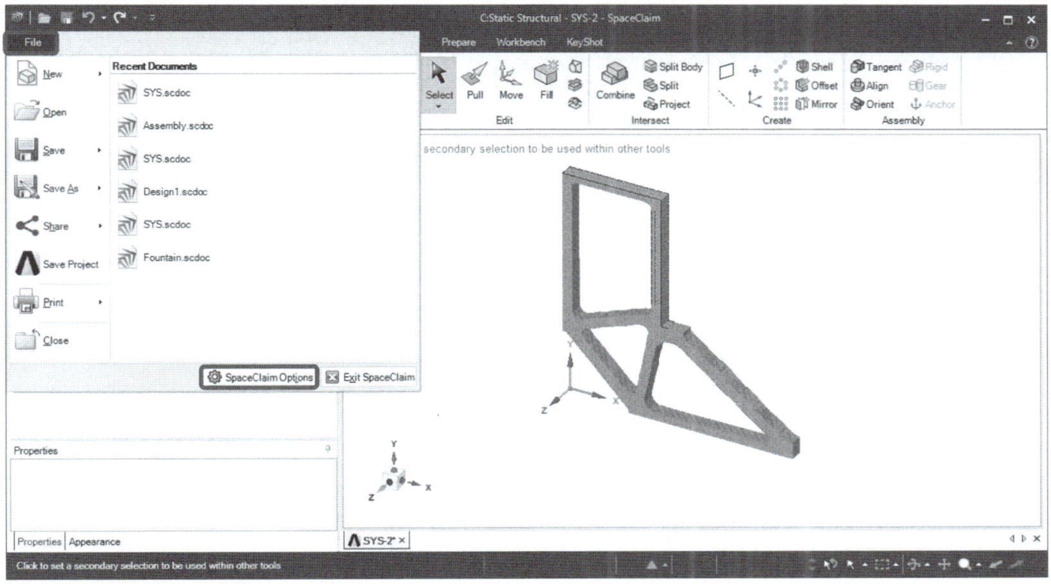

*File*의 드롭 다운 메뉴에서 *SpaceClaim Options*을 클릭하면 다음의 *SpaceClaim Options* 창이 나타난다. 좌측 패널의 ***Units***을 누르고 ***Length*** 목록에서 ***Millimeters*** 를 선택한다. 다음으로 ***Minor Grid Spacing***을 **5 mm**로 변경하고 ***OK***를 눌러 옵션을 저장한 다음 창을 닫는다.

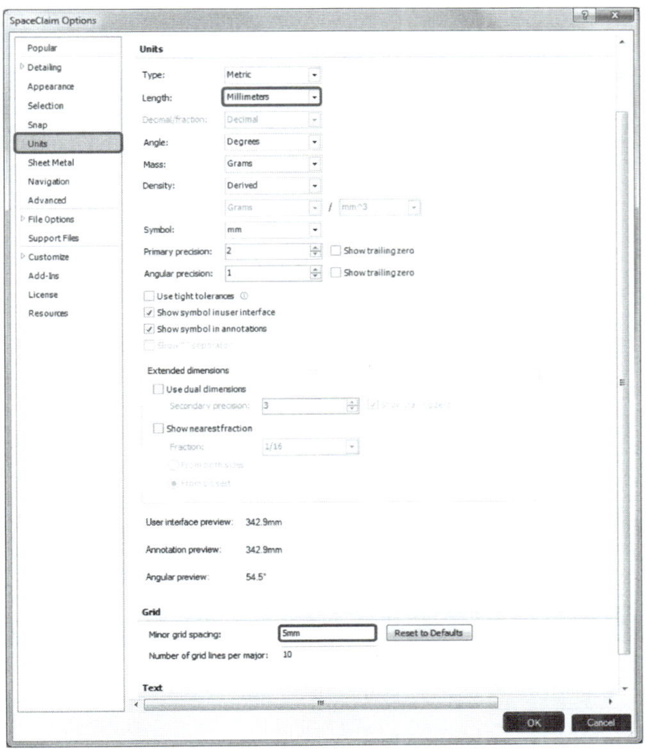

단계 2: 새 스케치 생성하기

Structure Tree에서 첫 번째 ***SYS-1*** 항목을 선택해제(uncheck) 하여 기존 L형 구조를 숨긴다. ***Sketch Mode*** 아이콘을 클릭하고, ***Graphics*** 창에서 최적화 형상의 앞쪽 면을 클릭한다.

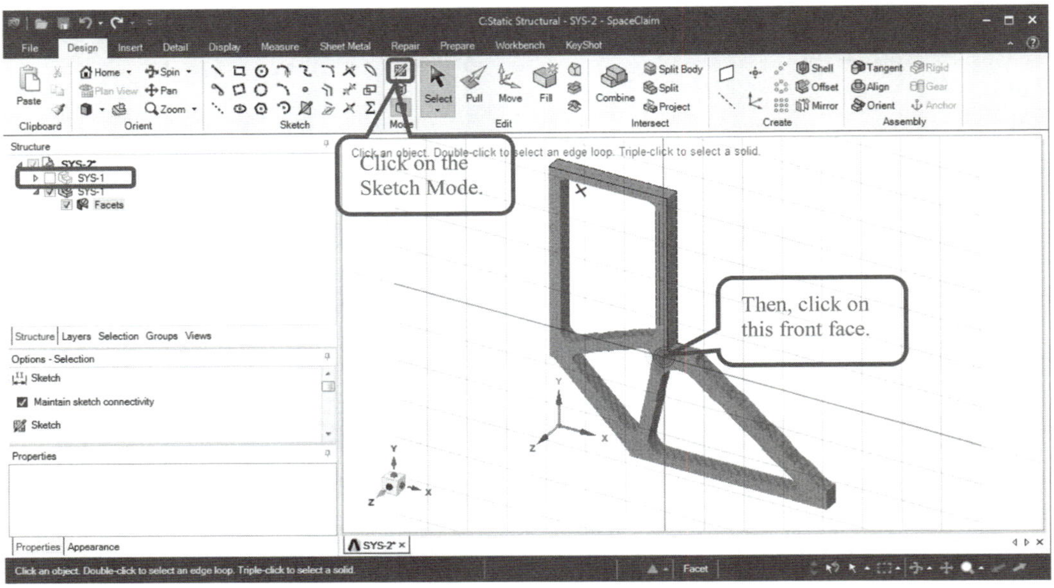

다음과 같은 결과가 나타난다.

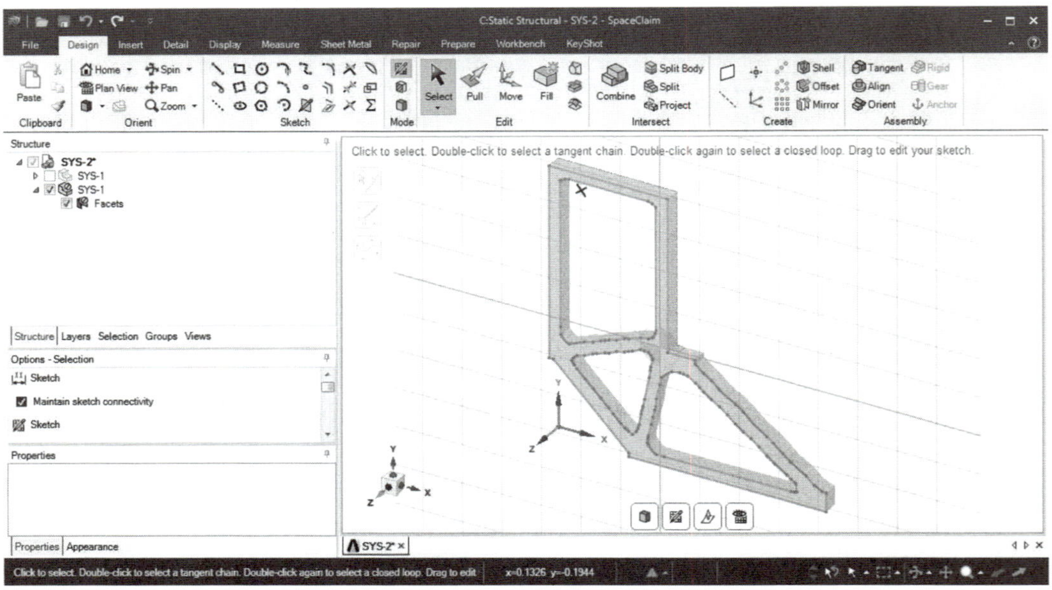

Graphic 창에서 클릭하고 드래그하여 선택 상자(selection box)를 끌어 당긴(pull out)다. 아래 그림과 같이 브래킷 전체를 포함하는 상자를 그려 모든 모서리가 선택되도록 한다. 다음으로, *Copy* 버튼을 눌러 클립보드에 복사한다.

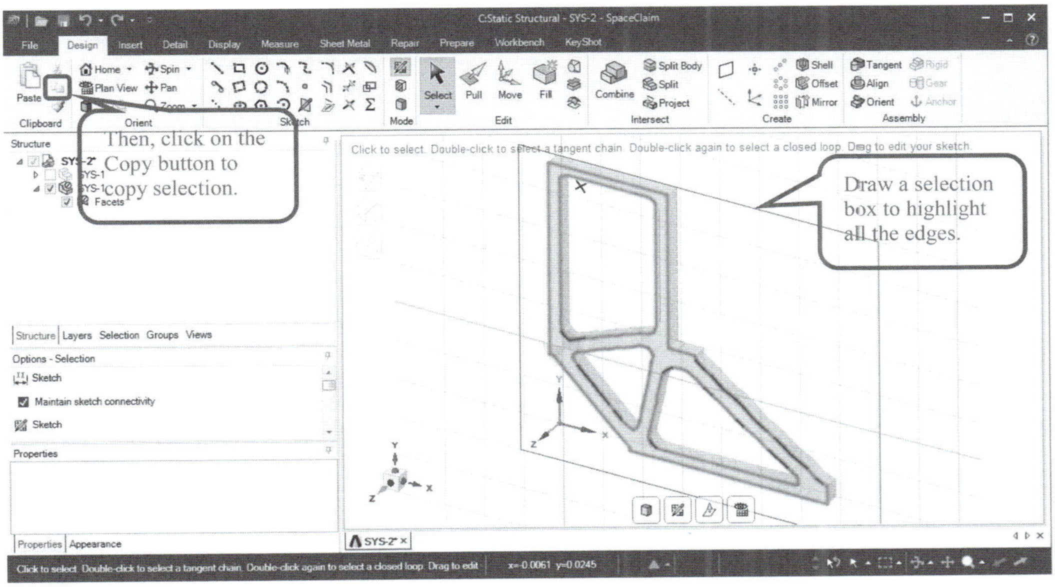

Paste 버튼을 클릭하여 모든 선택된 모서리를 새 스케치 면에 가져온다.

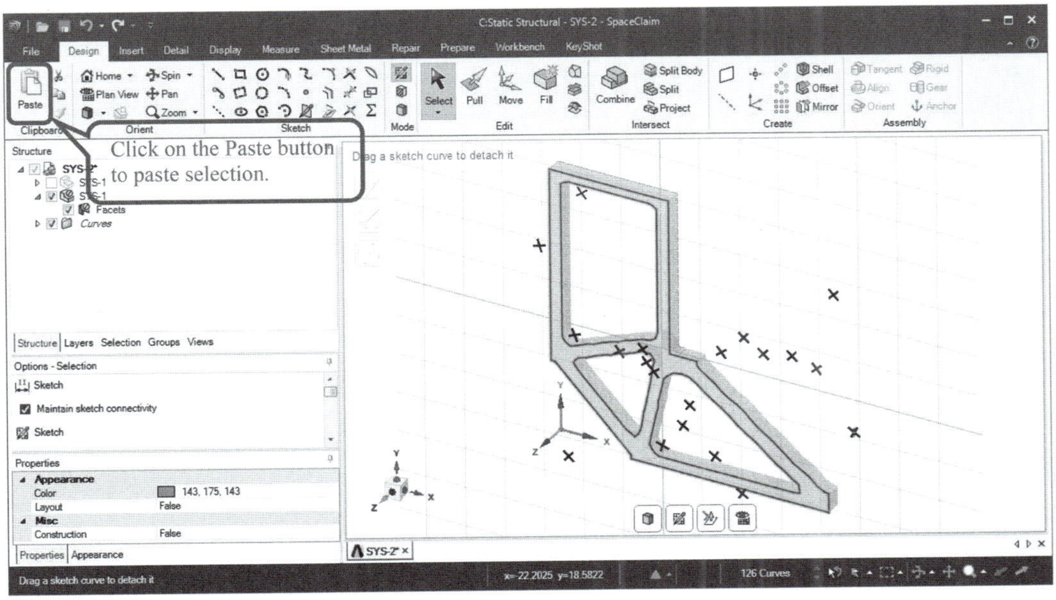

Structure 트리의 두 번째 ***SYS-1*** 항목을 선택해제(uncheck) 하면 모서리 선(edges)만을 볼 수 있다.

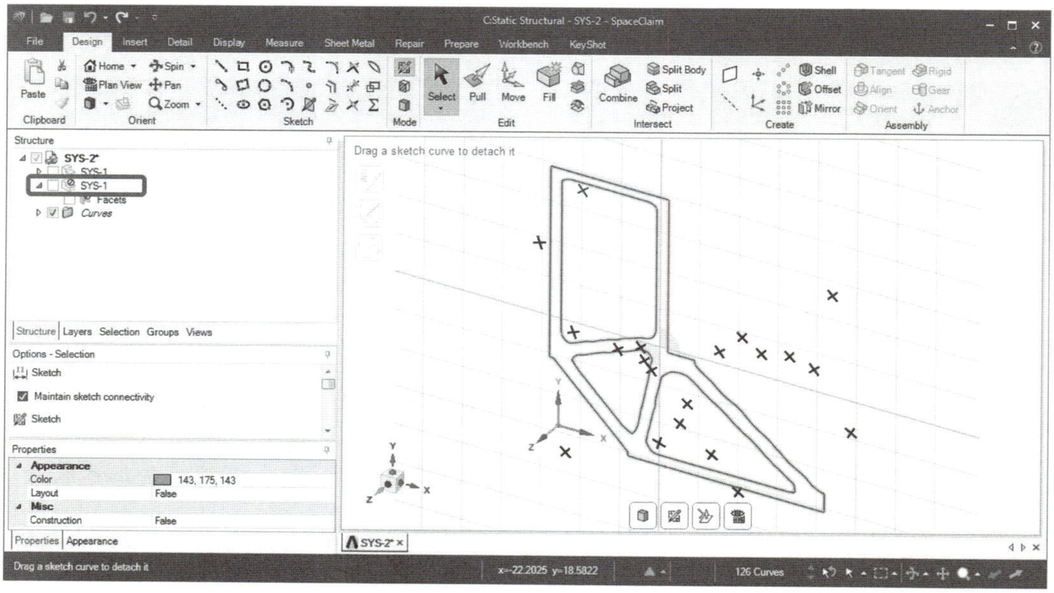

단계 3: 곡선을 단순화하기

곡선을 단순화하기 위해서 ***Repair*** 탭 아래의 ***Fit Curves***를 클릭한다. ***Find Options***에서 ***Maximum distance*** 로 ***0.16 mm***의 기본값을 그대로 두고 ***Fix Options*** 에서 ***Lines*** 와 ***Arcs***를 선택한다. ***Graphics*** 창에서 ***Checkmark***를 클릭하여 모서리를 자동으로 단순한 곡선으로 만든다.

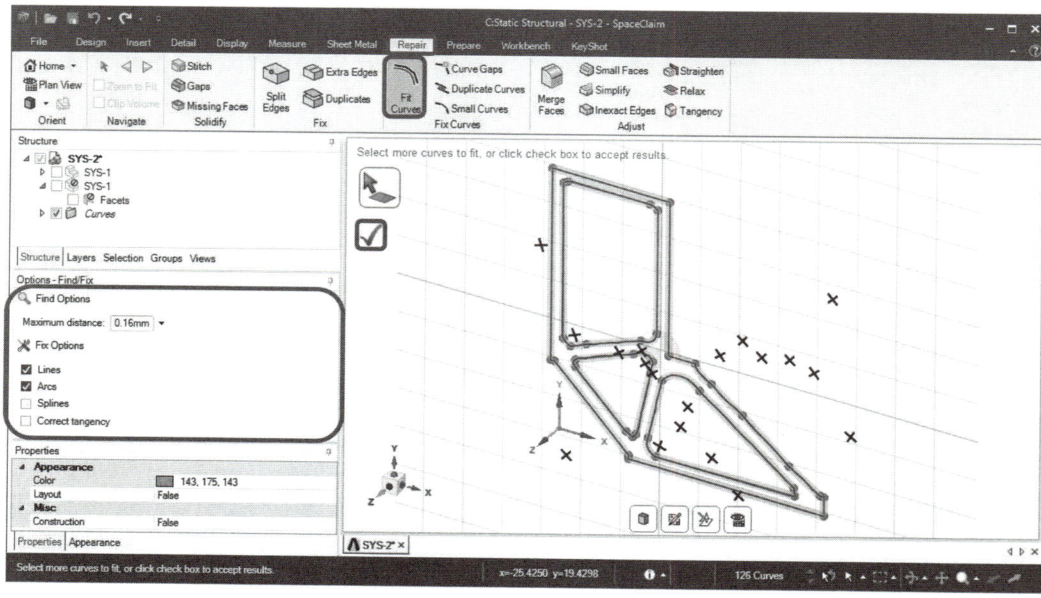

생성된 곡선이 다음의 스케치와 같다. 점 1,2 와 점 3,4 그리고 점 5,6 사이에 아직 짧은 선들이 있으므로, 이 선들을 수정할 필요가 있다.

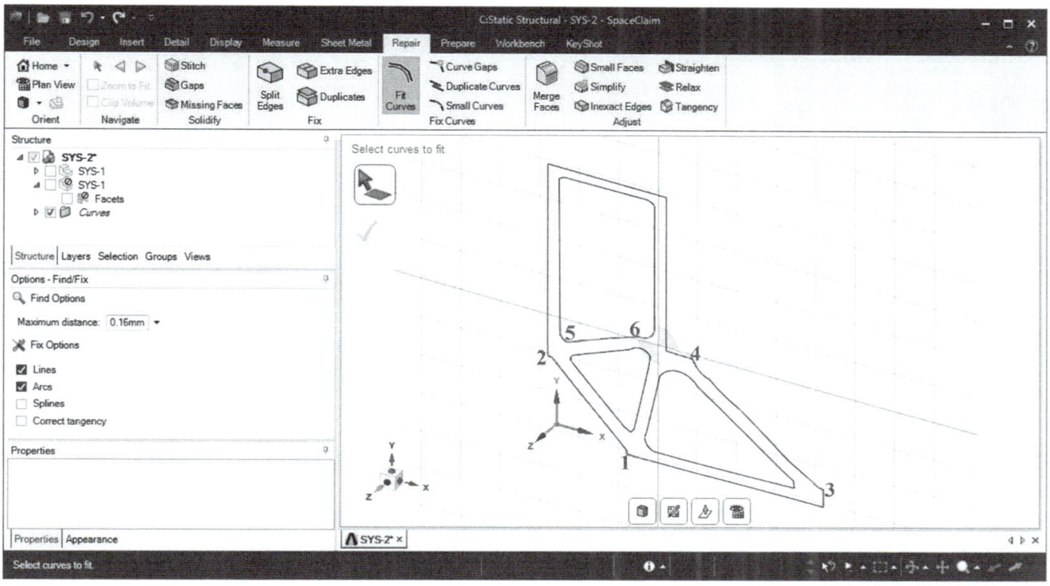

Design 탭에서 *Trim Away* 아이콘을 클릭한다. *Graphics* 창에서, 점 1,2 와 점 3,4 그리고 점 5,6 사이의 선들을 클릭하여 아래 그림과 같이 선들을 제거한다.

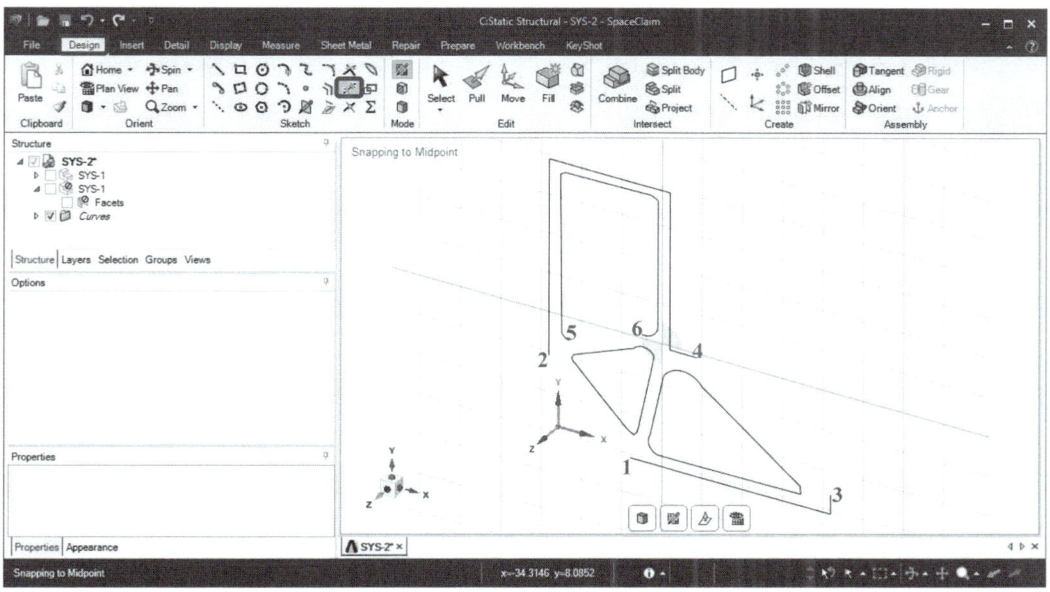

Design 탭에서 *Line* 아이콘을 클릭한다. 점 1,2 와 점 3,4 그리고 점 5,6 사이에 3개의 직선을 생성한다.

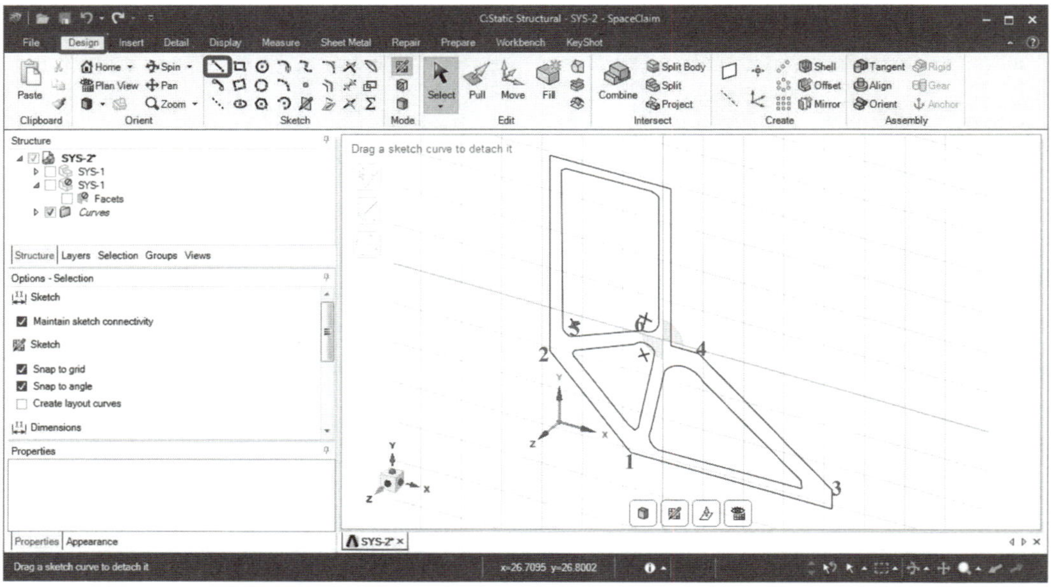

Design 탭에서 *Trim Away* 아이콘을 클릭한다. 아래 그림과 같이 모서리 주위의 짧은 선들을 클릭하여 제거하고 각 모서리가 하나의 선 요소(line segment)만을 가지도록 한다.

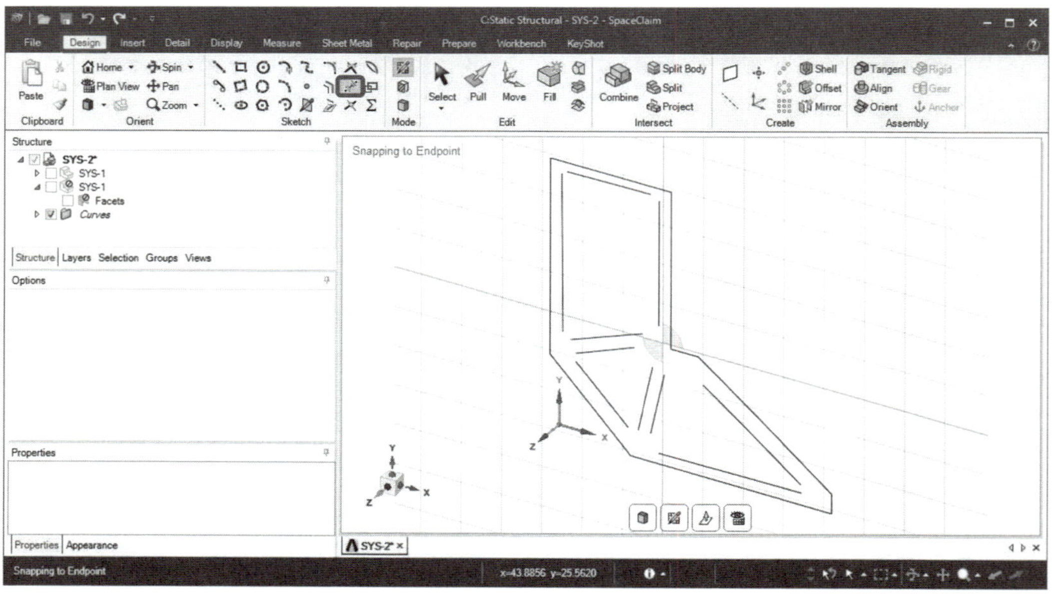

Design 탭에서 *Create Rounded Corner* 아이콘을 클릭한다. 곡선 모서리의 두 개의 인접한 선을 클릭하여 반지름 *2 mm* 인 둥근 모서리(rounded corner)를 생성한다. 선 요소 a, b, c, d 이러한 필렛 반지름을 생성하는데 충분히 길지 않을 수 있다.

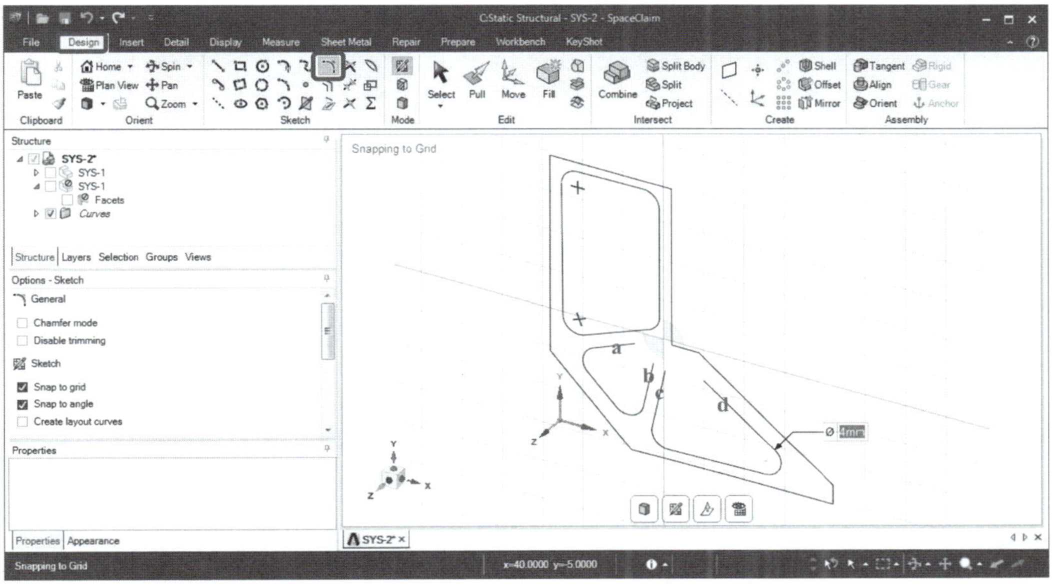

이 것을 수정하기 위해, 4 개 선요소 (a, b, c, d) 는 길이를 늘일 필요가 있다. *Design* 탭에서 *Create Corner* 아이콘을 클릭하여 4개 선 사이에서 두 모서리를 생성한다. 모서리를 생성하기 위해 *Graphics* 창에서 하나의 선을 클릭하고 다시 인접한 다른 선을 클릭한다.

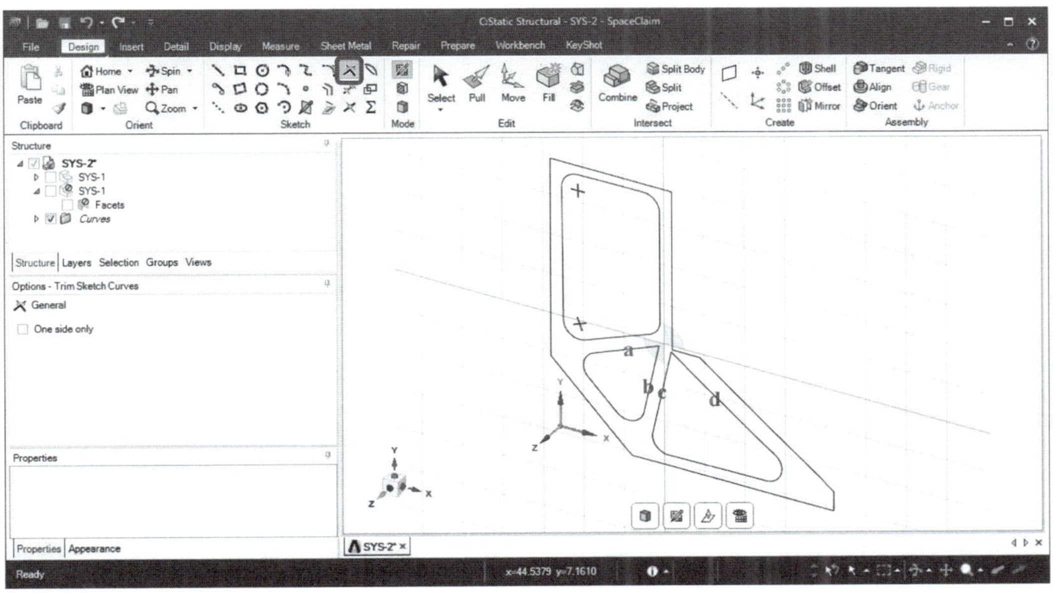

이제 ***Design*** 탭에서 ***Create Rounded Corner*** 아이콘을 클릭하고, 선 요소 a, b, c, d를 클릭하여 **2** ***mm*** 반지름의 둥근 모서리를 생성한다.

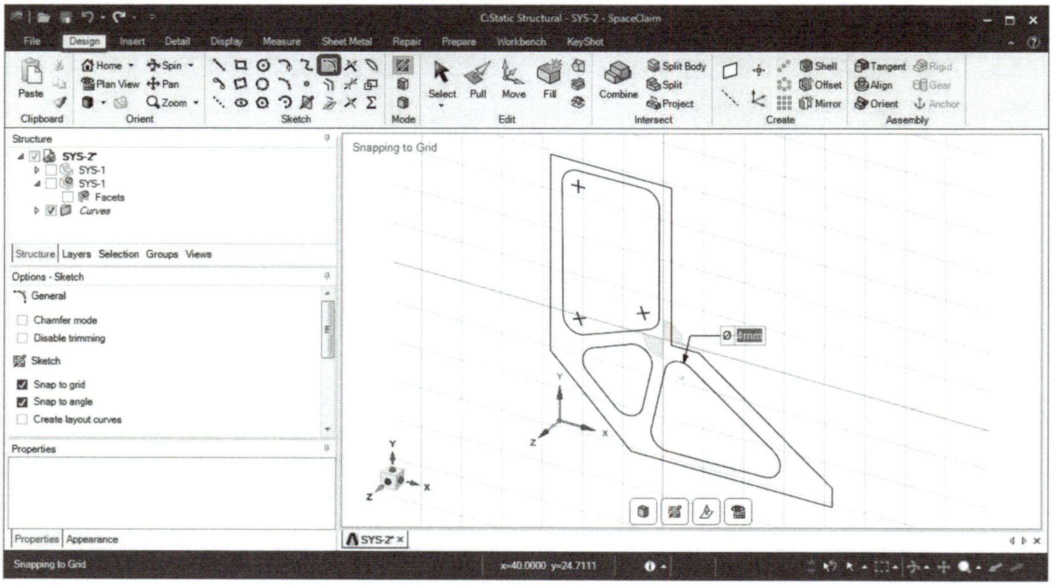

단계 4: 압출 모델(Extruded Part)의 생성

Design 탭에서 ***Pull*** 아이콘을 클릭한다. ***Graphics*** 창에서 앞 면을 클릭하면 면이 주황색으로 강조(highlight)된다. 툴바에서 ***Ruler***를 클릭한다.

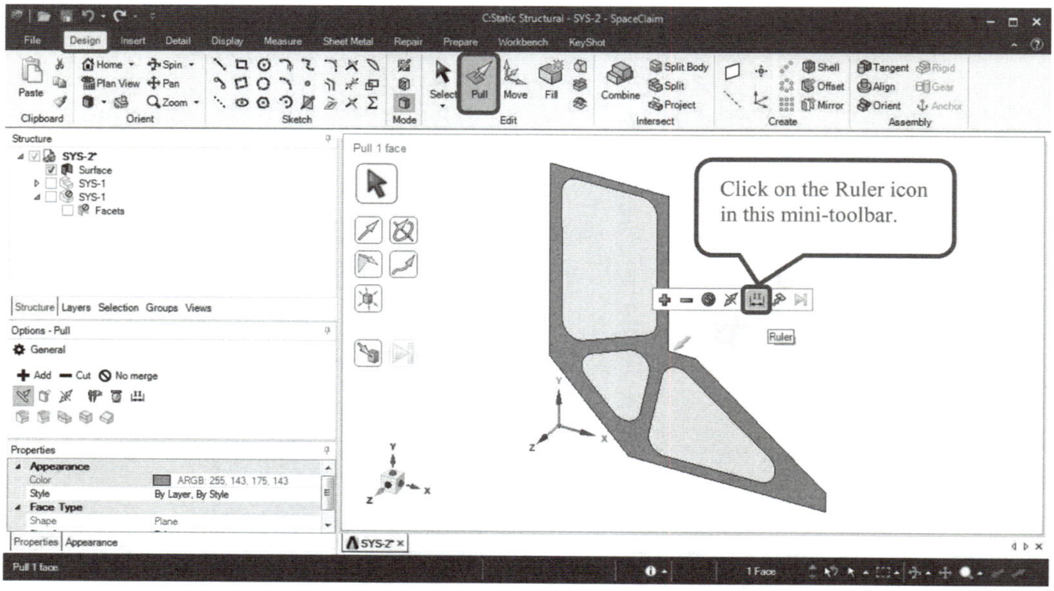

Graphics 창에서 다시 강조된 주황색 면을 클릭하여 강조되도록 한다. 면을 ***z-axis***, 방향으로 당긴 다음 키보드 ***spacebar***를 누르고 ***2 mm***를 입력한다.

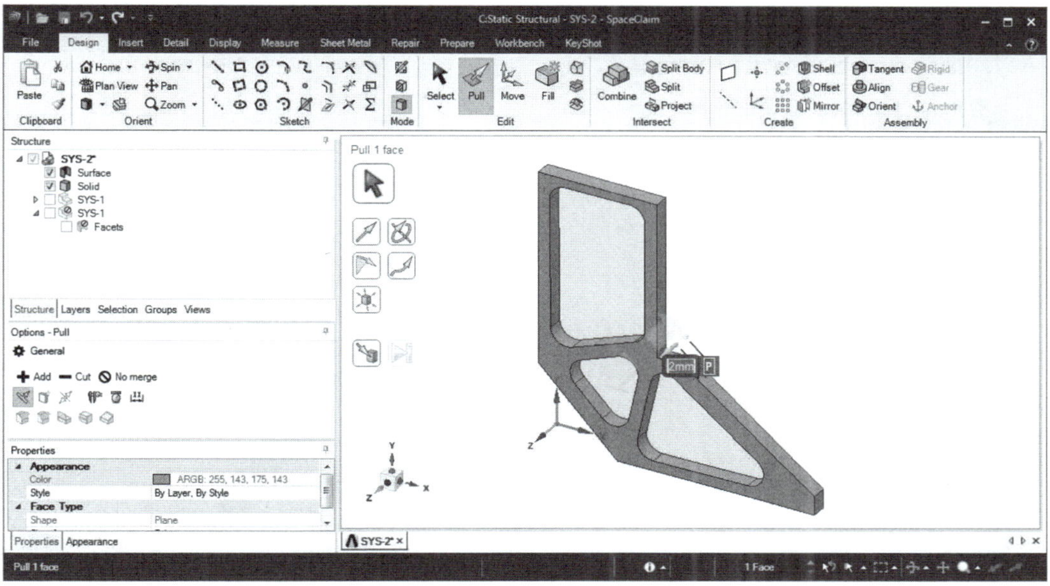

Graphics 창에서 ***2 mm*** 바로 옆의 글자 ***P***를 클릭한다. 아래와 같이 ***Information*** 메시지 박스와 함께 "***Group1***" 그룹이 생성된다.

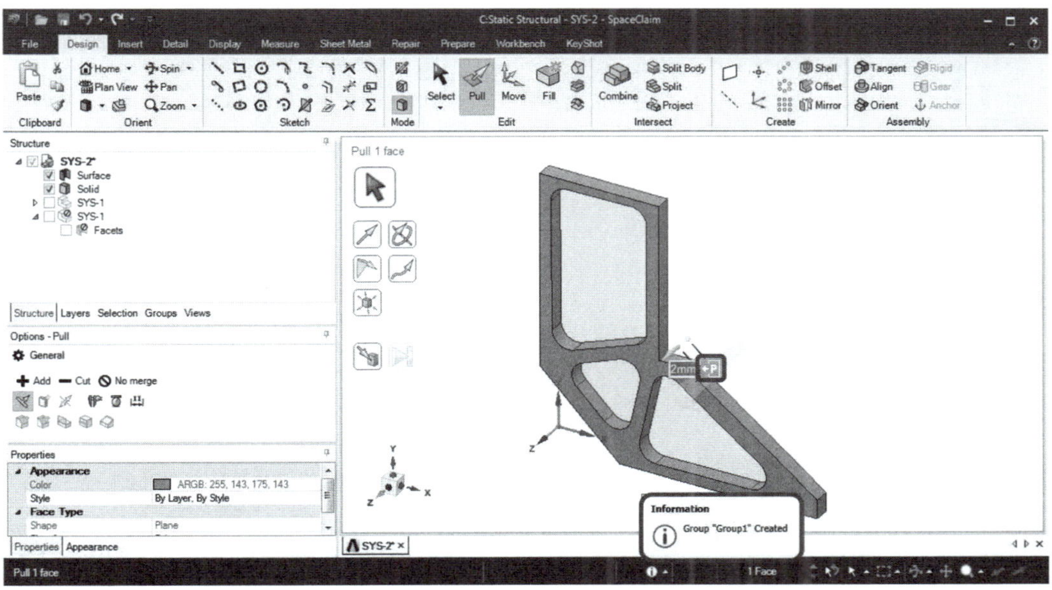

그룹을 보기 위해 좌측 패널의 ***Groups***를 클릭한다. ***Driving Dimensions*** 아래의 ***Ruler dimension***을 클릭하여 ***2 mm*** 값을 확인한다.

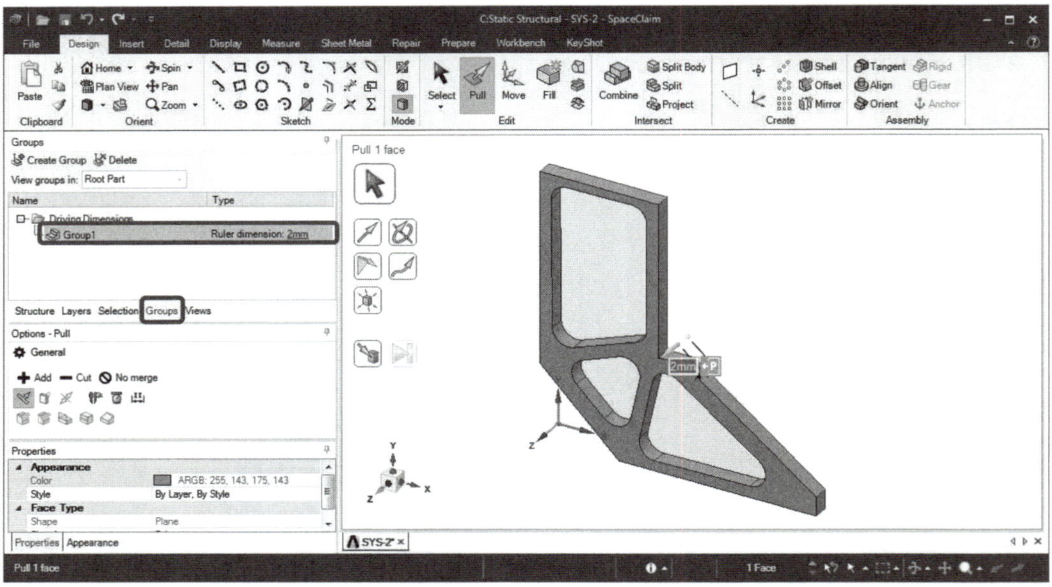

Driving Dimensions 아래의 ***Group1*** 을 마우스 오른쪽 버튼으로 클릭하고 드롭다운 메뉴에서 ***Rename***을 선택한다. ***Group1*** 이름을 ***Thickness***로 변경한다.

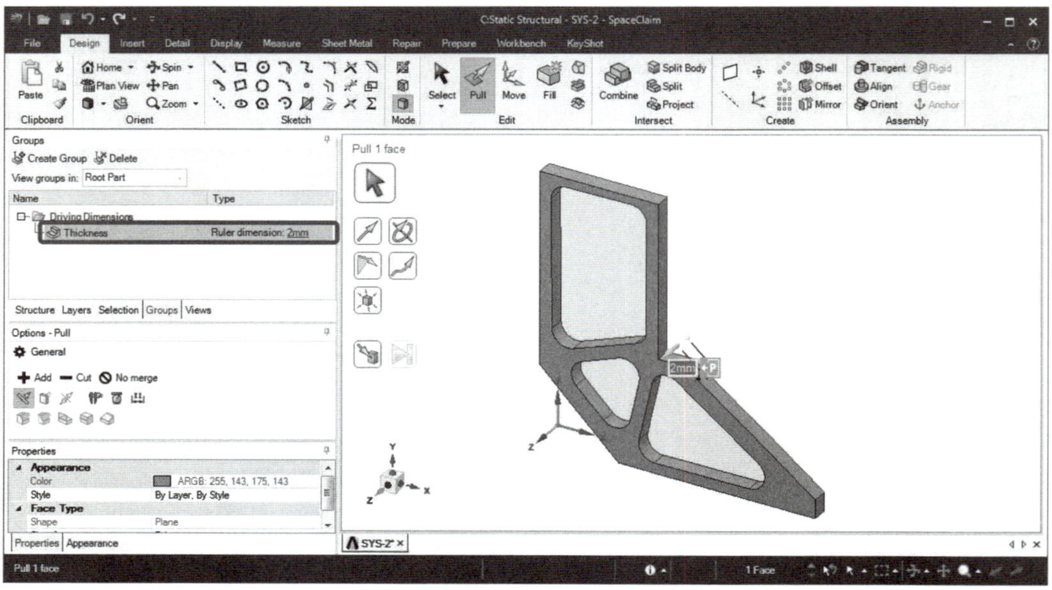

Structure 트리에서 ***Surface***를 선택 해제(uncheck)하여 ***Solid*** 부품만 나타나게 한다. ***Structure Tree***에서 ***Surface*** 항목과 첫 번째 ***SYS-1***를 마우스 오른쪽 버튼으로 클릭하고 드롭다운 메뉴에서 ***Suppress for Physics***를 선택한다. 이 항목들은 앞으로의 실제 해석에 사용되지 않는다. ***Structure*** 트리에서 ***Solid*** 를 제외한 다른 부품들이 ***Suppress for Physics***되어 있는지 확인한다. ***SpaceClaim***을 종료한다.

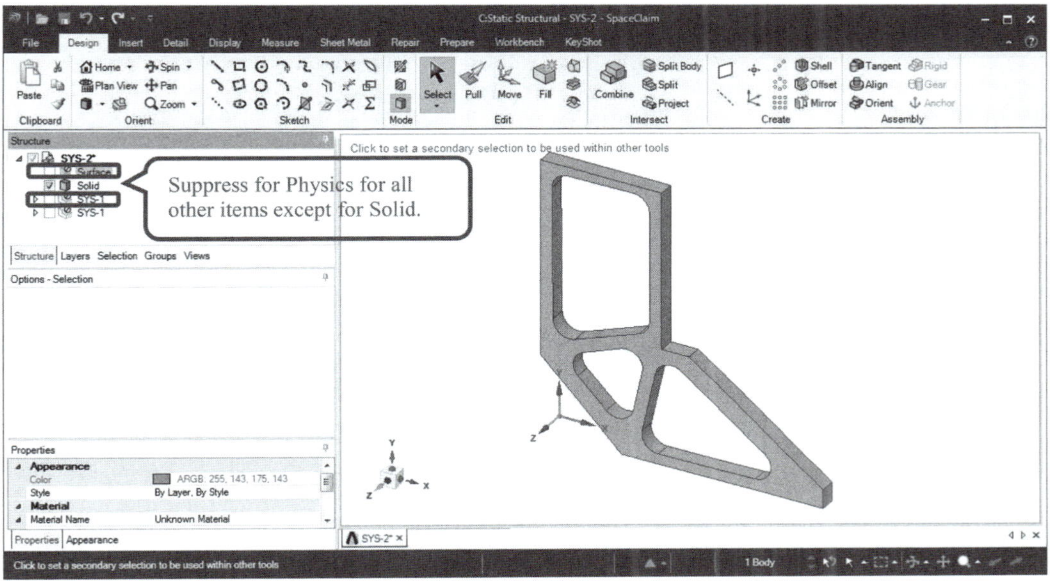

단계 5: 해석을 통해 해를 얻기

Project Schematic에서 ***Static Structural***의 ***Model*** 셀을 더블클릭한다. 팝업메뉴에서 ***Yes***를 클릭하여 모델데이터를 가져오는 것을 확인한다. 이제 ***Static Structural*** 프로그램이 실행된다.

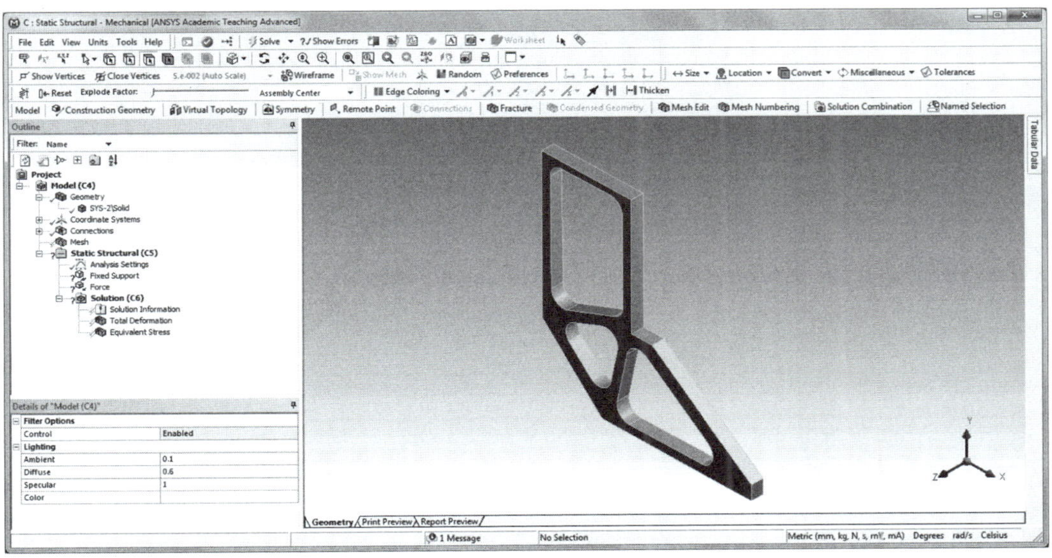

*Details of "Mesh"*에서 *Sizing* 항목의 *Size Function*을 *Proximity and Curvature*로 변경한다. *Project Outline*의 *Mesh*를 마우스 오른쪽 버튼으로 클릭하고 *Generate Mesh*를 선택한다. 다음과 같은 격자가 나타난다.

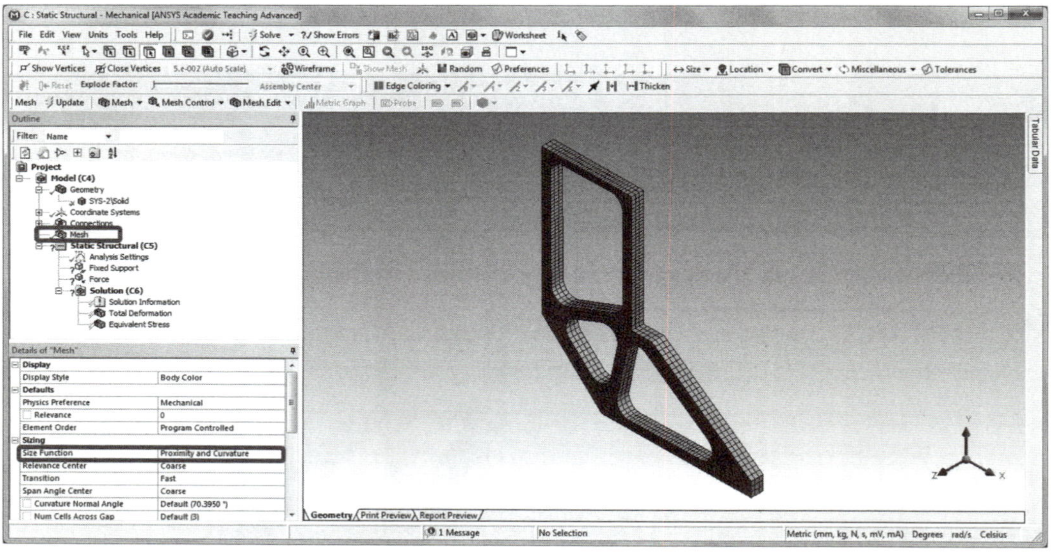

*Graphics*창에서 모델의 윗면을 클릭하고, *Details of "Fixed Support"* 항목의 *Geometry*에 적용시킨다. 이제 아래와 같이 L 형 구조의 윗면이 고정되었다.

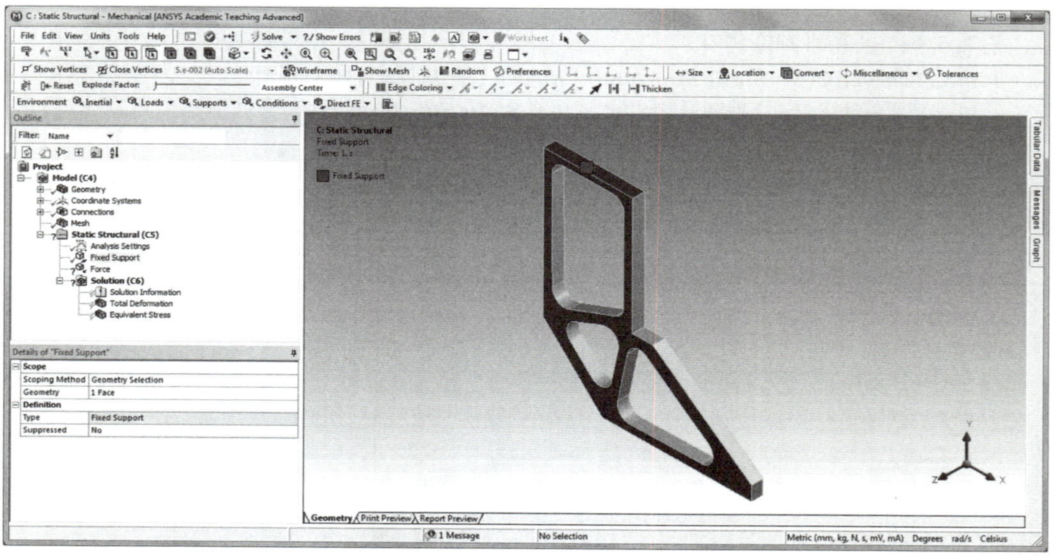

Edge 필터를 클릭한다. 다음 ***Graphics*** 창에서 모델의 아래 모서리 선을 클릭하고 ***Details of "Force"***의 ***Geometry***에 적용시킨다. 아래 그림과 같이 -Y 방향으로 모서리에 **300 N** 힘이 부가된다.

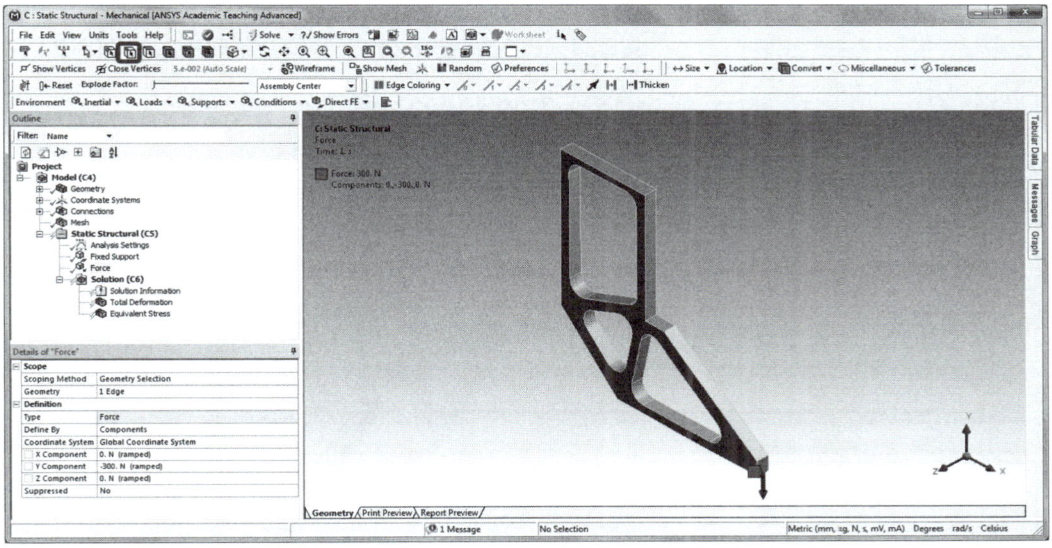

Outline 트리에서 ***Solution (C6)***을 마우스 오른쪽 버튼으로 클릭하고 ***Solve***를 선택하여 모델의 해석을 시작한다. 해석이 완료되면 ***Outline*** 트리에서 ***Total Deformation***를 클릭하여 전체 변위 결과를 확인한다. ***Details of "Total Deformation"***의 ***Results*** 항목에서 ***Maximum*** 왼쪽의 빈 상자를 클릭하면 파라메터를 나타내는 글자 ***P*** 가 나타난다.

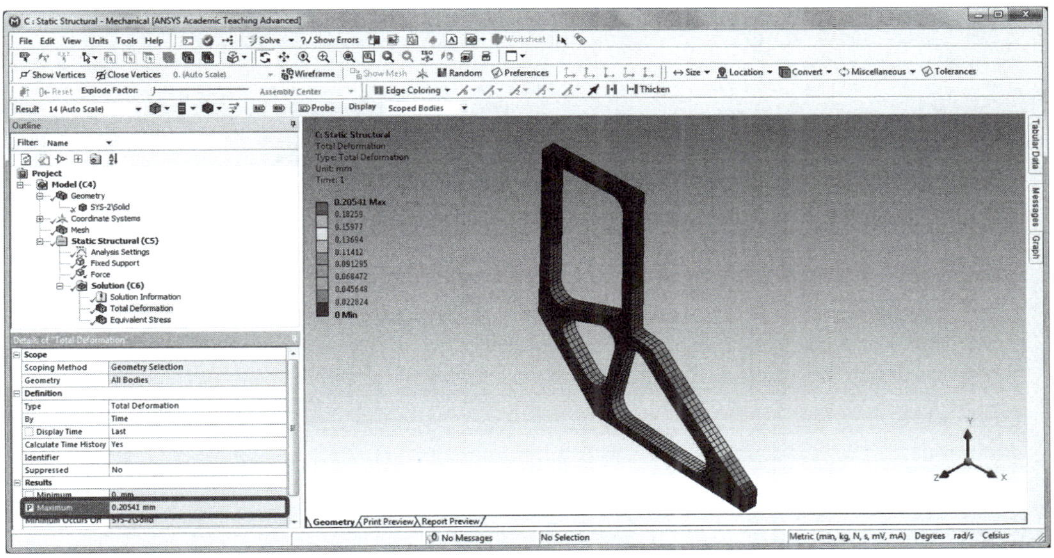

다음 *Outline* 트리에서 *SYS-2\Solid* 를 클릭한다. *Details of "SYS-2\Solid"*의 *Propertiesc*항목에서 *Mass* 왼쪽의 빈 상자를 클릭하면 파라메터를 나타내는 글자 *P* 가 나타난다. *Static Structural* 프로그램을 종료한다.

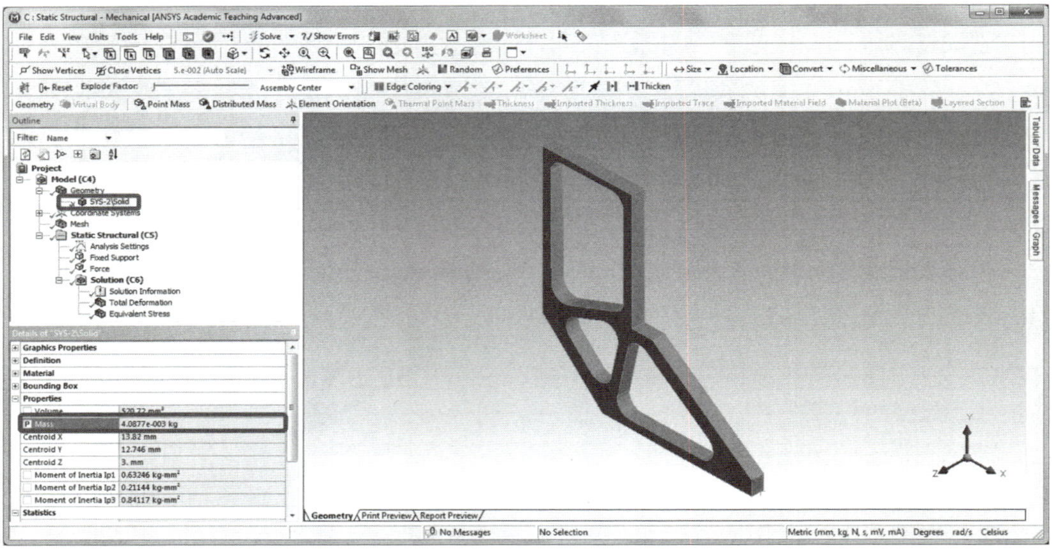

단계 6: 파라메터 정의하기

아래 그림과 같이 *Project Schematic*에 *Parameter Set* 메뉴가 추가된 것을 확인하자.

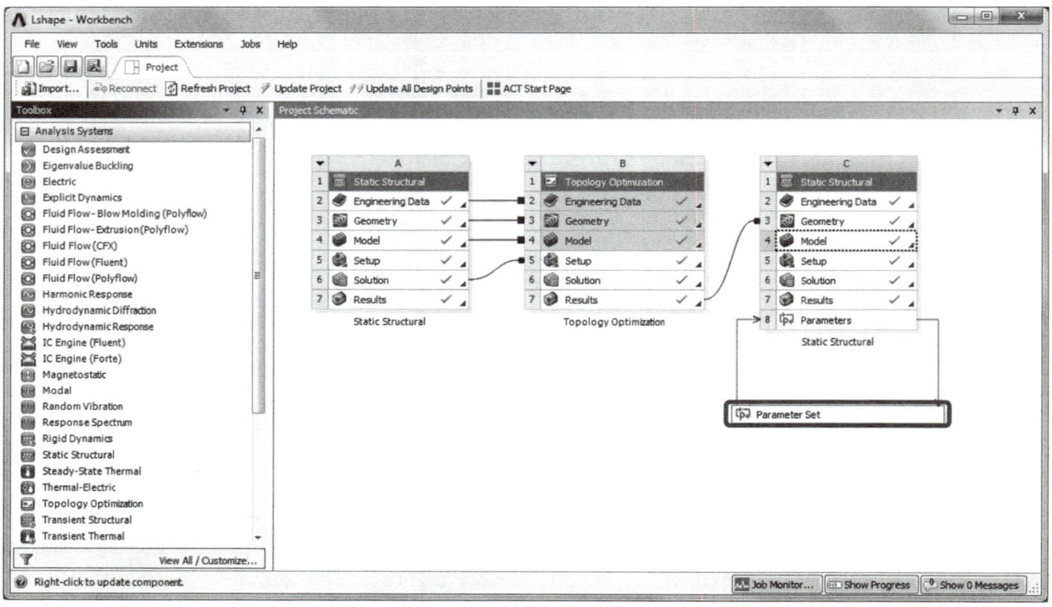

Project Schematic에서 ***Parameter Set***을 더블클릭한다. 설계 변수인 입력 파라메터와 응답인 출력 파라메터가 ***Outline of All Parameters***에 설정된 값과 함께 나타난다. ***Table of Design Points***에서 기존의 설계가 하나의 디자인 포인트(design point)로 나타나 있다. ***Parameter Set*** 탭을 닫고 ***Project Schematic***으로 돌아간다.

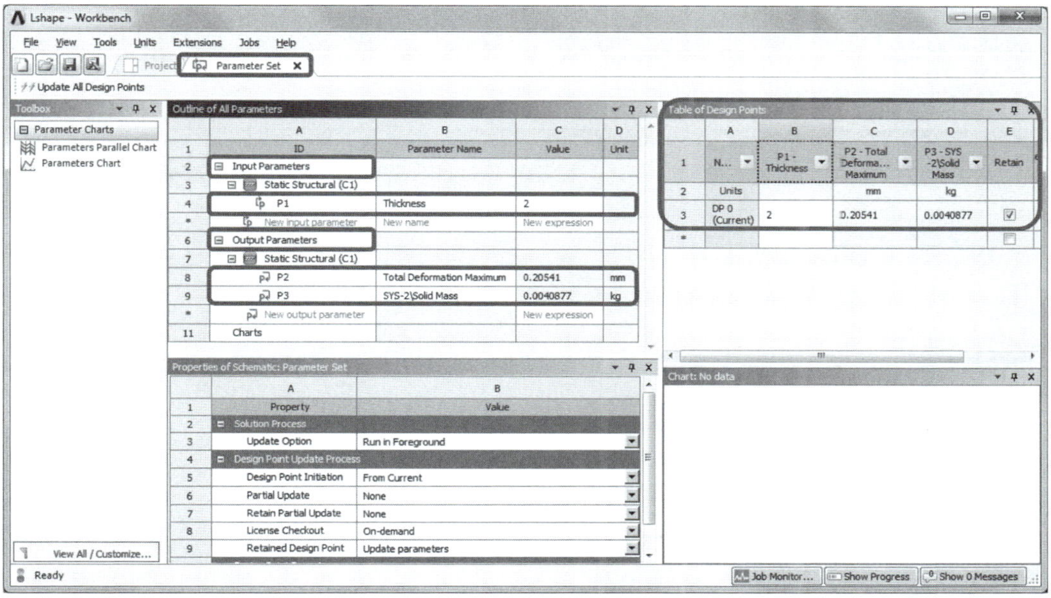

단계 7: 응답 표면 최적화 생성하기

Toolbox의 ***Design Exploration***아래에 있는 ***Response Surface Optimization***을 더블클릭하면 ***Project Schematic***에 ***Response Surface Optimization*** 이 추가된다. 설계 및 응답 파라메터에 대한 ***Parameter Set***와 관련된 최적화 문제가 정의된다. ***Project Schematic***의 ***Design of Experiments*** 탭을 더블클릭한다.

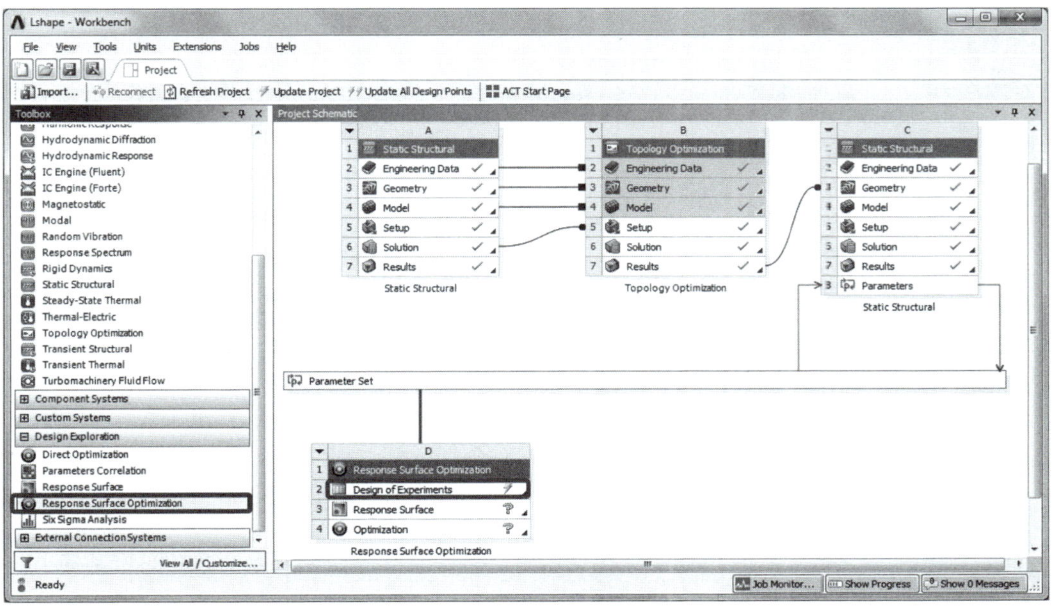

단계 8: 실험계획법(DOE) 목록 생성하기

*Outline of Schematic*에서 *P1-Thickness*를 클릭한다. *P1-Thickness*에 대한 하한값(*Lower Bound*)와 상한값(*Upper Bound*)이 아래와 같이 설정되어 있다. 이러한 초기값을 설계 변수에 대한 실험계획법에 사용한다.

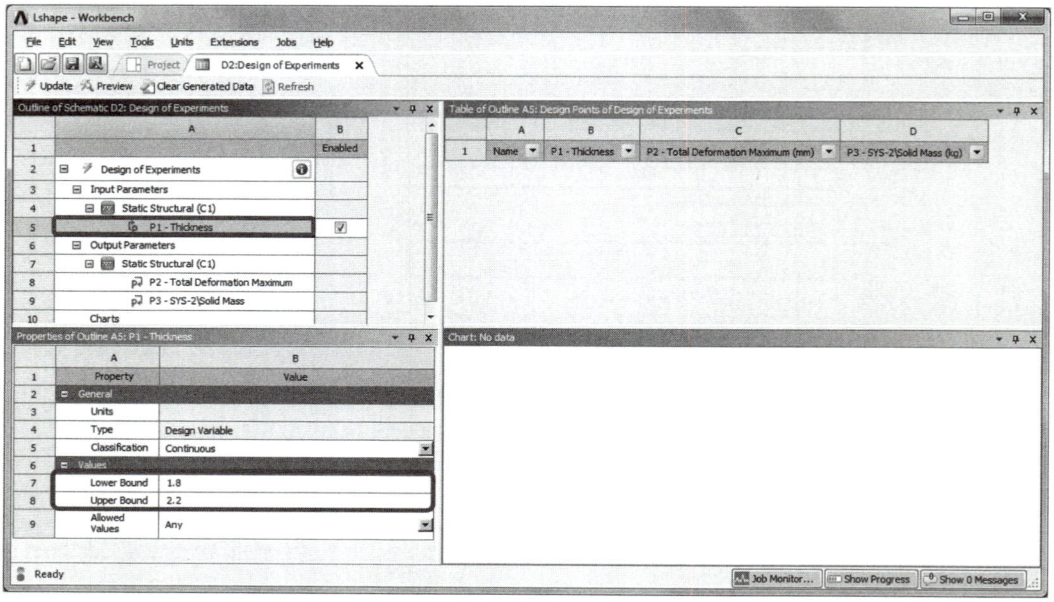

다음 *Outline* of *Schematic*의 *Design of Experiments*를 클릭한다. *Properties of Outline*에서 *Preserve Design Points After DX Run*를 활성화한다. *Design Type* 를 *Face-Centered*로 변경한다.

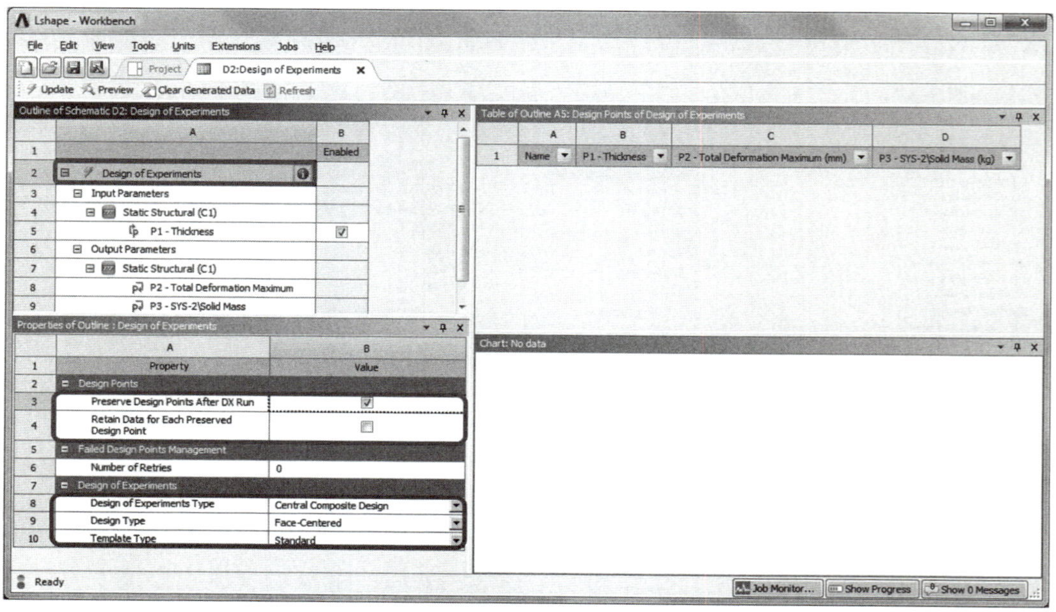

툴바에서 ***Preview***를 클릭한다. 5개의 디자인 포인트(***Design Point***)에 대한 DOE 목록이 생성되었다. 툴바에서 ***Update***를 클릭하고 5개의 설계 시나리오에 대한 유한요소해석을 수행한다. 약간의 시간이 걸린 후 해석이 종료되면 ***Table of Outline***에 나타난 디자인 포인트들에 대한 해석결과를 확인한다. ***Design of Experiments*** 탭을 닫고 ***Project Schematic***으로 돌아간다.

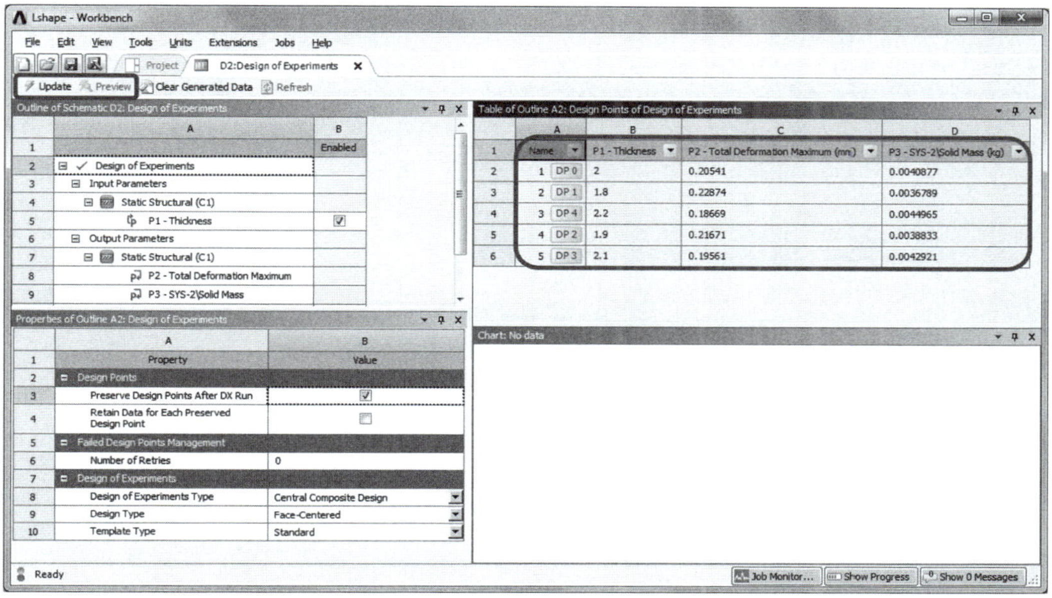

단계 9: 응답 표면 만들기

다음의 ***Project Schematic***에서 ***Response Surface*** 탭을 더블클릭한다.

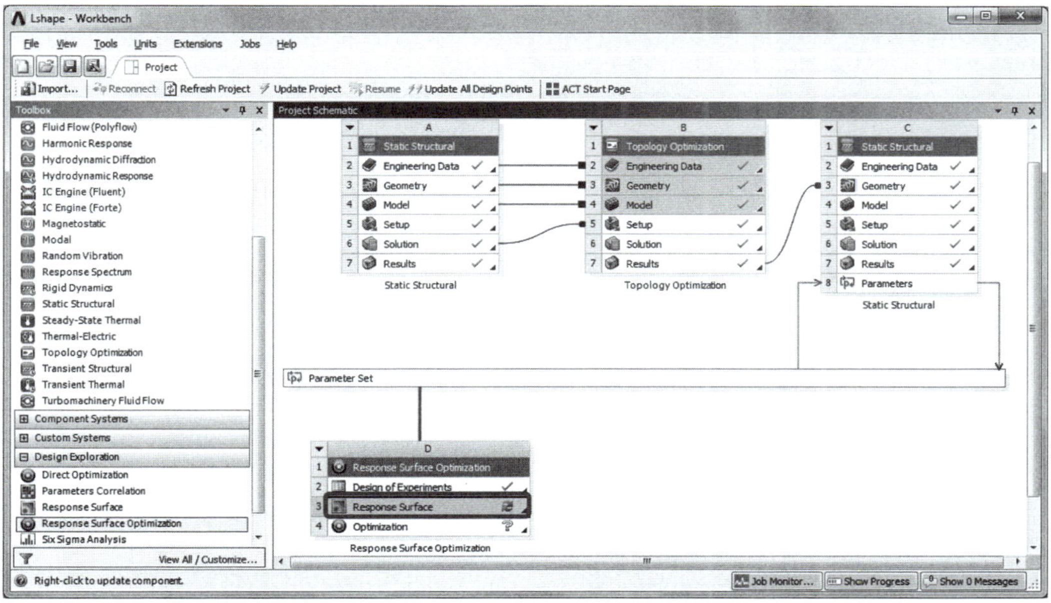

*Outline of Schematic*의 좌측 위쪽에 있는 *Response Surface*를 클릭한다. *Properties of Outline*의 좌측 아래쪽에서 *Design Points* 항목의 두 옵션을 선택한다. 다음으로 응답 표면을 만들기 위해 *Update*를 클릭한다.

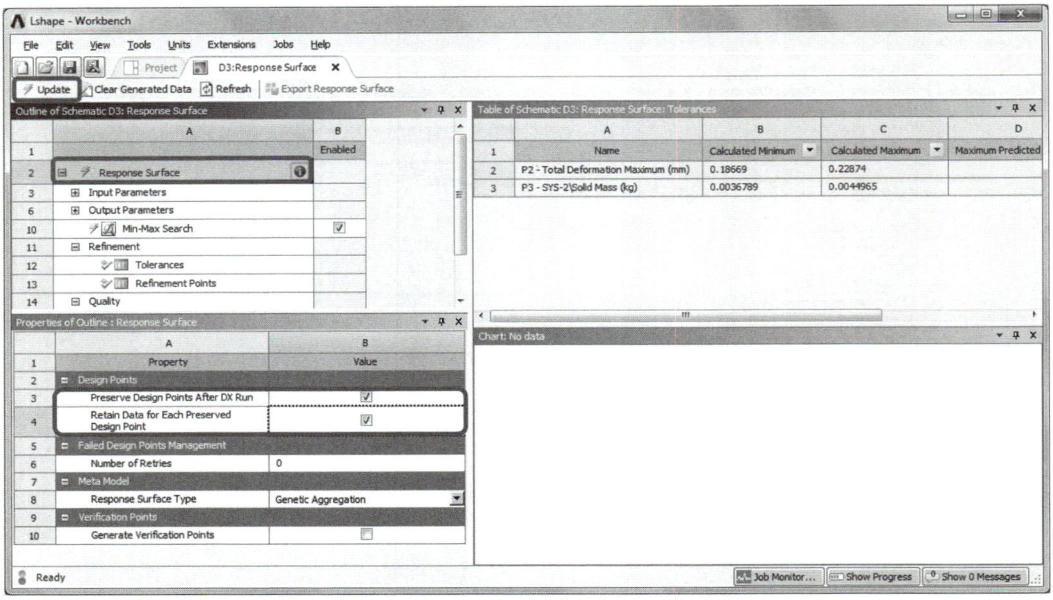

응답을 보기 위해서 *Outline of Schematic*에서 *Response*를 클릭한다. 아래와 같이 두께에 대한 전체 변위의 응답 선도가 나타나며 그 결과를 검토한다. *Response Surface*을 닫고 *Project Schematic*로 돌아간다.

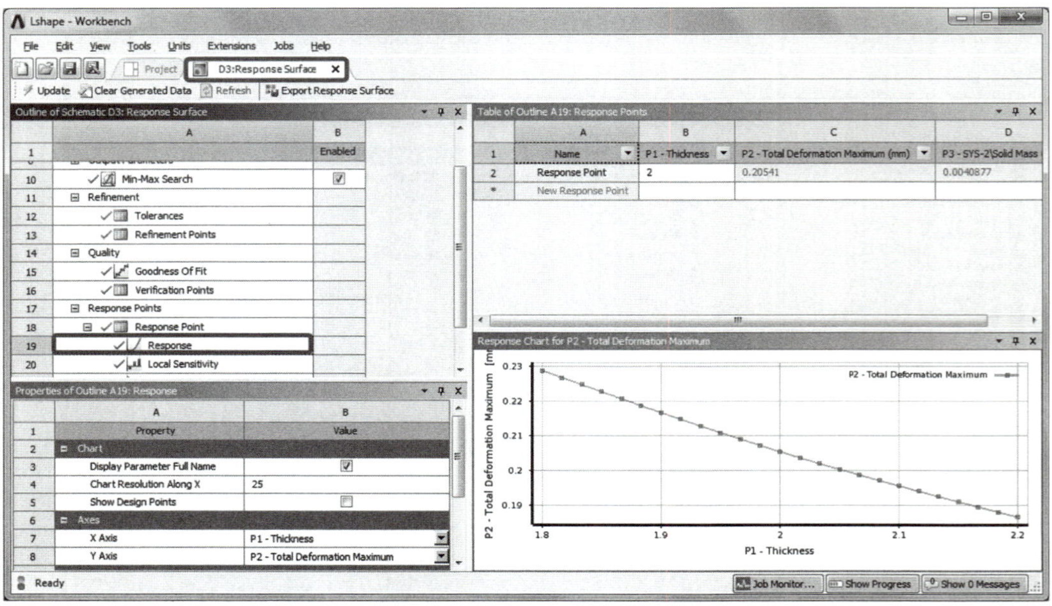

단계 10: 목적값와 제약조건 설정하기

다음의 *Project Schematic* 에서 *Optimization* 탭을 더블클릭한다.

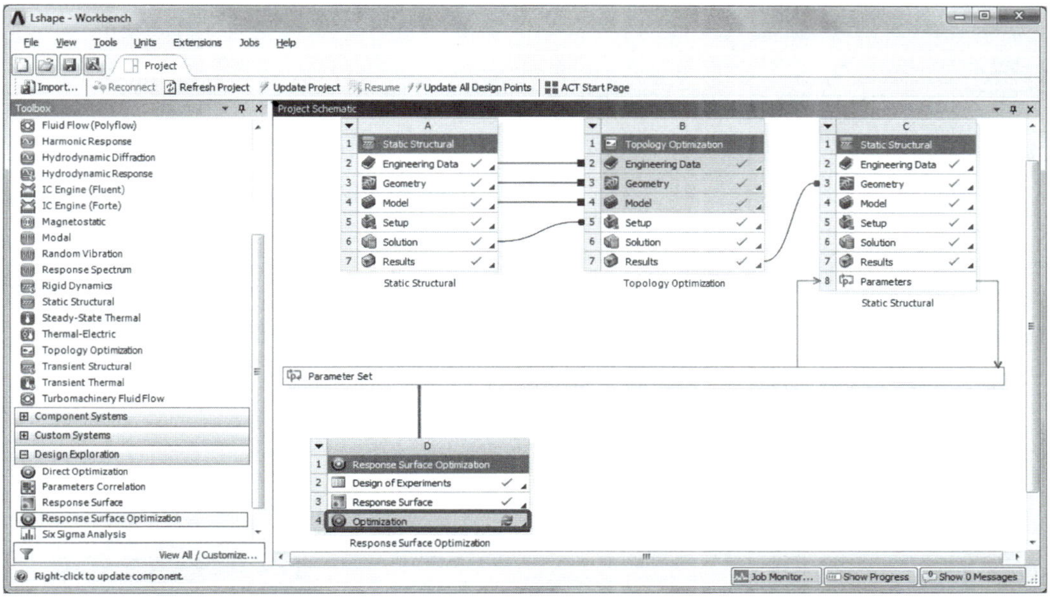

*Outline of Schemati*에서 *Objectives and Constraints* 탭을 클릭하고, *Table of Schematic*의 우측 패널에 목적값과 제약조건을 설정한다.

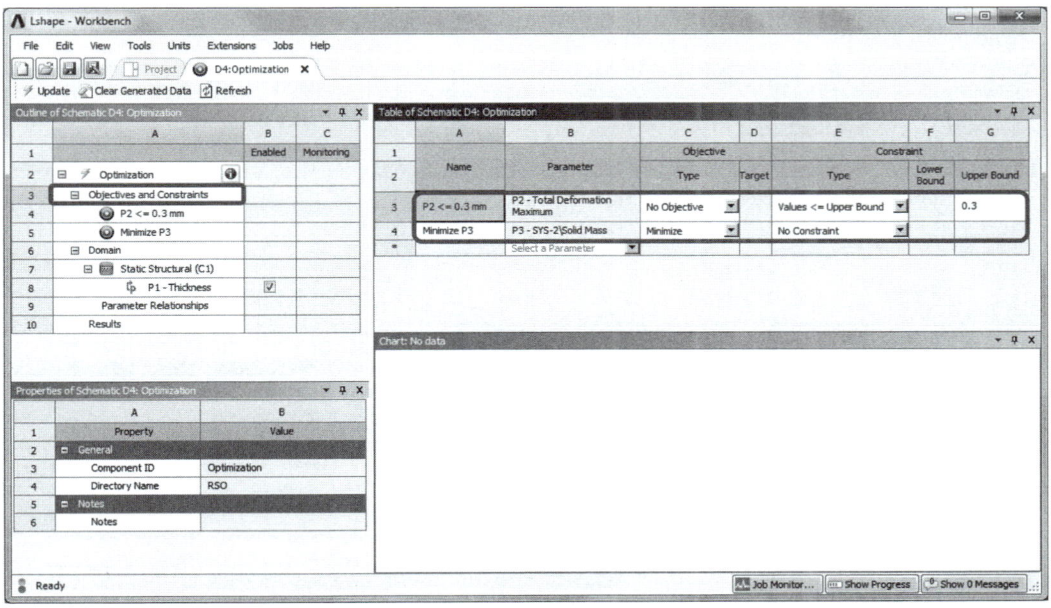

*Outline of Schematic*의 *Optimization*을 클릭한다. *Properties of Outline* 아래의 *Method Name*에 *Screening*을 선택한다. 툴바에서 *Update*를 클릭한다.

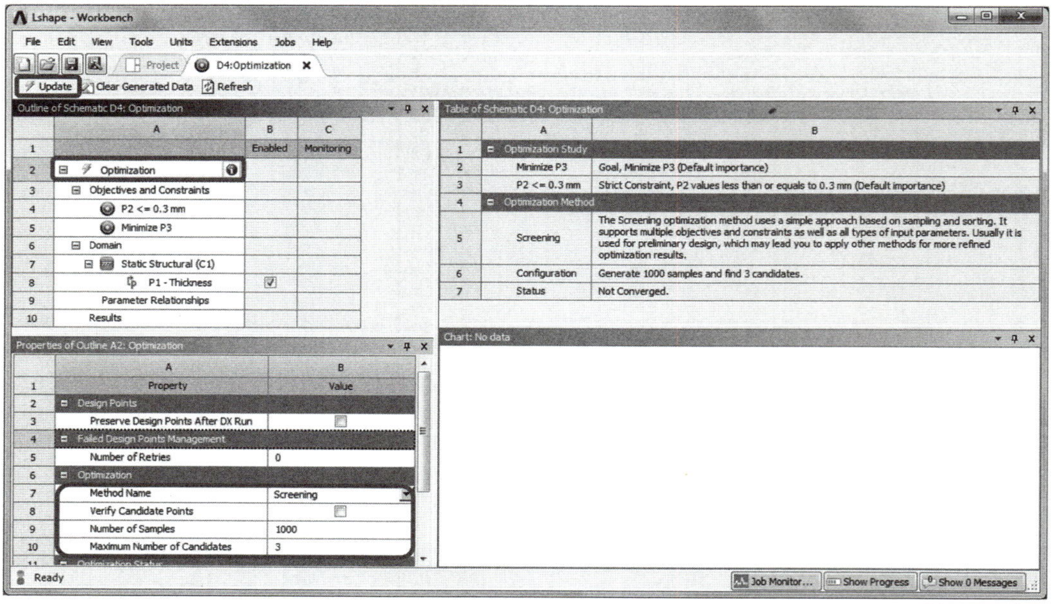

3개의 최적 설계 후보가 *Table of Schematic*에 나타난다. *Candidate Points* 목록에서 최적의 설계점(Candidate Point 1)을 검토하자. *Properties of Outline* 테이블에서 *Maximum Number of Candidates* 가 3개로 설정되어 있어서 3개의 설계 후보가 열거된 것을 알 수 있다. *Optimization* 탭을 닫고 *Project Schematic*으로 돌아간다.

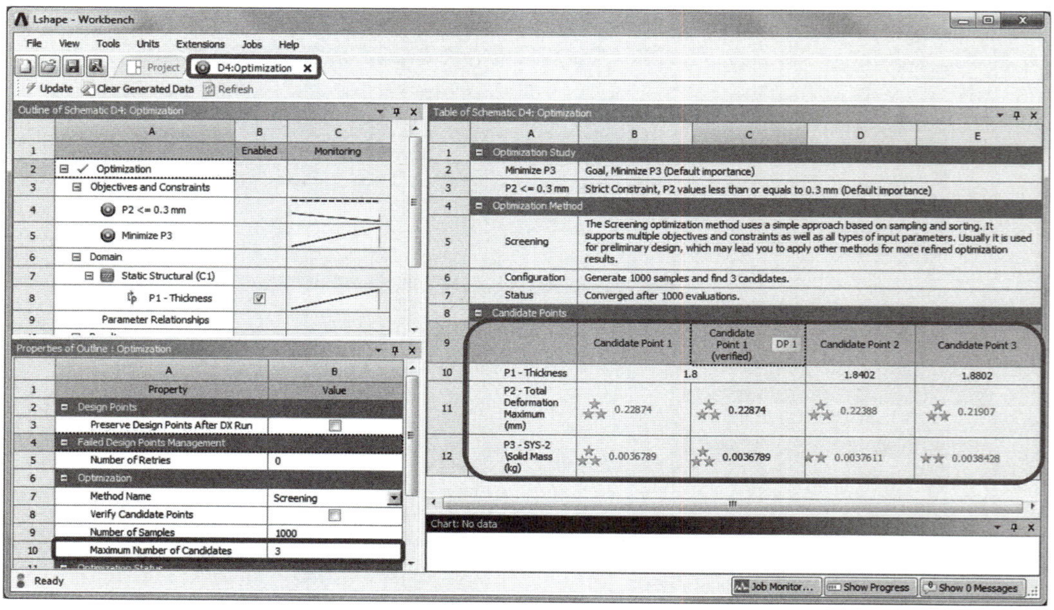

단계 11: 현재 설계 업데이트

*Project Schematics*에서 *Parameter Set*을 더블클릭한다.

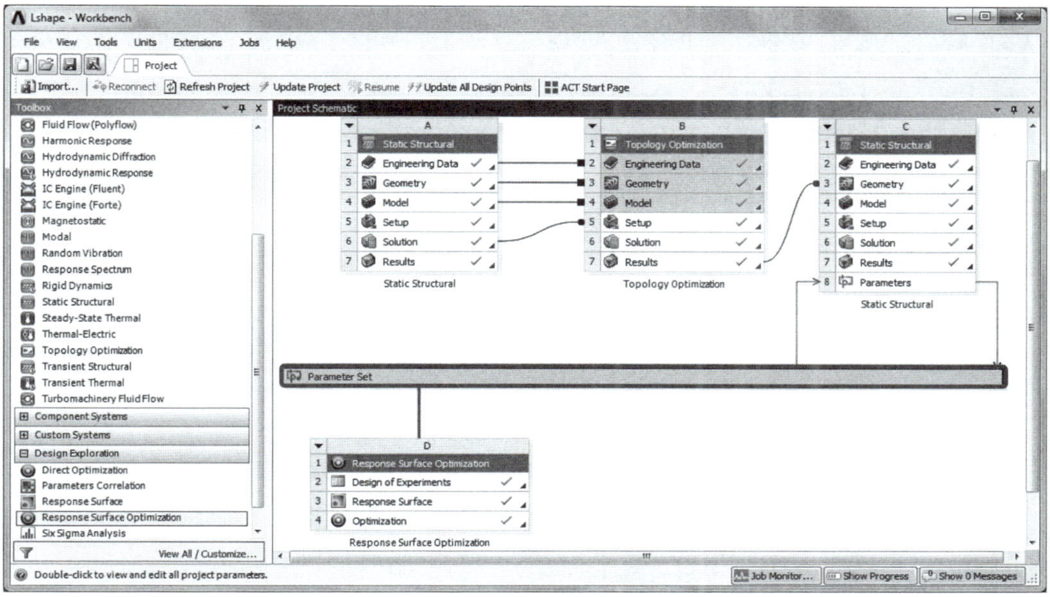

우측 *Table of Design Points*에서, *DP1* 이 변위 제약조건을 만족시키면서 중량을 최소화시키는 최상의 결과를 보여준다. 이 때 두께(*Thickness*)는 *1.8 mm* 이다. 이제 기존의 설계를 이 설계점(*DP1*)으로 갱신하려고 하며, 필요한 경우 향후의 또 다른 최적화에 기초 설계점으로 사용할 수 있다. *Table of Design Points*의 *DP1*을 마우스 오른쪽 버튼으로 클릭하고 드롭다운 메뉴에서 *Copy Input to Current*를 선택하여 *Current* 설계점을 *DP1*으로 변경한다.

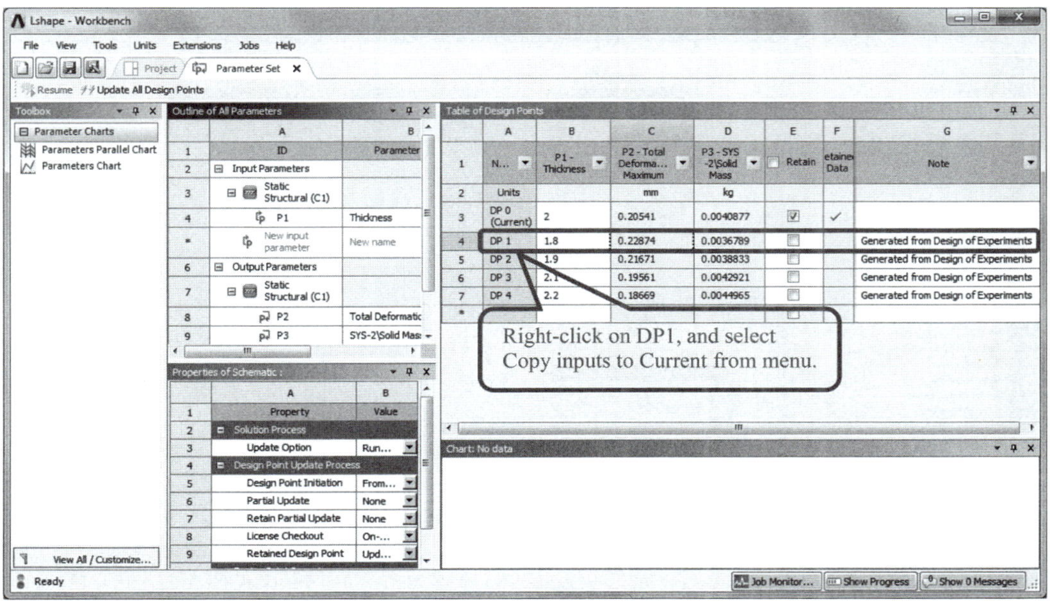

다음 *Table of Design Points*에서 *Current* 탭을 마우스 오른쪽 버튼으로 클릭한 다음 드롭다운 메뉴에서 *Update Selected Design Points*를 선택한다. 이와 같이 *Current* 설계점의 설계 변수를 업데이트한다. 작업을 완료한 다음 *Parameter Set* 탭을 닫고 *Project Schematic*으로 돌아간다.

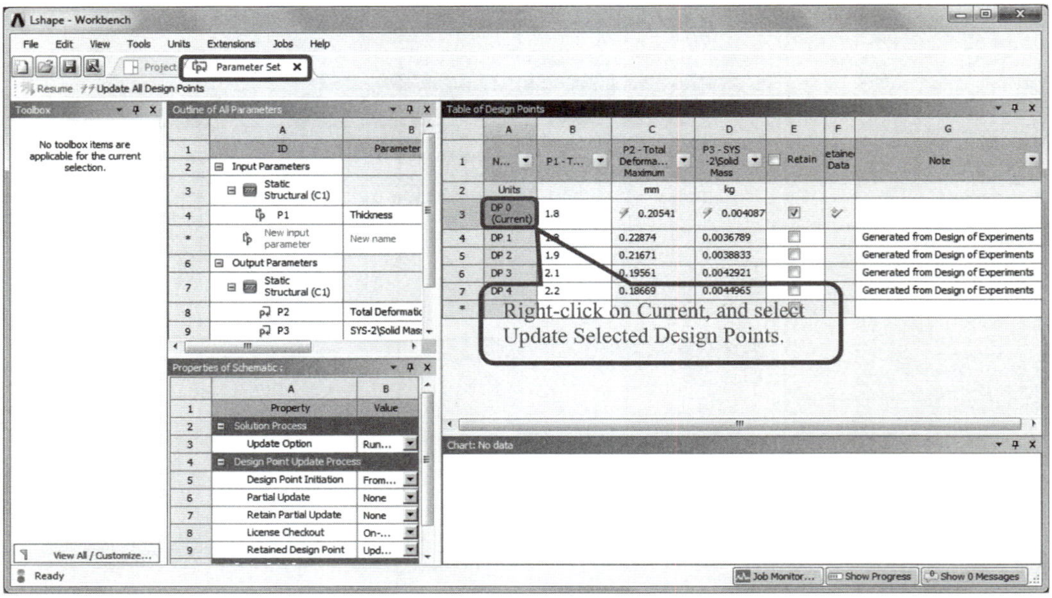

*Project Schematic*에서 두 번째 *Static Structural*의 *Geometry* 탭을 더블클릭하여 *SpaceClaim* 프로그램을 연다.

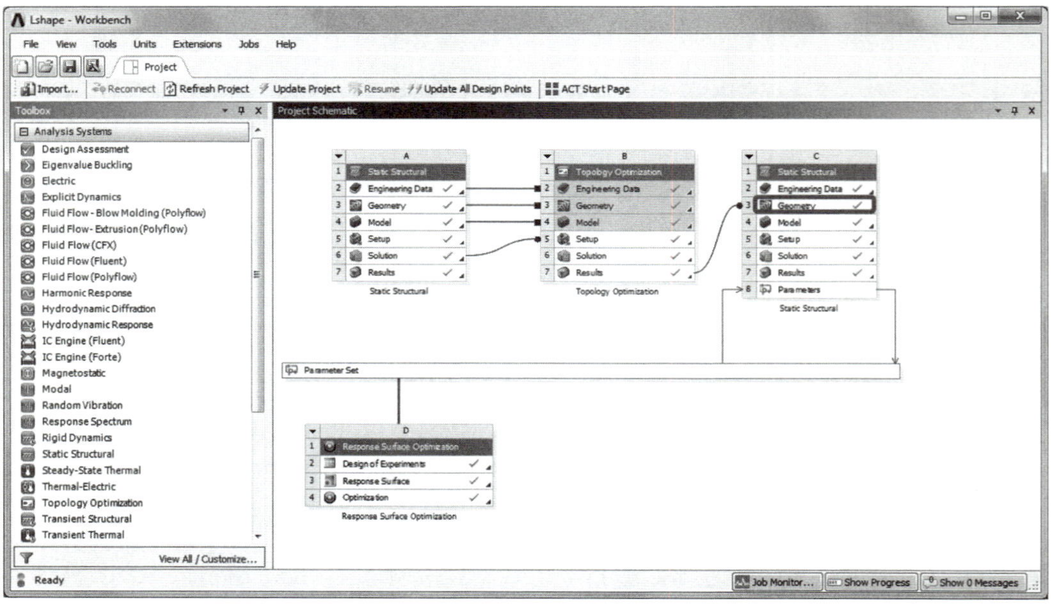

물체의 치수는 아래와 같이 갱신된 설계점(***1.8 mm*** 두께)으로 수정된 모델이 ***Graphics*** 창에 나타난다. ***SpaceClaim*** 프로그램을 닫는다.

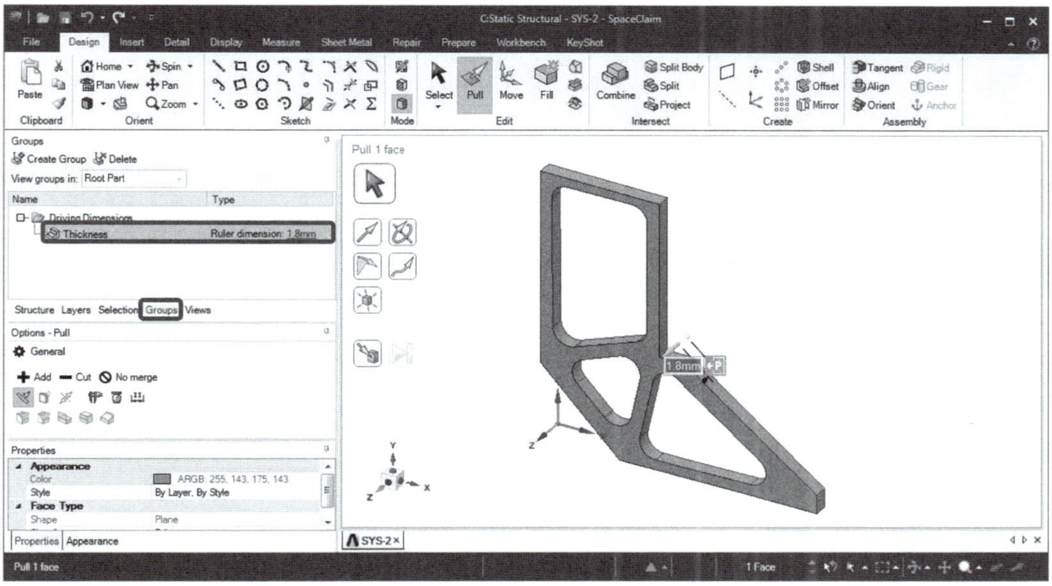

Project Schematic에서 두 번째 ***Static Structural***의 ***Results*** 탭을 더블클릭하여 ***Static Structural – Mechanical*** 프로그램으로부터 갱신된 변형률 결과를 확인한다. ***Static Structural*** 프로그램을 닫고 프로젝트를 저장한다.

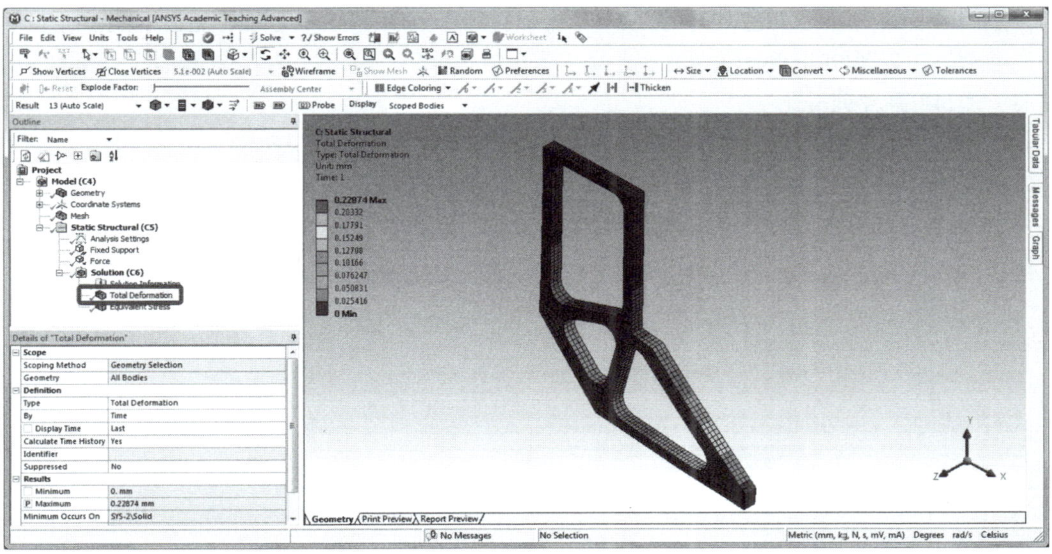

11.6 요약

이 장에서는 설계 최적화 문제와 최적화 유형에 대해 설명하였다. 또한, 설계 최적화 학습에서 유한요소해석을 적용하는 방법을 배웠다. ANSYS Workbench를 사용하여 L형 구조의 중량을 감소시키는 사례 연구를 수행하는 과정을 보여주었다.

11.7 학습목표 검토

이 장에서 학습한 내용은 다음과 같다.

1. 설계 최적화의 기본 개념과 유한요소해석을 이용한 설계 최적화 단계 이해
2. ANSYS Workbench를 사용하여 구조 설계 최적화 수행

문제

11.1 아래에 나타내는 것과 같이 강재로된 다리 구조물의 3차원 설계 공간은 길이 6 m, 높이 2 m, 너비 1 m 이다. 구조는 아래 두 모서리가 고정되어 있고, 상부 표면에 균일한 압력 하중을 가했다고 가정한다. 주어진 설계 공간을 사용하여 80%의 중량 감소를 위한 다리 구조물의 위상 최적화를 수행하라.

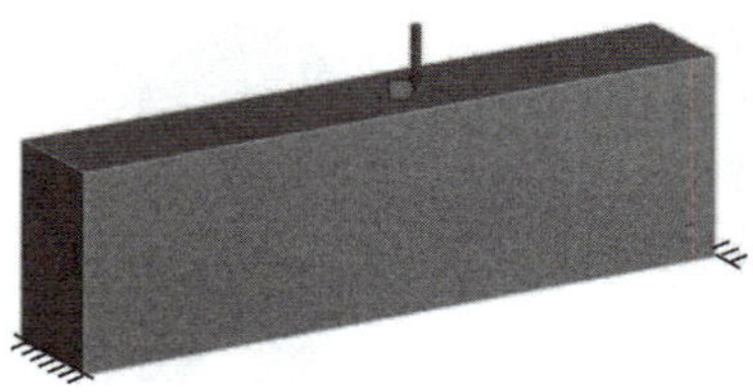

11.2 다음과 같은 중앙의 구멍이 0.4 m 인 1 m×1 m 크기의 사각형 평판은 구조용 강재로 만들어지며 두께는 0.1 m 이다. 평판의 왼쪽 상단 및 하단 모서리가 고정되어 있고, 오른쪽 상단 모서리에 아랫방향으로 1000 N 의 힘이 가해진다고 가정한다. 60% 및 90% 중량 감소를 위한 평판의 위상 최적화를 각각 수행하라.

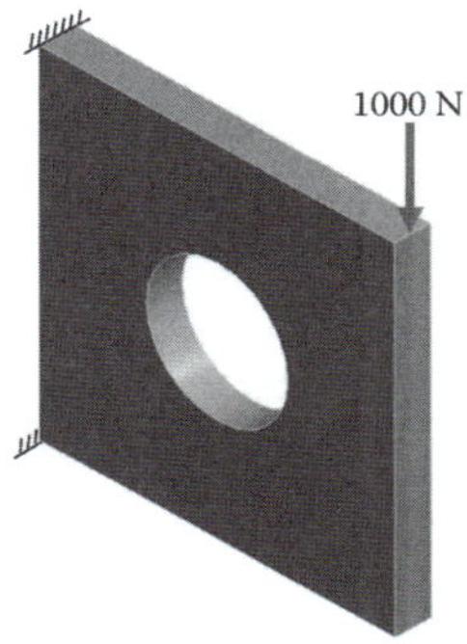

11.3 아래에 나타낸 것과 같이 모서리가 고정 지지된 보강 된(stiffened) 알루미늄 패널의 설계를 최적화하라. 초기 설계에서 100 in × 100 in 패널의 두께는 0.5 in 이다. 보강재는 각각 길이 100 in, 높이 5 in, 두께 0.25 in 이고, 패널을 동일한 면적의 8개 블록으로 나누고 있다. 설계 변수는 판 두께 t, 길이 방향 보강재 두께 t_{long} 및 측면 방향 보강재 두께 t_{lat} 이며, 다음과 같이 0.4 in $\le t \le$ 0.6 in, 0.2 in $\le t_{long} \le$ 0.3 in, 0.2 in $\le t_{lat} \le$ 0.3 in 의 범위를 갖는다. 최적화는 패널 중량의 최소화를 목적으로 하며, 패널의 기본 주파수가 $f_{base} \ge$ 130 Hz 의 제한조건을 만족해야 한다.

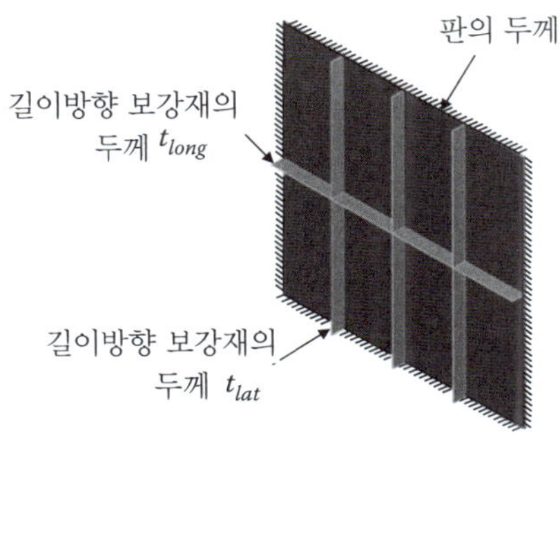

11.4 다음과 같은 영탄성계수 $E = 200$ GPa 이고 푸와송비 $\nu = 0.3$ 인 구조용 강재로 만들어진 L-자형 브래킷의 설계를 최적화하라. 초기 설계에서 L-자 형상은 길이 $L = 8$ cm, 높이 $h = 3$ cm, 및 돌출(extrusion) 깊이 $d = 4$ cm 이며, 아래 나타낸 것과 같이 3 cm×8 cm×1 cm 크기의 직사각형 블록에 견고하게 부착되어 있다. 브래킷은 오른쪽 끝에 고정되어 있다. 왼쪽의 돌출부 윗면에 100 N/cm^2 의 균일한 압력이 가해진다. 설계 변수는 L, h 그리고 d 이며, 다음과 같이 6 cm ≤ L ≤ 8 cm, 2.5 cm ≤ h ≤ 3 cm, 그리고 3 cm ≤ d ≤ 4 cm 의 변동 범위를 갖는다. 최적화는 브랫킷 중량의 최소화를 목적으로 하며, 최대 허용 변위 한계 0.1 mm 와 100 MPa 의 응력 제한을 만족해야 한다.

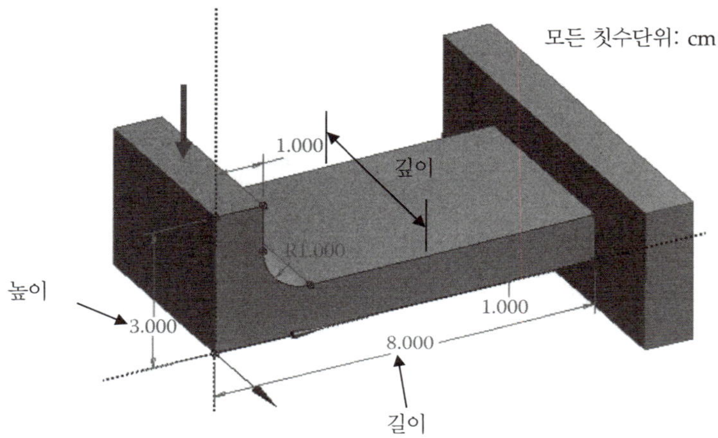

11.5 다음 그림과 같은 책꽂이 브래킷의 설계에 대한 위상 및 크기 최적화를 수행하라. 브래킷은 2 mm 두께이며, 구조용 강재로 만들어져 있다. 브래킷의 수직면은 고정되어 있으며, 수평면에는 25 MPa 의 균일한 압력이 가해진다. (a) 위상 최적화의 목적은 60%의 중량 감소를 달성하는 것이다. (b) 위상 최적화의 결과를 토대로 브래킷을 재설계하라. 재설계된 브래킷의 변수 최적화는 브래킷의 중량 최소화를 하고, 최대 허용 변형 한계 0.5 mm 와 100 MPa 의 응력 제한조건을 만족해야 한다.

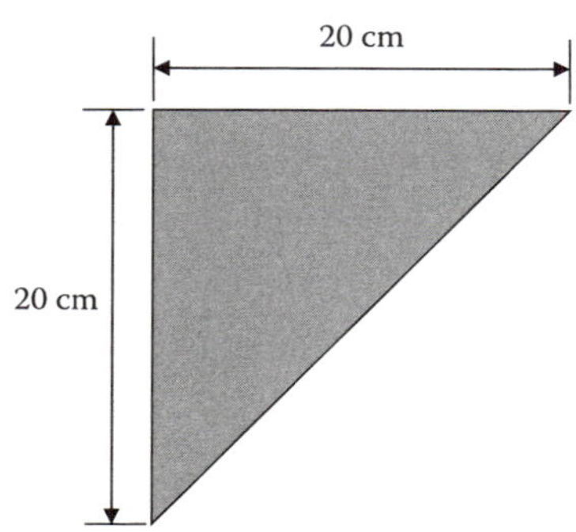

11.6 자전거 프레임의 구조 최적화를 위한 제약 조건과 하중 조건에 따라 초기 설계 공간은 아래와 같이 주어진다. 좌표 치수는 모두 mm 단위이다. 설계 공간에서 두께는 5 mm 로 가정하고, 60% 및 80%의 중량 감소 목표를 달성하기 위해 프레임 구조에 대한 위상 최적화를 수행하라. 프레임은 구조용 강재를 사용하고, 최적화 결과에 대하여 검토하여라.

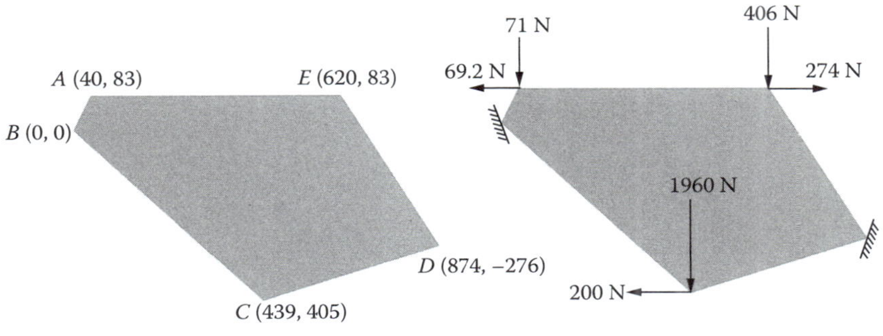

초기 설계영역 좌표

머리, 좌석, 페달 위치에서의 제한조건과 하중

11.7 다음 열 싱크(heat sink)는 1 m 높이의 중앙 튜브와 중앙 튜브 주위에 30˚C 간격으로 균일하게 분포된 12개의 방사형 핀으로 구성된다. 중앙 튜브의 바깥지름은 0.4 m 이고 안지름은 0.36 m 이다. 각 핀은 폭 0.048 m, 길이 0.4 m, 그리고 높이 1 m 이다. 관 내부의 증기 온도는 315˚C이고 열전달 계수는 2.94×105 W/(m^2°C) 이다. 주위 공기의 온도는 0°C 이고 열전달 계수는 40.88 W/(m2˚C) 이다. 열 싱크는 175 W/(m K) 의 열전도율, 2770 kg/m^3 의 밀도, 그리고 870 J/(kg K) 의 비열(specific heat) 갖는 알루미늄 합금으로 만들어져 있다. 단위 길이 당 75 kW 의 최소 열 손실을 달성하고 재료 사용을 최소화하기 위해, 핀의 폭 W 및 핀 길이 L 을 최적화하라. 설계 변수 W 및 L은 0.03 m $< W <$ 0.052 m 및 0.2 m $< L <$ 0.45 m 의 변동 범위를 갖는다.

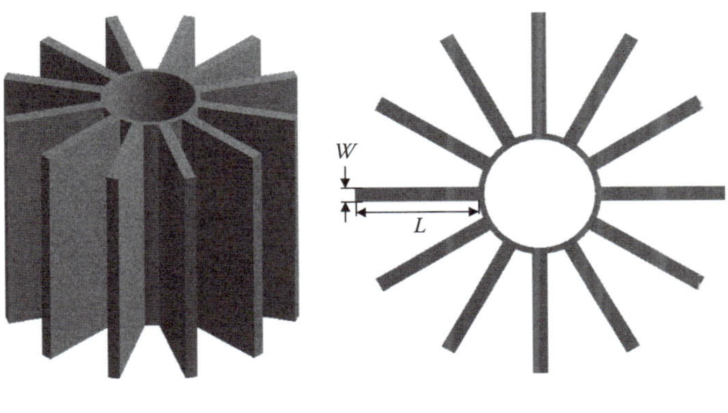

11.8 의자의 구조 최적화를 위한 공간 구속 조건 및 하중 조건에 따라 초기 설계는 아래에 같이 주어진다. 의자는 $E = 104$ MPa 및 $\nu = 0.3$ 인 미송(Douglas fir)으로 만들어 졌다고 가정한다. 의자는 그림과 같이 힘의 크기가 각각 980 N, 98 N인 두 가지 표면 하중이 가해진다. 의자 밑의 네 모퉁이는 고정된다. 의자 설계를 최적화하며 90%의 중량 감소를 달성시켜라.

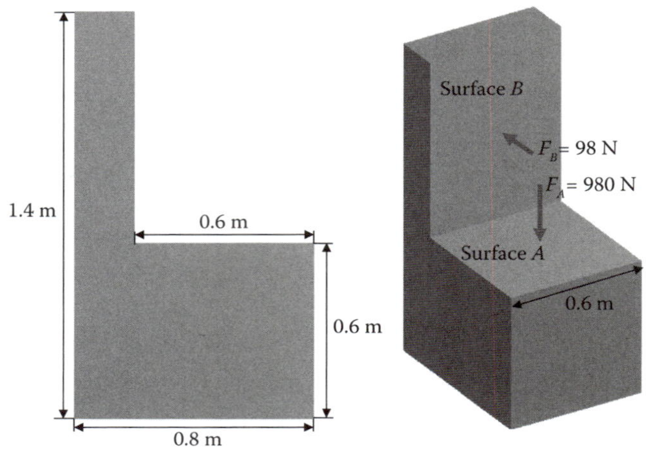

Chapter 12

파손 해석

12.1 서론

교량, 항공기 및 기계 구성 요소와 같은 구조는 여러 가지 방법으로 파괴될 수 있다. 과부하가 걸린 구조는 영구변형을 일으켜 전체 구조의 기능 손상 또는 파손을 초래할 수 있다. 수백만의 작은 반복 하중을 받으면 구조물의 표면 균열 성장이 재료의 강도 저하 및 급격한 파괴를 일으킬 수 있다. 가느다란 구조에 압축하중이 가해질 경우 예기치 않은 큰 변형이 발생하여 하중을 전달하는 기능이 손상될 수 있다. 파손해석(failure analysis)은 공학적인 구조물의 안전성과 신뢰성을 향상시키는 데 중요한 역할을 한다. 이 장에서는 구조적 파손 해석과 관련된 몇 가지 주제에 대해 설명한다. ANSYS Workbench를 사용하는 예제와 함께 정적, 피로 및 좌굴에 대한 개념을 소개한다.

12.2 정적 파손

정적 하중 조건에서 구조가 탄성 한계를 초과하여 응력을 받으면 재료가 손상될 수 있다. 정적 하중에 대한 재료 파손은 연성 파손과 취성 파손의 두 가지 유형이 있다. 두 가지 파손 유형의 주요 차이점은 재료가 파손되기 전에 소성변형의 발생 여부에 따른다. 그림 12.1에서 설명하듯이, 연성 재료는 파손되기 전에 광범위한 소성변형을 하는 경향이 있는 반면, 취성재료는 파손되기 전에 소성변형이 일어나지 않는다. 연성 및 취성 파손에 대한 더 자세한 내용은 참고 문헌 [18]을 참조하라.

12.2.1 연성 파손

이 장에서는 연성 파손(ductile failure)에 대한 두 가지 일반적인 이론인 최대 전단응력 이론(또는 Tresca Criterion)과 전단변형 에너지 이론(또는 von Mises Criterion)을 검토한다.

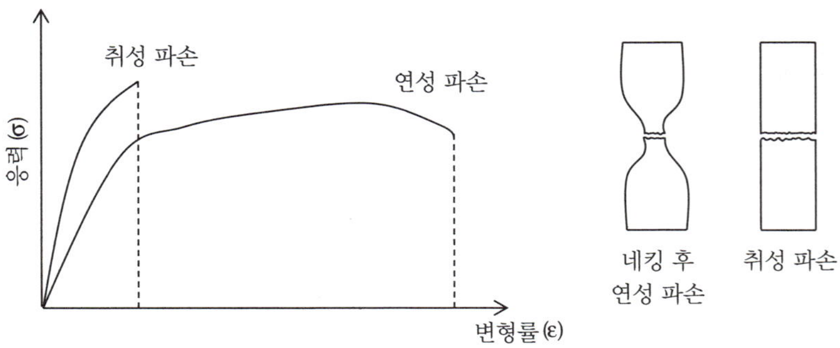

그림 12.1 연성, 취성 재료에 대한 응력-변형률 곡선

12.2.1.1 최대 전단 응력 이론

최대 전단 응력 이론(Tresca criterion)에 따르면, 연성 파손은 최대 전단 응력 τ^{max} 가 재료 항복 강도 S_y 의 절반을 초과할 때 발생한다. 설계에서 안전 계수 n 을 고려하면, 설계 방정식은 다음과 같다.

$$\tau^{\max} < \frac{S_y}{2n} \tag{12.1}$$

12.2.1.2 뒤틀림 에너지 이론

전단변형 에너지 이론(von Mises criterion)에 기초하여, 최대 von Mises 응력 σ_e^{max} 가 재료 항복 강도 S_y 를 초과할 때 연성 파손이 발생한다. 안전 요소 n 을 고려하면 설계 방정식은 다음과 같다.

$$\sigma_e^{\max} < \frac{S_y}{n} \tag{12.2}$$

12.2.2 취성 파손

취성 재료에 대한 두 가지 일반적인 파손 이론은 최대 수직 응력 이론과 Mohr-Coulomb 이론이 있다.

12.2.2.1 최대 수직 응력 이론

최대 수직 응력 이론은 최대 주응력이 재료의 최대 인장 (또는 압축) 강도를 초과할 때 취성 파손이 발생한다고 나타낸다. 설계에서 안전 계수 n 을 고려하면, 안전한 설계 조건은 다음 식을 만족해

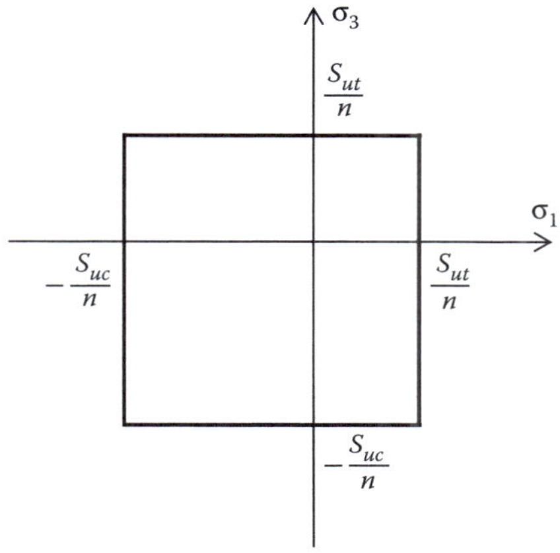

그림 12.2 최대 수직 응력 이론에 대한 사각형 파손 포락선(failure envelope)

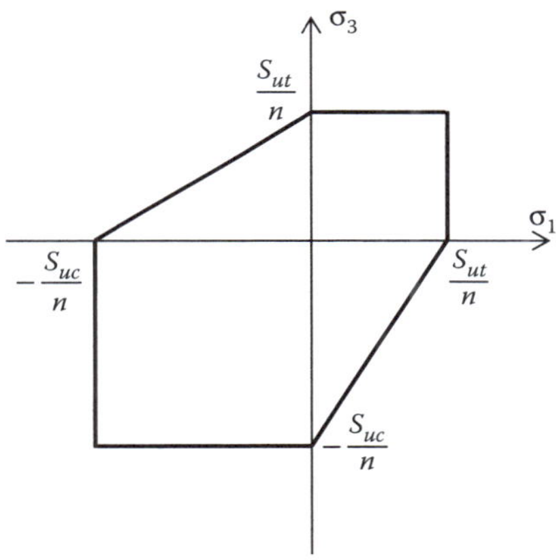

그림 12.3 Mohr-coulomb 이론에 대한 육각형 파손 포락선

야 한다.

$$-\frac{S_{uc}}{n} < \{\sigma_1, \sigma_2, \sigma_3\} < \frac{S_{ut}}{n} \tag{12.3}$$

여기서 σ_1, σ_2, σ_3 은 세 방향의 주 응력(principal stress)이며, S_{ut} 와 S_{uc} 는 각각 극한 인장 강도 및 극한 압축 강도이다. 취성 파손을 피하기 위해서는 구조물의 어느 지점에서의 주응력은 최대 수직 응력 이론에 기초하여 그림 12.2에서 설명 된 사각형 파손 포락선(square failure envelope) 범위 내에 있어야한다.

12.2.2.2 Mohr-Coulomb 이론

Mohr-Coulomb 이론은 최대 주응력과 최대 인장 강도 S_{ut} 최소 주응력과 최대 압축 강도 S_{uc} 를 비교하여 취성 파손을 예측한다. 설계에서 안전 계수 n 을 고려한다고 가정한다. 안전한 설계 조건은 주응력이 그림 12.3에서 위에 설명된 육각형 파손 포락선 내에 있도록 요구한다.

12.3 피로 파손

피로 파손(fatigue failure)은 동적 또는 반복 하중 조건에서 재료의 항복 강도 또는 극한 강도보다 상당히 낮은 응력 수준에서 발생할 수 있다. 피로 파손은 종종 사전 경고 없이 갑자기 나타나며 치명적인 결과를 초래할 수 있다. 이 장에서는 피로 파손과 관련된 이론을 검토한다. 더 자세한 내용은 참고 문헌 [18]을 참조하라.

반복 하중에 적용되는 구성 요소의 설계에는 평균 및 교번 응력의 개념이 포함된다(전형적인 피로 응력 주기의 설명은 그림 12.4 참조). 평균 응력 σ_m 은 한 주기의 최대 응력과 최소 응력의 평균, 즉 $\sigma_m = (\sigma_{\max} + \sigma_{\min})/2$ 이다. 교번 응력 σ_a 는 한 주기에서 응력 범위의 절반, 즉 $\sigma_a = (\sigma_{\max} - \sigma_{\min})/2$ 이다. 대부분의 재료에는 피로한도가 존재하며, 이 한도 아래의 응력 레벨을 갖는 부품들은 무한 피로 수명으로 가진다고 간주된다. 피로 한도는 내구 한도 S_e 라고도 언급된다.

다음은 일반적으로 사용되는 세 가지 피로 파손 이론인 Soderberg, Goodman 및 Gerber 파손 이론을 나타낸다.

12.3.1 Soderberg 파손 이론

이 이론은 다음과 같은 때 만약 구조가 안전하다고 가정한다.

$$\frac{\sigma_a}{S_e} + \frac{\sigma_m}{S_y} < \frac{1}{n} \tag{12.4}$$

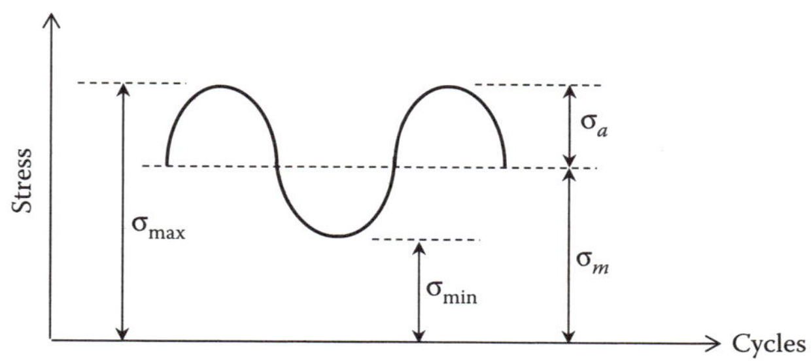

그림 12.4 일반적인 피로 응력 주기

여기서 σ_a 는 교번 응력, σ_m 은 평균 응력, S_e 는 내구 한도, S_y 는 항복 강도, 그리고 n 은 안전 계수이다. 교번 응력 σ_a 를 평균응력 σ_m 에 대해 나타낼 때, Soderberg 선은 $\sigma_a = S_e/n$ 과 $\sigma_m = S_y/n$ 의 점 사이에 그려질 수 있다. 응력이 선 아래에 있다면, 설계는 안전하다. 이것은 재료 항복 강도 S_y 에 기초한 보수적인 기준이다(그림 12.5 참조).

12.3.2 Goodman 파손 이론

이 이론은 다음과 같은 때 만약 구조가 안전하다고 가정한다.

$$\frac{\sigma_a}{S_e} + \frac{\sigma_m}{S_{ut}} < \frac{1}{n} \tag{12.5}$$

여기서 S_{ut}는 극한 인장 강도이고 n 은 안전 계수이다. 교번 응력 σ_a 가 평균응력 σ_m 에 대해 구성될 때, Goodman 선은 $\sigma_a = S_e/n$ 과 $\sigma_m = S_{ut}/n$ 의 점 사이에 그려질 수 있다.

응력이 선 아래에 있다면, 설계는 안전하다. 이것은 재료의 극한 강도 S_{ut} 에 기초한 덜 보수적인 기준(conservative criteria)이다(그림 12.5 참조).

12.3.3 Gerber 파손 이론

이 이론은 다음과 같은 때 구조가 안전하다고 가정한다.

$$\frac{\sigma_a}{S_e} + \left(\frac{\sigma_m}{S_{ut}}\right)^2 < \frac{1}{n} \tag{12.6}$$

여기서 S_{ut} 는 극한 인장 강도이고 n 은 안전 계수이다. 교번 응력 σ_a 를 평균응력 σ_m 에 대해 나타

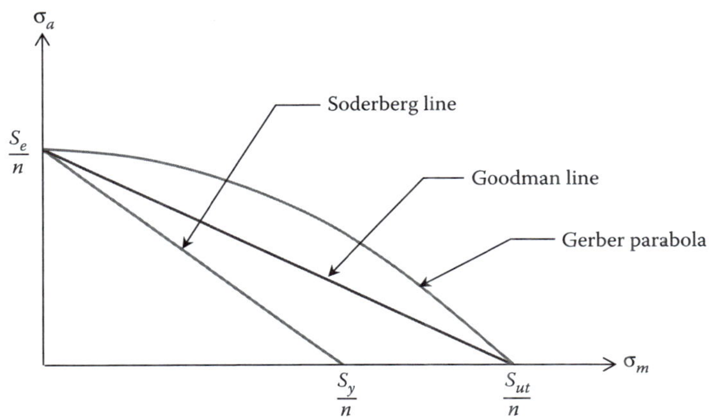

그림 12.5 다양한 파손 이론을 보여주는 피로 도표

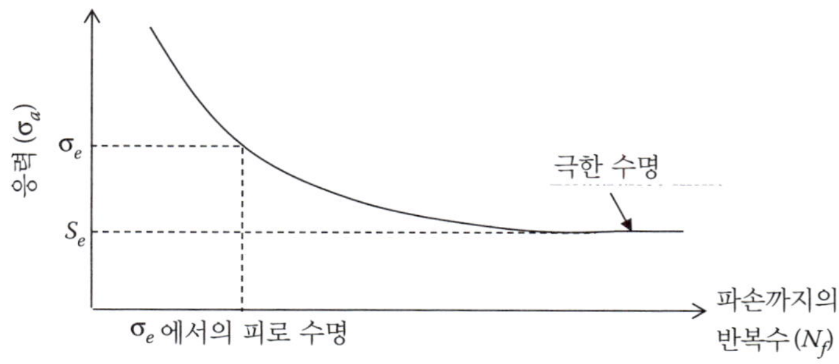

그림 12.6 피로 수명 예측을 위한 S-N 선도의 사용

낼 때, Gerber 포물선은 $\sigma_a = S_e/n$ 과 $\sigma_m = S_{ut}/n$ 의 점 사이에 그려질 수 있다. 응력이 포물선 아래에 있다면 설계는 안전하다. 이것은 재료의 극한 강도 S_{ut} 에 기초한 덜 보수적인 기준이다(그림 12.5 참조).

일반적으로 대부분의 구조물은 특정한 횟수의 반복 하중이 가해진 후, 결국에는 파손될 것이다. 피로 수명 해석에서 S–N 선도는 특히 주기 하중이 탄성 영역이고 파손주기가 높은 고주기 피로 상황에서의 수명 예측에 널리 사용된다. S–N 선도(그림 12.6 참조)는 교번 응력 σ_a 를 파괴 주기 수 N_f 에 관련시키고 주어진 재료의 샘플에 대한 피로 시험으로 생성된다.

대부분의 S–N 선도는 평균 응력이 0일 때를 기본으로 만들어졌다. 그러나 대부분의 적용된 하중은 평균 응력이 0이 아닐 때를 포함한다. 위에서 언급한 Soderberg, Goodman 및 Gerber 이론은 피로 수명에 대한 평균 응력 영향을 예측하는데 사용될 수 있다. 평균 응력 σ_m 이 교번 응력 σ_a 에 비해 상대적으로 작을 때, 세 이론에 약간의 차이가 있는 것을 참고하라.

Gerber 이론을 예로 들어본다. 평균 응력 σ_m 과 교번 응력 σ_a 의 주어진 조합에 대한 구조물의 피로 수명을 예측하기 위해 다음과 같은 수정된 Gerber 방정식에 근거하여 유효 교번 응력 σ_e를 먼저 풀 수 있다.

$$\frac{\sigma_a}{\sigma_e} + \left(\frac{\sigma_m}{S_{ut}}\right)^2 = \frac{1}{n} \tag{12.7}$$

유효 교번 응력 σ_e 가 식 (12.7)로부터 얻어지면, 해당 유효 교번 응력 σ_e 에 대한 피로 수명은 주어진 재료의 S–N 선도로부터 결정될 수 있다(그림 12.6 참조). 유효 교번 응력 σ_e 가 내구 한도 S_e 이하로 유지되면, 구조는 무한 수명을 가진 것으로 간주된다.

12.4 좌굴 파손

압축 하중을 받는 기둥과 같은 가느다란 부재는 구조적으로 불안정해져서 갑작스럽게 파괴될 수 있다. 좌굴(buckling)은 압축 하중에서 안정성을 급격하게 잃는 것을 말한다. 좌굴 파손은 보통 재료의 탄성 범위 내에서 발생한다. 파손시 구조물의 실제 압축 응력은 종종 재료의 극한 압축 강도보다 작다.

좌굴 해석에서는 구조가 좌굴이 발생하기 전에 지지할 수 있는 최대 압충 하중인 임계 하중과 좌굴하는 동안 구조가 갖는 모드 형상을 구하는데 관심이 있다. 임계 하중은 구조의 탄성 안정성 한계이며, 구조가 1차 모드 형상으로 좌굴된다. 구조물은 잠재적으로 무한히 많은 좌굴 모드를 가질 수 있으며 고차원 좌굴 모드는 더 높은 임계 하중 값이 필요하다(그림 12.7은 가느다란 기둥의 좌굴 파손을 나타내며, 그림 12.8은 다른 형태의 좌굴 모드 형상을 나타낸다). 좌굴 파손은 치명적인 결과를 초래할 수 있기 때문에 중요한 하중계산에는 높은 안전 계수 (최소 3 이상)을 사용하여 임계 좌굴 하중을 계산한다.

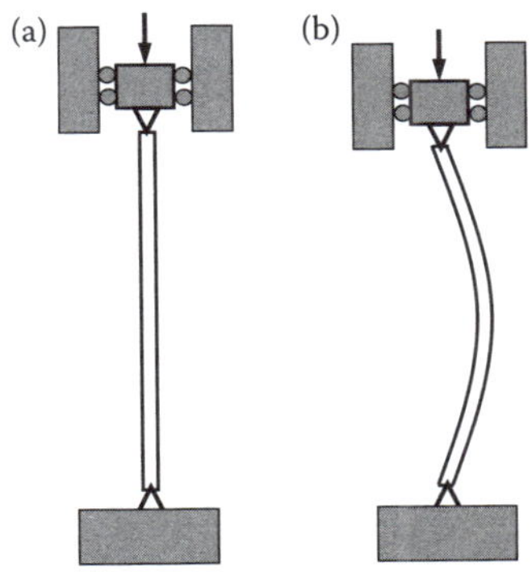

그림 12.7 가느다란 기둥의 좌굴 : (a) 하중 〈 임계 하중, (b) 하중 〉 임계 하중. (http://en.wikipedia.org/wiki/Buckling)

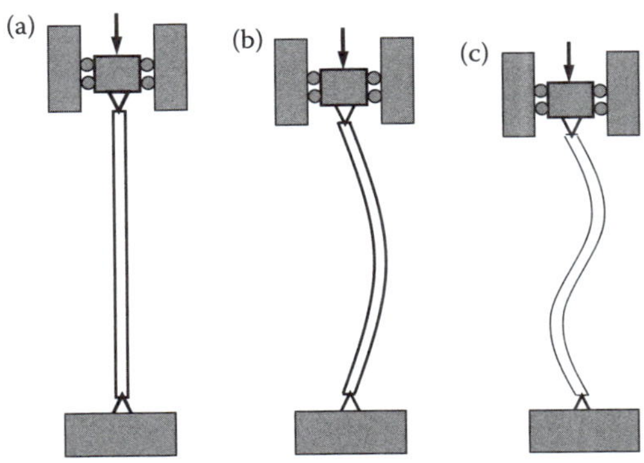

그림 12.8 가느다란 기둥의 좌굴 : (a) 좌굴되지 않음, (b) 1차 좌굴 모드, (c) 2차 좌굴 모드

좌굴 모델을 연구할 때는 경계 조건이 구조의 좌굴 거동에 중요한 영향을 미치므로 주의해야 한다. 예를 들어 양쪽 끝이 고정된 기둥은 양 끝이 고정된 기둥보다 쉽게 좌굴될 수 있다. 또한 축 방향 하중의 편심으로 인해 구조 부재에 작용하는 굽힘 모멘트는 좌굴에 영향을 줄 수 있으므로 통상적인 해석 시에는 무시하지 않아야 한다.

12.5 ANSYS Workbench를 이용한 사례 연구

문제 정의: 강아지 뼈 형상(dog–bone shaped)의 시편을 가지고 정적, 피로, 좌굴 파손을 시험하려고 한다. 시편은 아래와 같은 형상의 구조용 강으로 만들어져 있다. 시편의 아랫 면이 고정되고, 윗 면에는 50 MPa의 압력 하중이 부가된다.

Part A: 주어진 정적 압력하에서 소성변형이 발생하는지 결정하시오.

Part B: 압력 하중을 50 MPa의 크기를 가지는 반복하중으로 변경하고 106 회의 설계수명을 고려할 때, 피로 파괴가 발생하는지를 결정하시오.

Part C: 주어진 정적 압력 하중에서 좌굴 파손이 발생하는지 결정하고, 처음 3개의 좌굴 모드를 결정하시오.

풀이

ANSYS Workbench를 이용하여 문제를 풀기위해 다음의 단계를 따른다.

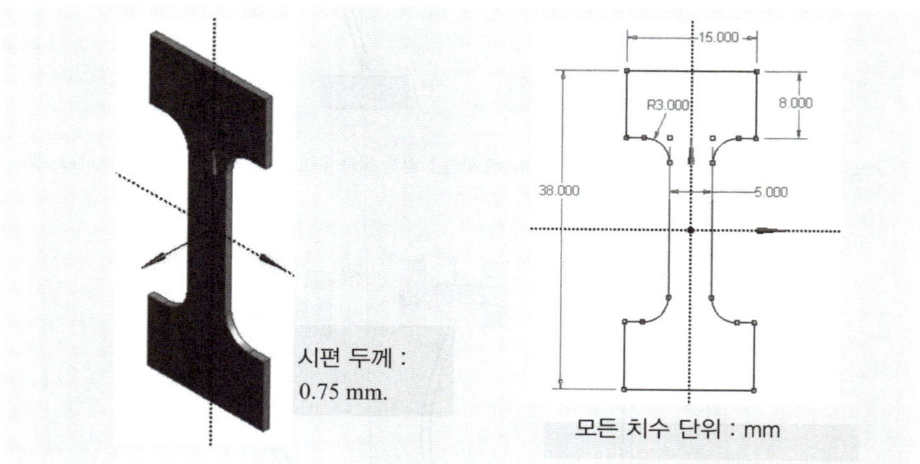

Part A, Part B: 풀이

단계 1: *ANSYS Workbench* Project 실행

ANSYS Workbench를 실행하고 프로젝트를 '***Dogbone.wbpj***'로 저장한다.

단계 2: *Static Structural* 해석 실행

Analysis Systems Toolbox 창에서 ***Static Structural (ANSYS)*** 아이콘을 드래그(drag)하여 ***Project Schematic*** 창에 있는 초록 사각형 내에 위치(drop)시킨다.

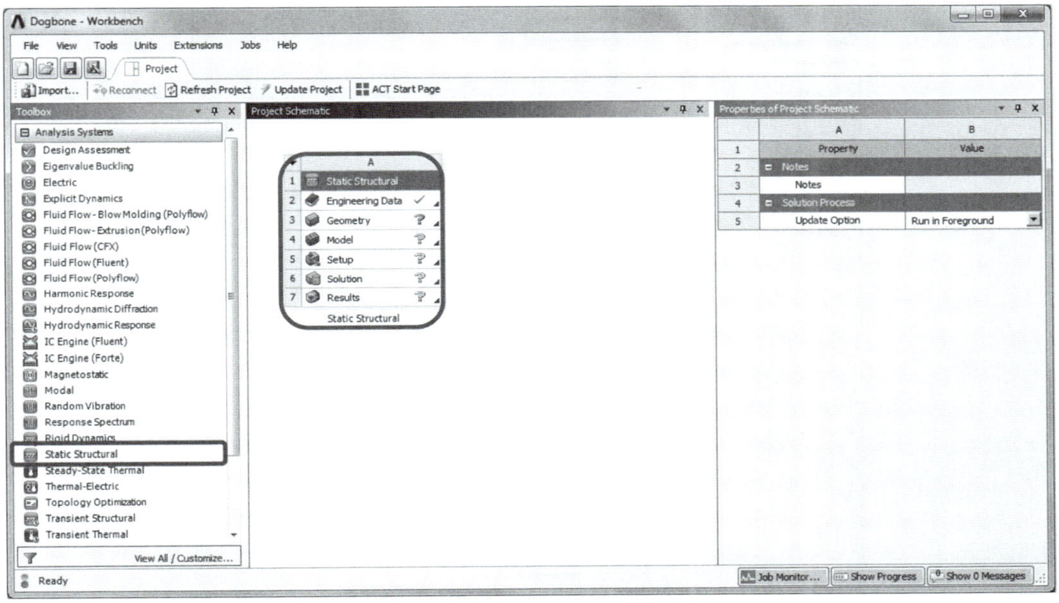

단계 3: SpaceClaim 프로그램 실행

Geometry 셀을 더블클릭하여 ***SpaceClaim*** 프로그램을 실행한다. 단위를 사용자가 정의하기 위해 ***File*** 드롭다운 메뉴에서 ***SpaceClaim Options***을 선택한다. 좌측 패널에서 ***Units***을 클릭하고 ***Length***에서 ***Millimeters***를 선택한다. 다음으로 ***Minor Grid Spacing***을 ***0.5 mm***로 변경한다. ***OK***를 클릭하여 저장한 다음 창을 닫는다.

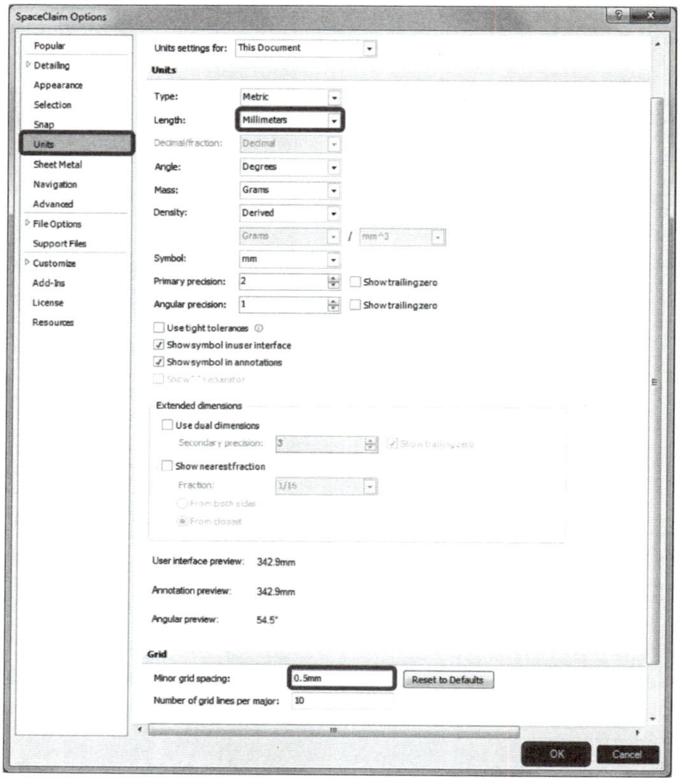

단계 4: Geometry 생성

Graphics 창의 어느 곳에서나 마우스 오른쪽 버튼을 클릭하고 드롭다운 메뉴에서 ***Select New Sketch Plane***을 선택한다.

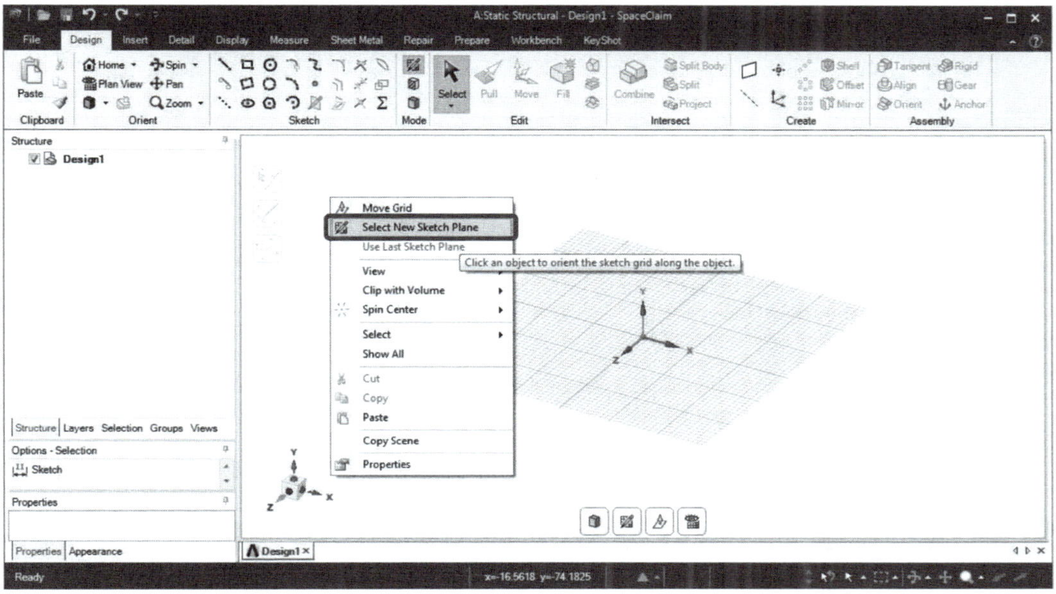

x-y plane 에 마우스를 위치시키고 강조된 ***x-y plane***을 선택하여 클릭한다. 이 과정은 스케치 면을 ***x-y plane*** 으로 변경시킨다.

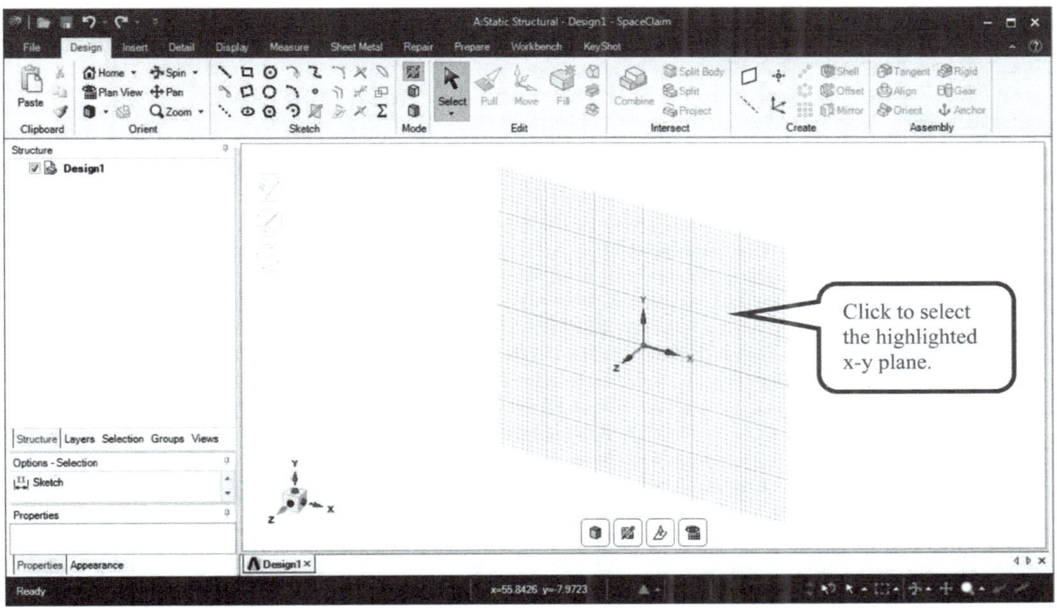

Design 탭에서 *Plane View*와 *Sketch Mode* 아이콘을 클릭한다. *Rectangle* 아이콘을 클릭하고, *XY Plane*에 다음과 같이 3개의 사각형을 그린다.

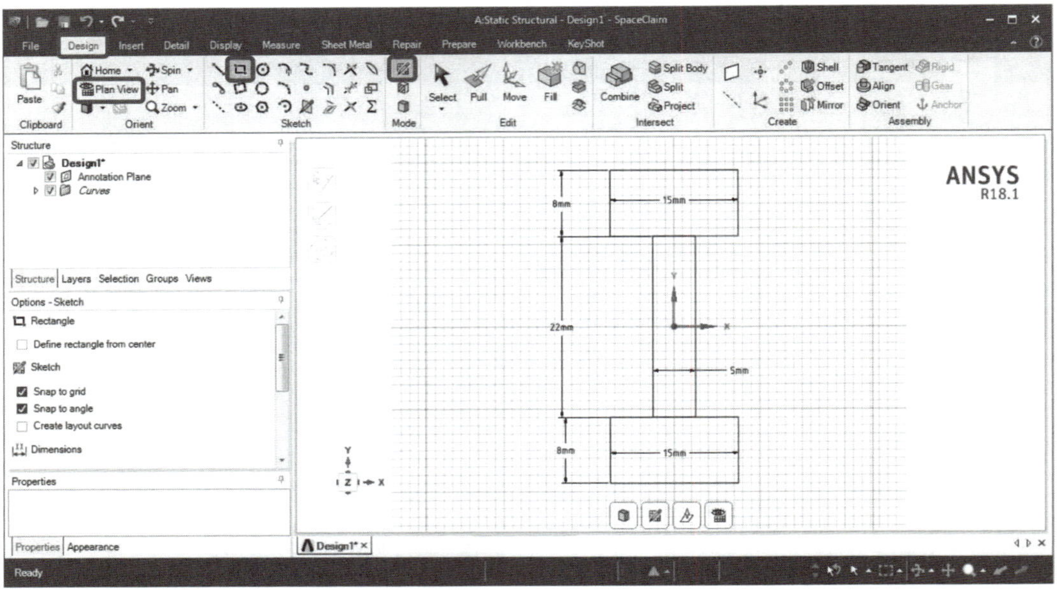

*Design*탭에서 *Create Rounded Corner* 아이콘을 클릭한다. *Graphics* 창에서 지름 3 mm 인 4개의 둥근 모서리를 그린다. *Trim Away* 아이콘을 클릭하고 불필요한 선을 제거하여 강아지 뼈 모양을 완성한다.

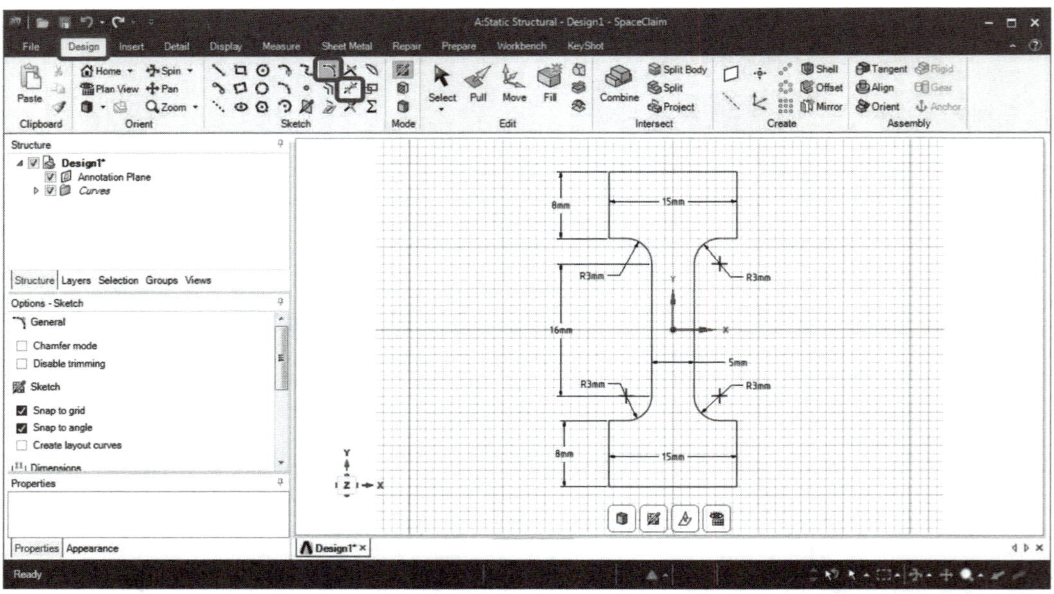

Design 탭에서 *Pull* 아이콘을 클릭하고 0.75 mm 만큼 *z-axis* 방향으로 스케치 표면을 당겨서 입체를 만든다. *SpaceClaim*을 종료한다.

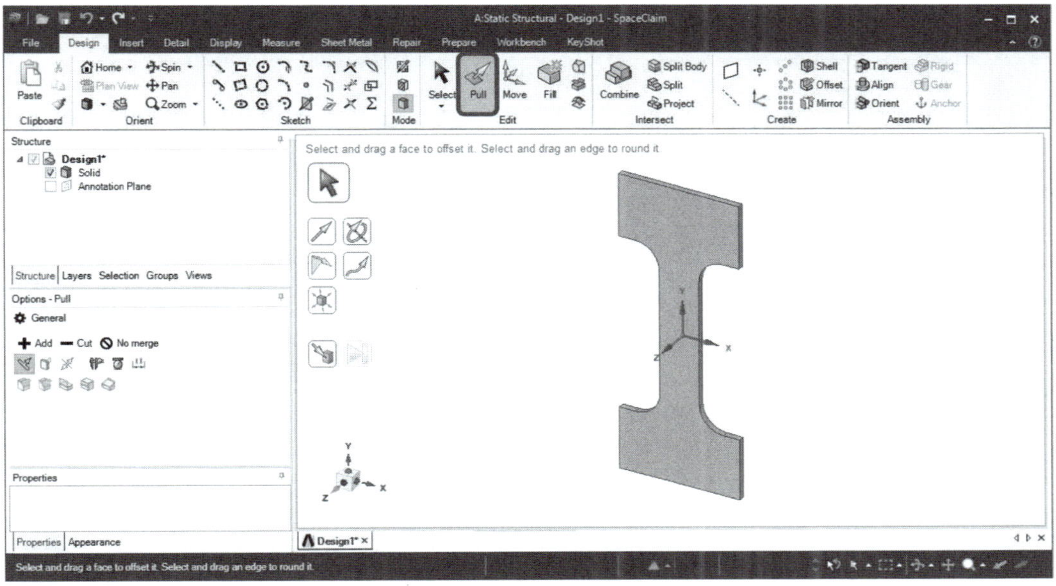

단계 5: Static Structural 프로그램 실행

*Model*을 더블클릭하여 정적 해석을 위한 *Static Structural* 프로그램을 실행한다. *Units*을 *Metric (mm, kg, N, s, mV, mA)*으로 변경한다.

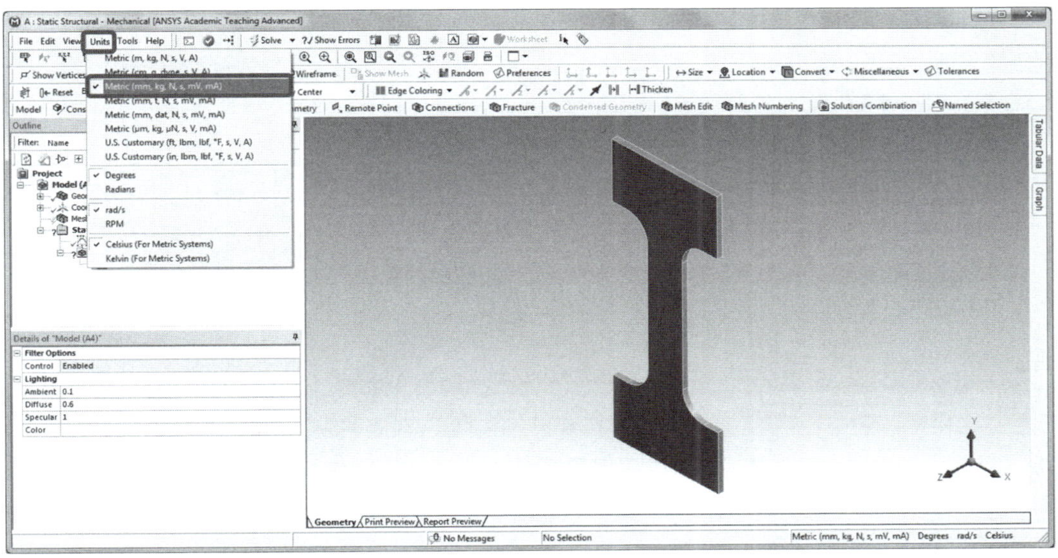

단계 6: 격자 생성

Outline 트리에서 *Mesh*를 클릭한다. *Details of "Mesh"* 메뉴에서, *Element Size*에 0.5 mm 를 입력한다. *Mesh* 메뉴를 마우스 오른쪽 버튼으로 클릭하여 *Generate Mesh* 를 선택한다.

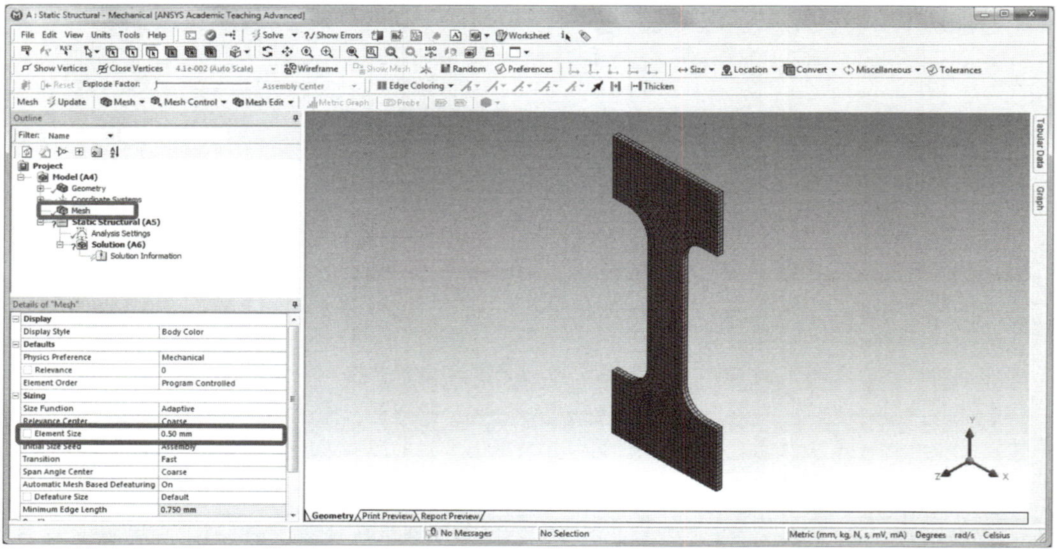

단계 7: 경계 조건 적용

Static Structural (A5) 메뉴에서 마우스 오른쪽 버튼을 클릭하고 *Insert* 와 *Fixed Support*를 선택한다. 아랫면을 클릭하고 *Details of "Fixed Support"*의 *Geometry* 선택에 적용한다. 이제 강아지 뼈 형상의 아랫면이 아래와 같이 고정된 것을 확인할 수 있다.

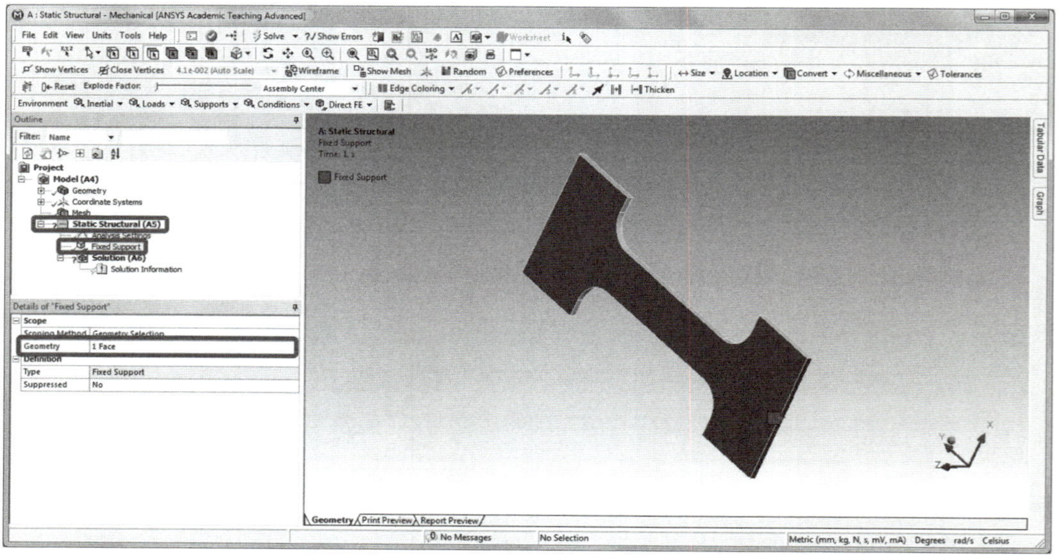

단계 8: 하중 적용

Static Structural (A5) 메뉴에서 마우스 오른쪽 버튼을 클릭하고 *Insert* 와 *Pressure*를 선택한다. *Details of "Pressure"*에서 윗면에 *50 MPa* 의 압력을 부가한다.

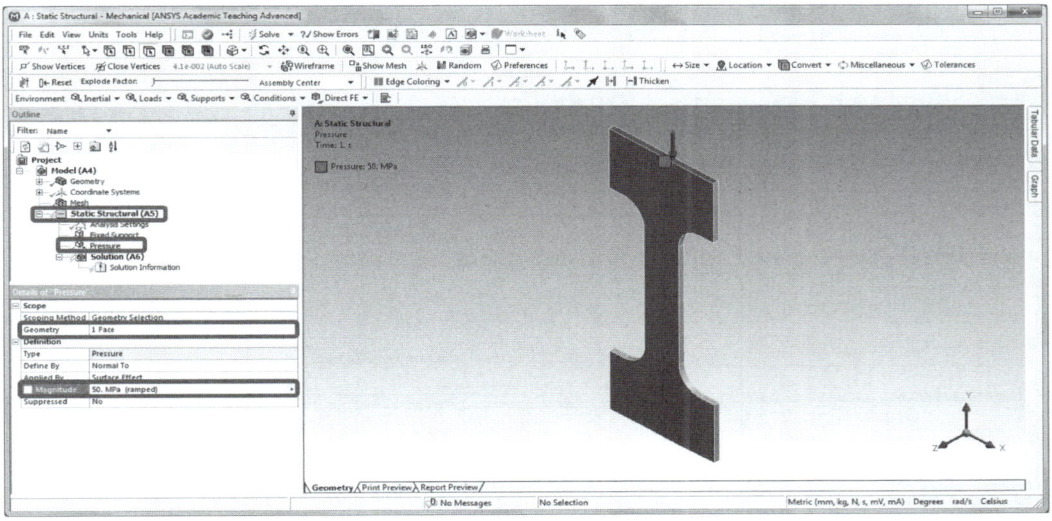

단계 9: 해를 구하기

먼저 *Project Outline*에서 *Solution (A6)*를 마우스 오른쪽 버튼으로 클릭하여 *Total Deformation* 항목을 삽입한다.

다음으로 *Project Outline*에서 *Solution (A6)*을 마우스 오른쪽 버튼으로 클릭하고 *Equivalent Stress* 항목을 삽입한다.

*Project Outline*에서 *Solution (A6)*을 마우스 오른쪽 버튼으로 클릭하고, *Insert → Stress Tool → Max Equivalent Stress*을 선택한다. 시편에서 항복응력이 초과하는지 여부를 최대 von Mises 응력과 항복응력을 비교함으로서 확인할 수 있다. 여기서 Stress Tool 은 안전계수 결과를 보여주는 데 사용된다.

*Solution (A6)*을 마우스 오른쪽 버튼으로 클릭하고 *Solve*를 선택하여 해석을 시작한다. 계산된 전체 변위와 von Mises 응력, 그리고 안전 계수 분포가 다음과 같이 나타난다. 정적 해석 결과에서 시편의 목 부분이 정하중(static load)에 대해 항복응력을 초과하지 않는 것을 명확히 확인할 수 있다.

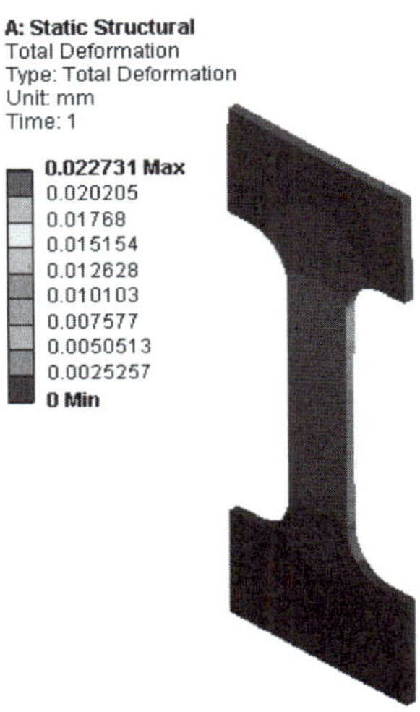

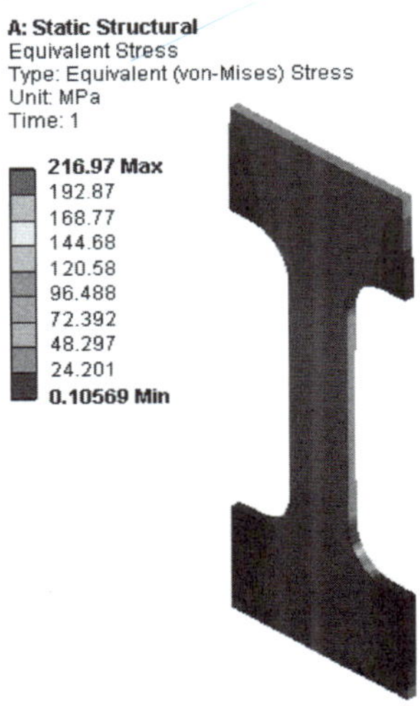

단계 10: 피로 해석 수행

Outline에서 ***Solution (A6)***에서 마우스 오른쪽 버튼을 클릭하고 ***Insert → Fatigue → Fatigue Tool***를 선택한다. ***Details of "Fatigue Tool"***에서 ***Mean Stress Theory*** 를 ***Goodman.***으로 설정한다. 기본 하중 타입이 ***Fully Reversed*** 의 정해진 크기의 피로 하중이며, 기본 해석 방법은 von Mises 응력을 사용한 ***Stress Life*** 수명 계산으로 정해진 것을 확인한다.

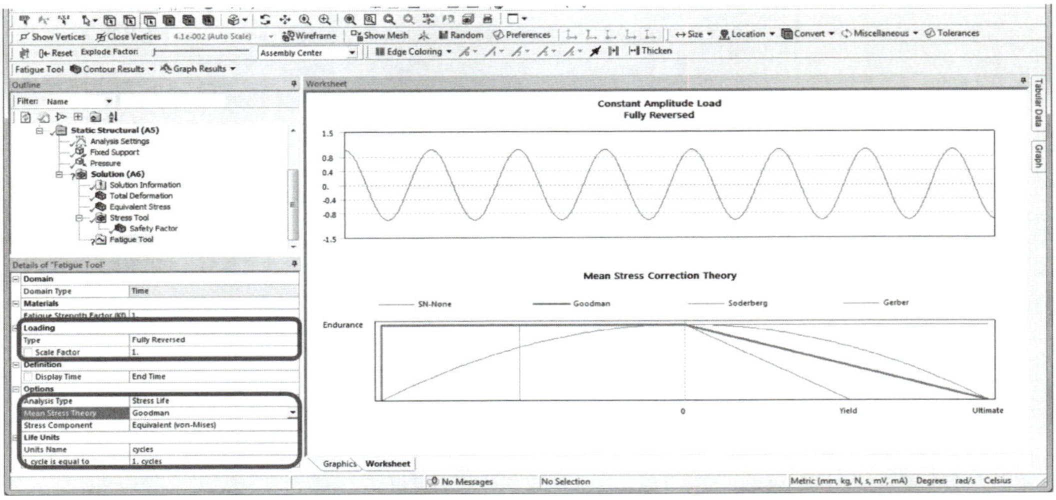

Outline의 ***Fatigue Tool***에서 마우스 오른쪽 버튼을 클릭하고 ***Insert → Life***를 선택한다. 다음 ***Fatigue Tool***을 마우스 오른쪽 버튼으로 클릭하고 ***Insert → Safety Factor***을 선택한다. ***Details of "Safety Factor"***에서 ***Design Life***를 기본값 10^9 사이클에서 10^6 사이클로 변경한다. 마지막으로 ***Fatigue Tool***을 마우스 오른쪽 버튼으로 클릭하고 ***Evaluate All Results***을 선택한다. 피로해석 결과에서 아래쪽 필렛부분의 수명이 19185 cycles 사이클이며 0.3979의 낮은 안전계수인 것을 알 수 있다. 따라서 시편은 10^6 사이클의 피로수명을 견뎌낼 수 없음을 보여준다.

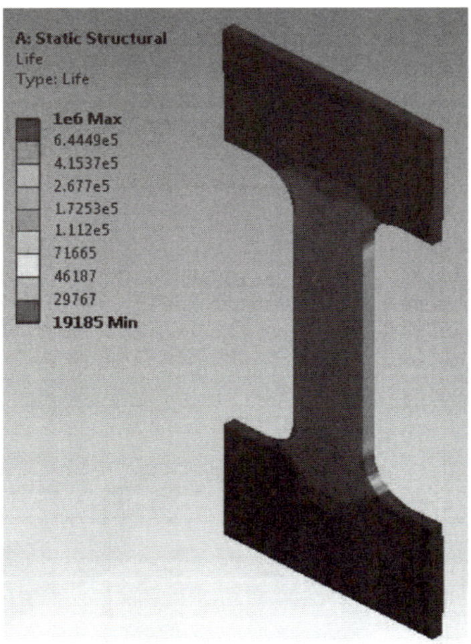

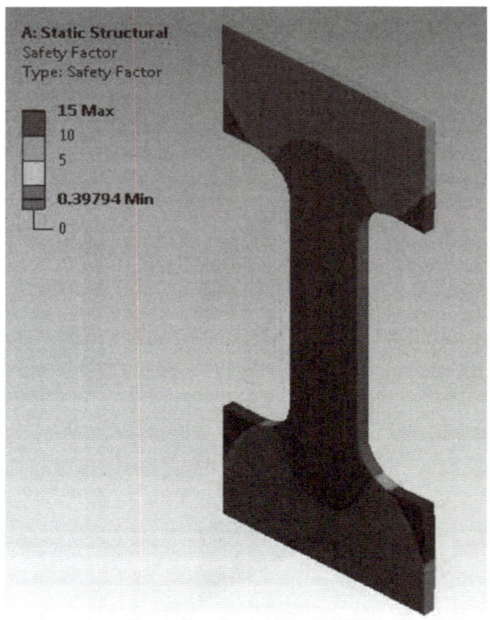

Part C: 풀이

단계 1: 선형 좌굴 해석(Linear Buckling Analysis) 생성

Project Schematic 창에서 ***Static Structural*** 의 ***Solution*** 셀을 마우스 오른쪽 버튼으로 클릭하고 ***Transfer Data to New → Eigenvalue Buckling***을 선택한다. 고유값 좌굴 해석이 정적 해석 결과와 함께 추가되어 있다. 공학적 물성, 형상 모델링등은 두 해석에서 공유되어 사용된다.

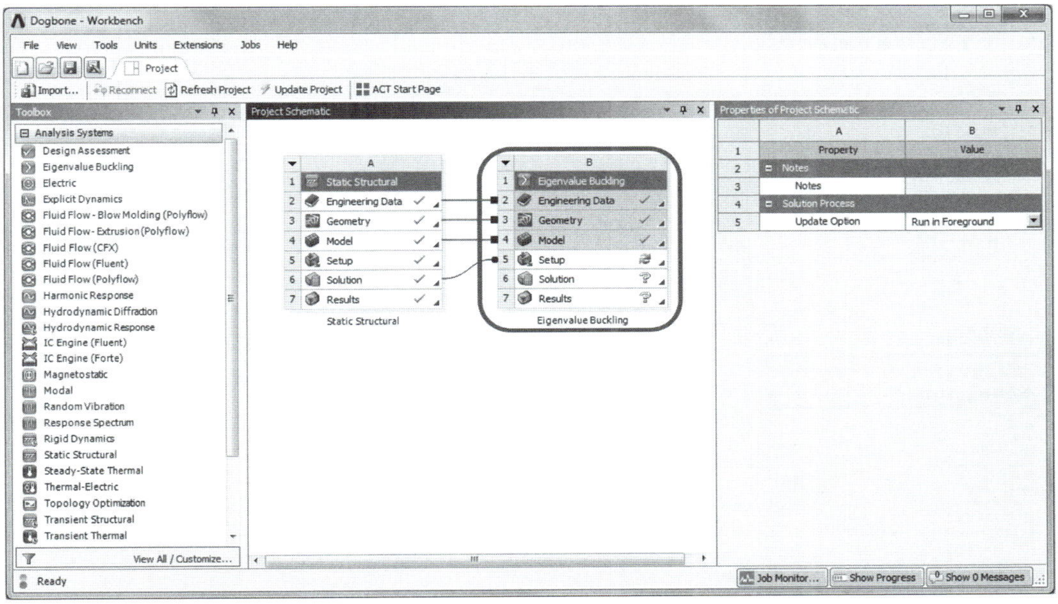

단계 2: Multiple Systems − Mechanical 프로그램 실행

Eigenvalue Buckling 의 ***Setup*** 셀을 더블클릭하여 ***Multiple Systems – Mechanical*** 프로그램을 실행한다. ***Outline***에서 ***Eigenvalue Buckling (B5)*** 아래의 ***Analysis Settings***을 클릭한다. ***Details of "Analysis Settings"***에서 ***Max Modes to Find***을 ***3***으로 설정하고 ***Include Negative Load Multiplier***에 ***No***를 선택한다. 음의 좌굴 계수는 단순히 반대 방향의 하중에서 좌굴이 발생할 것이라는 것을 말한다.

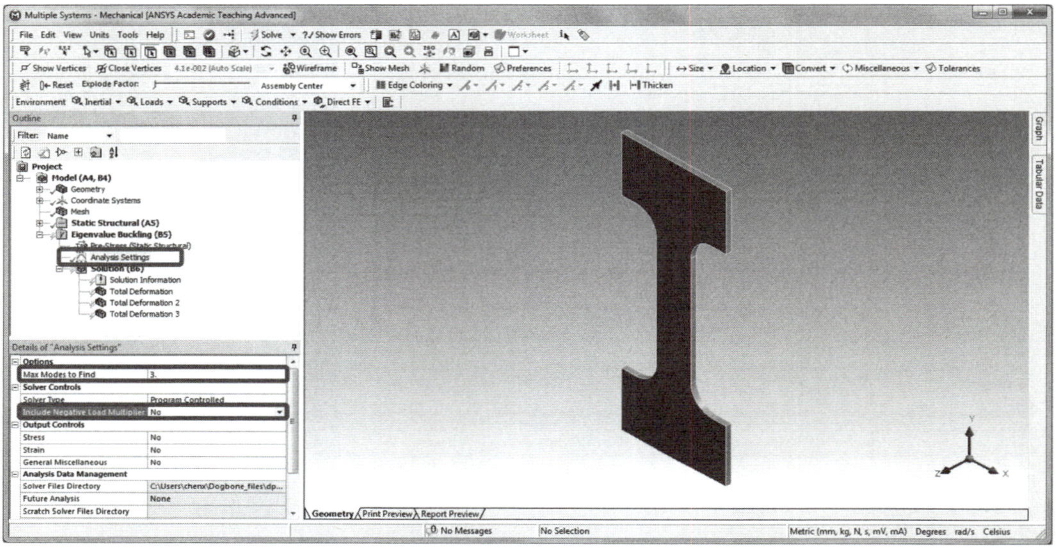

단계 3: 선형 좌굴 해석 수행

Outline에서 ***Solution (B6)***을 마우스 오른쪽 버튼으로 클릭하여 3개의 ***Total Deformation*** 항목을 삽입한다. ***Details of "Total Deformation"***에서 ***Mode***를 1로 설정한다. ***Details of "Total Deformation2"***에서 ***Mode***를 2로 설정한다. ***Details of "Total Deformation3"***에서 ***Mode***를 3으로 설정한다.

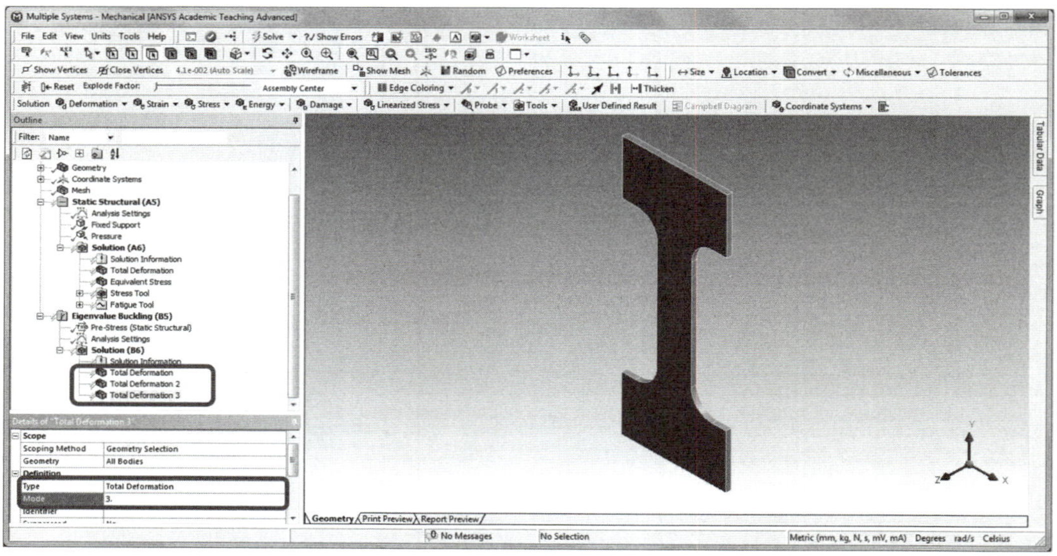

Solution (B6)을 마우스 오른쪽 버튼으로 클릭하고 ***Solve***를 선택하여 좌굴 모드를 계산한다. 아래와 같은 기본창(default window)을 사용하기 위해, 메뉴에서 ***View*** → ***Windows*** → ***Reset Layout***를 선택한다. 1차 좌굴 모드에 대한 하중 계수가 0.7813인 것을 확인한다. 구조의 좌굴 하중을 얻기 위해서, 부가된 하중에 하중 계수를 곱하면 된다. 예를 들어 1차 좌굴 하중은 0.7813 × 50 MPa인 39.0865 MPa 이다. 50 MPa의 부가된 압력이 임계 좌굴하중보다 크므로 시편에 좌굴이 발생한다. ***Graph*** 창에서 좌굴 에니메이션을 볼 수 있다.

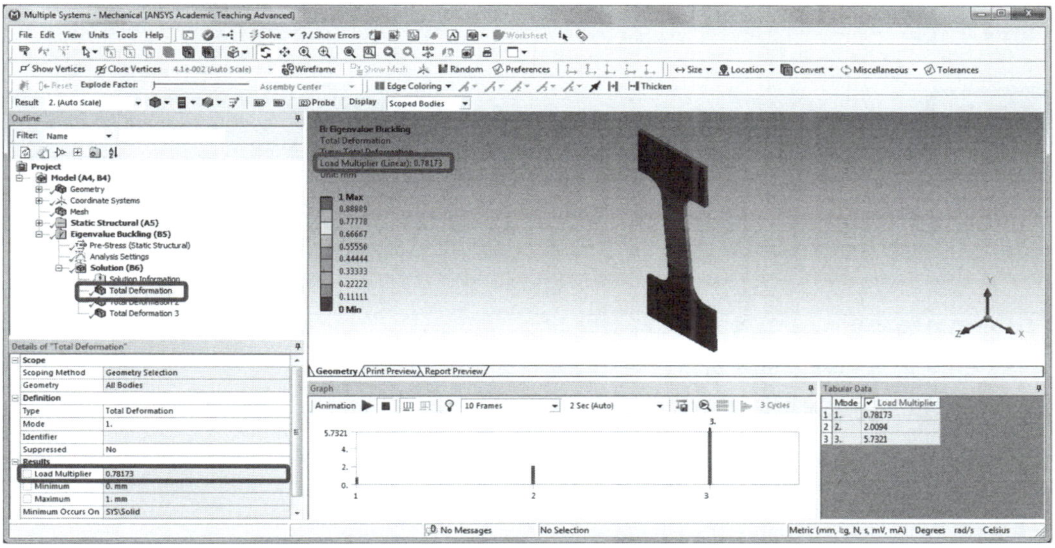

다음은 처음 3개의 좌굴 모드를 보여준다. 1, 2, 3 차 모드에 대응하는 좌굴 하중 계수는 각각 0.78173, 2.0094, 5.7321 이다.

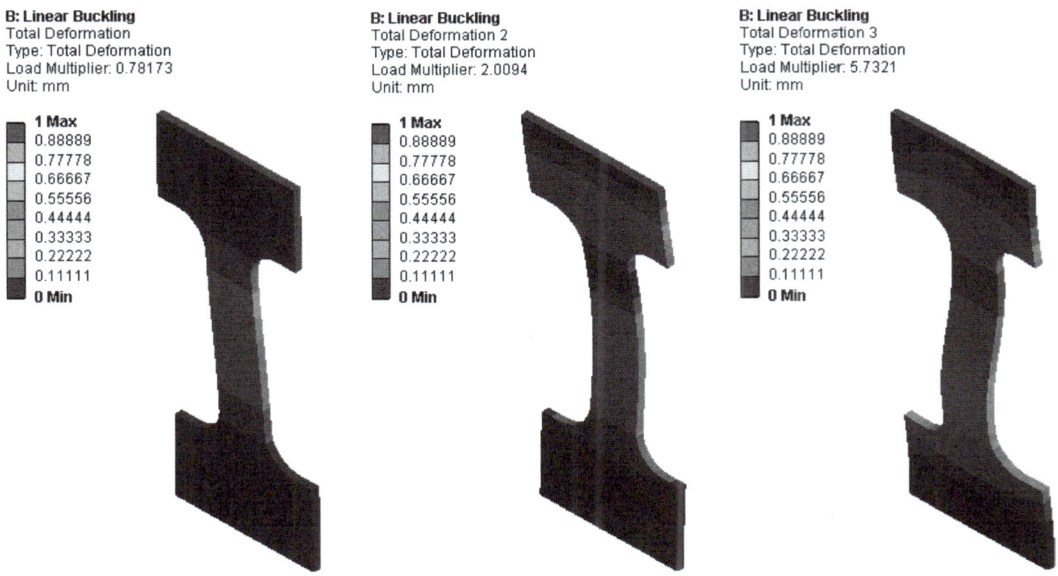

좌굴 모드를 보여줄 때 전체 변형의 최대값이 1로 스케일 되어있는 것을 알 필요가 있다. 여기에서 변형 형상은 좌굴 모드를 시각화하여 보여주는 것이며 실제 물리적 의미를 가지는 변형된 수치는 아니다.

12.6 요약

이 장에서 정적 재료 파손 이론(연성 파손 및 취성 파손 이론), 저주기 하중을 받는 구조에 대한 피로 파손 이론 및 좌굴 파손 이론을 간략히 검토했다. ANSYS Workbench의 FEM을 사용하여 정적, 피로 및 좌굴 해석을 수행하는 방법을 보여주기 위해 시편(dog-bone type)을 예제로 사용했다.

12.7 학습목표 검토

이 장에서 학습한 내용은 다음과 같다.

1. 정적 하중을 받는 구조물에 대한 파손 이론 이해
2. 주기 하중을 받는 구조물에 대한 피로 파손 이론 이해
3. 정적 압축 하중을 받는 가늘고 긴 구조물의 좌굴에 대한 이해
4. ANSYS Workbench를 사용하여 구조물의 정적 파손 해석 수행
5. ANSYS Workbench를 사용하여 구조물의 피로 파손 해석 수행
6. ANSYS Workbench를 사용하여 구조물의 좌굴 해석 수행

문제

12.1 다음 그림은 영탄성계수 $E = 200$ GPa 및 푸와송비 $\nu = 0.3$ 인 구조용 강재로 만든 간단한 브래킷을 보여준다. 브래킷은 아래에 나타낸 것과 같은 전면 모양을 가지며 돌출(extrusion) 깊이는 12 cm 이다. 지름 1.5 cm 의 관통 구멍은 브래킷의 각 면의 평평한 끝 부분 중앙에 하나씩 위치한다. 브래킷은 바닥에 고정되어 있고 윗면에서 크기가 10 MPa 인 완전 반전된 주기적 압력 하중(fully reversed cyclic pressure)을 받는다고 가정하라. 브래킷의 수명을 확인하고 설계 수명을 10^6 주기로 가정하여 부품에 피로 파손이 발생하는지를 결정하라.

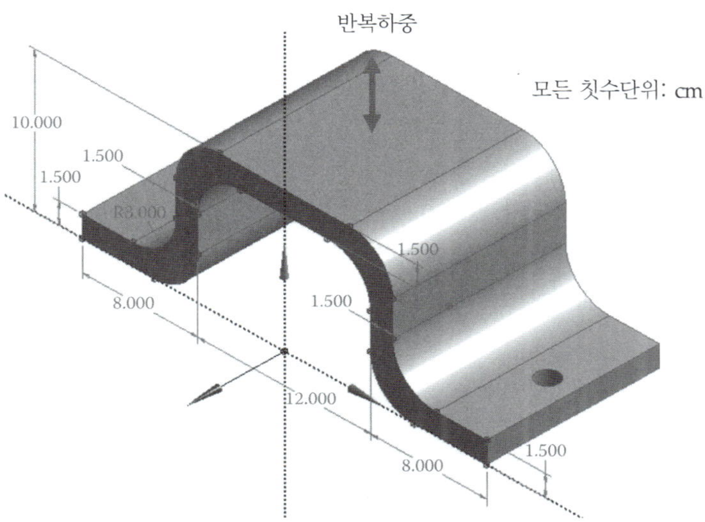

12.2 다음 그림은 영탄성계수 $E = 200$ GPa 및 푸와송비 $\nu = 0.3$ 인 구조용 강재로 만든 리프팅(lifting) 브래킷을 보여준다. 브래킷의 밑 부분은 길이 20 cm, 너비 12 cm, 깊이 3 cm 이다. 바닥 모서리의 필렛 반지름은 1.75 cm 이다. 반지름 1 cm 인 네 개의 관통 구멍은 밑면에서 길이 방향과 폭 방향 모두 대칭으로 위치하며, 구멍 중심은 12 cm, 6 cm 간격으로 배치된다. 밑면의 위쪽 부분은 아래에 나타낸 것과 같이 프로파일(profile) 스케치와 같으며 두께가 3 cm이다. 브래킷은 바닥 위에 고정되어 있다. (1) 브래킷이 100 kN의 베어링 하중으로 들어 올려졌다고 가정하라. 브래킷이 주어진 하중을 안전하게 운반할 수 있는지 확인하라. (2) 50 kN 크기의 완전 반전 주기적 베어링 하중(fully reversed cyclic bearing load)을 받을 때 브래킷의 수명을 구하여라.

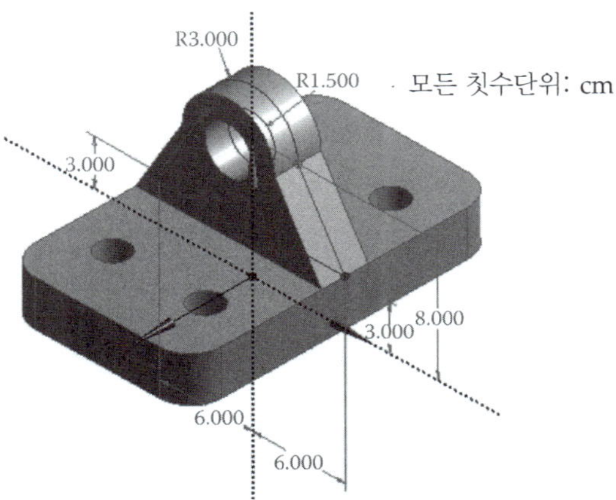

12.3 아래 그림은 영탄성계수 $E = 200$ GPa 및 푸와송비 $\nu = 0.3$ 인 구조용 강재로 만든 브래킷을 나타낸다. 브래킷의 직사각형 밑면은 길이 12 cm, 너비 6 cm, 깊이 3 cm 이다. 중간 부분은 아래에 나타낸 것과 같이 프로파일(profile) 스케치현상과 같으며, 전체 압출 깊이는 1.6 cm 이다. 중공 실린더는 1 cm 의 내부 반지름, 2 cm 의 외부 반지름 및 4 cm 의 높이를 갖는다. 실린더의 중심 축은 브래킷의 가장 왼쪽 끝에서 12.5 cm 떨어져 있다. 브래킷은 왼쪽 끝에 고정되어 있다. (1) 중앙부의 경사면에 800 N/cm^2 의 압력이 가해질 때 브래킷이 안전하게 하중을 전달할 수 있는지 결정하라. (2) 아래에 나타낸 것과 같이 중앙부의 한쪽 면에 5 MPa 크기의 완전 반전 주기 압력이 가해질 때 브래킷의 수명을 구하여라.

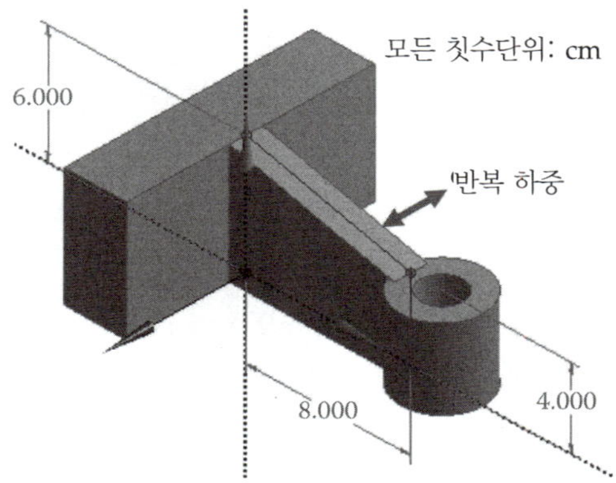

12.4 다음 그림은 영탄성계수 $E = 200$ GPa 및 푸와송비 $\nu = 0.3$ 인 구조용 강재로 만든 L 자형 브래킷을 나타낸다. 그림에 나타낸 횡단면 프로파일이 있는 4 cm 두께의 L 자형은 3 cm×8 cm ×1 cm 크기의 직사각형 바닥과 견고하게 부착되었다. 브래킷은 베이스의 오른쪽 끝에 고정되어 있다. 아래에 나타낸 것과 같이 왼쪽 끝에 10 MPa의 면압이 가해진다. (1) 브래킷에 정적 파손 또는 좌굴이 발생했는지 확인하라. (2) 왼쪽 끝에서 10 MPa 의 완전 반전 주기 압력이 가해질 때 브래킷의 수명을 구하여라.

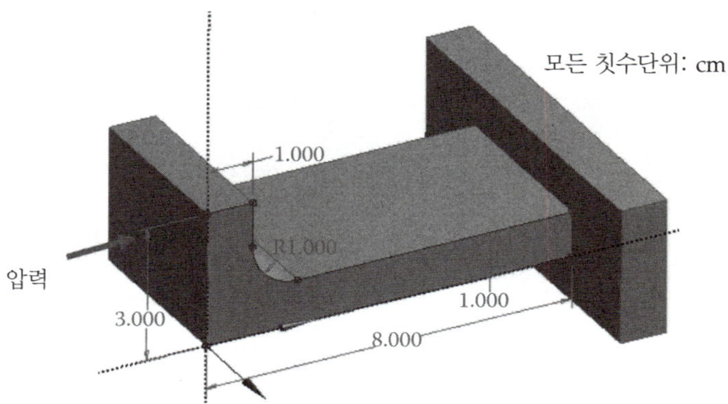

12.5 다음 그림은 39 ft 길이의 직선 철로(railroad track)의 횡단면 형상을 보여준다. 철로는 영탄성 계수 $E = 200$ GPa 및 푸와송비 $\nu = 0.3$ 인 구조용 강재로 만들어졌다. 철로의 한쪽 끝은 고정되어 있고, 39 ft 떨어진 횡단면 다른 쪽 끝에서부터 철로의 축을 따라 압축 하중이 가해진다고 가정한다. 철도 트랙의 임계 좌굴 하중을 구하여라.

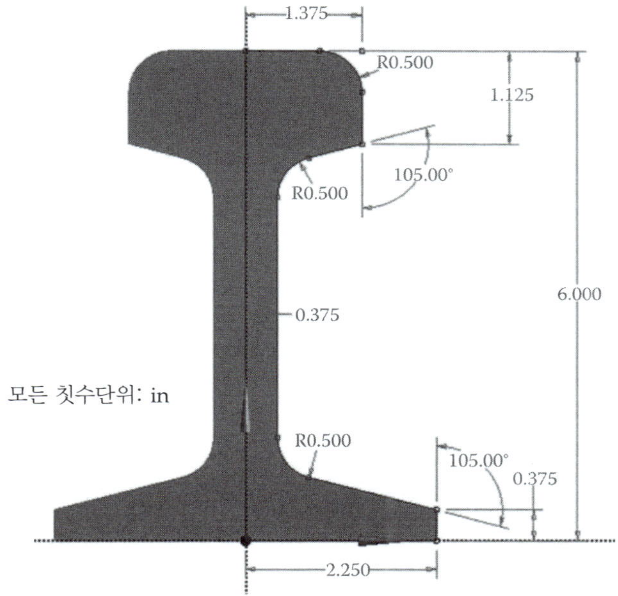

12.6 다음 두개의 봉 조립품은 영탄성계수 $E = 200$ GPa, 푸와송비 $\nu = 0.3$, 밀도 $\rho = 7850$ kg/m^{3}의 구조용 강재로 만든 네 개의 구성 요소로 구성된다. 아래 그림과 같이 두 봉의 크기는 동일하다. 각 봉의 지름은 2 cm 이고 길이는 16 cm 이다. 끝에 있는 두 개의 동일한 블록은 원형 모서리에서 두께가 2 cm 이고 필렛(fillet) 반지름이 1 cm 이다. 두 블록 사이의 간격은 8 cm 이다. 두 개의 봉은 오른쪽 끝에 고정되어 있으며 아래에 나타낸 것과 같이 왼쪽 끝에서 100 MPa 의 압력 하중을 받는다. (1) 조립품에서 정적 파손 또는 좌굴 파손이 발생하는지 확인하라. (2) 설계 수명을 10^6 으로 가정하고, 두 막대의 왼쪽 끝에서 100 MPa 의 완전 반전 주기 압력을 받을 때 조립품에서 피로 파손이 발생하는지 확인하라.

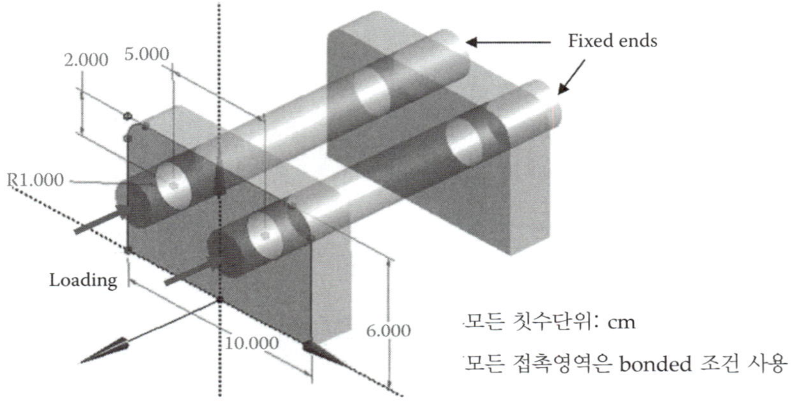

12.7 다음 그림은 영탄성계수 $E = 200$ GPa 및 푸와송비 $\nu = 0.3$ 인 구조용 강재로 만든 크랭크 샤프트(crank shaft)를 나타낸다. 크랭크 샤프트는 3개의 동일한 수평 봉과 2개의 동일한 수직 부분으로 구성된다. 막대는 길이는 각각 4 in 이다. 판의 두께는 0.5 in 이다. 봉이 판과 연결된 4개의 모서리를 따라 반지름 0.2 in 의 필렛이 적용하여 둥근 모서리가 만들어졌다. 크랭크 샤프트는 두 개의 끝 부분에 고정되어 아래 나타낸 것과 같이 중심 봉의 윗면에서 300 psi 크기의 완전 반전 주기 압력을 받는다. 설계 수명이 10^6 이라고 가정하고 크랭크 샤프트 조립품에서 피로 파손이 발생하는지 확인하라.

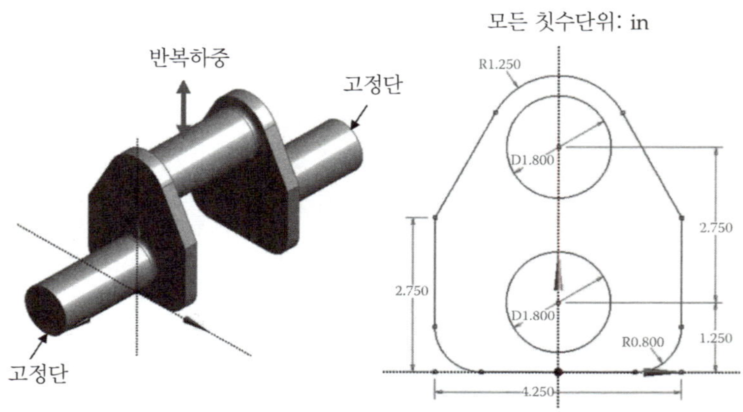

부록 1: 행렬대수학

A.1 대수방정식의 선형시스템

$$\begin{aligned} a_{11}x_1 + a_{12}x_2 + \cdots + a_{1n}x_n &= b_1 \\ a_{21}x_1 + a_{22}x_2 + \cdots + a_{2n}x_n &= b_2 \\ \cdots\cdots\cdots \\ a_{n1}x_1 + a_{n2}x_2 + \cdots + a_{nn}x_n &= b_n \end{aligned} \tag{A.1}$$

위의 식에서 $x_1,\ x_2,\ \cdots,\ x_n$ 은 미지수이다.
행렬형태(matrix form)로 쓰면 다음 식과 같다.

$$\mathbf{Ax} = \mathbf{b} \tag{A.2}$$

위의 식에서

$$\mathbf{A} = [a_{ij}] = \begin{bmatrix} a_{11} & a_{12} & \dots & a_{1n} \\ a_{21} & a_{22} & \dots & a_{2n} \\ \dots & \dots & \dots & \dots \\ a_{n1} & a_{n2} & \dots & a_{nn} \end{bmatrix}, \quad \mathbf{x} = \{x_i\} = \begin{Bmatrix} x_1 \\ x_2 \\ \vdots \\ x_n \end{Bmatrix}, \quad \mathbf{b} = \{b_i\} = \begin{Bmatrix} b_1 \\ b_2 \\ \vdots \\ b_n \end{Bmatrix} \tag{A.3}$$

A 는 $n \times n$ 인 정방형(square) 행렬이고, x 와 b 는 n 차원의 열벡터이다.

A.2 행벡터 및 열벡터

$$\mathbf{v} = [v_1 \quad v_2 \quad v_3] \qquad \mathbf{w} = \begin{Bmatrix} w_1 \\ w_2 \\ w_3 \end{Bmatrix} \tag{A.4}$$

A.3 행렬 덧셈 및 뺄셈

두 행렬 A 와 B 가 같은 크기(*same size*)인 $(m \times n)$일 경우, 덧셈과 뺄셈은 다음과 같이 정의한다.

$$\begin{aligned} \mathbf{C} &= \mathbf{A} + \mathbf{B} \quad \text{여기서} \quad c_{ij} = a_{ij} + b_{ij} \\ \mathbf{D} &= \mathbf{A} - \mathbf{B} \quad \text{여기서} \quad d_{ij} = a_{ij} - b_{ij} \end{aligned} \tag{A.5}$$

A.4 스칼라 곱셈

$$\lambda \mathbf{A} = [\lambda a_{ij}] \tag{A.6}$$

A.5 행렬 곱셈

두 행렬 A(크기: $l \times m$)) 와 B(크기: $m \times n$) 에서 AB 의 곱은 다음과 같이 정의한다.

$$\mathbf{C} = \mathbf{AB} \quad \text{여기서} \quad c_{ij} = \sum_{k=1}^{m} a_{ik} b_{kj} \tag{A.7}$$

위 식에서 $i = 1, 2, \ldots, l; j = 1, 2, \ldots, n.$ 이다.

일반적으로 $\mathbf{AB} \neq \mathbf{BA}$이나 $(\mathbf{AB})\mathbf{C} = \mathbf{A}(\mathbf{BC})$와 같이 결합법칙은 성립한다.

A.6 행렬의 전치

행렬 $\mathbf{A} = [a_{ij}]$에 대해서 A 의 전치(transpose) 행렬은 다음과 같다.

$$\mathbf{A}^T = [a_{ji}] \tag{A.8}$$

다음 관계가 성립됨을 유의하라.

$$(\mathbf{AB})^T = \mathbf{B}^T \mathbf{A}^T \tag{A.9}$$

A.7 대칭행렬

정방행렬($n \times n$)은 다음 경우에 대칭이다.

$$\mathbf{A} = \mathbf{A}^T \quad \text{또는} \quad a_{ij} = a_{ji} \tag{A.10}$$

A.8 단위행렬

$$\mathbf{I} = \begin{bmatrix} 1 & 0 & \dots & 0 \\ 0 & 1 & \dots & 0 \\ \dots & \dots & \dots & \dots \\ 0 & 0 & \dots & 1 \end{bmatrix} \tag{A.11}$$

AI = **A**, **Ix** = **x**의 관계가 성립됨을 유의하라.

A.9 행렬식

정방 행렬식(determinant) A 는 스칼라 값이며 det A 또는 |A|로 정의한다. 크기가 2 × 2 와 3 × 3인 행렬의 행렬식은 다음과 같다.

$$\det\begin{bmatrix} a & b \\ c & d \end{bmatrix} = ad - bc \tag{A.12}$$

그리고

$$\det\begin{bmatrix} a_{11} & a_{12} & a_{13} \\ a_{21} & a_{22} & a_{23} \\ a_{31} & a_{32} & a_{33} \end{bmatrix} = a_{11}a_{22}a_{33} + a_{12}a_{23}a_{31} + a_{21}a_{32}a_{13} - a_{13}a_{22}a_{31} - a_{12}a_{21}a_{33} - a_{23}a_{32}a_{11} \tag{A.13}$$

A.10 특이행렬

만일 정방행렬 A 는 det A=0 이면, 특이행렬(singular)이 된다. 이 경우, 시스템은 비고유해(nonunique solution) 또는 퇴행성(degeneracy) 등을 나타낸다.

A.11 역행렬

정방 및 정칙행렬(square and nonsingular matrix) A (det A ≠ 0)의 경우, 역행렬 A^{-1} 은 다음과 같이 구성된다.

$$\mathbf{AA}^{-1} = \mathbf{A}^{-1}\mathbf{A} = \mathbf{I} \tag{A.14}$$

행렬 A 의 여인수행렬(cofactor matrix) C 는 다음 식과 같이 정의한다.

$$C_{ij} = (-1)^{i+j} M_{ij} \tag{A.15}$$

위의 식에서 M_{ij} 는 A 의 i 번째 행과 j 번째 열을 제거하여 얻은 더 작은 행렬(miner matrix)의 행렬식(소행렬식)이다.

따라서 A 의 역행렬은 다음과 같이 계산할 수 있다.

$$\mathbf{A}^{-1} = \frac{1}{\det \mathbf{A}} \mathbf{C}^T \tag{A.16}$$

식 $(\mathbf{AB})^{-1} = \mathbf{B}^{-1}\mathbf{A}^{-1}$ 이 성립됨을 알 수 있다.

[예제 A.1]

(A) $$\begin{bmatrix} a & b \\ c & d \end{bmatrix}^{-1} = \frac{1}{(ad-bc)} \begin{bmatrix} d & -b \\ -c & a \end{bmatrix}$$

검토:

$$\begin{bmatrix} a & b \\ c & d \end{bmatrix}^{-1} \begin{bmatrix} a & b \\ c & d \end{bmatrix} = \frac{1}{(ad-bc)} \begin{bmatrix} d & -b \\ -c & a \end{bmatrix} \begin{bmatrix} a & b \\ c & d \end{bmatrix} = \begin{bmatrix} 1 & 0 \\ 0 & 1 \end{bmatrix}$$

(B) $$\begin{bmatrix} 1 & -1 & 0 \\ -1 & 2 & -1 \\ 0 & -1 & 2 \end{bmatrix}^{-1} = \frac{1}{(4-2-1)} \begin{bmatrix} 3 & 2 & 1 \\ 2 & 2 & 1 \\ 1 & 1 & 1 \end{bmatrix}^T = \begin{bmatrix} 3 & 2 & 1 \\ 2 & 2 & 1 \\ 1 & 1 & 1 \end{bmatrix}$$

검토:

$$\begin{bmatrix} 1 & -1 & 0 \\ -1 & 2 & -1 \\ 0 & -1 & 2 \end{bmatrix} \begin{bmatrix} 3 & 2 & 1 \\ 2 & 2 & 1 \\ 1 & 1 & 1 \end{bmatrix} = \begin{bmatrix} 1 & 0 & 0 \\ 0 & 1 & 0 \\ 0 & 0 & 1 \end{bmatrix}$$

만일 det A = 0 (즉, A 가 특이행렬인 경우)이면, A^{-1} 은 존재하지 않는다.

식 (A.1)의 선형방정식시스템 해는 다음과 같이 나타낼 수 있다. 단, 계수행렬 A 가 비특이(nonsingular)

행렬로 가정한다.

$$\mathbf{x} = \mathbf{A}^{-1}\mathbf{b}$$

따라서, 선형시스템의 해를 구하는 주요과정은 계수행렬의 역행렬을 계산하는 함수를 찾는 것이다.

A.12 선형연립방정식 해법

- 가우스소거법
- 반복법

이 두 방법에 대해서는 5장에서 간단히 소개하였다.

A.13 양한정 행렬

정방행렬($n \times n$) A 는 n 차원의 모든 0이 아닌 벡터 x 에 대해 다음 조건을 만족하면 양한정 행렬(positive-definite matrix)이라 한다.

$$\mathbf{x}^T\mathbf{A}\mathbf{x} > 0$$

양한정 행렬은 정칙(nonsingular)이다. 그리고 모든 강성행렬은 양한정이다. 위의 조건은 구조가 구속되어 있고 강성행렬이 정칙인 경우, 구조의 변형에너지(strain energy)가 양(+)의 값이 됨을 증명할 수 있다.

A.14 행렬의 미분 및 적분

$\mathbf{A}(t) = [a_{ij}(t)]$ 일 경우, 이 행렬의 미분은 다음 식과 같이 정의한다.

$$\frac{d}{dt}\mathbf{A}(t) = \left[\frac{da_{ij}(t)}{dt}\right] \tag{A.17}$$

그리고 적분은 다음 식과 같다.

$$\int \mathbf{A}(t)dt = \left[\int a_{ij}(t)dt\right] \tag{A.18}$$

부록 2: 사진출처

Chapter 1

그림 1.1(a) 레고로 조립된 소방차
(http://lego.wikia.com/wiki/10020_Santa_Fe_Super_Chief)
그림 1.3(a) 해양플랫폼의 풍력 시뮬레이션
(Courtesy of ANSYS, Inc., http://www.ansys.com/Industries/Energy/Oil+&+Gas)
그림 1.3(b) 콘크리트 슬래브 바닥 철골 건물의 모달응답
(http://www.isvr.co.uk/modelling/)
그림 1.3(c) 차량 하부의 유동 및 열관리
(Courtesy of ANSYS, Inc., http://www.ansys.com/Industries/Automotive/Application+Highlights/Understood)
그림 1.3(d) 헬리콥터에 장착된 안테나의 전기장 패턴
(Courtesy of ANSYS, Inc., http://www.ansys.com/Industries/Electronics+&+Semiconductor/Defense+&+Aerospace+Electronics)

Chapter 2

그림 2.1(a) 몬트리올 생물권 박물관
(http://en.wikipedia.org/wiki/Montreal_Biosph%C3%A8re)
그림 2.1(b) 벳시 로스 대교
(http://en.wikipedia.org/wike/Betsy_Ross_Bridge)

Chapter 3

그림 3.1(a) 자동차 프레임
(http://www.carbasics-1950.com/)
그림 3.1(b) 운동기구
(http://www.nibbledaily.com/body-by-jake-cardio-cruiser/)

Chapter 5

그림 5.1(a) 반사적 대칭

(From http://www.thinkingfountain.org/s/symmetry/butterflypattern.gif)
그림 5.1(c) 회전형 대칭
(http://csdt.rpi.edu/na/pnwb/symmetry2a.html)
그림 5.1(d) 반복형 대칭
(http://library.thinkquest.org/16661/background/symmetry.1.html)

Chapter 6

그림 6.1 다양한 판 및 쉘 구조로 구성된 항공기
(http://en.wikipedia.org/wiki/Boeing_787_Dreamliner)

Chapter 8

그림 8.7 비례 감쇠 계수를 결정하기 위한 두 개의 방정식
(R. D. Cook, Finite Element Modeling for Stress Analysis, 1995, NJ, Hoboken, Copyright Wiley-VCH Verlag GmbH & Co. KGaA.)
그림 8.13 유한요소해석을 이용한 자동차 충돌 해석
(LS-Dyna 웹 사이트, http://www.dynaexamples.com/)

Chapter 10

그림 10.1(a) 트렉터 주변의 공기유동
(ANSYS, Inc. 제공: http://www.ansys.com/Industries/Automotive/Application+Highlights/Body)
그림 10.1(b) 연소챔버내의 유선(streamline) 유동 (ANSYS Inc. 제공: http://www.edr.no/en/courses/ansys_cfd_advanced_modeling_ reacting_flows_and_combustion_in_ans ys_fluent)

Chapter 12

그림 12.7 가느다란 기둥의 좌굴
(http://en.wikipedia.org/wiki/Buckling)

참고문헌

1. O. C. Zienkiewicz, The birth of the finite element method and of computational mechanics, *International Journal for Numerical Methods in Engineering*, **60**, 3–10, 2004.
2. *ANSYS Workbench User's Guide*, Release 14.5, ANSYS, Inc., 2012.
3. C. Felippa, *Introduction to Finite Element Methods*, Lecture Notes, University of Colorado at Boulder (http://www.colorado.edu/engineering/cas/courses.d/IFEM.d/).
4. J. N. Reddy, *An Introduction to the Finite Element Method*, 3rd ed. (McGraw-Hill, New York, 2006).
5. O. C. Zienkiewicz and R. L. Taylor, *The Finite Element Method*, 5th ed. (McGraw-Hill, New York, 2000).
6. S. P. Timoshenko and S. Woinowsky-Krieger, *Theory of Plates and Shells*, 2nd ed. (McGraw-Hill, New York, 1987).
7. R. D. Cook, *Finite Element Modeling for Stress Analysis* (John Wiley & Sons, Inc., Hoboken, NJ, 1995).
8. K. J. Bathe, *Finite Element Procedures* (Prentice-Hall, Englewood Cliffs, NJ, 1996).
9. T. R. Chandrupatla and A. D. Belegundu, *Introduction to Finite Elements in Engineering*, 3rd ed. (Prentice-Hall, Upper Saddle River, NJ, 2002).
10. Y. C. Fung, *A First Course in Continuum Mechanics*, 3rd ed. (Prentice-Hall, Englewood Cliffs, NJ, 1994).
11. P. Timoshenko and J. N. Goodier, *Theory of Elasticity*, 3rd ed. (McGraw-Hill, New York, 1987).
12. ANSYS Help System, *Mechanical Applications—Mechanical User Guide*, Release 14.5, ANSYS, Inc., 2012.
13. R. D. Cook, D. S. Malkus, M. E. Plesha, and R. J. Witt, *Concepts and Applications of Finite Element Analysis*, 4th ed. (John Wiley & Sons, Inc., Hoboken, NJ, 2002).
14. S. Moaveni, *Finite Element Analysis—Theory and Application with ANSYS*, 3rd ed. (Prentice-Hall, Upper Saddle River, NJ, 2007).
15. B. R. Munson, D. F. Young, and T. H. Okiishi, *Fundamentals of Fluid Mechanics*, 5th ed. (John Wiley & Sons, Inc., Hoboken, NJ, 2006).
16. *ANSYS Help System, CFX—Modeling Guide*, Release 14.5, ANSYS, Inc., 2012.
17. *ANSYS Help System, Design Exploration User Guide*, Release 14.5, ANSYS, Inc., 2012.
18. J. E. Shigley, C. R. Mischke, and R. G. Budynas, *Mechanical Engineering Design*, 7th ed. (McGraw-Hill, New York, 2003).
19. F. P. Beer, E. R. Johnston, J. T. DeWolf,x and D. F. Mazurek, *Mechanics of Materials*, 6th ed. (McGraw-Hill, New York, 2011).

찾아보기

ㅅ

ㅇ

ㅈ

N

P

Q

R

S

T

V

W

■ **대표역자**

백태현 군산대학교 기계융합시스템공학부 명예교수

■ **번 역 진**

구본용 군산대학교 기계융합시스템공학부 조교수
윤영한 한국기술교육대학교 메카트로닉스공학부 교수
이춘열 영남대학교 기계공학부 교수
임문혁 계명대학교 기계자동차공학과 교수
조종두 인하대학교 기계공학과 교수
전성민 제온토탈솔루션 대표(공학박사)

유한요소법
ANSYS Workbench 활용 시뮬레이션 2판

발행일 | 2020년 01월 10일
저　자 | Xiaolin Chen · Yijun Liu
역　자 | 백태현 · 구본용 · 윤영한 · 이춘열 · 임문혁 · 조종두 · 전성민
발행인 | 문정임
발행처 | 학산미디어
기　획 | 이덕선
표　지 | 강정자
편　집 | 강정자
주　소 | 서울특별시 노원구 동일로245가길 41
전　화 | 02-935-0670 / 010-3223-7340
팩　스 | 02-932-0670
이메일 | sorgento2000@hanmail.net
등록번호 | 제 25100-2011-000001호
ISBN | 979-11-85294-28-5 93530
정　가 | 30,000원

이 도서의 국립중앙도서관 출판예정도서목록(CIP)은
서지정보유통지원시스템 홈페이지(http://seoji.nl.go.kr)와
국가자료공동목록시스템(http://www.nl.go.kr/kolisnet)에서
이용하실 수 있습니다.(CIP제어번호: CIP2019053646)